国防科技大学建校70周年系列著作

天基物联网关键技术和智能应用

陈利虎　赵　勇　李松亭　程　云　宋　新　杨　磊　著

科 学 出 版 社

北　京

内 容 简 介

本书主要阐述天基物联网的特点和各行业需求，详细论述各类相关载荷的关键技术（星载 AIS、星载 ADS－B、天基 DCS），包括针对星载 AIS 和 ADS－B 的高灵敏度接收、多信号冲突建模、盲信号分离技术研究，针对天基 DCS 的海量用户多址接入等；介绍了载荷数据的智能应用，包括多维数据融合、数据挖掘、异常目标检测等，对后续相关载荷列装和天基物联网星座的建设和应用提供参考。

本书的题材比较新颖，反映了近年来国内外天基物联网和 3S 载荷的最新成果。全书注重学术性和实用性相结合，具有较好的可读性。希望本书能成为航天、电子信息领域高校、研究所相关研究生、研究学者和工程师的参考书，并以此抛砖引玉，促进国内天基物联网系统和相关载荷的研究和发展。

图书在版编目（CIP）数据

天基物联网关键技术和智能应用 / 陈利虎等著. —北京：科学出版社，2023.10

ISBN 978－7－03－076264－1

Ⅰ.①天… Ⅱ.①陈… Ⅲ.①物联网—研究 Ⅳ.①TP393.4②TP18

中国国家版本馆 CIP 数据核字（2023）第 164229 号

责任编辑：徐杨峰 / 责任校对：谭宏宇
责任印制：黄晓鸣 / 封面设计：无极书装

科学出版社 出版
北京东黄城根北街 16 号
邮政编码：100717
http：//www.sciencep.com

南京展望文化发展有限公司排版
苏州市越洋印刷有限公司印刷
科学出版社发行 各地新华书店经销

＊

2023 年 10 月第 一 版 开本：720×1000 1/16
2023 年 10 月第一次印刷 印张：29 3/4 插页：2
字数：502 000

定价：220.00 元

（如有印装质量问题，我社负责调换）

总　　序

国防科技大学从 1953 年创办的著名“哈军工”一路走来，到今年正好建校 70 周年，也是习主席亲临学校视察 10 周年。

七十载栉风沐雨，学校初心如炬、使命如磐，始终以强军兴国为己任，奋战在国防和军队现代化建设最前沿，引领我国军事高等教育和国防科技创新发展。坚持为党育人、为国育才、为军铸将，形成了“以工为主、理工军管文结合、加强基础、落实到工”的综合性学科专业体系，培养了一大批高素质新型军事人才。坚持勇攀高峰、攻坚克难、自主创新，突破了一系列关键核心技术，取得了以天河、北斗、高超、激光等为代表的一大批自主创新成果。

新时代的十年间，学校更是踔厉奋发、勇毅前行，不负党中央、中央军委和习主席的亲切关怀和殷切期盼，当好新型军事人才培养的领头骨干、高水平科技自立自强的战略力量、国防和军队现代化建设的改革先锋。

值此之年，学校以“为军向战、奋进一流”为主题，策划举办一系列具有时代特征、军校特色的学术活动。为提升学术品位、扩大学术影响，我们面向全校科技人员征集遴选了一批优秀学术著作，拟以“国防科技大学迎接建校 70 周年系列学术著作”名义出版。该系列著作成果来源于国防自主创新一线，是紧跟世界军事科技发展潮流取得的原创性、引领性成果，充分体现了学校应用引导的基础研究与基础支撑的技术创新相结合的科研学术特色，希望能为传播先进文化、推动科技创新、促进合作交流提供支撑和贡献力量。

在此,我代表全校师生衷心感谢社会各界人士对学校建设发展的大力支持!期待在世界一流高等教育院校奋斗路上,有您一如既往的关心和帮助!期待在国防和军队现代化建设征程中,与您携手同行、共赴未来!

国防科技大学校长

2023 年 6 月 26 日

前　言

天基物联网是指基于天基平台(如低轨卫星)实现物联网信息的获取、处理、传输和应用的网络。天基物联网系统由空间段、地面段和用户段三部分组成。空间段主要是基于搭载的载荷、单颗卫星或者是多颗卫星采集、定位物理世界中各种事件发生的时间和产生的数据,包括各类物理量、标识、图像、音频、视频等信息类型。地面段则是由网络控制中心和一定数量的关口站组成,用来传递和处理感知层获取的海量信息。用户段由面向实际应用的各种类型数据采集的终端组成。这些终端与行业需求结合,实现物联网的智能应用。

本书阐述了天基物联网的定义、特点、需求和应用前景,详细论述了各类相关载荷的关键技术[星载船舶自动识别系统(automatic identification system, AIS)、星载广播式自动相关监视(automatic dependent surveillance- broadcast, ADS－B)技术、数据采集系统(date collection system, DCS)],介绍了相关天基物联网载荷数据的智能应用,对后续天基物联网星座的建设和应用提供建议和参考。

自 2009 年以来,国防科技大学天基物联网课题组瞄准基于微纳卫星平台的天基物联网关键载荷和组网技术开展了探索研究,实现了国内首次星载 AIS 和星载 ADS－B 载荷的在轨验证,在轨数据分发给国内数十家单位应用,培养了大批该方向的硕士和博士人才,并对国内星载 AIS、星载 ADS－B 和 DCS 的应用和推广起到了重要作用。

本书由陈利虎、赵勇、李松亭、程云、宋新、杨磊编写,参考了本课题组程云同学的博士论文和钟翰阳、王亦韬、余孙全、罗坳柏、倪久顺、崔俊伟同学的硕士论文;崔俊伟、刘清全同学完成了参考文献、公式和图表的整理。

全书共分 7 章,其主要内容可以概括如下。

第 1 章为天基物联网概述,介绍天基物联网的定义、特点、国内外发展现状和应用前景，提炼天基物联网的相关关键技术，引出基于 3S 载荷的广义天基物联网应用。

第 2 章介绍星载 AIS 接收关键技术，包括星载 AIS 的研究背景和国内外研究现状，对星载 AIS 接收进行高保真建模；重点对多信号冲突进行详细分析和观测建模，为减缓多信号冲突对天线波束进行优化设计；介绍星载 AIS 接收机的总体设计和信道化接收方案；对冲突的 AIS 混叠信号进行盲源分离算法研究。

第 3 章为星载 AIS 的数据挖掘应用，包括船舶异常检测、船舶行为预测、航迹挖掘和船舶分类，重点介绍具有噪声的基于密度的空间聚类应用（density-based spatial clustering of applications with noise, DBSCAN）算法的航线挖掘、基于长短期记忆（long short-term memory, LSTM）循环神经网络的位置预测方法、基于随机森林和多特征集成学习的船舶分类方法、基于聚类的船舶异常行为检测方法。

第 4 章介绍星载 ADS－B 接收关键技术，包括星载 ADS－B 的研究背景和国内外研究现状；对星载 ADS－B 进行建模分析；对星载 ADS－B 阵列天线和波束成形进行研究，并针对星载多信号冲突的特点进行数字多波束设计，提出星载 ADS－B 高灵敏度解调算法；对星载 ADS－B 混叠信号进行盲源分离算法研究。

第 5 章为星载 ADS－B 数据智能应用，包括星载 ADS－B 数据质量分析，提出质量评估模块，列出一些质量评估试验；分析星载 ADS－B 报文和 S 模式报文、多星的 ADS－B 报文、星地的 ADS－B 报文等多类数据融合应用；开展基于星载 ADS－B 数据的智能应用，包括在轨性能分析、飞行高度层流量态势感知、基于星载 ADS－B 测量数据评估电离层电子总含量等。

第 6 章介绍天基物联网的低轨星座设计和天基 DCS 的多址接入技术。其中，星座设计包括区域覆盖星座设计和广域覆盖星座设计。

第 7 章介绍基于 3S（AIS，ADS－B，DCS）载荷的天基物联网系统在轨验证情况，包括星载 AIS 接收的多普勒频偏补偿和星上 EMC 设计；分析星载 ADS－B 的检测概率，介绍多波束 ADS－B 和相控阵载荷；详细设计 DCS 的静态、动态目标联合多址接入技术；介绍“天拓五号”3S 载荷的总体设计、地面试验和在轨试验情况。

本书的题材比较新颖，内容具有较强的系统性，基本反映了近年来国内外天基物联网和3S载荷的最新、最重要的成果。全书注重学术性和实用性相结合，具有较好的可读性。作者希望本书能成为全面、实用的参考书，并以此抛砖引玉，对国内天基物联网系统和相关载荷的研究和发展起到一些促进作用。

感谢我的带教导师陈小前院长。2009年以来，陈院长带领我们一路筚路蓝缕，研制了10余颗微纳卫星，打响了"天拓"系列品牌；在陈院长的亲自指导和大力帮助下，电子载荷组才得以获取33项专利，研发了20余套天基物联网载荷并开展在轨飞行验证，获取了大量在轨数据并提供给多家用户应用。本书也是在陈院长的直接指导下完成的。陈院长对我的教导和培养使我受益终生，在此表示深深的谢意。另外，感谢课题组绳涛、白玉铸、樊程广等老师的帮助。

由于作者水平有限，书中难免有不足之处，敬请读者批评指正。

陈利虎

2023年5月

目　　录

第1章　天基物联网概述

1.1　天基物联网概念和发展现状

1.1.1　天基物联网概念

根据国际电信联盟的定义,物联网是解决物品与物品、人与物品、人与人之间的互联互通的网络。天基物联网是利用各类天基平台实现物联网信息的获取、处理、传输和应用的网络。天基物联网系统由空间段、地面段和用户段三部分组成,空间段指搭载物联网载荷的多颗卫星组成的星座,主要采集、定位物理世界中各种事件发生的时间和产生的数据,包括各类物理量、标识、图像、音频、视频等信息类型;地面段由网络控制中心和一定数量的关口站组成,主要传递和处理感知层获取的海量信息;用户段为面向实际应用的各种类型数据采集的终端。

相比地基物联网,天基物联网具有许多独特的优势:

(1) 通信网络覆盖地域广,可实现全球覆盖,传感器的布设几乎不受空间限制;

(2) 几乎不受天气、气候影响,全天时全天候工作;

(3) 系统抗毁性强,在自然灾害、突发事件等应急情况下依旧能够正常工作。

从1999年提出至今,物联网已经形成了完整的概念,依托地面网络的物联网应用逐渐发展成熟,但在一些大范围、跨地域、恶劣环境等数据收集的领域,由于空间、环境等限制,地面物联网无法有效支撑,出现了服务能力与需求失配的现象,这些领域包括:

(1) 海洋、森林、矿产等资源的监视与管理;

(2) 森林、山体、河流、海洋等地区灾害的监测、预报;

(3) 深海、远海的海洋监测管理,海上浮标、海上救生等;

(4) 交通、物流、输油管道、电网等监控管理;

（5）野外环境下珍稀动物的跟踪监测；

（6）军事的无人机、导弹、舰船、车辆的协同控制。

1.1.2 天基物联网发展现状

传统卫星产业主要由政府驱动，是政府出资、政府使用，各类卫星通信系统属于国有的天基基础设施，国外早期最有代表性的低轨卫星移动通信系统是铱星（Iridium）系统和全球星（Globalstar）系统。由于当时对卫星移动通信信道的理解不够深入，以及移动终端小型化的技术也不成熟，铱星系统、全球星系统都面临全球移动通信系统（global system for mobile communications，GSM）强有力的竞争，在使用费用、终端成本、数据传输速率等方面都不占优势的情况下难以普及，只能应用于紧急救援、海事通信、军用通信等特殊领域。在随后的20多年中，很多研究机构和院校对卫星移动通信信道开展了大量的实验和研究，航天科技和电子信息技术的进步降低了卫星研制、量产和发射的成本，而卫星通信资费的降低和数据传输速率的提升又催生出实时的互联网和大数据接入需求，面对广阔的市场需求，卫星通信的复兴也自然水到渠成。

近年来，物联网在全球范围内掀起“万物互联”的趋势，世界各国都在积极部署5G网络，构建5G生态系统以支撑物联网向更多领域渗透发展，但是仅仅拥有地面物联网生态对于当前各个产业的需求满足是远远不够的。此时，卫星物联网的优势正逐渐凸显。

虽然国外已经建成了一些卫星物联网系统，但国内还没有完全建成专门用于物联网的卫星通信系统，不过已经提出了很多建设计划，有的已经启动建设，其中比较有代表性的有航天行云科技有限公司的“行云系统”、北京国电高科科技有限公司的“天启卫星物联网系统”、北京和德宇航技术有限公司的“和德天行者物联网星座”等。另外，部分地区和企业已经开始基于现有卫星和设施开展物联网应用的探索，如基于北斗卫星导航系统的输变电设施远程监控和卫星数据链等应用。我国在广西电网玉林变电站对基于卫星物联网的输变电设施远程监控系统进行了试点应用。在变电站现场，监控终端包括主变监控终端、母线监控终端、断路器监控终端等，这些监控终端将采用卫星接入机、卫星小站、无线数据发射模块等与北斗卫星组成双向通信线路。位于南宁的广西电网设备监测评估中心，可以通过卫星信道向监测终端发送数据采集周期、监测装置重启、监测装置自检、时间同步与校准等命令；另外，也可以接收监测终端发送来的监测数据，通过纵向分析、横向比对等方式判断被监测的输变电设施的健康状态。北斗物联网在玉林站的应用,有效提高了该站输变电设施的运维效率,降低了设施的运维成本,提高了设施的供电可靠性。

1. 国外典型天基物联网项目

作为卫星物联网的雏形,基于卫星通信系统实现数据采集、系统监控、跟踪定位、报文传递等方面的应用,在国外建成的典型系统主要有铱星(Iridium)系统、轨道通信(ORBCOMM)系统、全球星(Globalstar)系统、高级研究与全球观测卫星(advanced research and global observation satellite,ARGOS)系统和远程广域网(long range wide area network, LoRaWAN)系统等。

1) 铱星系统

铱星系统,又称铱星计划,是美国摩托罗拉公司提出的第一代真正依靠卫星通信系统提供联络的全球个人通信方式。铱星系统是由66颗以无线链路相连的卫星(外加6颗备用卫星)组成的一个空间网络。设计时原定发射77颗卫星,后期为减少投资规模、简化结构,以及增强与其他近地轨道系统的竞争能力,摩托罗拉公司将其卫星数减少到66颗。当时,铱星系统是设计方案中最为完整、具体的,进展也很快,是十分有前景的方案,但系统仍存在不足:一是技术方面,受当时设备性能制约,系统切换掉线率高达15%,严重影响通话质量,并且数据传输速率仅有2.4×10^3 bit/s;二是成本方面,与GSM等系统终端相比,暴露出业务收费高、有地区差异、手机价格高等问题,导致1998年底才投入运行,之后公司于2000年左右就宣告破产。

铱星二代系统:新铱星公司于2007年提出铱星二代(Iridium Next)计划,该计划同样由66颗卫星组成,此外还有6颗规定冗余卫星及9座地面冗余。铱星二代保持了与第一代同样的星座构型,主要是进行了能力升级与一些新业务的拓展。铱星二代主要瞄准IP宽带网络化和载荷能力的可扩展、可升级,能够适应未来空间信息应用的复杂需求,但对于当前日益增加的移动互联网需求,尤其是5G通信时代的来临,铱星二代系统的数据传输能力仍显不足。

2) ORBCOMM系统

美国的ORBCOMM系统是一个商业化全球低轨卫星通信系统,该系统专门针对双向短数据传输,于1997年投入使用。利用ORBCOMM系统,用户可以开展包括远程数据采集、系统监控、车辆船舶及移动设施的跟踪定位、短信息报文的传递、收发电子邮件等方面的应用。ORBCOMM系统的应用领域包含交通运输、油气田、水利、环保、渔船和消防报警等。

3）Globalstar 系统

Globalstar 系统是美国劳拉高通卫星服务（Loral Qualcomm Satellite Service，LQSS）公司于 1991 年 6 月向美国联邦通信委员会提出的低轨卫星移动通信系统。根据计划，Globalstar 系统计划在 1997 年底发射 12~16 颗卫星，并于 1998 年发射其他卫星。按照目前 Globalstar 系统合作伙伴的分布情况来看，它可以为 33 个国家提供服务。为了适应移动终端对数据传输量不断提高的需求，于 2010 年开始建设 Globalstar－2 系统，并于 2013 年完成了由 24 颗卫星组成的低轨移动卫星通信星座的部署。Globalstar－2 系统推出了基于卫星的 Wi-Fi 服务，也称 Sat-Fi，Sat-Fi 路由器与卫星相连形成热点，用户直接通过智能手机安装 app 连接后就能上网，可以实现话音、邮件、短消息等业务。

4）ARGOS 系统

ARGOS 系统由法国和美国联合建立，该系统利用低轨卫星传送各种环境监测数据，并对测量仪器的运载体进行定位，为高纬度地区的水文、气象监测仪器提供了一种很好的通信手段。ARGOS 系统在全球大洋中每隔 300 km 布放一个由卫星跟踪的剖面漂流浮标，总计 3 000 个，组成一个庞大的 ARGOS 全球海洋实时观测网。ARGOS 系统是一个典型的利用天基信息网络将人、平台和传感器互联的天基物联网系统，能快速、准确、大范围地收集全球海洋 0~2 000 m 的海水温度和盐度剖面资料，有助于更细致地了解大尺度实时海洋的变化，提高气候和海洋预报的精度，有效防御全球日益严重的气候和海洋灾害（如飓风、台风、龙卷风、冰暴、洪水和干旱，以及风暴潮、赤潮等）给人类造成的威胁。ARGOS 系统的应用非常广泛，包括气候变化监测、海洋与气象监测、生物多样性保护、水资源监控、海上资源管理和保护等。

5）LoRaWAN 系统

在天然气领域，可利用物联网解决方案为偏远地区企业提高效率、降低成本及创造新收益。Inmarsat LoRaWAN 网络是世界首个全球性物联网网络，由 Actility's ThingPark LPWA 平台提供支持。借助基于 LoRaWAN 的地面连接和卫星连接的骨干网，Inmarsat LoRaWAN 网络可帮助用户及合作伙伴以经济有效的方式将可在全球各地交付的物联网解决方案引入各行各业。该集成式平台提供端到端解决方案，可将站点特定数据传至云端应用进行分析处理，以提供行业洞察信息、支持决策制定，并为终端用户创造价值。

国外计划的其他低轨卫星物联网系统还有：澳大利亚太空科技初创公司 Fleet 原计划在 2018~2020 年共发射 100 颗纳卫星；美国开普勒（Kepler）通信公

司原计划在2022年完成由140颗Ku波段纳卫星构成的空间网络部署，实际建设均有滞后；加拿大Helios Wire公司计划发射30颗卫星构建空间物联网，利用S波段30 MHz带宽，支持50亿个传感器；俄罗斯SPUTNIX公司计划到2025年，在近地轨道部署约200颗物联网技术卫星。

2. 国内典型天基物联网项目

据报道，2018年底，我国已有约80家太空技术初创企业投入这一领域，太空已成中国商界的“新边疆”。

由中国航天科技集团有限公司所属的东方红卫星移动通信有限公司负责建设和运营的“鸿雁”通信卫星星座系统是一个全球低轨卫星移动通信与空间互联网系统，系统初期由50多颗卫星组成，最终将由300多颗低轨道小卫星组成，可在全球范围内提供移动通信、宽带互联网接入、物联网、导航增强、航空数据业务、航海数据业务六大应用服务。该系统的卫星数据采集功能可实现大地域信息收集，满足海洋、气象、交通、环保、地质、防灾减灾等领域的监测数据信息传送需求，并可为大型能源企业、工程企业等提供全球资产状态监管、人员定位、应急救援和通信服务。

由航天科工运载技术研究院旗下的航天行云科技有限公司建设和运营的“行云”系统计划发射80颗低轨道小卫星，建成一个覆盖全球的天基物联网。根据计划，将分α、β、γ共3个阶段逐步建设。其中，α阶段计划建设由“行云二号”01星和02星组成的系统，同步开展试运营、示范工程建设；β阶段将实现小规模组网；γ阶段将完成全系统构建，并进行国内及“一带一路”倡议共建国家等国外市场的开拓。“鸿雁”和“虹云”低轨卫星通信系统组网费用投入估计将超过300亿人民币，根据美国卫星工业协会的数据，对于卫星产业链，组网建设费用约占产业链总产值的7.5%，由此测算，后期地面设备投入将达到约1 784亿元，带来的卫星与地面服务产值将达到约1 916亿元，物联网低轨卫星通信产业链总体产值将超过4 000亿元。

北京九天微星科技发展有限公司成立于2015年6月，主要研发小卫星总体设计、关键载荷研发和组网等技术，主要业务为微小卫星创新应用与星座组网运营，计划研制近百颗物联网卫星。

“天启”物联网星座[1]由北京国电高科科技有限公司构建，该系统提供AIS、ADS－B、ARGOS浮标和全球短数据采集与通信服务，具有高容量、实时性、低成本等主要特点。2020年发射的“天启10号”和“天启5号”，其星座全球覆盖区域内任意地点的时间重访率缩短到1 h以内，服务地面终端能力突破千万级。地面终端功率降低到0.1~0.5 W,使卫星通信进入百毫瓦时代。“天启”物联网对“一带一路”倡议共建国家和地区有着重要意义,能够满足航空、海洋、林业、水利、环保、气象及交通等领域的需求。

1.2 天基物联网应用前景

天基物联网有着广泛的应用前景和巨大的发展潜力。利用天基平台(如低轨卫星)对地球各层(水下、水面、陆地、空中)的各类传感器进行数据采集和前向遥控,实现天基万物互联,在气象、水文、海洋、地理、地震、环境监测、能源、物流、智慧交通等领域有着广泛的应用。根据不同特征对象的应用需求,天基物联网可以大致分为三类:采集类应用、控制类应用和广播类应用。

1.2.1 采集类应用

采集类应用主要应用于森林、矿产、海洋、农业、电力等领域的监测方面,通过数据采集终端将监测得到的信息通过 DCS 卫星星座传输给相关用户,相关用户通过对数据的分析,能够清楚地掌握所监测环境的状况。

天基物联网在矿产资源上的应用:通过布置超声波传感器和激光测距传感器,对矿物信息进行采集,并将矿物信息传输到卫星转发中心,卫星转发中心将数据下传到地面段的监测中心,监测中心通过数据分析与处理,将矿产参数绘制成矿产资源信息图,从而完成矿产资源的监视和管理。

天基物联网在电力领域的应用:通过卫星组网,实现对电力调控中心、变电站、发电厂等电力设施的卫星覆盖,利用卫星共视技术,可实现跨区域、高准确度、快捷地建立调控中心之间、调控中心与变电站之间、变电站之间的时间同步网,实现远距离授时需求。

天基物联网在海洋领域上的应用:地面站与海洋遥感卫星观测得到的数据通过中继卫星等天基骨干节点建立的星间通信链路传输到运维管控中心进行处理后再分发给终端用户,从而实现了对海洋遥测数据、海上观测平台、船舶安全监管等信息的管理应用。如图 1.1 所示,天基物联网采集的船舶数据接入交通运输部信息中心,为包括中海集团国际有限公司、中国远洋海运集团有限公司在内的众多国有大型航运海运企业提供服务,保障其全球航运安全。

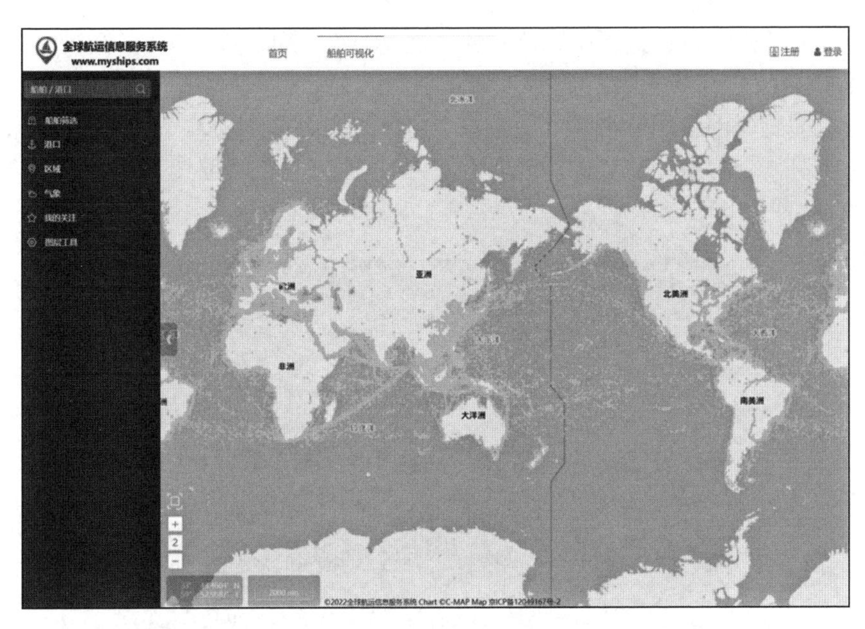

图1.1　天基物联网与"宝船网"融合应用服务

1.2.2　控制类应用

控制类应用一般常见于军事领域，通过任务的建立与指挥控制中心的部署，对飞机、导弹、车辆等进行实时监测控制，从而辅助完成相关军事任务，该类应用的实时性要求一般比较高。

天基物联网在多维作战中的应用：通过在卫星、飞机和舰艇上布置传感器，对情报、监视和监测信息进行分布式获取，从而形成全方位、全频谱和全时域的多维侦察监视体系，进而实现战场感知的精确化、系统化和智能化。天基物联网将过去在战场上需要长时间处理、传送和利用的目标信息压缩到几秒钟，甚至实现同步。

除此之外，在民用领域，天基物联网利用卫星的高远位置特性，可以实现广域覆盖，通过接收卫星覆盖区域船只发送的AIS报文，可实现大范围内民用船只的跟踪和监视，从而起到避免碰撞和交通管制的积极作用。

通过搭载在飞机的ADS－B系统可以获取机载传感器的观测数据，卫星通过接收ADS－B系统信号并下传至信息处理中心，可以获得飞机的位置、航向、航速等飞行信息。同时，基于天基物联网的星载ADS－B系统，弥补了在沙漠、远洋等特殊地区难以进行跟踪监视的不足,实现了广域侦收、实时转发,可更好地维护空域安全,提高航行效率。

天基物联网在船舶与航空交通管理领域的应用见图1.2。天基物联网除了可以提高水运与航运的交通管理能力外,在其他应用领域也具有十分广泛的应用前景,见表1.1。

图1.2 天基物联网在船舶与航空交通管理领域的应用

表1.1 天基物联网系统的多领域控制类应用

部　门	应 用 领 域
交通	水上交通管制/事故处理、海上搜救
物流	航运公司船只监控、物流监控,防海盗袭击
船政/海岸警卫队	沿海、热点地区的船只监控
海事	港口远距离的船只监控
渔政	渔政管理

1.2.3 广播类应用

广播类应用一般常见于地震、洪水、气象等自然灾害信息的广域分发,此类应用分为两种模式:一种是平时模式,另一种是应急模式。平时模式下,将传感器采集的数据进行定时发送;应急模式下,当传感器采集到的数据超过预警阈值时,数据就会直接发送。

天基物联网在森林防火预警的应用:通过在森林中布置温湿度传感器,对温湿度等数据进行采集,并将采集到的数据定时传送到空间段的卫星中转中心,然后中转中心将数据传输到地面段的网络控制和管理中心,该中心对传输得到的数据进行解析和处理,并生成森林态势感知图谱,进行灾害预判、制定预防及处理措施。

天基物联网在电子围栏边境监控的应用:通过在边境线上布置前端探测围栏,对周围情况进行实时探测监控,前端一旦出现触网、短路、断路及无线信号中断等情况,前端对应的配件能够及时准确地向周围发出警告或者预警信息,同时通过卫星网络将预警信息传送至信息中心,为指挥中心下一步行动提供信息支持。

1.2.4　结合应用

在一些特殊情况下,天基物联网可以将三类应用结合在一起。例如,可以通过广播类应用准确掌握失事飞机的位置、状态等信息,尽快定位出失事地点;然后通过采集类应用提前预知事发地点的天气情况,以便搜救人员提前采取保障措施,提高安全性;最后通过指挥类应用,寻找失事地点周围最近的船舶进行救援,提高搜救效率。天基物联网在应急搜救中的应用见图 1.3。

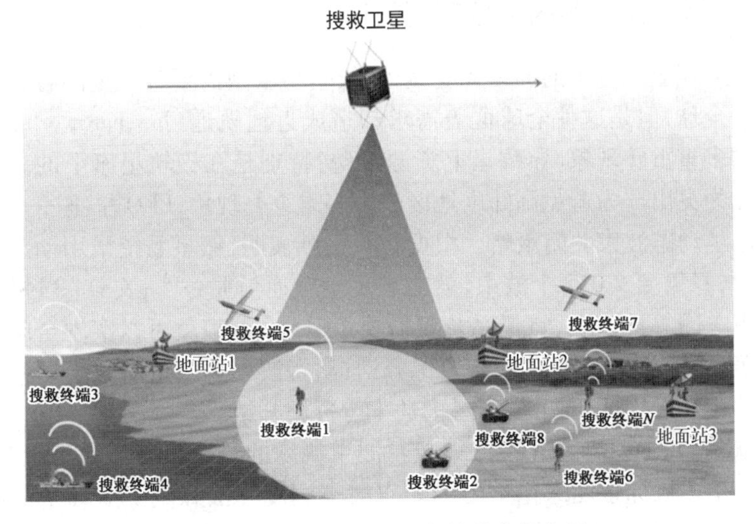

图 1.3　天基物联网在应急搜救中的应用

天基物联网的建立满足了“互联网+”时代万物互联的需求。天基物联网项目作为传统航天和新兴物联网结合的产物,有利于促进新一轮产业变革和可持续发展,有利于卫星服务业、卫星制造业、终端设计业等相关产业的快速发展,有利于通信技术和信息安全的发展,有利于构建万物互联生态圈。

据美国卫星工业协会统计,2019 年,卫星制造和卫星发射所占整个卫星产业链的产值规模不足 10%,前期投入的卫星组网建设费用能给整个产业链带来超过 10 倍的产值规模,据美国北方天空研究公司估计,到 2027 年,天基物联网的市场规模预计突破 25 亿美元。

未来地球上任何一个角落的智能机器和传感器都可以通过天基物联网实现实时双向通信,天基物联网将在全球范围内实现天地互连、万物互通,满足陆、海、空、天等多层次海量用户的各种通信要求。

1.3 天基物联网关键技术

目前,天基物联网已经成为当下研究的热点,但是其关键技术的研究还待攻关,包括卫星波束资源的合理利用、实时高效稳定的星间链路传输、海量终端高效高吞吐率的多址接入技术,以及高效费比的终端设计等。

1.3.1 卫星波束资源的合理利用

为了实现全球范围的连续无缝覆盖,天基物联网需要各卫星的各波束间无缝地覆盖全球,但是这种全球覆盖需求却造成近地轨道(low earth orbit, LEO)波束间的多重重叠现象,导致星上资源浪费,特别是在极轨星座下的高纬度覆盖区域尤为突出。为避免高纬度地区波束多重重叠现象,LEO 星座——“铱星”系统采用了动态波束关闭策略。根据相关文献表明,铱星系统采用动态波束关闭策略后,只需要 2 057 个波束,就能满足全球通信业务[2];文献[3]提出的探索式波束关闭算法表明,铱星系统仅需要 1 913 个波束就可以实现全球区域的连续覆盖,降低了 36.91%的波束资源开销;动态波束关闭策略减少了系统运行过程中的相互干扰,同时节省了星上功率等资源开销。

文献[4]对 DVB - S2X 多波束卫星波束调度的最优策略开展了研究,提出了一种基于多目标强度深化学习的动态波束调度算法和基于双环学习的时分多动作选择方法,可实现多波束的动态选择,从而实现智能地分配资源,以适应用户需求和信道条件。文献[5]提出了一种低轨卫星的频率规避方法和装置,该方法使低轨卫星波束避开了高轨卫星波束的干扰,降低了任务规划算法的难度。

除了动态波束关闭策略以外,文献[6]还提出了一种基于地理网格的卫星资源一体化组织模型,该模型为多星资源、联合分析、协同调度提供了技术基础。文献[7]提出了一种基于任务等级的卫星资源分配算法,针对不同等级的通信保障任务,采用多种资源分配策略,可以使星上资源得到合理利用。

由于星上资源有限,如何合理地利用星上资源一直是研究者们关注的热点。如何在有其他卫星干扰规避下实现动态波束关闭策略,不同形状的波束怎样实现动态波束关闭策略,如何结合人工智能在节省星上资源的同时满足不同地区不同通信的需求等问题都值得深入研究,解决此类问题可极大节省星上资源开销,延长卫星在轨服役年限。

1.3.2　实时高效的星间传输

近年来,日益增多的空间任务对卫星通信的数据传输能力和通信安全性提出了很高的要求。星间链路作为一种提高卫星通信能力的有效手段,逐渐成为未来星座设计的必要配置。星间链路的建链方式、通信容量、信号体制等相关特性,都将影响天基物联网的整体效能。

按频率划分,星间链路有激光链路和微波链路。Ka 频段星间链路是微波星间链路的主要方向,Ka 频段具有通信容量大、星间传输无雨衰,以及符合国际电联频率划分要求等特点,但存在数据速率较低、抗干扰能力差等问题。北斗卫星导航系统和第二代“铱星”系统采用的就是 Ka 频段星间链路[8],星间激光链路具有通信速率高、信噪比高、抗干扰能力强和隐蔽性好等优点,但造价高、结构复杂、受光照影响大。据悉,我国的“行云”系统、“鸿雁”系统及国外的“星链”(Starlink)星座和“柯伊伯”(Kuiper)星座都将激光通信作为其骨干传输链路方式之一[9]。

目前,星间链路需要攻克的难关还比较多,但是其运用是大势所趋。未来,星间链路还可以考虑太赫兹和量子通信,其中太赫兹频率介于微波和激光之间,可以兼具两者优势,其通信速率高、波束窄、方向性好、能量效率高于激光通信,且保密安全性高。

1.3.3 海量终端高效高吞吐率的多址接入技术

目前,卫星通信中常用的混合多址体制主要有两种:频分多址(frequency division multiple access, FDMA)+时分多址(time division multiple access, TDMA)通信体制和码分多址(code division multiple access, CDMA)+TDMA 通信体制,对比见表 1.2。这两种通信体制是建立在固定多址接入协议上的,其优点在于可以保证每个用户之间的“公平性”(每个用户都分配了固定的资源)及数据时延基本平均,但其缺点是不能有效地处理用户数量的可变性和通信业务的突发性。对于天基物联网中海量用户的短突发数据业务,其固定多址接入方式的信道效率都比较低。未来的多址接入方式不仅需要给海量接入的终端提供更高的传输效率,而且需要具备高度的自适应性,以灵活适配低轨卫星网络拓扑的动态变化。

表 1.2 天基物联网多址方式比较

比较项目	FDMA+TDMA	CDMA+TDMA
带宽占用	窄	宽
用户容量(同等带宽条件)	大	小
抗干扰能力	没有	强
抗截获能力	弱	强
地面发射机复杂度	简单	略微复杂
地面接收系统复杂度	简单	略微复杂
星上系统	简单	略微复杂
系统同步体制	略微复杂(时间统一后较简单)	简单

因此,许多学者对随机多址协议展开了研究。文献[10]提出一种基于争用解决的分集时隙 Aloha(contention resolution diversity slotted Aloha, CRDSA),该方法充分利用发生碰撞的数据包中含有的信息,在一定程度上改善了丢包率,降低了传输时延,显著提高了系统的吞吐率。文献[11]在 CRDSA 的基础上提出了一种不规则重复时隙 Aloha(irregular repetition slotted Aloha, IRSA),与 CRDSA 相比,IRSA 提升了最大吞吐量。文献[12]对 CRDSA 协议和改进的 CRDSA 协议进行了相关分析,并得出副本数为 3 的 CRDSA 协议的整体性能较好,并在此基础上展开了适用于低轨卫星物联网多址接入协议

的研究。

虽然相关学者对目前的随机多址接入技术进行了很多研究,在 Aloha 协议上提出了不少改进方法,其改进方法也在一定程度上提高了随机接入协议的吞吐量,但具体应用到小卫星上还有一定差距,除此之外,对于卫星星座覆盖后的海量终端,还需要进一步研究如何提高其吞吐率和高效性。

1.3.4　高效费比的终端设计

天基物联终端的寿命要求比较长,因此需要对终端进行低功耗设计。除此之外,在星地传输过程中有较大的损耗和时延,因此还需要考虑终端的高效功放技术和低功率传输技术。

近年来,对卫星终端低功耗的研究主要在硬件模块设计上,包括整机设计、硬件电路设计及现场可编程逻辑门阵列(field programmable gate array, FPGA)代码设计等方面,提供了较为完善的硬件低功耗设计方案。整机的低功耗设计原理是在满足整机各项功能、性能指标的前提下,采用合理的技术方案,通过提高设备集成度,降低各模块的活跃状态和减小模块的工作功耗来降低整机的功耗[13]。硬件电路低功耗的设计主要是从互补金属氧化物半导体(complementary metal oxide semiconductor, CMOS)电路的角度出发,通过降低工作时钟的频率及选择低电压供电的电路芯片来降低动态功耗,通过选择低功耗的芯片及去掉调试时使用的电路等方法来降低静态功耗[14]。FPGA 代码设计中主要通过以下措施来降低动态功耗: ① 控制模块在使用使能信号时,减少时钟的逻辑翻转;② 在满足终端正常工作的条件下,降低工作时钟频率;③ 利用门控时钟技术关闭空闲模块的时钟[15]。

目前的终端低功耗设计主要是对芯片和其他功能模块进行硬件层面上的设计,后期可以考虑运行层面和应用模块的低功耗研究[16]。除此之外,在终端设计时,可以考虑提高无人值守、传感器采集等应用的使用效率,进一步降低星地通信之间的成本,同时还可以将终端模块化,使其操作简单、可靠。未来还可以考虑模块单独化设计,根据不同的任务需求实现不同模块的单独关闭,从而延长终端使用寿命。未来的天基物联网终端可以分为两类: 一类是移动卫星通信系统终端,另一类是甚小口径天线地球站终端。

对于天基物联网,除了终端的设计,还需要考虑终端的布局,如何在满足用户需求的条件下,使终端布局最优,即以最少的终端数量在环境、使用年限等限制条件下,满足天基物联网用户的通信需求。

1.4 基于3S载荷的广义天基物联网应用

天基物联网作为一种利用卫星技术实现的物联网,它通过卫星网络连接各种设备和传感器,实现在全球范围(海、陆、空)内进行设备和传感器之间的大规模连接和实时数据传输。天基物联网在实现低延迟的数据传输需求的同时,还能够保证数据的安全性和完整性。与卫星互联网相比,天基物联网的本质区别在于其更加专注于物联网应用,而不是通信服务。卫星互联网主要是提供通信服务,而天基物联网则更加注重连接和数据传输。

天基物联网系统由空间段、地面段和用户段组成,如图1.4所示。

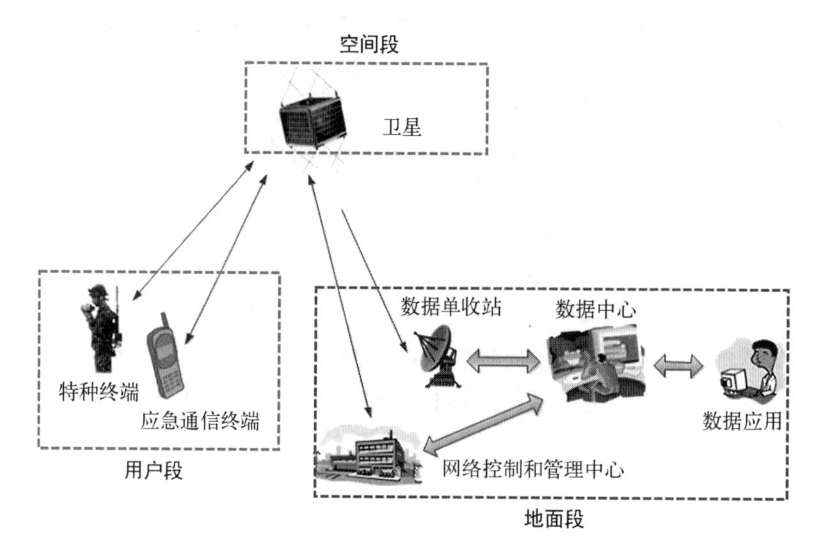

图1.4 天基物联网系统组成

空间段为搭载相关载荷的单颗卫星或者是多颗卫星组成的专用星座。地面段主要由分布在各地的信关站、网络控制和管理中心、地面核心网络组成。用户段包括面向实际应用的各类固定和移动用户终端(传感器)。

在实际的天基物联网系统建设中,考虑到地面终端成本需尽量低廉及海量用户入网的星地协议应尽量简化,通常空间段以DSC载荷为主,信号带宽主要分配给上行链路,利用天基平台接收地球各层(水下、水面、陆地、空中)的各类传感器的自报信息进行数据采集和监控,同时兼顾已广泛应用于全球船舶监视的星载 AIS 接收信息和应用于全球航空目标监视的星载 ADS－B 接收信息,即利用低轨卫星搭载 3S(AIS, ADS－B, DCS)载荷实现全球范围内的航海目标自报信息及地面各类传感器自报信息接收,实现海空目标监视与态势感知、气象/水文/海洋探测、环境监测、能源监测、交通物流、电子围栏、防灾减灾、应急搜救等应用,其具体应用领域见表 1.3。

表 1.3　基于 3S 载荷的广义天基物联网应用部门和领域

载　荷	部　门	应　用　领　域
AIS, ADS－B, DCS	交通	交通管制/事故处理、海空灾难搜救 高铁巡检,汽车、火车、拖车、重型机械、集装箱监控等,货物监控
AIS, ADS－B	物流	航运公司船舶/飞机监控、物流监控、防袭击等
AIS	船政/海岸警卫队	沿海、热点地区的民船监控
AIS	海事	港口远距离的民船监控
AIS	渔政	渔政管理
ADS－B	民航	运输航空管制、精细流控
DCS	气象水文监测	气象数据采集、海洋水文信息采集
DCS	能源监控(电力、石油)	高压电力传输线、石油天然气管道等能源通道在广域范围内的实时无缝监测
DCS	农林业	精准农业、土壤传感器信息采集、环境监控
DCS	地理	电子围栏、防灾减灾(地震、滑坡检测)

由上可知,3S(AIS, ADS－B, DCS)载荷为广义天基物联网中常用的载荷,其中星载 AIS/ADS－B 实现对海空目标的实时探测、识别、跟踪、定位和监视,进一步增强航行/飞行的安全性和效率,保障航海/航空安全,促进我国航海/航空经济快速发展;天基 DCS 在气象、水文、海洋、地震、航运、环境监测等领域有着广泛的应用,军地效益巨大。本书重点研究和发展基于 3S 载荷的广义天基物联网应用,可以为天基物联网的建设和发展提供有力支持。

第2章 星载AIS接收关键技术

2.1 星载AIS概述

2.1.1 研究背景及意义

随着全球海洋船舶数量的不断增加,以及船舶朝大型化、高速化方向发展的趋势,世界上的重要水道越来越拥挤,海损事故时有发生,海上违法犯罪活动日趋猖獗,给船舶航行安全和海洋生态环境造成了巨大威胁。人们在长期的航行安全保障技术研究中越来越深刻地认识到船舶之间和船岸之间的信息交换与船舶识别的重要性,同时也深感现行状况存在的诸多局限性。因此,提高船舶航行安全、防控船舶对海洋污染、打击海事犯罪活动,已成为国际海事组织(International Marine Organization, IMO)和各国主管部门的当务之急。因此,为进一步提高船舶航行的安全性,有必要研究和开发新的助航设备。通信和计算机技术的发展,为该研究提供了技术保证,AIS[17-20]就是依托这些技术发展而来的。

AIS是指在甚高频(very high frequency, VHF)海上移动频段采用自组织时分多址(self organized time division multiple access, SOTDMA)[18,19]接入方式自动广播和接收船舶动态、静态等信息,以便实现识别、监视和通信的系统,其主要功能在于交换船只之间的位置、路线和速度等信息,对船舶进行识别、定位、领航及实现船只避碰等。AIS采用全球的唯一编码体制,即水上移动通信业务标识(maritime mobile service identify, MMSI)码[18]来作为识别手段,从开始建造到船舶使用结束解体,每一艘船舶都给予一个全球唯一的MMSI码。2000年,在IMO MSC73会议上通过的《国际海上人命安全》(International Convention for Safety of Life at Sea, SOLAS)公约中规定了需强制性安装AIS[21,22]:要求所有在2002年7月1日或以后建造的大于300 t的从事国际航运的船舶、大于500 t不从事国际航运的货船和所有客船均须装备AIS设备;并要求所有于2002年7月

1 日前建造的从事国际航运的各类船舶须于 2003 年 7 月 1 日 ~2008 年 7 月 1 日加装 AIS 设备。随着安装 AIS 设备的船舶的数量快速增长，IMO 规定[23]，大中型船舶（300 t 以上）必须安装 AIS A 类船台，中小型船舶安装 AIS B 类船台，海上辅助导航设施（包括卫星紧急无线电示位标和灯塔）也需安装辅助导航（aids to navigation, ATON）AIS 设备，其他军事用途舰船也应大量安装 AIS 设备，军用船只采用加密方式，民用船只无法解码获得军用船只的位置等相关信息。

AIS 最初是针对船基及陆基平台设计的 VHF 无线电通信系统。由于 AIS 的强制加装和自报位特性，其逐步推广应用于海域感知、海面监视、辅助识别、环保、缉私、打击恐怖主义等方面，其军用和民用价值日益突显。随着 AIS 在船舶、沿岸、飞机等平台的加装，AIS 的监视范围有所扩展，但这些搭载平台仍不能满足对 AIS 信息的覆盖范围和时效性要求，如岸基 AIS 覆盖半径在 30 ~ 50 n mile（1 n mile ≈ 1 852 m）内，空基 AIS 覆盖半径在 200 n mile 内[22,24,25]。于是，人们迫切地需要对沿海 VHF 覆盖区域以外的远离陆地的船舶进行探测和跟踪，以实现大范围地持续监视敏感地区，并实施全球的通信、指挥和精密导航定位等功能，星载 AIS[22,26-28] 在这种情况下应运而生。

星载 AIS 是指在一颗或者多颗低轨道卫星（轨道高度为 400 ~ 1 000 km）上搭载 AIS 接收机，在轨接收船舶 AIS 信号的无线电通信系统[27,29,30]。由于卫星具有高远特性，它克服了传统 AIS 船舶-船舶、船舶-岸台通信范围小的缺点，可实现大范围接收卫星下船舶发射的 AIS 信息。星载 AIS 的接收范围广阔，通常可达上千海里，其覆盖范围内包含多个 SOTDMA 子网络，各 SOTDMA 子网络内的信号不会发生冲突，但各子网络之间是互相独立的[31]。同时，船舶的 AIS 信号报告速率较高，因此当船舶超过一定数目时，必然会产生不同 SOTDMA 子网络内船舶发射的 AIS 信号同时达到 AIS 接收机的情况，从而发生信号拥塞、丢失，导致星载 AIS 的船舶接收性能急剧下降。

其次，由于卫星的高速运动特性，星载 AIS 覆盖范围内不同位置船舶发出的 AIS 信号到达星载 AIS 接收机后，其载波频率会发生不同程度的偏移，即多普勒频移现象。以 600 km 轨道高度为例，典型的 AIS 信号多普勒频移的变化范围为 -3.8 ~ +3.8 kHz[32,33]，这种现象既增加了对星载 AIS 接收机带宽的要求，又提高了星载 AIS 信号接收解码的难度。此外，星载 AIS 星地链路中，除一般的传输线、射频和滤波器损耗外，AIS 信号还受到大气衰减、多径衰减、自由空间传播损耗和电离层衰减（法拉第旋转效应）[34] 等因素影响，这些都对星载 AIS 接收机的灵敏度和解码算法提出了更高要求。最后，单颗 AIS 卫星对于固定海域船舶的重访时间将很长（通常为 6~8 h），导致系统的时效性大大降低。为了快速反映海上船舶的动态变化情况，提高对全球海域船只的覆盖性能，必须进行 AIS 星座组网。

星载 AIS 与目前的船舶-岸基、船舶-船舶、船舶远程识别与跟踪（long range identification and tracking, LRIT）系统[35]相比，具有全天时、全天候、远距离、大范围、多参数、卫星探测的合法性及低轨道卫星发射不受国籍限制等优点，因此在海洋监管领域具有独特的优势[36-39]，具体如下：① 高质量的服务，提供内容丰富、快速更新的全部 AIS 信息；② 对用户的限制少，星载 AIS 不是点对点系统，用户不需要安装额外终端设备，无须支付任何电信费用；③ 广阔的覆盖范围，系统可以达到全球覆盖，包括极地区域；④ 星载 AIS 可作为 LRIT 系统的重要补充。LRIT 系统是点对点通信工具，用于获取信息和监控；而星载基站 AIS 则是全球跟踪，可用于船舶航行安全监管。

星载 AIS 可迅速获取全球范围内 AIS 船舶的分布、状态信息，实现对目标船舶的探测、识别、跟踪、定位和监视[40-42]，从而进一步增强海上航行安全性和提高效率，在国民经济建设中，获取的全球 AIS 信息可用于掌握全球船舶动态、维护航行安全、分析全球经济态势等。在军事上，星载 AIS 可用于监视全球海域舰船目标，特别是在与其他光学、无线电侦察载荷配合的基础上，可以提高定位精度、准确判定目标属性、辅助目标筛查等[43-45]，并生成全球海洋目标态势图，其典型应用如图 2.1 所示[46-49]。星载 AIS 具有巨大的民用价值和军事价值，已引起多个国家和组织的高度重视，其具体应用领域如表 2.1 所示。

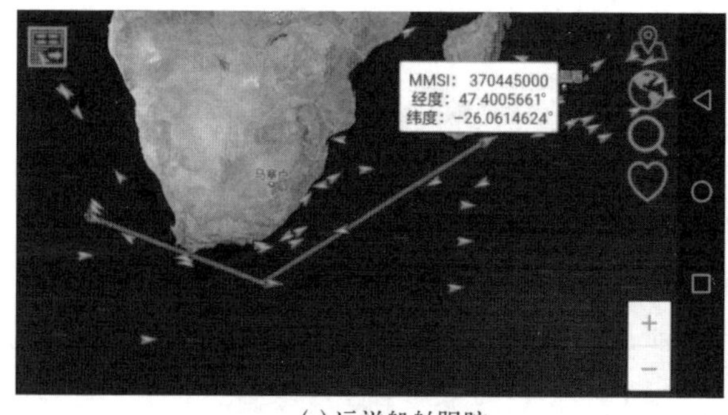

(a) 远洋船舶跟踪

(b) 融合目标识别

(c) 海上应急搜救

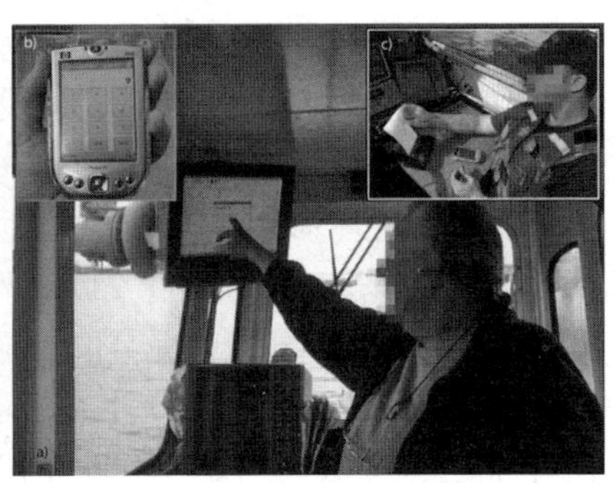

(d) 船舶引航

图 2.1　星载 AIS 典型应用场景

表 2.1　星载 AIS 应用前景

部　门	应 用 领 域
情报/军事	民用船只监控、侦察,协助军事舰船的侦察
交通	水上交通管制/事故处理、海上搜救
物流	海运公司船只监控、物流监控,防海盗袭击
船政/海岸警卫队	沿海、热点地区的船只监控
海事	港口远距离的船只监控
海军	演习区域或周边区域、冲突区域的船只监控和监测
渔政	渔政管理

此外,通过星载 AIS 获取全球船舶的动态数据,可从中分析提取国防、经济、安全的战略信息,建立全球船舶航运动态数据库,可更好地掌握国际航运经济发展的脉搏,准确地调控我国的航运发展态势及方向,保障航运安全,促进我国航运经济快速发展。

综上所述,星载 AIS 的出现将加快海洋目标监控的现代化进程,带来海洋目标监控的重大进步。在军事上,星载 AIS 的应用将对我军的海上船舶技术侦察、监视识别起到巨大的推动作用,对于捍卫我国海洋权益具有重要战略意义。因此,为加强我国对海洋目标的监控技术手段,捍卫我国的海洋权益,星载 AIS 接收的关键技术研究和建设已经刻不容缓。

2.1.2　星载 AIS 国内外研究现状及发展趋势

从 AIS 概念提出到制定和应用实施已历时十余年,其发展过程中所经历的几个具有代表性的事件如下[50-52]：1994~1995年，瑞典、芬兰首次提出“无线电 AIS”的概念；1998年11月，国际电联无线电通信部门(International Telecommunication Union-Radiocommunication Sector, ITU-R)通过“在 VHF 海上移动频段上使用时分多址的船用自动识别系统技术特性”建议案 ITU-R M.1371；2000年12月，IMO MSC73 会议通过 AIS 强制性安装议案，目前 AIS 正处在实施和进一步发展的成熟阶段。IMO 对 AIS 给予了充分的肯定，IMO、ITU-R、国际电工委员会(International Electro Technical Commission, IEC)等组织相继出台了支持该系统的性能、技术、测试等标准，SOLAS 公约也对船舶的安装做出了具体的要求，许多国家的港口和水域也都引进了 AIS 岸站，AIS 技术正在全球范围内迅速发展并得到广泛应用。

按照安装平台的不同，AIS 设备主要包括岸基 AIS、导航辅助设备(aids to navigation, ATON) AIS、船载 AIS、机载 AIS 和星载 AIS。受制于传统陆基 AIS 探测范围有限的缺点，2003年，挪威防御研究组织(Norwegian Defence Research Establishment, FFI)学者 Wahl 等在“柏林第4届小卫星地球观测专题年会”上首次提出利用低轨小卫星来解决大范围海事监测的设想[53]。星载 AIS 概念一经提出，便受到了世界范围内的极大关注，随后，FFI 对利用低轨卫星搭载 AIS 接收机进行船只侦察和海事监督的可行性进行了研究[21,54]。虽然从提出星载 AIS 概念到目前仅仅有十多年的时间，但已经取得了较大的发展，近年来全球星载 AIS 的研制和发射情况如表 2.2 所示[26,45,55-57]。其中，典型的代表是加拿大 ExactEarth 公司(2021年被美国 Spire Global 公司收购)和美国 ORBCOMM 公司的星载 AIS 已经投入了商业试用阶段，面向全球船舶和海事部门提供 AIS 数据服务和分销。目前，欧洲空间局(European Space Agency, ESA)、挪威、加拿大、美国、中国、德国、瑞典、日本等国家或组织相继开展了星载 AIS 的研制，并发射了自己的 AIS 小卫星，代表性的星载 AIS 如图 2.2 所示。

表 2.2 典型小卫星星载 AIS

发射时间	名 称	国家或组织	在轨情况	用 途
2005年	Ncube-1/Ncube-2	FFI	发射失败	前期验证和信号冲突测试
2006年	TACSAT-2	美国 ORBCOMM 公司，海岸警卫队(United States Coast Guard, USCG)	发射成功 目前已失效	监控离岸2 000 n mile以内船只

续　表

发射时间	名　称	国家或组织	在轨情况	用　途
2007年	Rubin－7 AIS	德国OHB公司	发射成功	演示验证
2008年	NTS	加拿大Com Dev公司所有，多伦多大学宇航研究所(University of Toronto Institute for Aerospace Studies，UTIAS)研制	发射成功	完成初步试验验证并分析信号冲突概率
	Quick Launch系列(5颗)	美国ORBCOMM公司	发射成功，目前已全部失效	提供AIS数据商业服务
	海岸警卫队验证卫星CDS	美国ORBCOMM公司		
	Rubin－8 AIS	德国OHB公司	发射成功	演示验证
	M2Msat	美国ORBCOMM公司	2010年停止服务	跟踪移动和固定船舶
2009年	Aprizesat－3/Aprizesat－4	美国SpaceQuest公司	发射成功	为ExactEarth提供数据
	Rubin－9.2 AIS	德国OHB公司	发射成功	演示验证
	PathFinder2	德国OHB公司旗下的LuxSpace公司	发射成功	提供日常AIS数据服务
	OG2星座计划18星	美国ORBCOMM公司	2010～2014年部署完成	
2010年	AISSAT－1	FFI所有，UTIAS研制	发射成功	了解AIS信号冲突，为AISSAT－2作准备
	NorAIS、LuxAIS两个AIS接收机(位于国际空间站“哥伦布”模块仓)	分别属于FFI和德国LuxSpace公司	发射成功	数据收集、在轨评估

续 表

发射时间	名 称	国 家 或 组 织	在轨情况	用 途
2011年	VesselSat-1	美国ORBCOMM公司所有，德国LuxSpace公司研制	发射成功	接替Quick Launch系列AIS卫星服务，增大对赤道区域的覆盖
	AprizaSat-5/AprizaSat-6	美国SpaceQuest公司	发射成功	为ExactEarth公司提供数据
2012年	VesselSat-2	美国ORBCOMM公司所有，德国LuxSpace公司研制	发射成功	接替Quick Launch系列AIS卫星服务
	“天拓一号”	中国国防科技大学	发射成功 目前已失效	国内首次在轨演示验证AIS接收
	ExactView-1	加拿大Com Dev公司旗下ExactEarth公司	发射成功	商业运营
	SPAISE SDS卫星	日本宇宙航空研究开发机构(Japan Aerospace Exploration Agency，JAXA)		星载AIS工程化验证
2013年	M3MSat	加拿大Com Dev公司所有，UTIAS研制	发射成功	
	SPAISE2、ALOS-2	JAXA		海事监控
2014年	AISat-1	德国宇航中心、LuxSpace公司研制	发射成功	验证AIS在轨接收和螺旋天线技术
	VENTA 1	拉脱维亚、德国LuxSpace公司研制		
	Max Vallier	意大利、德国LuxSpace公司研制		
2015年	“天拓三号”	中国国防科技大学	发射成功	演示验证新的AIS接收技术
2017年	NorSat-1、NorSat-2	挪威Kongsberg Seatex公司	发射成功	演示验证新的AIS接收机技术
2018年	“海洋二号”B卫星	中国空间技术研究院（简称中国航天五院）	发射成功	单天线，应用于海洋监测

续　表

发射时间	名　称	国家或组织	在轨情况	用　途
2019 年	“海洋一号”C 卫星	中国航天五院	发射成功	双天线、双接收机，应用于海洋监测
2017～2019 年	“铱星二代”星座 58 颗星	Harris、ExactEarth	完成组网运行	商业运营
2020 年	“海洋一号”D 卫星	中国航天五院	发射成功	双天线、双接收机，应用于海洋监测
	“天拓五号”	中国国防科技大学	发射成功	双接收机、电磁兼容性更好，应用于海洋监测
	“海洋二号”C 卫星	中国航天五院	发射成功	应用于海洋监测
2022 年	“海南一号”01/02 星、“文昌一号”01/02 星	深圳航天东方红海特卫星有限公司、北京微纳星空科技有限公司	发射成功	电磁兼容性更好，应用于海洋监测

其中，FFI 是最先提出并开展星载 AIS 理论研究和系统方案设计的国际组织，早在 2004 年就发表了首份关于星载 AIS 建模和船舶检测概率的评估报告[21]，并于 2005～2006 年研制发射了两颗搭载有 AIS 接收机的皮卫星 Ncube－1、Ncube－2，但遗憾的是，最终因火箭导致发射失败[58]。2010 年 6 月 12 日，FFI 联合挪威其他多家部门和单位，由挪威航天中心出资，委托加拿大多伦多大学空间飞行实验室（Space Flight Laboratory, SFL）研制的 AISSAT－1 纳星在印度搭载 PSLV－C15 火箭发射入轨，卫星的主载荷为 AIS 接收机[59,60]。FFI 通过分析 AISSAT－1 实际接收的数据，并结合多国岸基 AIS 和其他星载 AIS 接收的大量数据，掌握了 AISSAT－1 纳星 AIS 载荷的多网冲突情况，修正了多网信号冲突模型，改进了相关算法，为 AISSAT－2 纳星的研制提供了前期基础和技术支持。

与此同时，美国也很早意识到了开展星载 AIS 技术研究的重要意义。USCG 首先提出利用星载 AIS 建立一套全新的海事安全监管系统，由卫星收集距海岸线 2 000 n mile 范围内船舶的 AIS 信号，并转发给相关部门进行预警，这一提案很快得到了国土安全部的支持。2004 年 5 月，USCG 与美国卫星通信公司

(a) "天拓一号"微纳卫星

(b) NTS微纳卫星

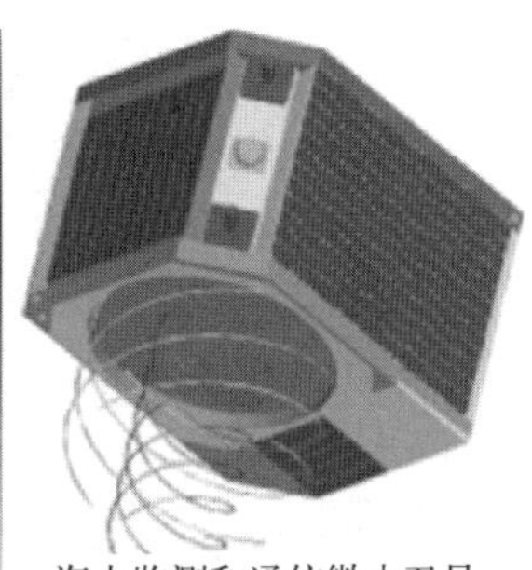
海上监测和通信微小卫星
(c) M3MSat微小卫星

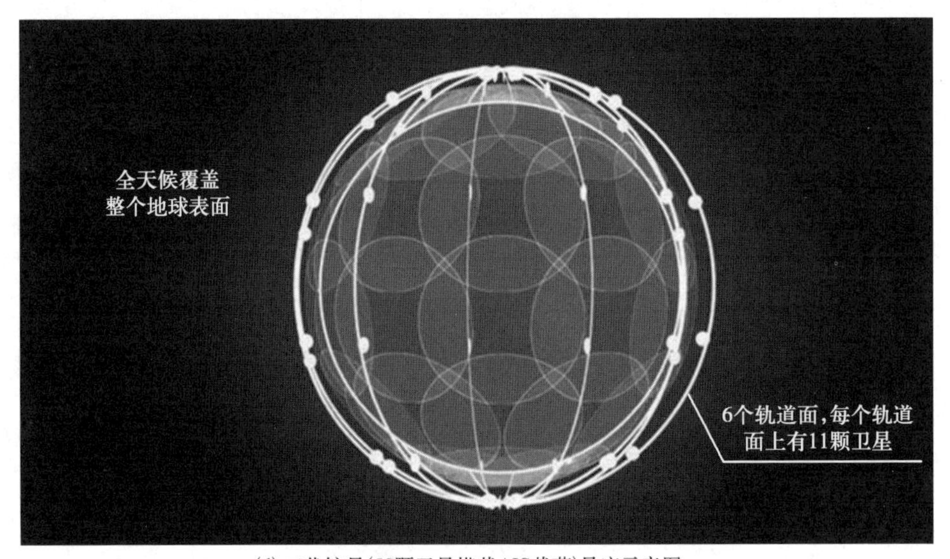

(d) 二代铱星(58颗卫星搭载AIS载荷)星座示意图

图 2.2 代表性星载 AIS

ORBCOMM 正式就在通信卫星上搭载 AIS 接收机进行立项；2006 年 12 月，搭载 AIS 接收机载荷的 TACSAT－2 卫星成功发射入轨并接收到 AIS 信号，成为世界上首个在轨运行的 AIS 卫星[26,61]。此后的 2008~2012 年，ORBCOMM 公司又陆续发射了搭载 AIS 接收机的 CDS 卫星、Quick Launch 系列、VesselSat－1、VesselSat－2 等[62,63]，成为全球第一家 AIS 数据服务提供商。2009 年 7 月，由美国 SpaceQuest 公司研制的 AprizeSat－3 和 AprizeSat－4 微小卫星携带 AIS 接收机发射成功[57]，并于次年 7 月起将其接收到的 AIS 数据与加拿大 ExactEarth 公司的系统合作,作为 ExactAIS 全球服务的一个重要组成部分。

2005 年至今,加拿大 Com Dev 公司一直致力于空间 AIS 技术的研究,积极推动星载 AIS 的研制和商业服务。该公司于 2005 年完成相关技术的仿真;2006 年完成 AIS 接收机的地面港口实验;2007 年完成 AIS 接收机的空间飞行验证并于 2008 年随 NTS 微纳卫星发射[64]。NTS 是典型的立方体微纳卫星,体积为 20 cm×20 cm×20 cm,质量约 6.5 kg。NTS 纳星的接收效果与 AISSAT－1 纳星相当,主要功能为完成初步试验验证并通过实收数据分析星载 AIS 多网冲突的概率,为后续关键技术和应用卫星打下基础,该 AIS 卫星由 ExactEarth 公司负责监管,并实现了首次向世界范围内提供 AIS 数据服务。2012 年 7 月,该公司成功研制发射了最新一代 AIS 卫星 ExactView－1[65,66],并于 11 月份进入了商业运营阶段。据在轨测试结果报道,其 AIS 信号检测概率是当时所有在轨 AIS 卫星中最高检测概率的 2 倍,初步估计可到达 80%,很大程度上缓解了 AIS 多网冲突问题。2015 年来,该公司主要搭载二代“铱星”系统实现快速组网(搭载 58 颗卫星),至 2019 年已完成全球星载 AIS 的在轨布置并提供准实时服务(1 min 获取信息、1 min 落地)。

德国在星载 AIS 研究方面也是成果颇丰,著名的研制单位有德国宇航中心、OHB 公司及旗下的 LuxSpace 公司。早在 2007 年,OHB 公司就在其侦察卫星 SAR－Lupe3 上搭载了 Rubin－7 AIS,后续又相继发射了 Rubin－8、Rubin－9 和 PathFinder2[28,67],并由此成为第一个为世界范围内提供日常 AIS 数据服务的欧洲公司。此外,LuxSpace 公司还参与了多个国家星载 AIS 载荷的研制,如 VesselSat－1、VesselSat－2、VENTA 1、Max Vallier、AISat－1 等[68]。其中,值得一提的是该公司与德国宇航中心合作研制的 AISat－1 采用了在轨可展开的大螺旋 AIS 天线和全向天线,在提高对船舶密集区域的检测概率的同时兼顾了宽阔的覆盖范围特性,该卫星于 2014 年 6 月发射入轨,AIS 天线成功展开,螺旋天线覆盖范围半径仅为 375 km,可显著提升高密度海域的船舶检测概率性能[69,70]。

为进一步加快商业化进程,提高 AIS 数据的时效性,世界各个国家组织相继开展了 AIS 卫星组网研究计划。2009 年,美国海军开始启动 Global AIS 和 Data－X 国际卫星星座(GLobal AIS & Data－X International Satellite, GLADIS)计划[71],具体由海军研究实验室组织研究并实施。该计划拟通过 30 颗微纳卫星(其中美国提供 6 颗卫星,5 次发射,一箭 6 星,并邀请其他国家研制其他 24 颗卫星)组网,实现对全球任意位置 AIS 船舶和 AIS 浮标信号的连续接收,数据更新时间优于 10 min。与此同时,从 2009 年开始,美国 ORBCOMM 公司启动了第二代观测卫星(OG2)星座计划,拟计划发射18颗AIS卫星[72],进一步提高对星载AIS信号的检测概率,提高AIS数据的刷新时间,完善其商业服务质量。截至2020年12月,安装搭载AIS载荷达108个,平均船位个数达195.1/天,平均船位更新频率为0.12 h(新加入的卫星AIS数据质量在我国东海、黄海、南海地区有较好提升,但部分船舶的更新频率依然超过7 h)。

2009年4月开始,ESA启动了AIS计划[22,72],计划利用4颗卫星实现全球AIS信息的实时监测,并期望解决AIS接收机遇到的多网信号冲突问题。2010年,ESA成立了AIS办公室,其研制的AIS多信道接收机和天线已于2011年在国际空间站上进行在轨测试,并计划在随后的1~2年内推向商业实用。据报道,在ESA"通信系统预先研究"(Advanced Research in Telecommunications Systems, ARTES)子项目"卫星自动识别系统"(SAT-AIS)的资助下,挪威Kongsberg Seatex公司研制的新型自动识别系统的舰船跟踪能力显著提高,其AIS接收机搭载于两颗挪威微小卫星NorSat-1和NorSat-2于2017年7月14日发射升空,在测试期间的四个月内,每天从NorSat-1和NorSat-2接收到的消息数量可达到250万条,相比之前的消息数量(每天90万条),其接收到的舰船位置的信息数量增加178%。

国内方面,近年来星载AIS的研制和应用也得到了长足发展,开展星载AIS技术研究的单位主要有国防科技大学、中国电子科技集团第十研究所(简称十所)、中国航天五院等。其中,国防科技大学电子科学学院自2009年开始了星载AIS的冲突信号盲源分离和解调等工作[73,74],已有部分成果和技术储备。十所开展了星载AIS相关技术的前期研究,如星载链路设计、多网信号冲突模型、接收系统方案设计等内容,主要针对星载AIS多网冲突问题进行了建模和仿真[75]。廖灿辉等主要开展了星载AIS信号混合特性研究和单通道盲源分离算法研究[75],其代表性的逐留存路径处理(per-survivor processing, PSP)算法具有计算复杂度低、可直接对信道参数进行跟踪等优势。为降低大幅宽导致的AIS信号碰撞影响,提升在轨报文解调效能,航天五院航天恒星科技有限公司实施了赋形天线设计、抗卫星平台设备电磁干扰设计、多类型报文兼容性解调设计、在轨捕获灵敏度可调设计、信号重捕获设计、帧头精准同步设计、低信噪比解调设计、延迟缓冲处理设计等一系列针对性设计,并于2020年9月在"海洋二号"C卫星AIS载荷上进行了测试验证,有效提高了AIS日报文接收数量。

国防科技大学微纳卫星工程中心自2009年起便开展了星载AIS搭载飞行的前期论证和关键技术研究,先后完成了星地链路设计、接收机硬件选型和电路设计、AIS双柔性天线设计、系统装配和测试/试验等工作。2012年5月10日，搭载星载AIS接收机的“天拓一号”(TianTuo－1, TT－1)卫星成功发射，其AIS天线于5月13日成功展开，开展了在轨测试，AIS接收功能正常，有效覆盖范围半径超过2 000 km。TT－1在轨运行两年多时间内，共计接收到全球几十万条AIS数据报文，并以此绘制出国内首张全球船舶数据AIS海图，同时为2012年9月“神舟九号”发射的应急搜集预案提供了AIS数据支持和保障。截至2013年11月，TT－1共为包括交通运输部、中国科学院等在内的20多家军民单位提供数据，应用广泛，评价良好。关键技术研究方面，为缓解多网信号冲突问题，设计了两个AIS单极子天线，正交安装，分时工作，在轨接收时定时切换，但在船舶密度较大的海域，其解决多网冲突问题的效果仍然欠佳。2015年9月20日，国防科技大学微纳卫星工程中心自主设计和研制的“天拓三号”(TianTuo－3,TT－3)微纳卫星搭载“长征六号”运载火箭成功发射升空，其主星“吕梁一号”搭载了最新设计的增强型星载AIS接收机并对接收天线进行了优化，其船舶检测概率相比TT－1有较明显的提高。2020年8月23日发射的“天拓五号”(TianTuo－5, TT－5)卫星搭载了双AIS接收机和天线，每天接收的AIS报文超过80万条，日报文接收数量是“天拓三号”的10倍以上，是“海洋”系列卫星的2倍以上，为国内性能最优。

2.1.3　微小卫星星载AIS关键技术分析

从研究现状和发展趋势来看，目前世界范围内多采用搭载发射的方式来开展星载AIS技术研究，其中70%以上都是在微小卫星上实现的。基于微小卫星平台开展星载AIS关键技术研究具有成本低、可快速组装、快速测试、快速发射、快速应用及便于维护与升级等显著优势，将成为未来全球海洋监测的重要发展方向[53,76,77]。然而，受通信体制、通信距离、覆盖范围、AIS信号发射周期、发射机功率、船舶数量、空间环境等众多因素影响，目前星载AIS技术还不太成熟，距离实用化还有一定差距，具体表现[22,34,78-80]如下。

(1) 星载AIS接收信号信噪比较低，增加了AIS信号的解调难度，提高了对星载AIS接收机灵敏度要求。

(2) AIS信号多普勒频移效应显著，可达±4 kHz，而AIS信号为窄带信号，带宽为12 kHz，这对星载AIS接收机带宽提出了更高要求，进一步增加了信号解调的难度。

(3) 星载AIS信号多网冲突现象显著，严重影响了AIS信号的正常接收，特别是在船舶密集海域,AIS 信号冲突问题更加突出。

(4) 星载 AIS 数据更新时间较长,通常单颗 AIS 卫星对某固定海域的平均重访周期在 6 h,大大制约了星载 AIS 的实时性。

此外,微小卫星平台能力对星载 AIS 的关键技术的研究和发展也有一定的限制,主要体现在如下几个方面。

(1) 微小卫星重量轻、体积小,对星载 AIS 的 VHF 接收天线尺寸有所限制,无法搭载安装大规模阵列天线,直接影响到接收信号的信噪比和后续分离处理。

(2) 微小卫星星上计算能力有限,在轨实时处理能力较弱,除满足正常的星务管理和遥测/遥控任务外,剩余的星上资源难以完成复杂的信号识别、估计和处理等计算任务,直接影响到 AIS 接收机核心解码算法的设计。

(3) 微小卫星电源系统和通信数传能力有限,星载 AIS 在轨运行过程中将接收到海量 AIS 信号,其中包括可直接解调的单信号和大量的 AIS 混叠信号,数据量很大,而地面站资源通常有限,能否通过有限的数传能力成功下传所有 AIS 数据也直接影响到星载 AIS 数据获取、后续处理和工程应用价值的发挥。

为加快星载 AIS 的实用化进程,国内外学者对微小卫星星载 AIS 相关理论和关键技术开展了广泛而深入的研究和探索,主要包括星载 AIS 建模与优化、星载 AIS 接收机天线设计、星载 AIS 信号解调与混叠信号盲源分离、新型星载 AIS 接收机技术及 AIS 卫星组网理论与方法。

1. 星载 AIS 建模与理论分析

星载 AIS 建模是指根据 AIS 卫星的轨道高度、天线结构、覆盖范围、船舶分布与运动状态等建立船舶检测概率的数学模型[21,54],并对影响系统性能的关键因素进行分析、优化,它是星载 AIS 关键技术研究的基础。通常,定义在 AIS 卫星一次过顶的观测时间内,覆盖范围内的某艘船舶只要成功发出一条 AIS 信号并被星载 AIS 接收机正常接收解码,即认为被成功检测识别。

最早开展星载 AIS 建模和检测概率研究的学者是 Hřye,他首次建立了星载 AIS 的观测几何[21],并根据 AIS 报文格式定义了两类信号冲突机制:同时隙冲突和相邻时隙冲突,并在假设 AIS 卫星观测范围内船舶均匀分布、自组织子网络大小相同、AIS 信号报告周期相同等的条件下建立了船舶检测概率的解析计算模型,定性分析了 AIS 卫星轨道高度、船舶报告周期、观测时间及两类时隙冲突对船舶检测概率的影响,并对上述影响因素分别进行了定量分析和优化设计。

此外,Tunaley[81]认为船舶发出的 AIS 信号随机进入通信时隙,进入同一时隙的 AIS 信号数目近似服从泊松分布,并以此建立了星载 AIS 的船舶检测概率模型，创新性地引入了混叠信号分离因子 q 和重叠因子 s，最后给出了检测概率随船舶数量、报告周期和分离因子的仿真结果。而 Norris[82] 和 Harchowdhury 等[83] 进一步考虑了 B 类 AIS 船舶对 A 类 AIS 船舶检测概率的影响，并计算推导了同时存在 A 类、B 类 AIS 船舶时的系统检测概率。然而，上述这些建模方法或引入了较多理想化的假设，或基于经验模型，没有考虑船舶分布和运动状态，也没有体现出 SOTDMA 通信协议在时隙分配和信号传输中的核心约束作用，因此难以全面、精确描述星载 AIS 信号混叠冲突的程度，以及船舶检测概率与影响因素的关系，对后续算法设计、关键技术研究的指导借鉴意义也不明确。

精确的星载 AIS 建模必须以 SOTDMA 通信协议为依据，充分考虑到船舶的实际分布和运动状态，根据不同海域的船舶密集程度、航行状态等有针对性地建立观测模型和计算模型。此外，船舶 AIS 发射机功率、发射机天线类型、星载 AIS 接收机天线类型、轨道高度、解调算法、空间环境及链路衰减等因素都会影响星载 AIS 的船舶检测概率性能，所有这些因素在系统建模中都必须考虑到。在精确建模的基础上，针对影响系统性能的关键因素进行定量的仿真分析和优化设计，可为后续关键技术研究奠定基础。

2. 星载 AIS 天线技术

天线作为 AIS 信号接收的前端，是星载 AIS 的重要组成部分，它直接决定了星载 AIS 的覆盖范围，以及接收到的 AIS 信号数目和 AIS 信号冲突程度，因此 AIS 接收天线是星载 AIS 关键技术的首要突破口。对于微小卫星星载 AIS，其天线的选择和设计首先会受到体积、重量和功率的约束，即必须考虑其搭载的可行性；其次，它必须有足够高的增益，以抵消信号在自由空间传输过程中的路径损失和多径衰落，提高 AIS 信号的信噪比；最后，天线要有足够大的覆盖范围和合适的波束，以实现对大面积海域的覆盖，同时降低 AIS 信号的冲突。

在星载 AIS 的研制过程中，美国首先意识到了 AIS 信号的同信道干扰问题和低信噪比问题，在其首个搭载 TACSAT－2 的星载 AIS 项目中，就率先采用了相控阵天线[61]，天线阵列安装在卫星的太阳能帆板上，相控阵 AIS 天线在与卫星速度垂直的方向上合成了两个高指向性的窄波束，有效地减少了同信道 AIS 信号干扰，同时获得了较高的信号增益特性，但天线阵列很大，只能在大卫星上搭载安装，在微小卫星平台上难以实现。

目前，星载 AIS 常采用的天线是 VHF 单/双偶极子线，比较具有代表性的是卢森堡的 VesselSat2 和我国的 TT－1 两颗 AIS 卫星，其中，TT－1 运行于 480 km 的太阳同步轨道，AIS 天线采用的是两根垂直交叉（极化）的单偶极子天线，其合成波束宽度约 130°,地面覆盖范围可达 700 万平方千米。但是正是由于单个波束角太大,覆盖范围太宽,从而引入了较强的 AIS 信号冲突,在船舶密集的海域,其船舶检测概率较低。2009 年 11 月,由 ESA 和国际空间站业余无线电(Amateur Radio on the International Space Station, ARISS)团队合作研制的两种 AIS 天线(VHF 波段的 AIS 天线和 UHF 波段的 AIS 天线)搭载 STS－129 航天飞机进入国际空间站[84],安装在哥伦布舱上,以搭配 AIS 接收机进行性能测试。次年 5 月开始,ESA 选用了 2 个分别来自 LuxSpace 和 FFI 的接收机对天线进行了测试,以演示在轨接收船舶 AIS 信号,取得了一定的成果,但具体性能有待进一步了解。

为了尽量减小天线的波束角,提高增益,减缓 AIS 信号多网冲突,2010 年,德国宇航中心为 AISat 项目设计了一个长 4 m、直径 0.7 m 的 AIS 螺旋天线[57]。这种天线带有一个很大的反射面,发射前可以像弹簧一样压缩起来,待卫星入轨后展开。天线的方向性很强,可以提供很高的增益和很窄的波束,从而大大提高接收到的 AIS 信号强度、抑制干扰,同时大大减小波束覆盖范围、降低发生冲突的 AIS 信号数目,提高船舶检测概率。AISat－1 卫星于 2014 年 6 月成功发射入轨,螺旋天线成功展开,工作状况良好,天线覆盖范围直径为 750 km,对船舶密集海域的检测概率有较明显的提升,此外 AISat－1 还装配了一副全向天线,以保证足够大的覆盖范围[69]。为了减小体积、减轻重量,泰雷兹航空系统(Thales Systemes Aeroporters, TSA)公司与法国空间局、巴黎电信技术实验室合作研制了适用于微小卫星平台的微带片状天线单元[85],该天线的长、宽、高尺寸不超过 50 cm×20 cm×20 cm,每个单元总质量不超过 5 kg,采用双线极化的方式,宽带方向性指数大于 6 dBi,理论设计和试验结果的一致性较好,需要进一步完善的是调频谐振单元的设计。

此外,Foged 等[86]为 ESA 的星载 AIS 项目设计了一种小型化的双极化 VHF 天线阵,该天线阵列包含 5 个阵元,每个阵元都是一个带有反射面的双极化偶极子天线,采用人工合成磁材料制作的天线质量和尺寸大大减小,单个阵元尺寸为 50 cm×50 cm×50 cm,质量小于 3 kg,采用折叠方式安装于一颗 300 kg 的小卫星上。天线阵增益较低,但仍满足星载 AIS 要求,实验测试结果与理论设计的一致性较好,但在轨应用和实际的船舶检测概率提升效果还未见报道。上海卫星工程研究所的王瀚霆等[87]提出了一种宽窄波束协同的星载 AIS 报文实时接收处理系统,设计采用 4 副八木天线组成天线阵,多波束形成网络,使天线阵形成 1 个宽波束和 4 个窄波束对 AIS 信号进行接收,并配合使用多通道 AIS 接收机,从而提升解 AIS 信号的时隙冲突能力,可综合提高对船舶目标的检测概率。

随着无线通信由时频域向空域的进一步延伸,智能天线技术应运而生,智能天线技术的优越性在于利用线阵列信号的分析,可以灵活优化地使用波束,减小干扰和被干扰的机会,提高频带的利用率,改善系统性能,因此有望应用于星载 AIS 中。智能天线的技术核心是智能算法,智能算法决定着瞬时响应速率和电路实现的复杂程度,其关键在于选择较好算法实现波束的智能控制。随着技术的不断发展和研究的深入,智能天线的内涵也逐渐扩大,从传统的波束切换到多输入多输出并引入空间维的结构。智能天线的工作方式也从波束切换、类似主波束形成的方法朝自适应阵列方向发展[88]。

3. 星载 AIS 信号解调与混叠信号盲源分离算法

由于星载 AIS 采用了 SOTDMA 通信协议,并且覆盖范围较广,AIS 接收信号面临着不确定性传输时延、多普勒频移严重、信噪比较低和多信号混叠冲突等问题。星载 AIS 接收信号处理的核心就是分离解调这些受到干扰的 AIS 信号,它直接关系到船舶能否被正常识别,并影响船舶检测概率水平。星载 AIS 信号的分离解调主要包括两个方面内容:单个 AIS 信号的解调和混叠 AIS 信号的分离。其中,单个 AIS 信号解调是指从未发生 AIS 信号混叠的时隙中滤除噪声等其他调制参数的影响,恢复出 AIS 源信号。混叠 AIS 信号的分离是指从已发生多个 AIS 信号混叠冲突的时隙中恢复出一个或者多个 AIS 信号的原始码元信息。比较而言,后者的处理难度更大,主要原因是星载 AIS 接收机接收到的混叠 AIS 信号大多是同频重叠信号,在时域、频域和空域的区分度较小,而且不同时隙内混叠 AIS 信号的来源和数目具有随机不确定性。此外,受平台限制,微小卫星星载 AIS 多采用单根接收天线,因此混叠 AIS 信号的分离在本质上是一个单通道同频重叠信号盲源分离问题,也属于欠定盲源分离问题[89,90]。

1) 星载 AIS 信号解调算法[91-94]

AIS 信号是采用高斯最小频移键控(Gaussian filtered minimum shift keying, GMSK)方式产生的[18,95,96],它是一种恒包络调制信号,具有相位连续、带宽较窄、频谱利用率高等特点。目前,对于此类调制信号的解调方法主要包括相干解调和非相干解调两大类[91,97,98],两者的区别在于是否需要进行载波提取和信道、调制参数的精确估计。非相干解调算法与信号的初始相位无关,不需要进行载波提取和相位估计,因而是一种简单高效的算法,对硬件系统的要求也比较低。传统的 AIS 信号非相干解调算法主要有差分解调算法、正交解调算法、幅度调制脉冲分解法及基于维特比(Viterbi)算法的 GMSK 非相干解调算法等[91,93,99,100]。

其中,最常用的差分解调算法又可以分别 1 bit 差分、2 bit 差分和 n bit 联合差分解调,这些算法的原理和实现都比较简单,在不存在同信道干扰和信噪比较高的条件下,算法的误码率较低。但是,当存在同信道干扰时,算法的误码率性能将急剧恶化,当信干比低于 5 dB 时,单纯通过提高信噪比已无法取得较好的误码率性能[98,101]。

文献[102]针对星载 AIS 信号解调过程中的时延和多普勒频移问题,通过深入分析训练序列的性质,利用折叠互相关、高阶累积量等方法,提出了一种新的基于数据辅助的时延频偏估计算法。仿真结果表明,该算法在时延/频偏估计精度、估计范围、相移容忍度和时延容忍度等方面有了较大提升,理论上能够容忍 32 T_b 的时延。

文献[100]对基于 Viterbi 算法的 GMSK 非相干解调算法在星载 AIS 信号解调中的实现进行了研究和仿真,基于 Laurent 展开式将 AIS 信号分解为一系列的脉冲信号的叠加,进行截短处理后,利用匹配滤波器对信号主分量进行匹配滤波,既避免了载波恢复和相位估计的难题,又继承和保持了相干解调算法的良好性能,仿真结果表明,与 n bit 联合差分解调算法相比,该算法具有较好的噪声抑制能力。在处理同信道干扰时,当信干比为 5 dB 左右时,随着信噪比的提高,其误码率性能仍然有较大的提升空间,算法的不足之处在于当干扰数目较多时,解调的误码率仍然较高。相对于非相干解调来说,相干解调虽然复杂度较高,但是在已精确估计载波频率、相位等调制参数的情况下,它可以获得比非相干解调算法更优的误码率性能[103,104]。文献[105]对星载 AIS 信号的相干解调算法进行了研究,分别推导和仿真了 GMSK 线性相干解调、基于最大似然序列检测(maximum likelihood sequence detection, MLSD)的 Viterbi 相干解调和基于 Laurent 分解的简化相干解调。其中,基于 Laurent 分解的简化相干解调在系统复杂度和误码率性能两个方面具有综合优势。仿真结果表明,这三种解调算法都具有很强的噪声抑制能力和抗同频干扰特性,比相同条件下的非相干解调算法性能略优,但复杂度普遍较高。

2) 星载 AIS 混叠信号盲源分离算法

由于星载 AIS 覆盖范围广,通常包含多个 SOTDMA 子网络。当船舶超过一定数目时,从不同位置发出的 AIS 信号就有可能同时达到星载 AIS 接收机,从而产生信号混叠冲突,而且船舶越密集、交通越繁忙,这种现象也会更加显著,同时发生混叠冲突的 AIS 信号数目也会越多。为提高船舶检测概率,必须对发生混叠的星载 AIS 信号分离解调,从中恢复相应的码元信息。然而,AIS 源信号和传输信道都是未知的，只能根据星载 AIS 接收机所接收到的混叠信号来恢复出原始信号，因此，这是一个典型的盲源分离（blind source separation, BSS）问题。盲源分离是指在不知道源信号和传输通道的参数的情况下，仅由观测信号恢复出源信号各个独立成分的过程，也就是根据观测到的混合数据向量确定一个变换，以恢复原始信号或信源[106,107]。典型情况下，观测数据向量是一组传感器的输出，其中每个传感器接收到的是源信号的不同组合。对微小卫星星载 AIS 而言，由于平台尺寸限制，一般都只采用单根 AIS 接收天线，因此混叠 AIS 信号的观测向量是一维单输出，只能采用单通道盲源分离（single channel blind source separation, SCBSS）算法来处理。这种输出信号只有一个而源信号有多个的问题也是一类特殊的欠定盲源分离问题，在数学上属于病态问题，混合矩阵的逆矩阵不存在，有可能存在不唯一的解，实现起来也比较困难[80, 81]。目前，还没有统一的理论框架来解决这一问题，往往需要假设源信号满足一些特殊的性质才能完成分离，解决问题的关键在于如何挖掘和利用所针对问题的先验知识，无论是统计性的还是确定性的，系统的还是信号的。经过近十年的发展，人们提出了一些 SCBSS 算法，主要有变换域滤波的方法、稀疏分解的方法、基函数方法和独立分量分析（independent component analysis, ICA）方法等[108]。

文献[109]针对星载 AIS 冲突信号，提出了一种基于压缩感知的星载 AIS 冲突信号分离算法。该算法通过建立基于压缩感知的星载 AIS 冲突信号欠定盲源分离模型，利用接收信号维度的稀疏性，以正交匹配追踪算法实现冲突信号分离，以分离信号维度稀疏性和最小互相关性作为优化目标，采用粒子群算法实现了冲突信号的最优分离。仿真结果表明，相对于维特比算法，该算法具有更好的冲突信号分离效果和更高的误码性能。同时，针对传统 FastICA 算法中牛顿迭代初值随机选取、易陷入局部最优的缺点，作者利用布谷鸟算法，以全局搜索的方式对牛顿迭代的初值进行了全局最优搜索优化。仿真结果表明，相较于 FastICA 算法，改进算法具有更好的误码性能，以及具有一定的对接收信号功率、频率等参数的不敏感性和实时性好的优点。

混叠星载 AIS 信号虽然是一类同频重叠的 GMSK 调制信号，但是各分量信号在幅度、频偏、相位和时延等参数上都存在差异，且存在码间串扰，但各个分量信号互不相关，外界噪声可视为高斯白噪声。粒子滤波盲源分离算法[110]和 PSP 盲源分离算法[111,112]利用多参数间存在的差异，采用联合参数估计和序列检测的思想来实现分离，并且能对多参数进行跟踪，对混叠 AIS 信号具有较好的分离效果。粒子滤波算法对分量信号功率、频偏、时延和成形波形等参数没有特别要求,参数适应性强,但是计算复杂度较高,需要进行改进和简化。PSP算法将基于数据辅助的未知参数估计技术嵌入经典 Viterbi 算法中,实现参数和序列的联合估计,大大降低了计算的复杂度。文献[75]针对突发的 GMSK 混合信号,提出了一种 PSP 抗频偏盲源分离算法,该算法在盲源分离过程中对信道变化和频偏引起的相位变化分别进行跟踪,较好克服了因突发时长短导致参数估计误差大的问题,对频偏误差的容忍能力强,算法的分离性能几乎不受影响,缺点是需要考虑混合信号的分段融合处理等问题。文献[113]提出了一种基于 PSP 的 AIS 混合信号分离与检测联合估计方法,该方法针对 AIS 相对时延较大的特性,利用幅度极值检测法将混合信号分割为混叠段与未混叠段。对于混叠段,先进行 PSP 盲源分离,然后对分离后的序列进行 PSP 检测。而对于未混叠段,则直接进行 PSP 检测,最终根据 AIS 信号的特定帧格式将原始信号恢复拼接。仿真结果表明,该方法能够较好地联合分离与检测两个过程且性能稳定,估计精度较高、复杂度低。

目前,针对星载 AIS 混叠信号的盲源分离问题,国内外都开展了一系列研究并取得了初步成果。据报道,加拿大 Com Dev 公司研制的 ExactView - 1 商用 AIS 卫星上就采用了盲源分离算法来提高其船舶检测概率,检测概率是以往性能最好的 AIS 卫星的 2 倍以上[65]。此外,文献[34]以 3 幅正交偶极子天线作为 AIS 接收天线,采用干扰对消算法来分离混合 AIS 信号,取得了较好的分离效果,但在混合信号幅度相近时的分离性能较差。文献[73]以阵列天线为 AIS 接收天线,利用 AIS 信号到达天线时衰减和时延的差异性,在天线空间域上基于对消理论来分离混合 AIS 信号,与传统算法相比,该方法具有较低的误码率和更高的信号干扰比,但是混合 AIS 信号的波达方向相近时,分离效果欠佳。

值得注意的是,在 AIS 卫星单次过顶时间内,船舶会周期性地发射 AIS 信号,只要有一次被正确解码分离即可。混叠 AIS 信号的数目庞大,混合特性比较复杂,不可能也没有必要实现对覆盖范围内所有混叠 AIS 信号的分离,星载 AIS 信号解调和盲源分离的任务是尽可能以较低的代价和复杂度获得较高的检测概率提升。

总体而言,混叠星载 AIS 信号的盲源分离算法还处于研究和探索阶段,由于星载 AIS 信号的突发性、不确定性、混合信号长度短等特点,传统的盲源分离算法并不能完全适用,还必须根据不同混叠 AIS 信号的特点和参数差异性,来研究和设计不同的盲源分离算法，以提高分离性能，同时降低计算复杂度。

4. *新型星载 AIS 接收机技术*

针对星载 AIS 接收机的应用特点，文献[114]提出了超外差带通采样接收机的架构，并最终完成了星载 AIS 接收机的硬件设计，最终实测结果证明接收机具有较高的接收灵敏度，能够满足在轨应用需求，且最终在轨工作情况良好。文献[115]针对低轨星载 AIS 应用需求，提出了一种双通道 AIS 接收机设计方案，采用软硬件可重构的设计思路和非相干解调算法，可同时对四个频道的报文信息进行接收解调，增加了接收 AIS 信号的数据量，节省了硬件资源，提高了设备的可靠性，并取得了较好的在轨接收性能。传统 AIS 接收机的抗频偏能力较差，灵敏度较低且无法解调混叠 AIS 信号，文献[116]给出了一种船舶自动识别系统中 VHF 接收机的设计方案，简要介绍了接收机的工作原理，给出了基于 MAX2306 的 VHF 接收机的硬件和软件设计。实验测试和应用表明，该接收机的接收灵敏度、邻信道选择性等都已达到规定的要求，并且该接收机结构简单、性能稳定，易于批量化生产。但文献并没有针对当前星载 AIS 接收机面临的多普勒频移和多网冲突问题提出相应的改进措施。

文献[103]针对星载 AIS 的多普勒频移和 AIS 信号多网冲突问题，提出了一种新型相干接收机设计方案，该接收机基于最大似然估计(maximum likelihood estimation, MLE)准则和 Viterbi 解调算法对带有多普勒频移和冲突的 AIS 信号进行接收，MLE 准则函数取含噪声的接收信号和理论信号的误差平方和最小，仿真结果表明该接收机的误比特率(bit error ratio, BER)性能良好，与理论结果相比只有 2 dB 的损失。文献[93]针对星载 AIS 信号接收过程中存在的干扰信号多、相位和频率偏差不定的问题，提出了一种联合差分解调算法来接收 AIS 信号，与 1 bit 和 2 bit 差分检测/解调器相比，这种方法联合了 N 个单差分解调进程并配以相应的权重系数，对理想的相干解调算法进行了对比，并对信号的多普勒频移、初始相位的随机性、干扰冲突和低通滤波的作用效果进行了检验和评估，结果表明，该算法大幅提高了信噪比、降低了误码率，与传统的 1 bit 检测器相比，对信号的增益要求降低了至少 10 dB。

文献[117]对 AAUSAT3 的星载 AIS 接收机的结构和性能进行了详细的描述，该接收机是基于软件定义无线电(soft defined radio, SDR)技术设计的，可以大大降低系统的硬件复杂程度和设计成本。AIS 信号在经过接收机的射频前端后下变频为 200 kHz，之后经高速 AD 采样送数字信号处理器进行滤波和解调处理。匹配滤波器采用两级带通滤波方案，第一级宽带通滤波接收所有带有多普勒频移的 AIS 信号并隔离噪声信号,第二级窄带滤波器用于分离多普勒频移不同的 AIS 信号。对于发生时隙冲突的信号,则采用窄带滤波和多个解调器来估计信号的中心频率。该接收机经过热气球搭载试验,在 500 km 传输距离内,A 类 AIS 设备发出的 AIS 信号的接收概率比较令人满意,在 700 km 范围内也能正常接收到 AIS 信号。

文献[101]基于多普勒频移和干扰对消技术提出了一种新型星载 AIS 接收机方案,它将两个 AIS 信道各划分为三个子信道,每个子信道内部采用 Viterbi 算法解调和干扰对消技术进行信号的解调和分离,并采用数字重调制模块将解调后的信号进行重调制,之后反馈到接收机的输入端进行干扰对消,逐步迭代分离出 AIS 信号。这种全新的设计方案的性能在典型的卫星接收通道上得到了全面的验证,实验表明,新的接收机具有良好的噪声抑制性能,能够很好地缓解 AIS 信号冲突、多普勒效应和信号传输时延的问题。

5. *AIS 星座设计*

相对于传统陆基 AIS,星载 AIS 极大地扩展了系统的观测范围和应用价值,然而单颗 AIS 卫星的侦测能力毕竟有限,AIS 数据的更新和应用周期较长,无法满足大规模的商业应用和快速、高质量的军事应用。为提高星载 AIS 的服务质量,美国和 ESA 率先开始了各自的 AIS 星座组网计划,代表性项目如 GLADIS、OG2 和 ESA 的四星组网计划。采用 AIS 星座组网,一方面,可以缩短对海上船舶的连续监测时间间隔,提高系统的实时性;另一方面,通过多颗 AIS 卫星的协同接收,可以弥补单颗 AIS 卫星检测概率低的问题,提高整个系统的服务质量。作为一种无线电侦察手段,星载 AIS 主要是完成对海面船舶的动态识别和监测,可作为未来快速响应空间系统的一个重要组成部分,其星座设计可以借鉴低轨对地观测卫星星座[118]、小卫星应急组网[119]及基于区域覆盖的卫星星座优化设计方法[120],可根据任务需求进行多星联合分布式组网,完成对重点海域的快速区域覆盖,也可以面向全球船舶及海监部门提供数据服务,进行全球连续覆盖。

理论研究方面,文献[121]提出了一种低轨卫星星座覆盖性能的通用评价准则,将星座的对地仰角特性转化为具有相同覆盖能力的标准卫星数量,与同星座中实际卫星数量的比值作为星座覆盖性能的评级指标。文献[122]针对我国西南边境某地的侦察任务需求,分别进行了中、低轨道卫星星座的优化设计,基于遗传算法重点研究了对目标的覆盖范围和有效覆盖时间。文献[123]针对以台湾地区为中心的 2 000 km 范围内的通信需求设计了一个小卫星星座,提出了两种非对称设计方案，设计了两种轨道倾角，轨道高度分别为 800 km 和 1 500 km，可满足实时通信要求。以上这些卫星星座任务和覆盖特性都与 AIS 星座有异曲同工之妙，可以作为星座设计的参考。文献[124]结合卫星 AIS 应用的特点，从 AIS 卫星星座的覆盖性能出发，采用 Walker 的 δ 星座设计方法，对卫星的轨道类型、轨道高度、轨道倾角、星座参数等进行了详细分析，提出一种全球覆盖的 AIS 卫星星座，设计轨道高度为 600~800 km，特征因子为 40/5/4，并分析了星座组网各阶段的覆盖性能。仿真结果表明，该星座具有较好的全球覆盖性能，可有效提高系统的时间覆盖概率，减少重访时间和平均响应时间。

在 AIS 星座设计方面，为完善国际合作，提升星载 AIS 的服务质量，文献[57]提出采用 3 颗 AIS 纳卫星，多颗携带 AIS 接收机的 3U 立方体小卫星实现至少 4 h 访问同一海域，更新 AIS 数据的功能。其中，3 颗 AIS 纳卫星组合起来，对稀疏和中等密度船舶海域的船只检测概率将达到 90%以上，AIS 卫星具有成本低、发射速度快的优点，并具有自动离轨功能，在轨寿命至少 5 年，且以最低成本为终端用户提供近实时的船舶交通状况信息。AIS 星座拟采用 600~800 km 的极轨道，并有多颗备份 AIS 卫星，整个系统至少包括 4 座地面站支持，系统最快响应时间预计为 10 min，平均响应时间为 225 min。为进一步提升星载 AIS 服务质量，Challamel 等为欧洲高性能星载 AIS 提出了一系列的星座设计方案[125,126]，定义了 4 级应用需求，其中最高一级应用要求船舶检测概率不低于 80%，AIS 数据更新时间小于 1 h。拟采用的星座设计方案包含 20 颗低性能 AIS 微卫星和 4 颗高性能 AIS 小卫星，分别部署于不同的轨道面上。文献[127]基于覆盖街区法分析了集成 AIS 和遥感载荷的星载船舶检测系统的星座设计方案。当 AIS 接收机幅宽超过 2 880 nm 时，采用 8 颗 AIS 卫星即可实现每 50 min 更新一次全球船舶位置信息，从而实现全球非连续性覆盖。

总体而言，AIS 星座设计主要包括三个方面内容：覆盖性能的评价指标、固定区域重访时间间隔和对检测概率性能提升程度，核心是星座构型设计和优化算法，它与具体的任务需求和 AIS 天线幅宽密切相关。事实上，AIS 星座设计并不一定要实现对全球海域的连续覆盖，这是因为通常船舶密集的区域主要集中在港口和海岸线附近，这些由岸基 AIS 即可完成服务。星载 AIS 主要完成对远洋海域船舶的监测，在这些区域，船舶的密度低，对位置信息的更新率要求也不是太高，一定程度上降低了对星座内卫星数量的要求。国际电信联盟建议，对于海岸线附近几百海里的船舶，其位置更新周期在 1 h 左右即可，距离更远的船舶可以适当放宽到 4~12 h。

2.2 星载 AIS 建模与分析

星载 AIS 的建模与仿真是微小卫星星载 AIS 关键技术研究的基础。星载 AIS 是由传统地面 AIS 发展而来的,除了具备传统地面 AIS 的一般特征之外,星载 AIS 还具有一些新的技术特点,如多普勒频移、低信噪比、大时延、多网信号冲突、严重空间衰减等。另外,AIS 的组成、特点、协议标准、工作原理等在本质上决定了星载 AIS 信号的接收和处理方式。星载 AIS 是一个动态通信系统,卫星与船舶的相对位置与运动状态处于不断变化之中,系统接收性能与天线覆盖范围、船舶数量及分布、船舶报告周期、频道数量、轨道高度、观测时间、船舶类别比例等因素密切相关,难以精确评估,具有一定的统计特性。为有效评估星载 AIS 对不同海域船舶的检测效果,针对性地提高星载 AIS 的接收性能,必须建立星载 AIS 的检测概率计算模型并对影响因素进行仿真分析,为后续星载 AIS 的改进和关键技术研究提供指导。

本节首先介绍 AIS 信号模型和协议标准,并研究星载 AIS 信号的技术特点,如多普勒频移、路径时延、信噪比等,为后续展开研究提供理论基础;其次,对星载 AIS 多网冲突问题根源进行分析,建立星载 AIS 的观测模型;最后,基于船舶分布特性建立星载 AIS 的检测概率模型,并对相关因素的影响进行定量的仿真和分析。

2.2.1 星载 AIS 技术基础

1. AIS 技术标准

AIS 是一种工作在 VHF 频段,以 SOTDMA 协议为核心,基于四层(物理层、链路层、网络层、传输层)开放系统互连(open system interconnection, OSI)工作模式[128],发射和接收船舶站台的静态信息、动态信息、航次相关信息和安全相关短信息等 26 种报文,实现船舶之间、船舶与海上交通管理中心之间的信息交换,集现代通信、网络和信息科技于一体的多门类高科技新型助航设备和广播式自动报告安全信息系统[74]。国际电信联盟为 AIS 设置的两个专用收发频点分别为 CH87B(工作频率为 161.975 MHz)和 CH88B(工作频率为 162.025 MHz),此外,ITU 在 2012 年"国际无线电大会"上还提出了为 A 类 AIS 设备的远距离信息广播拟增设两个额外的频点,分别为 156.775 MHz 和 156.825 MHz[128,129],这一建议标准被定义为 27 号报文。AIS 采用帧概念对时间进行分配，1 帧等于 1 min，并划分为 2 250 个时隙，每个时隙可发布一条不长于 256 bit 的信息，长于 256 bit 的信息需增加时隙，但最长不超过 5 个时隙[18]。每帧数据的起始和结束与全球定位系统（global positioning system，GPS）世界协调时（coordinated universal time，UTC）严格同步，同步精度要求不超过 312 μs，每条 AIS 船舶随机在 CH87B 和 CH88B 两个通信频道上通过询问（自动）选择一个与其他船不发生冲突的时隙和对应的时隙来发布本船的信息。在统一的 VHF 频道上，AIS 范围内的任何船舶都能自行互不干扰地发送报告和接收全部船舶（岸站）的报告。

船舶 AIS 可分三大类：A 类（Class A）AIS、B 类（Class B）AIS 和 AIS 接收机类（Receiver Type AIS）。其中，A 类 AIS 的发射功率为 12.5 W，B 类 AIS 的发射功率为 2 W，各类 AIS 各有其不同应用范围，B 类 AIS 安装在 IMO 尚未强制规定必须安装 A 类 AIS 的船舶上，有助于提高海上航行的安全性。B 类 AIS 有两种类型，一种是载波侦听时分多址（carrier sense time division multiple access，CSTDMA），符合 IEC－62287－1 技术标准；一种是 SOTDMA，符合 ITU－R M.1371 和 IEC－62287－2 技术标准，由于 SOTDMA B 类 AIS 协议与 A 类设备相同，可以看作一种 A 类设备。A 类和 B 类设备的主要区别如表 2.3 所示。

表 2.3　A 类与 B 类 AIS 设备区别[1,123]

项目	A 级	B 级（SOTDMA）	B 级（CSTDMA）
协议	SOTDMA	SOTDMA	CSTDMA
位置报告	消息 1	消息 18	消息 18
静态报告	消息 5	消息 19	消息 24A、24B
报文通信	寻址：最长 936 bit 广播：最长 1 008 bit	寻址：最长 936 bit 广播：最长 1 008 bit	寻址：最长 96 bit 广播：最长 128 bit
发射功率	最大 12.5 W	2 W	2 W
报告速度	抛锚、停泊或速度≤3 kn（3 min）	航行速度≤2 kn（3 min）	
	抛锚、停泊或速度>3 kn（10 s）	辅助导航（3 min）	
	航行速度 0～14 kn（10 s）	航行速度 2～14 kn（30 s）	
	航行速度0～14 kn并改变航向$\left(\frac{10}{3}\text{ s}\right)$		

续 表

报告速度	航行速度 14~23 kn(6 s)	航行速度14~23 kn(15 s)	
	航行速度 14~23 kn 并改变航向(2 s)		
	航行速度>23 kn(2 s)	航行速度>23 kn(5 s)	
	航行速度>23 kn 并改变航向(2 s)		

1）信号模型

AIS 采用 GMSK 调制方式产生信号，GMSK 调制信号是在最小频移键控(minimum-shift keying, MSK)信号的基础上，在码元输入前端增加一级高斯预调制滤波器实现的。MSK 调制方式具有包络恒定、相位连续，以及功率谱在主瓣外衰减快的特点。在 MSK 调制方式中加入预调制高斯滤波器，可以滤除信号高频分量，进一步降低旁瓣功率、平滑相位曲线、稳定信号频率，因此 GMSK 信号具有功率谱密度紧凑、频谱利用率高和抗干扰能力强的特点，非常适用于工作在 VHF 频段的 AIS 通信系统[130]。另外，预调制高斯滤波器在 AIS 发射信号中会不可避免地引入码间串扰(intersymbol interference, ISI)，一定程度上牺牲了误码率，但滤波器的带宽时间常数(BT 值)在数据传输时小于 0.5，对性能影响并不太大，只是增加了 AIS 信号解调难度，这也是后续 AIS 信号接收处理中要解决的难题之一。根据 ITU 技术标准，AIS 的工作带宽为 25 kHz 和 12.5 kHz，在公海上应采用 25.0 kHz 的带宽，而在领海内应根据当地管理部门的要求采用 25.0 kHz 或 12.5 kHz 的带宽，对应的调制指数 h 分别为 0.5 和 0.25。当用于数据发射时，GMSK 调制器工作在 25 kHz 带宽下的 BT 值为 0.4，在 12.5 kHz 时的 BT 值为 0.3；当用于数据接收时，GMSK 解调器工作在 25 kHz 带宽下的 BT 值为 0.5，在 12.5 kHz 时为 0.3 或 0.5[18,74]。

采用 GMSK 调制方式的 AIS 信号原理如下[93,105]：用 b_n 代表原始输入码元序列，$b_n=+1$ 或-1，首先对原始码元 b_n 进行差分编码得到 a_n，编码方式为 $a_n = b_n a_{n-1}$，其中 $a_n=+1$ 或-1，则由 $a_{n-1}a_{n-1}=1$ 得到 $b_n = a_n a_{n-1}$。之后，将 a_n 经过高斯预调制低通滤波器进行预滤波后，输出积分得到相位 $\varphi(t)$ 将相位进行调制后，进行 I、Q 变化后即得到 GMSK 信号。GMSK 调制原理如图 2.3 所示。

高斯低通滤波器的传递函数为

$$H(f) = \mathrm{e}^{-\alpha^2 f^2} \tag{2.1}$$

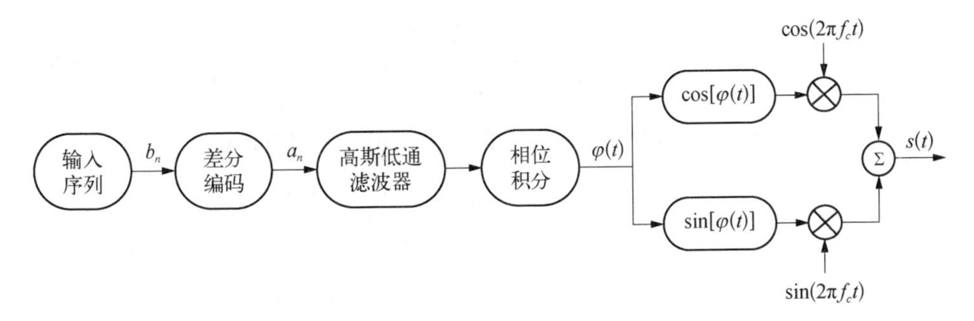

图 2.3　AIS 信号的 GMSK 调制原理图

单位冲击响应为

$$H(t)=\frac{\sqrt{\pi}}{\alpha}\mathrm{e}^{-\left(\frac{\pi t}{\alpha}\right)^{2}} \tag{2.2}$$

其中，$\alpha=\sqrt{\frac{\ln 2}{2}}/B$，$B$ 为高斯低通滤波器 3 dB 带宽。

AIS 数据采用反向不归零编码(non-return to zero inverted，NRZI)方式进行编码，则输入的双极性不归零矩形脉冲序列经高斯低通滤波器之后输出为

$$x(t)=h(t)*\mathrm{rec}(t)=\sum_{n=-\infty}^{\infty}a_n g(t-nT_b) \tag{2.3}$$

式中，$\mathrm{rec}(t)$ 为幅度为 $1/T_b$ 的矩形脉冲信号，表达式为

$$\mathrm{rec}(t)=\begin{cases}1/T_b, & |t|<\dfrac{T_b}{2}\\ 0, & \text{其他}\end{cases} \tag{2.4}$$

高斯矩形脉冲响应函数为

$$\begin{aligned}g(t)&=\mathrm{rec}(t)*h(t)\\&=\frac{1}{2T_b}\left\{\mathrm{erfc}\left[\frac{2\pi B}{\sqrt{\ln 2}}\left(t-\frac{T_b}{2}\right)\right]-\mathrm{erfc}\left[\frac{2\pi B}{\sqrt{\ln 2}}\left(t+\frac{T_b}{2}\right)\right]\right\},\quad t\in\left[-\frac{LT_b}{2},\frac{LT_b}{2}\right]\end{aligned} \tag{2.5}$$

其中，L 为码元约束长度，通常取整数；LT_b 为 $g(t)$ 的截断长度，在实际应用中，$g(t)$ 在 $|t|>LT_b/2$ 时的取值为 0；$\mathrm{erfc}(t)$ 为互补误差函数，表达式为

$$\mathrm{erfc}(t) = \frac{2}{\sqrt{\pi}}\int_{t}^{\infty} \mathrm{e}^{-\frac{t^2}{2}}\mathrm{d}\tau \tag{2.6}$$

相位响应函数 $q(t)$ 定义频率脉冲响应函数 $g(t)$ 的积分,即

$$q(t) = \int_{-\infty}^{t} g(\tau)\mathrm{d}\tau \tag{2.7}$$

$q(t)$ 满足如下关系:

$$q(t) = \begin{cases} 0, & t < 0 \\ 1/2, & t > LT_b \end{cases} \tag{2.8}$$

$$q(t) = 1/2 - q(LT_b - t) \tag{2.9}$$

则 GMSK 调制相位 $\varphi(t;\boldsymbol{a})$ 可表示为

$$\varphi(t;\boldsymbol{a}) = 2\pi h\sum_{n} a_n q(\tau - nT_b) = 2\pi h\int_{-\infty}^{t}\sum_{n} a_n g(\tau - nT_b)\mathrm{d}\tau \tag{2.10}$$

其中,$h = 0.5$ 为调制指数;$\boldsymbol{a} = \{a_i\}$ 为码元序列。

则采用 GMSK 调制方式的 AIS 信号可表示为

$$s(t) = \sqrt{\frac{2E_b}{T_b}}\mathrm{expj}[2\pi f_c t + \varphi(t;\boldsymbol{a})] \tag{2.11}$$

其中,E_b 为码元能量。

由式(2.11)可知,采用 GMSK 调制方式的 AIS 信号的核心在于计算相位 $\varphi(t)$ 大小,AIS 信号的解调目的就是求解恢复原始码元信息 b_n。

2)AIS 信息与通信协议

(1)AIS 信息类别和结构。

AIS 信息类别分为信息摘要和信息描述。在 ITU - R M.1371 - 4 标准中共定义了 27 类报文[131],具体分别是位置报告、基站台报告、船舶静态和航行有关数据报告、船舶类别报告、全球导航卫星系统(global navigation satellite system, GNSS)或 GPS 位置报告、安全信息报告、广播信息、世界协调时查询、差分 GNSS 信息、标准和扩展 B 类 AIS 设备位置报告、数据链的管理信息、信道管理信息和 A 类 AIS 船舶位置报告远距离传输应用等。

AIS 是采用高级数据链路控制(high-level data link control, HDLC)协议,以数

据包的方式来传输 AIS 信息的,码元传输速率为 9 600 bit/s,每个时隙(26.67 ms)内可传输一次包含 256 bit 信息的完整 AIS 数据包。采用 HDLC 标准格式的 AIS 数据包结构如图 2.4 所示。

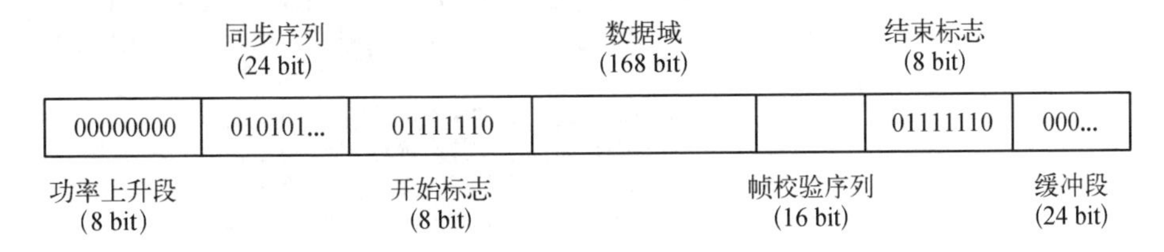

图 2.4　采用 HDLC 标准格式的 AIS 数据包结构示意图

如图 2.4 所示,AIS 数据包由功率上升段、同步序列、开始标志、数据域、帧校验序列、结束标志和缓冲段组成。其中,功率上升段用于准备将 AIS 发射机调整至发射状态。同步序列用于进行时钟同步和码元对齐,和开始标志、结束标志一起,可用于识别确定 AIS 信号。开始和结束标志码元序列固定为 7Eh,长度为 8 bit。数据段包含与船舶自身及航行状态相关的所有信息,通常为 168 bit(对应于 1 号、2 号、3 号报文),具体的信息内容和结构如表 2.4 所示[131],当长度大于 168 bit 时,将分为多个时隙发送。帧校验序列用于数据传输纠错,采用循环冗余校验(cyclic redundancy check, CRC)来实现。缓冲段通常包含 24 bit,其中 12 bit 用于传输保护,传输保护的时间为 1.25 ms,传输保护之外的时间为 25.4 ms。

表 2.4　AIS 位置报告报文内容表[131]

参　数	比特数	说　明
报文 ID	6	报文 1、2、或 3 的识别符
转发指示器	2	用于指示报文转发次数: 0~3;0=缺省;3=不再转发
用户 ID	30	MMSI 数字
导航状态	4	0=发动机启动中;1=锚泊;2=未操作;3=有限的适航性;4=受船舶吃水深度限制;5=停泊;6=搁浅;7=捕鱼中;8=航行中;9=留作将来修正导航状态,用于运载危险品、有害物质或海洋物的船舶,或者运载国际海事组织规定的 C 类危险品或污染物、高速船舶;10=留作将来修正导航状态,用于运载危险品、有害物质或海洋物的船舶,或者运载国际海事组织规定的 A 类危险品或污染物的船舶、大翼展飞行器;11~13=预留将来用;14=AIS-SART[1](现行的);15=未规定=缺省(也可用于测试中的 AIS-SART)
转向速率 ROT_{AIS}	8	0~+126=每分钟右旋最多 708°或更快; 0~-126=每分钟左旋最多 708°或更快;

续 表

参 数	比特数	说 明
		每分钟 0~708°之间的值表示为 $ROT_{AIS}=4.733ROT_{sensor}$,式中,$ROT_{sensor}$ 为旋转速率[由外部旋转速率指示符(TI)输入],ROT_{AIS} 为舍入后最接近的整数; +127=以每 30 秒右旋超过 5°的速率旋转(TI 不可用); -127=以每 30 秒左旋超过 5°的速率旋转(TI 不可用); -128(80 十六进制)表明也有可用的旋转信息(缺省); ROT 不应从对地航向(course over ground, COG)信息算出
对地速度(speed over ground, SOG)	10	对地航速,步长 1/10 kn(0~102.2 kn),1 023=不可用,1 022=102.2 kn 或更快
位置精度	1	位置准确度的标志: 1=高(>10 m); 0=低(<10 m); 0=缺省
经度	28	以 1/10 000 分为单位的经度[±180°,东=正(表示为 2 的补码),西=负(表示为 2 的补码),181°(6791AC0h)=不可用=缺省]
纬度	27	以 1/10 000 分为单位的纬度[±90°,北=正(表示为 2 的补码),南=负(表示为 2 的补码),91°(3412140 h)=不可用=缺省]
COG	12	以 1/10 度为单位(0~3 599),3 600(E10 h)=不可用=缺省;3 601~4 095 应不采用
真航向	9	度(0°~359°)(511 表示不可用=缺省)
时间标记	6	UTC 秒,电子定位系统生成报告的时间[0~59;或在时间标记不可用时为 60;或在定位系统为手动输入模式下为 61;或在定位系统工作在估计模式(航迹推测)下为 62;或在定位系统不起作用时为 63]
预留为区域应用	4	预留给区域管理者定义,如果未用于任何的区域应用,则置为 0;区域应用不能用 0
备用	1	未使用,应置为 0,留作将来使用
RAIM-标志	1	电子定位设备的接收机自主完好性监视(receiver autonomous integrity monitoring, RAIM)标志;0=RAIM 未使用=缺省;1=RAIM 正在使用
通信状态	19	包括 2bit 的同步状态,3bit 的时隙超时数和 14bit 的子信息
比特数总计	168	

1. SART 表示搜救雷达应答器。

(2) SOTDMA 通信协议。

AIS 主要有三种操作模式,分别是自主和连续工作模式、指定工作模式和轮询工作模式,其中在缺省状态下,船舶 AIS 会在自主和连续工作模式下一直工作到关机为止,而轮询工作模式不影响其他两种模式的正常工作。AIS 采用

TDMA 技术接入和访问数据链路，根据操作模式的不同采用不同的通信协议，分别为自组织时分多址（SOTDMA）、增量时分多址（increment time division multiple access，ITDMA）、随机接入时分多址（random access time division multiple access，RATDMA）和固定接入时分多址（fixed access time division multiple access，FATDMA）协议[131,132]，其中 SOTDMA 对应自主和连续工作模式，其他几种协议都是作为补充，服务于 SOTDMA 协议。以下主要介绍 SOTDMA 协议接入算法，工作于自主和连续模式下的 SOTDMA 时隙分配图如图 2.5 所示[18,19]。

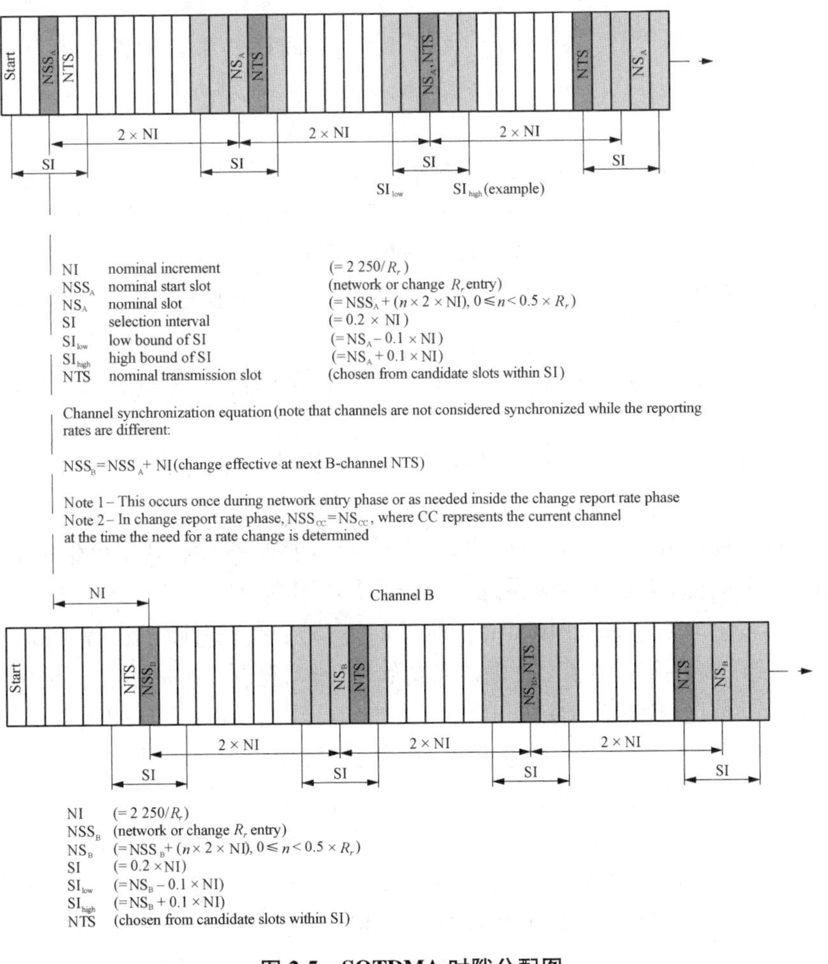

图 2.5　SOTDMA 时隙分配图

如图 2.5 所示,在 SOTDMA 协议中,一帧为 1 min,包含 2 250 个等长时隙,所有时隙按 0~2 249 统一编号,0 时隙定义为帧的开始。用于发射的时隙都是从候选时隙中选出,候选时隙至少为 4 个,如果空闲状态的候选时隙少于 4 个,再将有效时隙加入候选时隙。通常一个船位报告在数据链上只占有一个时隙,根据传输情况,其他信息传送占有更多的时隙,但是最多不能超过 5 个连续时隙,若有连续情况,则在后续的时隙中可以省略时隙传输报告的报头和保护时间。SOTDMA 接入算法的参数及意义分别如下[131]。

标称开始时隙(nominal start slot, NSS):船舶 AIS 站台用来宣布其在数据链上的第一个时隙,其他重复信息传输的选择通常以此为参考,时隙选择范围为 0~2 249。当在两个信道(A 和 B)上以同样的报告周期发射信息时,第二个通道 B 相对于第一个通道 A 的 NSS 偏离为 NI,满足关系式:$NS = NSS + (n \times NI)$。

标称时隙(nominal slot, NS):该时隙用来作为传输船位报告时隙的中心,时隙选择范围为 0~2 249。首次发射时,NS 等于 NSS,导出公式为 $NS = NSS + (n \times NI)$。当在两个通道 A、B 上同时传输信息时,每个通道上的标称时隙间隔加倍,满足关系式:$NS_A = NSS_A + (n \times 2 \times NI)$, $0 \leqslant n < 0.5 \times R_r$,其中,$0 \leqslant n < 0.5 \times R_r$。

标称增量(nominal increment, NI):它是标称时隙的间隔值,导出公式为 $NI = 2\,250/R_r$。

报告速率 R_r:每帧中周期性发送的数据包数量,导出公式为 $R_r = 60/RI$,其中 RI 为船舶的报告周期。

选择间隔(selection interval, SI):选择候选时隙的范围,其中至少包括 4 个可用的空闲时隙,满足如下关系式:$NS - 0.1 \times NI < SI < NS + 0.1 \times NI$。

标称发射时隙(nomial transmission slot, NTS):在该时隙中进行发射。

AIS 船舶站台在开机后,首先进入初始化阶段,监听 TDMA 信道 1 min,以了解信道活动情况,确定其他用户身份、当前时隙分配和其他用户的位置报告等,形成时隙状态表。之后,进入网络登录阶段,选择用于信息传输的第一个 NTS,并发送自身船位报告,以便被网络中的其他用户发现[34,133]。在选定首个时隙进行 AIS 数据包发射之前,就要准备好下一个发射数据包的时隙,即确定 SI,进行时隙预约,从候选时隙中确定最终的发射时隙,从而进入第一帧阶段。在发射 AIS 数据时,数据包中同时带有发送超时值和发送偏移值,以控制信息发送次数和该时隙被占用的帧数,通知其他站台,该时隙已被本站预约。经过第一帧的时隙分配与发射,新入网的 AIS 船舶站台就完成了入网过程,此后进入自主和连续工作模式,自主选择时隙发射 AIS 数据包,并维护一张动态的时隙表。当船舶的报告速率改变时,重新进入第一帧阶段,选择新的发射时隙,并及时调整数据包的发送次数和时隙的占用帧数,再次返回到自主和连续工作模式[131,132]。

2. 星载 AIS 特点

1) 系统基本组成

星载 AIS 结构如图 2.6 所示,除 AIS 终端设备之外,一个完整的星载 AIS 还包括空间单元、测控单元和地面应用单元三个部分[126]。空间单元指的是 AIS 卫星或卫星星座,借助于空间单元星载 AIS 可具备全球覆盖能力并实现对任意海域 AIS 终端设备的快速重访;测控单元指的是 AIS 地面测控站,用来向 AIS 卫

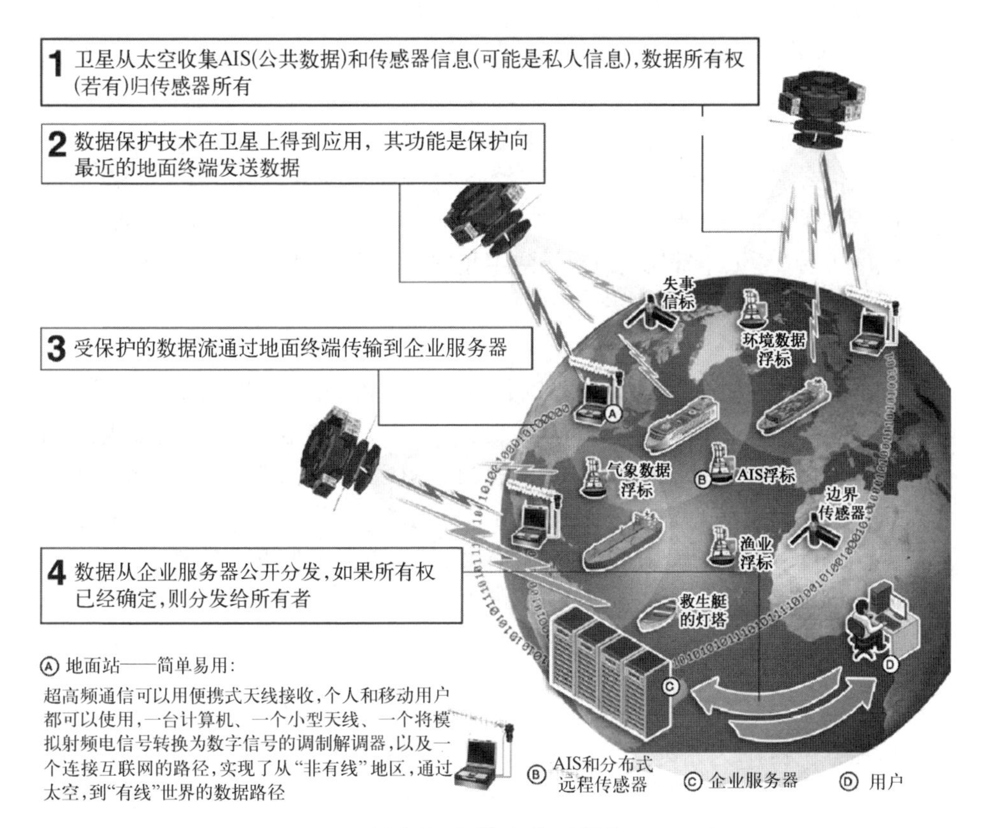

图 2.6　星载 AIS 示意图

星发送测控指令并接收卫星 AIS 数据,发送给地面应用单元;地面应用单元用于汇总各地面测控站接收的载荷数据,并进行统一存储、管理、解析、分析应用和网络分发,包括两大部分: 全球船舶 AIS 数据管理中心和全球船舶动态监视系统。其中,全球船舶 AIS 数据管理中心实现对 AIS 数据的自动分析、分类存储、检索查询、可视化显示、网络分发等功能;全球船舶动态监视系统主要对 AIS 数据库作进一步分析,提取全球海域内任意船舶的航迹、实现对目标船只的动态跟踪和监视。

2）星载 AIS 信号接收特性分析

星载 AIS 由传统地面 AIS 发展而来,除了具备上述 AIS 的基本特点之外,星载 AIS 还面临着一些新的挑战。由于卫星距离地面位置高、距离远、覆盖范围广、运动速度快,卫星接收到来自不同位置的船舶 AIS 信号都会带有一定程度的载波频偏。此外,卫星覆盖范围广,可同时覆盖多个 SOTDMA 子网络,不同子网络内,船舶不遵从统一的时隙分配机制,可能在同一时隙发射 AIS 信号,在卫星接收端发生混叠。另外,处于不同位置的船舶的传输距离差别大,在不同时隙发射的 AIS 信号,由于路径差异和传输时延,也有可能同时达到卫星接收端,发生接收信号混叠。此外,船舶发射的 AIS 信号在达到卫星接收端之前要经过很远的传输距离,信号强度会产生严重的路径衰减,在经过大气层、电离层时,信号强度也会产生一定程度衰减,导致卫星接收 AIS 信号的信噪比较低。以下分别介绍星载 AIS 信号接收特性。

(1) 多普勒频移[34]。

多普勒频移是由卫星的高速运动特性所引起的,星载 AIS 覆盖范围广,不同位置的船舶发出的 AIS 信号到达卫星后,其载波频率会发生不同程度的偏移,即多普勒频移。星载 AIS 覆盖范围内的船舶运动速度相对于卫星而言非常小,可忽略不计,在计算多普勒频移时可视为静止状态。多普勒频移的大小主要与卫星速度、载波频率和船舶的位置有关,其计算公式如下[32,80,134]:

$$\Delta f = f_0 \cdot \frac{V_s \cos\theta \cos\varphi}{c} \tag{2.12}$$

其中,f_0 为 AIS 信号的载波频率; V_s 为卫星速度; θ、φ 分别为船舶相对卫星的俯仰角和方位角;c 为光速。

以 600 km 轨道高度为例,采用全向天线的星载 AIS 覆盖范围内船舶的信号多普勒频移分布曲线如图 2.7 所示[135]。对于典型的低轨卫星和采用全向天线的星载 AIS，AIS 信号多普勒频移的变化范围为-3.8 kHz～+3.8 kHz。一方面，它增加了对星载 AIS 接收机带宽的要求；另一方面，AIS 信号的载波存在差别，且最大频移差值可达到 7.6 kHz，对于分离混叠的 AIS 信号有一定的积极辅助作用[136]。

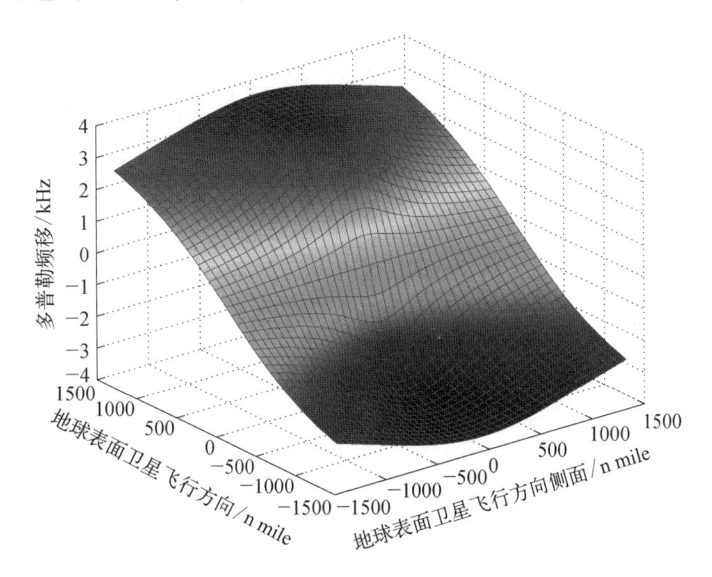

图 2.7　星载 AIS 信号多普勒频移分布示意图

（2）路径时延[101]。

星载 AIS 信号的路径时延指的是 AIS 信号从船舶发送达到星载 AIS 接收机的传输时间差，由船舶位置和卫星覆盖范围决定。仍然以 600 km 轨道高度，采用全向天线的星载 AIS 为例，可计算从星下点到覆盖范围边缘 AIS 信号的路径传输时延为 2.6～10.9 ms，则在同一时隙发送的多路 AIS 信号，其相对时延为 0～8.3 ms，对应的码元延迟范围为 0～80 ms[108]。而在 AIS 数据包中，用于距离延迟保护的 12 bit 缓冲字段对应的时间为 1.25 ms。因此，当系统覆盖范围足够大时，多路 AIS 信号必然会发生同时隙和多个相邻时隙冲突。

（3）多网信号冲突。

多网信号冲突问题指的是来自 AIS 卫星覆盖范围内各不同自组织子网络范围内的船舶随机发射 AIS 信号，但同时达到卫星 AIS 接收机，在时域上发生部分或者完全的信号重叠现象。多网信号冲突问题是目前星载 AIS 面临的主要挑战之一，它与覆盖范围内 AIS 船舶的数量、分布和运动状态密切相关，在 2.2.2 节将进行详细分析。

（4）星载 AIS 信号接收信噪比。

链路负载是卫星通信系统的一个最基本的性能指标，它直接决定了通信信号是否具有足够高的信噪比来进行接收解调。对于星载 AIS，需要进行星地链路电平估算，以确定星载 AIS 信号的功率分布，且 AIS 接收机要有足够好的灵敏度，才能获得尽可能高的解码成功率。星载 AIS 信号的接收功率与船舶发射功率、船舶天线增益、传输线/射频损耗、空间路径传输损耗、大气衰减、接收天线极化损耗等参数密切相关，具体参数如表 2.5 所示[22,34]。

表 2.5 星载 AIS 通信链路参数

项目	参数	备注
发射功率 P_t	≥10.9 dBW	>12.5 W，Class A 型船只
发射天线增益 G_{ship}	2 dBi	半波偶极子天线
传输线/射频损耗 L_t	3 dB	
空间路径传输损耗 L_p	132.2 dB@600 km[1] 142.8 dB@2 025 km[2]	$32.45+20\lg f+20\lg D$ 仰角在 5°～90°
接收天线增益 G_r	>0 dBi	与具体天线类型有关
馈线和滤波器损耗 L_f	1 dB	
接收天线极化损耗 L_{pol}	<3 dB	考虑法拉第旋转效应的极化失配
接收机灵敏度 G_{sen}	−112 dB	10%丢包率
链路裕量 P_N	$G_r+15.8$（最大值），$G_r+5.2$（最小值）	@600 km

1. 轨道高度为 600 km，对应于星下点船舶 AIS 信号的空间路径传输损耗；
2. 轨道高度为 600 km，对应于星载 AIS 覆盖范围边缘的 AIS 信号的空间路径传输损耗。

因此，星载 AIS 信号的接收功率 P_r 可以表示为

$$
\begin{aligned}
P_r &= P_t + G_{\text{ship}} - L_t - L_p - L_f - L_{\text{pol}} + G_r + G_{\text{sen}} \\
&= 10\lg P_t + G_{\text{ship}} - L_t - 20\lg f - 20\lg D - L_{\text{pol}} + G_r + G_{\text{sen}} - 32.45
\end{aligned} \tag{2.13}
$$

其中，f 为载波频率；D 为信号传输距离。

特别说明的是，船舶 AIS 发射机通常采用半波偶极子天线作为发射天线，垂直极化形式，这种天线的最大增益为 2.15 dB，指向船只的水平面，天线波束宽度约为 78°[22]，其远场归一化方向图函数如下[137]：

$$
f_{0.5\lambda}(\theta,\ \varphi) = \frac{\cos[(\pi/2)\cos\theta]}{\sin\theta} \tag{2.14}
$$

其中，θ 为 z 轴与辐射方向夹角。

不考虑卫星 AIS 接收天线的增益，系统的基本链路裕量与覆盖范围下星下点的水平距离如图 2.8 所示。

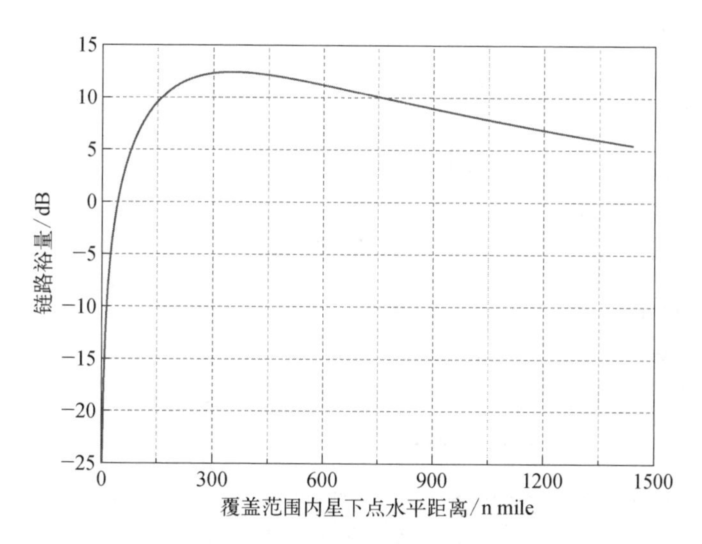

图 2.8　不考虑卫星 AIS 接收天线增益时星载 AIS 接收信号强度分布曲线

从图 2.8 可以看出，除了星下点 40 n mile 范围之外，其他区域内系统的基本链路裕量都超过了 3 dB，可保证星载 AIS 信号基本解调的功率需求，因此对星载 AIS 接收天线增益大小要求不是很高，通常高于 0 dB 即可。然而，从上述曲线还可以观察发现，在卫星星下点 80 n mile 以外的覆盖范围内，星载 AIS 信号的功率分布差异不超过 6 dB，也就是说不考虑 AIS 接收天线特性的情况下，同信道混叠 AIS 信号的信干比低于 6 dB，不满足 AIS 技术标准对混叠 AIS 信号解调的最低要求，必须针对性地进行 AIS 接收天线设计或者采用其他信号分离的方法才能实现对星载 AIS 信号的有效接收和解调[138]。

2.2.2　星载 AIS 多网信号冲突分析与观测建模

1. AIS 多网信号冲突问题分析

星载 AIS 信号接收过程中遇到最为普遍的现象是多网信号冲突问题。AIS 接收天线波束很宽，通常可覆盖海面上多个 SOTDMA 子网络，如图 2.9 所示[139,140]。

图中大圆表示星载 AIS 接收天线对地的覆盖区域，大圆中的小圆表示海面上的单个 SOTDMA 网络覆盖范围，半径为几十千米。各 SOTDMA 子网络之间相互独立，但同一艘 AIS 船舶有可能属于多个 SOTDMA 子网络。

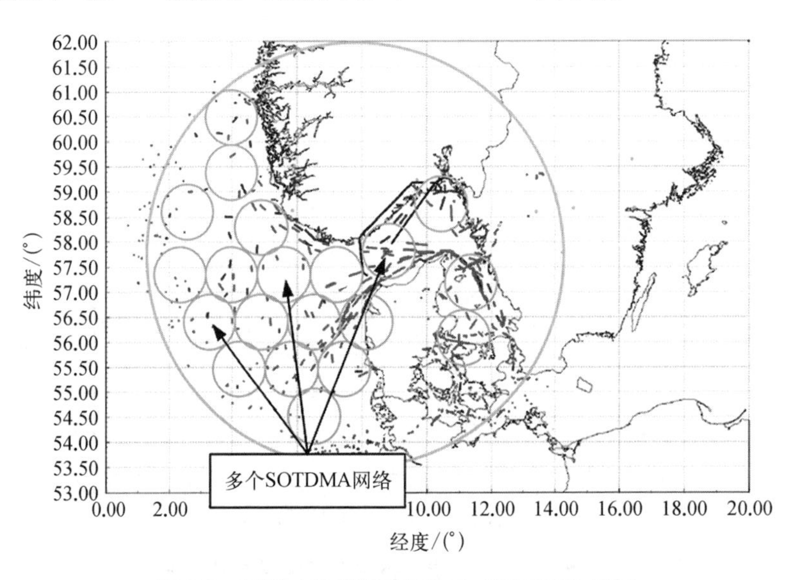

图 2.9　星载 AIS 覆盖海面多个 SOTDMA 网络

以对地覆盖波束为 120°运行于 600 km 轨道高度的 AIS 卫星为例，其覆盖范围的半径将大于 1 200 km，面积超过 300 万平方千米，而单个 SOTDMA 子网络区域半径约为 20 n mile，因此该 AIS 卫星覆盖范围内的子网络数量将达到上千个。如此，若覆盖范围内存在大量 AIS 船舶，则来自不同子网络的船舶同时发射 AIS 信号，或者在不同时间发射的 AIS 信号经过路径时延，都有可能同时达到 AIS 接收机，产生时隙冲突和 AIS 信号混叠，即多网信号冲突问题，如图 2.10 所示[140]。

在卫星覆盖范围内，共有 V1、V2、V3 和 V4 四艘船只，船只的 AIS 发射机分别处于三个子网络 A0、A1 和 A2。从图中可以看出，四艘船只 V1、V2、V3、V4 在这两个时隙内均发出信号。在时隙 1，星载 AIS 接收机将同时收到 V1、V3 信号和 V4 的前部分信号，在时隙 2 将同时收到 V2 信号和 V4 的后部分信号。因此，星载 AIS 接收信号必然会发生多网冲突问题，影响对船舶的正常接收和识别。在比较繁忙的海域，当船只总量超过一定数目时，甚至会出现信道阻塞的现象。

根据上述分析，可将星载 AIS 多网信号冲突分为两类[21,22,54]。

（1）同时隙冲突：来自不同 SOTDMA 子网络的船舶在相同时隙发射 AIS

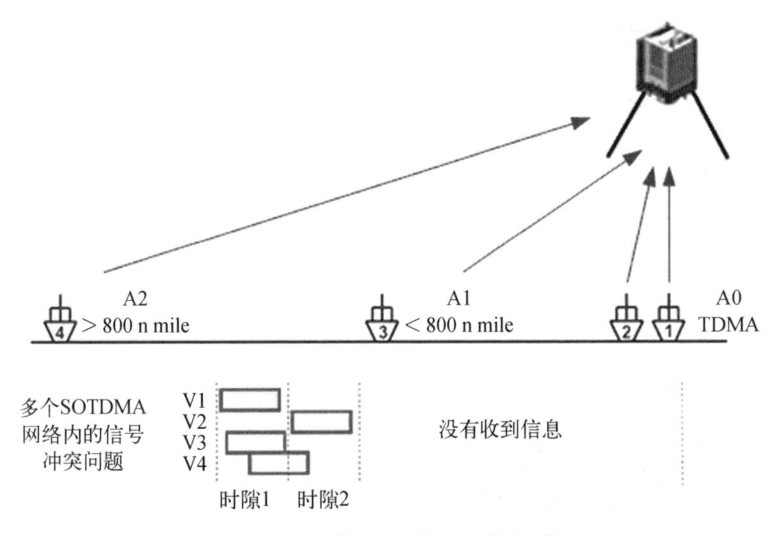

图 2.10　星载 AIS 时隙冲突示意图

信号,并同时达到星载 AIS 接收机,发射信号冲突,如图 2.10 中的 V1 和 V3。

(2) 邻时隙冲突:来自不同 SOTDMA 子网络的船舶在多个相邻时隙发射 AIS 信号,经过不同的传输路径,同时达到星载 AIS 接收机,发射信号混叠冲突,如图 2.10 中的 V2 和 V4。

2. 观测模型

星载 AIS 覆盖范围内包含多个 SOTDMA 子网络,各子网络之间船舶发送的 AIS 信号是否发生时隙冲突及时隙冲突的严重程度不仅与船舶的分布和数量密切相关,也与船舶在卫星视场范围内的位置有关。理论上,虽然每艘 AIS 船舶都有可能同时属于多个子网络,但实际上每艘船舶都以自身位置为中心,在其天线通信范围内形成一个子网络,该船舶不会与其子网络范围内的其他船舶发生时隙冲突,但有可能与其他子网络范围内的船舶发生时隙混叠或冲突,主要取决于它们与 AIS 卫星之间的相对位置关系。AIS 技术标准规定,在 AIS 数据包的缓冲字段设置 12 bit 的距离延迟保护,对应的延迟保护时间为 1.25 ms,有效保护距离为 202 n mile,即当目标船舶与其他船舶相对 AIS 卫星的传输距离小于 202 n mile 时,只会发生同时隙信号冲突;当目标船舶与其他船舶相对 AIS 卫星的传输距离超过 202 n mile 时,就有可能同时发生同时隙冲突和邻时隙冲突[34]。本小节以此为依据,建立星载 AIS 多网信号冲突的观测模型,如图 2.11 所示(从上往下分别为侧视图和俯视图)[21,54]。

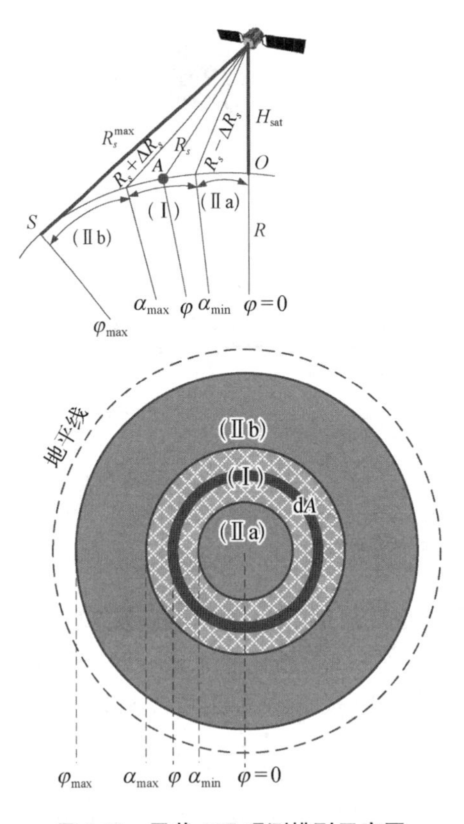

图 2.11 星载 AIS 观测模型示意图

图 2.11 中的参数物理意义如下[54]：H_{sat} 为 AIS 卫星的轨道高度；R 为地球半径；R_s 为观测区域 A 到 AIS 卫星的斜距；ΔR_s 为延迟保护距离(202 n mile)；R_s^{max} 为覆盖范围边缘的最大斜距；φ 为观测区域 A 中心相对星下点 O 的角距；φ_{max} 为覆盖范围边缘相对星下点 O 的角距；α_{max} 为区域Ⅰ外边缘相对星下点 O 的角距；α_{min} 为区域Ⅰ内边缘相对星下点 O 的角距。

对绝大多数星载 AIS 而言,其覆盖范围可近似为圆形,并且以星下点为中心对称,如图 2.11 所示。所有相对 AIS 卫星具有相同仰角的船舶,其发射的 AIS 信号将经过相同的空间传输距离达到 AIS 接收机,这些船舶在卫星视场范围内构成了以星下点投影为中心的环状区域,如俯视图中的深色区域 dA。以该区域船舶为观测对象,根据延迟保护距离 ΔR_s 可将整个覆盖范围分为两个部分。

区域Ⅰ：如图 2.11 所示,在该区域内,所有船舶与观测区域 A 的船舶的传输路径差都小于延迟保护距离 ΔR_s，故只可能产生同时隙冲突。

区域Ⅱ：如图 2.11 所示,包括两个子区域Ⅱa 和Ⅱb,在该区域内,所有船舶与观测区域 A 的船舶的传输路径差超过了延迟保护距离 ΔR_s，从而有可能产生邻时隙冲突。

2.2.3 基于船舶分布特性的星载 AIS 建模与仿真分析

星载 AIS 性能的评价指标主要有船舶检测概率、AIS 数据更新时间间隔和数据时效性等,其中,船舶检测概率是最基础也是最重要的接收性能。星载 AIS 建模就是要建立船舶检测概率与船舶数量、比例、分布、运动状态,以及卫星轨道高度、接收天线类型、覆盖范围等因素之间的关系。建立星载 AIS 检测概率模型,一方面,可以用于评估系统对特定海域的船舶识别性能的好坏;另一方面,通过对检测概率影响因素的定量分析,有助于针对性地进行关键技术分析,以提高系统的检测概率性能。FFI 最早提出了基于船舶均匀分布的检测概率计算模型[21],并用于指导星载 AIS 设计和优化,该简化模型被大量学者借鉴并沿用至今。后来,Tunaley 基于 AIS 信号达到时间服从泊松分布的思想建立了星载 AIS 检测概率的随机模型[81],然而,通常情况下,实际海域内的船舶分布并不是均匀的,海上船舶都是沿着固定的航线和航迹运动的,且近海和远海的船舶分布又有不同,但均呈现出一定的分布规律。由于卫星的高速运动特性,星载 AIS 的船舶检测概率必然会随着卫星视场范围内的船舶分布的变化而变化,因此必须建立以船舶分布特性为基础的星载 AIS 检测概率模型。本小节将以船舶分布密度函数为依据,在借鉴文献[31]、[54]、[141]的基础上,推导并建立基于船舶分布特性下的系统检测概率计算模型。

1. 建模假设

星载 AIS 覆盖范围内包含多个 SOTDMA 子网络,如图 2.12 所示[34],各子网络内船舶的数量和运动状态各不相同,但考虑到船舶 AIS 的有效通信距离基本相同,为便于计算,可以认为各自组织网络的大小一致且不互相重叠。此外,船舶的运动状态各不相同,导致 AIS 信号的发射周期也各不相同,而且还会随着海域交通的繁忙程度而有所变化,但一般来说都具有一定的统计规律性[78],如表 2.6 所示,建模时可以简化认为 AIS 信号发射周期在一定区间内保持一致。此外,不考虑 AIS 接收机对混叠信号的分离解调能力,认为所有船舶发出的 AIS 信号只要不发生时隙冲突,就能够被星载 AIS 接收机解码、识别;一旦发生时隙冲突,所有的混叠 AIS 信号全部丢失。综上所述,基于船舶分布特性的星载 AIS 检测概率建模的假设条件如下[21,22,34,54]。

表 2.6　A 类船舶 AIS 信号报告周期的一般分布情况

船舶状态	2 s	6 s	10 s	3 min
远海海域	25%	55%	15%	5%
近海海岸线附近	10%	65%	10%	15%
定速航行	0%	100%	0%	0%

(1) 所有 SOTDMA 子网络大小相同,均为 40 n mile×40 n mile 的正方形区域,如图 2.12 所示。

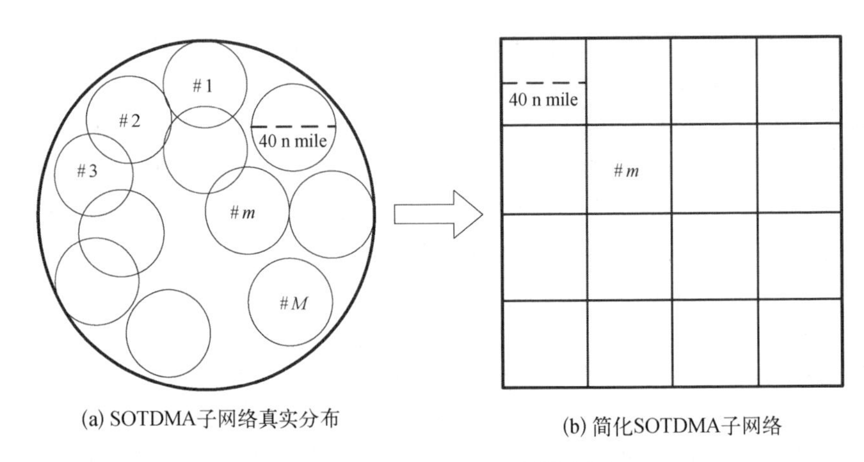

图 2.12 SOTDMA 子网络简化图

(2) 在 AIS 卫星视场范围内,所有船舶的 AIS 信号发射周期 ΔT 均相同,且随着海域的繁忙程度而在一定区间内波动。

(3) 所有不发生时隙冲突的船舶 AIS 信号均能被正常解码、识别,而一旦发生时隙冲突,所有 AIS 信号全部丢失。

(4) 在 AIS 卫星视场范围内,船舶数量沿覆盖范围径向服从一定的概率密度函数分布。

2. 模型建立与推导

根据 2.2.2 节的分析可知,星载 AIS 信号时隙冲突主要分为两类,且与星下点距离相同的环形区域内子网络船舶所面临的时隙冲突是一致的,主要由 AIS 信号传输路径差决定,如图 2.11 所示。另外,AIS 卫星在轨运行时,其视场范围内并非全部都是海洋,可能还包含部分陆地,这部分就没有 AIS 船舶,整个覆盖范围内的船舶呈现出区域性集中分布的特点。为便于分析,以星下点 O 为中心、覆盖范围 r_0 为半径建立如下直角坐标系,如图 2.13 所示。其中,按照

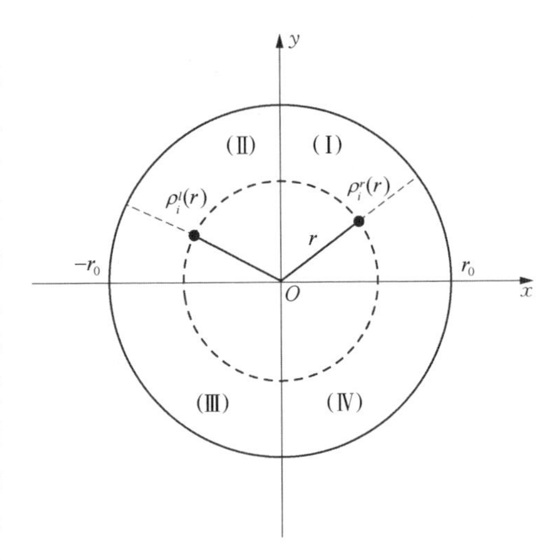

图 2.13 星载 AIS 覆盖范围内船舶分布特性示意图

船舶所处的象限,可将观测区域分为Ⅰ、Ⅱ、Ⅲ、Ⅳ四个部分。各区域内船舶沿径向分布的密度函数为 $\rho_i(r)$,当某个区域为陆地或者船舶数量极少时,可以简化为该区域的船舶数量为 0;当覆盖范围内的船舶均匀分布时,则可简化为各区域的船舶数量相等,密度函数为 $\rho_i(r)$ 相同且与径向长度 r 无关。

根据上述假设条件,设计以下两类船舶分布密度函数[135]:

$$\rho_i(r) = \beta(i) \cdot \frac{b_0}{1 + a_0 \dfrac{r}{r_0}}, \quad |r| \leqslant r_0 \tag{2.15}$$

$$\rho_i(r) = \beta(i) b_0 \left(1 + a_0 \frac{r}{r_0}\right), \quad |r| \leqslant r_0 \tag{2.16}$$

其中,i 为船舶所处的象限;$\beta(i)$ 为表征不同象限船舶总数的比例系数;a_0 为表征船舶沿径向分布不均匀程度的常量;b_0 为常量,与所在区域船舶的总数和 a_0 密切相关。

进一步地,当 AIS 卫星对海上船舶进行接收时,其覆盖范围相对整个海域较小,其瞬时视场范围内的船舶分布特性比较一致。此外,AIS 卫星在对近海附近船舶进行 AIS 信号接收时,其覆盖范围经常会出现一侧为陆地、一侧为海洋的现象。因此,为降低模型的复杂性和不确定性,认为在 AIS 卫星的瞬时视场范围内,船舶的不均匀分布程度服从相同的规律,即密度函数形式具有一致性。不同的是,在沿卫星飞行方向上,在覆盖范围内两侧船舶的数量具有一定差异性,如图 2.13 中以 y 轴为分界线的两侧船舶总数量不相等,可以通过比例系数 $\beta(i)$ 来调节。为此,选取如下概率密度函数为代表建立船舶检测概率的计算模型:

$$\begin{cases} \rho^l(r) = \beta_0 \cdot \dfrac{b_0}{1 + a_0 \dfrac{|r|}{r_0}}, & -r_0 \leqslant r < 0 \\ \rho^r(r) = \dfrac{b_0}{1 + a_0 \dfrac{|r|}{r_0}}, & 0 < r \leqslant r_0 \end{cases} \tag{2.17}$$

首先,定义星载 AIS 船舶平均检测概率如下:

$$\bar{P}_{\Delta T} = \frac{\int_0^{\varphi_{\max}} p(\varphi) N(\varphi)}{N_{\text{tot}}} \tag{2.18}$$

其中，φ 的定义如图 2.11 所示；$p(\varphi)$ 为区域 A 内船舶在一个信号报告周期 ΔT 内的检测概率；$N(\varphi)$ 为该区域对应的船舶总数量；$\bar{P}_{\Delta T}$ 表示观测时间 ΔT 内，观测区域内某个船舶的平均检测概率。

由于 $r_0 = R\varphi_{\max}$，$x = R\varphi$，式(2.17)可进一步转化为

$$
\begin{cases}
\rho^l(\varphi) = \beta_0 \cdot \dfrac{b_0}{1 + \dfrac{a_0}{\varphi_{\max}} |\varphi|}, & -\varphi_{\max} \leqslant \varphi < 0 \\
\rho^r(r) = \dfrac{b_0}{1 + \dfrac{a_0}{\varphi_{\max}} |\varphi|}, & 0 < \varphi \leqslant \varphi_{\max}
\end{cases}
\tag{2.19}
$$

观测区域 A 的面积 $\mathrm{d}A$ 可计算如下：

$$
\mathrm{d}A = s(\varphi) = 2\pi R^2 \sin\varphi \mathrm{d}\varphi \tag{2.20}
$$

则整个覆盖范围内的船舶总数量可表示为

$$
N_{\mathrm{tot}} = \int_0^{\varphi_{\max}} N_A(\varphi) = \int_0^{\varphi_{\max}} \rho(\varphi)s(\varphi) = \int_0^{\varphi_{\max}} \left[\rho^l(\varphi) \cdot \frac{s(\varphi)}{2} + \rho^r(\varphi) \cdot \frac{s(\varphi)}{2}\right] \tag{2.21}
$$

根据 2.2.3 节的建模假设可知，若船舶 AIS 信号不发生任何时隙冲突，就认为可以被正常检测识别。因此，对于观测区域 A 的船舶，当它不与任何来自区域Ⅰ和区域Ⅱa、Ⅱb 中的所有船舶发生时隙冲突时，即认为被正常检测到，检测概率可计算如下。

(1) 当观测区域 A 对应 φ 处船舶位于覆盖范围左侧区域时(图 2.13)，在一个信号报告周期 ΔT 内，它不与区域Ⅰ左侧、右侧船舶发生第一类时隙冲突的概率 ${}_lP_{\Delta T}^{\mathrm{I},l}$、${}_lP_{\Delta T}^{\mathrm{I},r}$ 为[21,54,135]

$$
\begin{cases}
{}_lP_{\Delta T}^{\mathrm{I},l}(\varphi) = \left[1 - c_1(\varphi) \cdot \dfrac{N_{\mathrm{I}}^l(\varphi)}{37.5n_{\mathrm{ch}}M_{\mathrm{I}}^l(\varphi)\Delta T}\right]^{M_{\mathrm{I}}^l(\varphi)-1} \\
{}_lP_{\Delta T}^{\mathrm{I},r}(\varphi) = \left[1 - c_1(\varphi) \cdot \dfrac{N_{\mathrm{I}}^r(\varphi)}{37.5n_{\mathrm{ch}}M_{\mathrm{I}}^r(\varphi)\Delta T}\right]^{M_{\mathrm{I}}^r(\varphi)}
\end{cases}
\tag{2.22}
$$

（2）当观测区域 A 对应 φ 处船舶位于覆盖范围右侧区域时（图2.13），在一个信号报告周期 ΔT 内，它不与区域Ⅰ左侧、右侧船舶发生第一类时隙冲突的概率 ${}_{r}P_{\Delta T}^{\mathrm{I},l}$、${}_{r}P_{\Delta T}^{\mathrm{I},r}$ 为

$$\begin{cases} {}_{r}P_{\Delta T}^{\mathrm{I},l}(\varphi)=\left[1-c_1(\varphi)\cdot\dfrac{N_{\mathrm{I}}^{l}(\varphi)}{37.5n_{\mathrm{ch}}M_{\mathrm{I}}^{l}(\varphi)\Delta T}\right]^{M_{\mathrm{I}}^{l}(\varphi)} \\ {}_{r}P_{\Delta T}^{\mathrm{I},r}(\varphi)=\left[1-c_1(\varphi)\cdot\dfrac{N_{\mathrm{I}}^{r}(\varphi)}{37.5n_{\mathrm{ch}}M_{\mathrm{I}}^{r}(\varphi)\Delta T}\right]^{M_{\mathrm{I}}^{r}(\varphi)-1} \end{cases} \tag{2.23}$$

（3）当观测区域 A 对应 φ 处船舶位于覆盖范围右侧区域时（图2.13），在一个信号报告周期 ΔT 内，它不与区域Ⅱ左侧、右侧船舶发生第一类时隙冲突的概率 ${}_{l}P_{\Delta T}^{\mathrm{II},l}$、${}_{l}P_{\Delta T}^{\mathrm{II},r}$ 为

$$\begin{cases} {}_{l}P_{\Delta T}^{\mathrm{II},l}(\varphi)=\left[1-c_2(\varphi)k\cdot\dfrac{N_{\mathrm{II}}^{l}(\varphi)}{37.5n_{\mathrm{ch}}M_{\mathrm{II}}^{l}(\varphi)\Delta T}\right]^{M_{\mathrm{II}}^{l}(\varphi)-1} \\ {}_{l}P_{\Delta T}^{\mathrm{II},r}(\varphi)=\left[1-c_2(\varphi)k\cdot\dfrac{N_{\mathrm{II}}^{r}(\varphi)}{37.5n_{\mathrm{ch}}M_{\mathrm{II}}^{r}(\varphi)\Delta T}\right]^{M_{\mathrm{II}}^{r}(\varphi)} \end{cases} \tag{2.24}$$

（4）当观测区域 A 对应 φ 处船舶位于覆盖范围右侧区域时（图2.13），在一个信号报告周期 ΔT 内，它不与区域Ⅱ左侧、右侧船舶发生第一类时隙冲突的概率 ${}_{r}P_{\Delta T}^{\mathrm{II},l}$、${}_{r}P_{\Delta T}^{\mathrm{II},r}$ 为

$$\begin{cases} {}_{r}P_{\Delta T}^{\mathrm{II},l}(\varphi)=\left[1-c_2(\varphi)k\cdot\dfrac{N_{\mathrm{II}}^{l}(\varphi)}{37.5n_{\mathrm{ch}}M_{\mathrm{II}}^{l}(\varphi)\Delta T}\right]^{M_{\mathrm{II}}^{l}(\varphi)} \\ {}_{r}P_{\Delta T}^{\mathrm{II},r}(\varphi)=\left[1-c_2(\varphi)k\cdot\dfrac{N_{\mathrm{II}}^{r}(\varphi)}{37.5n_{\mathrm{ch}}M_{\mathrm{II}}^{r}(\varphi)\Delta T}\right]^{M_{\mathrm{II}}^{r}(\varphi)-1} \end{cases} \tag{2.25}$$

其中，$c_1(\varphi)$、$c_2(\varphi)$ 和 k 分别为表征区域Ⅰ、区域Ⅱ内船舶不均匀分布程度的分布因子及插入因子；$N_{\mathrm{I}}^{l}(\varphi)$、$N_{\mathrm{I}}^{r}(\varphi)$ 分别为区域Ⅰ左侧、右侧范围内的船舶总数量；$N_{\mathrm{II}}^{l}(\varphi)$、$N_{\mathrm{II}}^{r}(\varphi)$ 分别为区域Ⅱ左侧、右侧范围内的船舶总数量；$M_{\mathrm{I}}^{l}(\varphi)$、$M_{\mathrm{I}}^{r}(\varphi)$ 分别为区域Ⅰ左侧、右侧范围内的SOTDMA子网络数量；$M_{\mathrm{II}}^{l}(\varphi)$、$M_{\mathrm{II}}^{r}(\varphi)$ 分别为区域Ⅱ左侧、右侧范围内的SOTDMA子网络数量；n_{ch} 为AIS信道数目，$n_{\mathrm{ch}}=2$；ΔT 为AIS信号的平均报告周期。相关物理量的计算公

式如下[135]：

$$
\begin{cases}
N_{\mathrm{I}}^{l}(\varphi)=\int\limits_{\alpha_{\min}(\varphi)}^{\alpha_{\max}(\varphi)}\rho^{l}(\varphi)\cdot\dfrac{1}{2}s(\varphi)\\
N_{\mathrm{I}}^{r}(\varphi)=\int\limits_{\alpha_{\min}(\varphi)}^{\alpha_{\max}(\varphi)}\rho^{r}(\varphi)\cdot\dfrac{1}{2}s(\varphi)
\end{cases}
\tag{2.26}
$$

$$
\begin{cases}
N_{\mathrm{II}}^{l}(\varphi)=\dfrac{\beta_0}{1+\beta_0}N_{\mathrm{tot}}-\int\limits_{\alpha_{\min}(\varphi)}^{\alpha_{\max}(\varphi)}\rho^{l}(\varphi)\cdot\dfrac{1}{2}s(\varphi)\\
N_{\mathrm{II}}^{r}(\varphi)=\dfrac{1}{1+\beta_0}N_{\mathrm{tot}}-\int\limits_{\alpha_{\min}(\varphi)}^{\alpha_{\max}(\varphi)}\rho^{r}(\varphi)\cdot\dfrac{1}{2}s(\varphi)
\end{cases}
\tag{2.27}
$$

$$
\begin{cases}
M_{\mathrm{I}}^{l}(\varphi)=M_{\mathrm{I}}^{r}(\varphi)=\dfrac{1}{A_{\mathrm{cell}}}\int\limits_{\alpha_{\min}(\varphi)}^{\alpha_{\max}(\varphi)}\dfrac{1}{2}\mathrm{d}s(\varphi)=\dfrac{\pi R^2}{A_{\mathrm{cell}}}\{\cos[\alpha_{\min}(\varphi)]-\cos[\alpha_{\max}(\varphi)]\}\\
M_{\mathrm{II}}^{l}(\varphi)=M_{\mathrm{II}}^{r}(\varphi)=\dfrac{\pi R^2}{A_{\mathrm{cell}}}([1-\cos(\varphi_{\max})]-\{\cos[\alpha_{\min}(\varphi)]-\cos[\alpha_{\max}(\varphi)]\})
\end{cases}
\tag{2.28}
$$

其中，A_{cell} 表示单个自组织子网络的面积。

显然，分布因子 c_1 与所在区域船只密度和区域面积相关，本书中，作如下定义[135]：

$$
c_1(\varphi)=\sqrt{1+\frac{\rho_{\max}(\varphi)-\rho_{\min}(\varphi)}{2\rho_{\mathrm{avg}}(\varphi)}}
\tag{2.29}
$$

其中，$\rho_{\max}(\varphi)$、$\rho_{\min}(\varphi)$ 分别表示环形区域Ⅰ中船只密度的最大值和最小值；$\rho_{\mathrm{avg}}(\varphi)=N_{\mathrm{I}}(\varphi)/S_{\mathrm{I}}(\varphi)$ 表示环形区域Ⅰ的平均船只密度，$c_1=1$ 表示船只均匀分布。

类似地，可定义分布因子 c_2：

$$
c_2(\varphi)=c_{2\mathrm{a}}(\varphi)c_{2\mathrm{b}}(\varphi)
\tag{2.30}
$$

其中，$c_{2\mathrm{a}}(\varphi)$ 和 $c_{2\mathrm{b}}(\varphi)$ 分别对应于区域Ⅱa、Ⅱb，定义方式与 $c_1(\varphi)$ 相同。

插入因子 k 定义为[54]

$$k = 2 - \frac{N_{\text{tot}}}{37.5 n_{\text{ch}} M \Delta T} \tag{2.31}$$

根据式(2.16)可知,在覆盖范围内左、右侧船舶总数量比值为β_0,因此在一个信号周期ΔT内,观测区域A对应的φ处的船舶检测概率为

$$p(\varphi) = \frac{\beta_0}{1+\beta_0} {}_lP_{\Delta T}^{\text{I},l} {}_lP_{\Delta T}^{\text{I},r} {}_lP_{\Delta T}^{\text{II},l} {}_lP_{\Delta T}^{\text{II},r} + \frac{1}{1+\beta_0} {}_rP_{\Delta T}^{\text{I},l} {}_rP_{\Delta T}^{\text{I},r} {}_rP_{\Delta T}^{\text{II},l} {}_rP_{\Delta T}^{\text{II},r} \tag{2.32}$$

从而,在观测时间T_{obs}内,船舶至少有一次被检测到的平均检测概率可表示如下:

$$P = 1 - (1 - \bar{P}_{\Delta T})^{\frac{T_{\text{obs}}}{\Delta T}} = 1 - \left[1 - \frac{1}{N_{\text{tot}}}\int_0^{\varphi_{\max}} p(\varphi) \cdot N(\varphi)\right]^{\frac{T_{\text{obs}}}{\Delta T}} \tag{2.33}$$

此外,传统基于均匀分布假设前提下得到的观测时间T_{obs}也并不准确,这是因为考虑到天线的波束形状,系统的实际覆盖范围并不是方形的,通常应该是圆形的,如图2.14所示。显然,位于卫星飞行方向左右两侧覆盖范围边缘附近的船舶的观测时间是最短的且趋于0,位于波束中心的船舶的观测时间是最长的[22]。因此,必须确定覆盖范围内所有船舶的平均等效观测时间,以建立较为准确的检测概率模型。

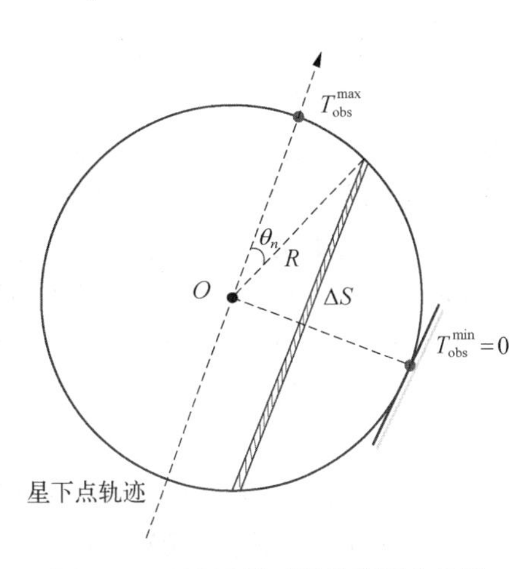

图2.14　AIS卫星对覆盖范围内船舶观测时间的分布示意图

船舶平均等效观测时间可计算如下:

$$\begin{aligned}
\bar{T}_{\text{obs}} &= \frac{\sum_{n=0}^{N} T_{\text{obs}}(\theta_n)\Delta S(\theta_n)}{S_{\text{tot}}} \\
&= \frac{1}{(\pi R^2/2)} \sum_{n=0}^{N} T_{\text{obs}}^{\max} \cdot \cos\theta_n \cdot 2R\cos\theta_n \cdot R(\sin\theta_{n+1} - \sin\theta_n) \\
&= (4T_{\text{obs}}^{\max}/\pi) \sum_{n=0}^{N} (\cos\theta_n)^2(\sin\theta_{n+1} - \sin\theta_n)
\end{aligned} \tag{2.34}$$

其中，

$$\theta_n = n\Delta\varphi, \quad \Delta\varphi = \frac{(\pi/2)}{N+1} \tag{2.35}$$

$$T_{\mathrm{obs}}^{\max} = \frac{S_W}{2\pi R}T_0 = \frac{2r_0}{2\pi R} \cdot 2\pi\sqrt{\frac{(R+H_{\mathrm{sat}})^3}{\mu}} = \frac{2r_0}{R}\sqrt{\frac{(R+H_{\mathrm{sat}})^3}{\mu}} \tag{2.36}$$

其中，S_W 为 AIS 卫星天线幅宽，即覆盖范围直径 $2r_0$；T_0 为 AIS 卫星运行周期；H_{sat} 为轨道高度。

最后，星载 AIS 的平均船舶检测概率表达式如下：

$$\bar{P} = 1 - (1 - \bar{P}_{\Delta T})^{\frac{\bar{T}_{\mathrm{obs}}}{\Delta T}} = 1 - \left[1 - \frac{1}{N_{\mathrm{tot}}}\int_0^{\varphi_{\max}} p(\varphi)N(\varphi)\right]^{\frac{\bar{T}_{\mathrm{obs}}}{\Delta T}} \tag{2.37}$$

3. 检测概率影响因素仿真分析

根据以上推导过程可知，星载 AIS 的检测概率主要与船舶总数量、分布密度、AIS 信号报告周期、天线覆盖范围、轨道高度，以及 AIS 船舶的类型（A 类、B 类）和比例有关[82,83]，此外还受到星载 AIS 接收机的解调能力影响（与具体的解码算法相关，将在后续关键技术研究中具体分析）。本小节分别对上述因素的影响作用进行仿真，以全面掌握船舶检测概率的变化规律，为后续关键技术研究作铺垫。以下未作特别说明时，卫星的轨道高度选择为 600 km，AIS 天线为全向覆盖，平均检测概率研究只针对 A 类 AIS 船舶。在这种情况下，第一类时隙冲突的范围为以星下点为中心、直径为 800 n mile 的圆形区域，全向天线的最大覆盖范围为 2 880 n mile，即天线幅宽。

1）船舶分布特性影响

由式（2.16）可知，船舶的分布特性主要体现在两个方面：覆盖范围内两侧船舶数量不一致，用参数 β_0 表征；覆盖范围内径向上船舶分布的不均匀性用参数 b_0、a_0 表征，分别仿真如下。

（1）卫星视场范围内，两侧船舶数量分布对船舶检测概率影响的仿真，分别取 β_0 为 1、4、10，a_0 取值为 0、3，$\Delta T = 6$ s，仿真结果如图 2.15 所示。

从图 2.15 中可以看出，无论船舶沿径向时服从均匀分布还是非均匀分布，只要径向分布特性确定，平均检测概率随船舶两侧分布特性的变化基本保持不变。这主要是因为船舶分布向某一侧集中时，虽然单个自组织网络范围内的时隙征用频率会随着船舶数量的增加而增大，但另一侧由于船舶数量的减少，时

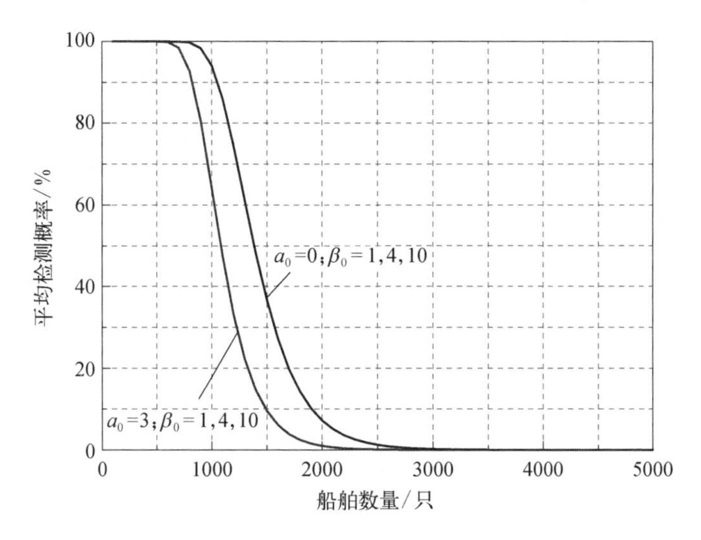

图 2.15　平均检测概率随两侧船舶不均匀分布的变化曲线图

隙冲突大大降低。如图 2.15 所示，当 $\beta_0 = 10$ 时，表示船舶几乎全部集中在覆盖范围一侧，这种情况主要出现在 AIS 卫星经过陆地和海域分界线附近时，从图中可以看出平均检测概率相对于两侧船舶均匀分布（$\beta_0 = 1$）时几乎无变化。近似可以认为这种情况下，单个自组织网络范围内的船舶数量加倍，但发生时隙冲突的自组织网络数目减半，因而综合影响效果是船舶的平均检测概率基本不发生变化。

（2）卫星视场范围内，船舶沿径向分布不均匀性对船舶检测概率影响的仿真。分别取 a_0 为−3/4、−2/3、−1/2、0，β_0 取值 1，表示覆盖范围左右两侧的船舶分布一致，覆盖范围边缘与星下点的船舶密度比值依次为 4、3、2、1，$\Delta T = 6$ s，仿真结果如图 2.16 所示。

从图 2.16 中可以看出：当船舶总数量一定时，星载 AIS 覆盖范围内船舶服从均匀分布时的检测概率比非均匀分布时的检测概率高。当船舶密度从覆盖范围边缘到中心逐渐减小时，随着不均匀分布程度的增加，星载 AIS 对船舶的平均检测概率逐渐降低。

（3）卫星视场范围内，船舶沿径向分布的不均匀性对船舶检测概率影响的仿真。分别取 a_0 为 3、2、1、0，β_0 取值 1，表示覆盖范围左右两侧船舶分布一致，覆盖范围边缘与星下点的船舶密度比值依次为 1/4、1/3、1/2、1，$\Delta T = 6$ s，仿真结果如图 2.17 所示。

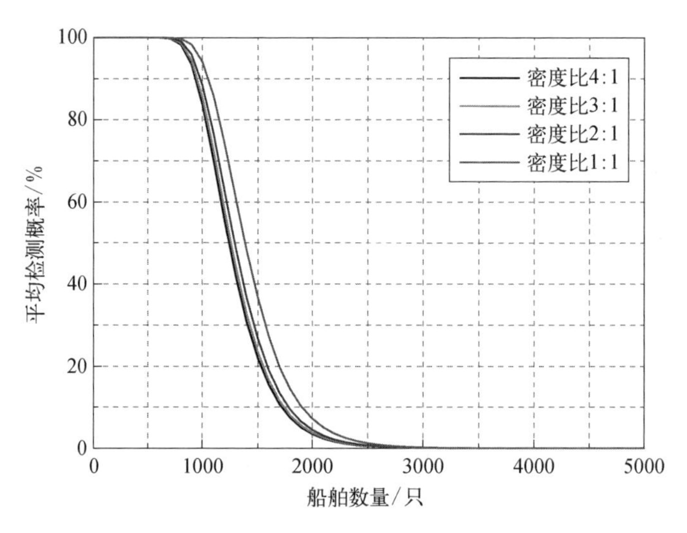

图 2.16 从边缘到中心船舶密度逐渐减小时的检测概率变化曲线

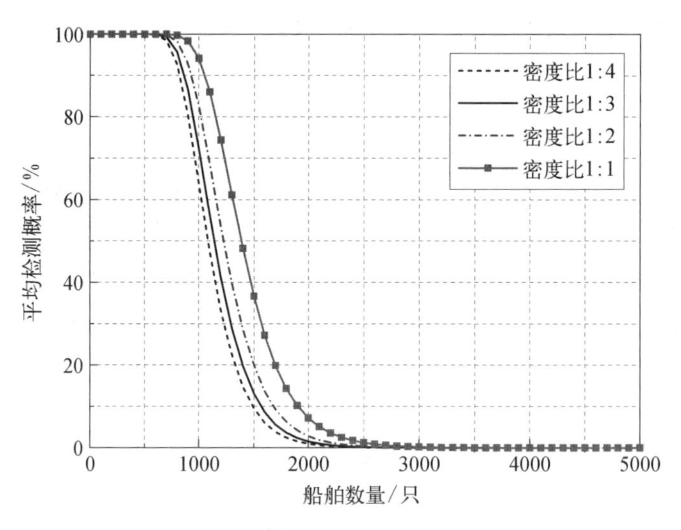

图 2.17 从边缘到中心船舶密度逐渐增大时的检测概率变化曲线

从图 2.17 中可以看出：当船舶密度从覆盖范围边缘到中心逐渐增大时，随着不均匀分布程度的增加，星载 AIS 对船舶的平均检测概率也逐渐降低。对比图 2.16 和图 2.17 可以发现：无论船舶服从哪一种非均匀分布，船舶的平均检测概率都会随着不均匀分布程度的增加而逐渐减小，且总是低于均匀分布情况下的平均检测概率。此外还可以看出，当覆盖范围内船舶分布呈现“中间密集、边缘稀疏”的特点时，船舶的平均检测概率比“中间稀疏、边缘密集”分布时要高，其主要原因是后一种船舶分布情况下所对应的第二类时隙冲突的船舶数量更多，起主导作用。

2）信号报告周期

按照船舶类别，AIS 信号报告周期分别为 A 类 AIS 船舶 2～180 s，B 类 AIS 船舶为 5～180 s，其信号平均报告周期与船舶所处的海域位置和海上交通的繁忙程度密切相关。文献[78]对不同海域位置的 A 类 AIS 船舶的报告周期进行了粗略的估计和推算，指出在深海海域，95%船舶的报告周期主要集中在 2～10 s，5%船舶的报告周期为 3 min；在海岸线附近，85%船舶的报告周期主要集中在 2～10 s，约 15%船舶的报告周期为 3 min。综合考虑，以下取 AIS 信号的平均报告周期分别为 6 s、10 s、15 s 和 30 s 进行仿真，船舶分布密度函数参数取值为 $a_0 = 0$ 和 $-3/4$，分别表示船舶服从均匀和非均匀分布，结果如图 2.18 所示。

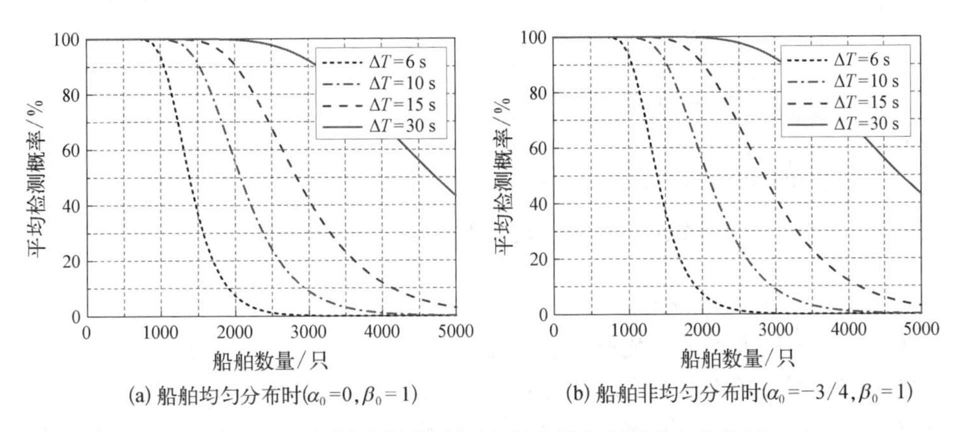

(a) 船舶均匀分布时($\alpha_0=0, \beta_0=1$)　(b) 船舶非均匀分布时($\alpha_0=-3/4, \beta_0=1$)

图 2.18　船舶检测概率随 AIS 信号报告周期的变化曲线

从图 2.18 中可以看出，无论是非均匀分布还是均匀分布情况下，船舶的平均检测概率都随着 AIS 信号报告周期的延长而迅速提高。因此，对于远洋航行的 AIS 船舶，当采用 AIS 卫星进行长远距离接收时，在不影响船舶安全的情况下可适当延长 AIS 信号的报告周期，以大幅度提高系统的检测性能。在 2012 由 ITU 主办的“世界无线电通信大会”上，ITU 曾提出为长远距离 AIS 信号接收额外增设两个频点，并将信号报告周期延长为 3 min，目前未得到实际采纳[129,131]。

3）轨道高度

星载 AIS 通常运行于低地球轨道上，轨道高度在 400～1 000 km 内变化。当采用全向天线时，一方面，轨道高度越大，幅宽越大，对地覆盖范围越广，船舶总数也越多，时隙冲突越频繁，一定程度上降低了船舶检测概率；另一方面，覆盖范围越广，天线幅宽越大，相应的观测时间也长，一定程度上提升了船舶检测概率。因此，轨道高度变化对星载 AIS 的检测概率的影响是一个相互抵消的综合过程。同样的，船舶分布密度函数参数取值为 $a_0 = 0$ 和 $-3/4$，分别表示船舶服从均匀和非均匀分布，仿真结果如图 2.19 所示。

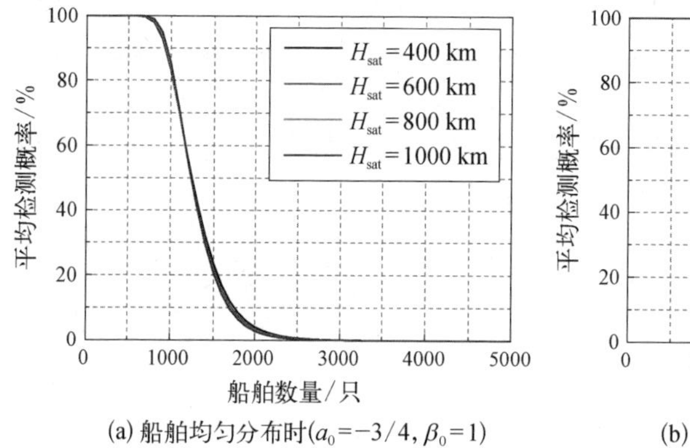

(a) 船舶均匀分布时($a_0=-3/4$, $\beta_0=1$)

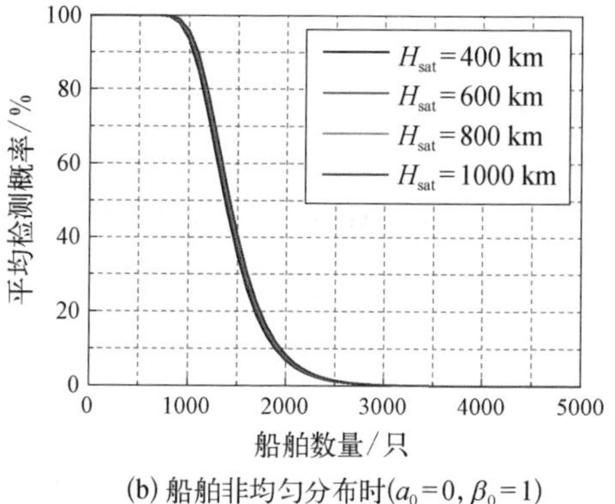

(b) 船舶非均匀分布时($a_0=0$, $\beta_0=1$)

图 2.19　船舶检测概率随轨道高度的变化曲线

从图 2.19 中可以看出，当覆盖范围内船舶总数量和分布特性一定时，其平均检测概率随轨道高度变化基本保持不变。而实际上，当采用全向天线时，系统的覆盖范围会随着卫星轨道高度的增加而迅速增大，相应的视场范围内的船舶数量也会迅速增加。因此，对于实际的星载 AIS，提高卫星轨道高度确实可以增强系统的覆盖能力，但船舶的平均检测概率会迅速降低，总体上可识别的船舶总数量变化趋势与实际任务场景有关，有待进一步验证[79]。

4）天线幅宽

根据以上轨道高度对检测概率的影响分析可知，采用全向接收天线的星载 AIS 船舶检测概率随轨道高度变化而呈现两个方面相互抵消的变化趋势。而当轨道高度确定时，天线类型对船舶检测概率也有类似的影响趋势：当采用方向天线时，由于保护延迟距离的作用[34,54]，当天线幅宽足够小时，只存在第一类时隙冲突，覆盖范围内的船舶数量较少，但观测时间也很短；随着天线幅宽增大，超出保护延迟距离后,将产生第二类时隙冲突,覆盖范围内的船舶总数量迅速增加,但观测时间也随之增加。因此,当轨道高度给定时,天线幅宽对检测概率的影响也是一个综合过程,仿真结果如图 2.20 所示。

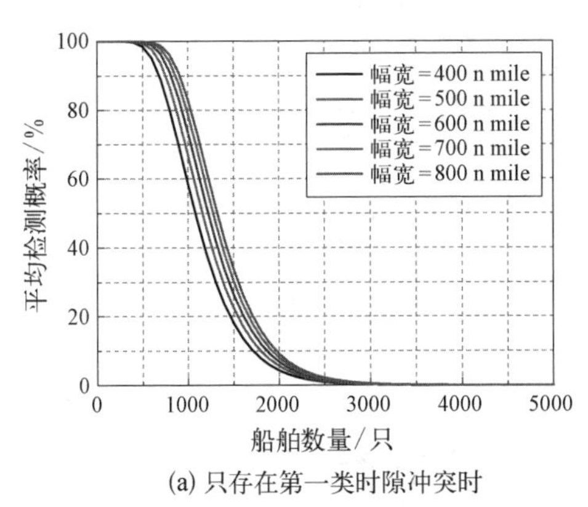

(a) 只存在第一类时隙冲突时

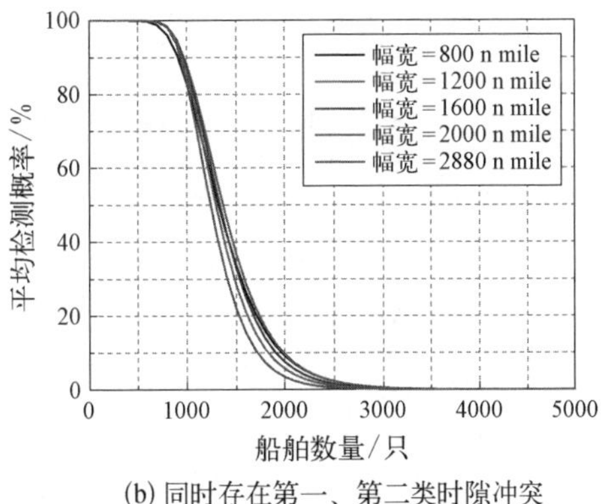

(b) 同时存在第一、第二类时隙冲突

图 2.20　船舶检测概率随天线幅宽的变化曲线($a_0=-3/4$, $\beta_0=1$, $\Delta T=6$ s)

从图 2.20 中可以看出,对于船舶非均匀分布情况,当天线幅宽不超过 800 n mile,即只存在第一类时隙冲突时,随着天线幅宽的增大,平均检测概率也逐渐提高。当天线幅宽超过 800 n mile,即同时存在第一类、第二类时隙冲突时,尽管随着天线幅宽的增大,观测时间也逐渐增加,但平均检测概率还是呈现下降的趋势,这与船舶处于均匀分布状态下所得出的结论是一致的[39,54]。由此可见,当天线幅宽足够大时,第二类时隙冲突将起主导作用。此外,天线幅宽越大,实际情况下覆盖范围内的船舶数量也越多。因此,比较而言,为获得较高的检测概率,天线的幅宽应小于临界幅宽,最优的幅宽大小还应该根据系统检测概率需求和实际海域的船舶数量和分布确定[142]。

5) B 类 AIS 对 A 类 AIS 接收信号的影响

除强制安装的 A 类 AIS 设备外,全球海域内还有大量船舶安装了 B 类 AIS 设备,这类 AIS 的主要技术参数如表 2.3 所示,其中发射功率最大为 2 W,船舶处于相同运动状态下其信号报告周期相对于 A 类 AIS 更长,为 5~180 s。B 类 AIS 船舶数量庞大,难以有效统计,但其对 A 类 AIS 信号的接收仍有一定影响,为便于对比, 图 2.12 分别仿真了只存在 A 类 AIS 船舶,以及 B 类 AIS 船舶数量分别为 A 类 AIS 船舶数量的 1/2、1 倍和 2 倍时,A 类 AIS 信号的检测概率结果。仿真过程中,B 类 AIS 信号报告周期设定为 A 类报告周期的 3 倍,并按照发射功率大小来考虑 B 类 AIS 信号对 A 类 AIS 信号的影响，其中 H_{sat} = 600 km。

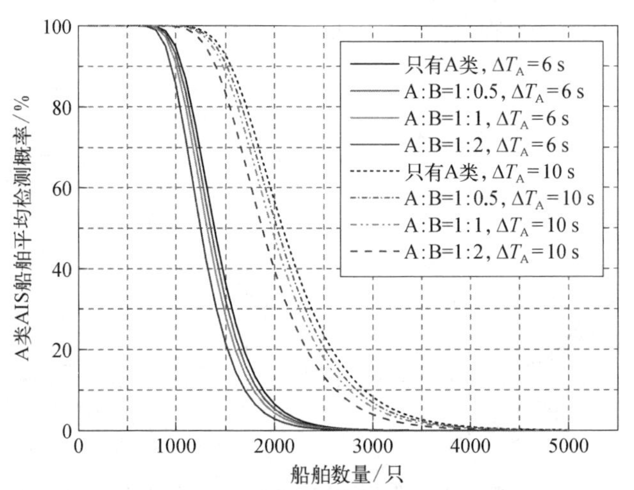

图 2.21　不同船舶比例下 B 类 AIS 对 A 类 AIS 接收信号检测概率的影响

从图 2.21 可以看出，随着 B 类 AIS 船舶的数量增加，A 类 AIS 船舶的平均检测概率逐渐降低，并且这种影响会随着 A 类船舶的总数量发生变化。当 A 类 AIS 信号报告周期为 6 s，船舶数量为 1 500 左右，B 类 AIS 船舶数量为 A 类 AIS 船舶的 2 倍时，相比不存在 B 类 AIS 船舶的情况，此时 A 类 AIS 船舶的检测概率降低最为明显，约为 20%。当 B 类 AIS 船舶数量低于 A 类 AIS 船舶数量时，这种影响较小，基本可忽略。产生上述现象的主要原因是 B 类 AIS 信号报告周期长，功率更低，同样条件下单个 B 类 AIS 信号强度相比 A 类 AIS 信号要低 7 dB 以上，对 A 类 AIS 信号接收几乎无影响，多个 B 类 AIS 信号叠加才有可能对 A 类 AIS 信号接收产生一定影响，A 类 AIS 信号的实际接收过程中，要根据 A 类和 B 类 AIS 船舶的比例和分布来具体分析其影响程度。

2.3　星载 AIS 接收天线设计与波束成形研究

根据星载 AIS 信号的接收和处理过程，可以从三个方面入手降低信号冲突程度，提高信号解码成功率，从而提高船舶的检测概率：① 直接减小天线幅宽或者利用波束形成技术将覆盖范围分解为多个子波束区域，进入各子波束的瞬时，AIS 信号数目大大减少，信号冲突显著降低；② 充分利用星载 AIS 信号在多普勒频移、幅度、时延等方面的差异进行信道化接收，或基于软件无线电技术实现灵活的数字解调，直接提高解码的成功率，即新型接收机技术；③ 对已发生信号冲突的混叠 AIS 信号采用盲源分离方法恢复出多路原始 AIS 信号，进一步提高识别概率，即盲源分离方法。本节重点研究星载 AIS 接收天线与波束形成技术，直接从接收信号的源头上降低星载 AIS 信号多网冲突程度，同时保证系统的覆盖性能不变。星载 AIS 检测性能与所侦察的海域内的船舶数量分布密切相关。

为此，首先分析全球海上交通模型及各主要海域船舶分布，并基于 2.2 节的检测概率模型对天线幅宽进行设计，介绍“天拓一号”的星载 AIS 接收天线设计并对实测效果进行对比分析。其次，考虑到微小卫星平台对 AIS 天线尺寸和重量的限制，提出了采用指向性较强的螺旋天线减小瞬时覆盖范围，缓解 AIS 信号冲突，同时通过波束扫描的方式确保 AIS 卫星单轨覆盖范围基本不变。为进一步提升系统的灵活性，提出了一种电控波束扫描无源阵列天线，通过电抗加载来控制方向图主瓣指向方法，实现在整个覆盖范围内进行波束扫描，降低星载 AIS 信号冲突程度，抑制同信道干扰，同时保证系统良好的覆盖性能。

2.3.1　全球 AIS 船舶分布及检测分析

随着全球海事运输业务的快速发展和船舶数量的不断增加，进入世界海域范围内的 AIS 船舶数量也越来越多。据估计，截至 2006 年，全球约有 70 000 艘船舶在海上航行，其中 48 500 艘安装有 A 类 AIS 发射机。文献[126]对 2000～2008 年太平洋和大西洋海域内的船舶数量进行了统计，其长期的年增长率约为 3.1%。基于这一统计数据，对世界各主要海域内有资格安装 A 类 AIS 终端的船舶数量进行了预测和统计，结果如表 2.7 所示[126]。

表 2.7　全球主要海域内有资格安装 A 类 AIS 终端的船舶数据　（单位：艘）

海　域	2010 年	2011 年	2012 年	2013 年	2014 年	2015 年	2016 年	2017 年	2018 年
地中海	8 448	8 710	8 980	9 258	9 545	9 841	10 146	10 461	10 785
太平洋	16 386	16 894	17 418	17 958	18 514	19 088	19 680	20 290	20 919
大西洋	18 585	19 161	19 755	20 368	20 999	21 650	22 321	23 013	23 727

续 表

海 域	2010 年	2011 年	2012 年	2013 年	2014 年	2015 年	2016 年	2017 年	2018 年
印度洋	14 080	14 516	14 966	15 430	15 908	16 402	16 910	17 434	17 975
北冰洋	4 023	4 147	4 276	4 409	4 545	4 686	4 831	4 981	5 136
总数量	61 522	63 428	65 395	67 423	69 511	71 667	73 888	76 119	78 542

从表 2.7 可以看出，不同海域内 AIS 船舶的数量差别较大，而船舶检测概率与卫星视场范围内的船舶数量密切相关，船舶分布越密集，信号冲突就会越严重，相应的检测概率就越低；反之，船舶分布越稀疏，检测概率就越高。因此，对于不同的任务场景，首先有必要分析不同海域范围内的船舶分布情况。根据 2.2.3 节的仿真结果可知，无论船舶服从均匀还是非均匀分布，当天线幅宽超过临界幅宽时，船舶检测概率都会随着幅宽增加而降低，为获得较高的检测概率，天线幅宽应设置为不超过临界幅宽大小。

本书中，假设所设计的 AIS 天线应用于 2016 年发射的 AIS 卫星并维持 2 年的工作寿命，因此星载 AIS 的接收任务场景应针对 2018 年的全球海域船舶展开。假设 AIS 卫星轨道高度为 600 km，根据 2.2.3 节的仿真结果，理想的天线幅宽应不超过 800 n mile。地中海、太平洋、大西洋、印度洋和北冰洋的海域面积分别为 2.50 百万平方千米、179.68 百万平方千米、91.66 百万平方千米、76.17 百万平方千米、14.79 百万平方千米。为便于计算，假设各海域内的船舶均匀分布，则可以计算出当 AIS 接收天线幅宽低于 800 n mile 时，不同海域内 AIS 卫星视场范围内船舶数量的分布情况，其结果如表 2.8 所示。

表 2.8 2018 年不同海域内 AIS 卫星视场范围内船舶数量分布的预测数据（单位：艘）

海 域	300 n mile	400 n mile	500 n mile	600 n mile	700 n mile	800 n mile
地中海	1 044	1 857	2 901	4 177	5 686	7 426
太平洋	29	50	79	113	153	201
大西洋	63	112	174	251	341	445
印度洋	56	102	158	229	311	406
北冰洋	84	149	234	336	458	598

从表 2.8 中可以看出，地中海海域内船舶的平均密度最高，远远高于其他几个海域内的船舶密度。由于拟采用较窄幅宽的星载 AIS 天线来接收 AIS 信号，同时各海域面积非常广阔（地中海除外），为简化起见，认为在所设计的接收天线幅宽范围内的船舶服从均匀分布，但同一个海域内不同位置的船舶数量分布是不均匀的，如大西洋的墨西哥湾和加勒比海，太平洋的东海、南海和日本海的船舶数量比较密集，比所属大洋的平均密度要高很多，这些区域的船舶可按 2~4 倍平均密度来进行计算。为便于分析，参照 2.2.3 节的系统模型分别给出了当天线幅宽小于 800 n mile，船舶服从均匀分布，AIS 信号报告周期分别为 6 s、10 s 时检测概率随幅宽的变化曲线，如图 2.22 所示，其中 H_{sat} = 600 km。

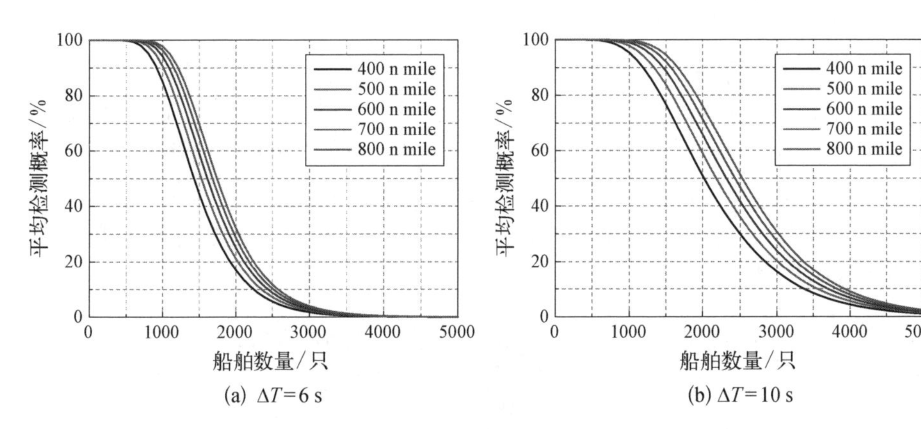

(a) $\Delta T=6$ s　　(b) $\Delta T=10$ s

图 2.22　均匀分布情况下船舶检测概率随幅宽的变化曲线

对比表 2.8 和图 2.22 可知，对于交通比较繁忙的海域（AIS 信号报告周期为 6 s），并考虑到大洋某些区域的船舶分布比较密集，如果要获得 80%以上的平均船舶检测概率，则天线的幅宽应控制在 400~600 n mile，例如，北冰洋对应 600 n mile 幅宽内的平均船舶数量为 336，考虑其范围内最密集区域的船舶密度为平均密度的 4 倍，则相应的船舶数量为 1 344，对应于图 2.22（a），合适的幅宽应不超过 600 n mile。

依次类推，对于交通不太繁忙的海域（AIS 信号报告周期为 10 s），如果要获得 80%以上的平均船舶检测概率，则天线的幅宽应控制在 400~700 nm，如图 2.22（b）所示。然而，对于地中海，其船舶平均密度非常高，目前几乎所有的 AIS 卫星对该区域的船舶接收效果都不太理想，一般只能接收到很少的 AIS 数据，船舶的实际检测概率接近于 0。显然，对于地中海而言，试图通过单纯降低 AIS 接收天线幅宽以获得较高检测概率并不现实，例如，即使天线幅宽降低到 400 n mile，对应区域内的船舶数量也达到了 1 857，AIS 信号的平均报告周期为 10 s 时对应的船舶检测概率也仅为 50%左右，但天线幅宽设置太小也会大大牺牲系统的覆盖性能。对此，本书暂时降低要求，初步将地中海区域船舶的单轨检测概率期望设定为 20%左右，通过对比观察可知，此时天线的幅宽应控制在 500 n mile 以下。综上所述，考虑到上述 5 个主要海域的船舶分布和检测概率的任务目标，当设定轨道高度为 600 km 时，初步预计比较合适的天线幅宽为 400~500 n mile。

2.3.2 基于波束切换的垂直交叉双单极子 AIS 接收天线设计

1. TT－1 AIS 天线设计

作为国内首颗搭载星载 AIS 的单板纳星，为保证系统具有良好的覆盖范围，以尽可能多地接收到 AIS 信号，TT－1 星载 AIS 设计了两副单极子 VHF 天线，如图 2.23 所示。两天线与卫星对地轴呈±45°安装，波束分别朝向卫星总覆盖范围的前区域和后区域，两根天线受后端微波网络控制进行周期性切换分时工作，在保证总覆盖的前提下减小瞬时接收范围，减缓在船舶密集区域的多信号冲突，提高目标检测概率[143]。

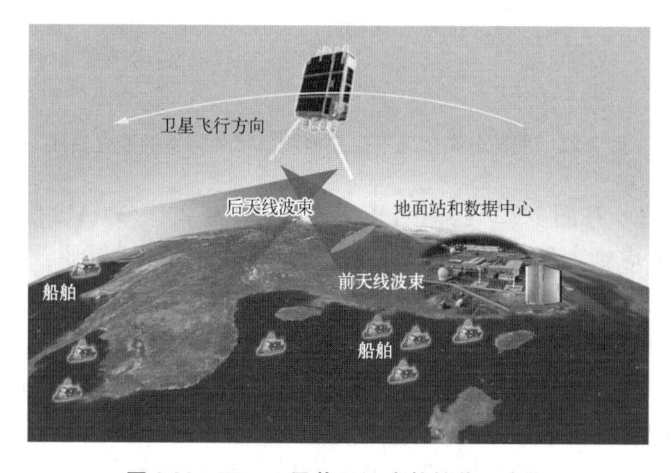

图 2.23 TT－1 星载 AIS 在轨接收示意图

TT－1 AIS 天线主要包括天线单元和微波开关两部分，天线单元采用波长为 $\lambda/4$ 的单极子天线作为标准天线，由钢卷尺制作而成，入轨之前压缩在星体表面，入轨后经热刀切割展开；微波开关完成双天线的受控切换，AIS 天线的主要技术指标如下[143]。

(1) 天线单元。

双单极子天线(垂直交叉,$\lambda/4$);工作频率 161~163 MHz;天线增益≥1 dBi;极化方式为垂直双极化;驻波比≤1.30。

(2) 微波开关。

供电电压为5 V;单 I/O 线控制切换,高电平 5 V,低电平 0 V;射频端口驻波比≤1.50;插微波损≤0.35 dB;相邻通道间隔离度≥15 dB。

2. 星地链路与覆盖特性分析

采用垂直交叉双单极子形式的 AIS 天线波束覆盖范围如图 2.24 所示。以其中一根朝向卫星飞行方向前端的单极子天线为例,其方向图的形状在 H 面是全向的或者近似全向,E 面方向图的最大辐射方向与接地面的尺寸有关。由于卫星本体的体积较小,天线所在的安装面大小约为 410 mm×80 mm,尺寸上远小于 AIS 信号波长,其 E 面的最大辐射方向可近似认为垂直于振子轴,相应地,实测的最大增益为 1~2 dB,符合设计要求。

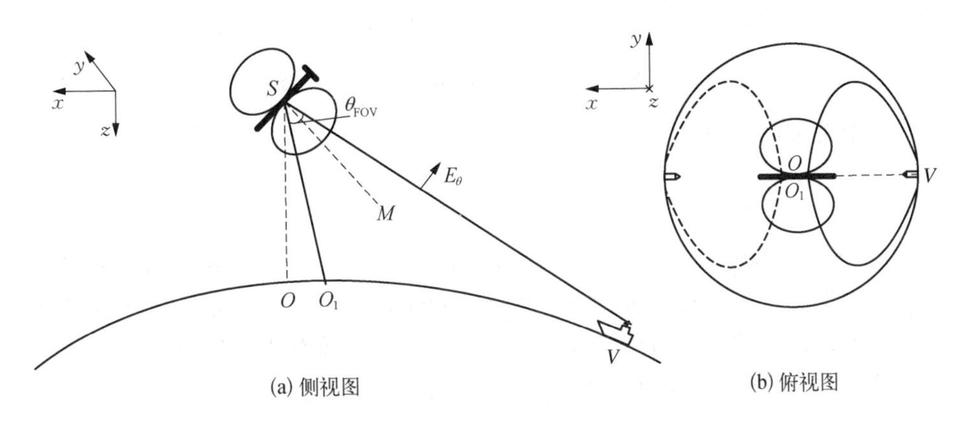

图 2.24　TT-1 AIS 天线覆盖特性示意图

由于 $\lambda/4$ 单极子天线的接地面尺寸较小,其电性能与半波长偶极子天线相似,其-3 dB 波束宽度约为 78°,如图 2.24(a)侧视图所示。倾斜 45°安装的单根单极子天线波束范围为 O_1SV,即 θ_{FOV},最大辐射方向垂直于振子轴,指向为 SM,对地覆盖范围如图 2.24(b)所示,近似为椭圆形。AIS 天线的实际覆盖范围大小由星地链路决定。由图 2.8 可知,由于船舶 AIS 发射天线的安装方式及极化特性,在不考虑接收天线的辐射特性时,位于 600 km 轨道高度的星载 AIS 星地链路电平在星下点附近非常小；当逐渐远离星下点时，链路电平迅速增大，后逐渐衰减至地平线。

对于 TT-1 星载 AIS，考虑到天线的安装方式及辐射特性，在计算链路电平时主要考虑 SO_1 和 SV 两个方向。TT-1 的轨道高度为 480 km，卫星对地的最大张角为 136.94°，即 $\angle OSV$ 的大小为 68.47°，相应的指向地平线的斜距 SV 的长度为 2 521 km，按照表 2.5 中的计算方法，可估计出该方向上的链路电平裕量约为 4 dB，满足基本的解调要求，因此，该单极子波束的有效覆盖范围最远可到达地平线附近。在 SO_1 方向上，由于单极子天线倾斜 45°安装，即 $\angle OSM$ 大小为 45°，以-3 dB 波束宽度来计算 SO_1 方向上的链路电平裕量，则 $\angle O_1SM$ 为 39°，相应的斜距 SO_1 的长度为 483 km。根据表 2.5 和图 2.8 的仿真结果，可估算出该方向上的链路电平裕量约为 9 dB，满足基本的解调要求。由于 SO_1 方向上链路裕量较大，实际的有效覆盖范围可进一步覆盖到 OO_1 区域，但是由于该区域上船舶 AIS 发射天线和星载 AIS 天线的增益迅速衰减（图 2.8），且 OO_1 的长度仅为 50 km 左右，单根单极子天线的地面有效覆盖范围可近似为 O_1V 所在曲面。波束范围 O_1SV 对应的波束角 θ_{FOV} 大小为

$$\theta_{\text{FOV}} = \angle OSV - \angle OSO_1 = 68.47° - 9° = 59.47° \tag{2.38}$$

覆盖范围内的幅宽 O_1V 大小为

$$\overline{O_1V} = \overline{OV} - \overline{OO_1} = 1\,266 \text{ n mile} \tag{2.39}$$

由于两副单极子天线采用了垂直交叉的安装方式，TT-1 星载 AIS 的覆盖范围是在卫星飞行方向上两个幅宽约为 1 266 nm 的近似圆形区域，两个区域互相不重叠，采用微波开关分时切换工作，在保证总覆盖范围的同时减小了瞬时覆盖范围，一定程度上有助于提升系统的船舶检测概率。

3. 在轨接收性能对比分析

根据以上分析，利用 2.2.3 节建立的检测概率模型对 TT-1 星载 AIS 的理论检测概率进行了仿真分析，卫星轨道高度为 480 km，AIS 信号报告周期分别取为 6 s、10 s，结果如图 2.25 所示。作为对比，对采用单极子 AIS 天线的单天线模式下的检测概率进行了仿真。

从图 2.25 中可以看出，在船舶总数保持一定时，采用垂直交叉双单极子天线接收时，其检测概率要略高于采用单根天线的情况。然而在实际任务场景下，单根垂直对地单天线的覆盖范围要远大于 TT-1 单根倾斜单极子天线的覆盖范

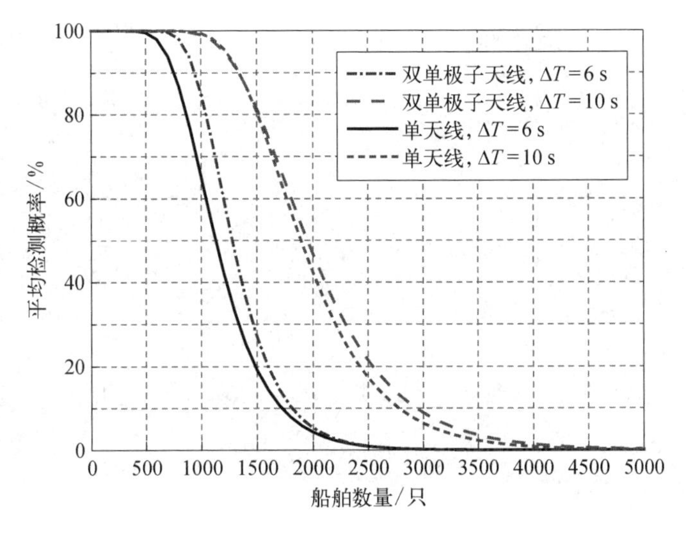

图 2.25　TT－1 星载 AIS 检测概率理论曲线

围,即实际情况下垂直对地单天线覆盖范围内的船舶数量要远大于 TT－1 单根单极子天线覆盖范围内的船舶数量,如,当 ΔT = 6 s 时,当 TT－1 双单极子天线覆盖范围内的船舶数量为 1 000 时对应的检测概率为 60%,而此时若采用垂直对地单极子天线,则相应的船舶数量会超过 2 000,检测概率则低于 10%。因此,采用垂直交叉双单极子天线分时切换的工作方式既可以保证系统具有较大的覆盖范围,又可以一定程度上提升星载 AIS 的船舶检测概率。

另外,对于 2.3.1 节所述的全球 AIS 船舶检测任务场景,根据表 2.7 中的船舶分布情况可推算出 2012 年在太平洋、大西洋、印度洋和北冰洋海域内,采用 TT－1 星载 AIS 进行船舶侦测时,在天线覆盖范围内(有效幅宽约为 1 266 n mile)的平均船舶数量分别为 419、930、849 和 1 246。由于地中海区域面积比较狭小,天线可完全覆盖,船舶总数量为 8 980。对比图 2.25 可知,在除地中海之外的四大海域,当 ΔT = 6 s 时,TT－1 星载 AIS 的单轨理论检测概率可达到 50%左右,然而其实际在轨接收性能较为一般,与理论预期差距较大,图 2.26 给出了 2012 年 5 月~11 月期间 TT－1 星载 AIS 的实测 AIS 数据海图[143]。

从图 2.26 中可以明显看出全球的航线、船舶分布动态。其中,在墨西哥湾、北欧、地中海、中国沿海、日本海等船舶密集区域,船舶检测概率很低,且与理论仿真结果差别较大,主要原因分析如下。

(1) 船舶分布的不均匀导致检测概率变化较大。虽然除地中海之外的其

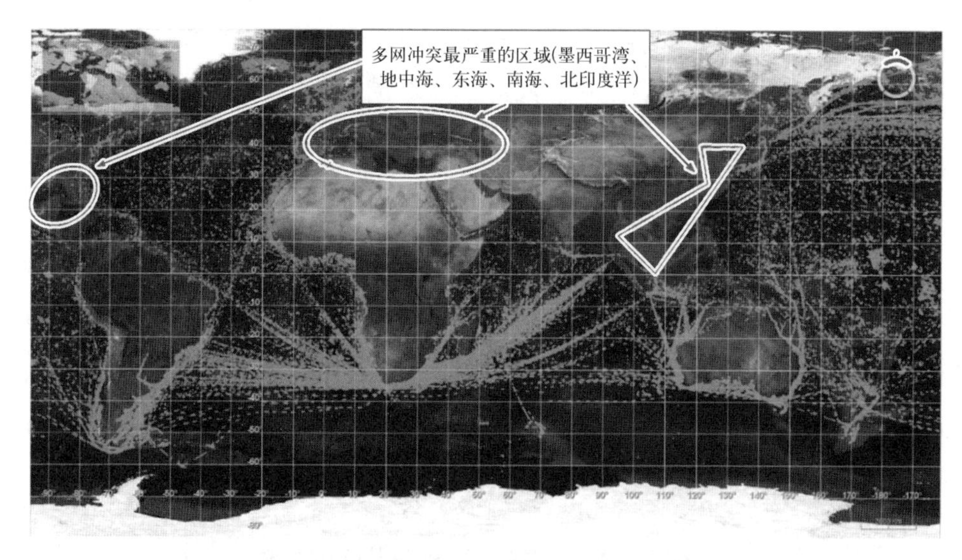

图 2.26 TT-1 星载 AIS 在轨 11 月接收数据组成的全球船只分布图

他四大海域的平均船舶密度都不高，但是在各海域内的不同位置，船舶分布的差异比较大，如墨西哥湾、北欧、地中海、中国沿海、日本海等区域的船舶分布要远大于其平均分布密度，如以 4 倍平均密度来计算，则在中国南海附近 TT-1 星载 AIS 覆盖范围内的船舶数量将超过 1 600，且该区域的船舶交通比较繁忙，当 $\Delta T = 6$ s 时，其平均检测概率将低于 20%（图 2.25）。

（2）AIS 数据的不完整性影响。TT-1 入轨之后，由于载荷及通信的设计限制，其 AIS 接收机并不是全天候开机，且星上存储空间非常有限，地面站每天仅下传接收两轨 AIS 数据，因此有效的数据量比较有限，星载 AIS 所接收到的数据并未完全呈现出来。

（3）B 类船舶及 AIS 接收机性能的影响。图 2.25 的理论仿真结果只考虑了 A 类 AIS 船舶，然而在实际海域上还存在着大量的 B 类 AIS 船舶，虽然这类船舶的发射功率较小，AIS 信号报告周期较长，但是当 B 类 AIS 船舶数量超过一定范围时，其对 A 类 AIS 船舶的信号接收仍有较大影响。此外，理论仿真是基于只要 AIS 信号无时隙冲突，便均能被正常接收解调的假设得出的结果，但实际上 AIS 接收机的解调性能还会受到噪声、空间环境等因素的影响，对单 AIS 信号仍有一定的解包误包率，不可能达到 100%。

（4）AIS 信号报告周期和报文长度影响。理论仿真是假设所有 AIS 信号报告周期一致,均为 6 s 或者 10 s,实际情况下,根据海上交通繁忙程度,船舶的AIS 信号报告周期各不相同,完全有可能低于 6 s,导致实际检测概率更低。此外,AIS 信号的报文种类和长度也不一致,较长的 AIS 报文可能要占用多个时隙,因此实际的检测概率也会相应降低。

2.3.3　基于螺旋天线及其波束扫描的星载 AIS 天线设计与研究

根据 2.3.1 节的仿真结果及 2.3.2 节采用垂直交叉双单极子天线的 TT－1 星载 AIS 的实测结果可知,AIS 天线幅宽大小对船舶检测概率具有重要影响。特别是在船舶密集区域,如地中海、南海等,若采用的 AIS 接收天线幅宽较大,则视场范围内的船舶数量众多,信号冲突比较严重,大大降低了系统的检测性能。为此,比较直接的解决方案是采用指向性较强的方向天线,以降低天线幅宽,从而减少视场范围内的船舶数量,缓解 AIS 信号冲突,检测概率性能将得到比较显著的改善,预期结果可以从 2.3.1 节的仿真分析中得出。同时,考虑到应用于微小卫星平台,星载 AIS 天线的尺寸和重量受限,传统的抛物面天线、相控阵天线将不适用。其次,天线的方向图对 AIS 信号的接收也至关重要,通过天线方向图引入功率分集,使得在卫星视场范围内存在强弱 AIS 信号冲突时,可进一步降低弱信号的幅度,增强主信号的信干比,强信号可直接解调出来,从而进一步提高检测概率。

此外,由于船舶 AIS 发射天线多为线性垂直极化天线,考虑到法拉第旋转的影响,为提高 AIS 信号接收的可靠性,AIS 接收天线最好采用圆极化天线。满足上述要求的可作为星载 AIS 备选天线的主要有以下几类:单极子天线阵列、八木天线、角形反射器、微带天线和螺旋天线等。相比较而言,螺旋天线具有如下优势[144]:① 已经在卫星上相似的 VHF 频段成功应用;② 圆极化特性好、增益高、指向性强;③ 方向图具有旋转对称性;④ 天线质量较小,例如,应用于 AISat 上的 VHF 螺旋天线质量小于 1 kg;⑤ 等效孔径比实际几何尺寸大。

1. 星载 AIS 螺旋天线设计

单臂轴向螺旋天线是众多螺旋天线中结构最简单、最容易设计和制作的一种,因此可作为微小卫星星载 AIS 接收天线的首选。根据天线设计理论,单臂螺旋天线的设计可以采用以下半经验公式[137]。

半功率波束宽度:

$$\mathrm{HPBW}=\frac{65^{\circ}}{\frac{C}{\lambda}\sqrt{n\frac{S}{\lambda}}} \tag{2.40}$$

第一零点波束宽度：

$$\mathrm{BWFN} = \frac{115^\circ}{\frac{C}{\lambda}\sqrt{n\frac{S}{\lambda}}} \tag{2.41}$$

增益：

$$G = 6.2\left(\frac{C}{\lambda}\right)^2 n\frac{S}{\lambda} \tag{2.42}$$

螺旋升角：

$$\alpha = \arctan(S/\pi d) \tag{2.43}$$

归一化方向图：

$$\begin{cases} E = \left(\sin\frac{90^\circ}{n}\right)\frac{\sin(n\psi/2)}{\sin(\psi/2)}\cos\phi \\ \psi = 360^\circ\left[\frac{S}{\lambda}(1-\cos\phi)+\frac{1}{2n}\right] \end{cases} \tag{2.44}$$

其中，C 为螺旋周长；S 为螺旋间距；d 为螺旋直径；n 为螺旋圈数；λ 为 AIS 信号波长。以上经验公式需要满足以下约束条件：$12^\circ \leqslant \alpha \leqslant 14^\circ$，$0.8 < C/\lambda < 1.2$ 及 $n \geqslant 4$。

国际航标协会技术标准规定对同信道干扰信号进行解调的最低载干比为 10 dB，也就说标准的星载 AIS 接收机要能正常解调同信道干扰信号，干扰信号至少要比期望信号强度低 10 dB 以上[34]。因此，对于星载 AIS 螺旋天线，若要利用功率分集实现同信道干扰信号解调，则在不考虑天线覆盖范围边缘与星下点位置上 AIS 信号传输路径差带来的链路损失时，所设计的螺旋天线的波束角应不低于其−10 dB 波束宽度。然而，理论上直接求解−10 dB 波束宽度比较困难。本书中，首先用第一零点波束宽度 BWFN 代替其−10 dB 波束宽度计算螺旋匝数和最大增益。如果天线增益高于 10 dBi，则逐渐减少螺旋匝数，使得天线的波束角近似等于其−10 dB 波束宽度；反之，逐渐增加螺旋匝数，以满足相应的设计要求。通过这种方式，采用尽可能少的螺旋匝数即可获得较好的性能，同时还可以降低对卫星平台的要求。

考虑到式(2.40)~式(2.43)的约束条件，取 $C/\lambda = 1$，$\alpha = 14^\circ$，而 AIS 信号的对应波长为 1.85 m。因此，天线的螺旋直径为

$$d = \frac{C}{\pi} = \frac{\lambda}{\pi} = 0.589\ \text{m} \tag{2.45}$$

由式(2.41)可计算得到螺旋匝数为

$$n = (115/C_{\lambda} \cdot \text{BWFN})^2/S_{\lambda} = (115/74)^2/0.25 = 9.7 \tag{2.46}$$

简单起见,取 $n = 10$。

因此,由式(2.42)可计算出天线的增益为

$$G = 6.2C_{\lambda}^2 nS_{\lambda} = 6.2 \times 10 \times 0.25 = 15.5\ \text{dBi} \tag{2.47}$$

由于这个初始增益远大于 10 dBi,应该减少螺旋的匝数。

接下来,基于上述设计参数利用 CST MICROWAVE STUDIO 软件进行仿真以获得最优的螺旋匝数。通过仿真发现,当 $n=7$ 时,天线的−10 dB 波束宽度为 72.2°;当 $n=8$ 时,天线的−10 dB 波束宽度为 68.2°。因此,螺旋天线的匝数应该选择为 8。当 $n=8$ 时,螺旋天线在 162 MHz 时的方向图如图 2.27 所示[142]。

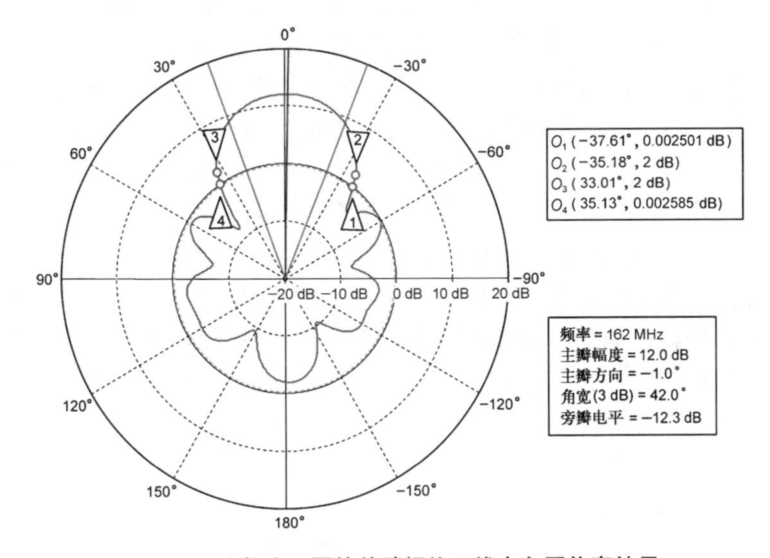

图 2.27　匝数为 8 圈的单臂螺旋天线方向图仿真结果

从图 2.27 可以看出,该天线主瓣上的最大增益为 12.2 dB,旁瓣的最大增益小于 0,第一零点的波束宽度为 72.8°,第一旁瓣之间的夹角超过了 120°。因此,综合考虑旁瓣增益、旁瓣宽度和传输路径损耗,该天线方向图上主瓣以

外的 AIS 信号将受到充分的抑制。相应地,所设计的螺旋天线的波束角可确定为 72.8°。

从而,根据式(2.42)可计算出所设计的螺旋天线的理论增益为

$$G = 6.2C_\lambda^2 nS_\lambda = 6.2 \times 8 \times 0.25 = 12.4\ \mathrm{dBi} \tag{2.48}$$

相应地,螺旋天线的自由长度为

$$A = nS = nC\tan\alpha = 8 \times 1.85 \times \tan 14° = 3.7\ \mathrm{m} \tag{2.49}$$

对比图 2.27 可以看出,通过仿真得到的天线增益和由理论计算的结果比较吻合,因此,该设计方案是合理有效的。

2. *螺旋天线波束扫描方法研究*

1) 波束扫描方法思想

采用螺旋天线作为星载 AIS 接收天线后,由于其较强的指向性,天线波束范围较小,包含的船舶数量少,一方面有助于提升船舶的检测概率;另一方面,与传统的全向天线相比,螺旋天线的幅宽大大降低,AIS 卫星单轨的覆盖范围明显减小,星载 AIS 的重访周期将明显延长,对系统实时性的影响较大。为获得与传统宽波束天线相似的覆盖范围,保持星载 AIS 单轨有效覆盖范围基本不变,本书提出一种基于螺旋天线波束扫描的方法。具体而言,就是使螺旋天线在 AIS 卫星在轨运行过程中沿与卫星速度方向垂直的平面内进行周期性来回扫描,可以通过卫星本体的姿控系统或者专门的伺服机构来实现,通过这种方式可以获得较高的瞬时检测概率,又可以保证系统具有较好的覆盖范围特性。由于地球表面是近似圆球面,扫描螺旋天线的覆盖范围在地球表面的瞬时投影近似为一个椭圆,扫描波束在地球表面的轨迹如图 2.28 所示[142]。不难看出,如果扫描波束可以到达传统宽波束天线覆盖范围的边缘,则除去边缘少许的盲区外,扫描螺旋天线可以获得与传统宽波束天线相同的覆盖范围。

2) 扫描范围确定

对于上述波束扫描方法,有两个关键的参数:扫描角度和扫描速率,需要进行严格设计,以减少覆盖盲区,获得较好的覆盖特性,同时保证 AIS 信号正常接收。如图 2.29 所示,由于覆盖范围近似为圆形,则星下点附近的船舶能够获得最长的观测时间 $T_{\max}^{\mathrm{obs}}$,而在平行于卫星飞行方向的覆盖范围边缘,船舶的观测时间几乎为 0。因此,为获得完整的覆盖范围,同时兼顾考虑船舶的运动特性,

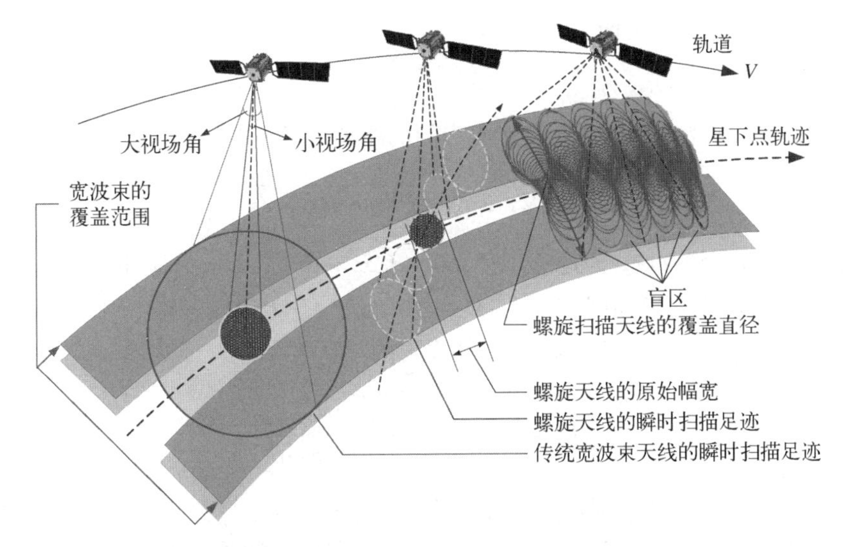

图 2.28　星载 AIS 螺旋天线波束扫描示意图

星载 AIS 天线在相邻两轨上的覆盖范围必须部分重叠。

传统 AIS 卫星大多采用宽波束天线,它对覆盖范围内船舶的观测时间如图 2.29 所示。图中左右平行实线之间的区域为 AIS 天线波束在卫星相邻两轨上的覆盖区域轨迹,其交线为 AB,中间虚线为星下点轨迹,O_1 和 O_2 分别为相邻两轨覆盖范围的卫星星下点。位于交线 AB 上的船舶的单轨有效观测时间如下:

$$T_{AB}^{\text{obs}} = T_{\max}^{\text{obs}} \sin \alpha \qquad (2.50)$$

为保证星载 AIS 对所有覆盖范围内的船舶均有充足的观测时间,以尽可能多地接收到来自船舶的 AIS 信号,保证较好的检测概率,对于 AB 上的船舶,合理设置其在相邻两轨的总

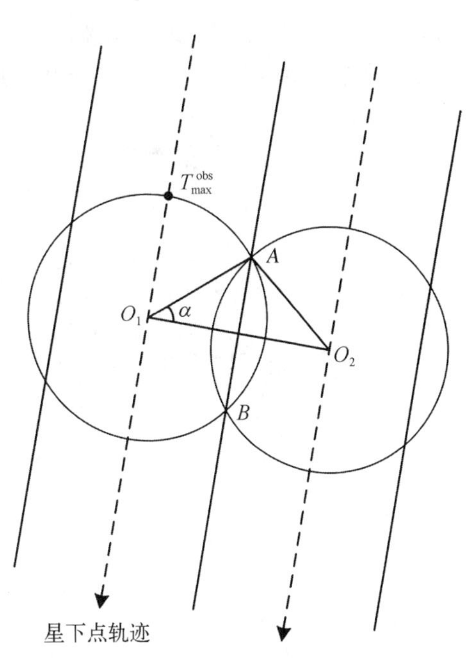

图 2.29　星载 AIS 覆盖范围内不同位置船舶的观测时间分布示意图

观测时间不低于 $T_{\max}^{\text{obs}}$，即

$$2T_{AB}^{\text{obs}} \geqslant T_{\max}^{\text{obs}} \tag{2.51}$$

$\overline{O_1O_2}$ 可以视为相邻两轨升交点之间的距离,计算如下:

$$L_{O_1O_2} = 2\pi\omega_E R_E\sqrt{(R_E + H_{\text{sat}})^3/\mu} \tag{2.52}$$

其中,$R_E = 6\,378.14$ km,为地球半径;$\omega_E = 7.29 \times 10^{-5}$ rad/s,为地球自转角速度;$H_{\text{sat}} = 600$ km,为轨道高度;$\mu = 3.986 \times 10^{14}\ \text{m}^3/\text{s}^2$,为地球万有引力常数。

因此,对应于传统宽波束天线,其理想的幅宽大小为

$$S_W = 2\,\overline{O_1A} = \frac{\overline{O_1O_2}}{\cos\alpha} = \frac{L_{O_1O_2}}{\cos\alpha} \tag{2.53}$$

这个幅宽代表的范围也是扫描螺旋天线必须达到的,它直接决定了扫描范围和扫描角度,具体分析如下。图 2.30 是覆盖范围内螺旋天线波束扫描的观测几何示意图,各参数的物理意义分别如下:θ_t 为宽波束天线的半波束角、θ_h 为螺旋天线的半波束角、$\widehat{AD}$ 为传统宽波束天线幅宽。显然,螺旋天线的扫描范围应该达到 $2\theta_t$ 才能保证与传统天线获得相同的覆盖范围。

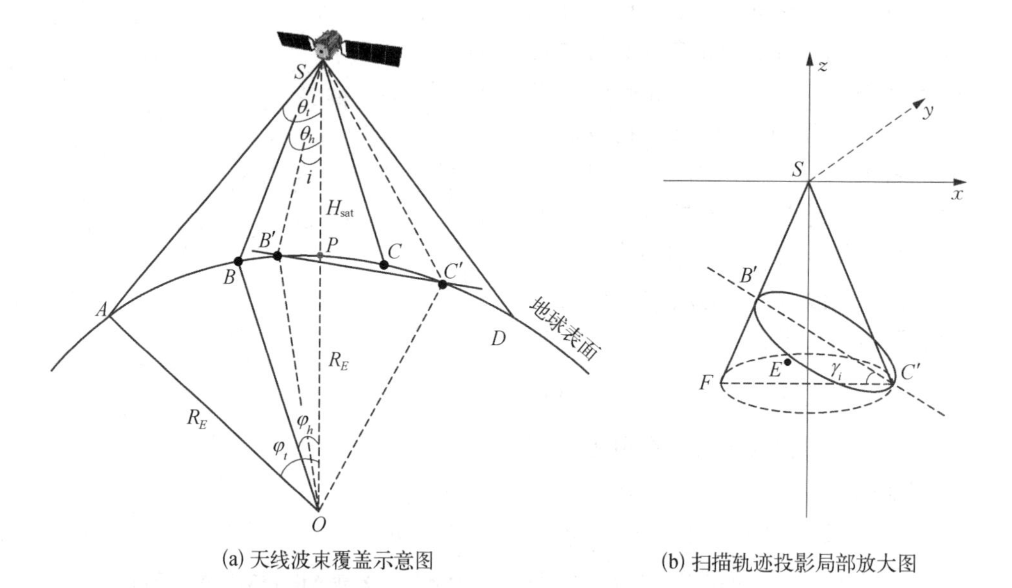

(a) 天线波束覆盖示意图

(b) 扫描轨迹投影局部放大图

图 2.30 螺旋天线波束扫描观测几何示意图

如图 2.30 所示,传统宽波束天线幅宽可表示为

$$S_W = \widehat{AD} = 2R_E\varphi_t \tag{2.54}$$

在三角形 SAO 中,θ_t 可根据式(2.55)求解:

$$\frac{R_E}{\sin\theta_t} = \frac{R_E + H_{\mathrm{sat}}}{\sin(\theta_t + \varphi_t)} \tag{2.55}$$

将式(2.52)代入式(2.53)可计算得到:

$$S_W = \frac{L_{O_1O_2}}{\cos\alpha} = \frac{2\pi\omega_E R_E\sqrt{(R_E + H_{\mathrm{sat}})^3/\mu}}{\cos\alpha} \geqslant \frac{1\,455.7}{\sqrt{3}/2} = 1\,681\ \mathrm{n\ mile} \tag{2.56}$$

根据式(2.53)~式(2.55)可求解得到传统天线的波束角 $2\theta_t$ 为 125.8°。根据 2.3.3 节的讨论结果可知,螺旋天线的波束角 $2\theta_h$ 设计值为 72.8°。因此,波束扫描角度范围大小为

$$\theta_s = \pm(\theta_t - \theta_h) = \pm 26.5° \tag{2.57}$$

3）扫描速率确定

从图 2.28 和图 2.29 可以看出,通过适当增加扫描波束角使天线覆盖范围在相邻两轨上部分重叠,可在一定程度上消除边缘覆盖盲区。然而,由于卫星在轨飞行速度较快,而波束扫描的速率相对较低,在沿卫星飞行方向上扫描波束仍有可能产生部分非连续的覆盖盲区。螺旋天线波束扫描轨迹局部放大图如图 2.31 所示,其中三段平行的点划线是卫星相邻的星下点轨迹,圆面 P、P' 是螺旋天线指向星下点时的覆盖范围,椭圆面 Q、Q'、Q'' 是螺旋天线扫描到两侧时的瞬时覆盖范围。在一个扫描周期中,螺旋天线的轨迹将按照 $Q \to P \to Q'' \to P' \to Q'$ 的顺序从 Q 运动到 Q'。

因此,在一个扫描周期类,扫描波束在覆盖范围两侧沿卫星飞行方向上经过的距离为 $\widehat{QQ'}$。为尽量减小覆盖盲区,椭圆面 Q、Q' 应相切或者有部分重叠,即 $\widehat{QQ'}$ 必须小于或等于椭圆 Q 的短轴长度,这个短轴长度 S_a 大小可以在图 2.30(b)中进行几何求解,计算公式如下:

$$S_a = \frac{2b}{\sqrt{\cot^2\theta_h - \tan^2\gamma_i}} \tag{2.58}$$

其中,

$$b = \frac{\widehat{SB'}\ \widehat{SC'}}{\widehat{SB'} + \widehat{SC'}} 2\cos\theta_h \tag{2.59}$$

$$\tan\gamma_i = \frac{\widehat{SC'} - \widehat{SB'}}{\widehat{SC'} + \widehat{SB'}} \cot\theta_h \tag{2.60}$$

并且有

$$\begin{cases} \widehat{SC'} = \dfrac{R_E \sin\varphi_t}{\sin\theta_t} \\ \widehat{SB'} = (R_E + H_{\text{sat}})\cos(2\theta_h - \theta_t) - \sqrt{R_E^2 - [(R_E + H_{\text{sat}})\sin(2\theta_h - \theta_t)]^2} \end{cases} \tag{2.61}$$

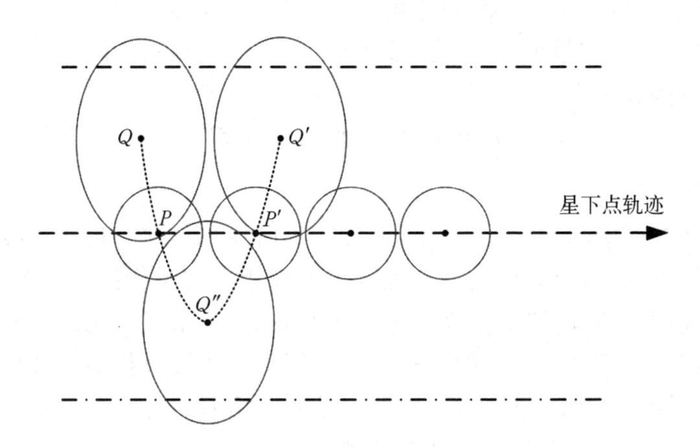

图 2.31 螺旋天线波束扫描轨迹局部放大示意图

将式(2.55)代入式(2.61)可计算得到, $\widehat{SC'} = 1\,732$ km, $\widehat{SB'} = 610$ km。

在半个扫描周期内,扫描波束在覆盖范围中心平行于卫星飞行方向上经过的距离为 $\widehat{PP'}$。为避免覆盖盲区, $\widehat{PP'}$ 必须小于或等于螺旋天线的原始幅宽 $\widehat{BC}$, 如图 2.30(a)所示。

为获得与传统宽波束天线相同的覆盖特性,根据上述分析建立如下关系式:

$$\begin{cases} \widehat{QQ'} = v_0 T_s \leqslant S_a \\ \widehat{PP'} = \dfrac{1}{2} v_0 T_s \leqslant S_h \end{cases} \tag{2.62}$$

其中，v_0 为卫星在 600 km 轨道高度的运行速度；T_s 为螺旋天线的波束扫描周期。

由图 2.30 可计算出螺旋天线的原始幅宽 S_h 如下：

$$S_h = 2\,\widehat{BP} = 2R_E\varphi_h \tag{2.63}$$

在三角形 SBO 中，可利用式(2.61)按照类似于 φ_t 的计算公式求解 φ_h，结果如下：

$$\varphi_h = \arcsin[(R_E + H_{\text{sat}}) \cdot \sin\theta_h / R_E] - \theta_h \tag{2.64}$$

卫星的运行速度 v_0 如下：

$$v_0 = R_E\sqrt{\mu/(R_E + H_{\text{sat}})^3} \tag{2.65}$$

定义如下平均波束扫描速率：

$$\omega_s = \frac{4\theta_s}{T_s} \tag{2.66}$$

将式(2.62)代入式(2.66)得到：

$$\begin{cases} \omega_s \geqslant \dfrac{4\theta_s v_0}{S_a} \\ \omega_s \geqslant \dfrac{2\theta_s v_0}{S_h} \end{cases} \tag{2.67}$$

将式(2.59)和式(2.60)代入式(2.58)可计算得到 S_a：

$$S_a = \frac{2b}{\sqrt{\cot^2\theta_h - \tan^2\gamma_i}} = \frac{2\dfrac{\widehat{SB'} \cdot \widehat{SC'}}{\widehat{SB'} + \widehat{SC'}} \cdot 2\sin\theta_h}{\sqrt{\cot^2\theta_h - \left(\dfrac{\widehat{SC'} \cdot \cos(2\theta_h) - \widehat{SB'}}{\widehat{SC'} \cdot \sin(2\theta_h)}\right)^2}} = 658 \text{ n mile} \tag{2.68}$$

螺旋天线的原始幅宽 S_h 可由式(2.63)计算得到：

$$S_h = 2R_E\varphi_h = 491 \text{ n mile} \tag{2.69}$$

最后，通过式(2.64)~式(2.67)可估算出螺旋天线的平均扫描速率应满足如下关系：

$$\omega_s \geqslant \frac{2\theta_s v_0}{S_h} = \frac{2\theta_s R_E \sqrt{\mu/(R_E + H_{\mathrm{sat}})^3}}{S_h} = 0.44°/\mathrm{s} \tag{2.70}$$

3. 仿真结果与分析

以上分析表明,采用扫描螺旋天线可获得与传统宽波束天线相同的覆盖特性。然而,基于螺旋天线及波束扫描方法的星载 AIS 船舶检测概率还有待验证。与传统固定波束天线相比,这种扫描天线呈现出了一些新的特点:当螺旋天线在整个覆盖范围内进行波束扫描时,其瞬时覆盖范围将随着扫描角不断变化。可以预料,在扫描过程中,对某些位置的船只的观测可能就不是连续的,这主要取决于扫描速率。因此,为了便于估计系统性能,首先必须求解等效观测时间和等效覆盖范围。

螺旋天线的瞬时扫描波束在地球表面的投影是一个近似球面椭圆,如图 2.30(a)中的 $SB'C'$。由于轨道高度 H_{sat} 远小于地球半径 R_E,这个瞬时覆盖面可看作由一个平面斜截圆锥产生的椭圆截面,其局部放大图如图 2.30(b)所示。其中,圆锥 SC' 代表天线的波束形状,截面 $B'EC'$ 为地球表面,因此截平面 $B'EC'$ 可视为瞬时覆盖范围,这个覆盖面的面积可由如下方程联合求解:

$$\begin{cases} x^2 + y^2 - m^2 z^2 = 0 \\ z = kx + b \end{cases} \tag{2.71}$$

由上述方程可计算得到瞬时覆盖面的面积为

$$A_i = \frac{\pi b_i^2}{(1/m - m k_i^2)\sqrt{(1/m)^2 - k_i^2}\cos\gamma_i} \tag{2.72}$$

其中,下标 i 表示各参数为扫描角 i 的函数;$m = \tan\theta_h$;$\cos\gamma_i = 1/\sqrt{1 + k_i^2}$;$k_i$、$b_i$ 分别为经过 B'、C' 两点直线方程的斜率和截距。

根据对称性可知,在一个扫描周期内的螺旋天线的平均覆盖面积大小 $\bar{A}$ 可表示为

$$\bar{A} = \frac{1}{\theta_s}\int_0^{\theta_s} A_i \mathrm{d}i = \frac{1}{\theta_s}\int_0^{\theta_s} \frac{\pi b_i^2}{(1/m - m k_i^2)\sqrt{(1/m)^2 - k_i^2 2\cos\gamma_i}} \mathrm{d}i \tag{2.73}$$

相应的等效幅宽为

$$S_{\mathrm{eq}} = 2\sqrt{\bar{A}/\pi} \tag{2.74}$$

将上述设计参数代入,可计算得到这个平均幅宽大小为 566 nm。

此外,等效观测时间可近似表示为

$$\bar{T}_{\text{obs}} = T_{\text{obs}}(S_{\text{eq}}/S_W)^2 \tag{2.75}$$

其中, T_{obs} 为固定波束螺旋天线的观测时间; S_W 为传统宽波束天线的幅宽。

采用基于扫描螺旋天线及其波束扫描方法,星载 AIS 的船舶检测概率与船舶数量关系如图 2.32 所示。其中,红色曲线代表的是扫描等效幅宽为 566 n mile 时对应的船舶检测概率,黑色曲线代表与扫描天线覆盖范围相同的传统固定宽波束天线(幅宽为 1 681 n mile)对应的船舶检测概率。作为对比,图中还给出了其他不同等效幅宽下的船舶检测概率,其中 H_{sat} = 600 km, ΔT = 10 s。

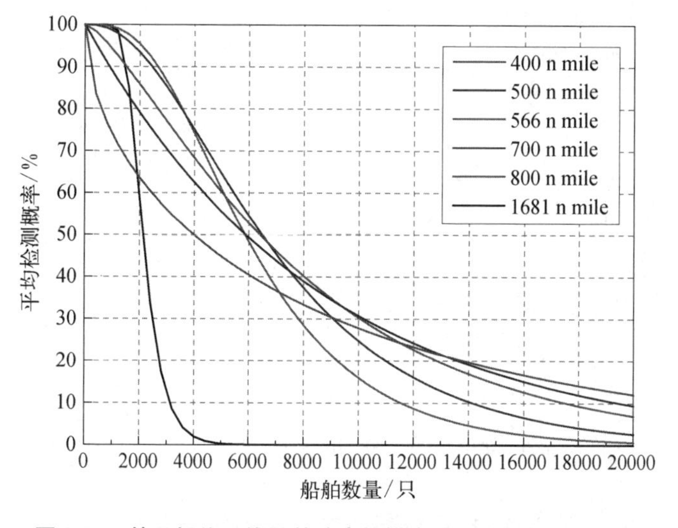

图 2.32　基于螺旋天线及其波束扫描方式下的船舶检测概率

从图 2.32 可以看出,与传统的固定宽波束天线相比,扫描螺旋天线在提升传统检测概率方面效果显著。例如,当船舶总数为 2 000 时,传统宽波束天线的检测概率为 60%,而扫描螺旋天线可达到 90%,并且随着船舶数量的增加,这种差异更加明显。当船舶总数超过 4 000 时,传统固定宽波束天线下的检测概率迅速下降到 10%以下,而扫描螺旋天线仍然可以获得约 70%的检测概率。此外,与其他不同等效幅宽下的检测概率曲线相比,总体上,随着船舶数量的增加,566 nm 等效幅宽下系统的检测概率也近似为最优。

此外,基于扫描螺旋天线及固定宽波束扫描的 AIS 信号接收方法在船舶

AIS 信号报告周期发生变化时的检测性能也比较稳定,如图 2.33 所示。由 2.2.3 节可知,报告周期对船舶检测概率具有重要的影响。对于传统的宽波束天线(1 681 nm),当船舶总数保持为 2 000,AIS 信号报告周期从 15 s 降低到 10 s、6 s 时,对应的船舶检测概率从 90%迅速减小到 60%、10%;而当船舶总数为 3 000,报告周期从 15 s 降低到 6 s 时,船舶检测概率从 50%迅速降低到接近 0。然而,对于扫描螺旋天线,在船舶总数不太庞大时,AIS 信号报告周期对船舶检测概率的影响基本可忽略不计。由图 2.33 可以看出,采用扫描螺旋天线,当船舶总数低于 6 000 时,在不同报告周期下,566 n mlie 等效幅宽下的船舶检测概率的差值不会超过 10%。

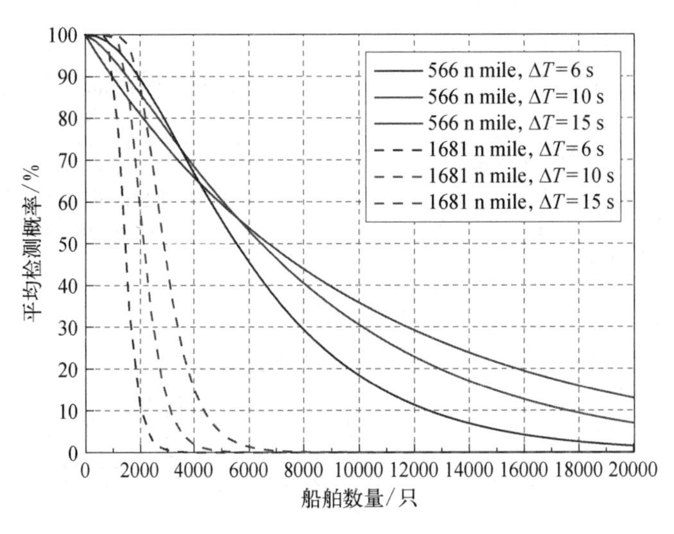

图 2.33 扫描螺旋天线方式下船舶检测概率随 AIS 信号报告周期的变化曲线

最后,针对 2.3.1 节提出的全球船舶检测任务需求,验证基于扫描螺旋天线及波束扫描方法的有效性。从表 2.8 可以看出,除了地中海之外,北冰洋的平均船舶密度是最高的。为保证系统具有良好的覆盖特性,扫描螺旋天线可达到的理想幅宽仍然设计为 1 681 nm,经计算可得到在此覆盖范围内 2018 年北冰洋海域的平均船舶数量为 2 640,当采用传统固定宽波束天线作为接收天线时,可获得的平均船舶检测概率约为 30%;而采用扫描螺旋天线之后,其平均检测概率可迅速提升到 80%,如图 2.33 所示。对于地中海海域,2018 年的总船舶数量达到 10 785，其海域轮廓为狭长形，等效直径为 964 nm，采用扫描螺旋天线，其平均检测概率可达到 20%～40%，如图 2.32 所示，虽然这一检测概率水平仍然不是很高，但是与以往接近于 0 的检测概率相比仍然有显著的提升。

此外，对于大西洋的墨西哥湾和加勒比海，以及太平洋的东海、南海和日本海，这些区域的船舶密度相对于所在大洋的平均船舶密度要高出很多。以南海为例，取其船舶密度为太平洋平均船舶密度的 4 倍，则在对应 1 681 nm 幅宽范围内，2018 年的船舶总数达到 3 550；若采用传统固定宽波束天线，则其平均船舶检测概率约为 5%；若采用扫描螺旋天线，则其平均船舶检测概率可达 70%。

综上所述，基于螺旋天线及波束扫描方法设计的星载 AIS 接收天线不仅可以较大幅度地提高船舶检测概率，而且保持了系统单轨覆盖特性基本不变，从而保证了系统的实时性不受影响，对未来星载 AIS 的天线设计具有重要的指导意义。

2.3.4　星载 AIS ESPAR 天线设计及波束形成研究

星载 AIS 采用传统的单极子或者双单极子天线作为接收天线，可以保证系统具有较大的覆盖范围，但却引入了较为严重的 AIS 信号混叠冲突问题，导致系统检测概率较低。基于螺旋天线及其波束扫描的星载 AIS 天线可以在保证系统覆盖范围基本不变的前提下较好地提升船舶检测概率，然而这种天线的控制较为复杂，且采用机械扫描方式的扫描速度较慢，难以实现对目标船舶的快速跟踪识别，系统的功耗较高。随着各种军事卫星探测、监视和跟踪的需求日益紧迫及移动通信的快速发展，电子扫描天线等各种智能天线应运而生，其通常由多个辐射单元排成阵列的形式构成天线阵列，各单元的辐射能量和相位可控，利用计算机控制移相器改变单元天线的相位分布即可实现波束在空间扫描，即电子扫描[145]。与机械扫描方式相比，电子扫描天线工作方式灵活，具有无惯性波束扫描和动态波束赋形能力，可大大提高系统性能、降低功耗。最早将这种智能天线用于星载 AIS 的是于 2006 年 12 月发射的美国 TacSat－2 卫星[61]，该卫星采用软件可重配置无线电技术设计了一款 AIS 接收机，并在卫星的太阳能帆板上搭载了 AIS 相控阵天线，通过阵元综合及波束合成，该相控阵天线可合成多个指向性较强的高增益波束覆盖区域，可在一定程度上抑制 AIS 信号的同频干扰问题。在轨试验过程中，该相控阵天线的波束配置主要在与卫星速度方向成0°、45°、90°及对日跟踪模式四种情况下进行,并对AIS信号接收结果进行了统计分析,结果表明,该相控阵天线具有良好的接收和覆盖性能,可在一定程度上缓解AIS信号的同信道干扰问题,但在船舶分布较为密集的区域(如墨西哥湾),其检测能力仍然有限。

此外,在ESA“AIS端到端试验床”项目的支持下,罗马第二大学的Maggio等为星载AIS设计了一个5×5的方形天线阵列,并将智能波束形成技术用于该天线阵进行AIS信号接收[146]。该天线阵列中的每个阵元为一个垂直交叉的偶极子对,每个偶极子的长度为900 mm,约为半个波长,每个交叉偶极子对的间距为460 mm,约为四分之一波长,两个交叉偶极子对的距离为1.8 m。基于该阵列天线的设计尺寸,将卫星的覆盖范围分解为19个互相重叠的窄波束区域,采用静态的数字波束形成技术,该阵列天线可以较好地解决卫星覆盖区域近地平线附近的AIS信号混叠干扰问题,在一定程度上解决了单时隙内多AIS信号冲突问题,较好地提升了AIS信号的信噪比和系统的检测概率。然而,目前该项技术的在轨数字信号处理技术还不太成熟,计算复杂度较高且需要中等卫星平台来完成阵列天线部署。

虽然上述相控阵天线和合成多波束阵列天线作为AIS接收天线在提高星载AIS检测性能方面都取得了比较理想的效果,但是这些智能天线在阵元个数、阵元尺寸、阵列构型和阵列间距等方面所受的约束较少,只能在大型或者中等平台卫星上安装使用。然而,对微小卫星星载AIS而言,受限于卫星平台、功率和处理能力,无法搭载大型智能天线阵列,且智能天线的辐射振子和控制电路较为复杂,每个阵元都需要配置独立的移相器单元,射频(radio frequency, RF)通道个数与阵元数目相当,设计成本和处理难度较大,难以有效简化。一种既能够降低天线复杂度,又可以实现灵活的空间波束的解决方案是采用电控无源阵列辐射器(electronically steerable parasitic array radiator, ESPAR)天线[147-149],研究较早且比较具有代表性的是日本国际电气通信基础研究所的电激励单端口ESPAR,该天线巧妙利用各阵元之间的耦合,在空间形成所需要的波束,实现空间滤波,同时简化了RF电路。

1. ESPAR设计

ESPAR结构如图2.34所示,由一个中心有源辐射振子和围绕在其周围的多个对称分布的寄生振子组成[150,151]。其中,中心振子为RF端口,射频信号仅加在中心振子上,各寄生振子后分别连接一个变容二极管,通过加载的直流电压来控制其电容变化,各振子之间通过空间电磁场耦合形成波束,并通过电抗加载的方式来控制方向图主瓣指向，从而在空间上形成具有一定指向和宽度的波束。与传统的相控阵天线相比，整个天线系统只有一个收发装置，且不需要移相器等复杂的控制装置。直流偏置电压通过射频扼流圈加载到每个变容二极管上，偏置电压与变容二极管的极性相反，不消耗直流或射频能量，因此系统的功耗、成本和复杂度也大大降低[151]。

当星载AIS信号到达天线阵列时，信号加载到中心振子上，其周围的寄生振子也会产生相应的射频电流，考虑到各阵元之间的互耦作用，该天线阵列可等效为一个多端口基尔霍夫电源网络，其电压和电流矩阵可以分别表示为

$$\begin{cases} \boldsymbol{V} = [V_0, V_1, \cdots, V_K]^{\mathrm{T}} \\ \boldsymbol{I} = [\hat{I}_0, \hat{I}_1, \cdots, \hat{I}_K]^{\mathrm{T}} = \boldsymbol{Y} \cdot \boldsymbol{V} \end{cases} \tag{2.76}$$

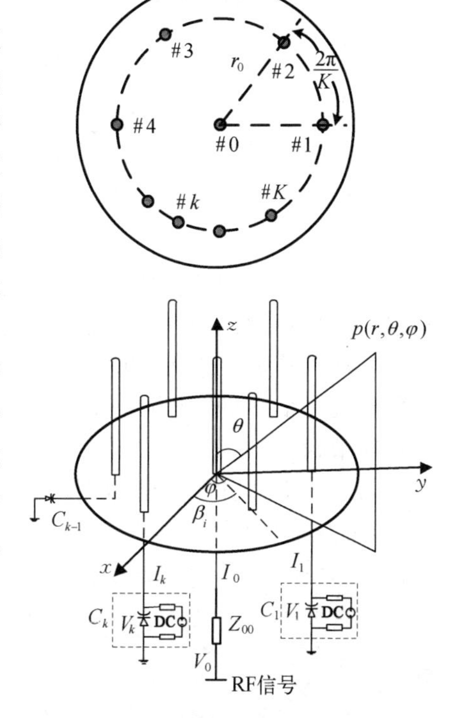

图2.34　ESPAR天线结构示意图

其中，$\boldsymbol{V}$和$\boldsymbol{I}$分别为各振子单元的电压和电流矢量；$\boldsymbol{Y}$为该网络的导纳矩阵。

对于中心振子，其等效网络方程可表示为

$$V_0 = \sum_{k=0}^{K} Z_{0k}\hat{I} \tag{2.77}$$

对于寄生振子，相应的等效网络方程可表示为[148]

$$V_i = -\left(\frac{1}{\mathrm{j}\omega C_i}\right)\hat{I}_i = \sum_{k=0}^{K} Z_{ik}\hat{I}_k, \quad 1 \leqslant i \leqslant K \tag{2.78}$$

其中，C_i为各寄生振子单元的变容二极管的电容值；$Z_{ik}(i \neq k)$为各寄生振子之间的互阻抗。

考虑各振子间耦合作用后，该圆形阵列天线的远场方向图函数可表示为[152]

$$\begin{aligned} E(r,\theta,\varphi) &= \mathrm{EF}\cdot \mathrm{AF}(\theta,\varphi) \\ &= \mathrm{EF}\left[\hat{I}_0 + \sum_{i=1}^{N}\hat{I}_i \mathrm{e}^{\mathrm{j}kr\sin\theta\cos(\varphi-\beta_i)}\right] \\ &= \mathrm{EF}\left\{I_0\mathrm{e}^{\mathrm{j}\alpha_0} + \sum_{i=1}^{N} I_i \mathrm{e}^{\mathrm{j}[kr\sin\theta\cos(\varphi-\beta_i)+\alpha_i]}\right\} \\ &= \mathrm{EF}\left[I_0 a_0 + \sum_{i=1}^{N} I_i a_i \mathrm{e}^{\mathrm{j}kr\sin\theta\cos(\varphi-\beta_i)}\right] \end{aligned} \tag{2.79}$$

其中，EF 为阵子因数；$\mathrm{AF}(\theta,\varphi)$ 为圆形阵列天线因子；β_i 为第 i 个阵元的分布角；I_0 为中心有源振子上的电流幅值；α_0 为中心有源振子的电流相位；I_i 为第 i 个寄生阵元的激励电流幅值；α_i 为第 i 个寄生阵元的激励相位；r 为阵元半径。激励电流大小由加载电抗决定，且二者呈现非线性关系，激励相位由波束的主瓣指向来确定。

为进一步减小天线阵列的尺寸，各天线振子设计为 1/4 波长的细直单极子天线，接地面的半径为 1/4 波长。以 7 阵元 ($K=6$) 圆形阵列天线为例，则考虑互耦作用后的端口网络方程可表示为

$$\boldsymbol{V} = \boldsymbol{Z}\cdot\boldsymbol{I} \tag{2.80}$$

即

$$\begin{bmatrix} V_0 \\ \mathrm{j}(1/\omega C_1)I_1a_1 \\ \mathrm{j}(1/\omega C_2)I_2a_2 \\ \mathrm{j}(1/\omega C_3)I_3a_3 \\ \mathrm{j}(1/\omega C_4)I_4a_4 \\ \mathrm{j}(1/\omega C_5)I_5a_5 \\ \mathrm{j}(1/\omega C_6)I_6a_6 \end{bmatrix} = \begin{bmatrix} Z_{00} & Z_{01} & Z_{02} & Z_{03} & Z_{04} & Z_{05} & Z_{06} \\ Z_{10} & Z_{11} & Z_{12} & Z_{13} & Z_{14} & Z_{15} & Z_{16} \\ Z_{20} & Z_{21} & Z_{22} & Z_{23} & Z_{24} & Z_{25} & Z_{26} \\ Z_{30} & Z_{31} & Z_{32} & Z_{33} & Z_{34} & Z_{35} & Z_{36} \\ Z_{40} & Z_{41} & Z_{42} & Z_{43} & Z_{44} & Z_{45} & Z_{46} \\ Z_{50} & Z_{51} & Z_{52} & Z_{53} & Z_{54} & Z_{55} & Z_{56} \\ Z_{60} & Z_{61} & Z_{62} & Z_{63} & Z_{64} & Z_{65} & Z_{66} \end{bmatrix} \begin{bmatrix} I_0a_0 \\ I_1a_1 \\ I_2a_2 \\ I_3a_3 \\ I_4a_4 \\ I_5a_5 \\ I_6a_6 \end{bmatrix} \tag{2.81}$$

由于 ESPAR 天线具有对称结构，则阻抗矩阵中存在如下关系式：

$$\begin{cases} Z_{11} = Z_{22} = Z_{33} = Z_{44} = Z_{55} = Z_{66} \\ Z_{01} = Z_{02} = Z_{03} = Z_{04} = Z_{05} = Z_{06} \\ Z_{12} = Z_{23} = Z_{34} = Z_{45} = Z_{56} \\ Z_{13} = Z_{24} = Z_{35} = Z_{46} \\ Z_{14} = Z_{25} = Z_{36} \end{cases} \tag{2.82}$$

相应地,阵列天线中心的有源振子上的电流可表示如下[150]:

$$I_0 a_0 = \frac{V_0 - (I_1 a_1 Z_{01} + I_2 a_2 Z_{02} + I_3 a_3 Z_{03} + I_4 a_4 Z_{04} + I_5 a_5 Z_{05} + I_6 a_6 Z_{06})}{Z_{00}} \tag{2.83}$$

对于寄生振子,根据式(2.78)可以得到:

$$\left(\mathrm{j}\frac{1}{\omega C_i}\right) I_i a_i = \sum_{k=0}^{K} Z_{ik} I_k a_k, \quad i = 1, 2, \cdots, 6 \tag{2.84}$$

对式(2.84)两边取实部可计算得到:

$$0 = \mathrm{Re}\left(\frac{1}{a_i}\sum_{k=0}^{K} Z_{ik} I_k a_k\right) \tag{2.85}$$

将式(2.85)展开后得到:

$$-\begin{bmatrix} \mathrm{Re}(I_0 a_0 Z_{10}/a_1) \\ \mathrm{Re}(I_0 a_0 Z_{20}/a_2) \\ \mathrm{Re}(I_0 a_0 Z_{30}/a_3) \\ \mathrm{Re}(I_0 a_0 Z_{40}/a_4) \\ \mathrm{Re}(I_0 a_0 Z_{50}/a_5) \\ \mathrm{Re}(I_0 a_0 Z_{60}/a_6) \end{bmatrix} = \begin{bmatrix} \mathrm{Re}(a_1 Z_{11}/a_1) & \mathrm{Re}(a_2 Z_{12}/a_1) & \cdots & \mathrm{Re}(a_6 Z_{16}/a_1) \\ \mathrm{Re}(a_1 Z_{21}/a_2) & \mathrm{Re}(a_2 Z_{22}/a_2) & \cdots & \mathrm{Re}(a_6 Z_{26}/a_2) \\ \mathrm{Re}(a_1 Z_{31}/a_3) & \mathrm{Re}(a_2 Z_{32}/a_3) & \cdots & \mathrm{Re}(a_6 Z_{36}/a_3) \\ \mathrm{Re}(a_1 Z_{41}/a_4) & \mathrm{Re}(a_2 Z_{42}/a_4) & \cdots & \mathrm{Re}(a_6 Z_{46}/a_4) \\ \mathrm{Re}(a_1 Z_{51}/a_5) & \mathrm{Re}(a_2 Z_{52}/a_5) & \cdots & \mathrm{Re}(a_6 Z_{56}/a_5) \\ \mathrm{Re}(a_1 Z_{61}/a_6) & \mathrm{Re}(a_2 Z_{62}/a_6) & \cdots & \mathrm{Re}(a_6 Z_{66}/a_6) \end{bmatrix} \begin{bmatrix} I_1 \\ I_2 \\ I_3 \\ I_4 \\ I_5 \\ I_6 \end{bmatrix} \tag{2.86}$$

进一步地,将式(2.83)代入式(2.86)可计算得到:

$$\boldsymbol{B} = \boldsymbol{A} \cdot \boldsymbol{I} \tag{2.87}$$

其中,

$$\boldsymbol{B} = -\mathrm{Re}\left\{\left[\frac{V_0 Z_{10}}{a_1 Z_{00}} \quad \frac{V_0 Z_{20}}{a_2 Z_{00}} \quad \frac{V_0 Z_{30}}{a_3 Z_{00}} \quad \frac{V_0 Z_{40}}{a_4 Z_{00}} \quad \frac{V_0 Z_{50}}{a_5 Z_{00}} \quad \frac{V_0 Z_{60}}{a_6 Z_{00}}\right]^{\mathrm{T}}\right\} \tag{2.88}$$

$$\boldsymbol{I} = [I_1 \quad I_2 \quad I_3 \quad I_4 \quad I_5 \quad I_6]^{\mathrm{T}} \tag{2.89}$$

$$\boldsymbol{A} = \mathrm{Re}\left[\frac{a_m Z_{1m} Z_{00} - a_m Z_{0m} Z_{10}}{a_n Z_{00}}\right]_{6\times 6}, \quad m = 1, 2, \cdots, 6; n = 1, 2, \cdots, 6 \tag{2.90}$$

因此,各寄生振子上的电流幅度可计算如下:

$$\boldsymbol{I}=\boldsymbol{A}^{-1}\cdot\boldsymbol{B} \tag{2.91}$$

2. ESPAR 波束形成方法研究

不同于传统的数字波束成形阵列天线,ESPAR 只有一个 RF 端口,信号达到阵元后通过阵列间的耦合作用后合成,经 RF 端口后输出给基带接收机,且阵元间的耦合作用是非线性的。对于本书中的星载 AIS 信号,采用 ESPAR 进行接收时,需要根据所期望接收信号的方向来确定主波束指向,以提高天线在该方向上的增益并尽可能减小旁瓣的影响,以抑制同信道干扰。此外,为保证星载 AIS 的覆盖范围,还需要实现波束的空间扫描,这些都是通过调整寄生振子上变容二极管的电抗加载来实现的,即控制变容二极管上的反偏直流电压,二者存在非线性关系。根据文献[148],变容二极管的电容值与反偏电压存在如下一般关系:

$$C=k_rV_r^{-\frac{1}{2}} \tag{2.92}$$

其中,k_r 为与二极管 PN 结区电荷密度相关的常数;V_r 为所加载的直流反偏电压。

对于如图 2.22 所示的 ESPAR,当其应用于星载 AIS 并通过空间波束扫描的方式进行 AIS 信号接收时,有两个方面的问题需要关注:波束形成的实现方式和波束的空间指向。在波束形成方面,根据上述分析可知,波束的空间扫描最终是通过控制变容二极管的反偏电压来实现的,且二者存在非线性关系,必须建立起对应的映射关系。波束空间指向方面,ESPAR 在接地面无限大时,由于镜像的对称性,波束的辐射方向位于水平面内,即处于 xOy 平面内。而对于有限的接地面,波束的主瓣相对于 xOy 平面会产生一定的仰角[151,153],仰角大小与接地面的尺寸有关,一般可以采用在接地面边沿加设一圈高度为 1/4 波长的圆柱形金属面来减小仰角,但考虑到平台的限制,这在微小卫星平台上可能难以实现。

基于以上分析可知,ESPAR 应用于星载 AIS 时,其安装方式应该是将接地面安装到与卫星速度方向垂直的迎风面或者背风面上,各振子的空间指向与速度方向一致,通过改变寄生振子上的反偏直流电压即可实现波束在星下点附近与卫星速度垂直方向上进行波束扫描,其原理与图 2.28 相似,不同之处在于波束辐射方向相对于接地面存在一定仰角,从而导致幅宽和覆盖范围有所不同,但并不影响 AIS 信号的正常接收。

当主波束的最大值指向方向为 $(\theta_0,\ \varphi_0)$ 时,根据式(2.79)可得到第 i 个寄

生振子单元的激励相位为

$$\alpha_i = -kr\sin\theta_0\cos(\varphi_0 - \beta_i) \tag{2.93}$$

然而,当按照上述方式设计时,对于希望得到的主波束辐射方向,阵列中的部分寄生振子可能需要起到无源反射器的作用,即加载的电抗值呈感性负载,无法单纯采用变容二极管来实现,必须采用传输线与变容二极管相结合的集总加载形式来实现,但复杂度会大大增加,工程实用性不高。为便于工程实现,仅采用可调谐变容二极管的加载形式,可以以 ESPAR 的中心有源振子为参考,来获得期望方向上辐射增益最强的归一化激励相位和相应的加载电容,即[150]

$$\max\left|\frac{\mathrm{AF}}{\mathrm{e}^{\mathrm{j}\alpha_0}}\right| = \max\left|I_0 + \sum_{i=1}^{N} I_i \mathrm{e}^{\mathrm{j}[kr\sin\theta\cos(\varphi-\beta_i)+\alpha_i-\alpha_0]}\right| \tag{2.94}$$

则当主波束的最大值指向方向为 (θ_0, φ_0) 时,对应的归一化激励相位为

$$\alpha_i = -kr\sin\theta_0\cos(\varphi_0 - \beta_i) + \alpha_0 \tag{2.95}$$

$$a_i = \mathrm{e}^{\mathrm{j}\alpha_i} = \mathrm{e}^{\mathrm{j}[-kr\sin\theta_0\cos(\varphi_0-\beta_i)+\alpha_0]} \tag{2.96}$$

对于 ESPAR,其耦合阻抗矩阵可以通过矩量法[154]或者电磁仿真软件 NEC2 来计算求解。

从而将式(2.88)、式(2.90)、式(2.96)代入式(2.91)中即可求得期望主波束方向上各振子上的电流幅值 I, 相应的变容二极管的加载电容值可以通过式(2.97)计算得到:

$$C_i = \frac{\mathrm{j}I_i a_i}{\omega\sum_{k=0}^{K} Z_{ik} I_k a_k}, \quad i = 1,2,\cdots,6 \tag{2.97}$$

相应的直流加载电压为

$$V_{C_i} = \left(\frac{k_r}{C_i}\right)^2 = \left(\frac{\omega k_r \sum_{k=0}^{K} Z_{ik} I_k a_k}{\mathrm{j}I_i a_i}\right)^2 \tag{2.98}$$

相关工程经验表明[148],对于上述 ESPAR,当寄生振子作为引向器时,它与中心有源振子之间比较合适的间距范围为 $r = (0.2 \sim 0.3)\lambda$,本设计中取 $r = 0.25\lambda$, 大小约为 46.25 cm。

按照上述设计思路和技术参数,通过仿真计算得出了如下几个典型波束方向

上的方向图计算结果,如表 2.9 所示,其中 0°方向为主波束正对星下点的方向。

表 2.9 ESPAR 方向图计算结果

期望主波束方向	实际方向	归一化增益大小	方向系数	半功率波束宽度/(°)
0°	0°	0.922	8.3	75
20°	20°	0.900	8.1	76
40°	40°	0.944	8.5	78
60°	60°	0.911	8.2	72

当 ESPAR 的接地面大小有限时,其主波束辐射方向相对于水平面有一定上翘仰角,通常通过增大接地面直径或者在接地面下方周围增加一圈 1/4 波长的金属屏蔽“裙边”来减小仰角大小。由于 ESPAR 安装在卫星的侧面上,卫星本体一般为金属材质的框架结构,且具有一定的厚度,其作用可等效为天线接地面的“裙边”,从而减小波束的仰角。

仿真结果表明,当 ESPAR 随寄生振子上加载电压的不同而在空间形成扫描波束时,其增益的稳定性较好,当波束扫描角度的分辨率为 1°时,其在各方向上的增益值始终保持在最高增益值水平的 85%以上,保证了接收信号具有较高的信噪比水平,有助于进一步提高信号的解调误码率。

3. *仿真结果与分析*

本小节仍然以 2.3.1 节所述的全球船舶接收任务场景为例来分析 ESPAR 在提高船舶检测概率方面的作用。根据 2.3.3 节的结果可知,ESPAR 在典型辐射方向上的波束宽度约为 75°,考虑卫星本体的作用,波束相对水平面的仰角可控制在 15°左右[155],星载 AIS 仍然运行于 600 km 的轨道高度。按照 2.3.2 节的计算方法,可得到 ESPAR 扫描波束的平均等效幅宽为 610 nm。采用 ESPAR 天线及波束扫描后得到的船舶检测概率结果如图 2.35 所示,其中 $H_{sat} = 600$ km, $\Delta T = 10$ s。作为对比,还分别给出了采用扫描螺旋天线和传统固定宽波束天线两种方式下的船舶检测概率曲线。

从图 2.35 中可以看出,对于 ESPAR,当船舶数量不太庞大时(小于 8 000)其平均检测概率略高于基于扫描螺旋天线方式下的检测概率;当船舶数量较大时(大于 8 000),其平均检测概率略低于基于扫描螺旋天线方式下的检测水平,总体来说,两种方式下的检测概率水平差异很小。因此,采用 ESPAR 进行星载 AIS 信号接收时,其检测概率比较接近于扫描螺旋天线方式下的最优检测概率

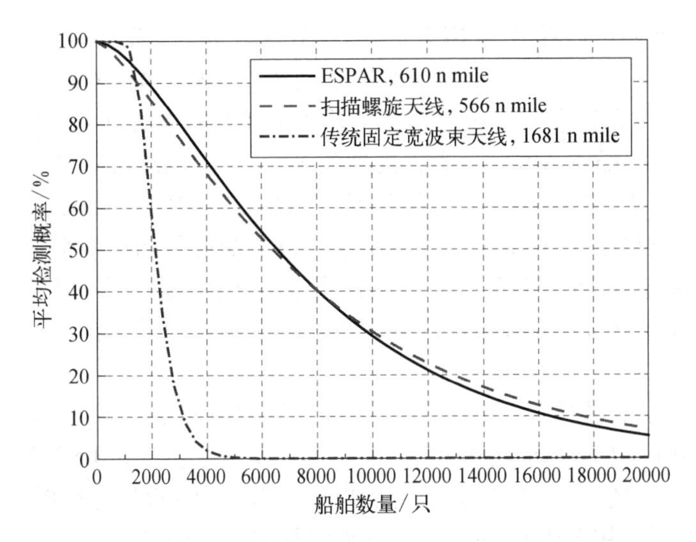

图 2.35　基于 ESPAR 的星载 AIS 船舶检测概率曲线

水平。此外,相对于传统的固定宽波束天线,无论是采用 ESPAR 还是扫描螺旋天线,其平均船舶检测概率水平均有大幅度提升。

对采用 ESPAR 时船舶的平均检测概率随 AIS 信号报告周期的变化情况同样进行了仿真,结果如图 2.36 所示。

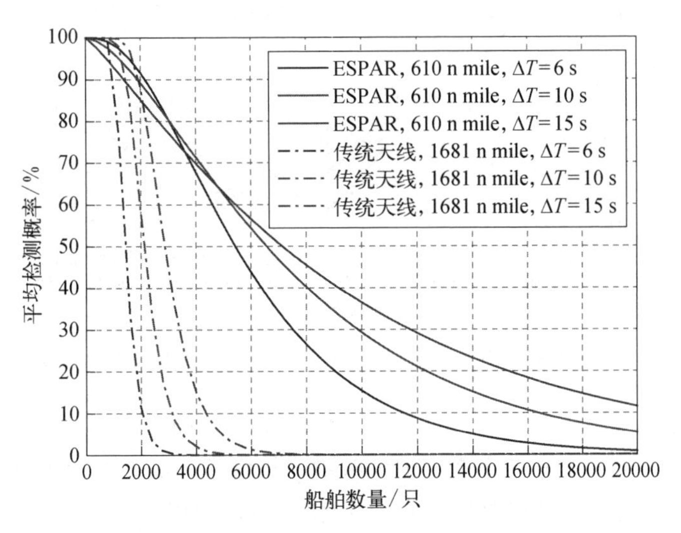

图 2.36　船舶检测概率随 AIS 信号报告周期的变化曲线

从图 2.36 中可以看出，采用 ESPAR，当船舶数量不太庞大（低于 6 000）时，AIS 信号报告周期对船舶检测概率的影响基本可忽略不计，对应于 ΔT = 6 s、10 s、15 s 时，当船舶总数量一定时，其平均检测概率的差值小于 10%；当船舶总数超过 6 000 时，随着 AIS 信号报告周期的延长，船舶检测概率迅速提高，且差别较大，这与 2.2.3 节的理论分析结果是一致的。此外，与传统的宽波束天线（1 681 n mile）相比，ESPAR 不仅可以大大提高船舶的检测概率水平，而且在容忍 AIS 信号报告周期变化方面也有比较明显的优势，这一特性对于采用星载 AIS 在海上交通状况变化较大的区域进行船舶检测识别是比较有利的，可大大提高系统的稳定性。

此外，微小卫星星载 AIS 通常采用搭载发射方式进入轨道，轨道高度不定，通常在 400~1 000 km 范围内变化，因此需要进一步分析 ESPAR 在不同轨道高度上的检测性能。本小节中，分别取轨道高度为 400 km、600 km、800 km 和 1 000 km，对采用 ESPAR 的星载 AIS 检测性能进行仿真，ΔT = 10 s，结果如图 2.37 所示。

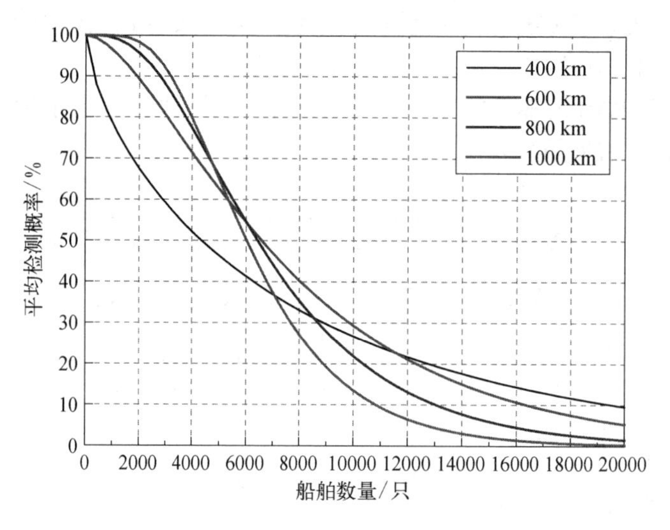

图 2.37 不同轨道高度下最优平均检测概率随船舶数量的变化曲线

从图 2.37 中可以看出，当轨道高度不同时，随着船舶总数量的变化，采用 ESPAR 的星载 AIS 接收概率产生较大差别。特别是当船舶数量低于 8 000 时，400 km 轨道高度对应的检测概率水平相比 600 km、800 km 和 1 000 km 轨道高度上要低很多；并且随着船舶数量的增加，轨道高度越高，检测概率水平也越低。此外，由于在波束扫描过程中，ESPAR 的波束宽度基本保持不变，对于实际的船舶接收场景，随着轨道高度的增加，其对地覆盖范围会逐渐变大，视场范围内的船舶数量也越来越多，相应的检测概率水平也会下降。因此，当 ESPAR 天线应用于不同轨道的星载 AIS 时，还需要进一步根据轨道高度和船舶分布情况合理设置阵元的数目以获得最优的检测概率。最后，对比图 2.36 和图 2.37 可以发现，虽然在不同轨道高度上 ESPAR 的检测概率水平差别较大，但是相对于传统的固定宽波束天线，在保证总体覆盖范围基本不变的前提下，采用这两种方式得到的检测概率水平仍然有非常明显的提升。

2.4　星载 AIS 接收机技术研究

正如 2.2 节所述，相比传统地面 AIS，星载 AIS 面临着新的挑战，主要有 AIS 信号多普勒频移、传输路径时延、空间链路损耗和多网信号冲突问题，传统的岸基或者船载 AIS 接收机已无法满足星载 AIS 的应用需求。近年来，世界范围内的多个国家和组织相继开展了星载 AIS 接收机的在轨接收试验，获得了大量的船舶 AIS 数据，但总体来说，星载 AIS 接收机的在轨接收性能普遍不高，距离实用化仍有一定差距。考虑到星载 AIS 的巨大应用潜力和商业价值，IMO 和 ITU 也在致力于推动星载 AIS 技术革新和相关技术标准改进，以加快星载 AIS 的实用化进程。2012 年，在 ITU 主办的“世界无线电通信大会”上提出了为远距离 AIS 数据广播专门开设两个独立的通信信道[19,129]，频点分别为 156.775 MHz 和 156.825 MHz，同时将转为远距离广播的 AIS 报文长度压缩为 96 bit，报告周期延长为 3 min。这一系列的新协议标准直接影响到星载 AIS 接收机的设计，大大提高了星载 AIS 的接收性能。本节在前述星载 AIS 天线设计的基础上，考虑到对现有技术的继承性和前瞻性，针对星载 AIS 面临的技术挑战和微小卫星平台限制，提出了一种多通道并行处理的星载 AIS 接收机方案，为未来星载 AIS 实用化进行技术储备。

2.4.1　星载 AIS 总体设计

一个完整的星载 AIS 接收系统通常由 AIS 接收天线、主控模块和 AIS 接收机数据处理模块组成。由于平台限制，微小卫星星载 AIS 常采用单/双极子天线、微带贴片天线和螺旋天线等单个天线作为 AIS 接收天线。主控模块负责接收卫星星务计算机经星务总线发来的命令,并加以分析、应答及进行二级命令转发;将 AIS 接收数据处理模块发送的解调数据和采样数据输出,并实现主备交叉输出;生成主备份数据处理模块数据发送使能信号;进行 AIS 数据处理模块主备份加断电控制;执行自诊断及自管理功能;实现程序上注功能等。AIS 接收机数据处理模块负责对 AIS 数据的采样、接收、解码、存储和转发,并与主控模块之间进行 AIS 数据的转发。

为提高单星的船舶目标检测概率,拟设计由一副全向天线、ESPAR 和整星星体反射形成赋形天线,综合考虑星地传输距离、海面船舶天线方向图等因素,尽量保证星上天线主波束对应船舶目标信号最强的方向。每副天线通过射频线缆接入相对应的接收机(可冷热备份,也可都开机形成互补波束),完成信号的接收、存储和转发等。星载 AIS 总体设计原理框图见图 2.38,其中 I/O 表示输入/输出。

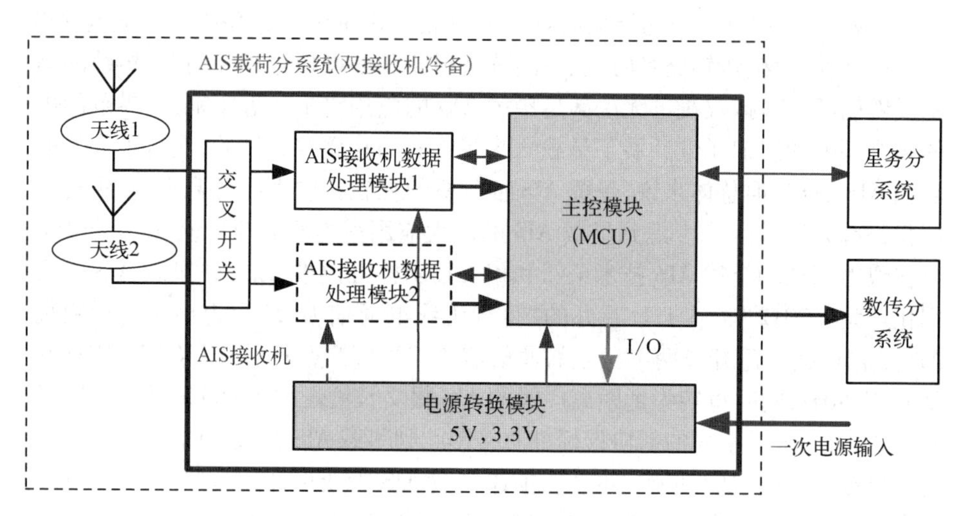

图 2.38 星载 AIS 总体设计原理框图

2.4.2 多信道并行处理星载 AIS 接收机方案设计

AIS 接收机的核心单元是数据处理模块,由射频前端、下变频、基带数据处理模块三大部分组成。射频前端完成射频信号的滤波、放大;下变频完成射频到中频、中频到基带的变换;基带数据处理模块完成信号的解调、解帧和数据输出等功能。

1. 新型 AIS 接收机方案总体设计

考虑到未来星载 AIS 可能增设两个专用的远距离 AIS 传输信道，新型星载 AIS 接收机在目前 AIS 基本信道的基础上另外开辟了两个可编程频点（覆盖 156～163 MHz）的通道作为备用信道，频点暂设为 156.775 MHz 和 156.825 MHz。新型星载 AIS 接收机原理框图如图 2.39 所示。天线接收到 VHF 波段的 AIS 射频信号后，首先经过带通滤波器，滤除卫星平台测控数传分系统发出的高频信号干扰（如 S/X 波段）和卫星在低频段的杂散。然后经过低噪放大，经过低噪后的信噪比基本固定。放大后的信号经过二功分器分为两路信号，一路通过中心频率为 162 MHz 的极窄带带通滤波器，进一步滤除带外杂散和镜频干扰；另外一路经过中心频率为 159 MHz 的窄带带通滤波（可用于未来星载 AIS 特有频点扩展，也可作为主通道备份）。经过滤波后的信号经过二功分器再各分为两路进入下变频器芯片变换成混频信号，每路解调器对应一个频点。因为其解调

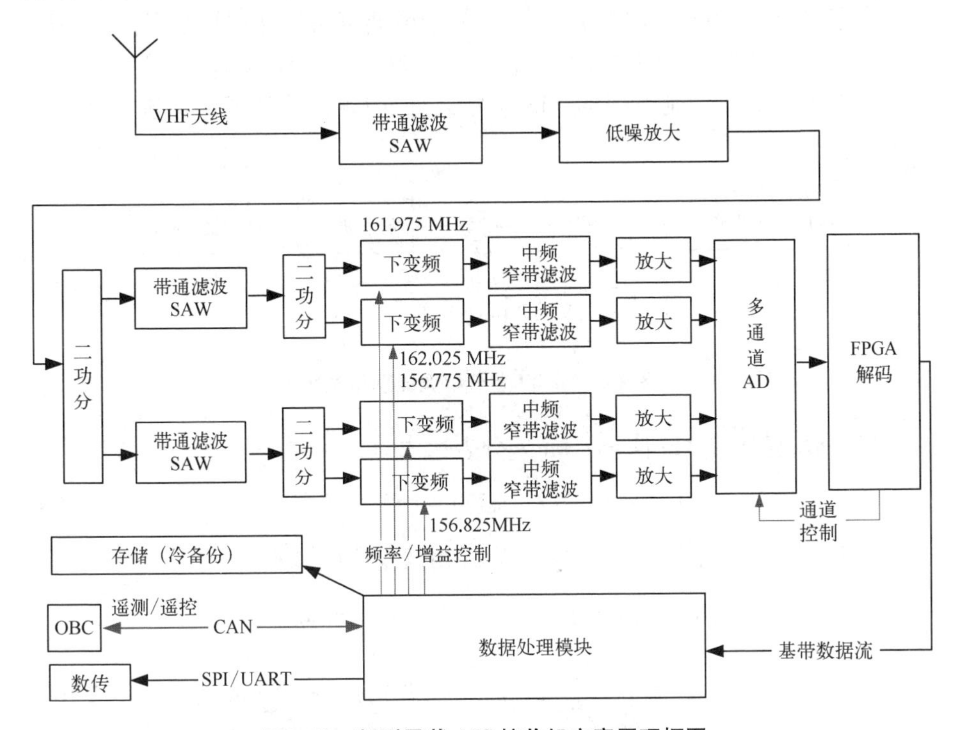

图 2.39　新型星载 AIS 接收机方案原理框图

SAW 表示声表面波；OBC 表示星载计算机；CAN 表示控制器局域网络；
SPI 表示串行外设接口；UART 表示通用异步接收/传送器

输出是差分信号，而基带信号处理芯片的信号输入为单端输入，所以需要经过一个变压器将差分信号转换为单端中频信号；中频信号经过带通滤波进入多通道 AD，数字化后进入 FPGA，经过 FPGA 完成信号频率估计、个数估计和 AIS 冲突信号解调、组帧后输入数据处理模块，由数据处理模块完成存储和转发。

2. 解调算法设计

传统的 AIS 接收机多用在岸基 AIS 中，由于覆盖范围有限，且 AIS 船舶相对岸基 AIS 接收系统的运动速度较小，AIS 接收机所接收到的信号中一般不存在同信道 AIS 信号干扰，且多普勒频移基本可以忽略不计。为降低设计成本，减小系统设计的复杂度，传统地面 AIS 接收机的信号解调多采用限幅鉴频，正交解调或 1 bit、2 bit 差分等非相干解调方式来实现。而星载 AIS 接收机所接收到的 AIS 信号除了存在多普勒频移外，通常还包含多路同频同信道干扰信号，传统 AIS 信号解调算法已无法满足应用要求。考虑到微小卫星平台的星上处理能力有限，且相对相干解调算法而言，非相干解调算法的计算复杂度较小，因此本书所设计的星载 AIS 接收机首先采用 n bit 联合差分解调算法[93,95,156]。

对采用 GMSK 调制方式的 AIS 信号进行 n bit 差分解调的原理如图 2.40 所示。

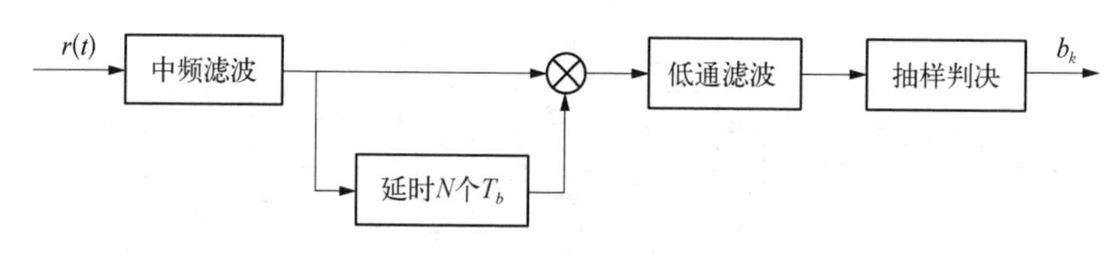

图 2.40　*n* bit 差分解调原理示意图

相应地，复基带 AIS 信号 n bit 差分表达式为

$$D_n = s(t)s^*(t - nT_b) = \mathrm{e}^{\mathrm{j}[\varphi(t) - \varphi(t-nT_b)]} \tag{2.99}$$

对于 1 bit 差分解调，经离散采样后的相位差计算如下：

$$\begin{aligned}\Delta\varphi_1 &= \varphi(kT_b) - \varphi[(k-1)T_b] = \varphi_k - \varphi_{k-1} \\ &= 2\pi h \int_{-T_b/2}^{+T_b/2} \sum_{i=-L/2}^{L/2} a_{k-i} g(\tau - iT_b)\,\mathrm{d}\tau = \pi \sum_{i=-L/2}^{L/2} a_{k-i} g_i\end{aligned} \tag{2.100}$$

其中，$g(t)$ 为高斯矩形脉冲响应，定义如式(2.5)所示；a_{k-i} 为经差分编码后的码元序列；L 为码元约束长度，一般取 $L = 3$ 或 4。

以 $L=4$ 取值为例,则有

$$\begin{aligned}\Delta\varphi_1 &= \varphi_k - \varphi_{k-1} = \pi\sum_{i=-L/2}^{L/2} a_{k-i}g_i \\ &= \pi(g_{-2}a_{k+2} + g_{-1}a_{k+1} + g_0a_k + g_1a_{k-1} + g_2a_{k-2})\end{aligned} \tag{2.101}$$

其中,

$$g_i = \int_{-T_b/2-iT_b}^{T_b/2-iT_b} g(\tau)\,\mathrm{d}\tau,\quad i=-\frac{L}{2},\ \frac{L}{2}+1,\ \cdots,\ \frac{L}{2} \tag{2.102}$$

根据式(2.5)~式(2.9)可知,$\int_{-\infty}^{+\infty} g(\tau)\,\mathrm{d}\tau = \frac{1}{2}$,高斯矩形脉冲响应 $g(t)$ 的能量主要集中在中心 g_0 处,而两侧能量较小,即有 $g_0 \to 1/2$, g_{-2}、g_{-1}、g_1、$g_2 \to 0$。

因此,相位变化量 $\Delta\varphi_1$ 可进一步表示为

$$\begin{aligned}\Delta\varphi_1 &= \varphi_k - \varphi_{k-1} \\ &= \frac{\pi}{2}a_k + \pi\left[g_{-2}a_{k+2} + g_{-1}a_{k+1} + \left(g_0 - \frac{1}{2}\right)a_k + g_1a_{k-1} + g_2a_{k-2}\right] \\ &= \frac{\pi}{2}a_k + \delta_{1,k}\end{aligned} \tag{2.103}$$

对应的 1 bit 差分输出 $D_i(k)$ 为

$$\begin{aligned}D_1(k) &= \mathrm{e}^{\mathrm{j}[\varphi_k-\varphi_{k-1}]} = \mathrm{e}^{\mathrm{j}\frac{\pi}{2}a_k}\mathrm{e}^{\mathrm{j}\delta_{1,k}} \\ &= \left[\cos\left(\frac{\pi}{2}a_k\right) + \mathrm{j}\sin\left(\frac{\pi}{2}a_k\right)\right][\cos(\delta_{1,k}) + \mathrm{j}\sin(\delta_{1,k})]\end{aligned} \tag{2.104}$$

由于 $a_k = \{\pm 1\}$, $\cos\left(\frac{\pi}{2}a_k\right) = 0$, $\sin\left(\frac{\pi}{2}a_k\right) = a_k$,并且 $\delta_{1,k}$ 的值很小,$\cos(\delta_{1,k}) \approx 1$, $\sin(\delta_{1,k}) \approx 0$,则有

$$D_1(k) \approx \mathrm{j}\cos(\delta_{1,k})a_k - \sin(\delta_{1,k})a_k \tag{2.105}$$

因此,采用 1 bit 差分解调恢复得到的码元序列 $\bar{a}_k = \mathrm{sign}\{\mathrm{Im}[D_1(k)]\}$,根据 2.2.1 节可知,原始码元序列 $b_n = a_na_{n-1}$,则有

$$\bar{b}_k = \bar{a}_k\bar{a}_{k-1} = \mathrm{sign}\{\mathrm{Im}[D_1(k)]\}\bar{a}_{k-1} = \mathrm{sign}\{\mathrm{Im}[D_1(k)]\mathrm{Im}[D_1(k-1)]\} \tag{2.106}$$

同理,可以得到采用 2 bit 差分解调恢复原始码元序列的判决式为[93]

$$\begin{cases} D_2(k) = -a_k a_{k-1}\cos(\delta_{2,k}) - \mathrm{j}a_k a_{k-1}\sin(\delta_{2,k}) \\ \bar{b}_k = \mathrm{sign}(-\{\mathrm{Re}[D_2(k)]\}) \end{cases} \tag{2.107}$$

当 $n \geqslant 3$ 时,单独采用 n bit 差分解调进行原始码元恢复的判决式为[93]

$$\bar{B}_k = \begin{cases} \prod_{l=2}^{n-1}\bar{a}_{k-l}\mathrm{Im}[D_n(k)], & n = 4m+1;\ m \geqslant 1 \\ -\prod_{l=2}^{n-1}\bar{a}_{k-l}\mathrm{Re}[D_n(k)], & n = 4m+2;\ m \geqslant 1 \\ -\prod_{l=2}^{n-1}\bar{a}_{k-l}\mathrm{Im}[D_n(k)], & n = 4m+3;\ m \geqslant 0 \\ \prod_{l=2}^{n-1}\bar{a}_{k-l}\mathrm{Re}[D_n(k)], & n = 4m+4;\ m \geqslant 0 \end{cases} \tag{2.108}$$

比较而言,1 bit 差分解调的原理和实现最为简单,但抗频偏和抗干扰能力弱,解调误码率较高; $n \geqslant 2$ 时对应的 n bit 差分解调运算量较大,实现较为复杂,但算法抗干扰能力较强。为提高 AIS 接收机的解码性能,本书设计的新型 AIS 接收机采用 n bit 联合差分解调方案,即按照一定的比例因子 λ_i 对各种独立的差分解调判决输出进行综合加权作为原始码元序列的判别依据,即

$$\bar{b}_k = \mathrm{sign}[\lambda_1\bar{B}_1 + \lambda_2\bar{B}_2 + \cdots + \lambda_n\bar{B}_n] = \mathrm{sign}\left(\sum_{i=1}^{n}\lambda_i\bar{B}_i\right), \quad \text{s.t.}\sum_{i=1}^{n}\lambda_i = 1 \tag{2.109}$$

其中,比例因子 λ_i 的选择与干扰信号的频偏和前端滤波器的设计有关,工程上为便于设计,一般直接选择 $\lambda_i = 1/n$,得到的解调效果与最佳误码率比较接近。

基于以上的理论分析,分别对 1 bit 差分、2 bit 差分、4 bit 联合差分和 6 bit 联合差分的解调性能进行了仿真实现,仿真时码元长度取 256,仿真 1 000 次,不存在同信道干扰,对误码率求平均,然后计算得到误包率,结果分别如图 2.41 和图 2.42 所示(图中 SNR 表示信噪比)。

从图 2.41 中可以看出,相对于 1 bit 差分解调,2 bit 差分解调性能有较大的提高,当信噪比为 15 dB 时,其误码率可以达到 10^{-4} 量级。对于基本长度为 256 bit 的 AIS 基础报文,其对应的误包率低于 10%。但是当信噪比为 10 dB 时,其对应的误包率超过 40%,解包效果较差,因而不满足应用要求。此外,当信噪比相同时,采用联合差分解调的性能要远远优于单独 n bit 差分解调性能,在信

噪比为 15 dB 时，4 bit 联合差分解调和 6 bit 联合差分解调的误码率分别可达到 10^{-4}和 10^{-5}量级，且在相同的误码率性能下，6 bit 联合差分解调比 4 bit 联合差分解调对信噪比的要求最多相差 1 dB。如图 2.42 所示，当信噪比为 15 dB 时，4 bit 联合差分解调算法对 AIS 基础报文的解包丢包率低于 10%，并且它相对于 6 bit 联合差分解调算法的复杂度更低。因此，为降低计算复杂度，便于工程实现，在无同信道干扰的情况下，采用 4 bit 联合差分解调即可满足要求，其算法结构如图 2.43 所示（图中 LPF 表示低通滤波器）。

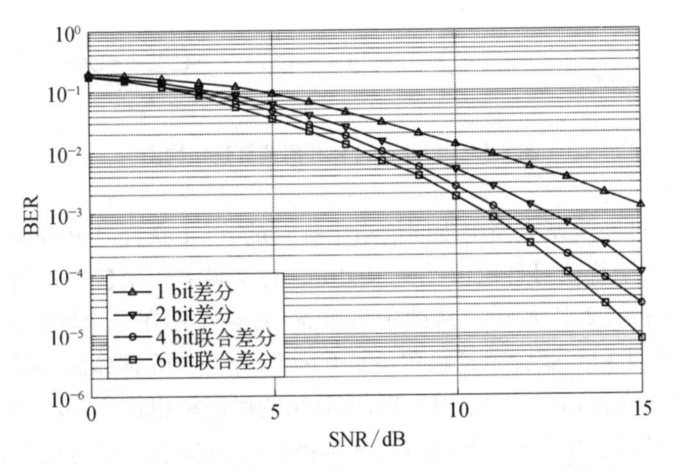

图 2.41　不同信噪比下各种差分解调算法的误码率性能

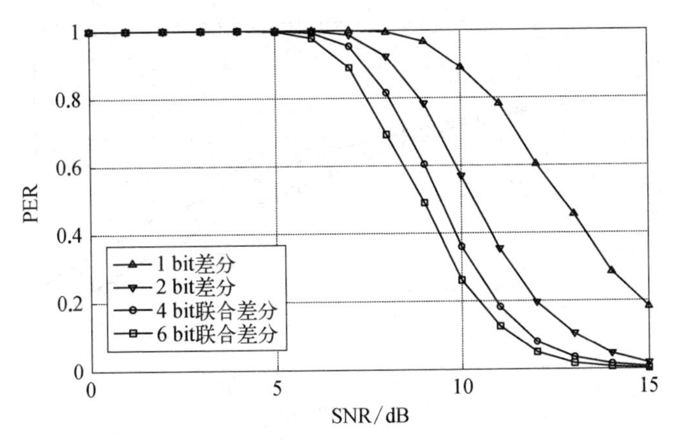

图 2.42　不同信噪比下各种差分解调算法的误包率性能

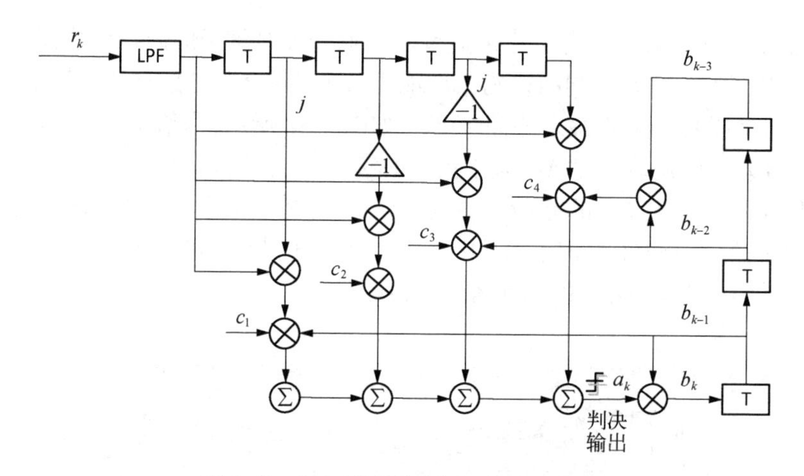

图 2.43　4 bit 联合差分解调算法结构图

此外,为进一步研究当出现同信道干扰时的 n bit 联合差分解调性能,分别对只存在一个干扰信号且信干比为 10 dB 时的误码率和误包率进行了仿真,结果如图 2.44 和图 2.45 所示。从图中可以看出,当仅存在一个同信道干扰信号时,无论是采用 4 bit 联合差分解调还是 6 bit 联合差分解调算法,所得到的误码率都非常高。即使信噪比达到 15 dB,该算法的误码率也高于 10^{-3},6 bit 联合差分解调对应的误包率只有 30%左右,基本满足应用要求。但是通常情况下,大多数同信道干扰的信干比都低于 10 dB,且 6 bit 联合差分解调的复杂度也更高,

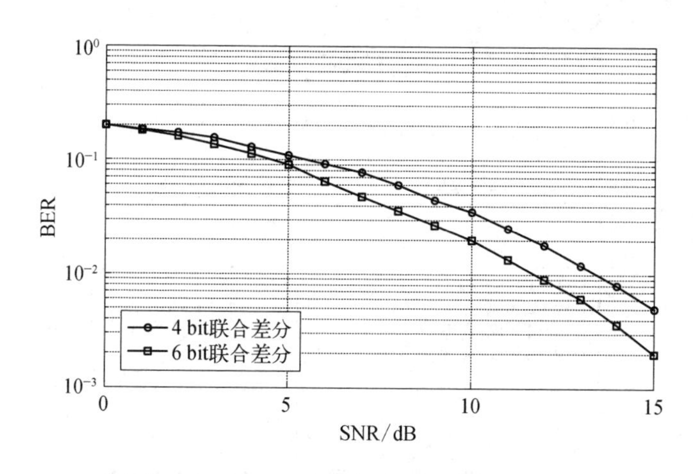

图 2.44　信干比为 10 dB 时的解调误码率性能

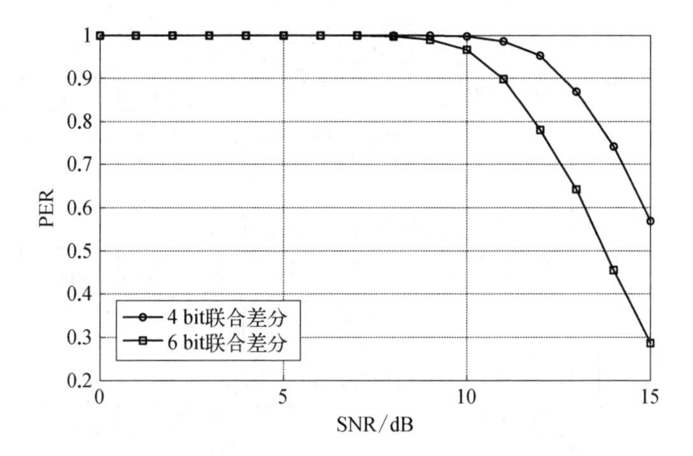

图 2.45　信干比为 10 dB 时的解调误包率性能

所以仅依靠提高联合差分解调的阶次来增强抗同信道干扰能力的意义不大,后续将进一步研究存在多普勒频移和同信道干扰情况下的解调算法和接收机的设计。

3. *多子信道化并行解调设计*

由于差分解调算法对于多普勒频偏的容忍度有限,同时快速傅里叶变换(fast Fourier transform, FFT)模块计算所耗时间较长,不利于连续不间断的 AIS 数据的流水处理,对于 AIS 通道数据,考虑采用多个固定中心频率的子信道,来保证信号处理的连续性。初步设计将 161.975 MHz 和 162.025 MHz 频段均各自分成 7 个子信道,中心频点分别为频偏-3.0 kHz、-2.0 kHz、-1.0 kHz、0 kHz、1.0 kHz、2.0 kHz、3.0 kHz,如图 2.46 所示,从而保证覆盖±3.5 kHz 的多普勒频偏范围。先将送入子信道的信号先入子信道低通滤波器,由于 AIS 信号的 3 dB 带宽约 3.8 kHz(按 $BT=0.4$ 计算)左右,各子信道滤波器不能完全滤除相邻信道的信号,但可以造成相邻信道的信号功率衰减,从而进一步提高解调性能。

4. *灵敏度分析*

AIS 的调制方式为 GMSK/调频(frequency modulation, FM),对应 4 bit 联合差分非相干解调方式在信噪比(E_b/N_0)约为 15 dB 时可以达到 10^{-5}的误码率水平;星载接收机的天线噪声温度 T_A 约 300 K(对准地球),接收线损 L_r 约 1.5 dB,局域网的噪声温度 T_r 为 60 K,从而可得出接收机的等效噪声温度 T_e 约为

$$T_e = T_A/L_r + (L_r - 1)T_0/L_r + T_r = 360\ \text{K} = 25.5\ \text{dBK} \tag{2.110}$$

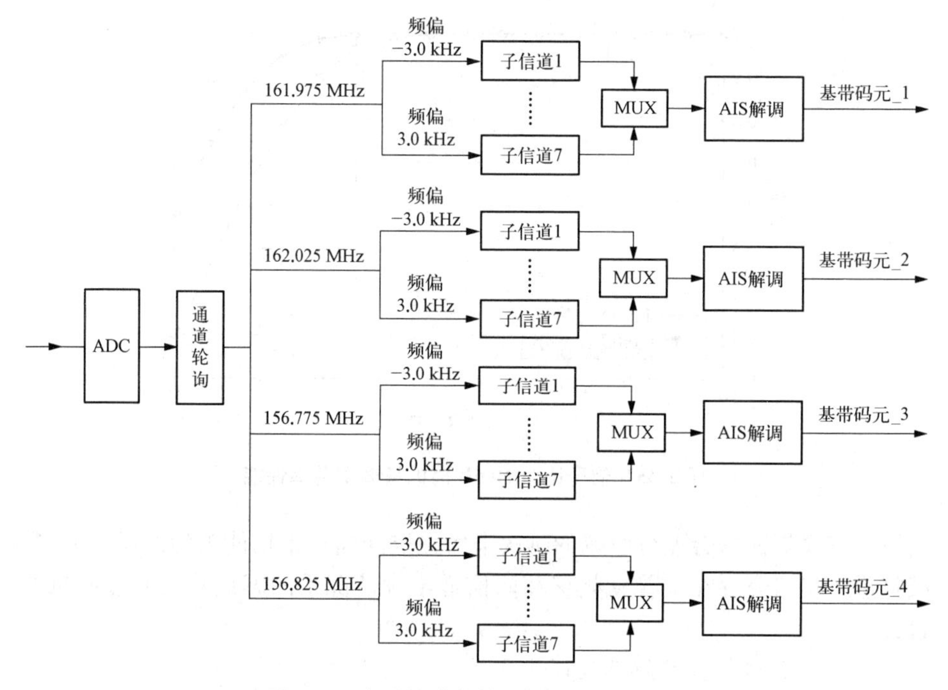

图 2.46 多子信道化并行解调设计示意图

ADC 表示模数转换器;MUX 表示复用器

根据灵敏度计算公式,估算出理论接收机灵敏度为

$$
\begin{aligned}
\text{Sen} &= kTR_s + E_b/N_0 = -228.6 + 25.5 + 10\lg 9\,600 + 15 \\
&= -228.6 + 25.5 + 39.8 + 15 \\
&= -148\ \text{dBW} = -118\ \text{dBm}
\end{aligned} \tag{2.111}
$$

通常接收机的接收损失为 3~5 dB,故本方案设计的接收机灵敏度可以达到 −115~−113 dBm。

5. 理想情况下的误包率分析

由 2.4.2 节仿真结果可知,对于无同信道干扰的理想情况,当信噪比为 15 dB 时,采样联合差分解调算法可达到 10^{-4} 量级的误码率水平,暂且以此为依据进行误码率分析。AIS 报文长度通常在 256~1 024 bit,当出现误码则认为产生丢包现象。选取最常用的报文为 256 bit,则正确的解包率可计算如下:

$$
P_{\text{packet}} = (1 - P_{\text{bit\_error}})^{n_{\text{symbol}}} = (1 - 1\text{e}^{-4})^{256} = 97.4\% \tag{2.112}
$$

通常，AIS 载荷丢包率要求满足≤10%，因此上述设计指标满足要求。

6. 链路电平计算

以轨道高度约 780 km 的 LEO 卫星为例计算链路电平。对于 Class A 电台，发射功率为 12.5 W(41 dBm)。星地链路的电平估算如表 2.10 所示。由表 2.10 可知，考虑星地传输损耗、收发天线增益和其他因素，链路电平裕量均大于 3 dB，满足基本接收解调要求。若进一步采用高增益的接收天线，将明显提高 AIS 接收信号的信噪比，有利于提高算法的解调性能。

表 2.10　星地通信链路电平估算

项　目	参　数			备　注
发射功率 P	>40.9 dBm			>12.5 W，Class A 船只
发射天线增益 G_{pt}	−3.0 dBi	0 dBi	1.5 dBi	根据船舶与卫星的夹角查表
发射器传输损耗 L_t	2.5 dB			按线长 10 m 计算
发射频率 f	162 MHz			VHF 频段
对地半波束角/(°)	35	45	60	
目标仰角/(°)	49.9	37.5	13.5	
目标距星下点距离/km	566	840	1 832	
传输斜距离 d/km	985	1 184	2 087	
空间传播损耗 L_s/dB	136.5	138	143	$L_s = 92.44+20\lg f+20\lg d$
接收天线增益 G_{rp}	0	1.5	2.5	根据优化天线输入
馈线损耗 L_r	1 dB			星上接收线缆，约 1 m
极化损耗 L_p	1 dB			发射为线极化，接收线极化
其他损耗	1 dB			大气、雨、电离层等
接收机接口电平/dBm	−104.1	−101.1	−102.6	$P + G_{pt} - L_t - L_s - L_g + G_{rp} - L_p$
接收灵敏度/dBm	−112			
链路裕量/dB	7.9	10.9	9.4	

2.5 星载 AIS 混叠信号盲源分离算法研究

根据 2.2 节分析可知，星载 AIS 在轨接收过程中会不可避免地遇到 AIS 信号混叠冲突问题，混叠冲突程度与覆盖范围大小、海事交通繁忙程度、天线幅宽、船舶数量、AIS 信号报告周期和轨道高度等因素密切相关。2.3 节和 2.4 节分别从 AIS 天线和星载 AIS 接收机两个方面进行了改进设计，一定程度上降低了 AIS 接收冲突程度，提高了接收信号信噪比，进而增强了系统对单个 AIS 信号的解调能力，以及抗多普勒频移和抗同信道干扰的能力。结果表明，采用方向性 AIS 天线、波束扫描方法和新型 AIS 接收机之后，系统的船舶检测概率有较为明显的提升。然而，AIS 信号冲突问题虽然得到了一定程度的缓解，但是仍然无法完全避免，特别是在船舶分布密集和海事交通繁忙的海域，AIS 信号冲突现象依旧频发，船舶检测概率依然较低。

为进一步提高星载 AIS 的接收性能，本节从混合信号盲源分离的角度出发，试图通过对部分已产生冲突的 AIS 混叠信号进行盲源分离来提高对船舶的检测概率水平。对于微小卫星星载 AIS，由于平台限制，无法使用阵列天线，通常在 AIS 卫星上只能部署单根天线来接收信号，而 AIS 信号混叠冲突的信号源通常有多个。在混叠信号盲源分离理论中，这是一个典型的多输入、单输出的欠定盲源分离问题，并且 AIS 信号具有突发性，在不同时隙内，AIS 接收机接收到的混叠信号及其来源也各不相同，即不存在稳定的输入和输出关系，常规的盲源分离方法难以直接应用。但是，AIS 信号的调制方式、码元结构、码元长度等均已知，可以作为盲源分离的先验信息，而产生混叠冲突的各路 AIS 信号源在信号幅度、相位、时延和多普勒频方面有所差别，可以作为盲源分离的依据。对于上述 AIS 混叠信号单通道盲源分离问题，当混叠信号数目超过 3 个时，在数学上是无法求解的[89,157]，因此本节主要研究的是存在两个 AIS 信号混叠冲突时的盲源分离对提高行星载 AIS 检测概率的作用及算法实现问题。

2.5.1 盲源分离对提升星载 AIS 检测性能的预分析

对于发生混叠冲突的两路 AIS 信号，根据混合信号在幅度、时延、频差等参数上的差异，可以选择适当的方法进行分离，以提升检测概率。然而，由于星载 AIS 覆盖范围较广，来自不同位置的混叠 AIS 信号的参数分布差异较大，很难采用一种方法来完全解决所有的两路 AIS 信号混叠问题,并且通常所采用的盲源分离算法都需要消耗较多的星上资源,计算代价和复杂度较高。因此,在对星载 AIS 混叠信号进行盲源分离之前,非常有必要对该方法在提升系统检测性能方面的效果进行预评估[138],以衡量是否能够以合理的计算代价取得较好的性能提升。由 2.2.2 节的时隙冲突模型可知,发生两路 AIS 信号混叠冲突情况主要包括两种: ① 被观测船舶与区域Ⅰ的某艘船舶 AIS 信号发生冲突,即同时隙冲突;② 被观测船舶与区域Ⅱ的某艘船舶 AIS 信号发生冲突,即邻时隙冲突。发生两个信号冲突的概率可表示如下[135]:

$$\widetilde{P_{\Delta T}^{2}} = \widetilde{P_{\Delta T}^{1,0}} + \widetilde{P_{\Delta T}^{0,1}} \tag{2.113}$$

$$\widetilde{P_{\Delta T}^{1,0}} = \frac{1}{N_{\text{tot}}} \int_{0}^{\varphi_{\max}} C_{M_{\mathrm{I}}(\varphi)-1}^{1} (\widetilde{P_{\Delta T}^{\mathrm{I}}})^{M_{\mathrm{I}}(\varphi)-2} (1 - \widetilde{P_{\Delta T}^{\mathrm{I}}}) (\widetilde{P_{\Delta T}^{\mathrm{II}}})^{M_{\mathrm{II}}(\varphi)} N(\varphi) \tag{2.114}$$

$$\widetilde{P_{\Delta T}^{0,1}} = \frac{1}{N_{\text{tot}}} \int_{0}^{\varphi_{\max}} C_{M_{\mathrm{II}}(\varphi)}^{1} (\widetilde{P_{\Delta T}^{\mathrm{I}}})^{M_{\mathrm{I}}(\varphi)-1} (\widetilde{P_{\Delta T}^{\mathrm{II}}})^{M_{\mathrm{II}}(\varphi)-1} (1 - \widetilde{P_{\Delta T}^{\mathrm{II}}}) N(\varphi) \tag{2.115}$$

其中,$\widetilde{P_{\Delta T}^{1,0}}$ 表示发生两个同时隙 AIS 信号发生冲突的概率;$\widetilde{P_{\Delta T}^{0,1}}$ 表示发生两个邻时隙 AIS 信号发生冲突的概率;$\widetilde{P_{\Delta T}^{\mathrm{I}}}$、$\widetilde{P_{\Delta T}^{\mathrm{II}}}$ 分别表示在一个 AIS 信号报告周期 ΔT 内,观测区域 A 内船只与区域Ⅰ、区域Ⅱ船只不发生信号冲突的概率;其他参数的物理意义与 2.2.3 节相同。

假设发生两个 AIS 信号混叠冲突可分离的概率为 η,则采用盲源分离之后的船舶检测概率可表示为

$$P = 1 - [1 - (\widetilde{P_{\Delta T}} + \eta \widetilde{P_{\Delta T}^{2}})]^{\frac{T_{\text{obs}}}{\Delta T}} = 1 - \left\{1 - \left[\frac{1}{N_{\text{tot}}} \int_{0}^{\varphi_{\max}} P(\varphi) N(\varphi) + \eta \widetilde{P_{\Delta T}^{2}}\right]\right\}^{\frac{T_{\text{obs}}}{\Delta T}} \tag{2.116}$$

根据 2.3 节的仿真结果可知,采用波束扫描天线可一定程度上提高星载 AIS 的检测概率。为便于对比,如下分别对观测区域内船舶服从均匀、非均匀分布,在采用传统天线和扫描波束天线进行星载 AIS 信号接收的基础上进一步采用盲源分离方法所得到的检测概率结果进行检测。显然,采用任何一种盲源分离方法都不可能完全分离所有的两路 AIS 信号混叠情况。因此,可分离的概率为 η,分别设置为 0.3、0.5、0.7,取卫星轨道高度为 600 km,AIS 报告周期 $\Delta T = 6$ s,仿真结果分别如图 2.47 和图 2.48 所示。

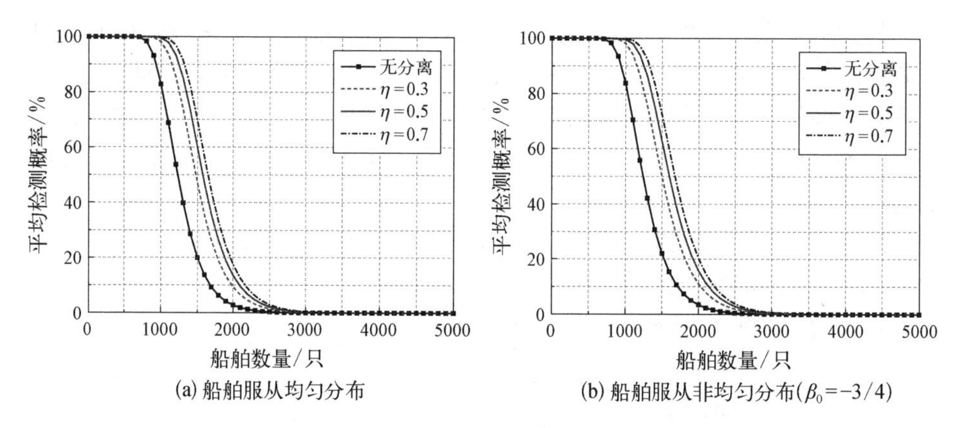

(a) 船舶服从均匀分布　　(b) 船舶服从非均匀分布($\beta_0=-3/4$)

图 2.47　采用全向天线时两混叠 AIS 信号在不同分离概率下的检测概率

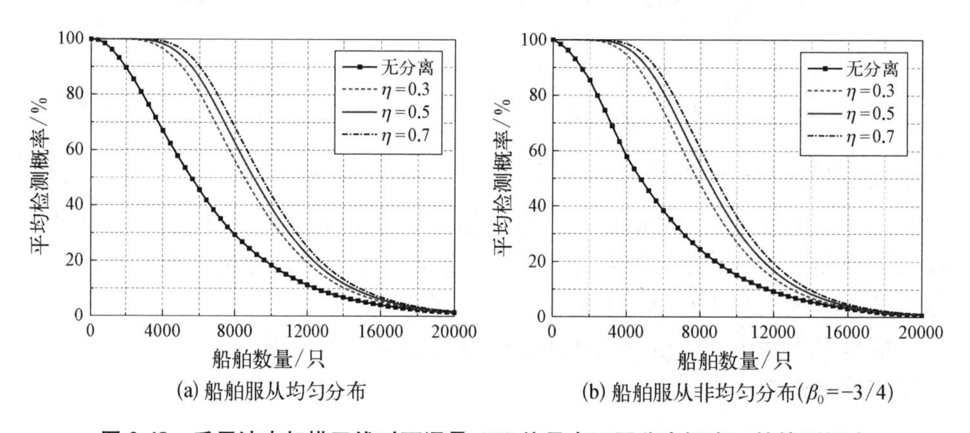

(a) 船舶服从均匀分布　　(b) 船舶服从非均匀分布($\beta_0=-3/4$)

图 2.48　采用波束扫描天线时两混叠 AIS 信号在不同分离概率下的检测概率

从图 2.47、图 2.48 可以看出,无论观测区域内的船舶服从均匀分布还是非均匀分布,采用盲源分离方法分离两路混叠 AIS 信号均可显著提升船舶检测概率性能,可分离概率越高,相应的提升效果也越明显。当分别采用全向天线和波束扫描天线接收 AIS 信号时,进行两路混叠 AIS 信号盲源分离后得到的船舶检测概率提升效果差异较大。对于全向天线,当船舶数量低于 1 500 时,采用盲源分离方法之后,星载 AIS 的检测概率性能显著提升;当船舶数量超过 1 500 时,单纯通过分离两路混叠 AIS 信号对检测概率的提升效果非常有限。对于波束扫描天线,当船舶数量低于 10 000 时,采用盲源分离方法之后,星载 AIS 的检测概率性能显著提升;当船舶数量超过 10 000 时,单纯通过分离两路混叠 AIS

信号对检测概率的提升效果也非常有限。

产生上述现象的主要原因是：当有效覆盖范围内的船舶总数量不太大时，AIS 信号发生混叠冲突的概率较低，主要存在的是两个 AIS 信号冲突，随着船舶总数量的增加，AIS 信号冲突现象更加频繁，发生时隙冲突的 AIS 信号数目也迅速增加，主要存在的是两个以上的 AIS 信号冲突，因此，随着船舶数量的增加，分离两路混叠 AIS 信号对检测概率的提升效果也逐渐降低。然而，通过对比 2.3.1 节中全球船舶分布模型可知：对于除地中海以外的其他各主要海域，分离两个 AIS 混叠信号仍然具有较好的提升检测概率的作用。因此，可以预见的是，采用盲源分离方法对未来提升全球船舶检测概率具有一定积极作用，表明了该方法是合理有效的。

2.5.2　基于幅度差异的 AIS 混叠信号重构抵消盲源分离算法

传统的 AIS 信号解调算法，如限幅鉴频、n bit 差分、联合差分解调和非相干解调算法不但对 AIS 混叠信号的功率差、频差有一定的要求，而且往往只能解调出混叠信号中较强的主信号，无法解调出弱信号，因此对船舶检测概率的提升效果非常有限。星载 AIS 覆盖范围广，AIS 接收机接收到的 AIS 信号除了包含同时隙冲突的 AIS 信号外，还存在大量邻时隙冲突的混叠 AIS 信号，这些 AIS 信号在传输距离、空间衰减和多普勒频移方面的差别较大，同时由于 AIS 天线大多采用指向性强、增益随波束角变化明显的方向天线，到达 AIS 接收机时发生混叠冲突的各路 AIS 信号的强度差异较大，可以考虑基于混叠信号在幅度上的差异，采用重构抵消方法依次对强、弱 AIS 信号进行分离，从而进一步提升船舶检测概率性能。本节基于文献[107]中利用单参数差异的混合信号盲源分离的思想重点研究包含两个 AIS 信号的混叠信号盲源分离问题。

1. 重构抵消盲源分离的原理与理论分析

1）重构抵消盲源分离的基本思想

当混叠信号中的两个 AIS 信号分量的幅度差异较大时，可以采用基于幅度差异的重构抵消方法依次进行分离，其基本思想是：首先对混叠信号中的强信号进行解调，根据解调得到的码元序列及调制参数（幅度、时延、相位和频偏）的估计值恢复并重构出强信号分量，然后将恢复出的强 AIS 信号送入原始的混叠 AIS 信号中进行抵消，得到包含噪声的弱信号分量，再对带有噪声的弱信号进行解调即可实现 AIS 混叠信号的盲源分离。通常，为降低计算复杂度，采用 n bit

差分或者维特比非相干解调算法来解调强信号[91,158]，并且强信号的解调必须要通过 CRC 才能进一步进行弱信号的分离解调。

基于幅度差异重构抵消的混叠 AIS 信号盲源分离原理如图 2.49 所示，其中混叠 AIS 信号中的 s_1、s_2 和 n 分别为强信号分量、弱信号分量和噪声，利用重构抵消进行强弱 AIS 信号分离时首先要进行强信号的分离，同时估计出强信号的幅度、频偏、相位和时延；此外，为保证精确抵消，还需要进行对已估计的参数进行实时跟踪。根据已解调的强信号码元序列和估计出的参数进行重构得到 $\hat{s}_1$，将其从混叠信号中抵消后即可对弱信号进行解调得到 $\hat{s}_2$，解调方法与强信号类似。值得注意的是，弱信号分量解调的成功率不仅依赖于对强信号的正确解码，还与强信号的参数估计精度密切有关。因此，精确的参数估计是本算法的核心。

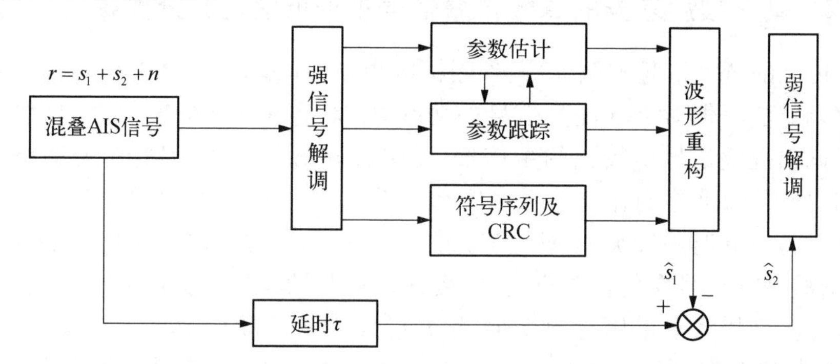

图 2.49　基于幅度差异重构抵消的混叠 AIS 信号盲源分离原理示意图

2）参数估计误差对重构抵消性能的影响分析

采用重构抵消方式进行信号分离时，常采用干扰抑制比来评价抵消性能的优劣。干扰抑制比 ρ 定义为抵消后残余信号平均能量与抵消前干扰信号的能量的比值，表达式如下[157]：

$$\rho = 10\lg\left\{\frac{E|s(t)-\hat{s}(t)|^2}{E|s(t)|^2}\right\} = 10\lg\left(\frac{E\{[s(t)-\hat{s}(t)][s(t)-\hat{s}(t)]^*\}}{E[s(t)s(t)^*]}\right) \tag{2.117}$$

其中，$s(t)$ 为接收到的干扰信号；$\hat{s}(t)$ 为重构后的干扰信号，对于 AIS 混叠信号而言，待抵消的强信号分量即为干扰信号。

星载 AIS 信号为 GMSK 调制信号，考虑复基带模型，根据式(2.11)可以得到待抵消的干扰信号如下：

$$s(t) = Ae^{j\{\omega t+\varphi(t;\,\boldsymbol{a})+\theta_0\}} = Ae^{j\left\{\omega t+\pi\sum_n a_n q(\tau-nT_b)+\theta_0\right\}}$$
$$= Ae^{j\left\{\omega t+\pi\int_{-\infty}^{t}\sum_n a_n g(\tau-nT_b)\mathrm{d}\tau+\theta_0\right\}} = Ae^{j(\omega t+\theta_0)}\gamma(t,\ \tau) \tag{2.118}$$

其中，$\varphi(t;\,\boldsymbol{a})$ 的定义如式(2.10)所示；A 为信号幅度；ω 为载波频偏；T_b 为码元周期；θ_0 为初始相位；τ 为传输时延；a_n 为发送码元序列，通常可假定满足 $i.i.d$ 序列(独立同分布条件)，则有

$$E[a_m a_k^*] = \delta(m-k) = \begin{cases}1, & m=k\\ 0, & m\neq k\end{cases} \tag{2.119}$$

对于本书所研究的 AIS 混叠信号分离问题，星载 AIS 信道可视为理想信道，且干扰信号码元恢复无误码，则待估计的参数包括 A、ω、τ、θ_0，各参数估计相互独立，相应的无偏估计值为 $\hat{A}$、$\hat{\omega}$、$\hat{\tau}$、$\hat{\theta}_0$，估计方差定义如下：

$$\begin{cases}\sigma_A^2 = E[(\Delta A)^2] = E\left[\left(\dfrac{A-\hat{A}}{A}\right)^2\right]\\ \sigma_\omega^2 = E[(\Delta\omega)^2] = E[(\omega-\hat{\omega})^2]\\ \sigma_\tau^2 = E[(\Delta\tau)^2] = E\left[\left(\dfrac{\tau-\hat{\tau}}{T_b}\right)^2\right]\\ \sigma_\theta^2 = E[(\Delta\theta)^2] = E[(\theta_0-\hat{\theta}_0)^2]\end{cases} \tag{2.120}$$

以下分别研究参数估计误差对重构抵消性能的影响。

(1) 幅度估计误差对重构抵消性能的影响。

单独考虑幅度估计误差对重构抵消性能的影响时，假定频偏、时延和初始相位估计均完全准确，则干扰抑制比为

$$\rho_A = 10\lg\left\{\frac{E|s(t)-\hat{s}(t)|^2}{E|s(t)|^2}\right\} = 10\lg\left\{\frac{E|Ae^{j(\omega t+\theta_0)}\gamma(t,\ \tau)-\hat{A}e^{j(\omega t+\theta_0)}\gamma(t,\ \tau)|^2}{E|Ae^{j(\omega t+\theta_0)}\gamma(t,\ \tau)|^2}\right\}$$
$$= 10\lg\left\{\frac{E|A-\hat{A}|^2}{E|A|^2}\right\} = 10\lg E\left\{\left(\frac{A-\hat{A}}{A}\right)^2\right\} = 10\lg(\sigma_A^2) \tag{2.121}$$

(2) 频偏估计误差对重构抵消性能的影响。

单独考虑幅度估计误差对重构抵消性能的影响时，假定幅度、时延和初始

相位估计均完全准确,由于频偏估计误差的影响时间累积效应,考虑在一个码元周期内取平均,则干扰抑制比为

$$\rho_\omega = 10\lg\left\{\frac{T^{-1}\int_0^T E|s(t)-\hat{s}(t)|^2\mathrm{d}t}{T^{-1}\int_0^T E|s(t)|^2\mathrm{d}t}\right\} = 10\lg\left\{\frac{T^{-1}\int_0^T E|(\mathrm{e}^{\mathrm{j}\omega t}-\mathrm{e}^{\mathrm{j}\hat{\omega}t})\gamma(t,\tau)|^2\mathrm{d}t}{T^{-1}\int_0^T E|\mathrm{e}^{\mathrm{j}\omega t}\gamma(t,\tau)|^2\mathrm{d}t}\right\}$$
$$= 10\lg(\sigma_\omega^2)T^2 \tag{2.122}$$

(3) 时延估计误差对重构抵消性能的影响。

单独考虑时延估计误差对重构抵消性能的影响时,假定幅度、频偏和初始相位估计均完全准确,则干扰抑制比为

$$\rho_\tau = 10\lg\left\{\frac{E|s(t)-\hat{s}(t)|^2}{E|s(t)|^2}\right\} = 10\lg\left\{\frac{E|A\mathrm{e}^{\mathrm{j}(\omega t+\theta_0)}\gamma(t,\tau)-A\mathrm{e}^{\mathrm{j}(\omega t+\theta_0)}\gamma(t,\hat{\tau})|^2}{E|A\mathrm{e}^{\mathrm{j}(\omega t+\theta_0)}\gamma(t,\tau)|^2}\right\}$$
$$= 10\lg\left\{\frac{E|A\mathrm{e}^{\mathrm{j}(\omega t+\theta_0)}\mathrm{e}^{\mathrm{j}\pi\sum_n a_n q(\tau-nT_b)} - A\mathrm{e}^{\mathrm{j}(\omega t+\theta_0)}\mathrm{e}^{\mathrm{j}\pi\sum_n a_n q(\hat{\tau}-nT_b)}|^2}{E|A\mathrm{e}^{\mathrm{j}(\omega t+\theta_0)}\mathrm{e}^{\mathrm{j}\pi\sum_n a_n q(\tau-nT_b)}|^2}\right\} \tag{2.123}$$

当时延估计误差较小时,根据式(2.7)可推导式(2.124)近似成立:

$$q(\hat{\tau}-nT_b) = q(\tau-nT_b) - g(\tau-nT_b)(\tau-\hat{\tau}) \tag{2.124}$$

将其代入式(2.123)可得到:

$$\rho_\tau = 10\lg\left\{\frac{E|A\mathrm{e}^{\mathrm{j}(\omega t+\theta_0)}\mathrm{e}^{\mathrm{j}\pi\sum_n a_n q(\tau-nT_b)} - A\mathrm{e}^{\mathrm{j}(\omega t+\theta_0)}\mathrm{e}^{\mathrm{j}\pi\sum_n a_n q(\hat{\tau}-nT_b)}|^2}{E|A\mathrm{e}^{\mathrm{j}(\omega t+\theta_0)}\mathrm{e}^{\mathrm{j}\pi\sum_n a_n q(\tau-nT_b)}|^2}\right\}$$
$$= 10\lg\left\{\frac{E|A\mathrm{e}^{\mathrm{j}(\omega t+\theta_0)}\mathrm{e}^{\mathrm{j}\pi\sum_n a_n q(\tau-nT_b)}[1-\mathrm{e}^{-\mathrm{j}\pi\sum_n a_n g(\tau-nT_b)(\tau-\hat{\tau})}]|^2}{E|A\mathrm{e}^{\mathrm{j}(\omega t+\theta_0)}\mathrm{e}^{\mathrm{j}\pi\sum_n a_n q(\tau-nT_b)}|^2}\right\}$$
$$= 10\lg\{E|1-\mathrm{e}^{-\mathrm{j}\pi\sum_n a_n g(\tau-nT_b)(\tau-\hat{\tau})}|^2\}$$
$$= 10\lg\left\{2-2\cos\left[\pi\sum_n a_n g(\tau-nT_b)(\tau-\hat{\tau})\right]\right\} \tag{2.125}$$

将 $\cos\left[\pi\sum_n a_n g(\tau-nT_b)(\tau-\hat{\tau})\right]$ 进行泰勒级数展开,并舍弃三阶以上的高阶小量,则可将式(2.125)化简为

$$
\begin{aligned}
\rho_{\tau} &= 10\lg\left\{\left|\pi\sum_{n}a_{n}g(\tau-nT_{b})(\tau-\hat{\tau})\right|^{2}\right\} \\
&= 10\lg\left\{\left|\pi\sum_{n}a_{n}T_{b}g(\tau-nT_{b})\left(\frac{\tau-\hat{\tau}}{T_{b}}\right)\right|^{2}\right\} \\
&= 10\lg\left(\frac{\pi^{2}}{4}\frac{2\pi B}{\sqrt{\ln 2}}\sigma_{\tau}^{2}\right)
\end{aligned}
\tag{2.126}
$$

其中,B 为高斯滤波器 3 dB 带宽。

(4) 相位估计误差对重构抵消性能的影响。

单独考虑相位估计误差对重构抵消性能的影响时,假定幅度、频偏和时延估计均完全准确,则干扰抑制比为

$$
\begin{aligned}
\rho_{\theta} &= 10\lg\left\{\frac{E\,|\,s(t)-\hat{s}(t)\,|^{2}}{E\,|\,s(t)\,|^{2}}\right\} = 10\lg\left\{\frac{E\,|\,A\mathrm{e}^{\mathrm{j}\omega t}\gamma(t,\ \tau)\mathrm{e}^{\mathrm{j}\theta_{0}}-A\mathrm{e}^{\mathrm{j}\omega t}\gamma(t,\ \tau)\mathrm{e}^{\mathrm{j}\hat{\theta}_{0}}\,|^{2}}{E\,|\,A\mathrm{e}^{\mathrm{j}\omega t}\gamma(t,\ \tau)\mathrm{e}^{\mathrm{j}\theta_{0}}\,|^{2}}\right\} \\
&= 10\lg\left\{E\left[4\sin^{2}\left(\frac{\theta_{0}-\hat{\theta}_{0}}{2}\right)\right]\right\} \approx 10\lg\{E(\theta_{0}-\hat{\theta}_{0})^{2}\} = 10\lg(\sigma_{\theta}^{2})
\end{aligned}
\tag{2.127}
$$

从以上分析可以看出,在进行重构抵消之前,弱 AIS 信号分量 s_2 只受到外界噪声 n 的影响,抵消之后 s_2 还要受到强 AIS 信号分量 s_1 的抵消残差 Δs_1 的影响,影响大小与强 AIS 信号的幅度估计方差、频偏估计方差、时延估计方差和初始相位估计方差密切相关,参数估计精度越高,相应的影响也就越小。

2. AIS 混叠信号参数估计

混合信号的参数估计是单通道盲源分离的基础,其主要意义在于: ① 作为混叠信号的预处理指导,例如,基于载波频率的估计对接收信号进行下变频、利用估计的码元速率进行匹配滤波器的设计及定时采样;② 作为盲源分离算法的初值条件,特别是对运算量较大和对参数初值设置依赖较高的分离算法进行较为精确的参数估计可以大大加快算法的收敛速率,降低计算复杂度,保证算法的收敛性。而对于采用相干解调或者基于参数差异的盲源分离算法,更是需要精确的参数估计;③ 预估分离效果,盲源分离算法的性能不仅与信噪比有关,而且还受到参数的估计精度的影响,通过事先的参数估计可以对盲源分离算法的效果进行预估和评判,以选择合适的分离算法。

1) AIS 混叠信号参数初估计

根据前述理论分析可知,AIS 混叠信号盲源分离问题中的待估计参数主要有混叠信号幅度、初相位、频偏和时延。目前,混合信号参数的盲估计大多采用

的是并行处理算法[159-161]或者参数联合估计算法[162-164]，同时估计出混合信号中各分量信号的参数，然后进行信号的分离解调，计算复杂高，消耗的硬件资源较多，难以直接在星上处理完成。而本书中基于幅度差异的重构抵消盲源分离方法是一种串行分离算法，可以先估计出混叠信号中强 AIS 信号分量的参数，待解调出强信号码元并经过循环冗余校验无误之后，再进行信号重调制、抵消，然后对弱 AIS 信号分量的参数进行估计，最后完成对弱信号的解调。与并行处理算法相比，这种串行分离算法的参数估计计算量较小，易于实现且实时性几乎不受影响。

由 2.2.2 节内容可知，绝大多数 AIS 混叠信号都是部分重叠的信号，即 AIS 接收机接收到的信号只有中间部分是混叠信号，接收信号的起始和结束部分仍然是单个 GMSK 调制信号。由于突发的 AIS 混叠信号长度一般较短，直接从中估计出两路信号参数难度较大，可以利用接收信号中未混叠的起始和结束部分的单信号来进行参数估计，参数估计的准确性与混叠位置估计有关，AIS 混叠信号的混合位置估计可采用文献[165]中基于过零点检测的方法来确定。

对于未混叠的 AIS 单信号，根据式(2.7)和式(2.8)，其接收信号可表示为

$$r(t)=\sqrt{\frac{2E_b}{T_b}}\cos[2\pi f_c t+\phi_s(t-\tau)+\phi_0]+n(t) \tag{2.128}$$

其中，f_c 为载波频率；$\phi_s(t)$ 为载波调制相位；ϕ_0 为初相位；$\tau=\varepsilon T_s\in[-T_b/2, T_b/2]$ 为包括信道滤波与采样定时误差在内的总时延，T_s 为采样周期；$n(t)$ 为高斯白噪声；其他参数与 2.2.1 节定义相同。

当接收信号信噪比较高时，可忽略噪声 $n(t)$ 的影响，则经下变频后复基带信号的 I、Q 分量可表示如下：

$$\begin{cases}I(t)=\sqrt{\dfrac{E_b}{2T_b}}\cos[2\pi\Delta f_c t+\phi_s(t-\varepsilon T_s)-\theta]\\ Q(t)=\sqrt{\dfrac{E_b}{2T_b}}\sin[2\pi\Delta f_c t+\phi_s(t-\varepsilon T_s)-\theta]\end{cases} \tag{2.129}$$

其中，$\Delta f_c=f_c-f'_c$，为载波频偏；θ 为接收机引起的相偏。

将上述 $I(t)$、$Q(t)$ 分量送入基带鉴频器之后，得到的输入结果如下：

$$\psi(t)=\frac{I(t)Q'(t)-I'(t)Q(t)}{I^2(t)+Q^2(t)}=2\pi\Delta f_c+\dot{\phi}_s(t-\varepsilon T_s) \tag{2.130}$$

由于 AIS 信号帧起始包含了 24 bit 的训练序列(包括 0101…和 1010…两种形式),且 AIS 信号在调制之前还要经过差分编码,所接收到的帧头是周期为 $4T_b$ 的调制信号,即式(2.130)是一个包含直流分量 $2\pi\Delta f_c$ 和周期为 $4T_b$ 的分量 $\dot{\phi}_s(t-\varepsilon T_s)$ 的复合信号,表示如下:

$$\dot{\phi}_s(t-\varepsilon T_s)=\sum_{l=-\infty}^{\infty}a_k g_T(t-\varepsilon T_s-l\cdot 4T_b)=\sum_{l=1}^{L}a_k g_T(t-\varepsilon T_s-l\cdot 4T_b) \tag{2.131}$$

其中, $a_k\in\{-1,\ +1\}$ 为码元序列。

对 $\psi(t)$ 以 T_s 进行采样,则离散形式的采样结果可表示为

$$\psi(n)=\psi(nT_s)=2\pi\Delta f_c+\dot{\phi}_s(nT_s-\varepsilon T_s)=2\pi\Delta f_c+\sum_{l=1}^{L}a_k g_T(n-\varepsilon-l\cdot 4T_b/T_s) \tag{2.132}$$

取 $N=LM$,对 $\psi(n)$ 进行 N 点离散傅里叶变换,得到 $\psi(k)$:

$$\psi(k)=\sum_{n=0}^{N-1}\psi(n)\cdot\exp\left\{-\mathrm{j}\frac{2\pi k}{N}n\right\},\quad 0\leqslant k\leqslant N-1 \tag{2.133}$$

可以证明, $g_T(t)$ 为非负的实偶函数。

因此,将已知训练序列对应的采样值 $\psi(n)$ 相加后, $\sum_{l=1}^{L}a_k g_T(n-\varepsilon-l\cdot 4T_b/T_s)$ 相互抵消,接近于 0,剩下的就是 $N\cdot 2\pi\Delta f$, 对其求均值即可得到频偏 Δf_c 的估计值。同样的,根据 $\psi(k)$ 可以得到时延 εT_s 的估计值,其计算公式分别如下[99]:

$$\Delta\hat{f}_c=\frac{1}{2\pi N}\sum_{n=0}^{N-1}\psi(n) \tag{2.134}$$

$$\hat{\varepsilon}T_s=-\frac{T_b}{\pi}\arg[\psi(L)] \tag{2.135}$$

然而,由于 AIS 突发信号报文长度一般较短(256~1 024 bit),为了获得满足强 AIS 信号分量解调对参数估计精度的要求,通常要求未混叠部分信号长度≥32 个符号(考虑到 24 bit 的同步序列和 8 bit 的开始标志),但实际并不一定能够满足要求。因此,需要进一步完善参数估计方法,以下将首先基于 M&M 算

法进行频偏和时延初估计[166]，其核心是一种高阶自相关算法。

采用基于幅度差异的盲源分离方法对 AIS 混叠信号进行分离的前提是两路 AIS 信号分量的功率差异要满足一定条件。一般来说，强、弱 AIS 信号的功率差应该在 5 dB 以上，以降低弱信号分量对强信号分量的影响[166,167]。因此，在进行强信号分量参数估计时，可暂时将弱信号和噪声统一视为噪声项，则 AIS 混叠信号经下变频、低通滤波后的复基带信号可表示如下：

$$r(t) = h\mathrm{e}^{\mathrm{j}(2\pi\Delta f_c t+\theta)}s(t-\tau)+v(t) \tag{2.136}$$

其中，h 为信号幅度；Δf_c 为频偏；θ 为载波初相位；τ 为时延；$v(t)$ 为噪声。

对接收信号 $r(t)$ 延迟 m 个周期进行二阶自相关运算，得到 $R_m(t)$ 如下：

$$\begin{aligned} R_m(t) &= E\{[r(t)r^*(t-mT)]^2\} \\ &= h^2\mathrm{e}^{\mathrm{j}\cdot 4\pi\Delta f_c t}g_m(t-\tau)+V_m(t),\quad 1\leqslant m\leqslant M \end{aligned} \tag{2.137}$$

其中，$V_m(t)$ 为噪声项。

$$g_m(t) = E\{\mathrm{e}^{\mathrm{j}\cdot 2[\varphi(t;\,\boldsymbol{a})-\varphi(t-mT;\,\boldsymbol{a})]}\} \tag{2.138}$$

其中，$\varphi(t;\,\boldsymbol{a})$ 为信号的调制相位，定义如式(2.10)。

将式(2.10)代入式(2.138)，并结合式(2.7)和式(2.8)，可以得到：

$$g_m(t) = E\left\{\prod_{n=-\infty}^{+\infty}\mathrm{e}^{\mathrm{j}\cdot 2\pi a_n p_m(t-nT)}\right\} \tag{2.139}$$

其中，$p_m(t)=q(t)-q(t-mT)$，$q(t)$ 为相位响应函数，定义如式(2.6)；a_n 为码元序列。

由于 $a_n=\{\pm 1\}$，为统计独立的等概率取值序列，则式(2.139)可进一步简化为[168,169]

$$g_m(t) = \prod_{n=-\infty}^{+\infty}E\{\mathrm{e}^{\mathrm{j}\cdot 2\pi a_n p_m(t-nT)}\} = \prod_{n=-\infty}^{+\infty}\cos[2\pi p_m(t-nT)] \tag{2.140}$$

此外，根据式(2.7)和式(2.8)，可以证明 $g_m(t)$ 为偶函数。

从式(2.137)可以看出 $R_m(t)$ 包含了信号的时延 τ、频偏 Δf_c 和幅度 h 的信息，可依次进行估计如下。

根据式(2.140)可知 $g_m(t)$ 为周期函数，且是偶函数，可按傅里叶级数展开如下，考虑到 GMSK 的调制特性，可忽略掉高次项得到：

$$|g_m(t)| = A_0(m) + 2\sum_{k=1}^{\infty} A_k(m)\cos\left(\frac{2\pi kt}{T}\right) \approx A_0(m) + 2A_1(m)\cos\left(\frac{2\pi t}{T}\right) \tag{2.141}$$

其中，$A_k(m)$ 为傅里叶级数项的实系数：

$$A_k(m) = \frac{1}{T}\int_0^T |g_m(t)| \cos\left(\frac{2\pi kt}{T}\right) \mathrm{d}t, \quad k = 0, 1, 2, \cdots \tag{2.142}$$

因此，忽略噪声项 $V_m(t)$ 的影响，对自相关函数 $R_m(t)$ 取模值可得到：

$$\begin{aligned} |R_m(t)| &= h^2 |g_m(t-\tau)| \approx h^2\left\{A_0(m) + 2A_1(m)\cos\left[\frac{2\pi(t-\tau)}{T}\right]\right\} \\ &= h^2A_0(m) + 2h^2A_1(m)\cos\left[\frac{2\pi(t-\tau)}{T}\right] \end{aligned} \tag{2.143}$$

为利用式(2.143)估计时延 τ，定义如下函数：

$$\xi(t) = \sum_{m=1}^{M} A_1(m) |R_m(t)| \tag{2.144}$$

将式(2.143)代入式(2.144)可得到：

$$\xi(t) = \sum_{m=1}^{M} A_m(t) |R_m(t)| = \sum_{m=1}^{M} h^2A_0(m)A_1(m) + \cos\left[\frac{2\pi(t-\tau)}{T}\right] \sum_{m=1}^{M} 2h^2A_1^2(m) \tag{2.145}$$

则 $\xi(t)$ 在 $t=\tau$ 时取得最大值。通过对 $\xi(t)$ 在时刻 $t=iT/N$ 进行离散采样得到时延估计结果：

$$\hat{\tau} = -\frac{T}{2\pi}\arg\left\{\sum_{i=1}^{N} \xi(i)\mathrm{e}^{-\mathrm{j}2\pi i/N}\right\} \tag{2.146}$$

其中，

$$\xi(i) = \sum_{m=1}^{M} A_1(m) |R_m(i)| \tag{2.147}$$

$|R_m(i)|$ 可按如下方式求相关运算得到：

$$\hat{R}_m(i) = \frac{1}{L_0 - m}\sum_{k=m}^{l_0-1} [r_k(i) r_{k-m}^*(i)]^2, \quad 0 \leqslant i \leqslant N-1;\ 1 \leqslant m \leqslant M \tag{2.148}$$

因此,时延估计 $\hat{\tau}$ 可进一步表示如下:

$$\hat{\tau} = -\frac{T}{2\pi}\arg\left\{\sum_{i=1}^{N}\left[\sum_{m=1}^{M}A_1(m)\mid \hat{R}_m(i)\mid\right]e^{-j\cdot 2\pi i/N}\right\} \tag{2.149}$$

在估计出参数 τ 之后,可将其代入式(2.137)进行频偏 Δf_c 的估计。

根据式(2.143)可知,$\mid g_m(t-\tau)\mid$ 在 $t_m=\tau$ 或者 $t_m=\tau+T/2$ 时取得最大值,可以利用自相关函数 $R_m(t)$ 在 t_m 时的取值进行频偏估计,时刻 t_m 定义如下:

$$t_m = \tau + \eta_m T/2,\quad \eta_m = \begin{cases}0, & A_1(m) > 0\\ 1, & A_1(m) \leqslant 0\end{cases} \tag{2.150}$$

忽略噪声项 $V_m(t)$ 影响,对自相关函数 $R_m(t)$ 进行如下计算得到:

$$\rho_m = R_m(t_m)R_{m-1}^{*}(t_{m-1}) = h^2 e^{j\cdot 4\pi\Delta f_c T} g_m\left(\frac{\eta_m T}{2}\right) g_{m-1}\left(\frac{\eta_{m-1}T}{2}\right) \tag{2.151}$$

上述表达式中包含了待估计参数幅度 h 和频偏 Δf_c,其中幅度 h 对频偏 Δf_c 的估计没有直接影响,通过对上述方程两边在 $1\leqslant m\leqslant M$ 上进行累加求平均、求幅角运算即可得到频偏估计 $\Delta\hat{f}_c$:

$$\Delta\hat{f}_c = \frac{1}{4\pi MT}\sum_{m=1}^{M}\arg\left\{\operatorname{sign}\left[g_m\left(\frac{\eta_m T}{2}\right) g_{m-1}\left(\frac{\eta_{m-1}T}{2}\right)\right] R_m(t_m)R_{m-1}^{*}(t_{m-1})\right\} \tag{2.152}$$

2) AIS 混叠信号参数重估计

根据上述算法得到的时延估计 $\hat{\tau}$ 和频偏估计 $\Delta\hat{f}_c$ 已经能够满足非相干解调的要求,但是直接用于重构抵消的误差仍然很大,将导致弱 AIS 信号分量无法正常解调。为进一步提高参数估计精度,需要在参数初估计的基础上进行二次精确估计,采用基于数据辅助的同步参数估计方法,其基本思想是利用参数初估计值对接收信号 $r(t)$ 进行补偿校正,首先完成对强 AIS 分量信号的解码,经循环冗余校验无误后,再利用已解调出的正确码元构造辅助数据序列进行参数的重估计。

在完成了对接收信号的时延和频偏的初步校正和补偿后,即可恢复出强 AIS 信号的码元序列,记为 $\boldsymbol{a}_n=\{a_{1,n}\}$,根据已解调出的码元序列 $\{a_{1,n}\}$ 构造辅助数据,通过求相关运算即可进行参数的二次精确估计。

根据 GMSK 调制信号的 Laurent 展开式可知[170],式(2.136)表征的 AIS 接收信号可近似表示为

$$r(k) \cong h\mathrm{e}^{\mathrm{j}(2\pi\Delta f_c kT+\theta)} b_{0,\,k-1} + v(k) \tag{2.153}$$

其中，$b_{0,\,k-1} = \exp\left[\mathrm{j}\,\dfrac{\pi}{2}\sum\limits_{i=1}^{k} a_k\right]$，$a_k$ 为原始码元信息序列。

利用已解调无误的码元序列$\{a_{1,\,n}\}$及AIS信号同步序列、开始标志可构造出 $b_{0,\,k-1}$，其候选取值为$\{+1,\ -1,\ +j,\ -j\}$，取其共轭与$r(k)$，按位相乘可得到数据辅助序列$z(k)$：

$$\begin{aligned} z(k) &= r(k)b_{0,\,k-1}^{*} = h\mathrm{e}^{\mathrm{j}(2\pi\Delta f_c kT+\theta)} b_{0,\,k-1}b_{0,\,k-1}^{*} + v(k)b_{0,\,k-1}^{*} \\ &= h\mathrm{e}^{\mathrm{j}(2\pi\Delta f_c kT+\theta)}[1+\tilde{v}(K)] \end{aligned} \tag{2.154}$$

上述辅助序列中包含了待估计的幅度、频偏和相位信息。

首先对上述辅助序列作自相关运算可消除相位影响，得到自相关函数如下：

$$R(m) = \frac{1}{L_0 - m}\sum_{k=m}^{L_0-1} z(k)z^{*}(k-m) = h^2\mathrm{e}^{\mathrm{j}\cdot 2\pi\Delta f_c mT}[1+\zeta(m)] \tag{2.155}$$

其中，$\zeta(m)$为噪声项，表达式为

$$\zeta(m) = \frac{1}{L_0 - m}\sum_{k=m}^{L_0-1}[\tilde{v}(k) + \tilde{v}(k-m) + \tilde{v}(k)\tilde{v}^{*}(k-m)] \tag{2.156}$$

根据式(2.155)可知，若直接对自相关函数$R(m)$求幅角获取频偏估计，则估计结果中将包含噪声项$\zeta(m)$的相位信息，对估计精度的影响较大，因此噪声项$\zeta(m)$的影响不可忽略。为减小噪声项的影响，需要先对自相关函数进行差分运算，再求幅角以获得较高精度的频偏估计$\Delta\hat{f}_c$：

$$\Delta\hat{f} = \frac{1}{2\pi T}\sum_{m=1}^{N}\kappa(m) \times \{\arg[R(m)] - \arg[R(m-1)]\}_{2\pi} \tag{2.157}$$

其中，$\kappa(m)$为平滑滤波系数[171]，其主要作用是对自相关函数作平滑预处理，以进一步降低噪声项$\zeta(m)$对频偏估计的影响。

$$\kappa(m) \triangleq \frac{3[(L_0-m)(L_0-m+1) - N(L_0-N)]}{N[4N^2 - 6NL_0 + 3L_0^2 - 1]} \tag{2.158}$$

根据式(2.153)可知，所构造的辅助序列$z(k)$不显含时延信息τ，且在对混叠信号参数进行初估计时通过过采样求峰值的方法得到如式(2.148)的时延估计$\hat{\tau}$已经具有较高的估计精度，且在后续重构抵消时还将继续对参数进行实时

跟踪,因此可直接将 $\hat{\tau}$ 用于已解调信号的重调制中。

在得到较为准确的频偏估计值后,对辅助序列 $z(k)$ 进行频偏校正后,即可得到幅度和相位的估计值如下:

$$\hat{h} = \left| \left\{ \sum_{k=0}^{L_0-1} z(k) \Big/ \sum_{k=0}^{L_0-1} \mathrm{e}^{\mathrm{j}\cdot 2\pi\Delta\hat{f}_c kT} \right\} \right| \tag{2.159}$$

$$\hat{\theta} = \arg\left\{ \sum_{k=0}^{L_0-1} z(k) \Big/ \sum_{k=0}^{L_0-1} \mathrm{e}^{\mathrm{j}\cdot 2\pi\Delta\hat{f}_c kT} \right\} \tag{2.160}$$

3. 参数实时跟踪与估计性能界分析

1) 参数的实时跟踪[107]

为获得较好的抵消性能,以便降低弱信号误码率,除了要求较高的参数估计精度之外,一般还需要在重构抵消的过程中对待抵消信号的估计参数进行实时跟踪和调整,使得抵消误差和残差尽可能小。如前所述,对调制参数的估计已经获得了较高精度,因此参数的实时跟踪一般都是在已估计参数上下较小范围内按一定步长进行。以时延跟踪和调整为例,假设当前时刻时延的估计值为 τ_n、调整步长为 ξ,调整方法是分别计算 $(\tau_n - \xi)$ 和 $(\tau_n + \xi)$ 对应的相关值大小,根据计算结果将 τ_n 朝着相关值大的方向进行调整,直至收敛或者相关值接近极大值。

时延参数 $(\tau_n - \xi)$ 和 $(\tau_n + \xi)$ 对应的相关值如下:

$$\begin{cases} R(\tau_n - \xi) = \left| \sum_{k=0}^{L-1} \hat{r}(\tau_n - \xi + kT) s(a_{1,k}^*) \right| \\ R(\tau_n + \xi) = \left| \sum_{k=0}^{L-1} \hat{r}(\tau_n + \xi + kT) s(a_{1,k}^*) \right| \end{cases} \tag{2.161}$$

其中,AIS 接收机处理的接收信号 $\hat{r}(t)$ 为离散的数字采样信号;$s(a_{1,k}^*)$ 为根据已解调码元重构的共轭信号,因此,需要根据采样速率 T_r 分别计算 $\hat{r}(\tau_n - \xi + kT)$ 和 $\hat{r}(\tau_n + \xi + kT)$ 的离散值,采用线性插值法,分别令

$$\begin{cases} m_1 = \lfloor (\tau_n - \xi + kT)/T_r \rfloor \\ m_2 = \lfloor (\tau_n + \xi + kT)/T_r \rfloor \end{cases} \tag{2.162}$$

$$\begin{cases} n_1 = (\tau_n - \xi + kT)/T - m_1 \\ n_2 = (\tau_n + \xi + kT)/T - m_2 \end{cases} \tag{2.163}$$

则

$$
\begin{cases}
\hat{r}(\tau_n - \xi + kT) = \hat{r}(m_1 T_r)(1 - n_1) + \hat{r}((m_1 + 1)T_r)n_1 \\
\hat{r}(\tau_n + \xi + kT) = \hat{r}(m_2 T_r)(1 - n_2) + \hat{r}((m_2 + 1)T_r)n_2
\end{cases}
\tag{2.164}
$$

若 $R(\tau_n - \xi) > R(\tau_n + \xi)$，则 $\tau_{n+1} = \tau_n - \xi$，否则 $\tau_{n+1} = \tau_n + \xi$。

同理，可按照上述方法对频偏 $\Delta\hat{f}_c$ 进行跟踪调整，假设当前时刻的频偏估计值为 $\Delta\hat{f}_n$，调整步长为 ζ，则频偏估计 $(\Delta\hat{f}_n - \zeta)$ 和 $(\Delta\hat{f}_n + \zeta)$ 对应的相关值分别如下：

$$
\begin{cases}
R(\Delta\hat{f}_n - \zeta) = \left| \sum_{k=0}^{L-1} \hat{r}(\tau_n + kT) e^{-j \cdot 2\pi(\Delta\hat{f}_n - \zeta)kT} s(a_{1,k}^*) \right| \\
R(\Delta\hat{f}_n + \zeta) = \left| \sum_{k=0}^{L-1} \hat{r}(\tau_n + kT) e^{-j \cdot 2\pi(\Delta\hat{f}_n + \zeta)kT} s(a_{1,k}^*) \right|
\end{cases}
\tag{2.165}
$$

若 $R(\Delta\hat{f}_n - \zeta) > R(\Delta\hat{f}_n + \zeta)$，则 $\Delta\hat{f}_{n+1} = \Delta\hat{f}_n - \zeta$，否则 $\Delta\hat{f}_{n+1} = \Delta\hat{f}_n + \zeta$。

2）参数估计性能界分析

以上对 AIS 混叠信号的参数估计方法进行了研究，并通过参数实时跟踪进一步提高了参数的估计精度，然而，混叠信号的混叠位置估计和参数估计最高能达到什么精度，与哪些参数相关及是否能够满足算法要求都需要进一步讨论。由于 AIS 信号为突发短时信号，其混叠信号参数可认为基本不随时间发生变化，为确定参数，其估计的最高性能界由克拉美劳界（Cramer-Rao bound, CRB）给出，分别讨论如下。

（1）混叠信号混叠位置估计的 CRB。

由于混叠信号的部分参数估计是基于未混叠部分展开的，混叠位置估计的准确性一定程度上对混叠信号的参数估计精度也有重要影响。为此，本书首先对 AIS 混叠信号混叠位置估计的 CRB 进行了研究。

不失一般性，接收信号中包含两路 AIS 混叠信号的复基带模型可表示为

$$
\begin{aligned}
r(t) &= s_1(t) + s_2(t) + n(t) \\
&= h_1(t) e^{j[\Delta\omega_1 t + \varphi_1(t, \tau_1) + \theta_1]} + h_2(t) e^{j[\Delta\omega_2 t + \varphi_2(t, \tau_2) + \theta_2]} + n(t) \\
&= h_1(t) e^{j(\Delta\omega_1 t + \theta_1)} x_1(t - \tau_1) + h_2(t) e^{j(\Delta\omega_2 t + \theta_2)} x_2(t - \tau_2) + n(t) \\
&= h_1(t) e^{j(\Delta\omega_1 t + \theta_1)} \sum_n a_{1,n} g_1(t - nT_a + \tau_1) \\
&\quad + h_2(t) e^{j(\Delta\omega_2 t + \theta_2)} \sum_n a_{2,n} g_2(t - nT_a + \tau_2) + n(t)
\end{aligned}
\tag{2.166}
$$

其中，$h_1(t)$、$h_2(t)$ 为两路信号的瞬时幅度；$\Delta\omega_1$、$\Delta\omega_2$ 为两路信号的载波频偏；τ_1、τ_2 为两路信号的时延；θ_1、θ_2 为两路信号的初始相偏；$a_{1,n}$、$a_{2,n}$ 为两路信号的符号序列，满足独立同分布条件；$n(t)$ 为零均值高斯白噪声，功率谱密度为 N_0。

以接收信号的起点为观测起点，则接收信号可进一步表示为

$$r(t)=h_1s_1(t_1)+h_2s_2[t-(\tau_2-\tau_1)]+n(t+\tau_1) \tag{2.167}$$

其中，$\tau=\tau_2-\tau_1$ 为两部信号的相对时延，也即混叠位置的起始时刻，记为 $\tau=mT_s$，T_s 为符号采样速率。

则接收信号的条件概率密度函数可表示为

$$\begin{aligned}f(r\mid m)&=C\cdot\exp\left(-\frac{1}{N_0}\int_{-\infty}^{\infty}\{r(t)-h_1s_1(t_1)-h_2s_2[t-(\tau_2-\tau_1)]\}^2\mathrm{d}t\right)\\&=C\cdot\exp\left\{-\frac{1}{N_0}\int_{-\infty}^{\infty}[r(t)-h_1s_1(t_1)-h_2s_2(t-mT_s)]^2\mathrm{d}t\right\}\end{aligned} \tag{2.168}$$

对式(2.168)取对数似然函数并对 m 取一阶偏导可得到：

$$\frac{\partial\ln[f(r\mid m)]}{\partial m}=\frac{2h_2}{N_0}\int_{-\infty}^{\infty}[r(t)-h_1s_1(t_1)-h_2s_2(t-mT_s)]\frac{\partial s_2(t-mT_s)}{\partial m}\mathrm{d}t \tag{2.169}$$

通常，混叠信号位置 CRB 由 Fisher 信息矩阵逆矩阵的对角线元素确定，式(2.169)的 Fisher 信息量可表示为

$$\begin{aligned}F&=-E\left[\frac{\partial^2\ln[f(r\mid m)]}{\partial m^2}\right]\\&=-\frac{2h_2}{N_0}\int_{-\infty}^{\infty}[r(t)-h_1s_1(t_1)-h_2s_2(t-mT_s)]\frac{\partial s_2(t-mT_s)}{\partial m}\mathrm{d}t\\&=\frac{2h_2}{N_0}\int_{-\infty}^{\infty}\left\{h_2\left[\frac{\partial s_2(t-mT_s)}{\partial m}\right]^2-[r(t)-h_1s_1(t_1)-h_2s_2(t-mT_s)]\frac{\partial^2 s_2(t-mT_s)}{\partial m^2}\right\}\mathrm{d}t\\&=\frac{2h_2}{N_0}\int_{-\infty}^{\infty}\left\{h_2\left[\frac{\partial s_2(t-mT_s)}{\partial m}\right]^2-n(t+\tau_1)\frac{\partial^2 s_2(t-mT_s)}{\partial m^2}\right\}\mathrm{d}t\end{aligned} \tag{2.170}$$

由于两路 AIS 混叠信号互不相关且与噪声信号相互独立，则 $E\left[\int_{-\infty}^{\infty} n(t+\tau_1)\frac{\partial^2 s_2(t-mT_s)}{\partial m^2}\mathrm{d}t\right]=0$，从而有

$$
\begin{aligned}
F &= -E\left[\frac{\partial^2 \ln[f(r \mid m)]}{\partial m^2}\right] = \frac{2h_2^2}{N_0}\int_{-\infty}^{\infty}\left[\frac{\partial s_2(t-mT_s)}{\partial m}\right]^2\mathrm{d}t \\
&= \frac{2h_2^2}{N_0}T_s^2\int_{-\infty}^{\infty}\left[\frac{\partial s_2(t-mT_s)}{\partial mT_s}\right]^2\mathrm{d}t = \frac{2h_2^2}{N_0}\cdot\frac{T_s^2}{2\pi}\int_{-\infty}^{\infty}\omega^2 \mid s(\omega)\mid^2\mathrm{d}\omega \\
&= \frac{2h_2^2}{N_0}T_s^2\gamma^2
\end{aligned}
\tag{2.171}
$$

其中，γ 为信号的有效带宽。

则混叠信号位置估计的 CRB 为

$$
\mathrm{CRB}(m) \geqslant F^{-1} = \frac{N_0}{2h_2^2T_s^2\gamma^2} \tag{2.172}
$$

(2) 混叠信号参数估计的 CRB。

对式(2.155)所示的混叠信号按照符号速率进行采样，可以得到：

$$
\begin{aligned}
r_k &= h_{1,k}\mathrm{e}^{(\Delta\omega_1 kT+\theta_1)}x_{1,k} + h_{2,k}\mathrm{e}^{\mathrm{j}(\Delta\omega_2 kT+\theta_2)}x_{2,k} + n(kT) \\
&= h_{1,k}\mathrm{e}^{\mathrm{j}(\Delta\omega_1 kT+\theta_1)}\sum_{n=-\infty}^{+\infty}a_{1,k}\boldsymbol{g}_1(kT-nT+\tau_1) \\
&\quad + h_{2,k}\mathrm{e}^{\mathrm{j}(\Delta\omega_2 kT+\theta_2)}\sum_{n=-\infty}^{+\infty}a_{2,k}\boldsymbol{g}_2(kT-nT+\tau_2) + n(kT) \\
&= h_{1,k}\mathrm{e}^{\mathrm{j}\theta_1}\boldsymbol{g}_{1,k}^{\mathrm{T}}\boldsymbol{\alpha}_{1,k} + h_{2,k}\mathrm{e}^{\mathrm{j}\theta_2}\boldsymbol{g}_{2,k}^{\mathrm{T}}\boldsymbol{\alpha}_{2,k} + \boldsymbol{n}_k
\end{aligned}
\tag{2.173}
$$

其中，$\boldsymbol{g}_{i,k}=\mathrm{e}^{\mathrm{j}\Delta\omega_i kT}\{g_i[(L_1-1)T+\tau_i],\ g_i[(L_1-2)T+\tau_i],\ \cdots,\ g_i(-L_2T+\tau_1)\}^{\mathrm{T}}$，$\boldsymbol{g}_{i,k}$ 的持续时间为 $[(1-L_1)T,\ L_2T]$，$i=1,\ 2$；$\boldsymbol{\alpha}_{i,k}=[a_{i,k-L_1+1},\ a_{i,k-L_1+2},\ \cdots,\ a_{i,k+L_2}]$。

令向量 $\boldsymbol{\chi}=[\Delta\omega_1\quad \Delta\omega_2\quad \tau_1\quad \tau_2\quad h_1\quad h_2]$，假设待估计参数不随时间发生变化，则根据 CRB 定义，Fisher 信息矩阵元素可表示为

$$
[\boldsymbol{F}]_{i,j} = -E\left\{\frac{\partial^2 \ln p(\boldsymbol{r}_k \mid \boldsymbol{\chi})}{\partial\boldsymbol{\chi}(i)\partial\boldsymbol{\chi}(j)}\right\} \tag{2.174}
$$

以时延参数 τ_1、τ_2 为例,其估计方差满足:

$$\mathrm{var}\{\hat{\tau}_1\} = E\{(\hat{\tau}_1 - \tau_1)^2\} \geqslant [\boldsymbol{F}^{-1}]_{11}, \quad \mathrm{var}\{\hat{\tau}_2\} = E\{(\hat{\tau}_2 - \tau_2)^2\} \geqslant [\boldsymbol{F}^{-1}]_{22} \tag{2.175}$$

相应地,Fisher 信息矩阵可表示为

$$\boldsymbol{F} = -E\begin{bmatrix} \dfrac{\partial^2 \ln p(\boldsymbol{r}_k \mid \boldsymbol{\chi}, \tau_1, \tau_2)}{\partial \tau_1^2} & \dfrac{\partial^2 \ln p(\boldsymbol{r}_k \mid \boldsymbol{\chi}, \tau_1, \tau_2)}{\partial \tau_1 \partial \tau_2} \\ \dfrac{\partial^2 \ln p(\boldsymbol{r}_k \mid \boldsymbol{\chi}, \tau_1, \tau_2)}{\partial \tau_2 \partial \tau_1} & \dfrac{\partial^2 \ln p(\boldsymbol{r}_k \mid \boldsymbol{\chi}, \tau_1, \tau_2)}{\partial \tau_2^2} \end{bmatrix} \tag{2.176}$$

根据式(2.172)可以得到接收信号的条件概率密度函数如下:

$$p(\boldsymbol{r}_k \mid \boldsymbol{\chi}, \tau_1, \tau_2) = \frac{1}{\sqrt{2\pi}\sigma_n}\exp\left\{-\frac{1}{2\sigma_n^2}[\boldsymbol{r}_k - h_{1,k}\mathrm{e}^{\mathrm{j}\theta_1}\boldsymbol{g}_{1,k}^{\mathrm{T}}\boldsymbol{\alpha}_{1,k} - h_{2,k}\mathrm{e}^{\mathrm{j}\theta_2}\boldsymbol{g}_{2,k}^{\mathrm{T}}\boldsymbol{\alpha}_{2,k}]^2\right\} \tag{2.177}$$

因此:

$$\boldsymbol{F} = -\frac{1}{\sigma_n^2}E\begin{bmatrix} \sum_{k=0}^{K}\{[f_1'(k)]^2 - n_k f_1''(k)\} & \sum_{k=0}^{K} f_1'(k)f_2'(k) \\ \sum_{k=0}^{K} f_1'(k)f_2'(k) & \sum_{k=0}^{K}\{[f_2'(k)]^2 - n_k f_2''(k)\} \end{bmatrix} \tag{2.178}$$

其中,K 为码元序列长度。

$$f_i'(k) = h_{i,k}\mathrm{e}^{\mathrm{j}\theta_i}\boldsymbol{g}_{i,k}'^{\mathrm{T}}(\tau_i)\boldsymbol{\alpha}_{i,k} \tag{2.179}$$

$$f_i''(k) = h_{i,k}\mathrm{e}^{\mathrm{j}\theta_i}\boldsymbol{g}_{i,k}'^{\mathrm{T}}(\tau_i)\boldsymbol{\alpha}_{i,k} \tag{2.180}$$

由于混叠信号中两路信号的码元序列 $\boldsymbol{\alpha}_{1,k}$ 和 $\boldsymbol{\alpha}_{2,k}$ 互不相关,取值概率相同且与噪声序列 n_k 独立,考虑包含 M 个元素的离散序列,则有

$$E[n_k f_i''(k)] = 0 \tag{2.181}$$

$$E\left[\sum_{k=0}^{K} f_1'(k)f_2'(k)\right] = 0 \tag{2.182}$$

$$E\left(\sum_{k=0}^{K}\{[f_1'(k)]^2 - n_k f_1''(k)\}\right) = \frac{K+1}{M^{2L}}\sum[h_{i,k}\mathrm{e}^{\mathrm{j}\theta_i}\boldsymbol{g}_{i,k}'^{\mathrm{T}}(\tau_i)\boldsymbol{\alpha}_{i,k}]^2 \tag{2.183}$$

$$\boldsymbol{F} = -\frac{1}{\sigma_n^2}E\begin{bmatrix}\sum_{k=0}^{K}\{[f_1'(k)]^2 - n_k f_1''(k)\} & \sum_{k=0}^{K}f_1'(k)f_2'(k) \\ \sum_{k=0}^{K}f_1'(k)f_2'(k) & \sum_{k=0}^{K}\{[f_2'(k)]^2 - n_k f_2''(k)\}\end{bmatrix} \tag{2.184}$$

从而有

$$\begin{cases}\mathrm{var}\{\hat{\tau}_1\} = E\{(\hat{\tau}_1 - \tau_1)^2\} \geqslant [\boldsymbol{F}^{-1}]_{11} = \dfrac{M^{2L}\sigma_n^2}{K+1}\left\{\sum[h_{1,k}\mathrm{e}^{\mathrm{j}\theta_1}\boldsymbol{g}_{1,k}'^{\mathrm{T}}(\tau_1)\boldsymbol{\alpha}_{1,k}]^2\right\}^{-1} \\ \mathrm{var}\{\hat{\tau}_2\} = E\{(\hat{\tau}_2 - \tau_2)^2\} \geqslant [\boldsymbol{F}^{-1}]_{22} = \dfrac{M^{2L}\sigma_n^2}{K+1}\left\{\sum[h_{2,k}\mathrm{e}^{\mathrm{j}\theta_2}\boldsymbol{g}_{2,k}'^{\mathrm{T}}(\tau_2)\boldsymbol{\alpha}_{2,k}]^2\right\}^{-1}\end{cases} \tag{2.185}$$

从式(2.185)可以看出,除了与其他混叠参数相关之外,时延的估计方差还与混叠信号的码元序列长度 K 密切相关,K 越大,估计的精度也越高,当 $K\to 0$ 时,上述方程右边收敛至 0,时延参数为渐近无偏估计。

按照上述同样的计算流程,可得到频偏估计的 CRB 如下:

$$\begin{cases}\mathrm{var}\{\Delta\hat{\omega}_1\} = E\{(\Delta\hat{\omega}_1 - \Delta\omega_1)^2\} \geqslant [\boldsymbol{F}^{-1}]_{11} = \dfrac{M^{2L}\sigma_n^2}{K+1}\left\{\sum[h_{1,k}\mathrm{e}^{\mathrm{j}\theta_1}\boldsymbol{g}_{1,k}'^{\mathrm{T}}(\Delta\omega_1)\boldsymbol{\alpha}_{1,k}]^2\right\}^{-1} \\ \mathrm{var}\{\Delta\hat{\omega}_2\} = E\{(\Delta\hat{\omega}_2 - \Delta\omega_2)^2\} \geqslant [\boldsymbol{F}^{-1}]_{22} = \dfrac{M^{2L}\sigma_n^2}{K+1}\left\{\sum[h_{2,k}\mathrm{e}^{\mathrm{j}\theta_2}\boldsymbol{g}_{2,k}'^{\mathrm{T}}(\Delta\omega_2)\boldsymbol{\alpha}_{2,k}]^2\right\}^{-1}\end{cases} \tag{2.186}$$

同理,可以得到混叠信号幅度估计的 CRB,具体的推导过程可参考文献[172]。

2.5.3　算法仿真与分析

基于以上对重构抵消性能和参数估计的理论推导,本小节对算法的有效性进行仿真分析,主要包括不同信噪比下的参数估计精度分析、参数估计精度对干扰抑制比的影响分析,以及幅度差异对弱 AIS 信号分量解调的影响。基本仿真条件如下：采用加性高斯白噪声（additive white Gaussian noise，AWGN）信道，码元序列长度为256，过采样倍数$N=20$，即采样频率为192 kHz，下变频后中频频率为71 kHz，信噪比为0~15 dB，仿真1 000次。

1. 信噪比对参数估计精度的影响分析

图2.50、图2.51分别表示的是频偏初估计精度和参数二次估计方差随信噪比的变化曲线，其中强弱信号幅度之比为4：1。从图中可以看出，随着信噪比的提高，参数估计方差逐渐减小，即参数的估计精度逐渐提高，后续抵消残差将

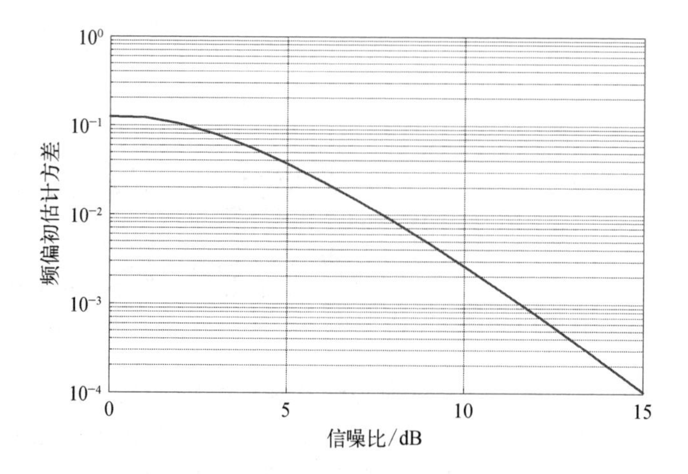

图2.50　频偏初估计方差随信噪比的变化曲线

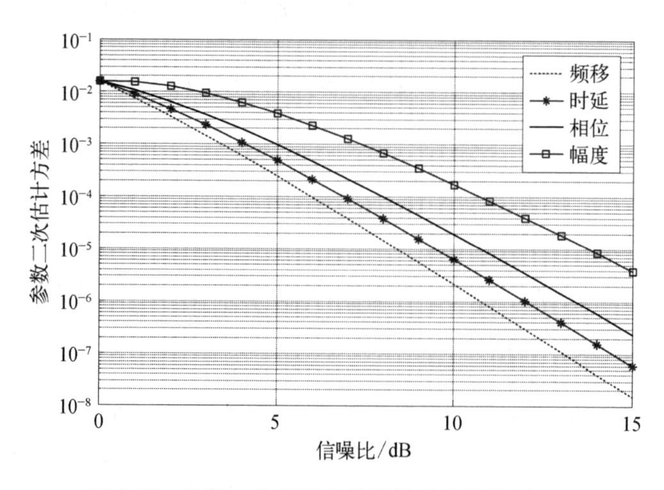

图2.51　参数二次估计方差随信噪比的变化曲线

随之减小，有助于提高盲源分离性能。其中，当信噪比大于 10 dB 时，频偏二次估计精度最高，可达到 10^{-3}以上量级，幅度的估计精度虽然相对较低，但仍可到达 10^{-2}量级，能够满足重构抵消的要求。作为对比，从图 2.50 可以看出，当信噪比为 15 dB 时，频偏的初估计精度约为 10^{-2}，基本接近幅度的二次估计精度，但该频偏估计精度仍然无法满足应用需求，以下将进一步说明。

2. 参数估计精度对干扰抑制比的影响分析

图 2.52 表示的是其他参数估计无误，强信号多普勒频移为 2 kHz、频偏估计误差为 20 Hz 时，经重构抵消后的残余信号能量与待解调的弱信号的能量对比结果。从图中的功率谱图曲线可以看出，抵消残差信号的能量与弱信号几乎相当，且功率谱重叠，此时弱信号将无法正常分离解调。由上述分析可知，频偏估计精度为 10^{-2}，无法满足重构抵消的性能要求，究其主要原因是频偏误差会随着时间不断积累，等价为一个不断增加的相位偏移，抵消残差也会随之增大。因此，采用重构抵消进行信号分离时，应尽量提高频偏估计精度。

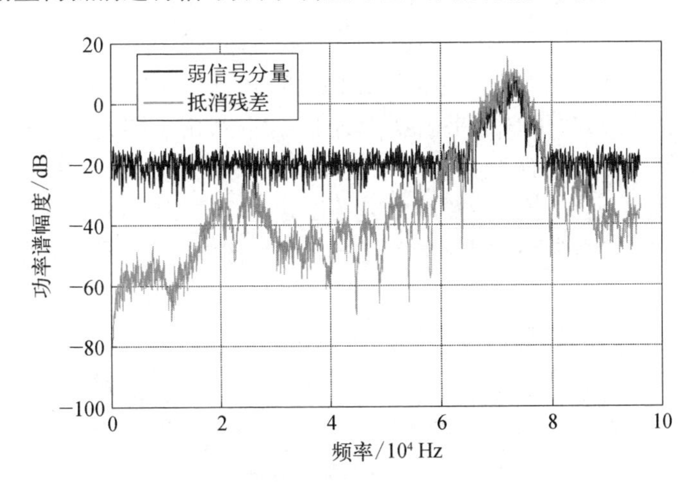

图 2.52　频偏估计误差为 20 Hz 时抵消残差与弱信号的功率谱对比图

图 2.53 为其他参数估计无误，时延偏差为 $0.05T_b$，即归一化时延估计精度为 5×10^{-2}时，重构抵消后的残余信号能量与原始强信号的能量对比结果。从图中可以看出，抵消后的残余信号能量不但没有减小反而还略高于原始强信号能量，而待解调的弱信号要低于强信号 5 dB 以上，因此，此条件下弱信号也将无法正常分离解调，需要进一步提高时延的估计精度。

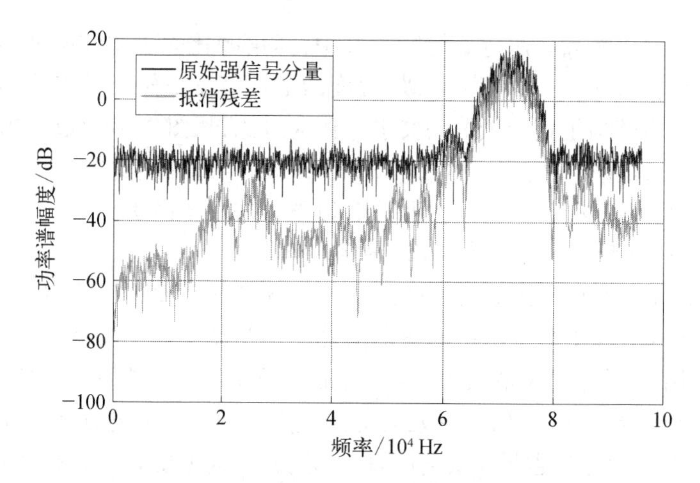

图 2.53　时延偏差为 $0.05T_b$ 时抵消残差与弱信号的功率谱对比图

图 2.54 是由式(2.124)仿真得到的单参数估计误差对干扰抑制比的影响曲线。干扰抑制比在理论上表现为幅度、时延和相偏的二次函数,由于图 2.54 横坐标采用了指数形式,仿真结果表现为直线。其中,由于频偏对干扰抑制比的影响与码元周期和长度有关,且具有一定的周期性效应,无法直接描述,没有画出。从图中可以看出,当单参数的估计精度达到 10^{-2} 以上时,干扰抑制比将低于−30 dB,理论上,由参数估计误差产生的影响可忽略不计,弱信号的解调将主

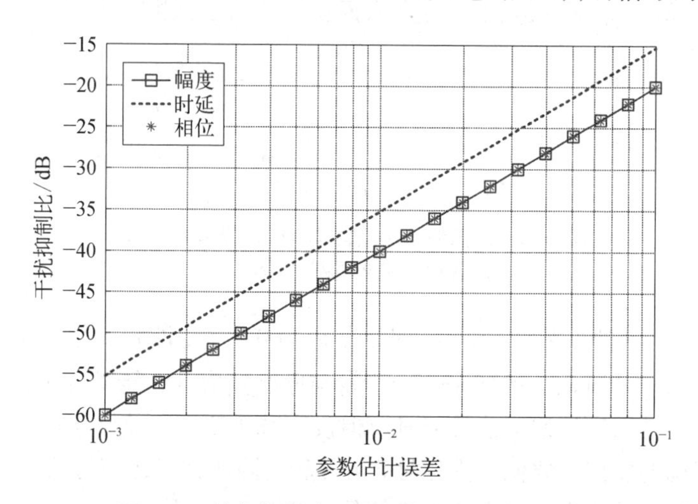

图 2.54　单参数估计误差下的干扰抑制比曲线

要由信道噪声决定。

3. 幅度差异对弱 AIS 信号分量解调的影响

图 2.55 表示的是强信号信噪比为 15 dB 时，强弱 AIS 信号解调误码率随强弱信号功率差的变化曲线。对于强信号的解调，弱信号表现为干扰信号，功率差越大就意味着弱信号的干扰越小，因此当强弱 AIS 信号功率差较小时，相互影响作用最强，不满足算法的前提条件，导致强信号解调误码率很高，弱信号也无法正确分离解码。而随着功率差的增大，强信号解调的误码率逐渐降低。当功率差小于 5 dB 时，弱信号对强信号解调影响较大，强信号解码误码率较高，无法解调出弱信号。当功率差大于 5 dB 时，随着功率差的增大，虽然强信号的解码误码率减小，抵消残差相应减小，但是弱信号能量随着功率差的增大而逐渐降低，受到噪声的影响逐渐增大，因此弱信号的解码误码率也逐渐升高，当功率差达到 10 dB 时，弱信号几乎无法解调。

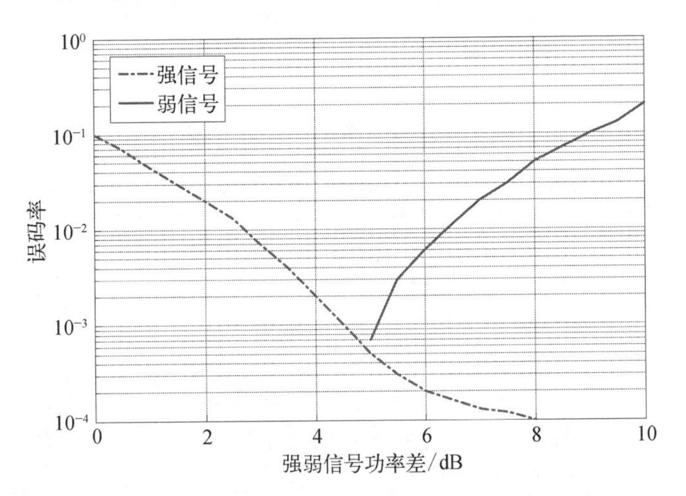

图 2.55　不同功率差下的强弱 AIS 信号解调误码率曲线

2.6　本章小结

本章介绍了星载 AIS 接收的相关关键技术，包括星载 AIS 建模分析、星载 AIS 接收天线设计与波束成形、星载 AIS 接收机技术及 AIS 混叠信号盲源分离算法。对星载大范围覆盖场景下的多信号冲突进行了详细分析和观测建模，确定了两种 AIS 信号冲突类型：同时隙冲突和邻时隙冲突，建立了基于船舶分布特性的系统检测概率模型；为减缓多信号冲突，对天线波束进行了优化设计，提出了一种增益较高、指向性强的星载 AIS 螺旋天线和一种电控无源阵列天线作为星载 AIS 接收天线，设计了采用方向性天线结合波束扫描的方法；给出了星载 AIS 接收机的总体设计和数字信道化并行接收方案，新的接收机基于 n bit 联合差分解调算法，具有一定的抗多普勒频移和抗同信道干扰能力；对冲突的 AIS 混叠信号进行了盲源分离算法研究，通过开展 AIS 混叠信号盲源分离，可在一定程度上分离 AIS 信号，提高星载 AIS 的检测性能。

星载 AIS 技术的难点主要还是多信号冲突和因 VHF 频段较低对搭载平台带来的电磁兼容问题，需要进一步对星载 AIS 信号解调与混叠信号盲源分离方法、星载 AIS 小尺寸窄波束天线技术、整星电磁兼容控制技术作进一步深入突破。

第3章　星载 AIS 数据智能应用

3.1　星载 AIS 数据挖掘应用

AIS 数据挖掘是基于海洋大数据的海洋研究的重要组成部分,是提升海上交通监管、应急搜救、航线规划等智能化水平和推进卫星遥感数据实用化的重要研究方向,采用机器学习、深度学习和模式识别等工智能方法实现对 AIS 数据的深入挖掘和知识发现是目前海洋交通规划、海洋政策制定及基础海洋研究的热点方向之一。基于 AIS 数据挖掘的几种典型海上知识发现如图 3.1 所示。

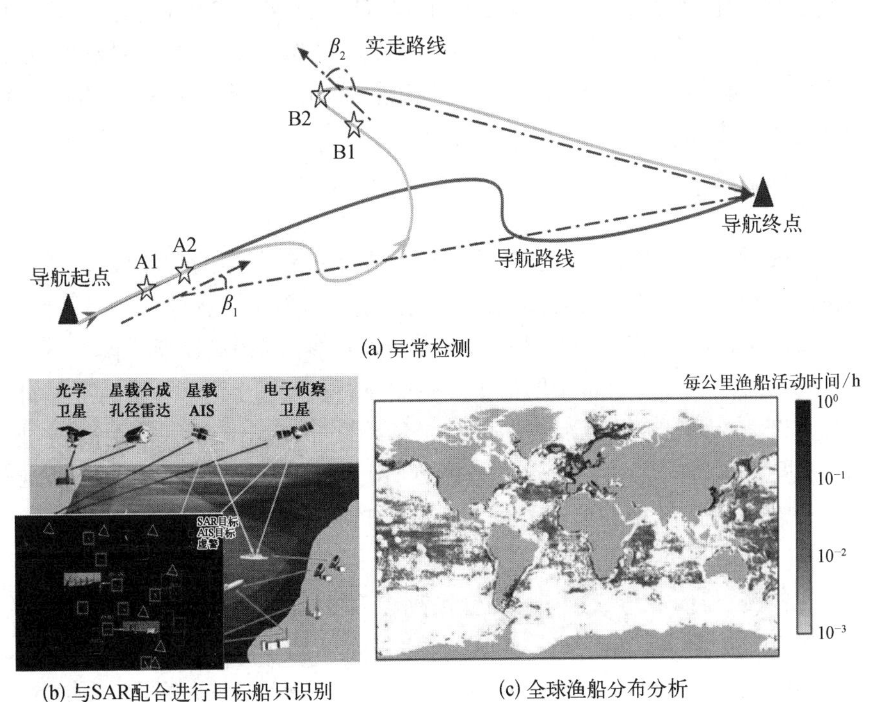

(a) 异常检测

(b) 与SAR配合进行目标船只识别

(c) 全球渔船分布分析

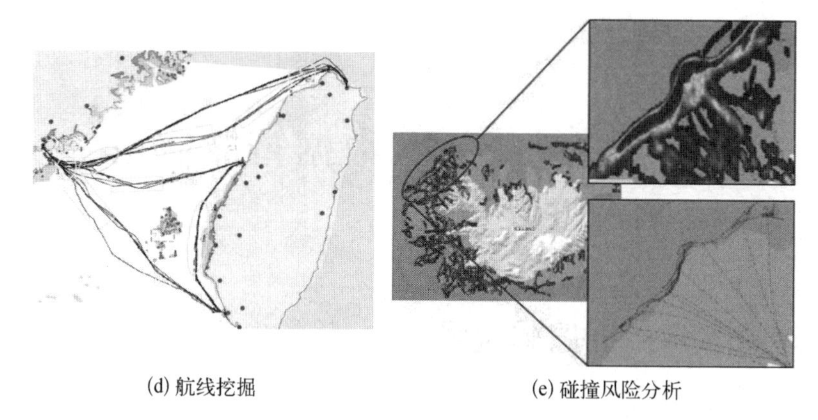

(d) 航线挖掘 (e) 碰撞风险分析

图 3.1 基于 AIS 数据挖掘的几种典型海上知识发现

AIS 数据挖掘是指从 AIS 数据中发现除报文本身表达信息外所蕴含的海上交通信息或其他信息的过程,从分析海域范围和侧重点来看,基于 AIS 的数据挖掘可以分为微观分析和宏观研究,前者主要分析港口等小地理水域,侧重于研究船舶具体行为;后者则注重于大范围,甚至全球范围内船舶分布情况的研究,忽略船舶个体情况。从研究内容上看,AIS 数据挖掘可以基本概括为以下几个方面: 船舶异常检测、碰撞风险分析、船舶行为预测、航线挖掘及船舶分类,下面就这 5 个方面进行总结归纳。

3.1.1 船舶异常检测

船舶异常检测是指从船舶历史运动数据中挖掘典型的运动模式,并识别明显偏离常规运动模式的可疑船舶。

Laxhammar[173]将监控海域划分为若干小网格,利用高斯混合模型(Gaussian mixture model,GMM)对每个网格中的船舶航行矢量进行聚类,然后通过计算概率分布产生的可能性,对新数据进行异常检测;Kowalska 等[174]用高斯过程从 AIS 数据中学习出船舶的正常航行模式,用于异常检测,并使用一个激活学习范式来选择数据的格式化子样本,以降低训练的复杂性;Ristic 等[175]将贝叶斯网络(Bayesian network, BN)和核密度估计(kernel density estimation, KDE)来进行异常检测;姜佰辰等[176]采用混合高斯模型拟合航迹曲线,采用主成分分析(principle component analysis, PCA)及通过特征值来判断异常航迹;Handayani 等[177]用支持向量机(support vector machine, SVM)来识别两种异常类型: U

形转弯和异常停泊;Ford 等[178]采用广义加性模型(generalized additive model, GAM),发现天基AIS信号传输异常,用来检测AIS可能存在的故意关闭从而发现可疑活动;Zhen 等[179]采用层次聚类结合k-medoids聚类学习典型的航行模式,然后用朴素贝叶斯分类器(naive Bayes classifier)发现异常船舶;Liu 等[180]用文献[181]提出的DBSCAN算法学习历史数据找到船舶正常交通模式,定义了三种距离,与正常交通模式特征向量的距离相比较,然后判断新的船舶是否异常;Sheng 等[182]将船舶轨迹划分为若干子轨迹,然后用DBSCAN算法对子轨迹进行聚类,将聚类噪声点视为潜在的异常船只;有研究学者提出了一种基于循环神经网络(recurrent neural network, RNN)的多任务(VRNNs)深度神经网络架构,将AIS数据进行类似于"one-hot"的重编码并将AIS数据流输入深度神经网络进行训练,使之完成轨迹重构、异常检测和船舶种类识别等多任务。

目前,对船舶异常行为的研究基本可以归纳为运用概率模型或者聚类模型的方法来表达船舶正常的航行状态,将低概率目标或者"离群"点视作异常,部分研究也通过定义的方法,找到与船舶正常行为模式不符的异常船舶。

3.1.2 碰撞风险分析

碰撞风险分析是指通过分析船舶历史运动数据及船舶行为来判断船舶可能存在的碰撞风险。

Goerlandt 等[183]对船舶碰撞概率的建模充分考虑了船舶会遇到的各种情况,包括会遇角度、速度、船舶类型尺寸、位置等,使用蒙特卡洛方法进行仿真,并用AIS数据进行了验证;Li 等[184]提出一种目标多层模糊优化的决策模型来评估导航风险,综合分析了交通流和船只属性的一些参数;Altan 等[185]采用基于网格的海上交通流分析对伊斯坦布尔海域的碰撞概率进行了预测;Zhang 等[186]提出了一种基于模糊规则的风险分类;Silveira 等[187]使用贝叶斯网络进行碰撞风险评估和预测;Sang 等[188]用动力学建模的方法进行船舶位置预测,然后计算了最接近点(closest point of approach, CPA)并用于海上安全评估和碰撞风险评估;Zhang 等[189]分析了船舶会遇过程中的距离、速度、航向等因素来判断碰撞风险,并采用k-means算法对会遇风险进行了评估。总体来看,目前关于碰撞风险的研究大多建立在对船舶会遇现象出现概率或者统计的宏观分析上,也有部分学者以船舶个体为研究对象,运用预测的方法进行碰撞风险评估。

3.1.3 船舶行为预测

船舶行为预测是指从船舶历史数据中进行船舶航行模式建模并预测未来航迹。

Fossen 等[190-192]将卡尔曼滤波(Kalman filter, KF)及其变形用于 AIS 进行位置预测;Mao 等[193]用极限学习机(extreme learning machine,ELM)进行快速训练,用轨迹前面的报文训练神经网络,并进行位置实时预测;Pallotta 等[194]先用文献[49]提出的 TREAD(traffic route extration and anomaly detection)方法进行航线挖掘,提出了一种航线挖掘核异常检测框架,基于密度聚类进行航线挖掘并用挖掘的航线进行预测和异常发现;朱飞祥等[195]采用地理网格技术进行统计分析,应用关联规则进行船舶位置预测;Wang 等[196]提出了一种结合自回归和运动平均算法及神经网络模型的混合方法,用于预测上海港每日各类船只交通量;Vanneschi 等[197]结合几何语义遗传规划与线性缩放(geometric semantic genetic programming-LIN, GSGP-LIN)方法对货船、渔船和军事船只进行了航迹预测;Mazzarella 等[198]提出了一种基于贝叶斯的知识基-粒子滤波(knowledge-based - particle filter, KB - PF)方法用于船舶位置预测,该方法需要先用 k 最近邻(k-nearest neighbor,KNN)分类算法进行航线分类;Kim 等[199]设计了一个深度学习网络——基于卷积神经网络(convolutional neural networks,CNN)的船舶交通信息提取网,将目标海域划分为网格并且结合包含船的各种信息作为输入数据块,预测该区域在指定时间内的船舶数量变化;Zhao 等[200]通过 DBSCAN 算法进行航线聚类,并将聚类簇中的船舶运动数据作为网络的训练数据进行船舶位置预测,并通过设置误差阈值进行异常检测。目前,对船舶行为预测的研究可以分为两类,即目标海域船舶数量的预测或者船舶位置等运动参数的预测,前者以关联的方法和学习的方法为主,后者一般先进行轨迹的聚类,然后以聚类轨迹中的船舶数据为依据得到预测模型,从而进行目标船舶的预测。

3.1.4 航线挖掘

航线挖掘是指分析具有相近运动模式的船舶航迹,从中发现典型的航线。Pallotta 等[201]提出了一种航线挖掘核异常检测框架,基于密度聚类进行航线挖掘并用挖掘的航线进行预测和发现异常;Vries 等[202]用分段式线性结构方程模型进行轨迹压缩,然后进行核 k-means 聚类;Liu 等[203]提出一种改进的密度聚类算法 DBSCANSD,加入了航向和速度的约束,用于发现船舶静止海域和航线挖掘;Wang 等[204]将船舶停靠港口作为聚类特征,利用层次聚类进行航线挖掘;Guillarme 等[205]考虑了速度约束的 DBSCAN 算法,用于航迹聚类,然后提出了一种基于两尺度的正态模型在线异常检测和预测方法;Dobrkovic 等[206]分别采用 DBSCAN 算法、遗传算法(genetic algorithm, GA)和蚁群优化(ant colony optimization, ACO)算法来发现海上航线航路点,并分析了各种算法的优缺点,提出一种混合方法;Liu 等[207]将 CP 分解的时态链路预测方法用于"天拓一号" AIS 数据的航迹恢复;马升麾[181]通过 DBSCAN 算法获得转向点作为有向图节点,然后利用 Dijkstra 算法生成最短航线;肖潇等[208]将获取的船舶轨迹进行简化并划分为若干子轨迹,并通过 DBSCAN 聚类出航迹,再用扫面线的方法获取典型航线;文献[209]对转向点进行了识别并进行密度聚类来提取特征,再用蚁群优化算法连接转向点,从而实现航线生成。目前,对航线挖掘的研究主要以密度聚类及其改进为主,再辅以相关优化算法。

3.1.5　船舶分类

船舶分类指基于已知的 AIS 数据对类型信息缺失或异常的船舶类型进行判别。而船舶类型的缺失或异常可能涉及海上违法行为,基于 AIS 的船舶分类在海上交通监管、海洋态势感知方面具有重要价值。

现有的基于 AIS 数据的船舶分类一般从动态信息和静态信息两方面着手。对于静态信息:Damastuti 等[210]采用 KNN 算法,在印度尼西亚海域根据船舶吨位、长度和宽度进行分类,在六个类别上达到了最高值为 83%的准确率;Zhong 等[211]使用随机森林对静态信息进行分类,在三分类任务上取得了 86.5%的准确率。对于运动信息:Hong 等[212]根据 AIS 的 MMSI 码反映的船旗及其对应轨迹分布与未知类型船舶进行对比,对苏岩礁海洋研究站周围的船只进行分类;David 等[213]采用对比试验,提出一种基于决策树的仅提取最少运动特征的船舶二元分类方法,该方法将船舶划分为渔船和非渔船,在不同的预处理过程下分别达到了 80%的准确率和 0.7 的 F_1 分数;Sheng 等[214]提取了我国汕头附近海域船舶的直行、转向和全局特征,使用 Logistic 回归对渔船和货轮进行分类,达到了 92.3%的准确率;Xiang 等[215]采用分区门控循环单元(partition-wise gated recurrent units, p-GRUs)实现拖网渔船的二分类检测,准确率达到 89%。此外,还有结合动态和静态特征进行分类的方法:Kraus 等[216]提取了德国湾 3 个月跨度的 AIS 数据,分为地理分布特征、运动特征、起止位置时间特征和船舶静态形状特征,在五分类任务上达到了 97.5%的准确率,但是该方法存在数据泄露问题;Kim 等[217]综合船舶的航向变化、航速和潮汐、光照、水温等环境信息,对济州岛附近海域的六种渔船作业方式进行了分类,达到了96.3%的准确率。

3.2 基于AIS数据的航迹挖掘和位置预测

航线挖掘旨在从船舶大数据中发现目标海域船舶航行的热点区域和航行路线,海上交通流不同于陆上交通流,其没有明确的物理边界和交通标识,船舶航行路径的规划在很大程度上取决于船员的经验水平。通过航线挖掘研究,可以为海上交通监管部门提供近实时的海上交通情况,也可以通过研究历史数据,了解目标海域交通流的时空分布,从而为交通管理和相关政策法规的制定提供参考依据,也可以为船舶规划航线提供指导,降低海上导航的人工成本。

3.2.1 基于DBSCAN算法的航线挖掘

1. DBSCAN 算法

聚类是数据挖掘的重要分支,根据样本之间的相似性度量或距离,无监督地将数据划分为不同的类别,使得类内数据之间的距离尽可能小,类间数据之间的距离尽可能大。DBSCAN 算法是密度聚类的经典算法,它无须像 k-means 聚类和谱聚类那样事先设置聚类数目并应用区域密度的连通性进行聚类,也能够给出远离密度中心的噪声点[218]。DBSCAN 算法的流程如图 3.2 所示,在进行

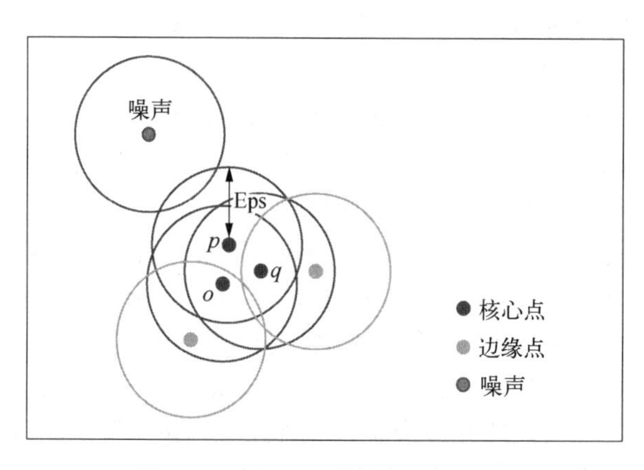

图 3.2 DBSCAN 算法流程示意图

算法前需预先设置样本的搜索半径 Eps 和密度阈值 MinPts，假设当前样本为 p，其 Eps -邻域中的其他样本数目大于 MinPts，则称 p 为核心点，其邻域中的其他样本，如 q 则称作对于 p 直接密度可达（directly density-reachable），然后继续拓展 p 邻域内的其他核心点，如 o 和 q，图中 r 与 q 直接密度可达，也称作与 p 密度可达（density-reachable），但 r 邻域中的样本数不超过 MinPts，故为边缘点，不对其进行拓展，重复此过程，直到搜索不到核心点为止，此过程中所有与 p 密度可达的样本是一个簇（cluster），该聚类算法的终止条件为所有的样本都被访问过，其中与任何簇中的样本都密度不可达的称为噪声（noise）。

算法相关定义如下：

（1）给定需要进行聚类的样本集 $D(x_i \in D)$ 和样本间的距离描述方法 $\mathrm{dist}(x_i, x_j)$，则对于样本 x_i，其邻域为与该样本的距离不超过 Eps 的其他样本的集合：

$$N_{\mathrm{Eps}}(x_i) = \{x_j \in D \mid \mathrm{dist}(x_i, x_j) \leqslant \mathrm{Eps}\} \tag{3.1}$$

（2）x_i 为核心样本的条件为其邻域样本的个数不少于 MinPts：

$$| N_{\mathrm{Eps}}(x_i) | \geqslant \mathrm{MinPts} \tag{3.2}$$

从上述描述可以看出，影响基础 DBSCAN 算法聚类效果的三个主要因素包括：参数 Eps、MinPts 的设置和样本间距离的定义 $\mathrm{dist}(x_i, x_j)$。

2. 基于位置点的航线挖掘

给定一个 AIS 数据集，将每一条 AIS 报文作为需要聚类的样本进行航线挖掘，针对船舶航行的特征和航线中船舶聚集的特点，对是否密度可达的条件进行改进，将搜索区域设置为矩形，使得算法更倾向于搜索与当前样本同向的样本，搜索区域大小由 Eps1 和 Eps2 确定，矩形长轴方向沿着当前访问样本报文中的对地航向，纵轴垂直于对地航向。考虑到不同的航线可能存在交叉或者部分子段位于同一地理区域的情况，设置对地航线角度差阈值 Min_COG 来剔除与当前访问样本航向差别过大的样本。上述过程如图 3.3 所示，每一个点代表一个 AIS 报文在地理上的经纬度坐标，箭头表示对地航向的方向，红色样本为当前访问样本，蓝色样本表示与红色样本密度可达，黄色则表示密度不可达的样本，其中红圈中的样本虽然在矩形搜索范围内，但是其对地航线与当前访问样本差别超过阈值 Min_COG，故也视为密度不可达点。

本小节中算法相关定义如下。

（1）所有 AIS 样本的属性为（lon, lat, COG），即经纬度和对地航向，给定样

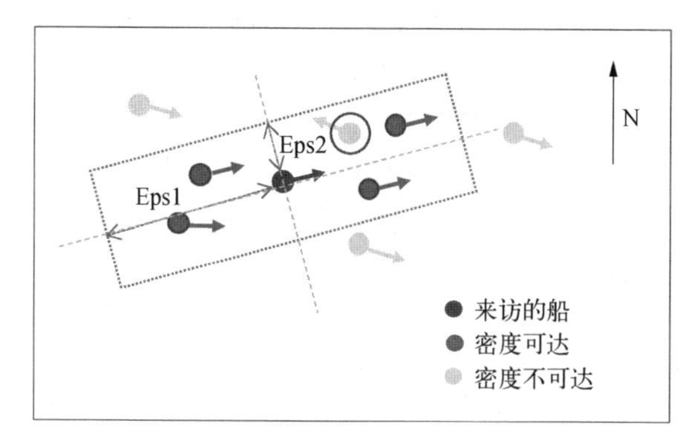

图 3.3 基于点的聚类算法示意图

本 $x_i = (\mathrm{lon}_i, \mathrm{lat}_i, \mathrm{COG}_i)$，则判断其与另一样本 $x_j = (\mathrm{lon}_j, \mathrm{lat}_j, \mathrm{COG}_j)$ 是否密度可达的条件为

$$\begin{cases} \mathrm{dist}[x(i),\ x(j)]\cos(|\ \mathrm{COG}_i - \mathrm{COG}_j\ |) \leqslant \mathrm{Eps1} \\ \mathrm{dist}[x(i),\ x(j)]\sin(|\ \mathrm{COG}_i - \mathrm{COG}_j\ |) \leqslant \mathrm{Eps2} \\ |\ \mathrm{COG}_i - \mathrm{COG}_j\ | \leqslant \mathrm{Min\_COG} \end{cases} \tag{3.3}$$

其中，$|\ \mathrm{COG}_i - \mathrm{COG}_j\ |$ 表征两个对地航向间最小夹角的绝对值：

$$|\ \mathrm{COG}_i - \mathrm{COG}_j\ | = \max[\mathrm{abs}(\mathrm{COG}_i - \mathrm{COG}_j),\ 360° - \mathrm{abs}(\mathrm{COG}_i - \mathrm{COG}_j)] \tag{3.4}$$

（2）在本节中，两个样本之间的距离定义为其经纬度坐标的欧式距离：

$$\mathrm{dist}[x(i),\ x(j)] = \sqrt{(\mathrm{lat}_i - \mathrm{lat}_j)^2 + (\mathrm{lon}_i - \mathrm{lon}_j)^2} \tag{3.5}$$

基于点的 DBSCAN 算法伪代码如下：

基于点的 DBSCAN 算法
1： **INPUT**：需要进行聚类的 AIS 样本集 D，其中 $x(i) \in D$，且 $x(i) = (\mathrm{lon}_i, \mathrm{lat}_i, \mathrm{COG}_i)$
2： 航向方向阈值 Min_COG
3： 搜索范围参数 Eps1, Eps2
4： 密度阈值 MinPts
5： **OUTPUT**：cluster/聚类结果

续　表

基于点的 DBSCAN 算法

```
6:  /*聚类*/
7:  cluster=[ ]
8:  i=0/标记当前聚类数目
9:  For i in range(1, size(D))
10:   If x(i) is visited
11:     Continue
12:   End
13:   Neighbors=find(dist(x(i),x(others))*cos(COG_i-COG_others)<Eps1||dist(x(i),x(others))*
    sin(COG_i-COG_others)<Eps2||abs(COG_i-COG_others)<Min_COG))
14:   If size(neighbors)>MinPts
15:     Call Tra_sample(i) as core sample/核心点
16:   Do search other core samples in neighbors and add their searched samples in
17:       Neighbors until no core sample is searched
18:       set all samples in neighbors as visited/将所有搜索到的点记为已访问
19:     add neighbors to cluster(i)/在此过程中所有搜索到的样本称为一个聚类
20:    cluster.append(cluster(i))
21:    i++
22:   End
23: End
```

针对本节中聚类得到的航迹，采用一种自适应 KDE 方法（也称为 P 窗法）进行航线边界估计，通过在每个样本上产生一个同等类型的核函数并叠加所有样本的核函数得到全体样本的密度分布函数，每一个样本的核函数需要定义一个带宽（bandwidth，类似于高斯分布函数的样本方差），若所有核函数的带宽相同，则称为固定带宽的 KDE 估计，其表达式如下：

$$f(\boldsymbol{x}) = \frac{1}{Nh^d}\sum_{i=1}^{N}\phi\left(\frac{\boldsymbol{x} - \boldsymbol{x}_i}{h}\right) \tag{3.6}$$

其中，N 为样本的个数；h 为带宽；d 为样本的维度，本节考虑聚类航线中样本的经纬度位置，故 d 为 2；$\phi(\cdot)$ 为需要事先设定的核函数类型，其必须要满足 $\phi(\boldsymbol{x}) \geqslant 0$ 和 $\int_{\boldsymbol{R}^d}\phi(\boldsymbol{x})\mathrm{d}\boldsymbol{x} = 1$，这里采用应用较为广泛的高斯核函数：

$$\phi(\boldsymbol{x}) = \frac{1}{(2\pi)^{d/2}\sqrt{|\Sigma|}}\exp\left\{-\frac{1}{2}\boldsymbol{x}^{\mathrm{T}}\Sigma^{-1}\boldsymbol{x}\right\} \tag{3.7}$$

核密度估计的核心问题为带宽 h 的确定,本节采用一种自适应的方法[219],根据样本所在区域的样本密度情况进行带宽适应性计算,其计算流程如下。

(1) 计算全局最优固定带宽:

$$h^* = AN^{-\frac{1}{d+4}} \tag{3.8}$$

其中,$A = [4/(d+2)]^{1/(d+4)}$。

(2) 计算每一个样本的自适应带宽:

$$\tilde{h}_i = h^* \lambda_i, \quad i = 1, \cdots, N \tag{3.9}$$

其中,h^* 在式(3.8)中计算得到,λ_i 为自适应参数,其定义为

$$\lambda_i = \left[\frac{f(\boldsymbol{x}_i)}{\ell}\right]^{-\gamma} \tag{3.10}$$

$$\lg \ell = \frac{1}{N}\sum_{i=1}^{N} \lg f(\boldsymbol{x}_i) \tag{3.11}$$

其中,γ 为灵敏度参数,一般设为 0.5,最终的自适应 KDE 函数可以表达为

$$\tilde{f}(\boldsymbol{x}) = \frac{1}{N}\sum_{i=1}^{N} \frac{1}{(\tilde{h}_i)^d}\phi\left(\frac{\boldsymbol{x} - \boldsymbol{x}_i}{\tilde{h}_i}\right) \tag{3.12}$$

基于自适应 KDE 的航线边界的估计分为以下三步:① 定义一个阈值平面 $p_{\text{threshold}} = \alpha\max[\hat{f}(\boldsymbol{x})]$,算例中 $\alpha = 0.1$;② 找到阈值平面和核密度概率密度函数的交线;③ 该交线在地图上的投影即为航线边界,如图 3.4 所示,蓝色点为聚类航线中的 AIS 报文,红色虚线为投影在地图上的航线边界。

本节主要使用澳大利亚地区(纬度范围:南纬 0°~50°,经度范围:东经 100°~170°)接收到的一个月的天基 AIS 数据进行航线挖掘分析,“天拓三号”卫星于 2018 年 3 月在世界范围内共接收到 60 余万条 AIS 报文,在澳大利亚地区接收到了 78 226 条 AIS 报文。

正常的船舶行为一般分为高速巡航航速航行和低速作业航行,前者通常用于目的地之间的快速高效通行,后者常见于船舶的系泊、停靠或者渔船的捕捞作

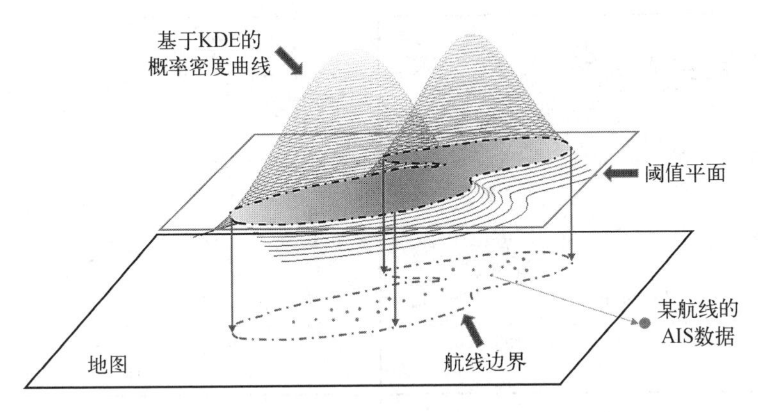

图 3.4　基于自适应 KDE 的航线边界确定方法

业。而航线挖掘针对的是目的地之间的航道，基于此，本节依据船舶的航速将所有船舶报文分为航行船舶（sailing vessel）和非航行船舶（non-sailing vessel），通过设定速度阈值 $v_{\text{threshold}}$ 进行划分，并使用固定参数下的经典 DBSCAN 算法对非航行状态的 AIS 数据进行聚类分析。

图 3.5 展示了目标区域 AIS 报文中对地速度（SOG）的分布情况，以及在 Eps = 0.2，MinPts = 5 的参数设置下，采用 DBSCAN 算法对不同速度阈值下的非航行船舶报文的聚类结果，其中不同颜色的点代表算法输出的聚类簇，较小的蓝点为噪声。在本节中，为了避免单艘船舶连续报文对聚类结果带来的影响，将报文数目少于总样本量的 0.5%的聚类簇也设为聚类噪声。

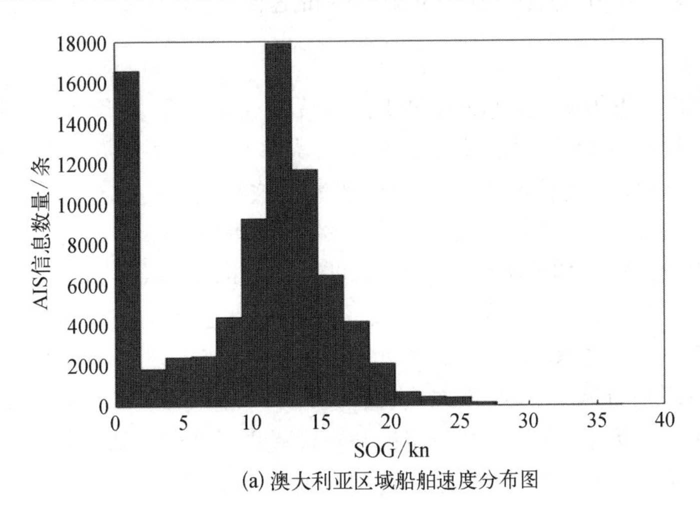

(a) 澳大利亚区域船舶速度分布图

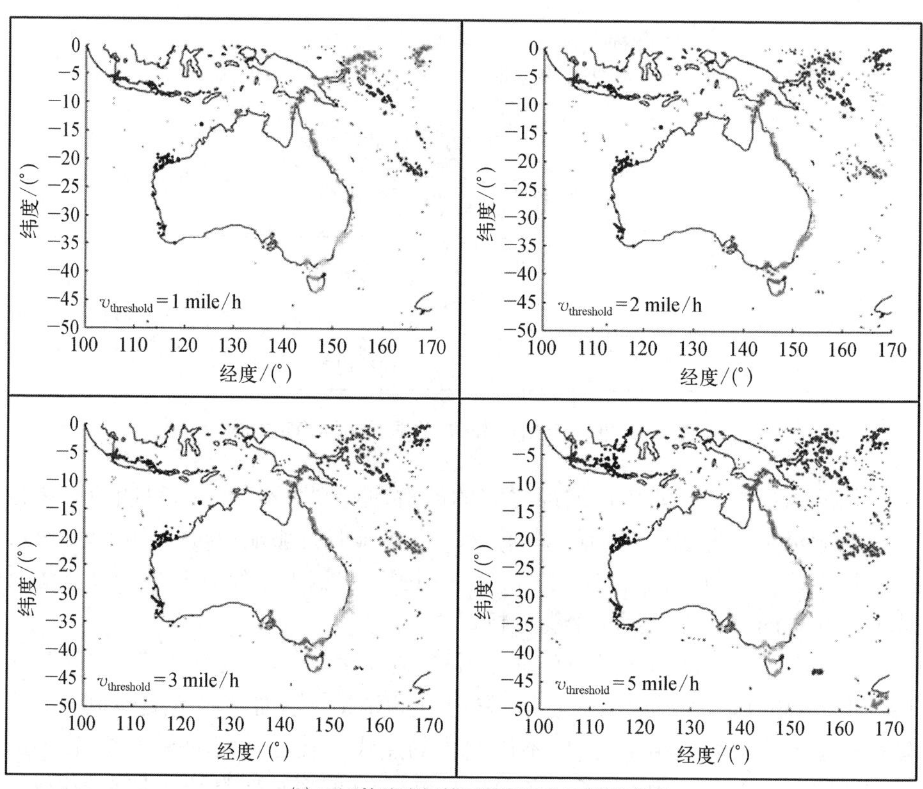

(b) 不同的速度阈值下的DBSCAN聚类结果

图 3.5 澳大利亚区域船舶速度分布图及不同的速度阈值下的 DBSCAN 聚类结果

1 mile≈1.609 km

由图 3.5 分析可知,速度阈值的变化给聚类簇在地理上的分布带来的影响较小,仅仅是簇中样本数目的变化且聚类簇大多聚集在海岸线附近,这些地区一般为港口、锚地等供船舶停泊的区域,船舶在这些地区一般进行停车、减速靠岸或者加速驶离等行为(处于低速状态),故聚类簇的分布符合船舶行为规律,通过观察也能发现一些聚类簇位于距海岸有一定距离的区域,如澳大利亚东北海域的部分聚类簇,这些海域可能存在渔区或者远海锚地,也可能存在大量的船舶会遇现象。总的来说,聚类结果蕴含了该海域海事热点区域的分布情况,是海上交通研究的热点问题,该方法旨在发现感兴趣海域(region of interest)船舶相对静止的聚集地,为海上交通监控和管理提供近实时交通态势信息。

针对处于航行状态的船舶,采用改进的加入航向约束的 DBSCAN 算法,考虑到船舶的巡航速度约一般为 10 kn 以上，将速度阈值设为 5 kn，固定 Eps1、Eps2 和 MinPts 的值分别为 0.5、0.2 和 5，仅改变 Min_COG 的值（5°、10°、20°和 30°）的聚类结果见图 3.6，图中小蓝点表示聚类噪声，其他颜色分别表征不同的聚类簇。由聚类结果可知，Min_COG 的值越大，得到的聚类簇的数目越少，许多在地理上相连的小聚类簇更倾向于合并为一个大的聚类簇，从船舶行为的角度看，Min_COG 可看作衡量船舶行为模式相似度的阈值，Min_COG 的值越小，算法对船舶航行方向差异性的容忍度越低；从算法的角度看，即使两个样本的距离非常相近，但其矢量方向的距离较大，算法仍然认为它们是密度不可达的，可能存在一些噪声点出现在某一聚类簇地理范围内的情况，播发这些 AIS 报文的船舶可

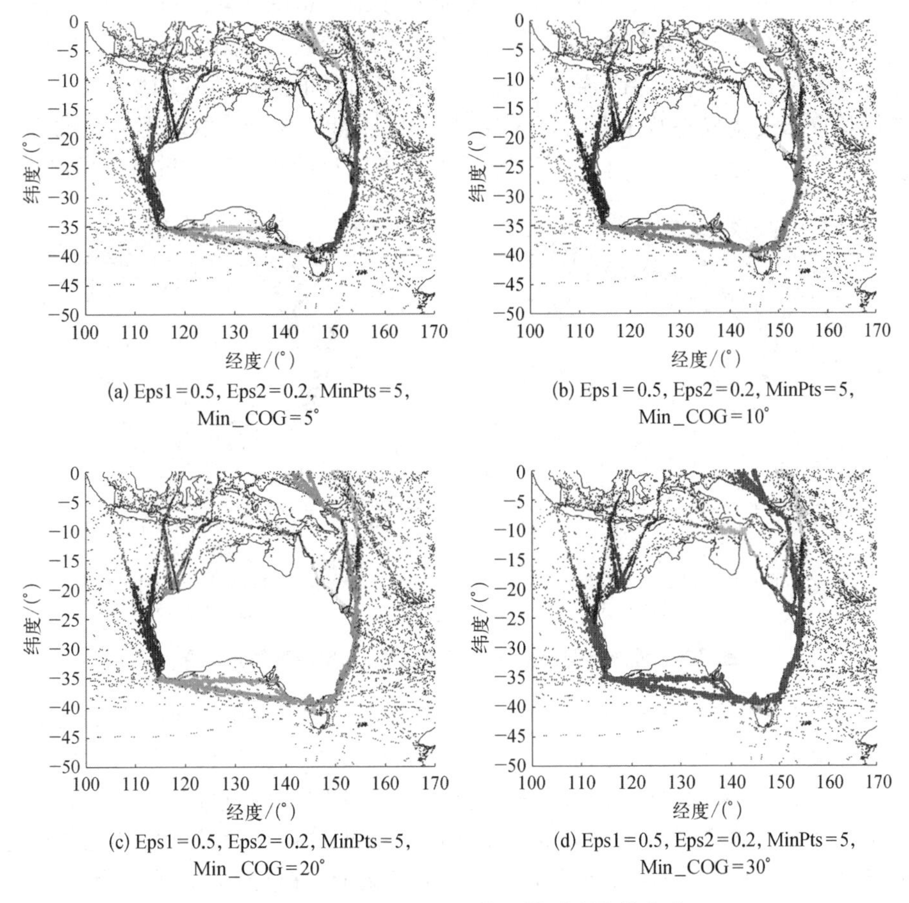

(a) Eps1 = 0.5, Eps2 = 0.2, MinPts = 5, Min_COG = 5°

(b) Eps1 = 0.5, Eps2 = 0.2, MinPts = 5, Min_COG = 10°

(c) Eps1 = 0.5, Eps2 = 0.2, MinPts = 5, Min_COG = 20°

(d) Eps1 = 0.5, Eps2 = 0.2, MinPts = 5, Min_COG = 30°

图 3.6　不同 Min_COG 值下的对比聚类实验

能处于一种异于周围船舶的运动状态,可能预示着出现船舶会遇或者航行异常的现象。Min_COG 的设定旨在使 DBSCAN 算法获得处理带有方向性样本的能力。

密度聚类算法的输出结果对聚类参数的设置非常敏感,图 3.7 展示了两种典型参数设置下的聚类结果,在 Eps1 = 0.5, Eps2 = 0.2, MinPts = 5, Min_COG = 3°的情况下[图 3.7(a)],形成的聚类簇数目较少,一些高报文密度的热点海域能够形成较为合理的聚类结果(图中红圈处),而一些报文相对较为稀疏的地区,虽然可以发现明显的船舶聚集现象(图中黄圈处),但算法没有给出聚类结果而将这些报文视为噪声。在 Eps1 = 1, Eps2 = 0.2, MinPts = 5, Min_COG = 5°的参数设置下[图 3.7(b)],即将判断样本之间密度可达的条件放宽,可以发现原来被判断为噪声的报文也出现了聚类簇,而原来报文密度较高区域的小聚类簇群则合并为一个较大的聚类簇(如图中红色标记的聚类簇)。对比实验结果表明,若样本的密度存在层次差异,需要依据实际情况和海事热点地区的研究层次,通过调整算法的全局参数来获得较为合理的聚类结果,或者采取地理分块的方法将较大的研究海域划分为样本密度层次差异不明显的小块区域进行聚类研究。

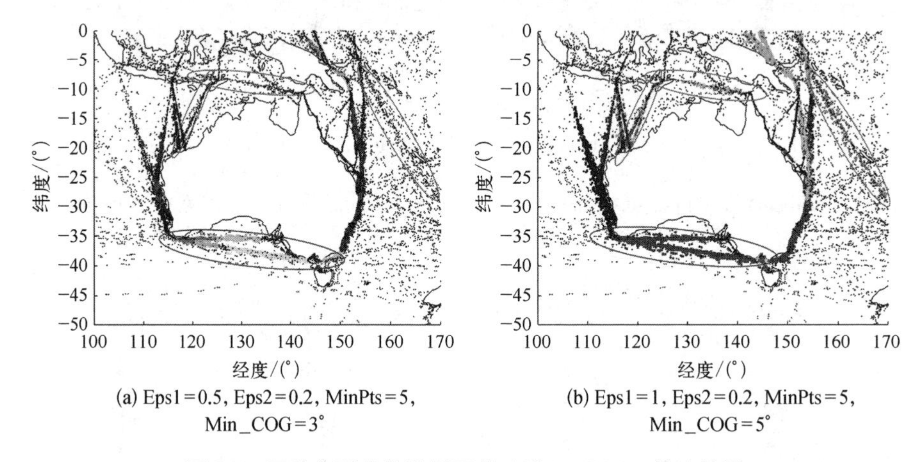

(a) Eps1 = 0.5, Eps2 = 0.2, MinPts = 5, Min_COG = 3°

(b) Eps1 = 1, Eps2 = 0.2, MinPts = 5, Min_COG = 5°

图 3.7 两种典型参数设置下的改进 DBSCAN 算法结果

图 3.8 展示了在 Eps1 = 0.5, Eps2 = 0.2, MinPts = 5, Min_COG = 3°的情况下的 9 种聚类簇结果(总共得到 23 个聚类簇),可以发现有些聚类簇虽然位于同一地理区域,但采用改进的 DBSCAN 算法却能够很好地将它们区分开来,如聚类簇 1 和聚类簇 2 或者聚类簇 3 和聚类簇 4,证明这两条路径上船舶的航行方向完全相反,每个聚类簇在地理上的分布呈长条形,符合海上交通流的规律,证明了基于 COG 约束的 DBSCAN 改进算法在航线挖掘任务中的有效性。

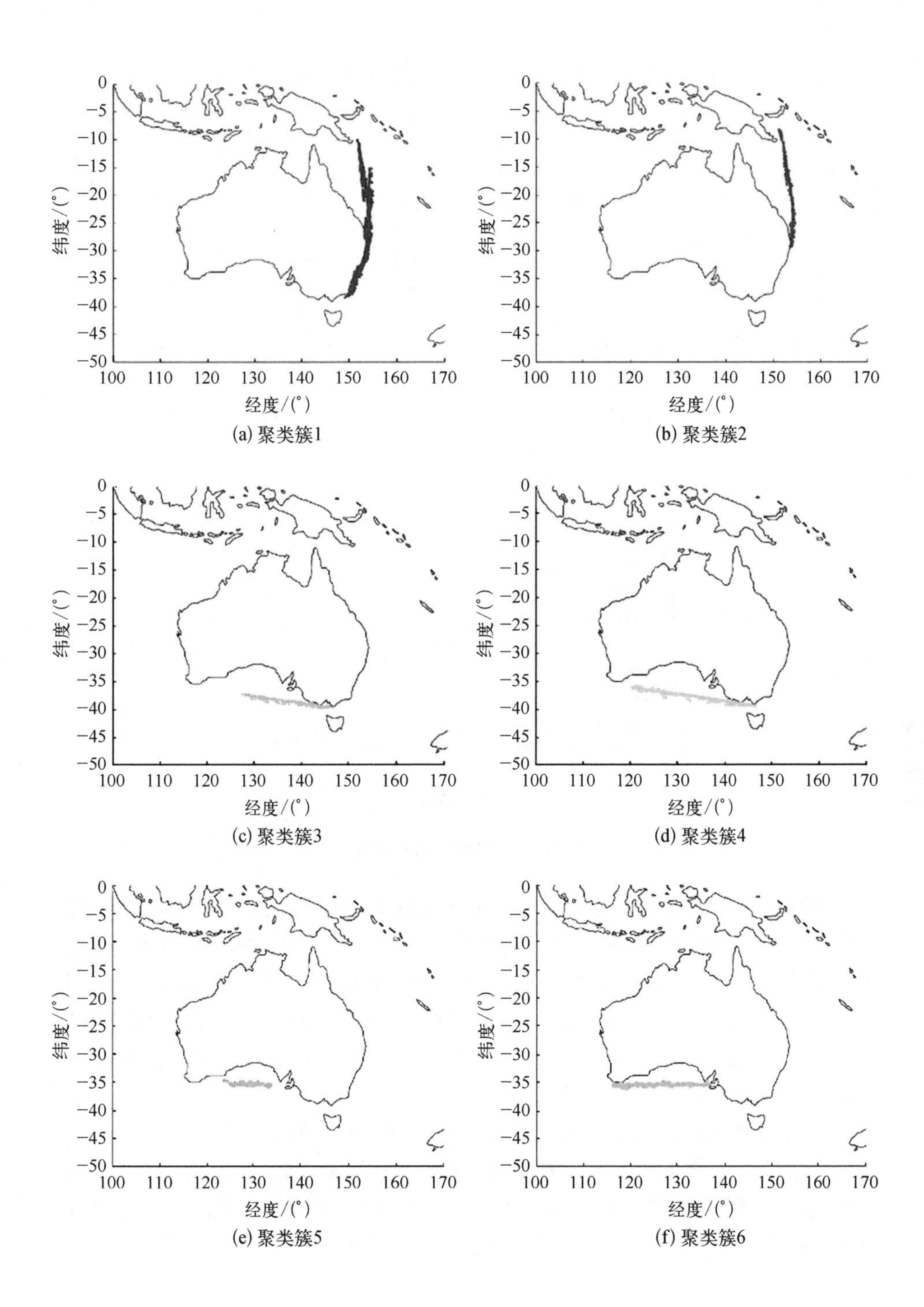

(a) 聚类簇1　(b) 聚类簇2

(c) 聚类簇3　(d) 聚类簇4

(e) 聚类簇5　(f) 聚类簇6

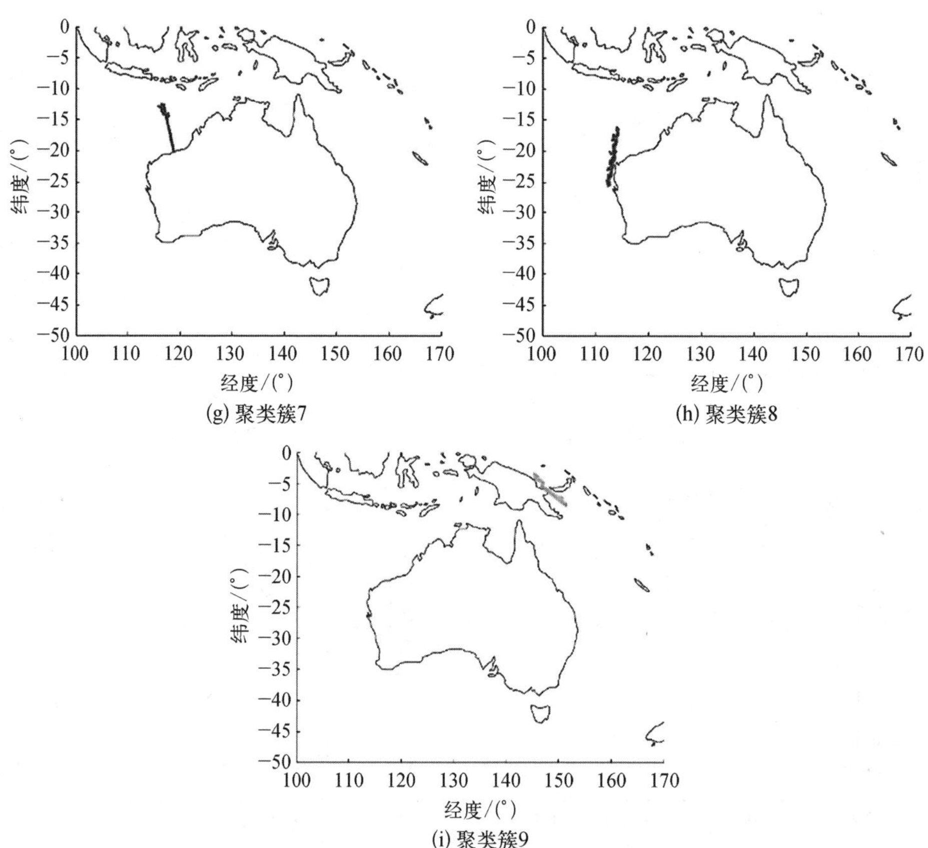

图 3.8　9 种典型的聚类簇

航线挖掘不仅提供了目标地区海上交通流分布情况，也为海事部门掌握最新海上动态、增强态势感知能力提供了数据支撑。本节对前面所挖掘航线的船舶速度分布、船舶类型和 COG 分布进行了统计分析，图 3.9 展示的是一条由南至北且船舶速度逐渐增大的航线，说明该航线上的交通情况良好，船舶应该处于出发阶段的加速状态，航线上的船舶类型以货船和油轮为主，也有少量的客轮和其他类型船舶，大部分船舶速度集中在 12 km/h 左右。

图 3.10 展示的第二条挖掘航线位于澳大利亚南区海域，相较于图 3.9，船舶速度在地理上的分布规律性较差，且该条航线船舶密度较大，航线上存在一些低速区域，可能在某些低速区域存在船舶会遇现象，大部分船舶的速度控制在 13 km/s 上下，船舶类型同样以货船、油轮和客轮为主，但油轮的比例如图 3.9 所示

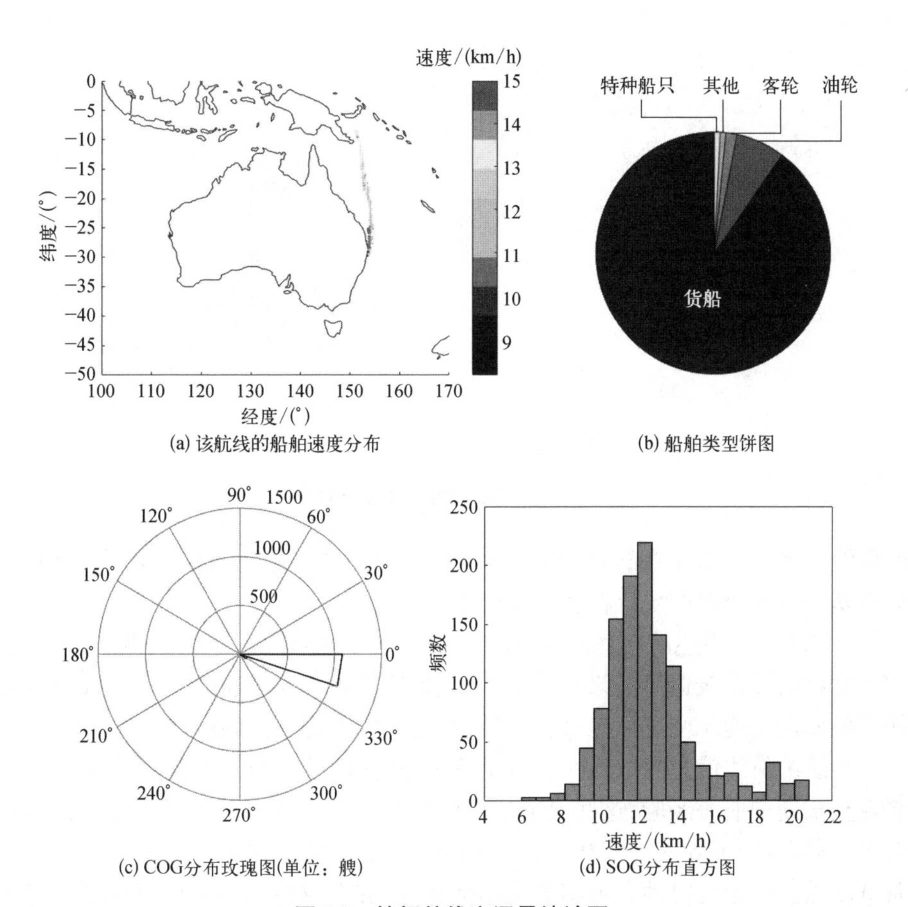

(a) 该航线的船舶速度分布　　(b) 船舶类型饼图

(c) COG分布玫瑰图(单位：艘)　　(d) SOG分布直方图

图 3.9　挖掘航线交通量统计图

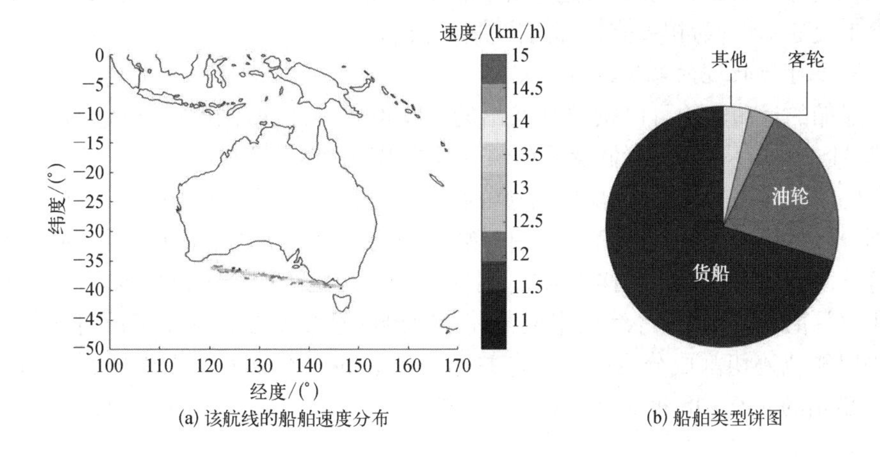

(a) 该航线的船舶速度分布　　(b) 船舶类型饼图

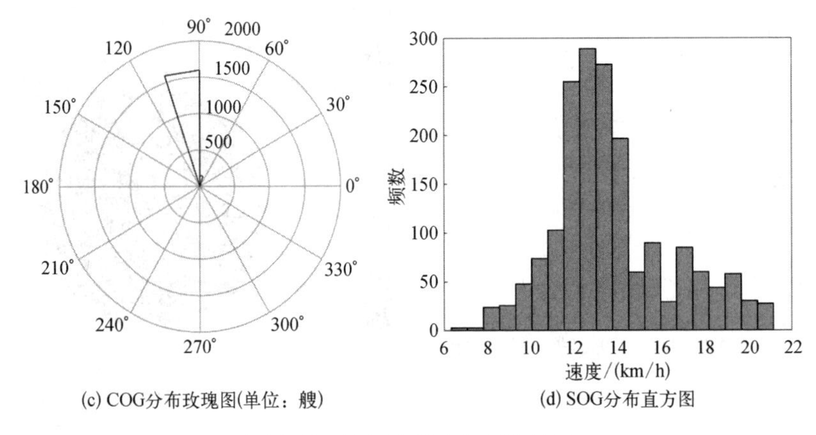

(c) COG分布玫瑰图(单位：艘)　　(d) SOG分布直方图

图 3.10　挖掘航线交通量统计图

的航线稍大。需要注意的是,并不是所有船舶都会播报自身的船舶类型消息,故仅基于 AIS 数据的统计存在一定的不完整性。

将 2.2 节中描述的自适应 KDE 方法用于图 3.9 和图 3.10 中的两条航线,概率密度函数和航线边界结果见图 3.11。概率密度函数描述的是一个月内该航线上的船舶交通流密度情况,而边界旨在为航线确定具体的地理范围。

传统的航线信息获取大多依靠相关海事组织提供的海上交通情况通报或者船员长期的航海经验,这些渠道的时效性往往较差或者对人工作业的依赖性较大,不符合海上导航智能化发展的趋势,本小节提出的航线挖掘方法依托天基 AIS 数据的近实时性大范围覆盖的优势,能够有效检测出目标海域船舶静止点和航线等海上热点地区,通过统计分析的方法可以发现其他数据源难以获得的海上交通知识,为相关监管部门提供参考信息。

3. 基于子轨迹的航线挖掘研究

船舶的运动轨迹可以按照其发出的 AIS 报文,按照时间顺序连接而成,但天基 AIS 数据存在探测率低及因单颗卫星的周期性运动造成的对目标船舶 AIS 信号的间断式缺失等问题,船舶轨迹往往是不完整和低精度的,相对于岸基 AIS 数据,难以进行补点、轨迹简化分割等数据预处理过程。本节使用基于阈值的轨迹分割方式进行子轨迹样本获取,对缺失较大的轨迹部分进行切割。假定设置距离阈值 σ,若当前经纬度报文与前一时刻的经纬度报文的距离超过阈值,则将船舶轨迹切割成分段的子轨迹并作为独立的样本放入样本库中,假设收到某船舶的 n 条 AIS 报文,组成一段轨迹 $x=[p_{t_1}, \cdots, p_{t_k}, \cdots, p_{t_n}]$,其中 p_{t_i} 表

示 t_i 时刻收到的位置报文,如图 3.12 所示,$|p_{t_k}-p_{t_{k-1}}|>\sigma$,则从 p_{t_k} 开始将轨迹切割成不同段,分别作为独立样本用于后续聚类。图3.13 展示了在阈值等于2°的情况下,经过轨迹分割前后的船舶轨迹,因卫星周期性在轨运动造成了船舶收集数据的缺失,从而出现了图 3.13(a)中轨迹跨过大陆的情况,经过分割后,不再出现横跨大陆的情况,并且能够滤掉部分位置跳变的位置报文[图 3.13(b)圆圈所示]。

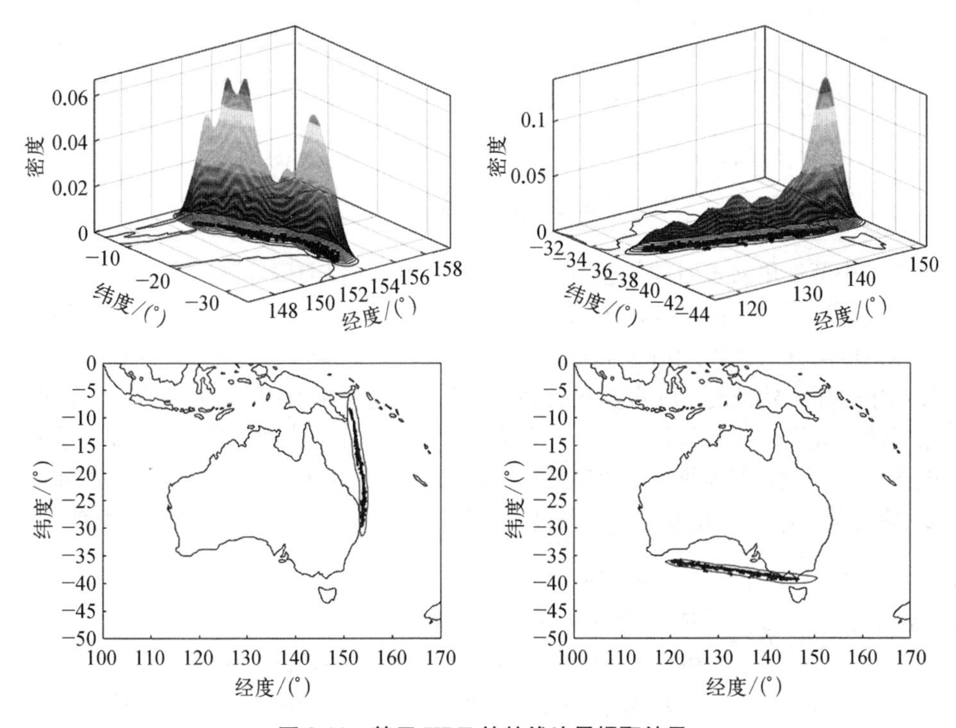

图 3.11　基于 KDE 的航线边界提取结果

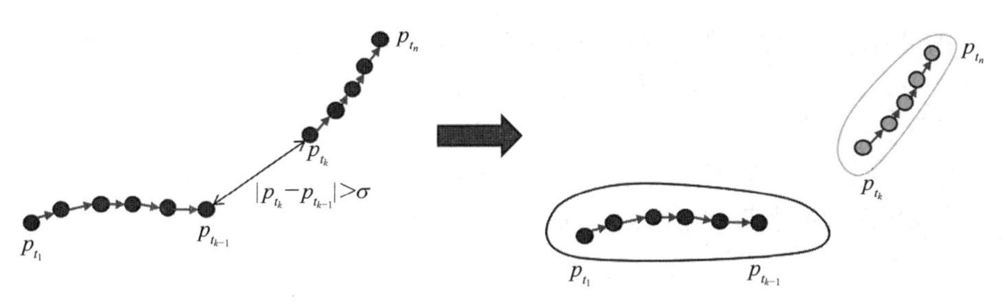

图 3.12　轨迹分割过程

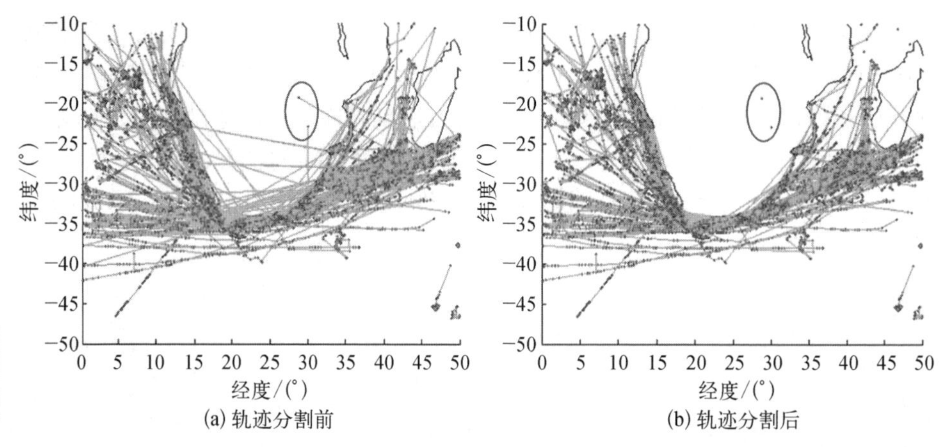

(a) 轨迹分割前 (b) 轨迹分割后

图 3.13 轨迹分割前后对比

本小节使用动态时间规整(dynamic time warping, DTW)算法来衡量子轨迹之间的距离(统一称作 DTW 距离),DTW 距离是一种衡量两个长度不同的时间序列相似度的方法,常常用于语言识别、手势识别和信息检索等模板匹配问题中[220],样本中每段子轨迹的 AIS 报文数目并不一致,故适合用 DTW 距离衡量。假设两段子轨迹分别为 $A=\{a_1, \cdots, a_n\}$ 和 $B=\{b_1, \cdots, b_m\}$,则点之间的匹配关系如图 3.14(a)所示,即为每个点找到最短匹配对。图 3.14(b)为 DTW 距离的矩阵形式,表征从 (a_1, b_1) 出发搜索一条最短路径到 (a_n, b_m),其公式如式(3.13)所示:

$$
\mathrm{DTW}(A, B)=\begin{cases}0, & m=n=0 \\ \infty, & m=0 \text{ 或 } n=0 \\ \mathrm{dist}(a_1, b_1)+\min\{\mathrm{DTW}(\mathrm{Rest}(A), \mathrm{Rest}(B)), & \\ \quad \mathrm{DTW}[\mathrm{Rest}(A), B], \mathrm{DTW}[A, \mathrm{Rest}(B)]\}, & \text{其他}\end{cases} \tag{3.13}
$$

其中, $\mathrm{dist}(a, b)$ 表示两个 AIS 报文之间的距离 $\mathrm{Rest}(A)$ 表示除去 a_1 后剩余的 $(a_2, \cdots, a_n)$;$\mathrm{Rest}(B)$ 表示除去 b_1 后剩余的 $(b_2, \cdots, b_m)$。本节同时考虑位置距离和方向距离,假设 $a=[\mathrm{lon}_1, \mathrm{lat}_1, \mathrm{COG}_1]$, $b=[\mathrm{lon}_2, \mathrm{lat}_2, \mathrm{COG}_2]$,由于经纬度和对地航向的取值范围相差较大,需要将经纬度和对地航向进行归一化,本节采用最大最小归一化,其一般形式表达式如式(3.14)所示:

$$
x_{\text{normalization}}=\frac{x-x_{\min}}{x_{\max}-x_{\min}} \tag{3.14}
$$

其中，$x_{\max} = \max(x \mid x \in D)$；$x_{\min} = \min(x \mid x \in D)$。

执行归一化后，定义 dist(a, b) 如式(3.15)所示：

$$\text{dist}(a, b) = w_1\sqrt{(\text{lon}_1 - \text{lon}_2)^2 + (\text{lat}_1 - \text{lat}_2)^2} + w_2 \mid \text{COG}_1 - \text{COG}_2 \mid \tag{3.15}$$

其中，w_1 和 w_2 分别代表位置距离权重和方向距离权重。

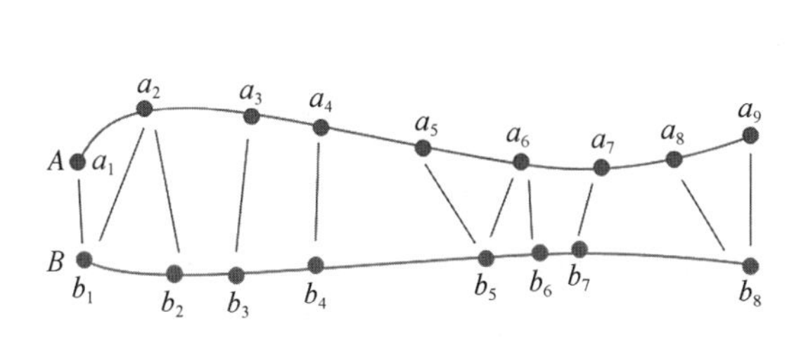

(a) 点之间的匹配关系

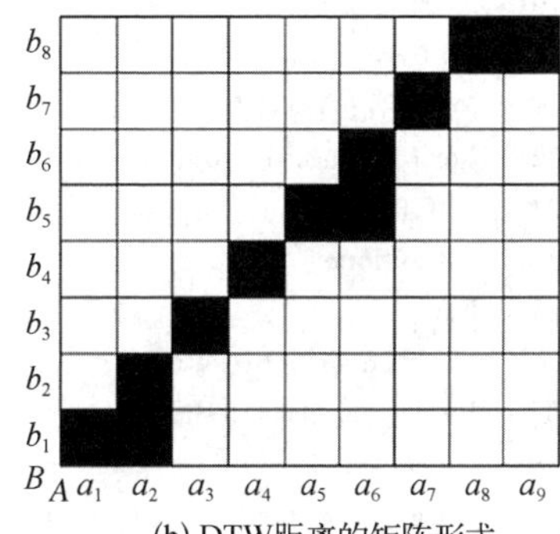

(b) DTW距离的矩阵形式

图 3.14　DTW 距离示意图

基于子轨迹样本和 DTW 距离的 DBSCAN 算法流程的伪代码如下：

基于子轨迹样本和 DTW 距离的 DBSCAN 算法

```
1:  INPUT: 北极地区的所有船舶轨迹 x_i, i=1, 2, …, m
2:         轨迹分割阈值 sigma
3:         搜索半径 Eps
4:         密度阈值 MinPts
5:  OUTPUT: cluster/聚类结果
6:  /*轨迹分割*/
7:  Tra_sample=[ ]
8:  For i in range (1, m):
9:    Xi=[p_{t_1}, …, p_{t_k}]  /轨迹由若干个 AIS 报文组成
10:   Break_point=[ ]
11:   For j in range (1, k):
12:     If |p_{t_{k+1}}-p_{t_k}|>sigma/轨迹中两个点之间的差值超过分割阈值
13:       Break_point.append(k)
14:       Sample_tra=x_i[Break_point(-2), Break_point(-1)]
```

续 表

基于子轨迹样本和 DTW 距离的 DBSCAN 算法

```
15:     Tra_sample.append(Sample_tra)
16:     End
17:    End
18:   End
19:   /*轨迹聚类*/
20:   cluster=[]
21:   i=0/标记当前聚类数目
22:   For i in range(1, size(Tra_sample))
23:     If Tra_sample(i) is visited
24:     Continue
25:   End
26:   Neighbors=Find(DTW(Tra_sample(i), Tra_sample(others)))<Eps
27:   If size(Neighbors)>MinPts
28:     Call Tra_sample(i) as core sample/核心点
29:     Do search other core samples in neighbors and add their searched samples in
30:       Neighbors until no core sample is searched
31:       set all samples in neighbors as visited/将所有搜索到的点记为已访问
32:     add neighbors to cluster(i)/在此过程中所有搜索到的样本称为一个聚类
33:    cluster.append(cluster(i))
34:    i++
35:   End
36:   End
```

基于位置点的改进 DBSCAN 算法主要用于船舶报文较为密集、航线分布分明的热点海域,本节使用的基于子轨迹的 DBSCAN 算法旨在挖掘船舶运动轨迹模式之间的相似性,仍然使用上一节中澳大利亚区域的天基 AIS 数据作为聚类对象,根据报文的 MMSI 码连接船舶位置形成轨迹,考虑到部分船舶接收到的 AIS 数据较少,轨迹缺失问题比较严重,本节仅筛选当月内接收到的 AIS 报文数目超过 100 条的船舶轨迹进行子轨迹分割和聚类。基于 DTW 轨迹的聚类算法有 4 个参数需要设置,即 w_1、w_2、MinPts 和 Eps,其中 w_1 和 w_2 用以衡量算法距离差异敏感性和方向差异敏感性。

本节考虑了五种 w_1 和 w_2 取值,在每种权重取值条件下,改变 MinPts 和 Eps 的值进行大量的聚类实验,图 3.15 展示了 15 种不同参数设置下的聚类结果。各权重取值如下:图(a)~(c)为 $w_1=0.8$, $w_2=0.2$;图(d)~(f)为 $w_1=0.6$, $w_2=0.4$;

图(g)~(i)为 $w_1=0.5$，$w_2=0.5$；图(j)~(l)为 $w_1=0.4$，$w_2=0.6$；图(m)~(o)为 $w_1=0.2$，$w_2=0.8$。同样的，蓝色的小点表示算法给出的噪声，这里为了更加清晰地显示，没有将噪声轨迹进行连线处理，每一个蓝点表征一个噪声 AIS 报文。由图分析可知，当算法更加关注样本之间的距离差异性，即位置距离权重 w_1 的值较大时，形成的聚类簇的数目较少，且容易将处在同一地理范围内的子轨迹聚成一个较大的簇，而实际上样本之间的距离差异相对较小，故更容易产生如实验 2 和实验 6 展示的聚类结果；相反，若方向距离权重 w_2 较大时，算法更倾向于识别样本间的方向性差异，更容易产生较多的聚类簇结果，如实验 11、14 和 15 中的聚类结果。至于参数 MinPts 和 Eps 对结果的影响，由于使用的子轨迹样本相对较少，当放宽密度可达的条件时更易于产生合适的轨迹聚类结果，如实验 14 和 15，在这两种参数设置下，采用所提方法较好地提取出了澳大利亚海域附近的航线分布情况。

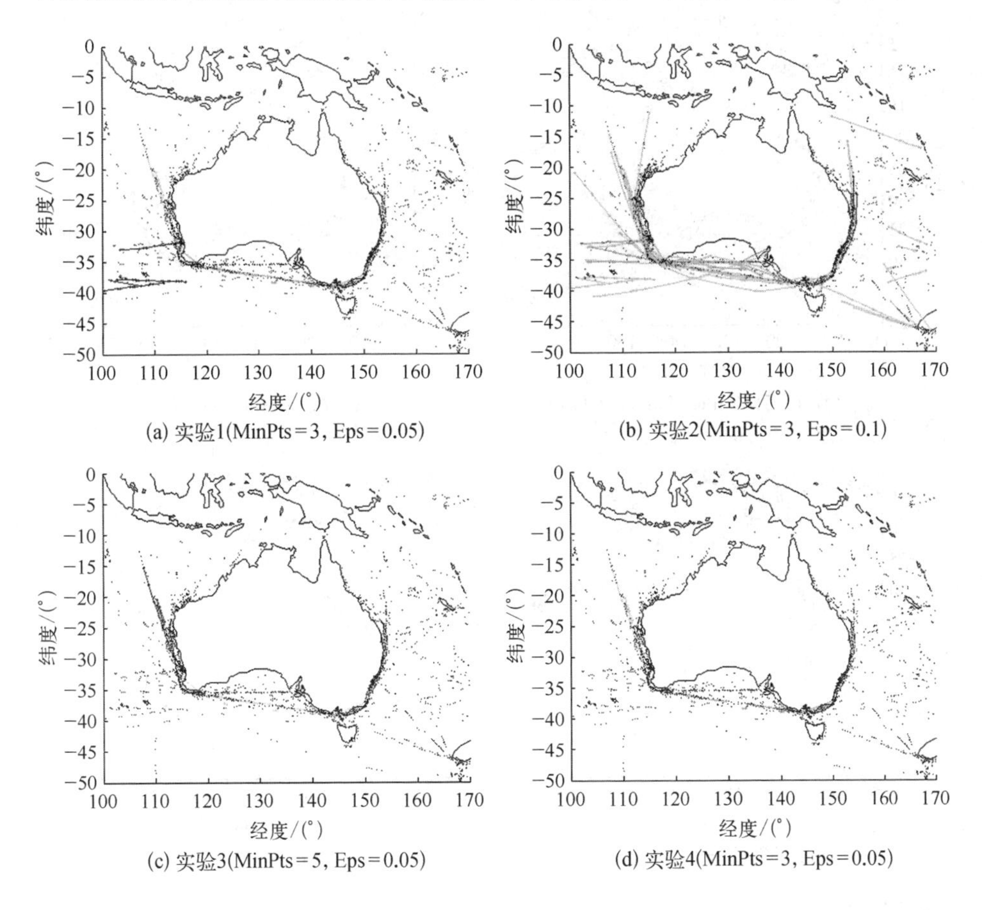

(a) 实验1(MinPts=3, Eps=0.05)　(b) 实验2(MinPts=3, Eps=0.1)

(c) 实验3(MinPts=5, Eps=0.05)　(d) 实验4(MinPts=3, Eps=0.05)

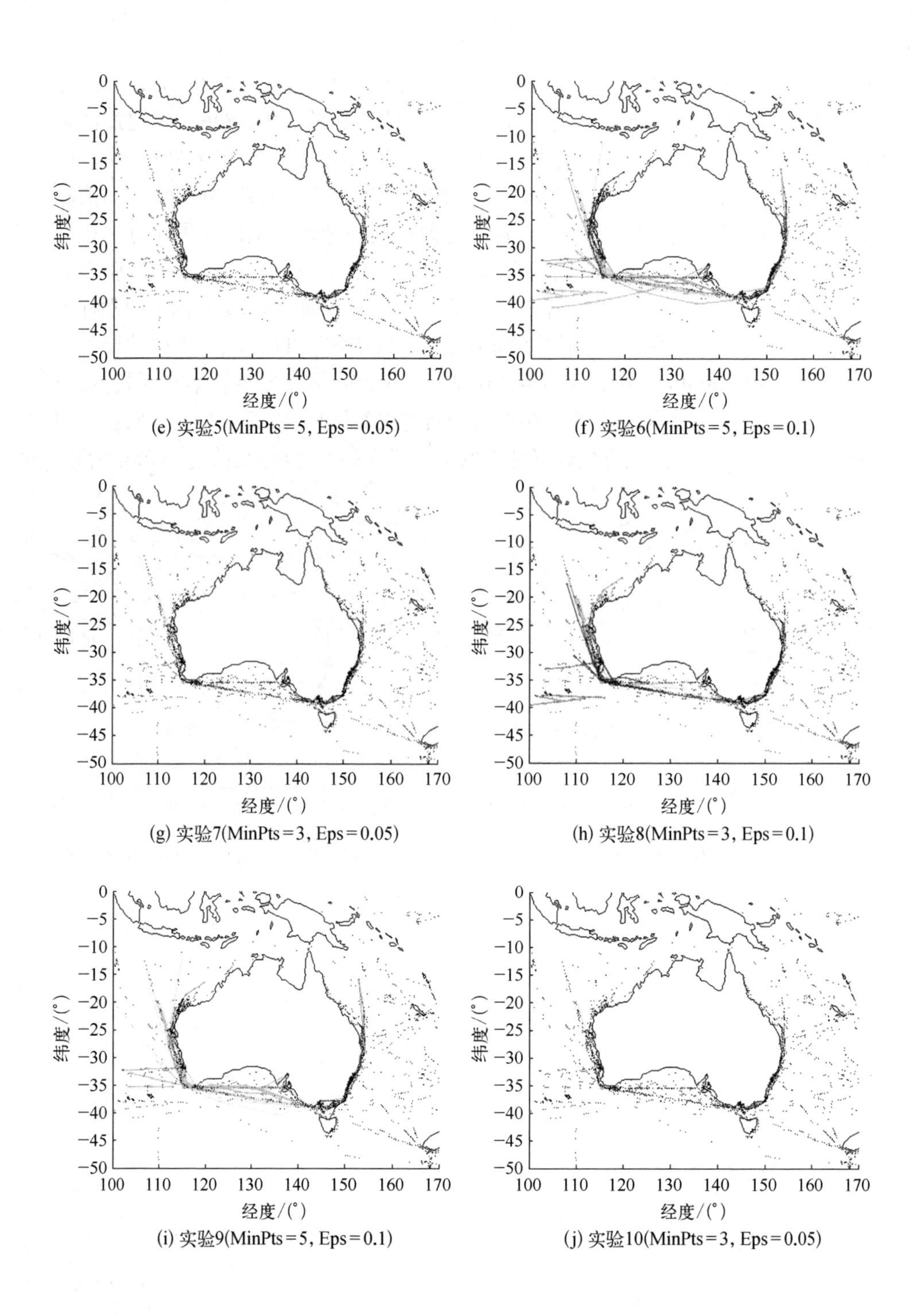

(e) 实验5(MinPts=5, Eps=0.05)

(f) 实验6(MinPts=5, Eps=0.1)

(g) 实验7(MinPts=3, Eps=0.05)

(h) 实验8(MinPts=3, Eps=0.1)

(i) 实验9(MinPts=5, Eps=0.1)

(j) 实验10(MinPts=3, Eps=0.05)

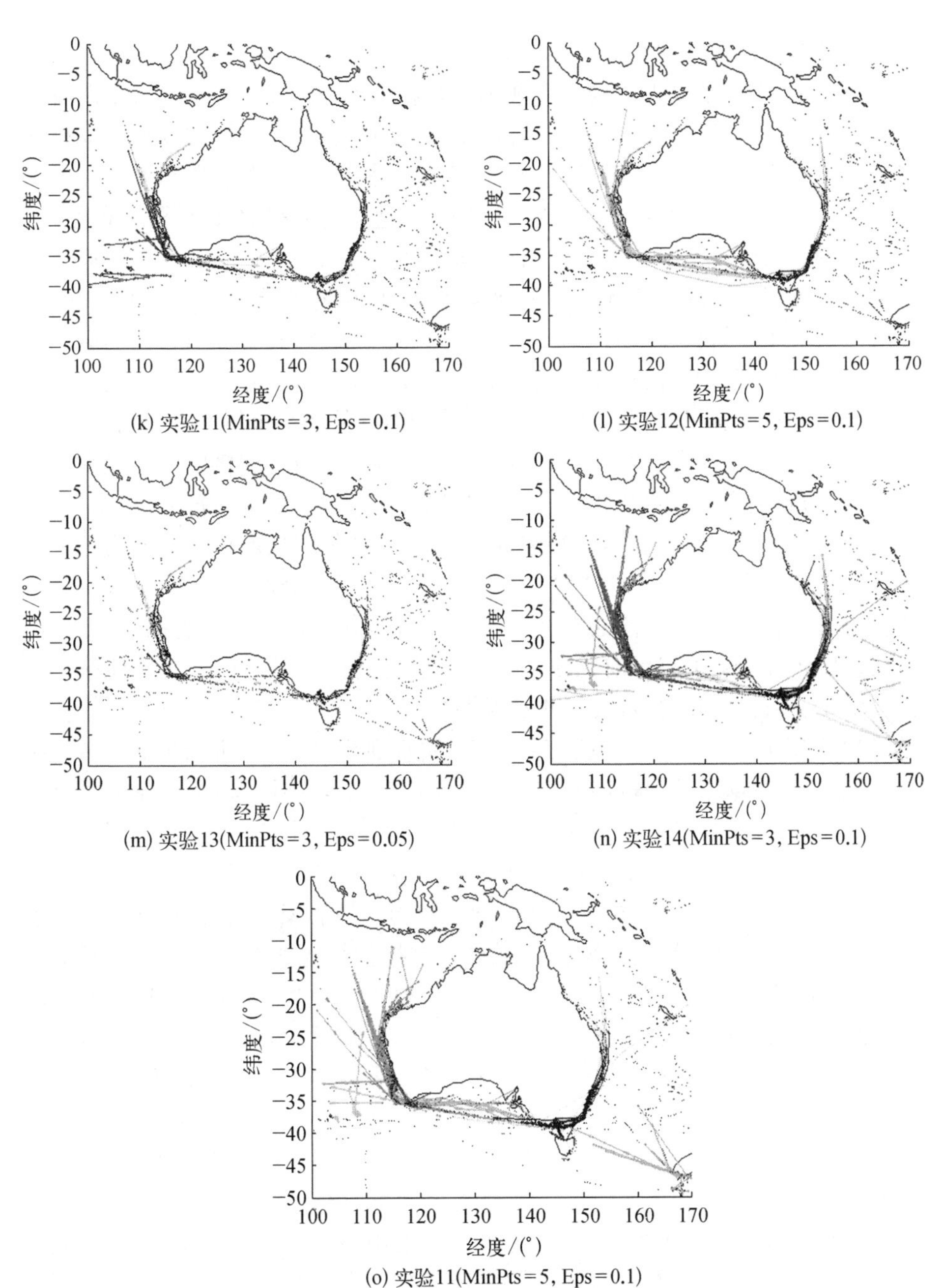

(k) 实验11(MinPts=3, Eps=0.1)

(l) 实验12(MinPts=5, Eps=0.1)

(m) 实验13(MinPts=3, Eps=0.05)

(n) 实验14(MinPts=3, Eps=0.1)

(o) 实验11(MinPts=5, Eps=0.1)

图 3.15　基于 DTW 距离和子轨迹的 DBSCAN 算法在澳大利亚海域的聚类结果

4. 北极航线挖掘实例

近年来,极地已成为新的研究领域,极地政治、法律、开发、航运、旅游等得到了世界发达国家的广泛关注,如何开发和利用北极地区的资源及规划北极航线成为新的研究热点。北极航线,是指穿越北冰洋,连接太平洋和大西洋的海上航线[221]。全球变暖导致的北极冰川持续加速融解使得北极航线的开通成为可能,船舶能够采用和开放水域一样的速度航行。未来,北极航线的开通将极大缩短亚洲同欧洲及北美洲各国的海运距离,与传统的苏伊士运河航线相比,北极航线将亚洲与欧洲间的航行距离缩短了近40%,极有可能对目前的国际贸易形势产生重大影响,据称如果北极航线完全打开,每年可节省533亿~1 274亿美元的国际贸易海运成本[222,223],其对我国潜在的经济价值不言而喻。

随着“一带一路”倡议的深入开展,北极航线有望成为连接中国与欧洲的新纽带,成为新的海上丝绸之路。此外,北极地区蕴含了丰富的石油、天然气、矿物和渔业资源[221],如何获得这些宝贵的资源,也使得北极航线日益成为相关各国研究的重要战略方向和争夺焦点。本小节从开发北极航线的现实需求出发,结合提出的基于DTW距离的DBSCAN算法进行北极地区航线挖掘,所得出的聚类结果将有利于了解目前北极地区船舶航行路径情况及提升北极地区海上交通感知能力,并为北极航线的开发提供参考。

2018年1月~12月,“天拓三号”卫星共收到约180万条北极地区的AIS报文,经过错误数据剔除和轨迹分割,共得到5 164个轨迹样本,在北极地区可视化后如图3.16所示,其中红点表示AIS报文,绿线为子轨迹的连线。

图3.17展示了几种参数设置下的聚类结果(w_1和w_2都设置为0.5),认为在Eps=0.2, MinPts=5的情况下能够获得较为理想的聚类结果,在该参数设置下,能够获得21个聚类簇。聚类结果在墨卡托投影地图上的展示结果及局部放大图如图3.18所示,区域1和区域2为聚类簇较为集中的区域,局部放大图中虚线表示聚类得到的交通流,虚线旁标志不同颜色的箭头代表该颜色所代表聚类簇中船舶航行的方向。从区域1中的聚类结果可以看出,俄罗斯北部(东经80°~180°、北纬70°~80°)已经形成了较为稳定的船舶双向航行的通道;区域2中挪威以北区域也有部分航线聚类结果,但是噪声结果也较多,通过船舶类型分析,挪威以北和冰岛附近海域聚集了大量子轨迹样本,却没有形成稳定的聚类结果,将全球渔船报文进行密度聚类的结果如图3.19所示(采用经典DBSCAN算法,参数设置为Eps=2, MinPts=5),通过观察全球渔船聚类分布可以发现区域3聚集了较多渔船,红圈处的海域可能为渔区,考虑到渔船捕鱼过程

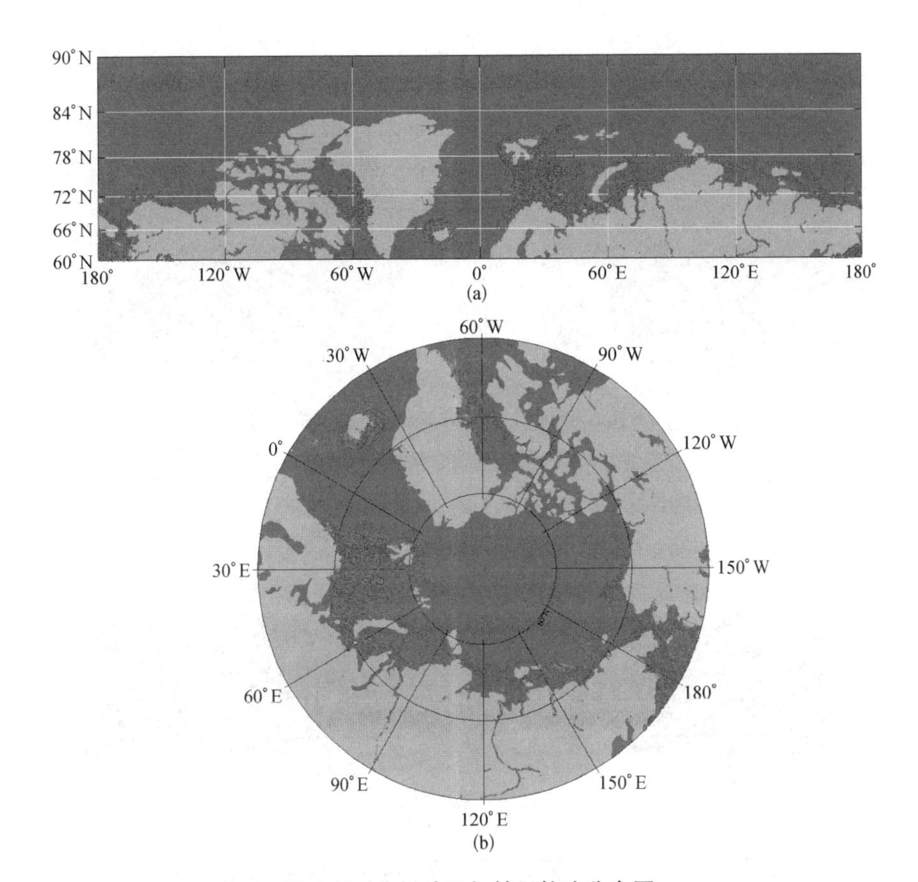

图 3.16　北极地区船舶子轨迹分布图

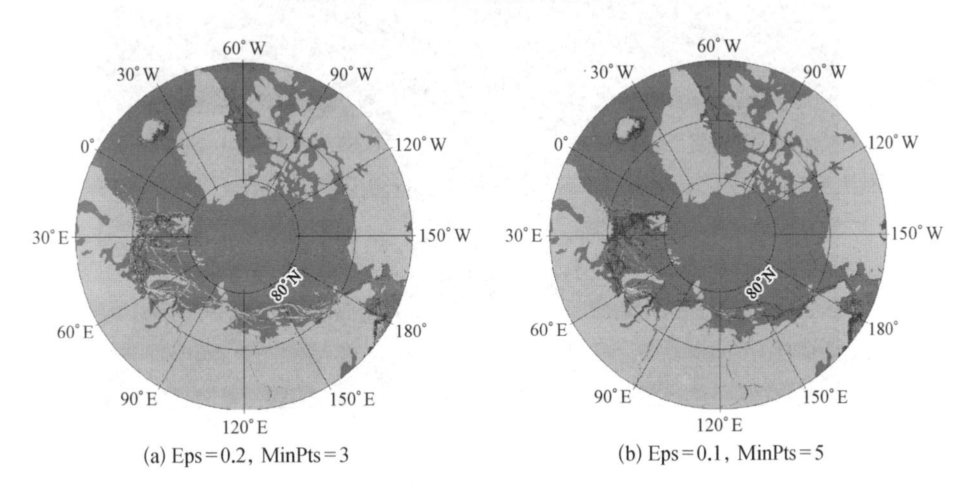

(a) Eps = 0.2，MinPts = 3　　(b) Eps = 0.1，MinPts = 5

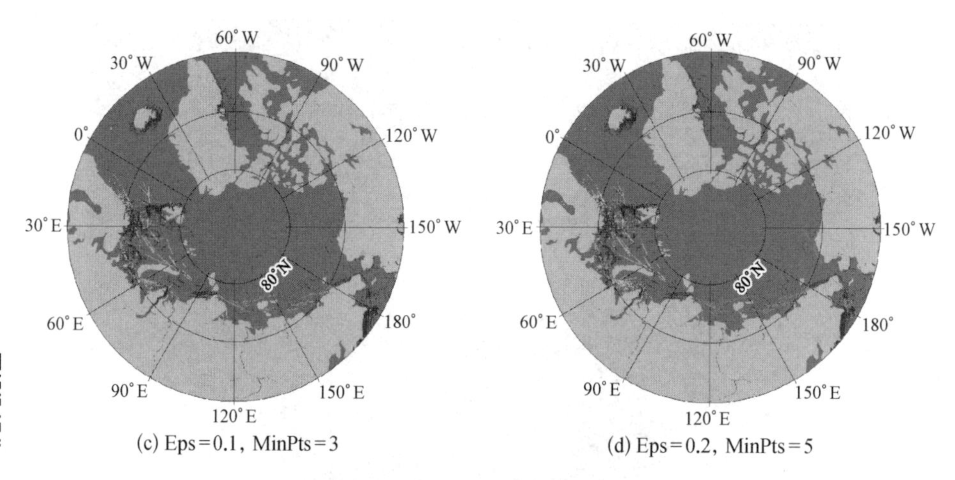

(c) Eps=0.1，MinPts=3　　(d) Eps=0.2，MinPts=5

图 3.17　北极地区轨迹聚类结果

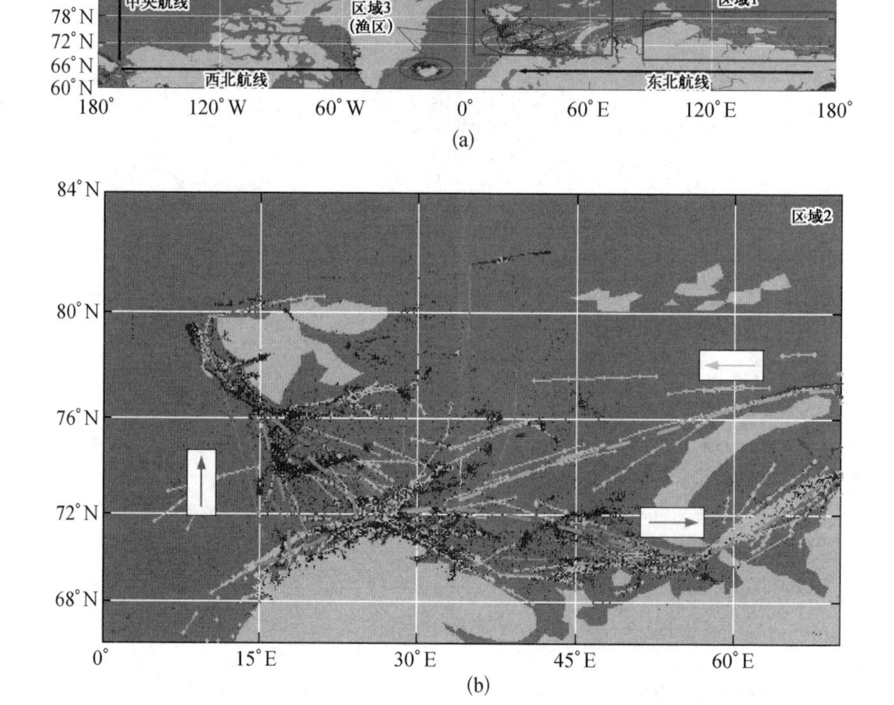

(a)

(b)

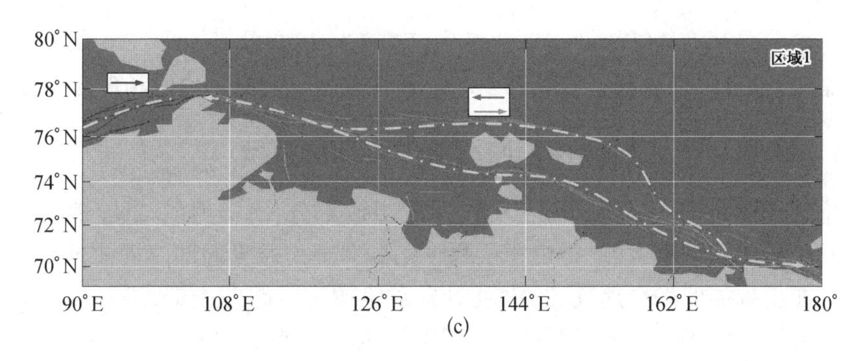

(c)

图 3.18　聚类结果分析

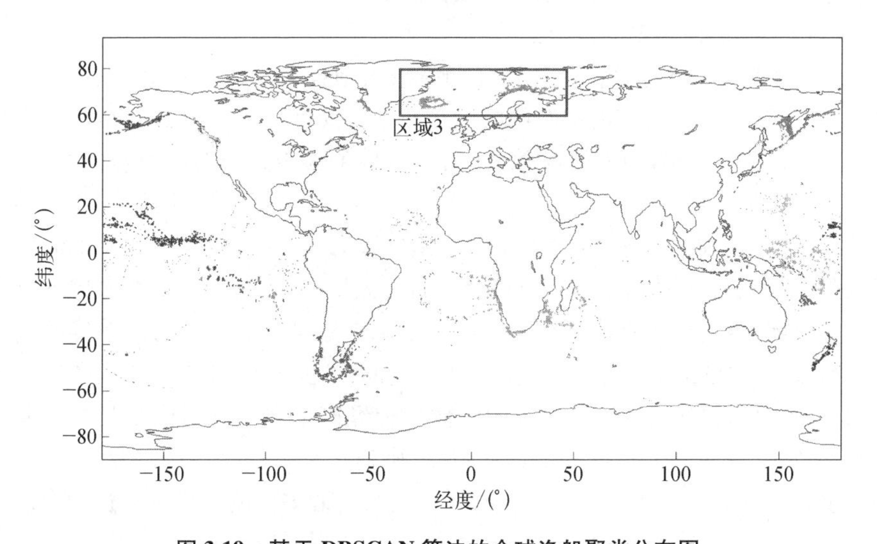

图 3.19　基于 DBSCAN 算法的全球渔船聚类分布图

中需要不断机动,无法形稳定航迹,造成了区域 3 所示区域虽然船舶密集但没有稳定航线的现象。

目前所指的北极航线通常包括大部分水段位于俄罗斯以北,从北欧出发一直延伸到白令海峡的东北航线(northeast passage);从白令海峡出发,向东沿美国阿拉斯加州北部离岸海域,经过加拿大北极群岛海域,一直到戴维斯海峡的西北航线(northwest passage)及同样从白令海峡出发直接穿过北冰洋的中央航线[224],如图 3.18 中标注所示。从收到的 AIS 数据分析结果来看,东北航线作为连接亚欧两大市场的最短通道,目前在三条航线中航行的船舶最多,船舶航迹也最为稳定,而西北航线和中央航线收集到的数据比较稀少,基本没有形成稳定的聚类簇。该方法可以帮助了解北极地区海上交通现状并且对于我国北极战略的制定,以及未来北极航线的开发和规划具有一定的参考价值和现实意义。

3.2.2 基于 LSTM 循环神经网络的位置预测方法

位置预测是海上交通态势感知的重要组成部分,每类船舶,甚至船舶个体都有其独特的运动模式,进行位置预测研究有助于交通管理部门提前预知管辖海域可能出现的船舶会遇现象,以及对异常船舶进行跟踪查证,进一步提升海洋管理智能化水平。本节主要使用 LSTM 循环神经网络对单个船舶的历史航行数据进行快速学习,实现对未来船舶位置的快速预测。

1. LSTM 循环神经网络介绍

相较于前馈神经网络,循环神经网络极大地提升了训练效率,以单个时间序列样本的训练为例,前馈神经网络的权重 w_{xh} 仅可以在所有时间步骤输出后进行一次训练,而在循环神经网络中,由于实现了参数在所有时间步的共享,每个时间步都可以输出一个结果从而进行多次训练。循环神经网络的基本结构如图 3.20 所示(激活函数通常选取 tanh 函数或者 ReLU 函数,这里用 tanh 函数表示激活函数),h_t 为在时间 t 时神经网络隐藏层的输出,在本书所考虑的预测任务中,也为当前时刻神经网络的输出。动态神经网络在某个时间节点的输入不仅来自当前数据信息 x_t,也考虑了上一个时间步神经网络的隐藏层的输出 h_{t-1},h_t 的计算如式(3.16)所示。由于循环神经网络在不同时间步长之间共享权重,给定一个时间窗口为 n 的输入数据,则通过单个训练示例,循环神经网络的权重 w_{xh}、w_{hh} 可以被训练 n 次。循环神经网络最主要的特点是通过隐含层实

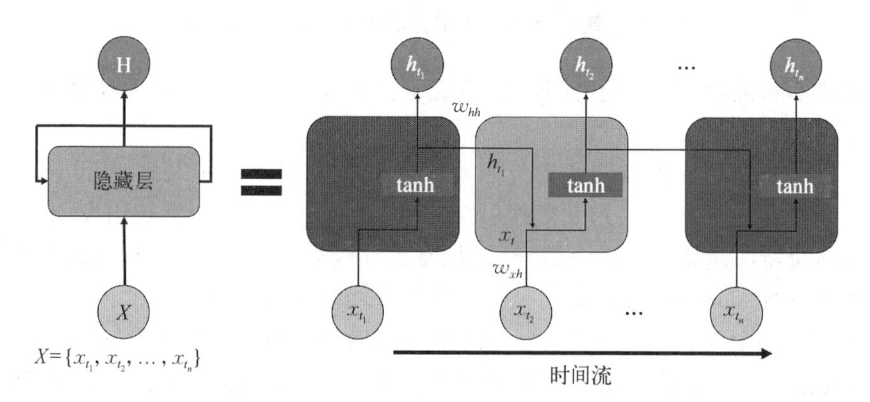

图 3.20 循环神经网络处理时序数据示意图

现了历史时刻的输入对未来输出的影响,换句话说,神经网络具有“记忆”功能,每一时刻的输出都包含之前所有时刻输入的信息,前面已提出:

$$h_t = \tanh(w_{xh}x_t + w_{hh}h_{t-1} + b) \tag{3.16}$$

传统的循环神经网络存在训练过程中梯度消失的问题,从而导致历史信息对当前节点的影响快速衰弱,而 LSTM[225] 网络模型的出现改善了这种状况。LSTM 模型结构和时间步之间信息流动如图 3.21 所示,循环神经网络中的传统节点被 LSTM 单元(LSTM unit)取代,可以看出,在 t 时刻,神经网络从上一个时间步接收到的输入除了传统的隐含层输出 h_{t-1} 以外,还包括另一个状态信息 c_{t-1},该状态一般称为细胞状态(cell state)。

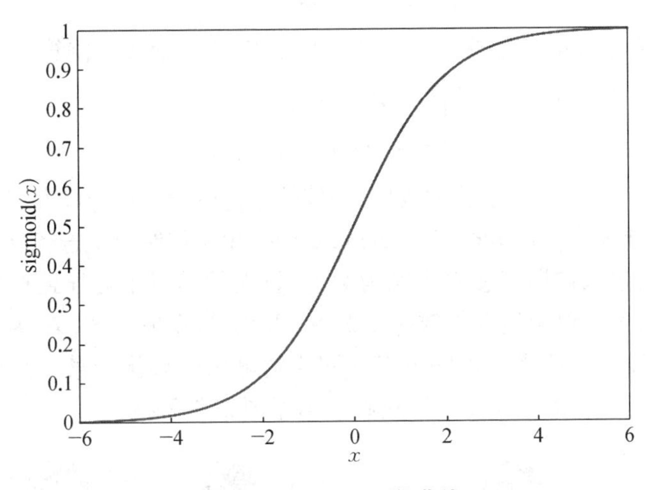

图 3.21　sigmoid 函数曲线

此外,LSTM 还添加了一些用于控制信息流入,从而影响细胞状态的“门”结构:遗忘门(forget gate)、输入门(input gate)和输出门(output gate),门的输出在图中分别表示为 f_t、i_t 和 o_t,其中遗忘门控制是否遗忘上一层的隐藏细胞状态;输入门负责处理当前时刻的输入,进而用于细胞状态的更新;而输出门则用于处理上一时刻隐藏层输出 h_{t-1} 和当前输入 x_t,从而更新得到新的隐藏层状态 h_t。在输出前,都会经过一个非线性函数 σ,从而将门的输出控制在 0~1[一般使用 ReLU 或者 sigmoid 激活函数,本书使用 sigmoid 函数,表达式如式(3.17)所示,函数曲线如图 3.21 所示],其中 0 表示门完全关闭,1 表示门完全开启。三个门的数学表示如式(3.18)~式(3.20)所示:

$$\mathrm{sigmoid}(x)=\frac{1}{1+\mathrm{e}^{-x}} \tag{3.17}$$

$$f_t=\mathrm{sigmoid}(w_{xf}x_t+w_{hf}h_{t-1}+b_f) \tag{3.18}$$

$$i_t=\mathrm{sigmoid}(w_{xi}x_t+w_{hi}h_{t-1}+b_i) \tag{3.19}$$

$$o_t=\mathrm{sigmoid}(w_{xo}x_t+w_{ho}h_{t-1}+b_o) \tag{3.20}$$

最后,在该时间步内,依据各个门的输出状态,细胞状态和隐藏层状态的更新如式(3.21)所示:

$$c_t=f_tc_{t-1}+i_t\tanh(w_{xc}x_t+w_{hc}h_{t-1}+b_c) \tag{3.21}$$

$$h_t=o_t\tanh(c_t) \tag{3.22}$$

LSTM 单元结构示意图见图 3.22。式(3.23)表示梯度下降算法的一般原理:

$$\begin{cases}\theta_t=\theta_{t-1}-\eta g_t\\ g_t=\nabla(\theta_{t-1})J(\theta_{t-1})\end{cases} \tag{3.23}$$

其中 θ_t 为当前迭代更新之后的权值,较好的权值应当使得神经网络在测试数据得出较高的准确率, η 为学习率(learning rate)用来控制每次迭代梯度更新的步长,学习率的选取在训练过程中尤为关键,较大的学习率会导致权值在最优结果附近振荡,太小也会使得收敛速度太慢, $J(\theta)$ 为损失函数, g_t 为损失函数相对权值的梯度。训练终止条件可以是网络的测试结果优于某一阈值或者设定固定的训练迭代次数。梯度下降过程的示意图见图 3.23。

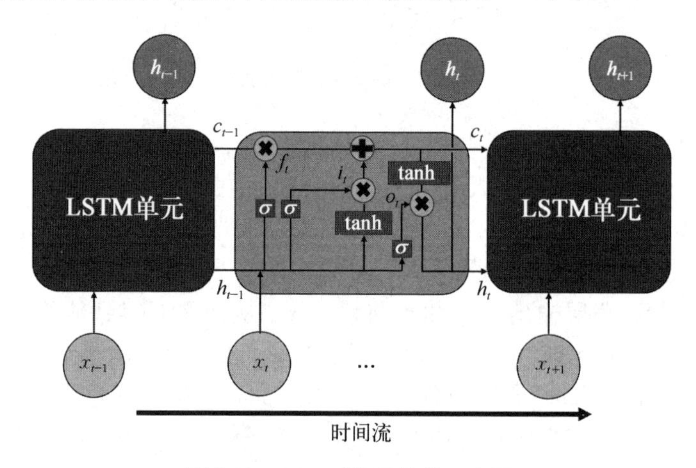

图 3.22　LSTM 单元结构示意图

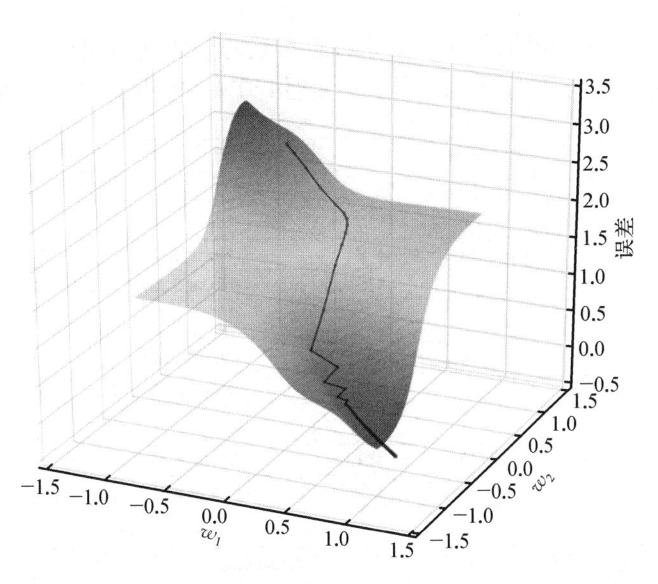

图 3.23　梯度下降过程示意图

为了实现更高效率的权值更新,人们发明了很多梯度下降算法,本书使用目前应用最为广泛和高效的随机优化方法——自适应矩估计(adaptive moment estimation)[226]算法(Adam 算法),该方法能给出每次梯度下降的自适应学习率,降低了计算过程中的内存需求,其计算过程如下:

$$\hat{m}_t = \frac{m_t}{1 - \beta_1^t} \tag{3.24a}$$

$$\hat{v}_t = \frac{v_t}{1 - \beta_2^t} \tag{3.24b}$$

$$\theta_t = \theta_{t-1} - \frac{\eta}{\sqrt{\hat{v}_t} + \varepsilon}\hat{m}_t \tag{3.25}$$

其中, m_t 和 n_t 可分别看作对梯度 g_t 的一阶矩估计 $E | g_t |$ 和二阶矩估计 $E | g_t^2 |$,具体计算过程在本节中不作展开; ε 为步长,取默认值 0.001; β_1^t 和 β_2^t 为矩估计的默认衰减指数,同样取默认值 0.9 和 0.999。

2. LSTM 网络结构设计

LSTM 与传统的神经网络最大的区别是其考虑了数据的时序特征,AIS 数据的每一条报文都带有精确到秒的船舶发报时间信息。一般来说,越深的神经网络,数据拟合能力越强,但也会带来权重参数的增加,进而增加训练时间,通过编程实验,本书设计了如图 3.24 所示的 4 层 LSTM 神经网络进行船舶位置预测。

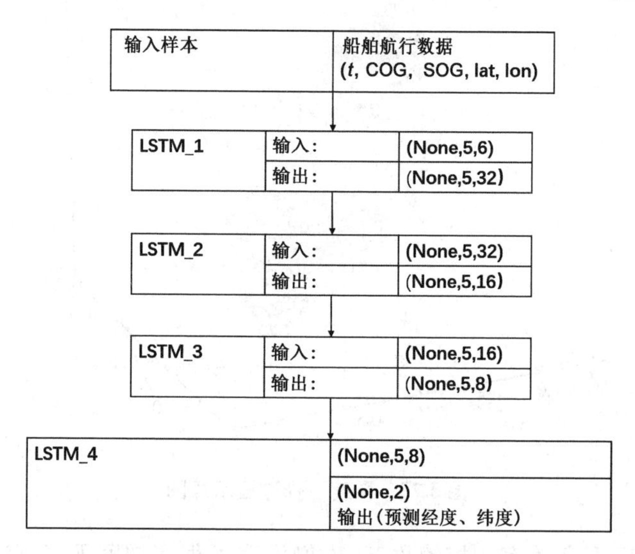

图 3.24 本书设计的基于 LSTM 的网络结构

位置预测不同于航线挖掘等宏观层面的数据挖掘,每条船舶都有其独特的运动模式,不同于以往将某一海域所有数据用来训练模型的做法,本节采用使用单条船舶的历史数据来训练 LSTM 神经网络并对其下一时刻的经纬度位置进行预测的方法来实现网络的快速训练和近实时预测。

将连续 5 个时刻的船舶运动特征数据 $x(t)$, $x(t+1)$, $x(t+2)$, $x(t+3)$, $x(t+4)$ 作为 LSTM 神经网络的输入,将下一时刻的位置报文 $y(t+5)$ 作为输出进行网络训练,输入和输出的具体表达式如下:

$$x(t) = \{\Delta t,\ \mathrm{COG}_t,\ \mathrm{SOG}_t,\ \mathrm{lon}_t,\ \mathrm{lat}_t,\ \Delta t_y\} \tag{3.26}$$

$$y(t) = \{\mathrm{lon}_t,\ \mathrm{lat}_t\} \tag{3.27}$$

其中,Δt 为 5 个输入时刻数据相对于上一个数据的时间梯度,第一个输入数据的 Δt 设置为 0; Δt_y 为输出数据相对于第 5 个输入时刻的时间差。经纬度(lon, lat)、航速(SOG)、航向(COG)、时间(t)等输入的取值范围差别较大,数据预处理同样采用最大最小归一化方法。在运用神经网络对船舶航行轨迹特征进行预测之后,同样还需对预测的结果进行反归一化处理,使预测得到的数据符合实际范围和意义。

3. 船舶轨迹预测实验

编程实验使用的主要硬件条件：中央处理器（central processing unit, CPU）为 Intel(R) Core(TM) i5－8250U，主频为 1.80 GHz，内存为 8G，使用 Tensorflow 深度学习框架搭建 LSTM 神经网络，编程语言为 python3.5。

本节取两艘数据接收情况较好的船舶（MMSI 码分别为 413955998 和 413831995）在一天之内的 AIS 报文作为原始数据，预测模型针对的是正常航行的运动船舶，故仅筛选速度大于 1 节的报文作为船舶运动数据，并取前 80%左右的数据作为训练数据，后 20%的数据作为测试数据，用于判断模型预测误差。训练批次（batch size）设为 30，学习率设为 0.000 1，共训练 4 000 次，采用回归问题常用的均方误差函数作为损失函数，定义如式(3.28)所示，其中 n 为训练批次的大小，y 为神经网络给出的预测值，$\bar{y}$ 为真实值，将每一次训练中所有批次均方误差的平均值作为该次训练的损失。

$$\mathrm{MSE}(y,\ \bar{y}) = \frac{\sum_{i=1}^{n}(y_i - \bar{y}_i)^2}{n} \tag{3.28}$$

用预测位置与报文位置的真实距离误差来衡量预测结果的好坏，这里使用半正矢（haversine）公式：

$$\mathrm{haversine}\left(\frac{d}{R_E}\right) = \mathrm{haversine}(\mathrm{lat}_i - \mathrm{lat}_j) + \cos(\mathrm{lat}_i)\cos(\mathrm{lat}_j)\,\mathrm{haversine}(\mathrm{lon}_i - \mathrm{lon}_j) \tag{3.29}$$

其中，$\mathrm{haversine}(\theta) = \sin^2(\theta/2)$；$R_E$ 为地球半径，取 6 371 km。

1）算例一

MMSI 码为 413955998 的船舶在 2018 年的最后一天接收到 566 条速度大于 1 km/h 的报文，取 453 条报文作为训练数据，按 5 个时间步进行循环训练可以得到 448 个训练样本，训练集和测试集的损失值如图 3.25 所示，损失值在训练数据和测试数据的下降趋势在第 300 次训练时已经不太明显，回归问题不同于分类问题，其对精度的要求比较高，故常常训练较多次，本算例训练结束时，损失值的量级达到了 10×10^{-5}。

测试数据在训练完毕的神经网络上的预测结果如图 3.26 所示，图 3.26(a) 和图 3.26(b) 分别为经纬度的预测结果示意图，横坐标为按时间顺序排列的

AIS 报文编号,纵坐标为对应的经纬度值;图 3.26(c)为预测位置在地理坐标系上的显示;图 3.26(d)为图 3.26(c)中方框位置,即预测轨迹段的局部放大图。

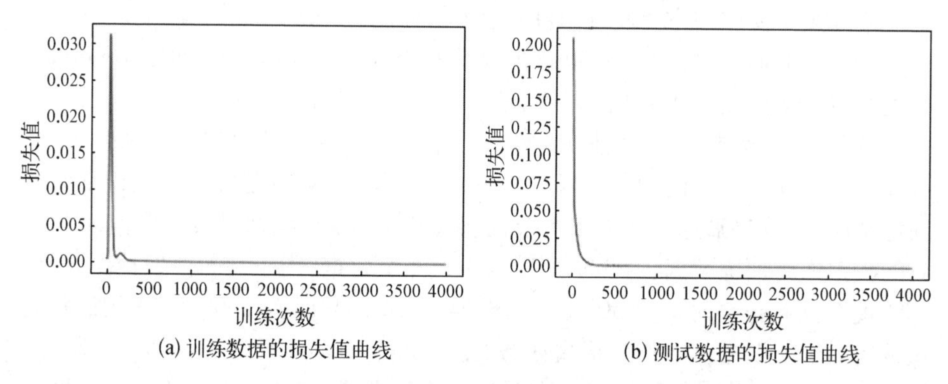

(a) 训练数据的损失值曲线　(b) 测试数据的损失值曲线

图 3.25　算例一损失函数曲线

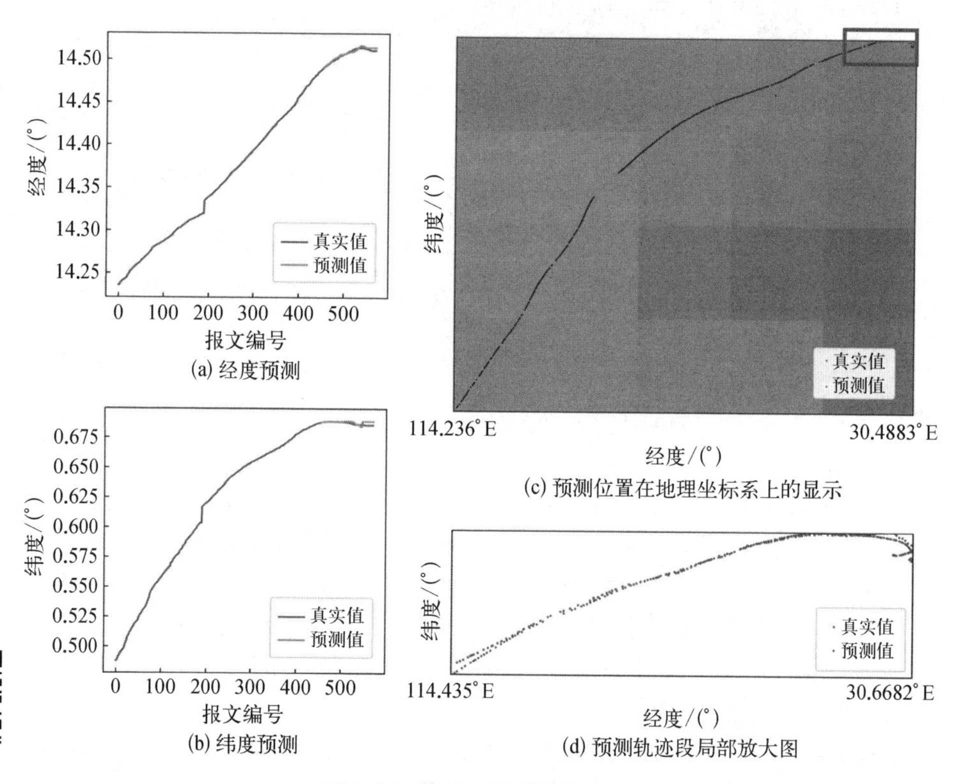

(a) 经度预测　(b) 纬度预测　(c) 预测位置在地理坐标系上的显示　(d) 预测轨迹段局部放大图

图 3.26　算例一预测结果展示

图 3.27 为预测值和真实值的实际距离误差分布，结合图 3.26 观察可知，无论是经度还是纬度，在前半段（前 60 个位置点）的预测结果较好，预测误差在 100 m 上下，约为一个船身的距离，基本满足了海上交通监视的实际需要；第 60~100 个位置点的预测误差稍大，但也控制在 200 m 左右，说明此时船舶运动状态有比较明显的改变，大误差值出现在第 100 个位置点之后，最后几个位置点的误差值甚至达到了 800 m，主要原因为纬度误差持续增加，通过对船舶速度分析可知，预测段为船舶速度快速下降段，见图 3.28。由此推测，该船可能正在进行停靠码头作业，考虑到该船为长度超过 100 m 的大中型油轮，执行该作业可能需要拖船或者顶推船的辅助，在外力的作用下可能出现横向平移等非常规运动模式，继而导致后段预测结果较差。

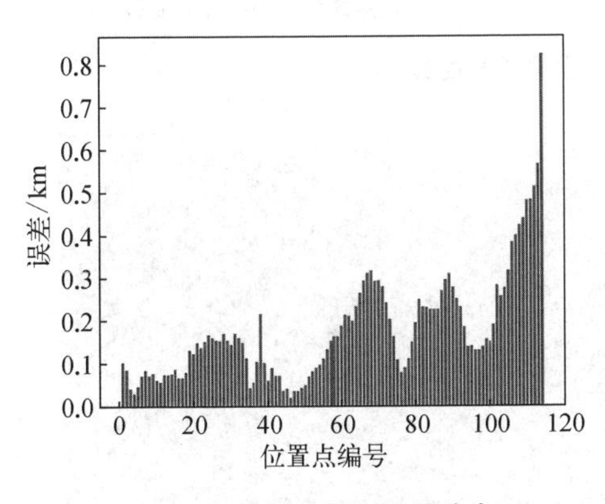

图 3.27　算例一预测误差分布

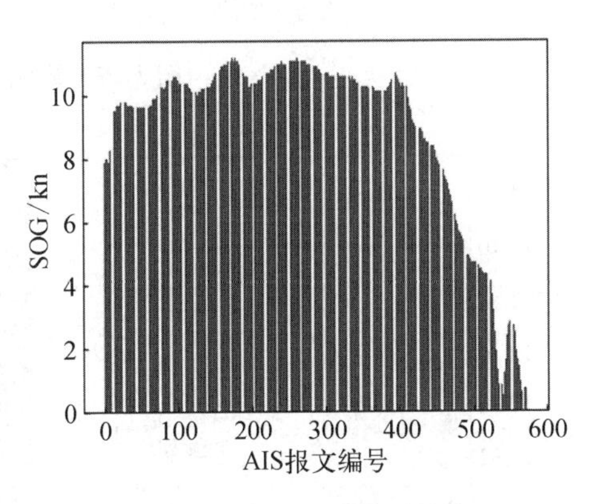

图 3.28　目标船舶速度分布

2）算例二

MMSI 码为 413831995 的船舶在 2018 年的最后一天接收到 356 条速度大于 1 km/h 的报文，取 285 条报文作为训练数据，后 71 条报文作为测试数据，按 5 个时间步进行循环训练可以得到 280 个训练样本，在训练集和测试集的损失值如图 3.29 所示。

该船舶预测结果如图 3.30 所示，图片含义同上，观察可知，该船舶在轨迹末端有一个明显 U 形转弯特征，同时这里也是预测结果较差的区域，由预测误差分布图（图 3.31）可知，对该船舶的预测误差整体优于上一个算例中的船舶，预测前半段的误差基本在 100 m 以下，部分甚至达到了 25 m 的预测精度，后半段的预测误差同样呈上升趋势，最大为 200 m 左右，纬度误差较大，通过图 3.32 所示的速度分析可知，预测末端船舶同样处于减速停车阶段，船舶处于非正常航行阶段，故预测误差较大。

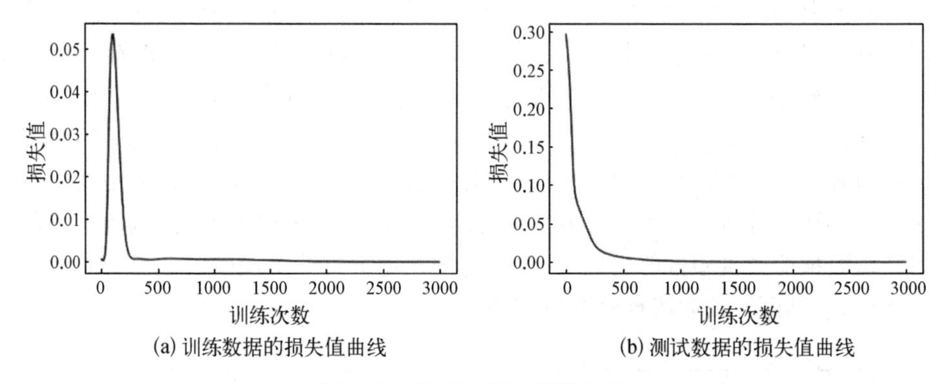

(a) 训练数据的损失值曲线　　(b) 测试数据的损失值曲线

图 3.29　算例二损失函数曲线

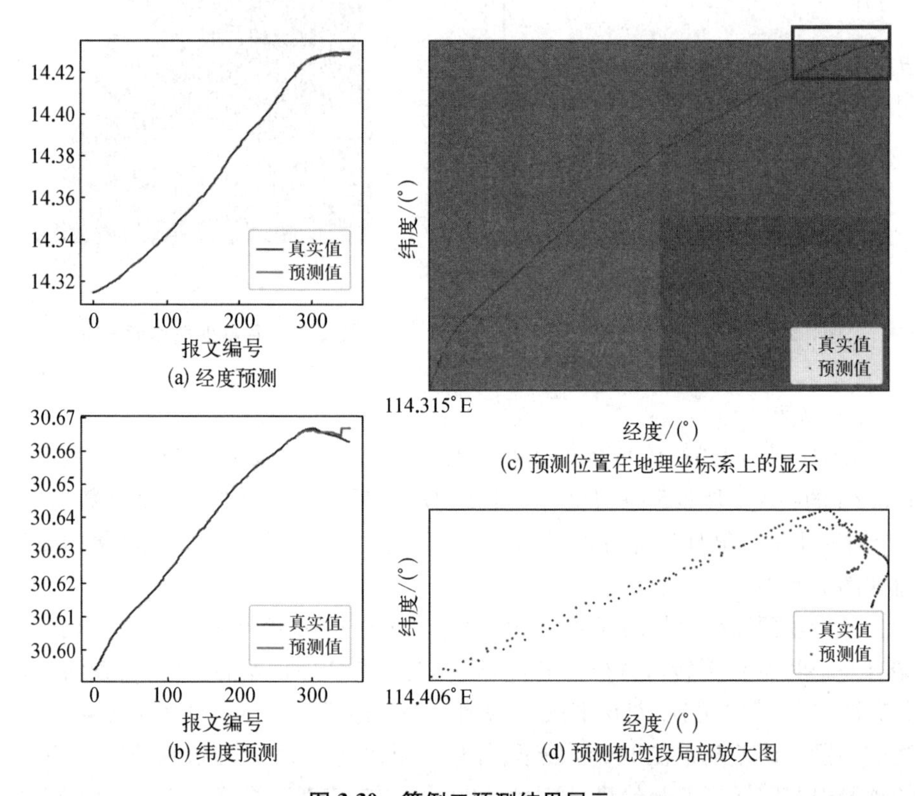

(a) 经度预测　　(b) 纬度预测　　(c) 预测位置在地理坐标系上的显示　　(d) 预测轨迹段局部放大图

图 3.30　算例二预测结果展示

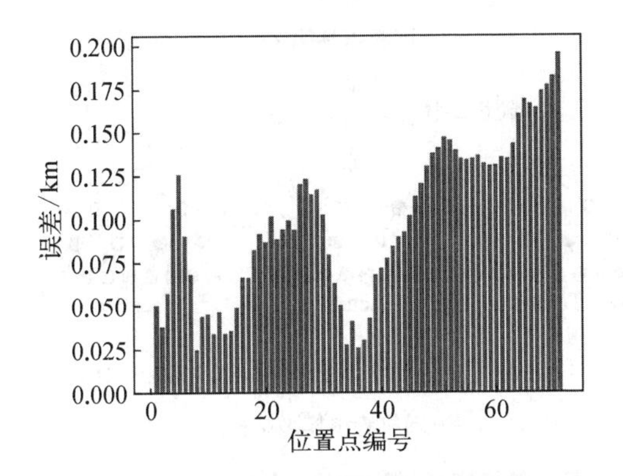

图 3.31　算例二预测误差分布图

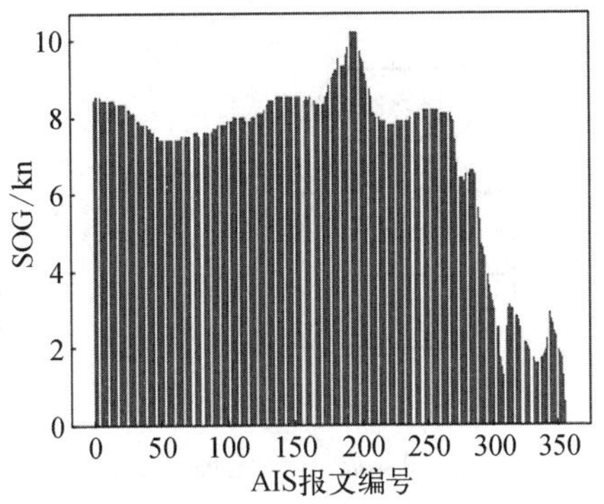

图 3.32　算例二目标船舶速度分布

3.3　AIS数据船舶分类和异常检测

3.3.1　基于随机森林的船舶分类方法

船舶分类主要研究船舶特征提取方法和基于特征的船舶类型识别，不同类型的船舶都有其独特的外形结构和行为模式，例如，货船往往为执行远洋运输任务的大中型船舶，渔船则一般为近海活动的中小型船舶。相对于其他类型海洋数据，AIS除了包含子运动信息外，还带有丰富的船舶标签信息，岸基AIS数据只能反映船舶极小范围内的时空数据，而天基AIS则能实现大范围的船舶数据接收，更适合作为分类的数据源。本节旨在通过对船舶分类方法进行研究，发现不同类型船舶之间的外形几何特征和运动模式的差异性，以提升海上态势感知能力。

1. 随机森林基础算法介绍

随机森林(random forest)是一种典型的集成学习(ensemble learning)方法，集成学习通过构建并结合多个基学习器(base learner)来完成学习任务，它能够显著降低模型的过拟合风险，提升模型的泛化性能，从而提升学习器在测试数据上的准确率。随机森林是在以决策树为基学习器构建Bagging集成的基础上，进一步在决策树训练过程中引入了随机特征选择[227]。随机森林简单、容易实现、计算开销小，在很多实现任务中展现出强大的性能，被誉为“代表集成学习技术水平的方法”[228]，图3.33分别展示了集成学习和随机森林的结构示意图。

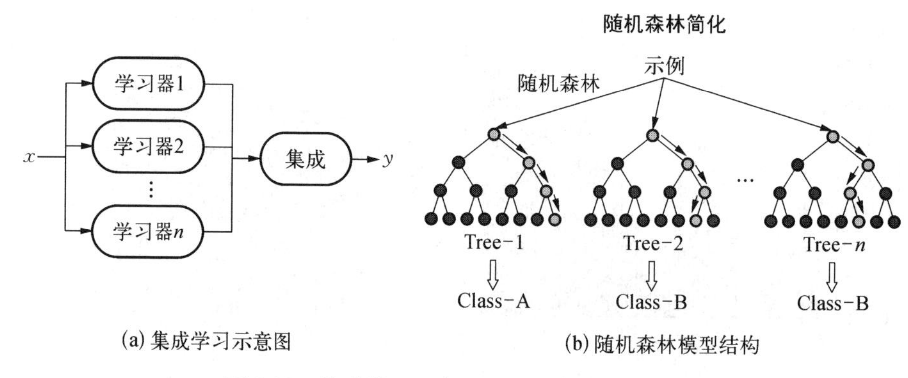

图 3.33 集成学习示意图和随机森林模型结构

决策树是一种简单常见的机器学习算法，可以进行分类和回归等任务，本书主要讨论分类的决策树。一般地，一棵决策树通常包含一个根节点、若干个内部节点和若干个叶节点，其他的每个节点则对应于一个属性（特征）测试；每个节点包含的样本集根据属性测试的结果被划分到子节点中；根节点包含所有的待分类样本，从根节点到某一个叶节点对应一个判定测试序列。决策树的目的是在训练数据的基础上生成一个泛化能力强，在测试数据上也能够表现出较好性能的分类决策树，并且与神经网络或者支持向量机等分类方法相比，决策树能够给出分类的具体步骤。图 3.34 展示了船舶分类的决策树示意图，其中{船长，长宽比，速度}可以看作样本的属性或者特征，{货船，油轮，渔船，客轮}为样本的类别或者标签。

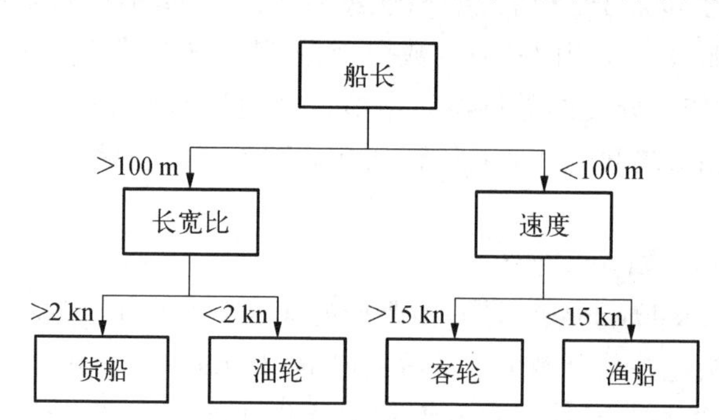

图 3.34 船舶分类决策树示意图

决策树的关键在于如何最优化分样本的属性。一般来说，一棵好的决策树在向叶节点分支的过程中产生的新节点所包含的样本应当尽可能属于同一类别，即节点的“纯度”（purity）应当越来越高。衡量节点“纯度”可以采用基尼指数(Gini index)或者信息熵(information entropy),两种指标在绝大多数任务中结果相近,本书采用后者。假定当前样本 D 中第 k 类样本所占比例为 $p_k(k = 1, 2, \cdots, m)$,则 D 的信息熵为

$$\mathrm{Ent}(D) = -\sum_{k=1}^{|m|} p_k \log_2 p_k \tag{3.30}$$

可以看出,$\mathrm{Ent}(D)$ 越小,当前节点的纯度越高,故分支应该朝着减小信息熵的方向进行,假设样本某个属性(特征)$a(a \in A)$,若使用 a 对样本集 D 进行划分会产生 V 个分支节点,第 v 个节点从 D 中获得的样本集合为 D_v,则用属性 a 对样本集 D 进行分支获得的信息增益为

$$\mathrm{Gain}(D, a) = \mathrm{Ent}(D) - \sum_{v=1}^{V} \frac{|D^v|}{|D|}\mathrm{Ent}(D^v) \tag{3.31}$$

一般来说,信息增益越大,分支后子节点的纯度越高,故所选择的属性要满足 $a^* = \underset{a \in A}{\mathrm{argmax}}\,\mathrm{Gain}(D, a)$。对于连续属性,一般采用二分法,即将样本中该属性的取值按照从小到大排列,基于划分点 t(t 为所有取值中的某一值)将该属性的取值分为小于等于 t 的样本和大于 t 的样本,如式(3.32)所示,该划分点应当使得信息增益最大,从决策树的特征选择机制可知,越浅层的叶节点表示特征在分类过程中所起的作用越大。

$$\mathrm{Gain}(D, a) = \max_{t}\mathrm{Gain}(D, a, t) \tag{3.32}$$

Bagging 是一种常用的并行式集成学习采样方法,在集成学习中,为了增强模型的泛化性能,每个基学习器应尽可能表现大的差异性,一个有效的做法就是从数据集出发,将数据集分为若干份子数据集,分别训练不同的基学习器。由于数据集的不同,得到的学习器相对来说就比较“独立”,但是考虑到子数据集之前可能存在较大的区别,也无法产生好的集成,Bagging 就是基于此使用了一种允许交叠的子数据集生成办法。给定一个包含 m 个样本的原始数据集,每次随机取一个样本然后放回,重复 m 次后就得到一个子数据集,假设有 T 个基学习器,上述过程重复 T 次即可为每个基学习器提供一个有交叠的子数据集。从概率的角度分析,每个子数据集约有三分之二的不重复数据,另外三分之一没有采样到的数据也称为袋外数据(out of bag),这些数据可以用来评估每棵决策树的性能和进行特征重要性分析。

除了在生成子数据集过程中的随机性以外,在生成每棵决策树的过程中还

存在随机森林随机属性选择机制。对于基决策树的每个节点(假定有 d 个属性),从该节点的属性集合中随机选取 k 个属性用于下一步的划分,若 $k=d$,则基决策树的生成与传统决策树一致,一般来说,取推荐值,即 $k = \log_2 d$[229]。

2. 船舶特征提取方法

特征提取是进行分类任务的关键步骤,所选择的特征能否反映不同类别之间的差异性,很大程度上决定了分类的质量。AIS 报文中蕴含了船舶的长宽、速度、位置、航向等信息,本书将船舶特征分为两大类:几何特征和运动特征,并利用随机森林算法对四类在海上航行的重要船舶:货船(cargo)、油轮(tanker)、渔船(fishing)、客轮(passenger)和一类感兴趣的船舶——军舰(military)进行分类识别。

1) 几何特征提取

AIS 报文中包含船舶的长宽信息,通常来说,衡量船舶外形特征的参数还包括有效周长(naive perimeter, NP)、有效面积(naive area, NA)、长宽比(aspect ratio, AR)及形状复杂度(shape complex, SC)等[230],相关定义如下:

$$\begin{cases} \mathrm{NP} = 2 \times (\mathrm{len} + \mathrm{wid}) \\ \mathrm{NA} = \mathrm{len} \times \mathrm{wid} \\ \mathrm{AR} = \mathrm{len}/\mathrm{wid} \\ \mathrm{SC} = (\mathrm{len} + \mathrm{wid})^2/(\mathrm{len} \times \mathrm{wid}) \end{cases} \tag{3.33}$$

其中,len 和 wid 分别为 AIS 报文中船舶的长度和宽度,选取一个如式(3.34)所示的六维特征作为船舶的几何特征输入:

$$f_g = [\mathrm{len}, \mathrm{wid}, \mathrm{NP}, \mathrm{NA}, \mathrm{AR}, \mathrm{SC}] \tag{3.34}$$

表 3.1 为所选取五类船舶样本的几何特征均值和标准差的统计结果,可以看出不同类型船舶在所选特征上体现了一定的差异性:货船和油轮一般为大型远洋运输船舶,其长宽要明显大于其他三类船舶;渔船和客轮一般为近海小型船舶,从统计结果可以看出,两者在长宽比和形状复杂度都较为相似,但是客轮的尺寸要稍大一些。

表 3.1 五类船舶几何特征统计表

几何特征		货船	油轮	渔船	客轮	军舰
len	均值/m	207.5	208.9	51	88.3	15.6
	标准差/m	63.8	71.6	33.6	80.1	50

续　表

几何特征		货船	油轮	渔船	客轮	军舰
wid/m	均　值	32.4	35.4	10.1	15.7	11.7
	标准差	9.6	13.2	4.2	10.4	11.7
NP/m	均　值	479.6	488.8	122.2	208.1	230
	标准差	145.7	169	73	179.4	194.5
NA/m^2	均　值	7 286.1	8 329.9	609.3	2 150.2	2 487
	标准差	4 120.4	5 488.3	1 633.6	3 336.3	2 063.4
AR	均　值	6.4	6	5.1	5.1	5.2
	标准差	1.1	0.6	2.2	1.8	4
SC	均　值	8.6	8.2	7.3	7.4	6.9
	标准差	1	0.6	2.1	2.1	4.5

2）运动特征提取

船舶的运动描述较为复杂，货船和油轮往往进行大陆之间的跨洋运输，其活动范围远大于渔船和客轮等小型船舶且在大洋航行时的航速较为稳定；而渔船和客轮则具有机动灵活、速度变化快等特点。基于上述分析和天基AIS数据可以实现对船舶长时间的在全球范围内的监视和跟踪，选择在一年的时间范围内，每艘船舶运动范围的经度差（longitude span，单位为°）、纬度差（latitude span，单位为°）和航向距离（voyage distance，单位为km）作为船舶的运动特征。此外，将船舶的速度按照其是否大于5 kn分为高速航行状态和低速航行状态，分别计算两个状态的平均值和标准差，分别描述船舶两种状态下的平均速度和速度变化的尺度，得到四种运动状态特征：高速均值（high speed mean）、高速标准差（high speed std）、低速均值（low speed mean）、低速标准差（low speed std），所提取的七维运动特征如式(3.35)所示：

$$
\begin{aligned}
f_m = [&\text{high speed mean},\ \text{high speed std},\\
&\text{lowspeed mean},\ \text{low speed std},\\
&\text{longitude span},\ \text{latitude span},\ \text{voyage distance}]
\end{aligned}
\tag{3.35}
$$

其在所选样本集上的统计结果如表 3.2 所示,其中货船和油轮在一年内的活动范围远超过其他三类船舶,渔船在高速航行时,其速度要低于其他船舶但在低速状态下的航速相对最高,反映了渔船在进行捕捞作业时需要频繁机动的特点,所选取的运动特征能较好地刻画不同类别之间的差异性。

表 3.2 运动特征统计表

运动特征		货船	油轮	渔船	客轮	军舰
high speed mean/kn	均 值	12.3	12	8.9	12.8	11.6
	标准差	2.3	2	1.7	4.6	3
high speed std/kn	均 值	1.4	1.4	1.3	2.3	1.8
	标准差	0.8	0.8	0.8	1.9	1.2
low speed mean/kn	均 值	0.8	1.2	1.8	0.7	0.9
	标准差	1.2	1.2	1.2	0.8	1.1
low speed std/kn	均 值	0.4	0.5	1	0.7	0.6
	标准差	0.7	0.7	0.5	0.7	0.7
longitude span/(°)	均 值	65.2	61.5	18.9	16,0	24.2
	标准差	56.6	61.7	24.1	31.6	40
latitude span/(°)	均 值	50	41.3	13.7	17.2	12.1
	标准差	27.7	25.1	16.3	35.2	20
voyage distance/km	均 值	33 042.8	25 760.5	7 271.8	7 522.4	9 418
	标准差	21 958.7	22 262.6	7 970.1	13 345	44 258.9

3. 仅考虑几何特征的分类结果及分析

本节所有实验均在 python3.5 上编程进行,主要使用 Scikit-Learn 机器学习框架的“RandomForestClassifier”库进行随机树森林模型的搭建和训练,其分类结果由每个决策树投票产生。随机森林一般考虑两个主要参数的影响,即决策树所允许的最大深度(Max_depth)和设置的决策树的数目(Num_tree),Max_depth 值越大,最深叶节点所对应的信息熵越小。由于决策树的生成是在训练数据上完成的,考虑一种极端的情况,即不限制树的深度,则决策树会一直朝着信息熵减小的方向生长，直到每个叶节点的纯度达到100%，这时随机森林在训练数据上的分类准确率达到了100%，这意味着可能出现较为严重的过拟合现象，本节通过设置不同的Max_depth值，同时计算模型在测试数据和训练数据上的分类准确率，当模型在测试数据上的准确率不再随着Max_depth值的增加而增大时停止实验。为了降低过拟合风险，随机森林中的每棵决策树只能随机选择若干样本特征作为分裂节点，Num_tree的值限制了随机森林产生结果的随机性，一般来说，Num_tree的值越大，结果的可靠性越高，Num_tree值较高的随机森林模型往往在高维大数据上能够表现出较好的性能。此外，"RandomForestClassifier"库可以通过计算剔除某一特征对模型输出结果的影响来给出该特征在分类过程中的重要性。对于前4类主要船舶，每类选取200艘接收情况较好的船舶作为训练样本，选取100艘作为测试数据，由于收集到的军舰数量较少，这里选取100艘作为训练样本，30艘作为测试样本。

本小节仅考虑船舶几何特征，即f_g作为随机森林的输入，在Num_tree分别取3、5、7、10，Max_depth分别取3、5、8、10的参数设置下进行实验，生成的随机森林模型在测试数据和训练数据上的分类准确率如表3.3所示，在不同Num_tree取值下，对模型在测试数据上分类准确率的最大值进行了标粗。从表中可以看出，随着Max_depth值的增加，训练数据的准确率呈上升趋势，从开始的60%左右上升到超过80%，这与之前的理论分析一致，而模型在测试数据上的准确率在Max_depth等于8或10的时候达到最大值或者上升趋势趋于平稳，部分实验中甚至略有降低，继续增加Max_depth的值可能出现过拟合风险。此外，随着Num_tree值的增加，无论是在测试数据还是训练数据上，模型分类准确率都略有波动但都不明显。通过实验可以发现，在仅考虑船舶几何特征的情况下，对5类船舶的分类准确率能达到67%左右。

表3.3 仅考虑几何特征的分类结果

决策树数目	Max_depth=3		Max_depth=5		Max_depth=8		Max_depth=10	
	测试数据	训练数据	测试数据	训练数据	测试数据	训练数据	测试数据	训练数据
Num_tree=3	55.1%	60.4%	58.6%	68.2%	62.8%	81.4%	**64.0%**	83.9%
Num_tree=5	57.9%	60.0%	61.2%	69.3%	66.3%	82.9%	**66.5%**	87.5%
Num_tree=7	56.5%	59.7%	59.3%	71.2%	**67.7%**	88.0%	67.4%	89.4%
Num_tree=10	55.8%	58.1%	60.2%	71.1%	66.0%	84.0%	**67.2%**	88.6%

表 3.4 展示了 Max_depth = 10 和 Num_tree = 10 时，测试数据中 5 类船舶的具体分类情况，“True”表示 AIS 数据中的真实标签，可以看出货船、邮轮和渔船分类的准确率最高；值得注意的是货船和邮轮分类错误的标签分别集中在邮轮和货船上，可以解释为邮轮和货船这类大型船舶在设计建造上都有一定的相似性，甚至在功能上可以相互通用；相同的情况也出现在渔船和客轮上，但是客轮的分类情况较差，军舰的分类准确率最低，只达到 40%左右。

表 3.4　5 类船舶分类结果（Max_depth = 10 和 Num_tree = 10）

真实标签	货船	油轮	渔船	客轮	军舰	准确率
Ture 货船	75	12	6	7	0	75.0%
Ture 油轮	14	74	3	8	1	74.0%
Ture 渔船	2	3	76	19	0	76.0%
Ture 客轮	7	7	28	52	6	52.0%
Ture 军舰	1	2	12	3	12	40.0%

图 3.35 和图 3.36 展示了通过 graphviz 插件可视化的两种参数设置下随机森林中的某一决策树示意图，图中清晰描绘了决策树的分类过程及每个节点的信息熵值，节点的颜色越深，表示划分到该节点的样本更集中于某一标签之上，即纯度更高。图 3.36 中很多叶节点的深度并没有达到设定的最大值（Max_depth = 10），说明该叶节点的样本已经全部集中于某一标签上，信息熵已经无法再进一步降低。

“RandomForestClassifier”模块输出的各个特征重要性结果如图 3.37 所示，由于随机森林中每个决策树的选择特征具有随机性，有些特征可能不会出现在某次具体的实验中，每次实验结果都会不同。对每次实验中最重要的两个特征进行统计分析，结果如表 3.5 所示，船长（len）和有效周长（NP）出现次数最多，说明这两个特征在分类过程中起到了较为关键的作用，而形状复杂度（SC）和长宽比（AR）的重要性则相对较低。

表 3.5　重要特征统计表

特　征	出现次数/次	特　征	出现次数/次
SC	1	NP	10
AR	2	wid	4
NA	5	len	10

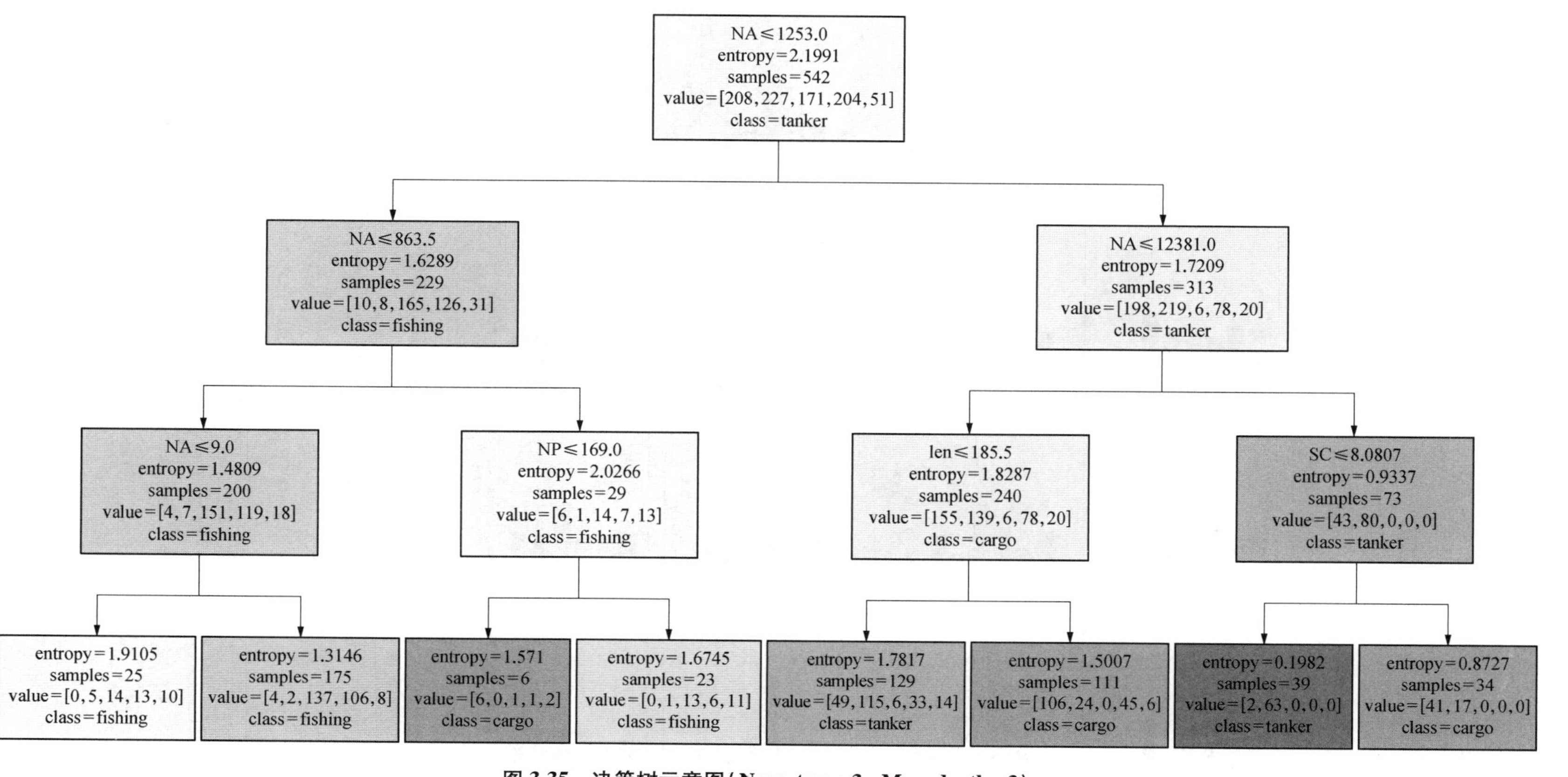

图 3.35　决策树示意图(Num_tree=3，Max_depth=3)

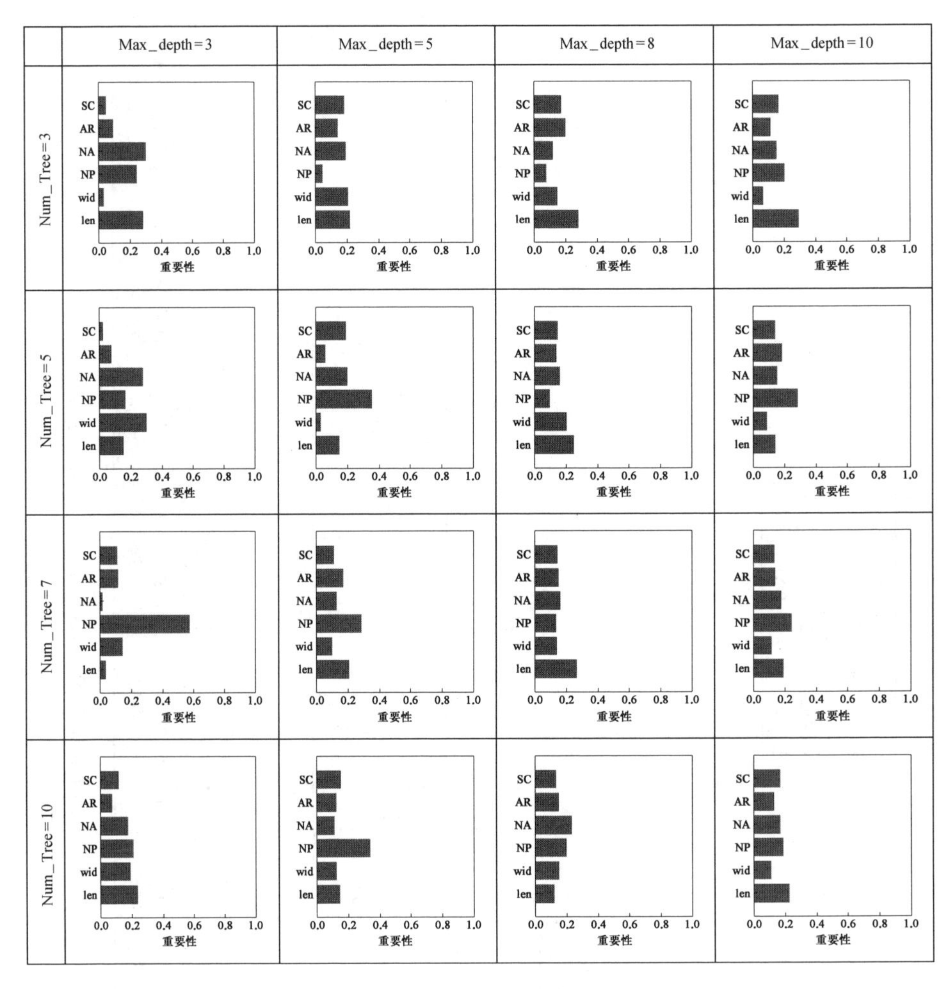

图 3.37 特征重要性结果直方图

针对每次实验出现的重要特征,为了更好地理解特征在分类过程中所起的作用,在只选取两个重要特征的情况下进行随机森林训练并对测试数据进行分类。图 3.38 展示了不同参数设置下的分类结果,每个图的横纵坐标分别为两个重要特征的取值,不同颜色的点代表不同标签的样本点在重要特征下的坐标,不同的颜色背景为分类边界,随着深度增加,边界趋于复杂,表明模型的拟合能力越强,表 3.6 展示了仅考虑重要特征的分类结果和所有特征分类的结果对比。总的来说,Max_depth 较小时,在两种情况下的准确率差距较大,但也控制在 10%

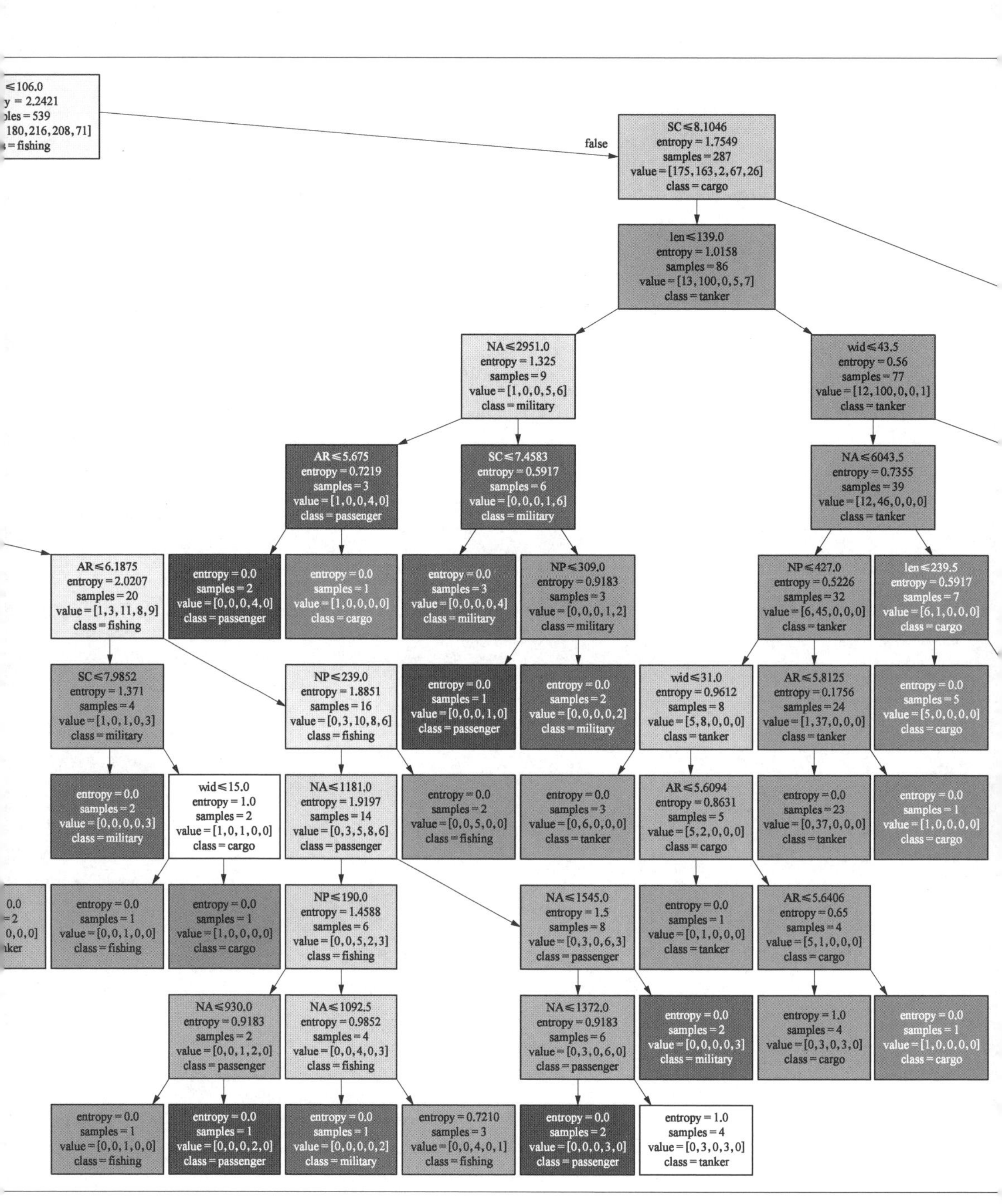

_tree=3，Max_depth=10）

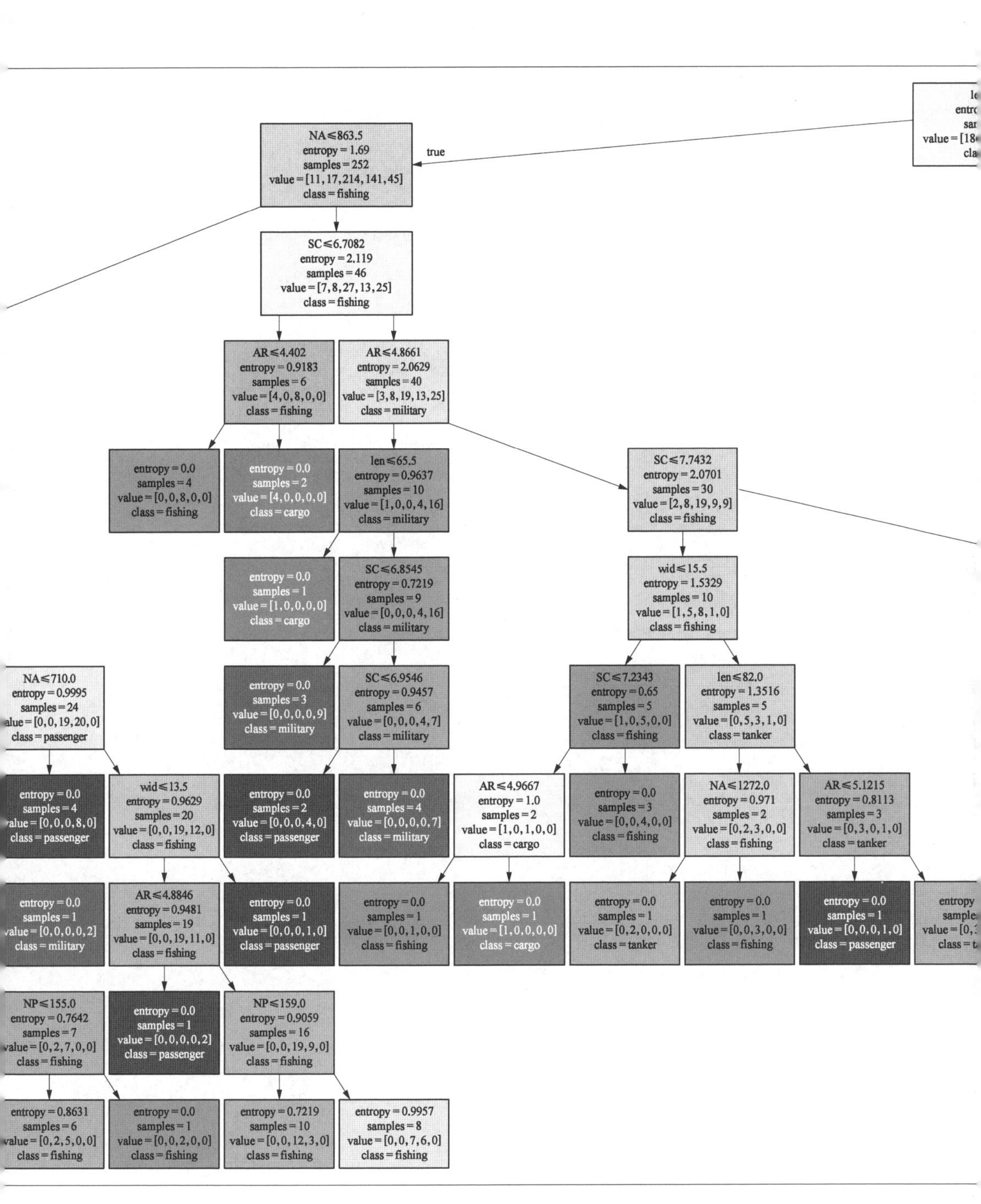

图 3.36　决策树示意图(Num

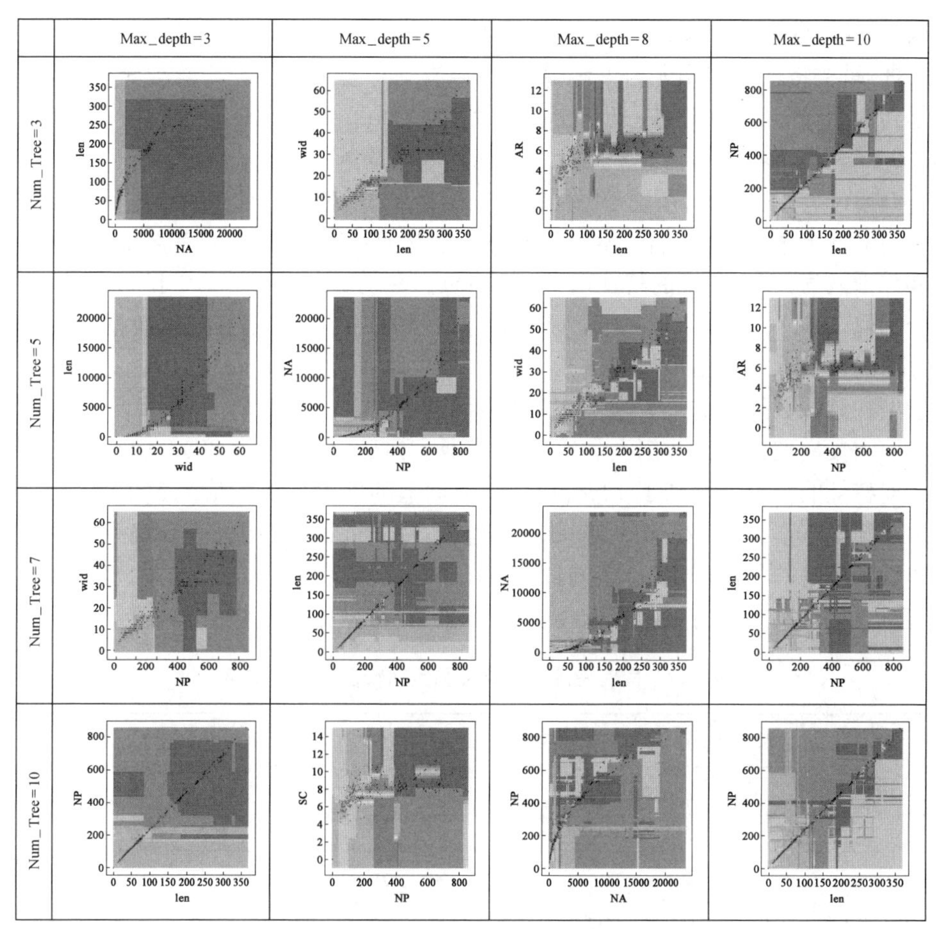

图 3.38　仅考虑重要特征情况下的分类情况展示

表 3.6　考虑所有特征和重要特征两种情况下在测试数据上的准确率对比

决策树数目	Max_depth=3		Max_depth=5		Max_depth=8		Max_depth=10	
	所有特征	重要特征	所有特征	重要特征	所有特征	重要特征	所有特征	重要特征
Num_tree=3	55.1%	47.9%	58.6%	51.9%	62.8%	61.2%	64.0%	65.1%
Num_tree=5	57.9%	50.9%	61.2%	59.5%	66.3%	67.9%	66.5%	68.4%
Num_tree=7	56.5%	53.5%	59.3%	58.4%	67.7%	66.3%	67.4%	66.2%
Num_tree=10	55.8%	48.4%	60.2%	60.7%	66.0%	64.2%	67.2%	66.0%

以内,随着深度的加深,准确率差值基本控制在2%以内。结果说明,对于低维数据,重要特征的作用尤为关键,甚至可以在一定程度上忽略不重要特征,从而起到数据降维的作用,进一步提高计算效率。

4. 同时考虑几何特征和运动特征的结果及分析

通过上节的讨论,在仅考虑几何特征的情况下,对5类目标船舶进行分类的准确率只能达到67%左右,本节将同时考虑几何特征 f_g 和运动特征 f_m,即随机森林输入为一个13维的特征向量,在Num_tree分别取3、5、7、10和Max_depth分别取3、5、8、10、12的参数设置下进行模型的训练。模型在测试数据和训练数据的分类准确率结果如表3.7所示。同样,在固定Num_tree值的情况下,对模型在测试数据上的最大准确率进行标粗,可以看出,当Max_depth设置为10和12时,模型在测试数据上的准确率基本达到最大值,约为80%,比在仅考虑几何特征的情况下增加了13%,在训练数据上的准确率最大值超过了99%,增加了约12%。此外,在Max_depth的值较大时,Num_tree的值对准确率的提升体现了一定的积极作用,标粗的最大值随Num_tree值的增加而增大,也展现了随机森林中决策树特征随机选择机制在处理高维数据的优势。

表3.7 同时考虑几何特征和运动特征的分类结果

决策树数目	Max_depth=3		Max_depth=5		Max_depth=8		Max_depth=10		Max_depth=12	
	测试数据	训练数据	测试数据	训练数据	测试数据	训练数据	测试数据	训练数据	测试数据	训练数据
Num_tree=3	69.1%	68.8%	71.6%	76.6%	78.4%	91.2%	77.2%	93.1%	**79.1%**	94.2%
Num_tree=5	66.7%	68.0%	74.9%	79.9%	78.4%	92.2%	**80.5%**	96.6%	79.5%	97.9%
Num_tree=7	69.8%	69.5%	73.7%	81.0%	79.8%	94.4%	79.8%	98.6%	**80.0%**	99.2%
Num_tree=10	70.2%	70.2%	74.4%	79.7%	**81.9%**	95.2%	79.8%	98.4%	80.2%	99.5%

在Num_tree=10和Max_depth=12参数设置下5类船舶分类结果的具体情况如表3.8所示,由表可知,渔船和客轮的分类准确率提升最为明显,分别达到了88.0%和87.0%,说明这两类船舶的运动特征存在明显差异;货船和油轮的准确率并没有明显提升,说明这两类船舶无论在速度、活动范围上都没有体现明显差异性;军舰的准确率仍然很低,一方面,这可能是由于该类船舶执行军事任务的需要,除实施避碰机动外,AIS应答机一般处于关机状态,数据缺失现象非常严重;另一方面,军舰在军事活动中的任务定位不同,外形设计和运动模式也

存在较大差异,例如,补给船和巡逻艇虽然都为军舰,但前者更类似于油轮,后者则为近岸小型船舶,而且大部分主战舰艇,如驱逐舰、护卫舰等,AIS应答机在执行任务时一般不会开机,并且出于军事保密的需要,往往不会如实播报自身的船舶类型,这对军舰的分类识别在数据基础上带来了很大的困难,要实现军舰的识别检测,一般需要遥感图像等其他数据源的配合。

表3.8 5类船舶分类情况(Num_tree=10, Max_depth=12)

真实标签	货船	油轮	渔船	客轮	军舰	准确率/%
Ture 货船	74	14	2	10	0	74.0
Ture 油轮	17	77	3	3	0	77.0
Ture 渔船	0	3	88	9	0	88.0
Ture 客轮	4	2	6	87	1	87.0
Ture 军舰	5	0	6	2	17	43.3

图3.39和图3.40展示了两种参数设置下随机森林的某一棵决策树可视化结果,相较于上一节仅考虑几何特征的情况,叶节点更容易在较浅的深度达到纯度为100%的状态,即达到最深设定值的叶节点更少(图3.40中红色箭头处)。

各个实验中特征重要性结果如图3.41所示,同样对运动和几何特征的前两位重要特征分别进行统计分析,结果如表3.9所示,总体来说,几何特征的重要性要高于运动特征,在几何特征中依然是船长(len)和有效周长(NP)出现的次数最多,而运动特征则是高速状态均值(high speed mean)和纬度范围(latitude span),两个低速特征(low speed mean和low speed std)出现的次数最少。

表3.9 几何特征和运动特征中的重要特征统计表

特 征	出现次数/次	特 征	出现次数/次
SC	1	voyage distance	7
AR	0	latitude span	15
NA	9	longitude span	3
NP	13	low speed std	1
wid	4	low speed mean	0
len	12	high speed std	2
		high speed mean	12

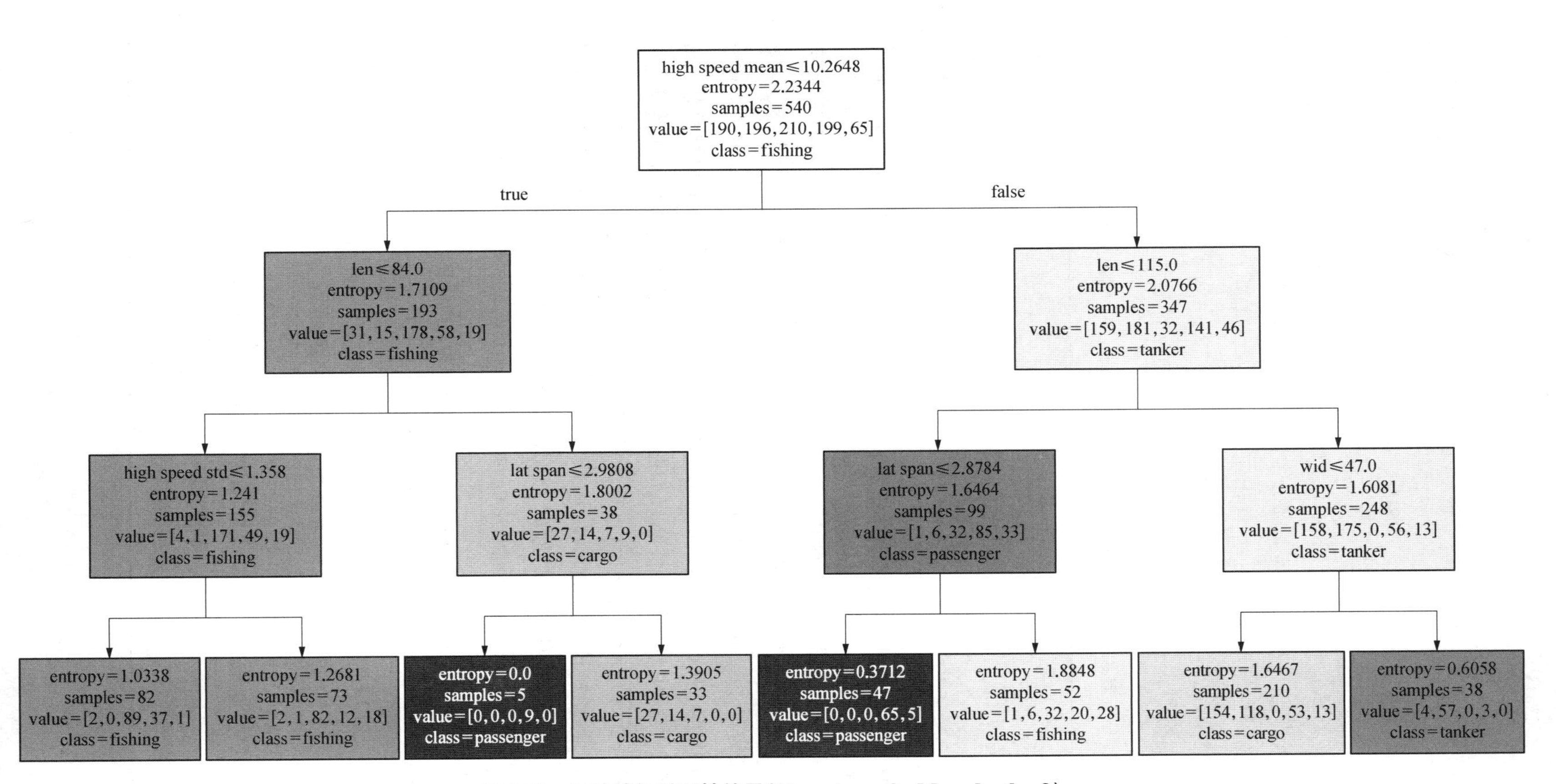

图 3.39　实验特征重要性结果(Num_tree=3，Max_depth=3)

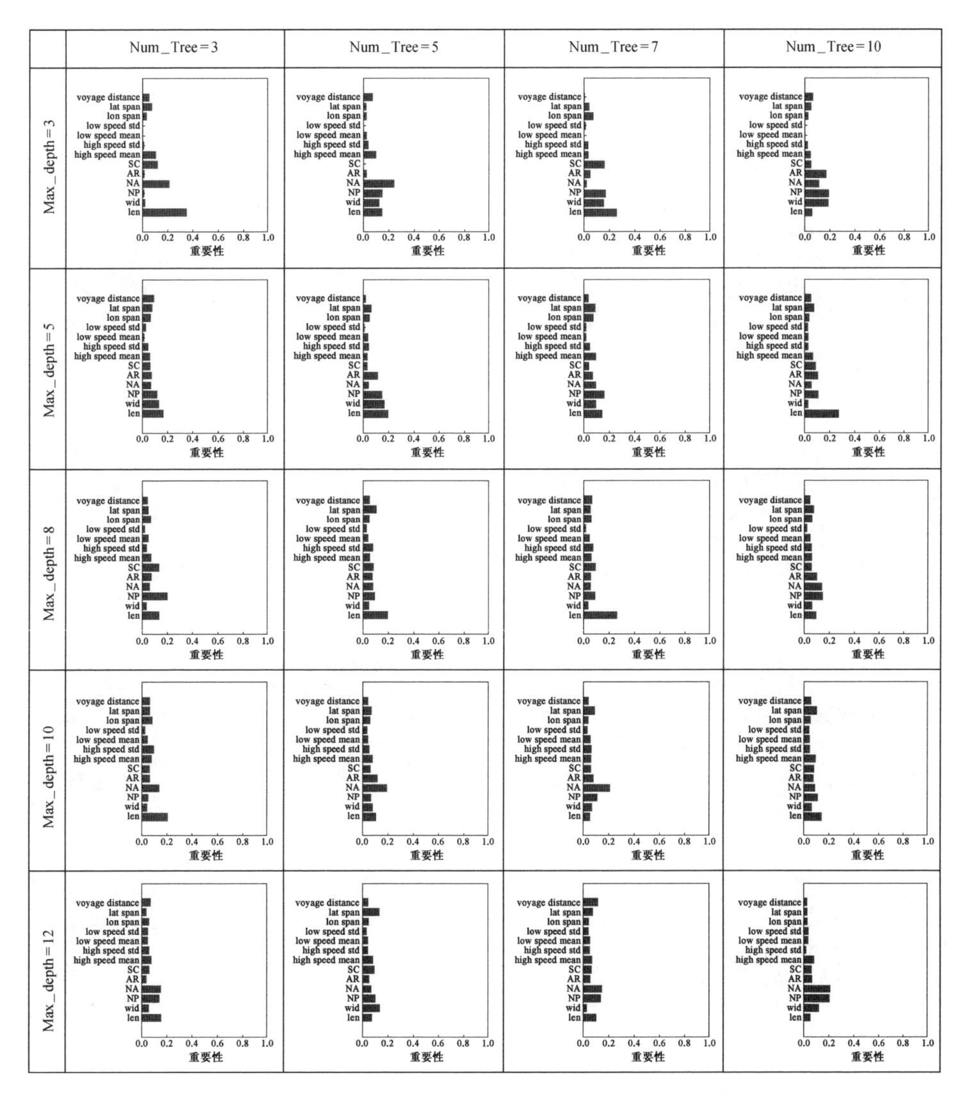

图 3.41　特征重要性结果直方图

在仅考虑两个重要特征的情况下，训练随机森林分类器的结果如图 3.42 所示，同样的，随着 Max_depth 的增加，分类边界趋于复杂。表 3.10 展示了仅考虑两个重要特征和考虑 13 个特征的随机森林模型在测试数据上的分类结果对比。与上一节仅考虑几何特征相比，其对比差距更为明显，但总体上，随着深度的增加,准确率差距呈现下降的趋势。在 Max_depth = 12 时,分类结果准确率差距约为 10%;在 Num_Tree = 3 和 Max_depth = 10 时,两者差距最小约为 5%。

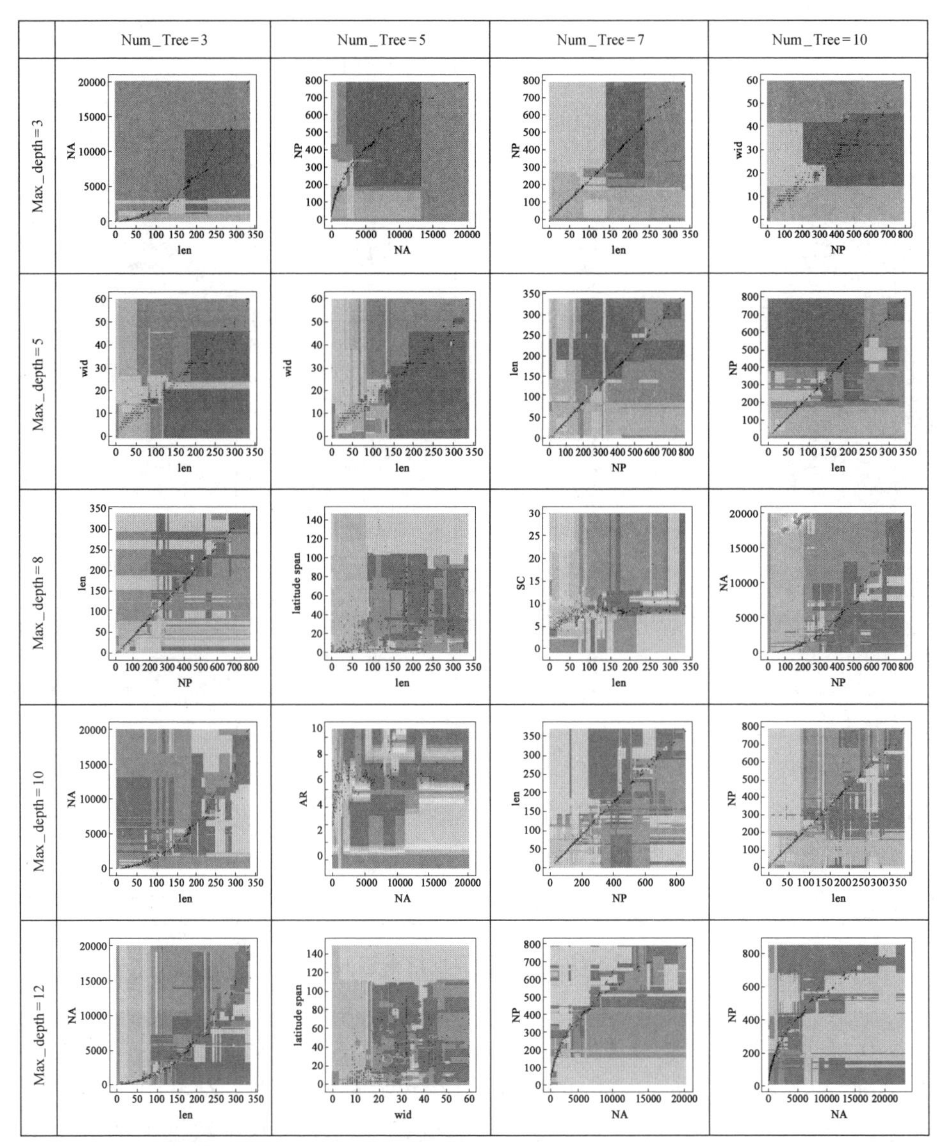

图 3.42 仅考虑两个重要特征情况下的分类情况展示

表 3.10　考虑所有特征和重要特征两种情况下在测试数据上的准确率对比

决策树数目	Max_depth=3		Max_depth=5		Max_depth=8		Max_depth=10		Max_depth=12	
	所有特征	重要特征	所有特征	重要特征	所有特征	重要特征	所有特征	重要特征	所有特征	重要特征
Num_tree=3	69.1%	51.4%	71.6%	59.3%	78.4%	69.5%	77.2%	72.1%	79.1%	69.5%
Num_tree=5	66.7%	51.6%	74.9%	65.6%	78.4%	70.5%	80.5%	70.9%	79.5%	69.6%
Num_tree=7	69.8%	49.8%	73.7%	62.8%	79.8%	72.3%	79.8%	73.5%	80.0%	70.1%
Num_tree=10	70.2%	52.1%	74.4%	61.4%	81.9%	74.0%	79.8%	69.5%	80.2%	70.0%

3.3.2　基于多特征集成学习的船舶分类方法

本节给出一种综合船舶静态和动态信息的,适用于全球范围星基 AIS 数据的船舶分类的多特征集成学习分类模型(multi-feature ensemble learning classification model, MFELCM)。图 3.43 为 MFELCM 的具体实现,该方法包括三步:第一步,对原始数据进行预处理,之后对清洗过的静态和动态信息进行特征提取,得到静态特征样本、长期动态特征分布样本、短期时序样本、短期时序特征样本;第二步,由以上四类样本分别训练随机森林(random forest)[227]、一

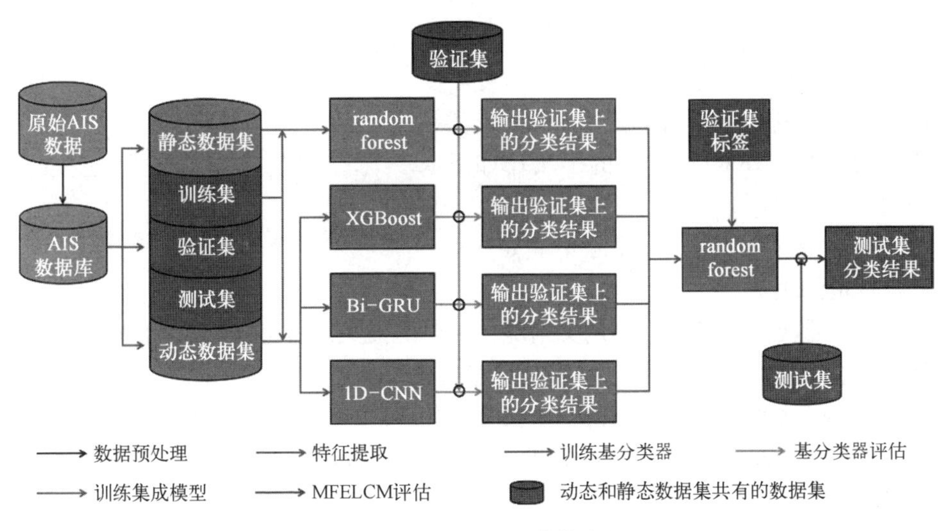

图 3.43　MFELCM 整体流程

维卷积神经网络(one-dimensional convolutional neural network, 1D－CNN)[231]、极限梯度提升(extreme gradient boosting, XGBoost)[232]和双向门控循环单元(bidirectional gated recurrent unit, Bi-GRU)四个基分类器;第三步,使用随机森林集成基分类器,在验证集上检验多特征集成学习分类器的分类效果。

1. 分类使用 AIS 数据集概况

1) 数据预处理

AIS 报文中只有部分字段对分类有用,考虑到动态信息(消息 1)应当充分反映船舶在特定时刻的位置和运动相关信息;静态信息(消息 5)应当反映船舶的外形尺寸、吃水等信息,选取表 3.11 的字段用于船舶分类。表中,A、B、C、D 反映船舶整体尺寸,分别是船上用于报告位置的参考点 O 到船艏、船艉、左舷和右舷的距离,如图 3.44 所示。船长(len)和船宽(wid)由式(3.36)计算。

表 3.11 动态信息和静态信息使用的字段

数据	使用字段
动态数据(消息 1)	MMIS, time, timestamp, lon, lat, SOG, COG, ROT
静态数据(消息 5)	MMSI, A, B, C, D, draught, type

$$\begin{cases}\text{len} = A + B \\ \text{wid} = C + D\end{cases} \tag{3.36}$$

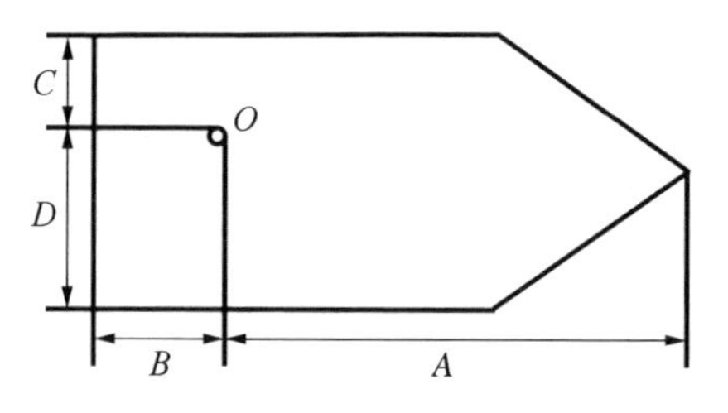

图 3.44 参考点及船舶整体尺寸

原始数据可能存在错误、缺失、重复和数据格式不利于分析等问题,应根据分类任务的需要额外对表 3.11 的字段作如下处理。

(1) 错误数据清洗,删除不满足 AIS 数据规范的报文。

(2) 重复数据清洗。分两类情况:一类是报文内容完全一样的数据;另一类指消息 1 中的 MMSI 码、时标和时戳完全相同,但其余报文参数有区别的报文重复。第一类重复数据只保留一条报文;第二类重复数据全部删除。

(3) 将消息 1 中"time"字段的 s 值用"timestamp"替换,获取报文发送准确时刻。

(4) 如果报文字段内容为空,则判断为缺失数据。如果动态数据存在字段缺失，则删除该条数据；对于静态数据，将缺失字段置零。

式(3.37)定义了经过预处理的静态数据和动态数据，$d_j^{i_m}$ 是 MMSI 码为 i_m 的船舶的动态数据按照时间排序得到的第 j 个时间点的数据；s^{i_m} 是 MMSI 码为 i_m 的船舶的静态数据。式(3.38)定义了船舶运动状态的时间序列，由 MMSI 码为 i_m 的动态数据按照时间顺序组成，称为航迹 T^{i_m}：

$$\begin{cases} d_j^{i_m} = [\,\text{time}_j^{i_m},\ \text{lon}\,g_j^{i_m},\ \text{lat}_m^{i_m},\ \text{SOG}_j^{i_m},\ \text{COG}_j^{i_m},\ \text{ROT}_j^{i_m},\ \text{type}^{i_m}\,]^{\text{T}} \\ s^{i_m} = [\,A^{i_m},\ B^{i_m},\ C^{i_m},\ D^{i_m},\ \text{draught}^{i_m},\ \text{type}^{i_m}\,]^{\text{T}} \end{cases} \tag{3.37}$$

$$T^{i_m} = [\,d_0^{i_m},\ d_1^{i_m},\ \cdots,\ d_k^{i_m}\,],\quad k \geqslant 1 \tag{3.38}$$

2）数据量和类型分布

本书使用的动态数据为 HY－2B 卫星在轨接收的消息 1(记为 DYM1)，时间跨度为 2019 年 11 月 1 日~2020 年 4 月 21 日，经过预处理得到 10 875 328 条报文，数据分布如图 3.45 所示。静态数据由 HY－1C/D 和 HY－2B/C 在轨接收的消息 5 整合而来(记为 STM5)，共 113 472 条报文，数据来源及其时间跨度见表 3.12。

在数据集 DYM1 中，客轮、货轮、油轮和渔船四大类船舶占已知类型报文总量和船舶总量的 90.65%和 88.98%，总体来说这四大类占比接近 DYM1 总量的 90%，本节选取这四类船舶作为研究对象，其全球分布如图 3.46 所示。

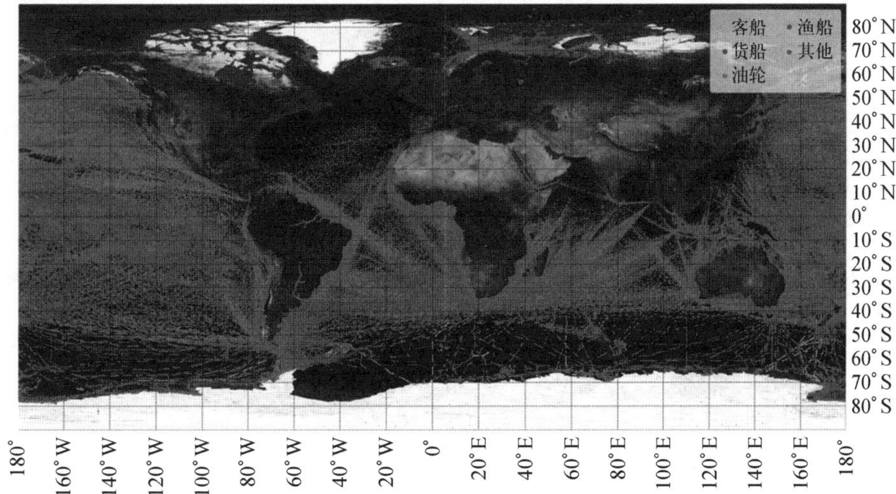

图 3.45　HY－2B 接收的消息 1

表 3.12　实验使用 AIS 数据描述

卫　星	使用报文	时间跨度(年-月-日)
HY－2B	信息 1	2019－11－01～2020－04－21
HY－2B	信息 5	2018－11－01～2021－06－18
HY－2C	信息 5	2020－09－24～2021－06－18
HY－1C	信息 5	2018－11－01～2021－06－18
HY－1D	信息 5	2020－06－13～2021－06－18

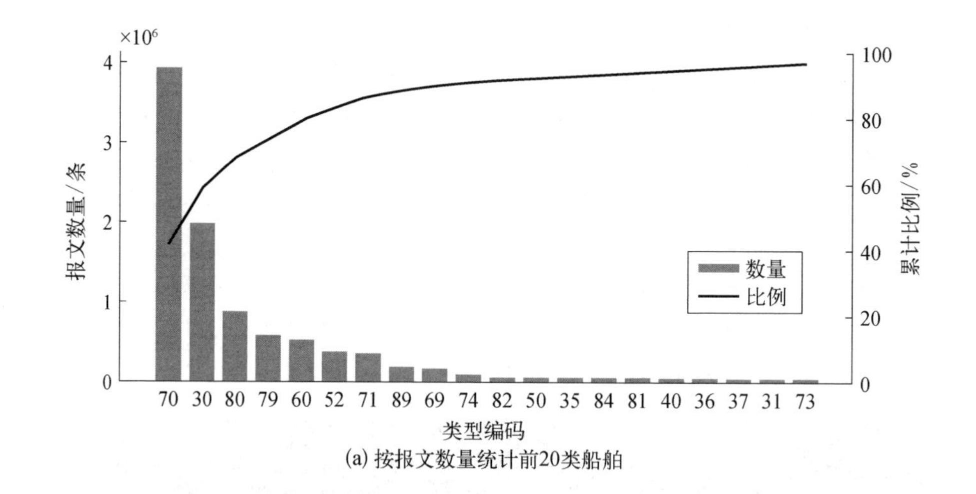

(a) 按报文数量统计前20类船舶

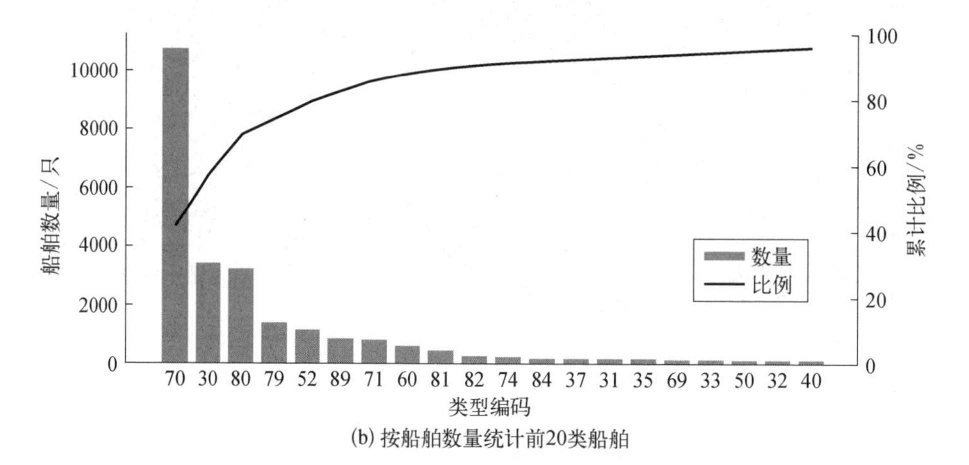

(b) 按船舶数量统计前20类船舶

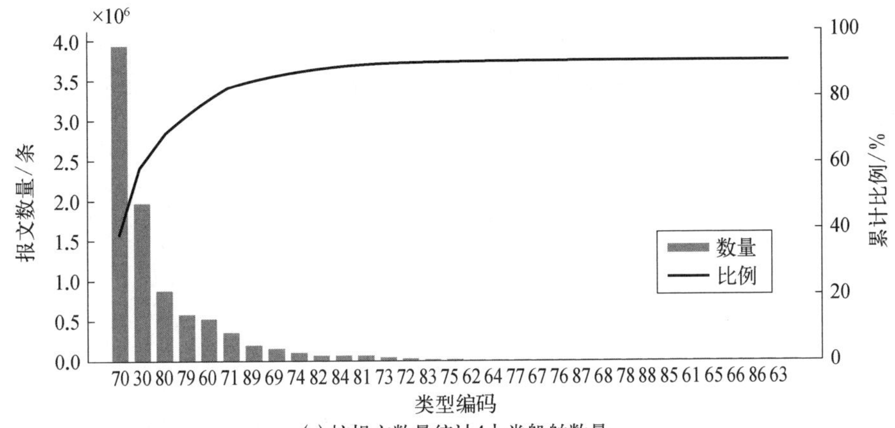

(c) 按报文数量统计4大类船舶数量

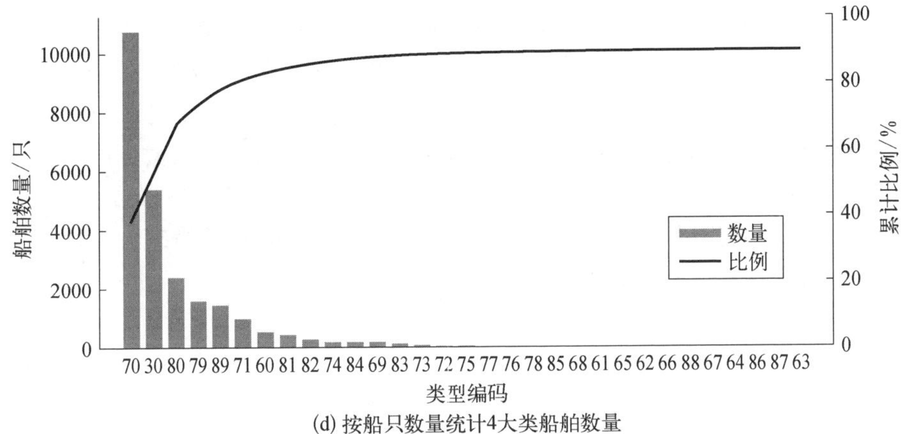

(d) 按船只数量统计4大类船舶数量

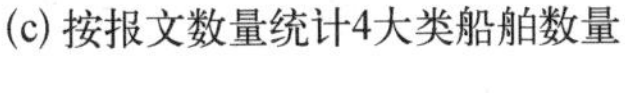

图 3.46　船舶类型统计及累计占比

2. 样本构建

采用 MFELCM,在分类时综合考虑了 AIS 数据的动态和静态特征。首先构造静态特征(static feature, SF)数据集和动态特征数据集: 动态特征分布(dynamic feature distribution, DFD)数据集、时间序列(time-series, TS)数据集、时间序列特征(time-series feature, TSF)数据集,之后将 SF、DFD、TS 和 TSFDoTSTSTF 分别用于训练随机森林、1D-CNN、Bi-GRU 和 XGBoost 四个基分类器,最后采用另一个随机森林集成基分类器,获得 MFELCM。

1）静态特征样本构建

对于静态数据 s^i，按照式(3.36)和式(3.39)定义添加船长(len)、船宽(wid)、长宽比(ldivw)、面积(area)和半周长(grith)5 个特征。重新定义静态数据 s^{i_m} 为式(3.40)，对 s^{i_m} 中缺失的数据，使用 0 填充：

$$\begin{cases} \text{ldivw} = \text{len}/\text{wid} \\ \text{area} = \text{len} \times \text{wid} \\ \text{grith} = \text{len} + \text{wid} \end{cases} \tag{3.39}$$

$$s^{i_m} = [A^{i_m},\ B^{i_m},\ C^{i_m},\ D^{i_m},\ \text{draught}^{i_m},\ \text{len}^{i_m},\ \text{wid}^{i_m},\ \text{ldivw}^{i_m},\ \text{grith}^{i_m},\ \text{type}^{i_m}]^{\text{T}} \tag{3.40}$$

此外，由于船舶静态信息可以人为输入，需要去除其中不合理的异常数据，而不同类型船舶静态数据的分布不同，不能对所有类别采用统一标准处理。以客轮为例，其标准化的静态数据分布如图 3.47(a)所示，采用箱形图筛选异常值，记上四分位点和下四分位点分别为 Q_u、Q_l，四分位间距为 IQR，将各个特征在 $[Q_l - 3\text{IQR},\ Q_u + 3\text{IQR}]$ 之外的数据视为异常数据，并删除对应的 s^{i_m}。图 3.47(b)为客轮去除异常值后的数据分布情况，图 3.47(c)为 4 类船舶原始数据的分布情况，图 3.47(d)为对 4 类船舶原始数据分别去除异常值后的数据分布。

至此，得到用于分类的静态特征样本 s^i，式(3.41)定义了静态特征数据集 SF，是所有静态特征样本的集合：

$$\text{SF} = \{s^{i_1},\ s^{i_2},\ \cdots,\ s^{i_m}\} \tag{3.41}$$

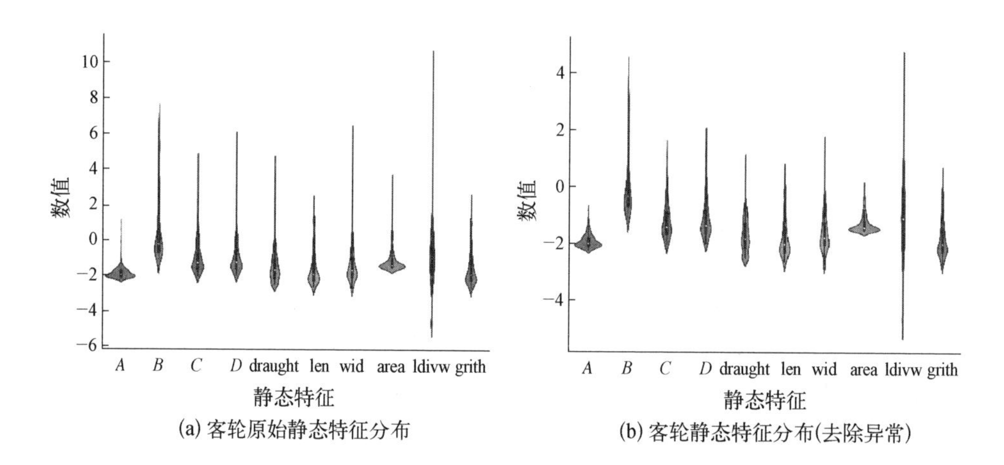

(a) 客轮原始静态特征分布　　(b) 客轮静态特征分布(去除异常)

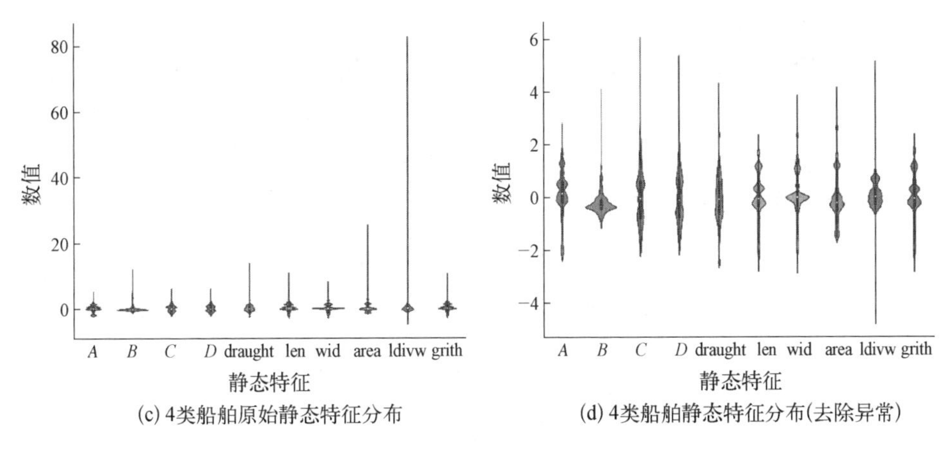

(c) 4类船舶原始静态特征分布　　(d) 4类船舶静态特征分布(去除异常)

图 3.47　原始静态数据及去除离群值后的结果

2）动态特征样本构建

对 T^{i_m} 中的 d_{j+1}^{i}，向 $d_{j+1}^{i_m}$ 添加式(3.42)定义的一系列特征，将 d_{j+1}^{i} 重新定义为式(3.43)。在 $d_0^{i_m}$ 中，除了 $\delta t_0^{i_m}$、$\delta \mathrm{lon}_0^{i_m}$、$\delta \mathrm{lat}_0^{i_m}$、$\delta \mathrm{COG}_0^{i_m}$ 和 $\delta \mathrm{SOG}_0^{i_m}$ 的取值为0，其余补充特征取值同 $d_1^{i_m}$。

$$
\begin{cases}
\delta t_{j+1}^{i_m} = \mathrm{time}_{j+1}^{i_m} - \mathrm{time}_j^{i_m} \\
\delta \mathrm{lon}_{j+1}^{i_m} = \mathrm{lon}_{j+1}^{i_m} - \mathrm{lon}_j^{i_m} \\
\delta \mathrm{lat}_{j+1}^{i_m} = \mathrm{COG}_{j+1}^{i_m} - \mathrm{COG}_j^{i_m} \\
\mathrm{ROT}_{j+1}^{i_m} = \delta \mathrm{COG}_{j+1}^{i_m} / \delta t_{j+1}^{i_m} \\
\delta \mathrm{SOG}_{j+1}^{i_m} = \mathrm{SOG}_{j+1}^{i_m} - \mathrm{SOG}_j^{i_m} \\
\mathrm{accelerate}_{j+1}^{i_m} = \delta \mathrm{SOG}_{j+1}^{i_m} / \delta t_{j+1}^{i_m} \\
\mathrm{speed\ lon}_{j+1}^{i_m} = \delta \mathrm{lon}_{j+1}^{i_m} / \delta t_{j+1}^{i_m} \\
\mathrm{speed\ lat}_{j+1}^{i_m} = \delta \mathrm{lat}_{j+1}^{i_m} / \delta t_{j+1}^{i_m} \\
\mathrm{speed}_{j+1}^{i_m} = (\mathrm{speed\ lon}_{j+1}^{i'^2_m} + \mathrm{speed\ lat}_{j+1}^{i'^2_m})^{-2}
\end{cases} \tag{3.42}
$$

$$
d_j^{i_m} = [\mathrm{time}_j^{i_m}, \mathrm{lon}_j^{i_m}, \mathrm{lat}_j^{i_m}, \mathrm{SOG}_j^{i_m}, \mathrm{COG}_j^{i_m}, \mathrm{ROT}_j^{i_m}, \delta t_j^{i_m}, \delta \mathrm{lon}_j^{i_m}, \delta \mathrm{lat}_j^{i_m}, \delta \mathrm{COG}_j^{i_m}, \mathrm{ROT}_j^{i_m}, \delta \mathrm{SOG}_j^{i_m}, \mathrm{accelerate}_j^{i_m}, \mathrm{speed\ lon}_j^{i_m}, \mathrm{speed\ lat}_j^{i_m}, \mathrm{speed}_j^{i_m}]^{\mathrm{T}} \tag{3.43}
$$

如图 3.48 所示，从三个方面描述航迹 T^{i_m}，分别是 DFD^{i_m}、TS^{i_m} 和 TSF^{i_m}。

DFD^{i_m} 表示航迹 T^{i_m} 的动态特征分布,可以反映航迹 T^{i_m} 的整体运动特性; TS^{i_m} 是由 T^{i_m} 获得的子轨迹集(如子轨迹 $TS_n^{i_m}$),反映了轨迹 T^{i_m} 的短期特性; TSF^{i_m} 中的 $[x_1, x_2, \cdots, x_k]_n^{i_m T}$ 是从 $TS_n^{i_m}$ 提取的特征向量,可以反映航迹 T^{i_m} 的短期特性。$[x_1, x_2, \cdots, x_k]_n^{i_m T}$ 中的每个元素都是从 $TS_n^{i_m}$ 计算的不同的特征,例如, x_1 可以是 $TS_n^{i_m}$ 经度的均值。TS^{i_m} 和 TSF^{i_m} 分别定义为式(3.44)和式(3.45):

$$\begin{cases} TS^{i_m} = \{TS_1^{i_m}, TS_2^{i_m}, \cdots, TS_n^{i_m}\} \\ TS_n^{i_m} = [d_j^{i_m}, d_{j+1}^{i_m}, \cdots, d_{j+k}^{i_m}] \end{cases} \tag{3.44}$$

$$\begin{cases} TSF^{i_m} = \{TSF_1^{i_m}, TSF_2^{i_m}, \cdots, TSF_n^{i_m}\} \\ TSF_n^{i_m} = [x_1, x_2, \cdots, x_k]_n^{i_m T} \end{cases} \tag{3.45}$$

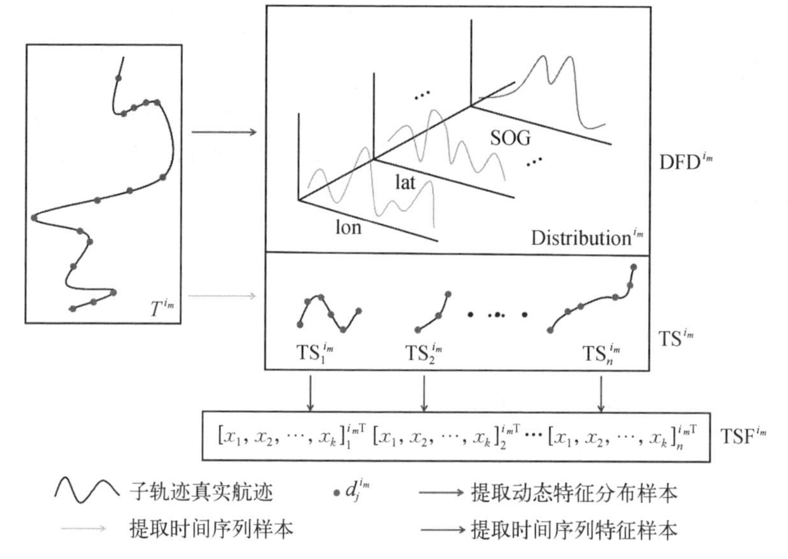

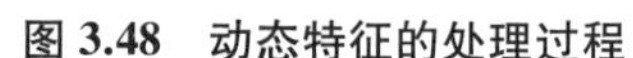

图 3.48 动态特征的处理过程

3)动态特征分布数据集 DFD

式(3.46)定义了 DFD,其中 DFD^{i_m} 是 MMSI 码为 i_m 的船舶的动态特征分布。由于卫星轨道周期、信号冲突或 AIS 接收机性能等,只能获取该轨迹 T^{i_m}上部分时刻的动态数据 $d_j^{i_m}$,不能连续精确地描述船舶动态特征的变化[233,234]。但是在较长的时间跨度里,对于轨迹 T^{i_m},可以用 $d_j^{i_m}$ 的特征分布函数来描述船舶的整体运动情况(例如,图 3.48 中经纬度分布描述船舶的活动范围),而且这种描述方式能够减小异常值的影响。对海量的星基AIS数据，计算每一个T^{i_m}的所有特征的特征分布函数是不现实的，可以采用频率直方图近似描述特征分布函数，如图3.49所示，对于轨迹T^{i_m}的特征f，将f在数据集上的范围均匀切片为n份并统计频率分布，得到特征f的分布f_d，将每一个f_d拼接得到图3.49中矩阵形式的DFD^{i_m}；其中DFD^{i_m}的“time”字段是$d_j^{i_m}$的“time”距当日零点的分钟数，并且DFD^{i_m}只取13个特征，不包含speed lon，speed lat和speed字段。

$$\mathrm{DFD} = \{\mathrm{DFD}^{i_1},\ \mathrm{DFD}^{i_2},\ \cdots,\ \mathrm{DFD}^{i_m}\} \tag{3.46}$$

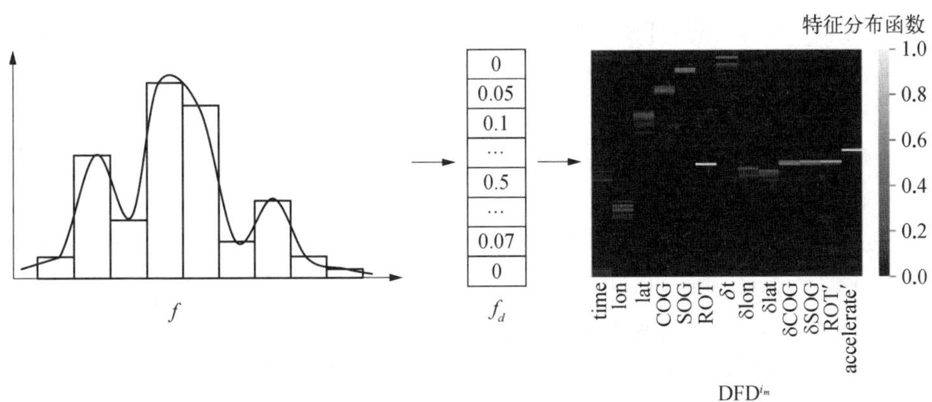

图3.49 提取动态特征分布

4）时间序列样本集TS

$$\mathrm{TS} = \{\mathrm{TS}^{i_1},\ \mathrm{TS}^{i_2},\ \cdots,\ \mathrm{TS}^{i_m}\} \tag{3.47}$$

式(3.47)定义了子轨迹集TS，其中TS^{i_m}表示T^{i_m}的所有子轨迹，如图3.48所示，星基AIS数据的连续性不强，轨迹T^{i_m}内部往往存在前后时间间隔较大的区段，这些区段不能正确反映船舶运动情况，因此需要在这些区段将T^{i_m}中断，T^{i_m}被切分为一系列子轨迹$\mathrm{TS}_n^{i_m}$。对于轨迹T^{i_m}，构建子轨迹集TS^{i_m}的方法如下。

（1）计算动态数据δt字段的上四分位点$Q_u^{\delta t}$、下四分位点$Q_l^{\delta t}$和四分位距$\mathrm{IQR}^{\delta t}$。

（2）按照时间顺序遍历T^{i_m}上的数据点。对数据点$d_j^{i_m}$，如果时差$\delta t_j^{i_m}$在$[Q_l^{\delta t} - 3\mathrm{IQR}^{\delta t},\ Q_u^{\delta t} + 3\mathrm{IQR}^{\delta t}]$之外，则航迹$T^{i_m}$在$d_{j-1}^{i_m}$中断，设置$\delta t_j^{i_m}$、$\delta \mathrm{lon}_j^{i_m}$、$\delta \mathrm{lat}_j^{i_m}$、$\delta \mathrm{COG}_j^{i_m}$、$\delta \mathrm{SOG}_j^{i_m}$为0。$d_{j-1}^{i_m}$至上一个中断点为子轨迹$\mathrm{TS}_n^{i_m}$，完成对$T^{i_m}$的

遍历即得 TS^{i_m}。

(3) 对所有轨迹重复第(2)步,得到子轨迹集 TS。

5) 子轨迹时间序列特征数据集 TSF

$$\begin{cases} TSF = \{TSF^{i_1}, TSF^{i_2}, \cdots, TSF^{i_m}\} \\ TSF^{i_m} = \{TSF_1^{i_m}, TSF_2^{i_m}, \cdots, TSF_n^{i_m}\} \\ TSF_n^{i_m} = [x_1, x_2, \cdots, x_k]_n^{i_m T} \end{cases} \tag{3.48}$$

式(3.48)定义了子轨迹时间序列特征数据集 TSF, TSF^{i_m}表示所有轨迹 T^{i_m} 的子轨迹的特征向量,如图 3.48。由于需要有专业的知识来确认船舶动态特征和船舶类型的关系,本节使用 python 的工具包 tsfresh[235] 来自动化地从 $TS_n^{i_m}$ 获得 $[x_1, x_2, \cdots, x_k]_n^{i_m T}$。

6) 分割数据集

在获得静态特征数据集 SF,动态特征数据集 DFD、TS 和 TSF 后,将四个数据集分割为训练集、验证集和测试集。在动态特征数据集中,从同一艘船的数据生成的样本之间是相关的(例如, $[x_1, x_2, \cdots, x_k]_n^{i_m T}$ 可能和 $[x_1, x_2, \cdots, x_k]_n^{i_m T}$ 是相似的)。如果随机地对动态数据集进行分割,来自同一艘船的样本可能会同时出现在训练集、验证集和测试集中,这会导致数据泄露的问题,并且对分类器性能的评估会过于乐观。为避免以上的问题,本节使用 MMSI 码分割数据集。以数据集 TSF 为例,在 TSF^{i_m} 而非 $[x_1, x_2, \cdots, x_k]_n^{i_m T}$ 的层次上对 TSF 进行分割,也就是说,假如 TSF^{i_m} 被划入训练集,那么所有由 T^{i_m} 生成的特征向量都只能出现在训练集。

理想状况下,航迹 T^{i_m} 与静态特征样本 s^{i_m} 是一对一的关系。但是因为对静态数据进行了异常值筛除,这导致在静态数据集中可能没有对应于 T^{i_m} 的 s^{i_m}。此外,本节使用的动态特征数据只占整个数据集的一部分,这会导致动态特征数据集中可能没有与 s^{i_m} 相对应的 T^{i_m}。为解决这些问题,将实验使用到的 AIS 数据集的 MMSI 码分为三部分,分别为只出现在动态特征数据集中的 MMSI 码(记为 MMSI_D)、只出现在静态特征数据集中的 MMSI 码(记为 MMSI_S)和同时出现在静态和动态特征数据集中的 MMSI 码(记为 MMSI_C),如图 3.50 所示。在这之后,通过对不同类型船舶进行分层采样,将 MMSI_C 分为 MMSI 训练集(记为 MMSI_TR)、MMSI 验证集(MMSI_V)和 MMSI 测试集(MMSI_T)。MMSI_S 和 MMSI_TR 中的 MMSI 码对应的静态特征数据组成静态特征数据集的训练集;MMSI_D 和 MMSI_TR 中的 MMSI 码对应的动态特征数据组成动态特征数据集的训练集;MMSI_V 和 MMSI_T 中 MMSI 码对应的静态特征数据分别组成静态特征数据集的验证集和测试集;MMSI_V 和 MMSI_T 中的 MMSI 码对应的动态特征数据分别组成动态特征数据集的验证集和测试集。

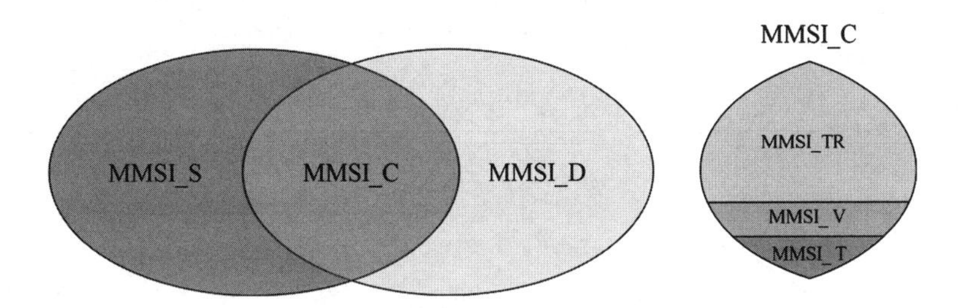

图 3.50 按照 MMSI 码分割数据集

对于航迹 T^{i_m},如果 i_m 在 MMSI_C 中,则可以生成 1 个 DFD^{i_m}、n 个 $TS_n^{i_m}$ 和 n 个 $TSF_n^{i_m}$,并且这些样本对应于一个 s^{i_m},即同一个 MMSI 码对应的静态样本和动态样本的数量是不同的。为解决这个问题,将 DFD 中的 DFD^{i_m} 和 SF 中的 s^{i_m} 分别复制 n 份。

3. MFELCM 的实现

1) 随机森林的实现

对于静态特征数据集 SF,采用随机森林进行分类。随机森林是一种基于决策树的集成学习算法,具有低偏差、低方差、泛化能力强的优点,该算法较为成熟,具体实现不作赘述。

2) 1D－CNN 的实现

图 3.51 为本节采用的 1D－CNN 的网络结构,其具体参数见表 3.13。模型训练采用 Adam 优化器,学习率为 0.001,批处理大小为 2 500。

表 3.13 1D－CNN 的具体参数

层 名 称	形 状	输 入	输 出	激活函数	(是否填充,步长)
Conv_1(卷积层_1)	15×30	100×13	86×30	指数线性单元(exponential linear units, ELU)	(否,1)
MaxPooling_1(最大值采样层_1)	4×30	86×30	21×30	-	(否,1)
Conv_2	5×40	21×30	17×40	ELU	(否,1)
Conv_3	5×40	17×40	13×40	ELU	(否,1)

续 表

层名称	形状	输入	输出	激活函数	(是否填充,步长)
MaxPooling_2	4×40	13×40	3×40	—	(否,1)
Flatten layer(展平层)	—	3×40	120×1	—	—
FC(连接层)	—	120×1	4×1	Softmax	—

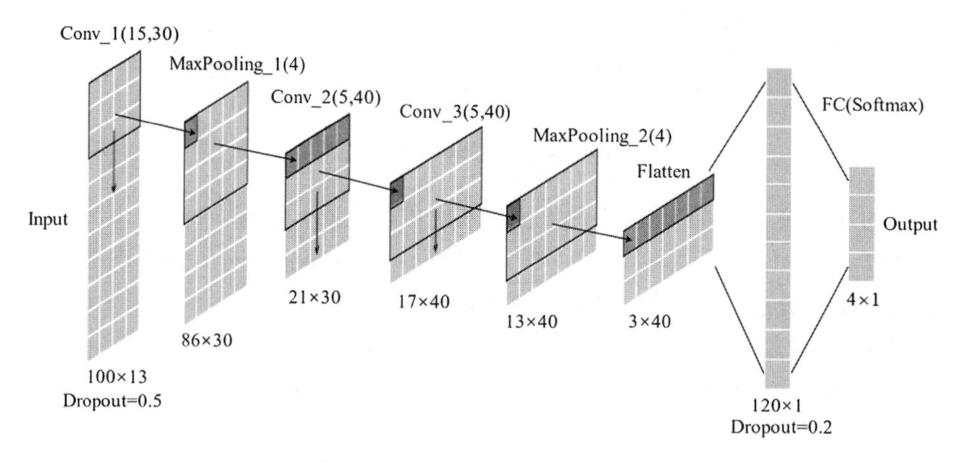

图 3.51 1D - CNN 的网络结构

3) Bi - GRU 的实现

图 3.52 为本节采用的 Bi - GRU 网络结构,同一批次的时间序列(如 $TS_1^{i_m}$、$TS_2^{i_m}$ 和 $TS_3^{i_m}$)首先会被给定的数值 v 填充到相同的长度。在经过 Mask 层后,网络会忽略填充为 v 的时刻。Bi - GRU 由循环部分和全连接部分组成,循环部分有 4 层,每层门控循环单元(gated recurrent unit, GRU)的内部隐藏状态均为 35 维。第 1 层使用双向 GRU,网络能够借助后续时刻数据理解先前时刻的行为对输入为 $d_j^{i_m}$ 的 GRU,其输出 y_j 由该单元正向输出的 h_j 和反向输出的 h_j' 拼接组成;第 2、3 层为相同的单向 GRU 网络;第 4 层将最后一个时刻的输出 $y_{j+k}^{i_m}$ 作为全连接层的输入,依次经过两个全连接层输出船舶类型预测。对于一个样本 $TS_n^{i_m}$,该网络输出一个四维向量,向量每一个维度上的数值(0~1)代表 $TS_n^{i_m}$ 属于某类船舶的概率。

模型训练采用 Adam 优化器,学习率为 0.001,批处理大小为 1 500,使用交叉熵损失函数。

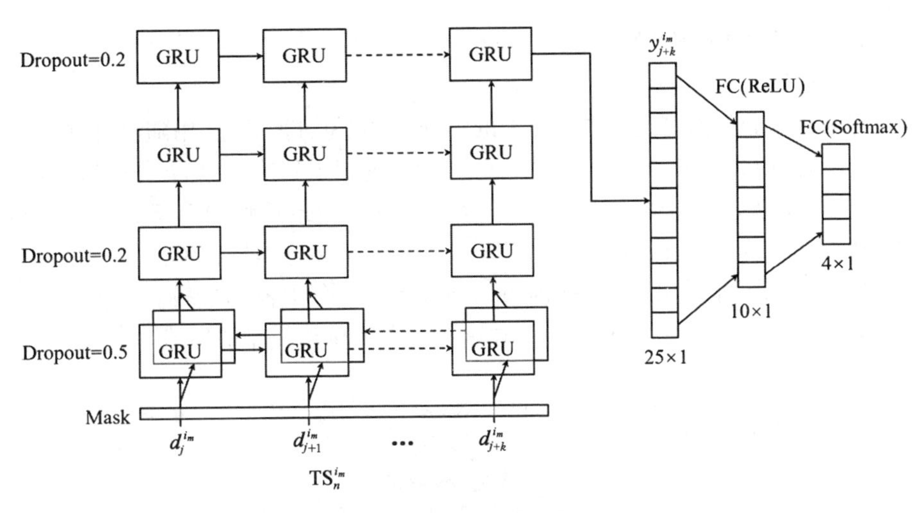

图 3.52　Bi－GRU 网络结构

轨迹 T^{i_m} 包含多个子轨迹样本 $TS_n^{i_m}$，每一个 $TS_n^{i_m}$ 都有对应的类别预测。如图 3.53，为得到 T^{i_m} 的类型预测，首先计算所有属于 T^{i_m} 的 $TS_n^{i_m}$ 的类型预测向量均值，之后取均值向量中概率最大的一类作为船舶类型的预测结果。因此，对 Bi－GRU 的评价从两个方面进行，一是根据单个 $TS_n^{i_m}$ 对船舶分类的效果，二是通过综合所有属于 T^{i_m} 的 $TS_n^{i_m}$ 的预测结果对船舶分类的效果。这两个评价标准也同样应用于后面提到的其他基分类器和 MFELCM。

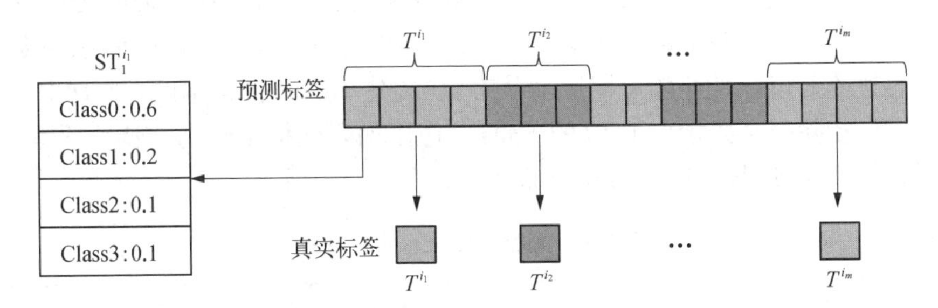

图 3.53　Bi－GRU 预测结果

4）XGBoost 的实现

XGBoost 是对梯度提升决策树方法（gradient boosting decision tree，GBDT）的一种优化实现，基本思想是构建若干个分类回归树（classification and regression tree，CART），每个 CART 对前一个 CART 的残差进行拟合，最终将所有 CART

的结果相加得到预测结果,详细原理见文献[232]。

5) 基分类器的集成

考虑到基分类器已经提取了样本的特征,为避免过拟合,使用随机森林集成基分类器,其相对简单并且可解释性强,图 3.54 说明了集成基分类器的过程。为避免混淆,将基分类器中的随机森林记为 random forest 1,将用于集成基分类器的随机森林记为 random forest 2。在图 3.54 中,4 个基分类器在验证集上的输出和验证集的真实标签用于训练 random forest 2 对基分类器的集成。4 个基分类器和 random forest 2 构成 MFELCM,在测试集上评价该模型的性能。

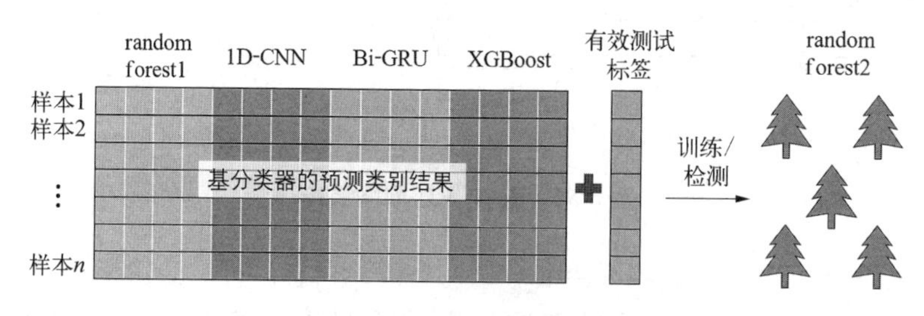

图 3.54 基分类器集成方法

4. 实验结果和分析

1) 实验数据概况

对于动态数据,为降低类别不平衡性并获得有效的船舶动态特征分布,首先从数据库中随机抽取报文总数大于 500 的 4 类船舶(各 30 万条报文);考虑到动态数据需要反映船舶的运动特征,去除 SOG 小于 2 kn 的报文;考虑到太短的子轨迹不足以反映船舶短期运动状态,在构建动态特征样本时(即 DFD、TS 和 TSF),去除报文数量小于 10 的子轨迹,使用剩余数据生成动态特征样本,数据量及样本个数见表 3.14,数据分布情况如图 3.55 所示。

表 3.14 实验中使用的动态数据

类　型	报文数量/条	船舶数量/只	子轨迹数量/个
客轮	162 351	151	7 690
货轮	167 457	1 254	9 035
油轮	152 802	611	8 555
渔船	117 264	434	6 411
总计	599 874	2 450	31 691

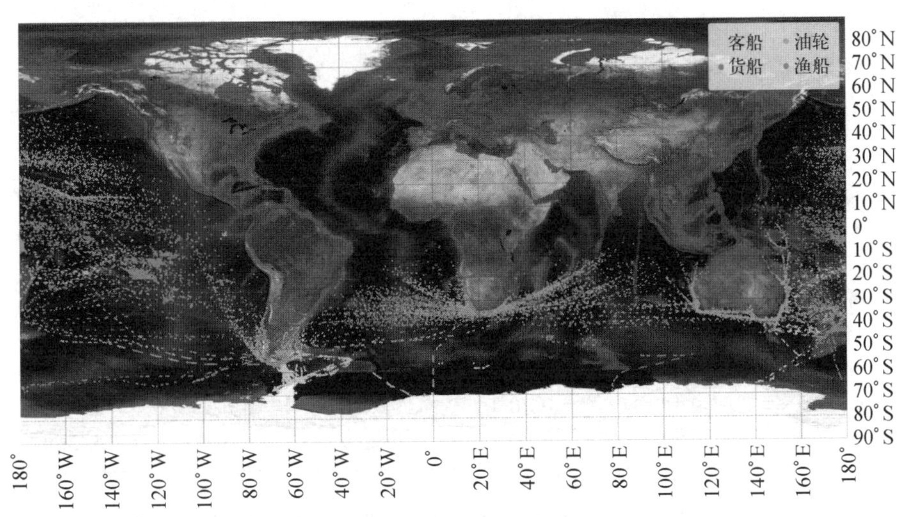

图 3.55 实验中使用的动态数据分布

对于静态数据,从数据库中提取4类船舶的所有数据,表3.15为数据预处理后的数据量。

表 3.15 静态数据的数据量

类 型	报文数量/条	船舶数量/只
客轮	1 285	1 008
货轮	61 251	15 866
油轮	21 094	6 984
渔船	5 978	4 565
总计	89 608	28 423

有2 066个MMSI码在MMSI_C中(图3.50),按照3.3.2节的数据分割方法将样本划分为训练集、验证集和测试集。需要注意的是,如果某个出现在MMSI_C的MMSI码对应多个s^{i_m},那么在数据集分割前应将这些s^{i_m}替换为均值。

2)基分类器和MFELCM性能对比

表3.16和表3.17为基分类器和MFELCM在验证集的4类船舶上的分类准确率、总体准确率和F_1分数。F_1分数是模型精确率和召回率的调和平均,使用

式(3.49)计算为减小样本不平衡的影响,在训练过程中,对样本的损失进行加权,将第 i 类样本的权重设置为 w_i^{-1}。

表 3.16 对基分类器和 MFELCM 的分类效果评价(在样本集上评估)

类 别	random forest	1D - CNN	Bi - GRU	XGBoost	MFELCM
客轮准确率	0.993 1	0.921 7	0.719 1	0.854 8	**0.998 5**
油轮准确率	0.932 0	0.786 1	0.605 2	0.546 7	**0.934 4**
渔船准确率	0.934 0	0.887 9	0.769 0	0.811 7	**0.933 2**
货轮准确率	0.824 4	0.617 3	0.597 2	0.683 9	**0.879 7**
总体准确率	0.920 5	0.791 4	0.656 6	0.700 8	**0.936 2**
F_1 分数	0.919 6	0.787 3	0.662 9	0.699 1	**0.935 9**

表 3.17 对基分类器和 MFELCM 的分类效果评价(在船舶上评估)

类 别	random forest	1D - CNN	Bi - GRU	XGBoost	MFELCM
客轮准确率	0.888 9	0.666 7	0.666 7	0.777 8	**0.888 9**
油轮准确率	0.923 7	0.627 1	0.686 4	0.610 2	**0.932 2**
渔船准确率	0.903 2	0.790 3	0.741 9	0.806 5	**0.935 5**
货轮准确率	0.828 7	0.731 5	0.629 6	0.754 6	**0.875 0**
总体准确率	0.869 6	0.707 7	0.664 3	0.722 2	**0.901 0**
F_1 分数	0.871 9	0.712 7	0.668 1	0.723 9	**0.901 9**

$$
\begin{cases}
F_1 - \text{score} = (1/4)\sum_{i=1}^{4} w_i \times F_1 - \text{score}_i \\
F_1 - \text{score}_i = 2P_iR_i/(P_i + R_i) \\
P_i = \text{TP}_i/(\text{TP}_i + \text{FP}_i) \\
R_i = \text{TP}_i/(\text{TP}_i + \text{FN}_i)
\end{cases}
\tag{3.49}
$$

其中,TP_i、FP_i 和 FN_i 分别为第 i 类样本的真阳性、假阳性和假阴性样本的数量;P_i 和 R_i 分别为模型在第 i 类样本上的精准率和召回率;w_i 为第 i 类样本占整体的比例。

由表 3.16 和表 3.17 可知,MFELCM 在 4 类船舶的准确率上均高于基分类器,其整体准确率和 F_1 分数也高于基分类器。在样本分类上,MFELCM 比效果最好的基于静态信息的随机森林提高了 0.015 7 的准确率和 0.016 3 的 F_1 分数，相对降低了 19.75%的误分类；在船舶分类上，采用 MFELCM 提高了 0.031 4 的准确率和 0.03 的 F_1 分数，相对降低了 24.08%的误分类。由于不同分类器关注的船舶特征存在区别，其分类的倾向性也不同，MFELCM 综合多种特征，有效地降低了偏差。此外，在实际应用场景中，通过定期更新动态信息可以刷新分类预测结果（如卫星每次过境时的下传数据），可以实现近实时进行在线分类。

3.3.3 基于聚类的船舶异常行为检测方法

本节介绍基于聚类的船舶异常行为检测方法。在研究区域内，船舶的航行存在一些固定的模式，这主要体现为共同航路。本节首先采用自适应密度聚类算法 OPTICS（ordering points to identify the clustering structure）从历史数据中提取研究区域的共同航路，之后使用高斯混合模型进一步细分航路，最后使用核密度估计得出航路边界。当原本正常航行在航路内的样本位置和航向偏离航路特征时，判定船舶可能存在异常。

1. 自适应密度聚类算法

自适应密度聚类算法是对 DBSCAN 算法的一种改进。DBSCAN 算法是一种基于密度可达关系的聚类算法，它需要设置两个参数，分别是邻域半径 ς 和邻域内最小样本点数 MinPts。DBSCAN 算法的参数需要人为设置，如果样本集的密度不均匀、聚类间距差相差很大时，聚类质量较差。

OPTICS 算法不直接生成聚类簇，而是生成所有样本点可达距离的排序，该排序代表了各样本点基于密度的聚类结构，从这个排序中可以获得基于任何 ς 和 MinPts 的 DBSCAN 算法聚类结果，其具体实现见文献[236]。

2. 聚类对象及距离定义

将 AIS 数据的每一个样本点作为一个聚类对象。考虑到共有航路上船舶航向可能存在正向与反向，需要加以区分，且航路可能存在相交的情况。本节将样本点 P_i 和 P_j 之间的距离 $D(P_i,\ P_j)$ 定义为位置差和航向差的加权求和，如图 3.56 所示，其中 $S_{i,\ j}$ 为样本点的位置距离，$\delta\mathrm{COG}_{i,\ j}$ 为样本点航向差。$D(P_i,\ P_j)$ 采用式（3.50）计算，其中 w_0、w_1 为权重，且和为 1。

$$D(P_i,\ P_j) = w_0 S_{i,\ j} + w_1 \delta\mathrm{COG}_{i,\ j} \tag{3.50}$$

由于位置和航向的范围和量级不同，在计算样本点距离之前，需要对研究区域内 AIS 数据的位置和航向进行最大和最小归一化。

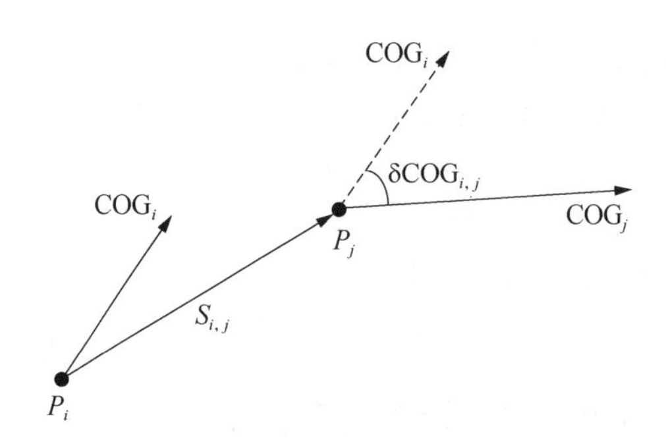

图 3.56 样本点距离定义

3. 参数的选择

设置 $D(P_i, P_j)$ 中位置和航向差的权重分别为 0.6 和 0.4,在“勇士”号海峡区域(南纬 2°~7°、东经 146°~148°)对 HY－2B 卫星在 2019－11－01~2020－04－21 接收的总计 17 632 条消息 1 进行聚类分析。图 3.57 绘制了所有数据点的可达距离和核心距离,并给出了领域半径 ς 取 0.005 和 0.015 两种情况下的分簇情况。以图 3.57(a)和(b)为例,其对 OPTICS 分簇进行了可视化。图中红色水平虚线为指定的 ς,聚类簇在图中表现为下凹部分,且凹陷程度越深,该部分数据点对应的簇越紧密;黑色的点代表噪声。图 3.57(c)为去除噪声的分簇结果,每一种颜色的数据点代表一个簇,且颜色与图 3.57(a)和(b)对应。

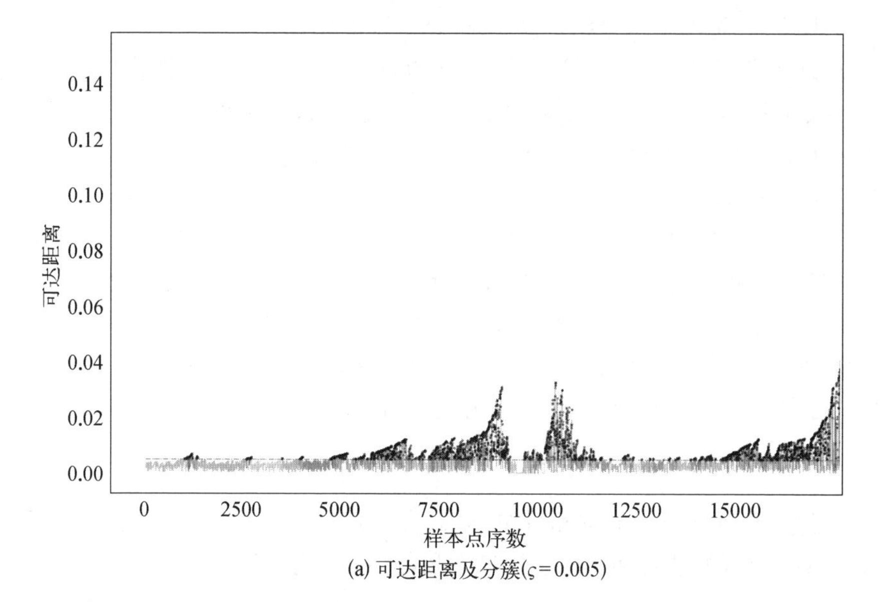

(a) 可达距离及分簇(ς=0.005)

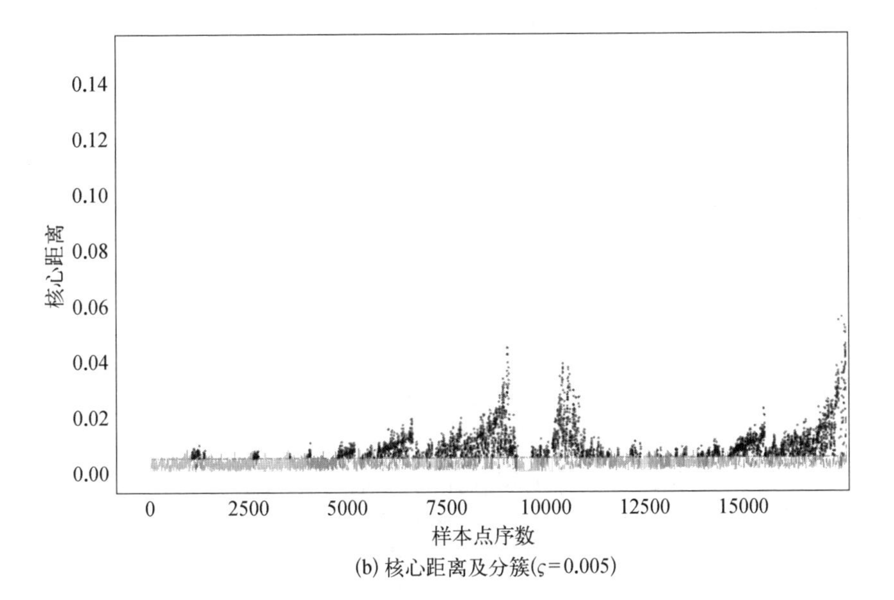

(b) 核心距离及分簇($\varsigma=0.005$)

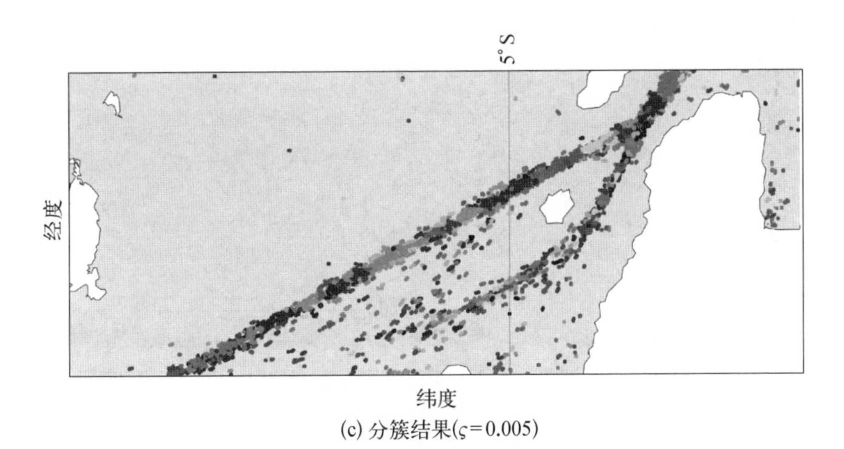

(c) 分簇结果($\varsigma=0.005$)

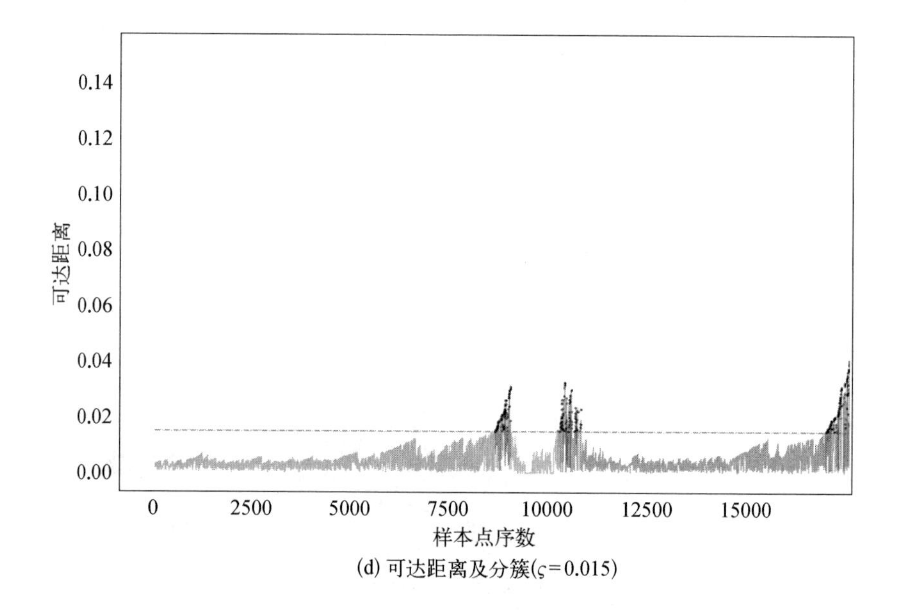

(d) 可达距离及分簇(ς=0.015)

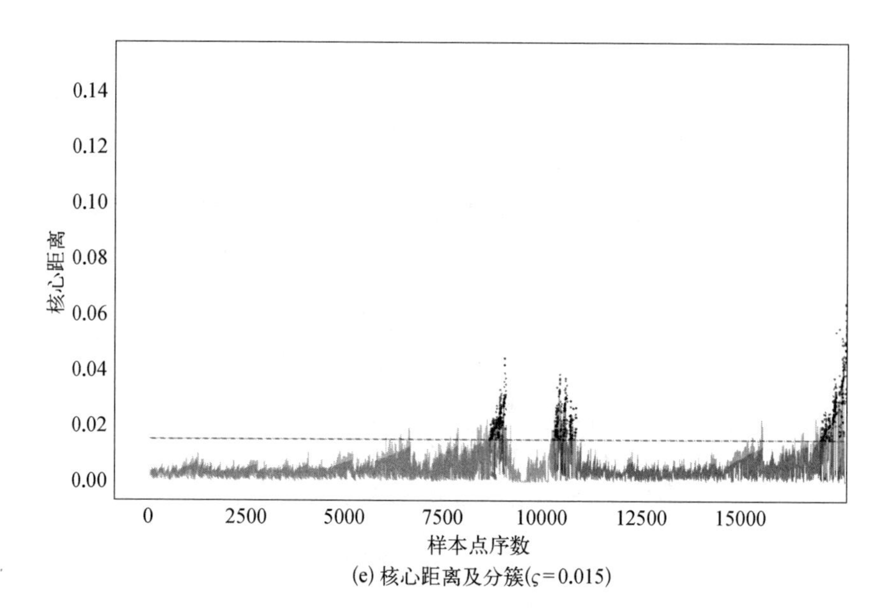

(e) 核心距离及分簇(ς=0.015)

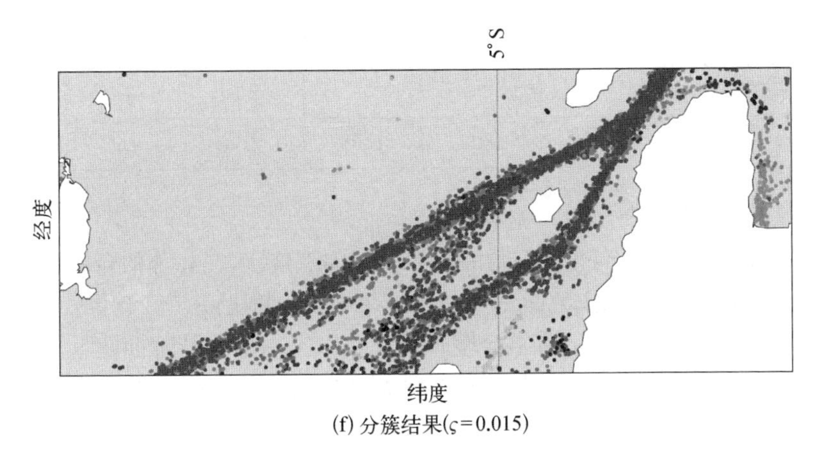

(f) 分簇结果(ς=0.015)

图 3.57　OPTICS 算法的可达距离、核心距离与不同邻域半径下的分簇结果

为确定OPTICS算法的参数ς，统计并绘制OPTICS分簇的个数和所有簇内样本总数随参数ς变化的情况，如图3.58所示。从图中可以看出，ς取0.015时，分簇总数和簇内样本总数曲线都处于拐点(图中圆圈处)；当ς小于0.015时，簇之间可以继续合并；而当ς大于0.015时，ς的增加对于分簇效果的影响下降，所以取0.015。分簇情况如图3.57(f)所示，具体的簇和对应簇内样本点个数如表3.18所示，表中样本点数按降序排列，代号为“-1”的簇是所有噪声数据。可以观察到，有3个簇的样本个数大于噪声个数，其余簇的簇内样本个数远远小于噪声数，前3个簇样本点总数为15 576，占原始数据总量的88.34%，后续分析只针对这3个簇内的数据进行。

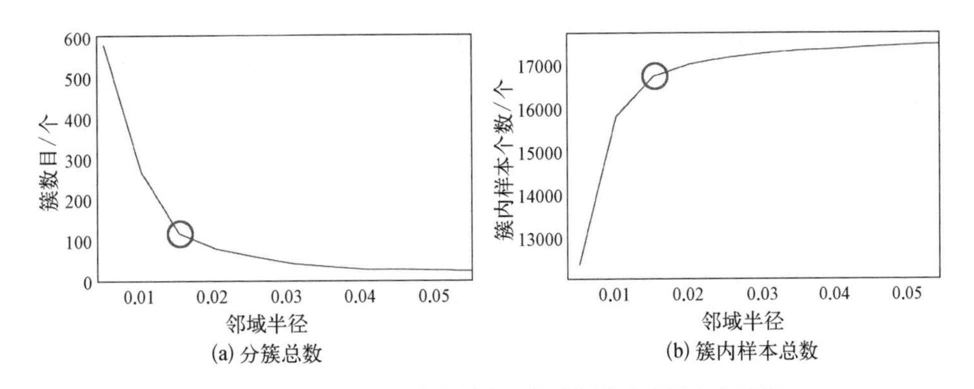

(a) 分簇总数　(b) 簇内样本总数

图 3.58　分簇总数和簇内样本总数随邻域半径的变化情况

表 3.18　簇内样本个数

簇代号	0	58	25	−1	49	…
样本点数/个	8 416	6 024	1 136	859	66	…

4. 采用高斯混合模型的航路细分

在实际航行中，船舶航路往往由一系列转向点连接，在相邻的转向点之间，船舶航向较为稳定。在图 3.57 所示的聚类结果中，共同航路并未在转折处被切分，本小节根据样本点航向采用高斯混合模型细分 4.2.3 节中聚类得到的航路。高斯混合模型使用若干个加权求和的高斯模型对样本的概率密度函数作近似。当样本数据 x 为一维数据时，高斯混合模型 $P(x \mid \theta)$ 定义为式(3.51)，其中 $\phi(x \mid \theta_k)$ 为一维高斯分布，θ 为高斯混合模型的参数，采用极大似然估计可以求得高斯混合模型的参数。

$$\begin{cases} P(x \mid \theta) = \sum\limits_{k=1}^{K} w_k \phi(x \mid \theta_k) \\ \theta = (w_1, \cdots, w_k, \mu_1, \cdots, \mu_k, \sigma_1, \cdots, \sigma_k) \\ \phi(x \mid \theta_k) = \dfrac{1}{\sqrt{2\pi\sigma_k}} \exp\left(- \dfrac{(x - \mu_k)}{2\sigma_k^2} \right) \\ \sum\limits_{k=1}^{K} w_k = 1 \end{cases} \tag{3.51}$$

提取簇 0、58、25 的样本的航向分布，见图 3.59，在设置 5 个高斯核的情况

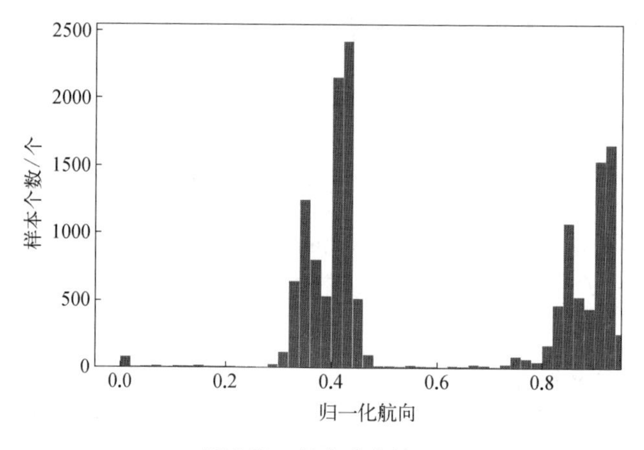

图 3.59　航向分布情况

下，航向分布的高斯混合模型如图 3.60 所示，图例中给出了每个高斯核 G 的均值 μ_k 和方差 σ_k，以及权重 w_k。

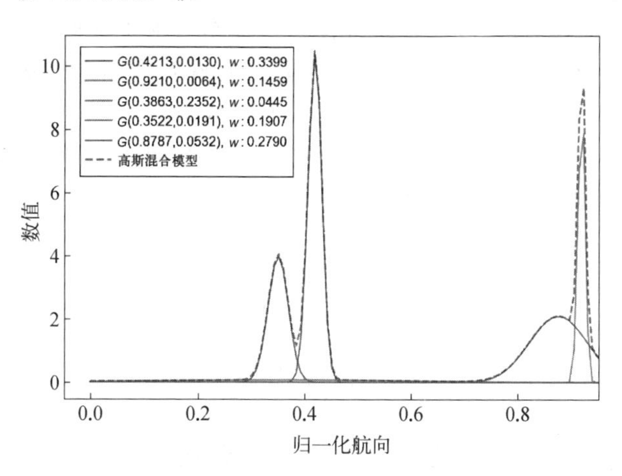

图 3.60　航向分布高斯混合模型

取数量最多的前 4 个样本簇，如图 3.61，图中箭头表示簇内样本平均航向，这 4 个簇内的样本占数据总数的 96.99%。

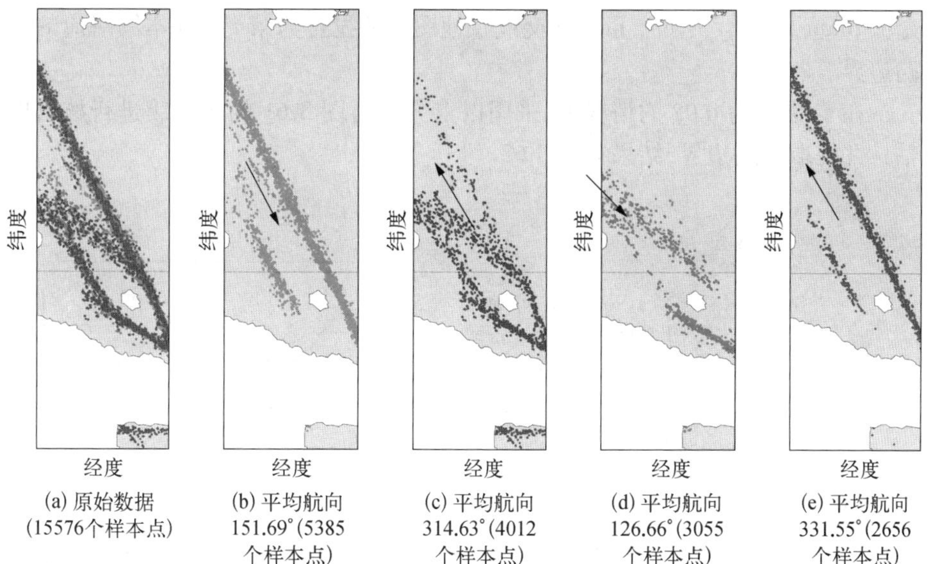

(a) 原始数据 (15576个样本点)　(b) 平均航向 151.69°(5385 个样本点)　(c) 平均航向 314.63°(4012 个样本点)　(d) 平均航向 126.66°(3055 个样本点)　(e) 平均航向 331.55°(2656 个样本点)

图 3.61　高斯混合模型细分航路

5. 基于核密度估计的航路边界估计方法

在上述基础上，对图 3.61 的 4 个样本簇分别使用 KDE 方法获得航路边界。KDE 是一种非参数估计方法，它通过在每个样本点上生成同类型的核函数（一般使用高斯核函数）并将这些核函数叠加，以实现对样本总体概率密度分布函数的估计，其表达式为式(3.52)。其中，n 为样本个数，h 为带宽，d 为样本维度，$\boldsymbol{H}\boldsymbol{H}^{\mathrm{T}}$ 为高斯密度函数的方差-协方差矩阵。本节使用 python 的 fastkde 工具包[237,238]实现基于航迹点的核密度估计。

$$\begin{cases} P(x) = \dfrac{1}{nh^{d}} \sum\limits_{i=1}^{n} w_k \phi\left(\dfrac{x - x_i}{h}\right) \\ \phi(x) = \dfrac{1}{2\pi^{d/2}\sqrt{|\boldsymbol{H}|}} \exp\left(-\dfrac{1}{2} x^{\mathrm{T}} \boldsymbol{H}^{-1}\right) \end{cases} \tag{3.52}$$

因为本节需要估计经纬度表示的航路边界，所以 $d=2$，且得到的核密度估计函数是三维曲面的形式。下面给出第 i 个样本簇的航路边界获得方法：令 $P_{\mathrm{KDE}_i}(\mathrm{lon},\ \mathrm{lat})$ 为第 i 个样本簇通过 KDE 方法得到的概率密度函数，定义航路边界平面 $\mathrm{plane}_i = k_i \max[P_{\mathrm{KDE}_i}(\mathrm{lon},\ \mathrm{lat})]$，其中 k_i 为边界系数，需要根据实际情况人为设置，反映对航路上船舶位置的容忍度，容忍程度越高，则 k_i 取值越小。定义 plane_i 与 $P_{\mathrm{KDE}_i}(\mathrm{lon},\ \mathrm{lat})$ 的交线在地图上的投影为第 i 个样本簇对应的航路边界。

在 k_i 设置为 0.02 的情况下，采用以上方法对图 3.61 的 4 个簇进行核密度估计并提取航路边界，结果如图 3.62。

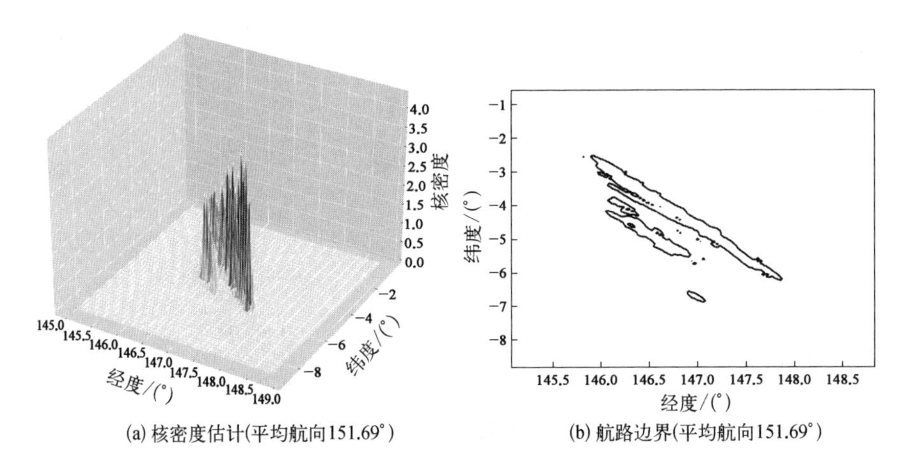

(a) 核密度估计(平均航向151.69°)

(b) 航路边界(平均航向151.69°)

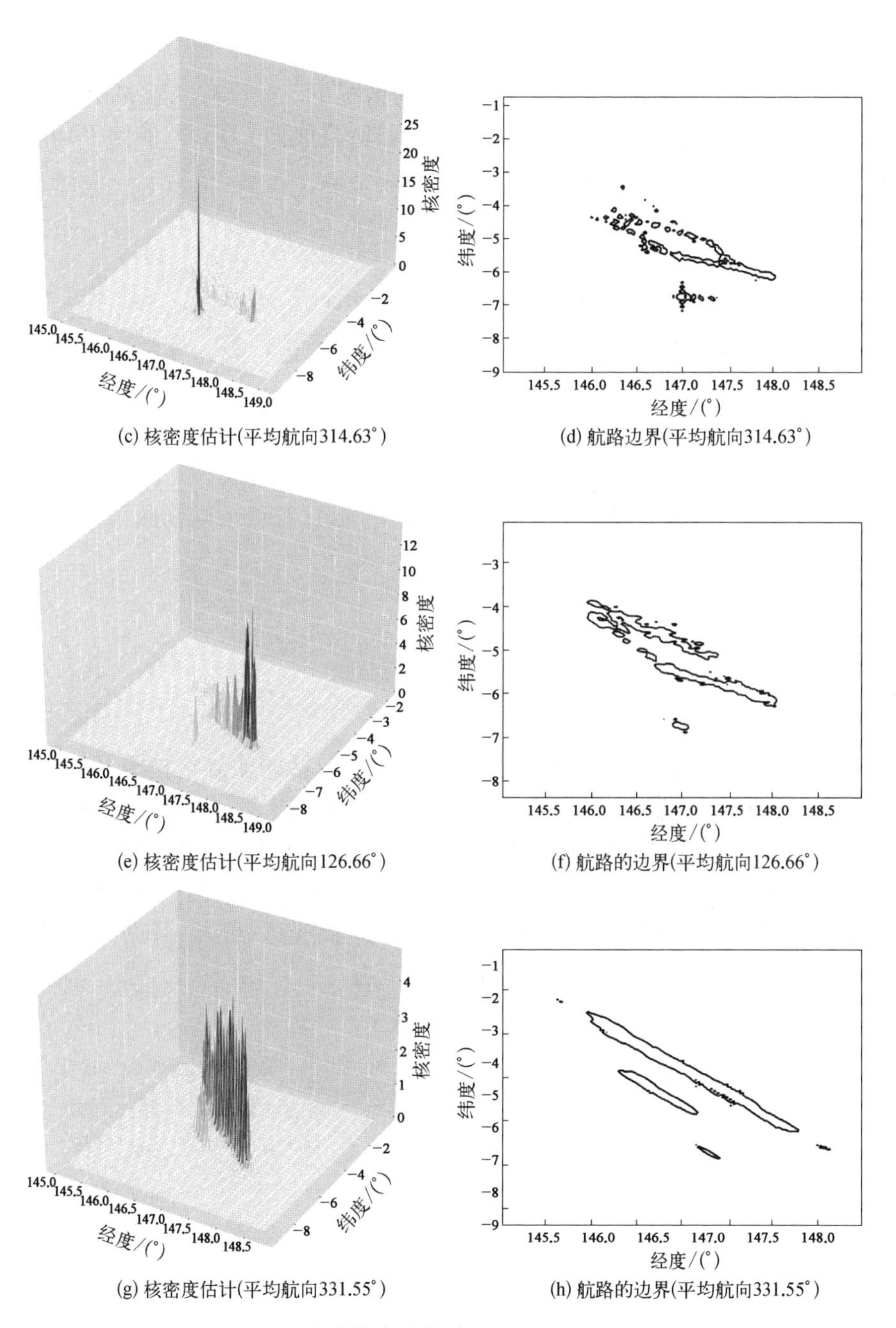

(c) 核密度估计(平均航向314.63°)　(d) 航路边界(平均航向314.63°)

(e) 核密度估计(平均航向126.66°)　(f) 航路的边界(平均航向126.66°)

(g) 核密度估计(平均航向331.55°)　(h) 航路的边界(平均航向331.55°)

图 3.62　航路核密度估计结果及航路边界估计

6. 船舶行为异常检测方法

在已知航路边界及航路对应平均航向的情况下。假设有一艘 MMSI 码为 i 的船舶,在历史时段内,该船在航路边界内活动,且航向 COG_i 与航路平均航向 $\overline{COG}$满足式(3.53),则该船在历史时段内的行为是正常的,其中 k_{COG} 是需要人为设置的参数,应在 0~90°范围内:

$$|COG_i - \overline{COG}| < k_{COG} \tag{3.53}$$

在对船舶 AIS 数据进行了去噪处理后,对该船进行行为异常判定的规则如下。

(1) 如果在未来的时段里,船舶位置脱离航路边界,则判断可能发生异常行为。

(2) 如果在未来时段里,船舶的航向不满足式(3.53),则判断可能发生异常行为。

3.4 本章小结

本章内容为星载 AIS 的数据智能应用,主要包括船舶异常检测、船舶行为预测、航迹挖掘和船舶分类,重点介绍了基于 DBSCAN 算法的航线挖掘、基于 LSTM 循环神经网络的位置预测方法、基于随机森林和多特征集成学习的船舶分类方法、基于聚类的船舶异常行为检测方法。星载 AIS 数据应用还包括多源信息融合研究,如将 AIS 与合成孔径雷达、光学(高光谱、红外、可见光等)图像进行融合,以进一步提高对海洋态势的感知能力。

第4章 星载 ADS－B 接收关键技术

4.1 星载 ADS－B 概述

4.1.1 研究背景及意义

近年来，航空业迅速发展，年均航班次数达到 30 亿且仍然在持续增长。由此带来的跟踪和监视问题日益凸显，安全、环境、效率、准确预报、可靠性、搜救等成为热门问题。例如，MH370 飞机的失事暴露了飞机航行中，尤其是远洋航行中的安全漏洞，对航空监视技术提出巨大挑战。近几年，一些地域发展引进了一些新技术，ADS－B 就是其中的一种。

如图 4.1 所示，ADS－B 采用开放式广播技术，周期性地播发自身位置、速度等消息：一方面，空管中心不再单独依靠雷达进行控制监视；另一方面，其他航空器也能接收信号，为态势感知和自主保持间隔提供了有效的数据支撑。由于 ADS－B 地面接收站比雷达站更为简单和廉价，它们将来会补充或者取代雷达

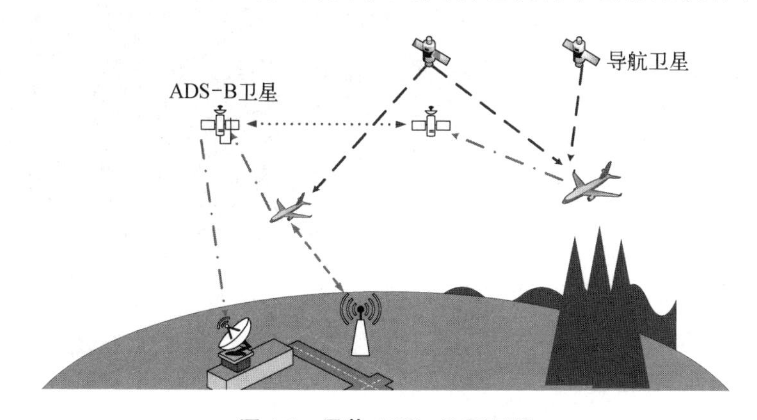

图 4.1 星载 ADS－B 原理图

站,整合到已有的监视设备中。目前,70%~85%的商业飞机中装配了 ADS-B 发射机,大部分国家,如美国和欧盟等国家强制要求在 2020 年前全部装配[239]。

但是与雷达一样,地基 ADS-B 的接收站无法覆盖广袤的海洋区域,且由于政治和经济因素,在部分国家或地区得不到安装,世界上超过 70% 的地方还没有实现航空监控[240]。卫星能够以其高远特性将 ADS-B 的覆盖范围扩展到海洋、极地及偏远地区,做到全球实时可见。如图 4.2 所示,ADS-B 具有以下优点:① 在全球范围内实现无缝航空监视,这一点是陆基监视所无法实现的;

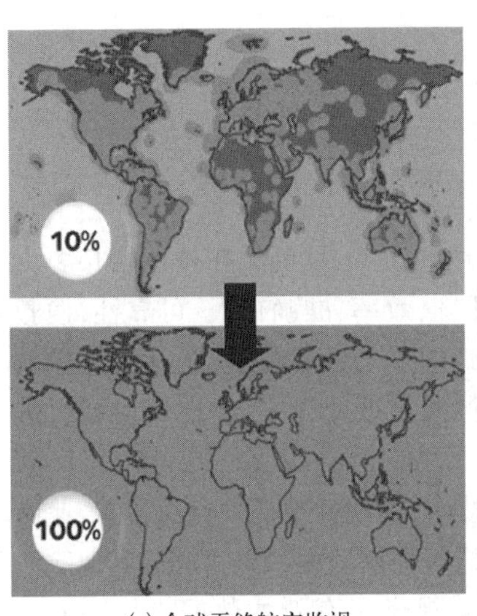

(a) 全球无缝航空监视

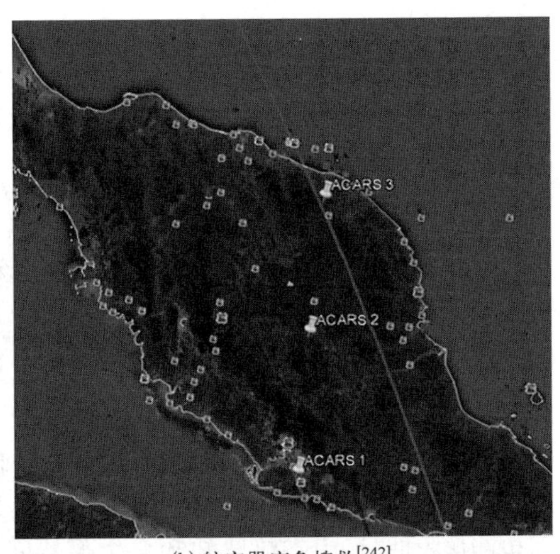

(b) 航空器应急搜救[242]

(c) 效率提升和燃油节省

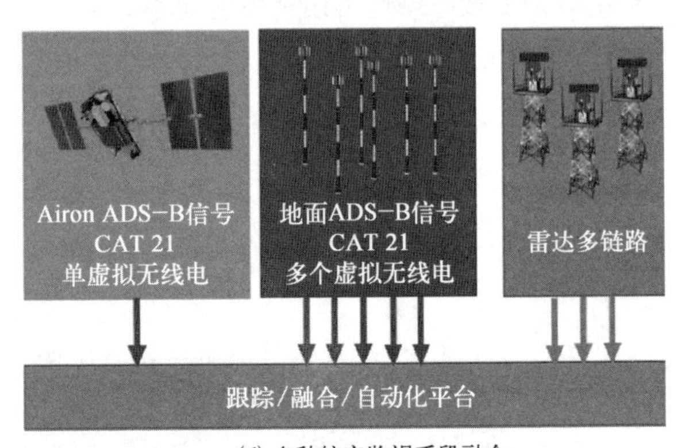

(d) 多种航空监视手段融合

图 4.2 星载 ADS-B 典型应用场景

② 提高安全性，在检测飞机异常和搜救失事飞机时，定位更快更准；③ 提高空管效率和经济效益，由于 ADS－B 数据更新速率更快，比传统雷达定位精度更高，可以通过缩小航空安全间隔来提高空域容量、优化航线和节省燃料；④ 近几年，由于 ADS－B 设备被各国强制要求装配，只需在此基础上进行改进，可节省重新设计一套星载航空监控系统的成本[241]。

如表 4.1 所示，星载 ADS－B 系统可迅速获取全球范围内 ADS－B 航空器的分布、状态信息，实现对目标航空器的探测、识别、跟踪、定位和监视，从而进一步增强空域安全和提高航行效率；获取的全球 ADS－B 信息在国民经济建设中可用于动态掌握全球飞机动态、分析全球人流物流情况。综上所述，星载 ADS－B 的出现将加快航空监控的现代化进程，对航空目标的监控带来革命性的进步。为加强我国的空域监控能力，有必要加强星载 ADS－B 技术的研究和建设。

表 4.1　星载 ADS－B 技术的应用前景

部　门	应 用 领 域
情报	航空器监控、侦察
交通	空中交通管制/应急搜救
物流	空运公司物流监控
民航	飞机监控、航迹优化、起飞降落引导

4.1.2　星载 ADS－B 的国内外研究现状及发展趋势

1991 年，自 ADS－B 首次在瑞典首都布罗马(Bromma)机场成功演示以来，欧洲、北美洲和澳大利亚等地区或国家的航空组织进行了卓有成效的研究和试验，一些代表性的进展有：1994 年初，美国联邦航空管理局在波士顿洛根(Logan)机场对 ADS－B 监视性能的功能开展了地对地通信试验；2010 年，加拿大强制要求飞临哈德逊湾上空的航空器装配 ADS－B 发射机；2011 年，Globalstar 和 ADS－B 技术公司开发出了 ADS－B 链路增强系统(ADS－B link augmentation system，ALAS)，采用该系统，飞机的 ADS－B 数据能够通过 Globalstar L/S 数据链与卫星进行数据交换；2013 年，德国宇航中心研制发射了国际首颗搭有 ADS－B 载荷的卫星 Proba－V，验证了在轨接收 ADS－B 信号的可行性[242]；2017 年，“铱星二代”开始发射，现已完成世界上第一个真正全球意义上的空中监视系统。虽然从 2009 年 ESA 提出星载 ADS-B 的设想到目前已有十几年时间，但其已经取得了较大的发展，近年来星载 ADS-B 的发射情况及接收机性能如表 4.2 所示。

表 4.2 星载 ADS-B 发射情况及接收机性能

发射时间/年	卫星名称	国家	在轨情况	用途	接收消息数	灵敏度/dBm	天线增益/dBi
2013	Proba-V[243]	德国	发射成功	前期验证	约 12 万条/天	最小到-104（含天线增益）	不详
	GomX-1[244,245]	丹麦	发射成功	演示验证	2 000~3 000条/天	最小到-94	10
2015	天拓三号[246]	中国	发射成功	演示验证	约 40 万/天	-95 @ 90% 检测概率	5
	上科大二号[247]	中国	发射成功	演示验证	2 000~3 000条/天	最小到-94	10
	GomX-3[248]	丹麦	发射成功	演示验证	几万条位置消息	最小到-94	10
2016	CanX-7[249]	加拿大	发射成功	演示验证	约 28 000 条/天	最小到-95	不详
2017	铱星二代[250]	美国	完成 65 颗	商业运营	不详	可接收到 125 W 的信号	8~11
2020	天拓五号	中国	发射成功	演示验证	约 340 万条/天	-96 @ 90% 检测概率	≥7

其中，Proba-V 卫星于 2013 年 5 月发射，这是国际首颗实现星载 ADS-B 接收的卫星。2013 年 7 月~2015 年 4 月，Proba-V 共捕获到 1.65 亿条消息，解码了 3 000 万条位置信息。但是由于 Proba-V 本身是一颗植被探测卫星，作为附属载荷的 ADS-B 接收机受到诸多限制，其实际性能并不理想[248]。GomX 系列卫星均搭载了星载 ADS-B 接收机，由丹麦 Gomspace 公司研制。其中，GomX-1 是于 2013 年 10 月发射的 2U 卫星，用于星载 ADS-B 接收测试。GomX-3 是于 2015 年 10 月发射的一颗 3U 卫星，它是 GomX-1 的升级版本，采用 X 波段下传数据。ESA 计划 2018 年初继续发射采用 6U 卫星 GomX-4A 和 GomX-4B，验证编队飞行和星间 S 波段通信等技术[7,11-13]。

国际上目前最被看好的是 Aireon 公司的项目，该公司由铱星通信公司和其他一些航空导航服务供应商（air navigation service providers，ANSP）于 2011 年联合成立，其中 ANSP 包括爱尔兰航空管理局、意大利国家航空服务机构

(Ente Nazionale Assistenza al Volo,ENAV)、丹麦国家航空公司(Naviair)、加拿大导航公司(NAV Canada)等。Aireon 公司依托“铱星二代”搭载 ADS－B 载荷,计划投资30亿,现已全部完成66颗卫星的部署,把 ADS－B 扩展到全球范围。目前,“铱星二代”已于2017年1月14日、6月25日、10月9日、12月22日完成了前4次40颗卫星的发射。2016年9月,Aireon 公司与航班追踪软件公司 FlightAware 合作开发了名为“GlobalBeacon”的追踪系统,FlightAware 公司通过向遍布全球的志愿者免费提供小型 ADS－B 接收机来收集 ADS－B 数据,公司对收到的数据进行分析整合并结合全球的航班信息及飞机通信寻址与报告系统(aircraft communications addressing and reporting system,ACARS)等信息实现最终的航班追踪。

我国在“十三五”末实现了 ADS－B 的全面运行。近年来,中国民用航空局先后制定了 ADS－B 发展规划,建立健全了规范标准体系。空管部门也在加快推进 ADS－B 系统工程建设和运行前的准备工作。2017年8月,新疆启动 ADS－B 空管运行第一阶段试点,实施以来,航班运行安全平稳,空管运行间隔大幅缩小,管制员监控的压力进一步降低。

国防科技大学微纳卫星工程中心于2015年9月发射了“天拓三号”卫星,这是我国首次进行星载航空目标自动识别信号接收试验。主星“吕梁一号”接收系统平均每天可接收来自全球范围内的40多万条 ADS－B 系统报文数据,幅宽超过2 000 km,成功实现对全球范围航空目标的准实时目标监控、空中流量测量,接收的报文数据可为航空安全、航线优化、航空管制和提升航空效率提供信息服务。2020年8月,“天拓五号”卫星发射成功,幅宽达到了4 517 km,采用双接收机接收 ADS－B 数据,每天大约能收到340万条报文。虽然在轨实验论证了星上接收、解码、转发所有 S 模式电文的能力,但其可靠度、稳定性等问题需要进一步研究,以便为完成星座组网和投入使用提供技术支撑。

“天行者”星座由48颗卫星组成,均匀分布在六个近地轨道面上,卫星主要搭载 ADS－B 等有效载荷。截至2020年12月,已发射升空“和德一号”“和德二号”A、B 星“和德四号”“和德五号”共五颗卫星在轨运行。

新建的星网将合并“鸿雁”“虹云”星座,统一建设我国天基物联网+互联网,其中物联网载荷包括相控阵 ADS－B 接收系统。总的来说,国内星基 ADS－B 低轨卫星星座发展都在竞相准备和筹划中,目前仍处于单星或多颗卫星试验验证阶段,离最后成功应用到空中交通管理中还需要一定的时间和技术积累。

4.1.3 星载 ADS－B 关键技术进展

1. 星载 ADS－B 建模与理论

星载 ADS－B 建模是指根据 ADS－B 卫星的轨道高度、天线构型、覆盖范围、飞机分布与运动状态等建立飞机检测概率的数学模型,并对影响系统性能的关键因素进行分析和优化,它是星载 ADS－B 载荷关键技术研究的基础。

目前,国际公认的 ADS－B 标准由航空无线电技术委员会(Radio Technical Commission for Aeronautics, RTCA)于 2009 年颁布的 DO－260B 文件给出,该文件规定了信号调制解调方式、设备性能要求和测试手段等内容[251]。根据该标准,Richard 等采用 Aloha 协议仿真了北大西洋上空的星载 ADS－B 信号冲突情况,得出了理想情况下信号中断时间不大于 3.7 s 的结论[252]。Richard 等还对 LEO 上星载 ADS－B 的链路进行了详细分析,得出了三个主要结论:① 星载 ADS－B 最佳轨道高度应在 400~800 km;② 400 km 轨道高度的星载 ADS－B 接收机灵敏度至少应达到-98 dBm;③ 星下盲点会造成大约 10 s 的信号中断。William 等分析了地基 ADS－B 的主要同频干扰,包括空中管制雷达信标系统(air traffic control radar beacon system, ATCRBS)、Mode－S 和空中告警防撞系统(traffic alert and collision avoidance system, TCAS),得出地基 ADS－B 在 40~70 n mile 范围内的信号冲突程,在可使用范围内[253]。

国内,刘海涛等给出了机场 ADS－B 监视性能评估的方法,并利用天津滨海国际机场的数据进行了分析[254],在此基础上提出了星载 ADS－B 接收机监视容量分析方法[255]。目前,最完整的星载 ADS－B 系统建模分析是 Aireon 公司给出的,其根据全球航班的分布情况,结合星载 ADS－B 的应用需求,给出了检测概率和位置消息更新间隔之间的关系[256]。

2. 星载 ADS－B 天线技术

天线作为 ADS－B 信号接收的前端,直接决定着系统的覆盖范围、信号冲突程度及接收到的信号功率。目前的星载 ADS－B 多依赖于小卫星平台,为了减小尺寸和提高增益,可展开式螺旋天线成为主流选择,如 GOMX－1[244] 和 STU－2 卫星[248],主要用来验证技术的可行性。GOMX－1 微小卫星及其搭载的 ADS－B 螺旋天线见图 4.3。

“铱星二代”搭载的 ADS－B 作为首个商业应用案例,采用了相控阵多波束设计。“铱星二代”由部署在 780 km 的 66 颗卫星组成,分为 6 个轨道面,倾角 86.4°,将率先完成全球组网 ADS－B 信号接收,其天线由 4 个面组成,包括 3 个

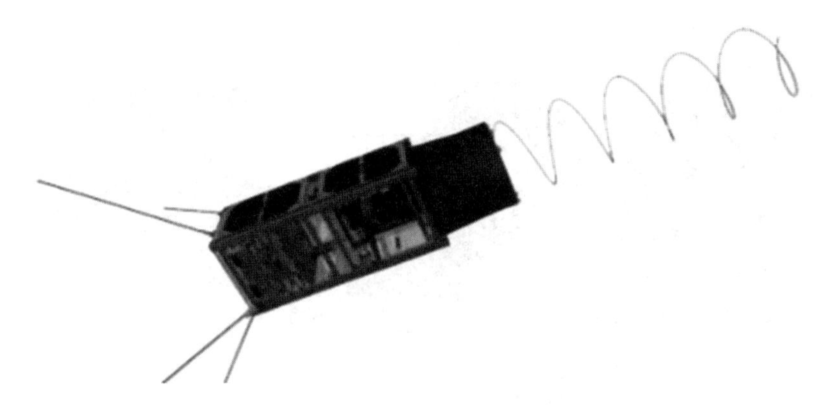

图 4.3　GOMX－1 微小卫星及其搭载的 ADS－B 螺旋天线

2 阵元×5 阵元的面阵和一个 5 阵元的面阵，总共产生 7 个波束（3 个大阵面产生两个波束，小阵面产生 1 个波束），采用固定馈电网络，通过 7 个并行通道产生独立的波束：波束 1~6 指向特定的高度角，第 7 个波束指向天底方向，波束的产生基于 Wilkinson 功分器。波束角度的确定以最大化覆盖范围为目标，这一创新设计将对星载 ADS－B 的性能带来巨大提升，尤其是在信号接收幅宽方面。

"铱星二代"的星载 ADS－B 载荷重达 15 kg，如图 4.4 所示。为了进一步降低重量，上海航天电子技术研究所设计了一种新型星载 ADS－B 可展开天线，如图 4.5 所示，其由多个指向不同的大尺寸螺旋天线构成，通过引入紧张绳、电热丝熔断释放等设计形式，实现天线螺距刚度的有效控制和压紧释放功能，最终使天线的质量减小到 8 kg[257]。

基于微小卫星平台的星载 ADS－B 接收天线技术的核心是设计出一种尺寸小、重量轻的天线，通过优化天线结构或者波束成形的方式来合成灵活、指向性强、增益高的波束，以减小单个波束的覆盖和增大总体覆盖范围，从而在完成大范围接收航空器 ADS－B 信号的同时提高检测概率。上海微小卫星工程中心利用遗传算法对星载栅格阵列天线进行了综合优化，得到了很好的效果，但其阵元数多达 61 个，质量偏大，不适用于小卫星平台[258,259]。Cheng 等基于星载船舶 AIS 提出了一种利用螺旋天线进行波束扫描的方法，但 ADS－B 的实时性远比 AIS 要强，波束扫描造成的信号遗漏检测难以被实际 ADS－B 应用系统接受[260]。

3. 星载 ADS－B 接收机技术

星载接收 ADS－B 信号链路衰减严重，对接收机灵敏度提出了巨大挑战。

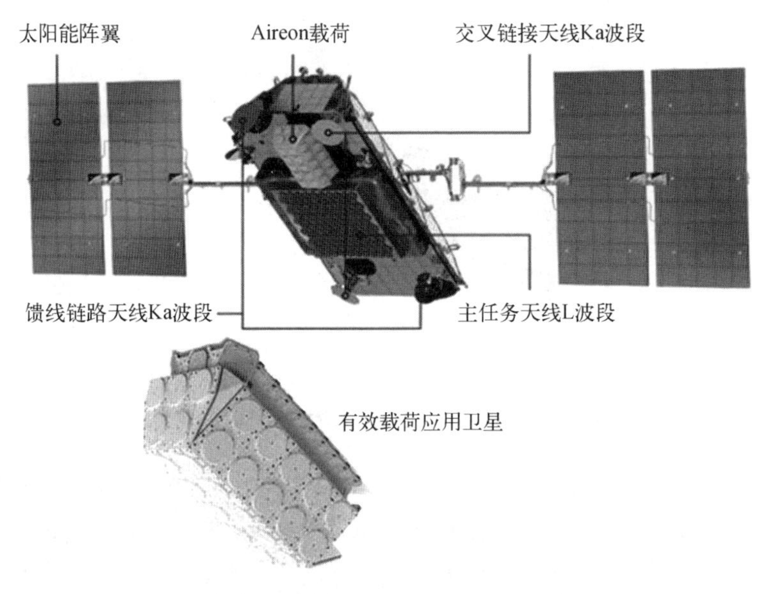

图 4.4 “铱星二代”及其搭载的 ADS－B 阵列天线

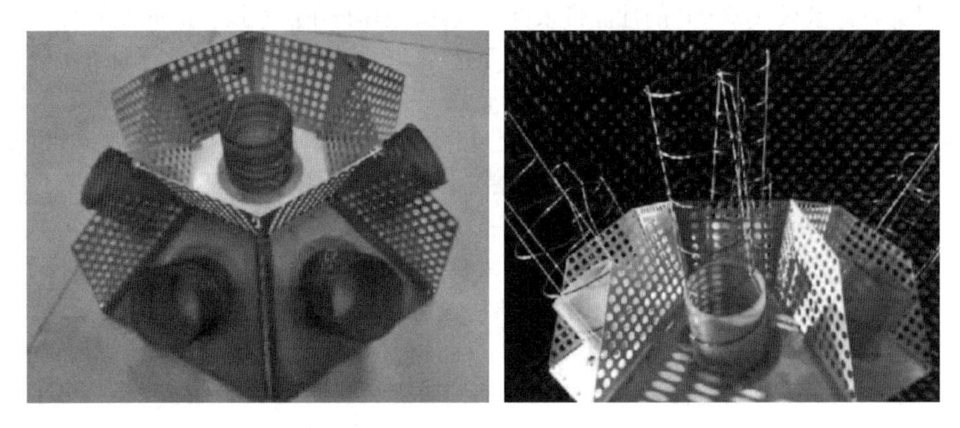

图 4.5 星载 ADS－B 可展开多波束螺旋天线

传统 ADS－B 接收机的灵敏度一般最高到-85 dBm，可由 SDR 方法实现[261,262]。考虑到 ADS－B 信号由二进制幅度键控（amplitude shift keying，ASK）调制，该信号抗干扰能力差，因此本书将采用超外差结构和相干解调实现高灵敏度接收。

ADS－B 信号的解调主要包括三个步骤：帧头检测、bit 判决和完整性校验。其中，帧头能否被准确检测和功率信息能否被准确提取制约了信号检测概率和解调正确率。目前，帧头检测方法主要分为脉冲沿法和匹配滤波法两种。文献[263]提出了改进的脉冲沿检测法，但是在该方法中，只要前导四脉冲中有一个脉冲被干扰变形，检测就可能失败。文献[264]提出用前8位匹配滤波直接检测前导脉冲，但只要参考信号高电平段有足够强的能量信号，相关结果中就有峰值出现，难以用固定阈值判决峰值的方法检测帧头。文献[265]提出了基带归一化的互相关报头检测方法，在信噪比为2 dB 的仿真条件下，可达到99.8%的检测概率，但需要进行噪底估计且对同频干扰敏感。文献[243]提出利用报文中的下行格式(downlink format, DF)位进行检测，相比只用报头四脉冲检测，无误差检测条件下对信噪比的要求降低了3 dB，但其只能检测DF为17的报文。

4. 星载 ADS－B 信号交织位置检测方法

ADS－B 信号交织位置检测方法实现的功能是确定 ADS－B 信号的产生时间和重叠时间。在完成这一过程后，截取 ADS－B 信号交织的数据段，以便于后续使用 ADS－B 信号分离算法进行分离。

目前，主流的 ADS－B 信号交织位置检测方法为奇异值分解(singular value decomposition, SVD)方法，主要应用在投影算法(projection algorithm, PA)及其扩展的算法中[266,267]。孟真真等利用 ADS－B 交织信号与 ADS－B 标准信号的波形差异，提出了一种利用 ADS－B 信号自身特性进行信号交织位置检测的方法，相比 SVD 方法，该方法在降低了计算复杂度的同时提高了交织位置检测精度[268,269]。吴仁彪等通过单天线下的有效脉冲位置检测和基于希尔伯特变换的交织位置检测，得到了 ADS－B 信号的起始时间和产生交织的位置，并采用一种累加分类的方法实现了信号分离[270]。针对 SVD 方法，在硬件实现中需要缓存整条交织信号，所以很难满足硬件实时性要求的问题，韩斌对此方法进行了改进：在硬件实现中采用每隔一定的快拍数就对接收信号计算一次协方差矩阵并获取其特征值，然后将小特征值变为标准化统计量并与设定的门限值对比的方法来判定是否存在交织信号[271]。基于卫星的 ADS－B 接收信号信噪比很低，使得上述几种交织位置检测方法在信噪比(signal noise ratio, SNR)较低的情况下效果不理想，导致分离性能下降。Ren 等根据 ADS－B 的信号特点，在 SVD 方法的基础上增加了匹配滤波器，提高了信号交织位置的估计精度和检测概率[272]。

总的来说，目前国内外对 ADS－B 信号交织位置检测方法的研究相对较少。近两年来，有关于 ADS－B 信号交织位置检测方法的研究成果逐渐增加，不过基本还处于理论仿真阶段。后续可以对目前比较成熟的 SVD 方法进行适当改进,例如,利用并行雅可比方法实现 SVD,使其能够在 FPGA 上实现,并应用到工程实践中。考虑到卫星上接收的 SNR 很低且计算资源有限,后续可根据现有的信源数目估计方法进行新型星基 ADS - B 信号交织位置检测方法的研究,使得在性能满足卫星要求的同时,尽可能降低计算复杂度。

5. 星载 ADS - B 混合信号盲源分离算法

获取 ADS - B 交织信号的交织位置之后,接下来要做的就是采用信号分离算法对交织的 ADS - B 信号进行盲源分离。盲源分离理论最早由 Jutten 等于 1985 年提出[273],指的是从接收到的交织信号中分离出源信号,且抑制掉噪声的过程。通常接收到的交织信号来自多个传感器的输出,并且输出的信号是相互独立的。盲源分离的"盲"主要表现在两方面: ① 源信号未知;② 信号产生交织的方法未知。

盲源分离是信号处理领域的热门研究方向,近年来涌现出了许多先进的盲源分离算法[107,274,275]。针对 ADS - B 信号,最早可参考二次监视雷达信号的盲源分离算法,Pertrohilos 等提出了 PA,该算法计算量低且易于算法的硬件实现,然而不适用于 SNR 太低和各源信号的到达时间无明显差异的情况[276]。国际民用航空组织(International Civil Aviation Organization, ICAO)文件标准中为 ADS - B 交织信号提供了如下处理方法: ① 当 ADS - B 信号交织出现在前导码中时,只对功率最高的信号进行解码,并放弃其他信号;② 当 ADS - B 信号交织出现在数据位中时,只对首个到达的信号进行解码。然而,这种方法中只有一条信号能够被正确分离并解码。

Zhang 等采用快速独立成分分析(fast independent component analysis, FastICA)算法分离交织的 ADS - B 信号,该方法在信号间幅度差异不明显的情况下能够达到很好的分离效果,且该算法对信号间的相对时延不敏感,但是当两信号完全重叠时,该算法将失效[277]。Wang 等提出了分离 ADS - B 交织信号的非凸盲自适应波束形成方法,该方法无须知晓 ADS - B 信号的波达方向,且对各信号之间的时延差异不敏感[278]。Yu 等提出了分离 ADS - B 交织信号的两种方法: 基于信号功率估计的自适应调整技术和信号重构抵消技术。这两种方法在信号间幅度或功率有明显差异时能够达到很好的分离效果,但是很难分离一重以上的交织信号,因为此时很难准确估计各信号的功率[279]。Wu 等将经验模态分解(empirical modal decomposition, EMD)应用在了盲源分离中,提高了在低 SNR 条件下的分离性能[280]。卢丹等提出了基于 EMD 的 ADS - B 交织信号单通道分离算法,该算法同时解决了 ADS - B 交织信号的分离和源信号个数的估计问题。仿真结果表明,当两信号完全重叠时,会使该算法的分离性能下降,此外,该算法对信号间的相对时延和相对幅值不敏感[281]。

总的来说,有关于 ADS－B 交织信号盲源分离算法研究的文献已有很多,但主要集中在一重交织信号分离的理论仿真上,对于一重以上交织信号分离的理论研究和算法的硬件实现方面的研究很少,所以未来的主要研究方向应该转移到算法的硬件实现和多重交织信号分离的理论研究上。后续对于星基 ADS－B 交织信号盲源分离新算法的研究应从降低计算复杂度和提高低 SNR 下的分离性能这两方面入手。

6. *星载 ADS－B 数据质量评估方法研究现状*

数据的好坏直接影响分析结果,要对数据进行分析首先也需要一个客观合理的评价方法。王子龙[282]从 ADS－B 数据的数据完好性、数据漏点率、数据跳点率及顶空盲区等方面开展了研究和分析。曹娜[283]利用数据准确性与完整性来评估 ADS－B 数据质量,并以新疆上空固定航路 J325 的航迹数据为例,采用密度聚类算法对缺失数据段进行聚类,采用卡尔曼滤波算法和灰色神经网络模型对 ADS－B 航迹进行处理,用于评估数据准确性。王运帷[284]将接收能力、刷新时间间隔、精确性、连续性四个方面相结合,对陆基 ADS－B 与星基 ADS－B 进行了数据质量对比分析,并提出了一种综合评价方法。

对星基 ADS－B 检测概率模型方面的研究作简要介绍。Kharchenko 等[285]使用仿真软件模拟了“铱星”在低轨传输 ADS－B 数据的模型,接收并分析了误码率与自由空间路径损耗等参数特性。Garcia 等[286]通过建模得到了 Aireon 的 ADS－B 接收机在“铱星二代”上的监视系统指标,如预期 ADS－B 飞机位置的更新间隔。Pryt 等[287]对 CanX－7 在大西洋上空的情况进行了模拟,通过使用 Aloha 协议,计算信号碰撞的概率,得出信号碰撞造成的信息损失完全符合空中交通系统机构使用的地面雷达标准的结论。刘海涛等[56]提出了星基 ADS－B 系统监视容量的计算方法,并在 SNS 软件上进行了仿真验证,得出星基 ADS－B 系统的监视容量是由 ADS－B 应用子系统所要求的航空器位置报告更新间隔、航空器-卫星链路的误码率、星-地面站链路的误码率及卫星数量联合确定的结论。

国内外已经有大量学者对地基 ADS－B 数据质量评估进行了研究。Zhang 等[288]利用成都和九寨的 ADS－B 地面站数据,基于位置导航不确定性类别(navigation uncertainty category-position,NUCp)值对 ADS－B 报告完整性进行评价,得出 ADS－B 数据的精度远优于雷达数据的结论。Tabassum 等[289]对美国大福克斯机场接收到的 ADS－B 数据质量进行分析,重点分析了报文参数中的存在的数据跳点、数据漏点及几何高度与气压高度差异的数据异常问题，提出分析 ADS－B 数据质量本身的缺陷对航空管理与安全飞行有重要意义。Mueller[290] 提出了采用改进的线性最小二乘算法对 ADS－B 数据进行平滑处理，将平滑处理后的航迹作为参考基准，以此计算位置的实际误差，评估数据质量。沈笑云等[291] 提出了以航路为参考基准验证 ADS－B 航迹数据精度及完好性的方法。宫峰勋[292] 提出了监视所需性能估计模型，并在两个接收站采用近亿条 ADS－B 报文数据对接收站所需监视性能进行评估。

星基 ADS－B 具有可以实现全球覆盖的优点，可以填补地面通信导航设备在荒漠、远洋、极地等地区难以架设的缺点。相较于地基 ADS－B 数据质量的研究，星基 ADS－B 数据质量评估处于起步阶段。赵嶷飞等[293] 利用星基 ADS－B 数据与航路中心线对比计算误差，统计误差分布，计算出了实际误差范围。

总的来说，星基 ADS－B 数据质量评估的目的是评价卫星接收到的 ADS－B 数据质量，但由于星基 ADS－B 技术目前还处于研究和发展阶段，这就需要一套完整的评估方法来评价星基 ADS－B 数据的质量。

7. 星载 ADS－B 数据挖掘研究现状

数据挖掘主要是研究算法与应用，当前的主流算法研究包含统计学习类算法和机器学习类算法（如强化学习、监督学习等）。应用研究主要是对特有的大数据进行分析范畴，ADS－B 数据挖掘就属于空天领域的应用研究。

针对 ADS－B 的数据挖掘，简单来说就是从海量的真实 ADS－B 数据中提取有用的信息。基于 ADS－B 的数据挖掘可以区分为整体研究与局部研究，整体研究注重于对一个较大范围内，甚至全球的飞行数据进行分析研究；局部研究则是将关注的重点放在某一时间点或者是某一领域上空、某一固定航班飞行行为的特定分析。

Chen 等[294] 使用卷积网络中的深度残差网络来对近百万条 ADS－B 报文数据进行分类。Zhang 等[295] 提出在 ADS－B 数据上使用概率假设密度滤波来解决无先验信息的雷达信号系统贝叶斯估计问题。Gui 等[296] 利用机器学习的方法（这里使用的是随机森林算法和 LSTM 算法，具体细节可以参考图 4.6）结合大量的 ADS－B 数据来进行飞行航班延误预测。马兰等[297] 通过对青岛-北京 CDG4651 航班航迹数据进行 CURE（clustering using representative）分析，预测了某日的航迹轨迹、过点时间及过点高度等。张思远等[298] 针对自由飞行中复杂多机冲突场景，根据 ADS－B 监视内目标机计算冲突危险系数，并结合遗传算法规划出全局最优无冲突航迹，解决了多机冲突问题。

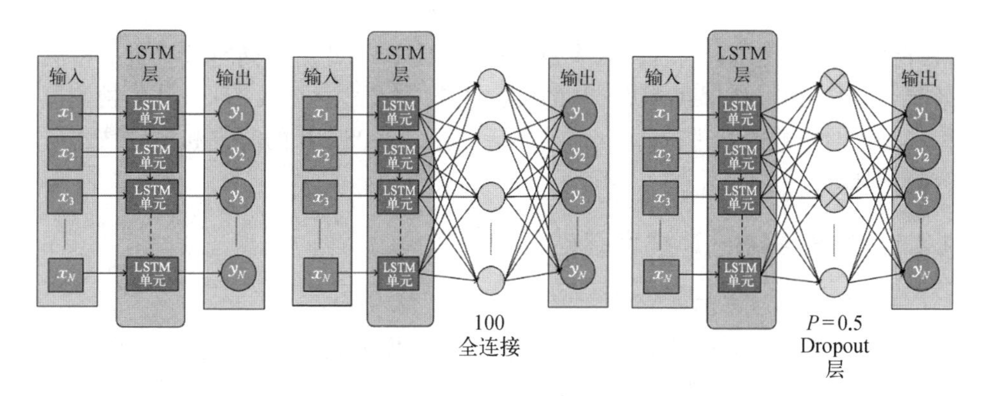

图 4.6　基于 LSTM 的三种不同的网络架构

Leonardi[299]对多个接收机接收到的 ADS - B 报文的不同时间信息进行了目标定位与异常检测。丁建立等[300]采用深度学习的 seq2 seq 模型对 ADS - B 报文数据进行重构,通过重构可更好地捕捉数据的时间依赖性,提高模型的异常数据检测效率。王振昊等[301]利用 ADS - B 及其同步空管二次监视雷达(secondary surveillance radar, SSR)数据通过卡尔曼(Kalman)滤波构造多维样本数据,采用支持向量数据域描述(support vector data description, SVDD)方法训练样本数据得到分类器,并用于识别异常数据。罗鹏等[302]利用双向门控循环单元(bidirectional gating recurrent unit, BiGRU)神经网络预测 ADS - B 数据,并将预测值与实际值作差送入 SVDD 中训练,得到分类器,用于异常数据识别。

综上所述,当前基于 ADS - B 数据挖掘与异常目标检测处于研究起步阶段,针对需要解决的不同实际问题,其算法的应用还比较单一,就具体应用场景而言,需要灵活设计对应算法解决相应问题。

4.2　星载 ADS - B 建模与分析

星载 ADS - B 的建模与仿真是基于卫星平台研究 ADS - B 技术的。星载 ADS - B 是由传统地面 ADS - B 发展而来的,除了具备传统地面 ADS - B 的一般特征之外,还有一些新的技术特点,如空间衰减大、信号冲突严重、信噪比低等。此外,ADS - B 的组成、特点、协议标准等在本质上决定了星载 ADS - B 信号的接收和处理方式。星载 ADS - B 是一个动态系统,系统的接收性能与天线覆盖范围、飞机数量与分布、轨道高度、不同类型飞机比例等因素密切相关,难以精确评估,具有一定统计特性。为有效评估星载 ADS-B 对不同空域飞机的检测效果,针对性地提高星载 ADS-B 的接收性能,必须建立星载 ADS-B 的检测概率模型并对影响因素进行仿真分析,为后续星载 ADS-B 的改进和关键技术研究提供指导。

4.2.1 星载 ADS-B 技术基础

1. ADS-B 技术标准

ADS-B 工作在 L 频段,采用随机接入方式,发射和接收各类航空器的位置、速度、航向、识别码、事件消息等报文,实现航空器之间、航空器与空管中心之间的通信,是一种集现代通信、网络和信息科技于一体的新型助航设备和广播式自动报告安全信息系统。ADS-B 系统目前绝大多数采用 1090 扩展电文(extended squitter, ES)数据链,国际电信联盟(International Telecommunication Union, ITU)为其设置的专用频点为 1 090 MHz。ADS-B 信号通过引入全球定位信息,结合自身的一些状态信息,如飞机的标识信息、高度信息等,使用二进制脉冲位置调制(binary pulse position modulations, BPPM)进行发送和接收。1090ES 数据链的传输速率为 10^6 bit/s,其射频设备是可以在现行使用的 S 模式二次雷达应答机系统上引入全球卫星定位系统信号,并在软件上升级,作少量改进便可成型为 ADS-B 系统,因而成为国际民航组织唯一推荐的标准。我国目前正在积极探索将北斗导航系统与 ADS-B 系统相结合,并且做出了一些卓有成效的研究。

目前,ADS-B 发射设备分为 A、B、C 三类。A 类设备分为 A0、A1、A2、A3 四种,同时具有发射和接收能力,主要应用于机载;B 类设备分为 B0、B1、B2、B3 四种,只有发送能力,可安装于车辆和固定障碍物;C 类设备分为 C1、C2、C3 三种,只用于地面接收。最大射频输出功率不超过 27 dBW(500 W),具体分类标准见表 4.3。

表 4.3 ADS-B 发射和接收分类标准

类别		说明	发射/接收能力	最小发送功率/W	最低接收灵敏度
A	A0	最小	发射/接收	70	-72 dBm
	A1	基本	发射/接收	125	-79 dBm
	A2	增强	发射/接收	125	-79 dBm
	A3	扩展	发射/接收	200	-84 dBm

续　表

类　别		说　明	发射/接收能力	最小发送功率/W	最低接收灵敏度
B	B0	航空器	只发射	70	—
	B1	航空器	只发射	125	—
	B2	地面车辆	只发射	70	—
	B3	固定障碍物	只发射	70	—
C	C1	巡航和着陆	只接收	—	不作要求
	C2	着陆和地面	只接收	—	
	C3	跟随飞行	只接收	—	

信号采用安装在机顶和机腹的两幅全向天线发射，为了符合绝大多数航空交通管制(air traffic control, ATC)设备要求，星载 ADS－B 应当支持最小功率的发射机，即 A1 类发射机，其发射功率为 125 W。

1）信号模型

一帧 1 090 ES 的信号长度为 120 μs，包括时隙为 8 μs 的报头来同步时钟及 112 μs 的数据位。报头包含 4 个脉冲信号，第 2~4 个脉冲与第 1 个脉冲传输间隔分别为 1.0 μs、3.0 μs、4.5 μs。紧接着报头的是数据块，包含 112 bit，每一 bit 的时隙为 1 μs，数据块包含航空器独有的 ID、呼号、位置、速度等信息。数据块的最后 24 bit 为循环冗余校验(cyclic redundancy check, CRC)位，用来对数据传输检错。图 4.7 展示了 ADS－B 信号结构。

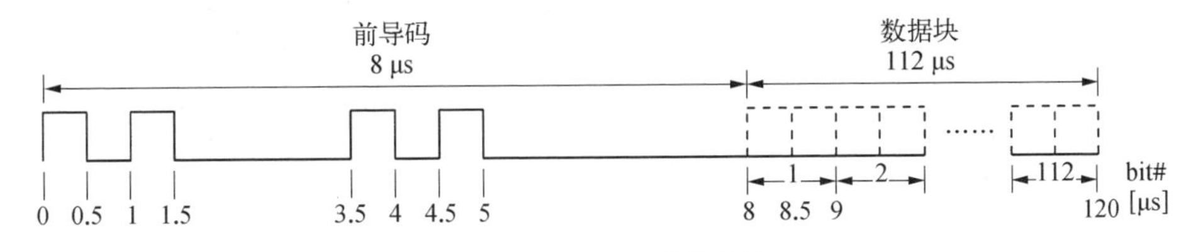

图 4.7　ADS－B 信号结构

ADS－B 信号采用 BPPM，有“0”“1”两个码元，其中“1”定义为高电平转为低电平，“0”定义为低电平转为高电平，这种编码也称为曼彻斯特编码。图 4.8(a)说明了两种码元的波形，图(b)是一个短 BPPM 消息的示例。由于只有两种码元，码率等于 bit 率。

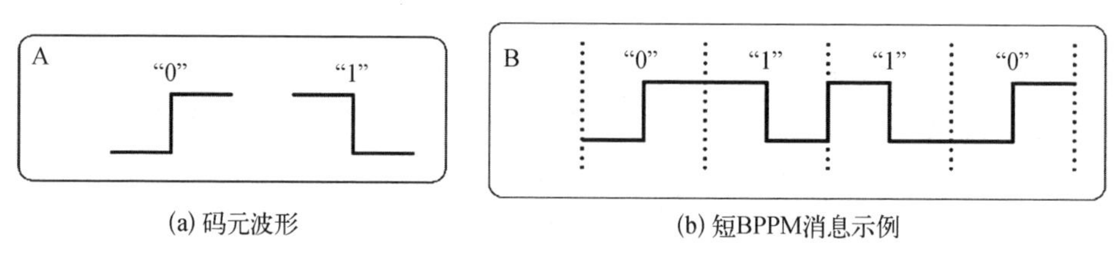

(a) 码元波形 (b) 短BPPM消息示例

图 4.8 BPPM 信号结构

信号经过脉位调制后在 1 090 MHz 的载波上传输,该频率位于 L 波段,用于航空无线电导航,允许偏差为±1 MHz。当发送的消息乘上载波后,这种发送方式也称作"开关键控",载波的开关取决于码元。该信号可以用一个单极性矩形波乘以一个正弦载波的形式表示:

$$e_0(t) = s(t)\cos(2\pi f_c t) \tag{4.1}$$

其中,s 是待调信号;f_c 是载波频率。经过调制后,同一帧信号内任意两个脉冲之间的幅度之差不应超过 2 dB,脉冲上升沿宽度小于 0.1 μs,下降沿宽度小于 0.2 μs。为了提升接收效果,采用相干解调,给定信噪比 r 时,可得到 ADS－B 信号的误码率:

$$P_s = 0.5\text{erfc}(\sqrt{r/2}) \tag{4.2}$$

如图 4.9 所示,其中 BER 表示误码率,PER 表示误包率, $1-\text{PER}=(1-\text{BER})^{112}$,

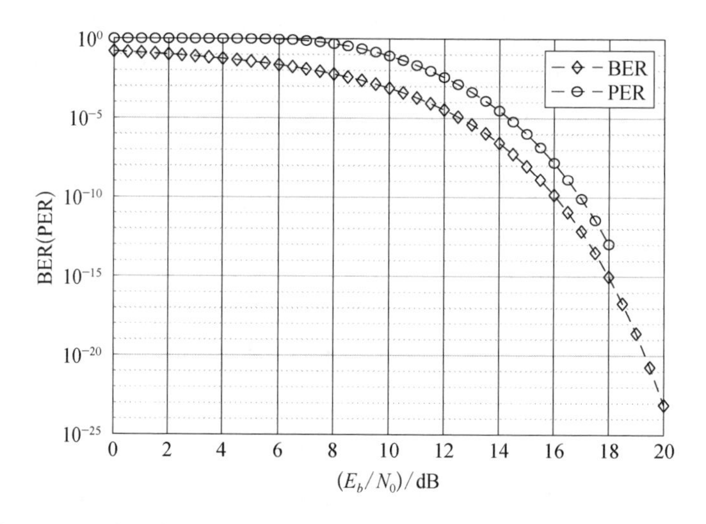

图 4.9 采用相干解调时 ADS－B 信号的误码率(误包率)和信噪比的关系

当信噪比（E_b/N_0）为 8 dB 时，误包率为 0.5；信噪比为 10 dB 时，误包率下降为 0.08。星载接收时，信噪比与空间电磁环境和接收机噪声系数有关。为了提高接收效果，要求接收机噪声系数尽可能小。

2）消息结构与类别

发射子系统开始工作时，应该对空中位置、地表面位置、飞机身份与类型、速度、飞机工作状况消息进行广播发射。每个消息的发射是独立的，与其他消息无关。一帧完整的 ADS－B 消息为 112 bit，如表 4.4 所示，主要分为四类：位置（position）、速度（velocity）、事件（event）、识别码（identification）。各类消息按每 6.2 条/s 的速率通过机载的 ADS－B 天线随机发送到空中。

表 4.4　ADS－B 各类消息的发送速率

消息类型	位置（position）	速度（velocity）	事件（event）	识别码（identification）
下限/s	0.8	0.8	0.8	9.6
上限/s	1.2	1.2	1.2	10.4

各类消息所用到的格式结构如表 4.5 所示。其中，前 5 个 bit 为下行数据链格式字段（DF），常用的有 17、18、19 三种，其中 19 为军用系统专用；6～8 bit 表示的是 ADS－B 信号发射机的能力（capability，CA）；9～32 bit 为 ICAO 分配的地址位（aircraft address，AA），用来唯一表示飞机的全球代号；扩展应答消息域（extended squitter message，ME）包含飞机的位置、速度等具体信息，是主要传输内容；最后的 24 bit 奇偶校验（parity/identity，PI）用来进行循环校验。

表 4.5　ADS－B 消息基本格式

bit 位	1～5	6～8	9～32	33～88	89～112
字段名称	DF	CA	AA	ME	PI
意　义	数据格式	发射能力	ICAO 地址	应答消息	校验位

2. 星载 ADS－B 特点

星载 ADS－B 由传统地面 ADS－B 发展而来，除了具备上述 ADS－B 的基本特点之外，星载 ADS－B 技术还面临着一些新的挑战。由于卫星距地面位置高、距离远、覆盖范围广、运动速度快，卫星接收到来自不同位置的信号都会带有一定程度的载波频偏;同时,卫星覆盖范围广,接收信号容易发生混叠;此外,航空器发射的 ADS－B 信号在到达卫星接收端之前要经过很远的传输距离,信号强度会产生严重的路径衰减,在经过大气层、电离层时,信号特性也会产生一定程度的变化。

1) 多普勒频移

星载 ADS－B 覆盖范围广,不同位置、不同速度的航空器发出的 ADS－B 信号到达卫星后,其载波频率会发生不同频率的偏移,即多普勒频移。多普勒频移的大小主要与卫星速度、航空器速度、载波频率及航空器与卫星的相对位置有关,其计算公式如下[22]:

$$\Delta f = f_0 \frac{V\cos\theta\cos\varphi}{c} \tag{4.3}$$

其中,f_0 为 ADS－B 信号的载波频率;V 为卫星与航空器的相对速度;θ、φ 分别为航空器相对卫星的俯仰角和方位角。

以 PROBA－V 卫星的参数为例,其速度大约为 7 500 m/s,对航空器的最大观测时间为 3 min,轨道高度为 780 km。商业飞机的理论最大速度为马赫数 5 (1 701.48 m/s),高度相对忽略不计,信号多普勒频移最大可达 30 kHz。

2) ADS－B 信号在大气层中的传播分析

地球大气层分为电离区和中性区,ADS－B 信号从航空器传播到卫星时会穿过这两个区域。0.1~12 GHz 频率范围内的电磁波通过电离层时,可能引起信号特性改变。表 4.6 总结了这部分讨论的大气层影响。

表 4.6　大气层对 ADS－B 信号的影响

影　响	值
法拉第旋转	12.5°
时延	26 ns
群时延和色散	83 ps
相位色散	16.3°
电离层闪烁	地磁赤道上春分点达到-20 dB
电离层吸收	忽略
气体吸收	雨中多路径情况下-0.114 dB
微粒影响	降雨速度为 100 mm/h 时为-0.017 dB
对流层闪烁	仰角大于 1°时忽略

（1）法拉第旋转：线极化波在电离层中传播时，因为等离子介质存在各向异性，受到地磁场的作用，极化平面将发生旋转。法拉第旋转与载频的平方成反比，与电子密度及传播路径中的地磁场强度的乘积成正比。以北大西洋上空区域为例，磁场强度为 55 000 nT、电离层电子总含量（total electron content，TEC）的值为 20 总电子数单位（total electron content units，TECU）时，ADS－B 信号的法拉第旋转幅度为 12.5°。

（2）群时延和色散：大气中的带电粒子会减缓无线电信号的传播，超过真空传播时间的时间延迟称为群时延。传播时延与频率相关，当信号带宽较大时将引入色散。对于脉冲长度为 0.5 μs、中心频率 1 090 MHz 的 ADS－B 信号，在 TEC 值等于 20 时，群时延为 26 ns，时延色散为 83 ps。

（3）相位色散：群时延会造成相位的改变，相位角度随频率的变化率称为相位色散。使用和前面同样的参数，计算得到 ADS－B 信号的相位色散是 16.3°。

（4）电离层闪烁和吸收：电离层闪烁是由于局部电子密度剧烈变化引起折射率的改变而造成的。对于不同的信号，可能造成聚焦或散射。电离层吸收是太阳活动频繁时电子密度增加的结果，极光吸收和极冠吸收是两种最常见的类型。极光吸收发生在最易产生视觉极光的纬度附近，平均持续时间大约 30 min。

（5）气体吸收：大气中的极性分子倾向于整齐排列。电偶极子对电场的改变引起共振频率上的吸收衰减，水蒸气是这种吸收的主要参与者。其他分子也有影响，不过它们的贡献比起水蒸气和氧气来说小得多。

（6）微粒影响：微粒对无线电波的吸收作用从大到小排列依次为雨滴、云、雾、沙尘。当微粒大小明显小于波长时，瑞利散射占主导地位，粒子直径与波长的比例增加时，逐渐变为米氏散射，转换频率约为 3 GHz，所以 ADS－B 信号主要位于瑞利散射区。

（7）对流层闪烁：由于大气不是理想的层状结构，其折射系数服从垂直混合和湍流规律随着高度连续改变。对于 1 GHz、仰角大于 1°时星地之间的对流层闪烁，一般不作考虑。

3）星载 ADS－B 信号接收链路预算

链路负载是卫星通信系统的一个最基本的性能指标，它直接决定了信号是否具有足够高的信噪比而被解调。对于星载 ADS－B，其接收功率与飞机发射功率、机载天线增益、传输线/射频损耗、空间链路传输损耗等参数有关。

星载接收相对地面接收最大的难点是路径损耗大，空间自由路径损耗（单位为 km）的计算公式为

$$L_s = 32.4 + 20\lg f + 20\lg d \tag{4.4}$$

其中,$f=1\,090$ MHz,是 ADS－B 信号的载波频率;d 表示信号传输的距离,单位为 km。以“天拓三号”卫星为例,轨道高度 500 km,对地波束宽度约 60°,则相应自由空间损耗为 147~161 dB。考虑 ADS－B 的发射功率 P_t、发射天线增益 G_{pt}、接收天线增益 G_{pr}、大气衰减 L_a 和接收线损 L_r,则星载 ADS－B 信号的接收功率可以表示为

$$P_r = P_t + G_{pt} - L_s + G_{pr} - L_a - L_r \tag{4.5}$$

根据 DO-260B 标准,ADS－B 发射天线的方向图应当符合或接近四分之一波长单极子天线,增益约 0 dBi,图 4.10 给出了一种实用 ADS－B 天线的方向图[303]。这种天线在赤道面内轴向对称,方向图为一个圆形,在子午面内的方向性近似与 θ 角度有关:

$$f(\theta) = \frac{\cos\left(\frac{\pi}{2}\cos\theta\right)}{\sin\theta} \tag{4.6}$$

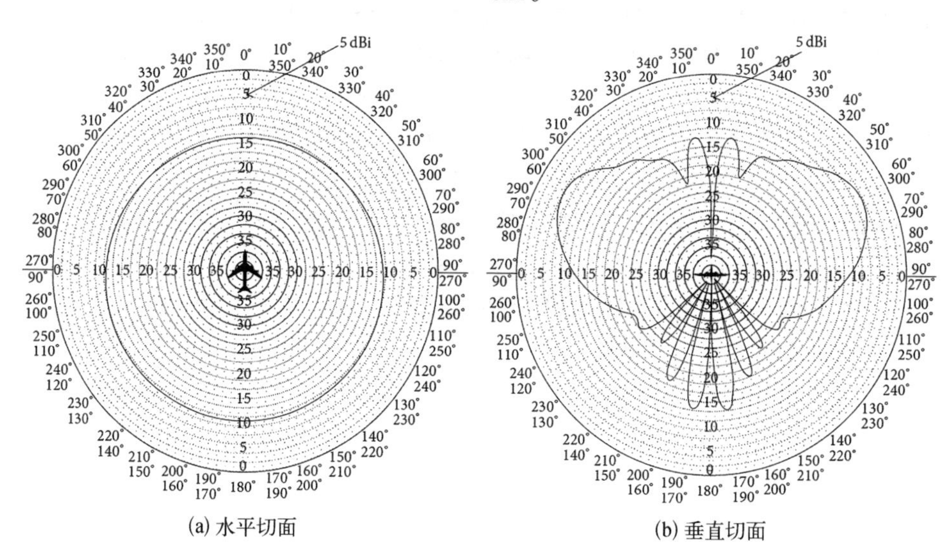

图 4.10 S65－5366 天线辐射方向图(1.1 GHz, Sensor System 公司)

如表 4.7 所示,参考《国际民用航空公约附件 10——航空通信第Ⅳ部分》,对机载 A1 类设备天线口面辐射功率要求为 125 W(已计算线损和天线增益),卫星高度角为 5°时,星载 ADS－B 接收电平为－109 dBm,则理论上天线加接收

机的灵敏度要达到-109 dBm 才能保证波束覆盖边缘的信号也能被接收到。而 DO－260B 中对 ADS－B 接收机的灵敏度要求最高为-84 dBm，远不能满足星载环境要求。

表 4.7　星载 ADS－B 链路预算

技术参数	值			备注
载波频率 f/MHz	1 090			
航空器发射功率 P_t/W	≥125（51 dBm）			A1 类
发射天线增益 G_p/dBi	0			
轨道高度 H_{sat}/km	500			
卫星高度角/（°）	90°	5°	0°	
斜距 d/km	500	2 078	2 574	
自由路径损耗 L_s/dB	147	159	161	
大气衰减 L_a/dB	0.114			忽略
接收线损 L_r/dB	1			
接收电平/dBm	-97	-109	-111	

4.2.2　ADS－B 信号的同频干扰概率计算模型

对于 ADS－B 信号与 ADS－B 信号之间的交织，这里规定每帧时间的长度 $T_{\text{ADS-B}} = 120\ \mu\text{s}$，即一个 ADS－B 信号的长度。当一个信号正在传输，另一个信号的传输开始时间在当前帧时间或前一帧时间内时，则会发生冲突，即 $k = 2$。由此，可以得到 ADS－B 与 ADS－B 信号之间的交织概率计算公式为

$$P(x,\ n) = \frac{(2nM_{\text{ADS-B}}T_{\text{ADS-B}})^x}{x!}\mathrm{e}^{-2nM_{\text{ADS-B}}T_{\text{ADS-B}}} \tag{4.7}$$

其中，x 代表信号交织次数；n 代表卫星接收视野内的飞机数量；$M_{\text{ADS-B}}$ 表示 ADS－B 信号的发送速率。

目前，卫星上搭载的 ADS－B 接收机不仅能够收到 ADS－B 报文，也能够收到部分 Mode－S 报文。因此，在式（4.7）的基础上，进一步考虑 ADS－B 信号与 Mode－S 信号之间的交织。考虑到一个 Mode－S 信号的长度为 $T_{\text{Mode-S}} = 64\ \mu\text{s}$，

与 ADS－B 信号的长度并不相等，并且 Mode－S 消息的发送速率 M_{Mode-S} 与卫星过境区域内二次雷达的部数、每部二次雷达的询问周期和扫描周期有关。泊松分布模型要求所有的消息都具有相同的时间长度，将每帧时间长度的计算公式定义如下：

$$T = \frac{M_{ADS-B}T_{ADS-B} + M_{Mode-S}T_{Mode-S}}{M_{ADS-B} + M_{Mode-S}} \tag{4.8}$$

其中，将每帧时间的长度 T 定义为两信号每秒传输的信号长度的平均值。由此，提出的 ADS－B 信号与 Mode－S 信号之间的交织概率计算公式为

$$P(x, n) = \frac{(2nM_sT)^x}{x!}e^{-2M_sT} \tag{4.9}$$

其中，$M_s = M_{ADS-B} + M_{Mode-S}$。

为了验证上述模型的正确性，提出了另一种使用仿真软件计算信号交织概率的方法，该方法的具体步骤如下。

(1) 在 1 s 时间内，使用仿真软件的 rand 函数随机产生 ADS－B 信号和 Mode－S 信号（ADS－B 信号和 ADS－B 信号）的开始时间，并按从小到大的顺序保存在同一个矩阵中。

(2) 依次判断矩阵中的每个元素（信号）是否产生交织，以及交织的次数。判断的条件为当选取的元素与矩阵内其他元素的值存在相差小于 $2T$（另一种情况为 $2T_{ADS-B}$）的情况时，则认为产生了交织，满足此条件的其他元素个数即单个信号产生交织的次数。

(3) 统计无发生交织的信号数，发生一次交织的信号，发生两次交织的信号数，……，发生 n 次交织的信号数，并保存在不同的矩阵中。

(4) 将(3)中统计的 1 s 时间内发生不同交织次数的信号数除以 1 s 时间内飞机传输的信号数（$M = nM_{ADS-B} + nM_{Mode-S}$）即得到信号的交织概率。

4.2.3 单波束系统检测概率模型

ADS－B 采用随机接入式通信协议，符合 Aloha 协议特征，因此本书采用 Aloha 信道模型分析 ADS－B 信号的冲突。设卫星视野内发射机数量为 N_{tx}，每个发射机的消息发送速率为 v_{tx}，则每帧信号时间 τ 内传输消息数的期望 G 为

$$G = N_{tx}v_{tx}\tau \tag{4.10}$$

采用泊松过程建模，则 G 可以看作该泊松过程的速率，即输入负载，那么 t 帧时间内产生 k 个数据包的概率为

$$P(k,\ t) = \frac{(tG)^k}{k!}e^{-tG} \tag{4.11}$$

只有在两帧时间内没有其他消息尝试插入时，信号才不会发生混叠，即成功传输，否则视为信号冲突。将 $k = 0,\ t = 2$ 代入式(4.11)得到成功传输的概率：

$$P_{\text{success}} = \frac{(2G)^0}{0!}e^{-2G} = e^{-2G} \tag{4.12}$$

由于 ADS－B 采用 1 090 ES 协议，与 Mode－S 短应答信号共用 1 090 MHz 频段，实际接收中发现这两种信号的数量几乎相等，需考虑其同频干扰。ADS－B 和 Mode－S 同样为随机接入信道，不同的是一帧 Mode－S 信号的时长为 $\tau_{\text{Mode-S}} = 64\ \mu s$，而 ADS－B 信号为 $\tau_{\text{ADS-B}} = 120\ \mu s$。则信号无冲突的概率计算公式可以修正为

$$P_{nc} = e^{-(K_{\text{ADS-B}}+K_{\text{Mode-S}})G} \tag{4.13}$$

其中，$K_{\text{ADS-B}} = 2$；$K_{\text{Mode-S}} = 1.5$。

值得注意的是，ADS－B 消息的发送速率为平均 6.2 条/s，消息轮流从上下两个天线发出，因为大洋或地表面的反射信号太微弱，因此星载接收只考虑上端发射天线的信号。代入计算可知，当 $G=0.5$ 时，S 达到最大值 0.184，成功接收消息的最大速率为 1 533 条/s，此时卫星可见的航空器有 1 350 个。现实中，这个密度是可能达到的[252]。可以预见，未来的空中交通将越来越密集，信号冲突也会越来越严重。

结合地面应用系统的需求，引入 T_{UI} 时间内系统检测概率 P_{UI} 的概念。若要求在 T_{UI} 时间内，系统以不低于 P_{UI} 的概率获取飞机的位置信息，则每条报文的检测概率 P_d 可由如下公式计算：

$$(1 - P_{UI}) = (1 - P_d)^{T_{UI}f_{\text{position\_tx}}} \tag{4.14}$$

其中，$f_{\text{position\_tx}} = 1\ \text{Hz}$，是 ADS－B 位置消息的发送速率。考虑到星载接收时面临大量信号冲突，将报文的检测概率写为信号无冲突情况下的解码概率 $P_{d,\ nc}$ 和信号无冲突概率 P_{nc} 的乘积：

$$P_d = P_{d,\, nc} P_{nc} \tag{4.15}$$

无冲突情况下的报文检测概率定义为一帧 ADS－B 报文成功传输的概率，不考虑码元纠错时，即为 112 个码元均无差错传输的概率：

$$P_{d,\, nc} = (1 - P_s)^{112} \tag{4.16}$$

其中，链路误码率 P_s 可由式(4.2)得到。

4.2.4 多波束系统检测概率模型

4.2.3 节中的检测概率模型是基于单波束的，即星下所有飞机的信号将涌入同一个接收机。如果卫星采用多波束天线和多通道接收机接收，则涌入每个通道的信号数将减少，检测概率随之提升。其次，多波束混叠覆盖也会使得被覆盖区域的检测概率提升。如果已知卫星对每个飞机的检测概率，则系统的检测概率可以定义为其平均检测概率：

$$P_{d,\, \text{multibeam}} = \frac{1}{N_a} \sum_{i=1}^{N_a} P_{a_i} \tag{4.17}$$

其中，N_a为航空器数量；P_{a_i} 为航空器 a_i 的检测概率。如图 4.11 所示，定义 P_{b_j} 为波束 b_j 的检测概率。当飞机 a_i 只被一个 b_j波束覆盖的时候则有 $P_{a_i} = P_{b_j}$；如果有超过一个通道可以接收到该信号，则检测概率为这些波束的联合概率，见式(4.18)。

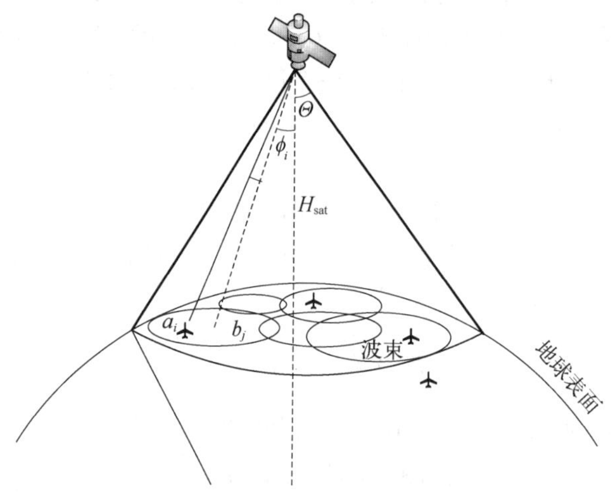

图 4.11 星载 ADS－B 多波束接收示意图

$$P_{a_i} = P\left(\bigcup_{i=1}^{N_b} b_j\right) = \begin{cases} 0, & N_b = 0 \\ P_{b_j}, & N_b = 1 \\ \sum_{j=1}^{N_b} P_{b_j} - \sum_{1 \leqslant j < k \leqslant N_b} P_{b_j} P_{b_k} + \sum_{1 \leqslant j < k < l \leqslant N_b} P_{b_j} P_{b_k} P_{b_l} + \cdots + (-1)^{N_b - 1} P_{b_1} P_{b_2} \cdots P_{b_{N_b}}, & \text{其他} \end{cases} \tag{4.18}$$

易知，飞机的检测概率取决于接收机能否收到其信息。因此，天线增益和接收机性能是决定检测概率的两个关键点。如果天线增益足够高，就可以用接收机的解码概率来替换飞机的解码概率，则 P_{b_j} 可用式(4.13)求得。

4.2.5　ADS－B 评估模型

评价 ADS－B 性能时采用的评价指标之一为系统的检测概率。系统的检测概率 P_d 定义为信号无交织情况下（$x = 0$）的解码率乘以信号无交织的概率与信号交织情况下（$x = 1, 2, \cdots, m$）的解码率乘以信号交织的概率之和，计算公式如下：

$$P_d = P_{d,0}P(0, n) + P_{d,1}P(1, n) + \cdots + P_{d,m}P(m, n) \tag{4.19}$$

其中，不同信号交织情况下的解码率 $P_{d,0}$，$P_{d,1}$，$\cdots$，$P_{d,m}$ 主要与 ADS－B 接收机中的解调算法性能、ADS－B 接收机中的解交织算法性能、接收信噪比等因素有关。从式(4.19)中可以看出，星基 ADS－B 的检测概率主要与卫星接收视野内的飞机数量 n 和 ADS－B 接收机在不同信号交织情况下的解码率 $P_{d,0}$，$P_{d,1}$，$\cdots$，$P_{d,m}$ 有关。

在已知 P_{UI} 的置信度情况下，要保证 T_{UI} 的位置刷新周期，则每条 ADS－B 报文的检测概率 P_d 的计算公式为

$$(1 - P_{UI}) = (1 - P_d)^{T_{UI} f_p} \tag{4.20}$$

其中，$f_p = 1$ Hz，表示 ADS－B 位置消息的发送频率。

假设能将 0, 1, $\cdots$, $j(j \leqslant m)$ 次交织的 ADS－B 信号分离出来，那么不存在码元纠错的情况下，$P_{d,0}$，$P_{d,1}$，$\cdots$，$P_{d,j}$ 为 112 个码元均无差错传输的概率，计算公式如下：

$$P_{d,\, i=0,1,\cdots,j} = (1 - P_s)^{112} \tag{4.21}$$

其中，P_s 表示链路误码率。

采用相干解调的情况下，ADS－B 信号的链路误码率 P_s 的计算公式如下：

$$P_s = 0.5\mathrm{erfc}(\sqrt{r/2}) \tag{4.22}$$

其中，r 表示信噪比，主要与接收机的噪声系数和信号的传输环境有关。

考虑只存在 ADS－B 信号与 ADS－B 信号之间的交织时，联立式(4.7)、式(4.19)～式(4.22)，得到了在不能解交织、能解一次交织、能解一次和两次交织三种情况下单星监视容量 n 的计算公式。其中，在不能解交织情况下，单星监视容量 n 的计算公式为

$$n = \frac{\ln\left[\dfrac{1-(1-P_{UI})^{\frac{1}{T_{UI}f_p}}}{1-0.5\mathrm{erfc}(\sqrt{r/2})^{112}}\right]}{-2M_{\text{ADS-B}}T_{\text{ADS-B}}} \tag{4.23}$$

在能解一次交织、能解一次和两次交织两种情况下，单星监视容量 n 的计算公式分别为

$$\left[\frac{1-(1-P_{UI})^{\frac{1}{T_{UI}f_p}}}{1-0.5\mathrm{erfc}(\sqrt{r/2})^{112}}\right] - \mathrm{e}^{-2nM_{\text{ADS-B}}T_{\text{ADS-B}}}(1+2nM_{\text{ADS-B}}T_{\text{ADS-B}}) = 0 \tag{4.24a}$$

$$\left[\frac{1-(1-P_{UI})^{\frac{1}{T_{UI}f_p}}}{1-0.5\mathrm{erfc}(\sqrt{r/2})^{112}}\right] - \mathrm{e}^{-2nM_{\text{ADS-B}}T_{\text{ADS-B}}}\left[1+2nM_{\text{ADS-B}}T_{\text{ADS-B}}+\frac{(2nM_{\text{ADS-B}}T_{\text{ADS-B}})^2}{2}\right] = 0 \tag{4.24b}$$

在本小节的研究中，只有 n 是未知的，属于求解只含一个未知数的线性方程组的问题，可采用遗传算法或者粒子群算法进行求解。

考虑同时存在 ADS－B 信号与 ADS－B 信号之间的交织和 ADS－B 信号与 Mode－S 信号的交织时，联立式(4.9)、式(4.19)～式(4.22)，得到了在不能解交织、能解一次交织、能解一次和两次交织三种情况下单星监视容量 n 的计算公式。其中，在不能解交织情况下单星监视容量 n 的计算公式为

$$n = \frac{\ln\left[\dfrac{1-(1-P_{UI})^{\frac{1}{T_{UI}f_p}}}{1-0.5\mathrm{erfc}(\sqrt{r/2})^{112}}\right]}{-2M_sT} \tag{4.25}$$

在能解一次交织，以及能解一次和两次交织两种情况下，单星监视容量 n 的计算公式分别为

$$\left[\frac{1-(1-P_{UI})^{\frac{1}{T_{UI}f_p}}}{1-0.5\mathrm{erfc}(\sqrt{r/2})^{112}}\right]-\mathrm{e}^{-2nM_sT}(1+2nM_sT)=0 \tag{4.26a}$$

$$\left[\frac{1-(1-P_{UI})^{\frac{1}{T_{UI}f_p}}}{1-0.5\mathrm{erfc}(\sqrt{r/2})^{112}}\right]-\mathrm{e}^{-2nM_sT}\left[1+2nM_sT+\frac{(2nM_sT)^2}{2}\right]=0 \tag{4.26b}$$

在本小节的研究中，只有 n 是未知的，求解方法与式(4.24)同理。

4.2.6　仿真结果与分析

1．“天拓三号”卫星 ADS－B 数据检测概率分析

“天拓三号”卫星自2015年9月20日发射以来，已正常运行超过8年，其星载 ADS－B 接收机单日接收的消息数最大可达40多万条。作为国内首颗搭载星载 ADS－B 的卫星，“天拓三号”采用了 L 波段单螺旋天线接收 ADS－B 信号，见表4.8。

表4.8　1 090 MHz 单螺旋天线性能参数

频　点	对地方向增益	方向性	极化	驻波比	高度/mm	直径/mm
(1 090±10) MHz	≥5 dBi(±35°范围内)	半椭球	右旋圆极化	≤1.5	≤190	≤70

图4.12是根据“天拓三号”于2017年5月采集到的星载 ADS－B 数据所绘制的航空器位置分布图。可以看到，“天拓三号”星载接收机能够有效接收到全球范围内航空器的 ADS－B 信号。

如图4.13所示，“天拓三号”星载 ADS－B 单轨接收幅宽超过2 500 km，图中经纬度坐标由 ADS－B 报文解码得来，对应532 km 轨道高度卫星的天线半波束角为62.25°。

对“天拓三号”接收到的 ADS－B 数据进行分析，发现飞机航迹不连续，数据有大量丢失。定义实际接收消息数 N_{rx} 与预期应收到的消息数 N_{required} 的比值为检测概率：

$$P_d=N_{rx}/N_{\text{required}} \tag{4.27}$$

其中，应收到消息数可由如下公式计算：

$$N_{\text{required}} = v_{tx}\Delta t \tag{4.28}$$

其中，$v_{tx}=3.1$ 条/s，为 ADS－B 消息的发送速率。由于“天拓三号”没有给接收到的每条报文添加时间信息，本书采用如下方法来获取时间信息：

$$\Delta t = v_{\text{aircraft}}/d \tag{4.29}$$

其中，速度 v_{aircraft} 可由 ADS－B 报文获得；路程 d 由航迹的始末端点距离给出：

$$d = R_E \arccos[\cos y_1 \cos y_2 \cos(x_1 - x_2) + \sin y_1 \sin y_2] \tag{4.30}$$

其中，x 为经度；y 为纬度。需要注意的是，为了使计算结果准确，应选取获取的消息时间长的航班；为了使速度保持恒定，应选取正处于飞行状态的飞机。

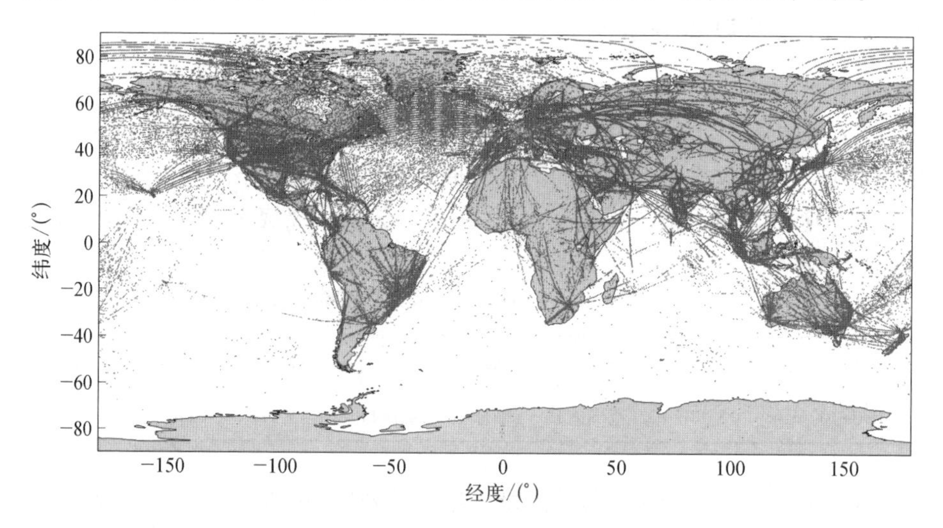

图 4.12 “天拓三号”采集到的飞机分布数据

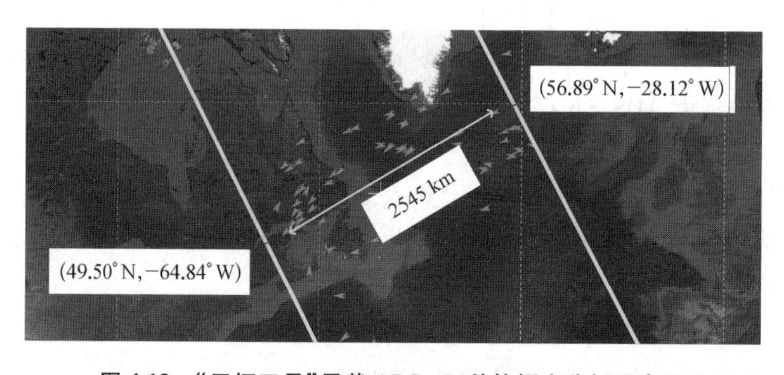

图 4.13 “天拓三号”星载 ADS－B 单轨幅宽分析示意图

如图 4.14 所示，日本富士地区的一架 ICAO 编号为 861B64 的飞机，过顶期间累计收到消息 78 条报文。航迹起始端点坐标为(35.164°, 138.821°)，终点坐标为(35.110°, 138.606°)，求得距离为 20 474 m。ADS－B 报文中航速为(336±1) mile/h，计算得到连续获取信息时间为 136 s，则应该收到消息数 421 条，最终可计算的检测概率为 18.5%。

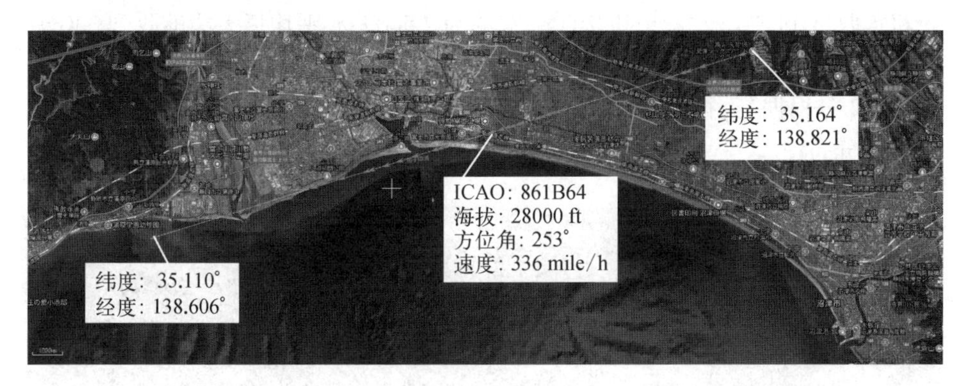

图 4.14　基于"天拓三号"星载 ADS－B 数据绘制的连续航迹图

表 4.9 对"天拓三号"在轨接收的几条 ADS－B 消息进行了分析，单轨接收到的消息中，速度最大差值不超过 4 mile/h，发射机类型均为等级达到 A1 以上带有双天线的设备。卫星收到的 ADS－B 信号时间从几秒到 11 min 不等。考虑到"天拓三号"实际轨道高度 532 km，过顶时间长度约为 10 min，而接收到的大多数航班信号的持续时间只有 100 s 左右，这从另一个方面说明了目前的系统还亟待改进。

表 4.9　"天拓三号"卫星 ADS－B 在典型地区的检测概率

ICAO	航迹起始经纬度	航迹终端经纬度	时间/s	检测概率/%	位　置
76CEC6	(37.951 9°, 138.134 5°)	(38.333 5°, 138.471 5°)	204	43.99	日本佐渡岛
E49231	(−10.593 0°, −36.715 5°)	(−10.531 4°, −36.664 6°)	98	36.18	巴西塞尔希培州
4007F3	(50.589 4°, −60.635 1°)	(50.702 9°, −62.453 0°)	664	4.52	加拿大魁北克省
4B16C8	(54.367 2°, −9.281 6°)	(54.457 7°, −9.564 5°)	92	64.52	北爱尔兰

2. 全球飞机分布分析

为了结合实际情况进行仿真分析,以“天拓五号”卫星为参考卫星,首先对全球飞机的分布情况进行分析。“天拓五号”卫星于 2020 年 8 月 23 日发射成功,其上搭载的 ADS－B 接收机既能够接收到 ADS－B 报文,也能够接收到部分向地面二次监视雷达发出的 Mode－S 报文。卫星平均高度为 500 km,采用双接收机接收 ADS－B 数据,单机接收幅宽约为 2 500 km,平均每天能够收到 340 万条报文。图 4.15 为北京时间 2020 年 8 月 23 日 10 点 40 分~2020 年 8 月 23 日 23 点 12 分根据“天拓五号”卫星双机接收到的 ADS－B 数据绘制的全球飞机位置静态分布图。

图 4.15　2020 年 8 月 23 日部分时间段的飞机位置静态分布图

2020 年 8 月 23 日,全球飞机的平均瞬时数量大约为 8 500 架,结合图 4.15 中飞机在全球不同区域的分布比例,绘制出了 8 500 架飞机在全球分布的热度图,如图 4.16 所示(步进大小为 1°)。从图 4.16 中可以看出,飞机分布主要集中在欧洲、亚洲东部、北美洲、北半球部分的大西洋等区域。

3. 同频干扰概率仿真

为了验证两种方法的有效性,采用仿真软件对不同交织次数下卫星接收视野内的飞机数量与交织概率的关系进行了分析。其中,总交织概率定义所有次交织概率的总和。在 4.2.2 节中,可以令式(4.7)和式(4.9)中的 $x = 0$,得到如下公式:

$$P = 1 - P(0,\ n) \tag{4.31}$$

如图 4.17 所示,使用 4.2.2 节提出的两种方法对 ADS－B 信号与 ADS－B 信

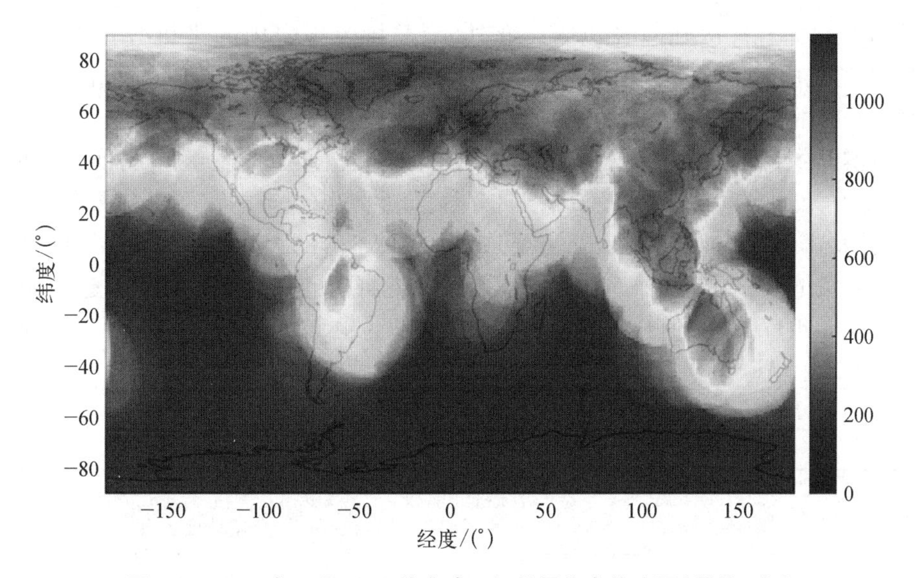

图 4.16　2020 年 8 月 23 日的全球飞机数量分布热度图(单位：架)

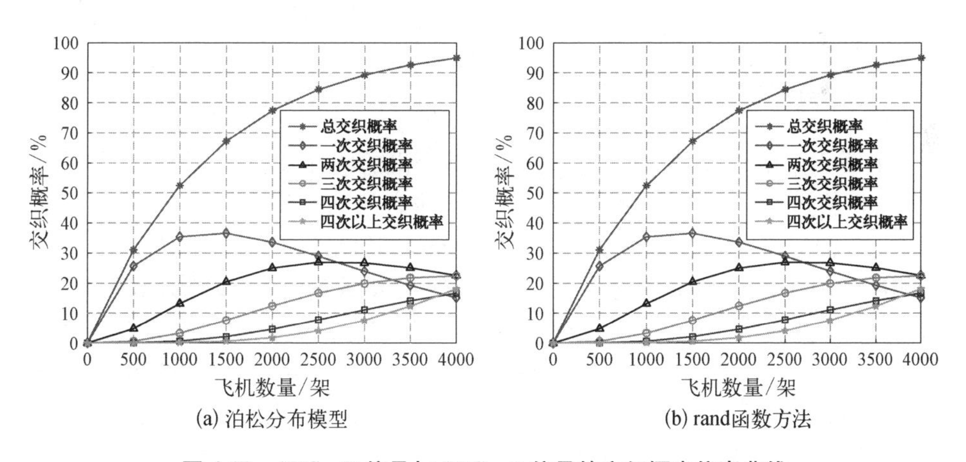

图 4.17　ADS－B 信号与 ADS－B 信号的交织概率仿真曲线

号之间的交织进行了仿真，卫星接收视野内的飞机数量 n 取 0~4 000 架，主要针对一次交织到四次交织情况，四次以上交织看作一种情况。可以看出，图 4.17(a)与图 4.17(b)的仿真结果相同，这相互证明了两种方法的有效性。仿真结果表明，随着卫星接收视野内的飞机数量不断增加，ADS－B 信号与 ADS－B 信号之间的交织概率将会逐渐增大，当卫星接收视野内的飞机数量大于 3 000 架时，信号的交织概率将达到90%以上。此外,卫星接收视野内的飞机数量在大约2 700架以内时,ADS－B 信号与 ADS－B 信号之间以一次交织为主。当卫星接收视野内的飞机数量为2 700~4 000 架时,信号间以两次交织为主。

实际中,在二次监视雷达部署很少的区域,如卫星的接收区域为海上的情况,主要为 ADS－B 信号与 ADS－B 信号之间的交织。考虑在飞机分布密度较大的海域,从图 4.16 可以看出,主要是在北半球部分的大西洋和太平洋海域,按单接收机的接收幅宽为 2 500 km 来算,接收视野内的飞机数量最大可达 1 500 架。从图 4.17 来看,信号间的交织以一次交织为主,总的交织概率大约为68%。"铱星二代"ADS－B 飞行测试结果见表 4.10。

表 4.10 "铱星二代"ADS－B 飞行测试结果

测 试 结 果	路线/航空器分布情况	最低卫星高度角/(°)	最大斜距/km	95%位置更新时间/s	累计接收消息数/条
预期值	—	7.00°	2 550	8	—
NAV Canada 测试值	加拿大北部/稀疏	0.08°	3 229	4.09	6 935
FAA[1] 测试值	美国休斯敦/密集	−4.58°	3 768	10.02	—

1. FAA 表示美国联邦航空管理局。

如图 4.17 和图 4.18 所示,使用 4.2.2 节提出的两种方法对 ADS－B 信号与 ADS－B 信号、ADS－B 信号与 Mode－S 信号之间的交织进行了仿真。这里,Mode－S 消息的发送速率 $M_{\text{Mode-S}}$ 设定为 1 条/s,其他仿真参数的设置与上述仿真相同。仿真结果表明,随着卫星接收视野内飞机数量的不断增加,ADS－B 信号与 ADS－B 信号、ADS－B 信号与 Mode－S 信号之间的交织概率将会逐渐增大,这与实际是相符合的。当卫星接收视野内的飞机数量大于 2 700 架时,信号的交织概率将达到 90%以上。此外,卫星接收视野内的飞机数量在大约 2 300 架以内时,ADS－B 信号与 ADS－B 信号、ADS－B 信号与 Mode－S 信号之间以一次交织为主;当卫星接收视野内的飞机数量为 2 700~3 500 架时,信号间以两次交织为主;当卫星接收视野内的飞机数量超过 3 500 架之后,信号的交织情况会变得很复杂。

实际中,在二次监视雷达部署较多的区域,如卫星的接收区域为陆地的情况,主要为 ADS－B 信号与 ADS－B 信号、ADS－B 信号与 Mode－S 信号之间的交织。考虑在飞机分布密度较大的陆地区域,从图 4.16 可以看出,主要是在中

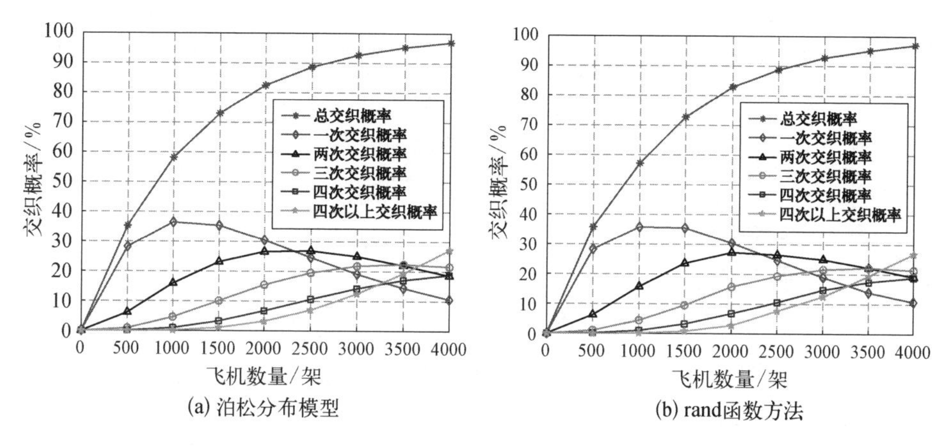

(a) 泊松分布模型　　(b) rand函数方法

图 4.18　ADS－B 信号与 Mode－S 信号的交织概率仿真曲线

国的东部、西欧和美国的东部地区，按单接收机接收幅宽为 2 500 km 来算，接收视野内的飞机数量最大可达约 3 000 架。从图 4.16 来看，信号间的交织以一次交织和两次交织为主，总体交织概率大约为 93%。在得到信号的交织概率之后，进一步仿真分析信号的解交织成功率对系统检测概率的影响，主要讨论不能解交织、能解一次交织、能同时解一次和两次交织情况下卫星接收视野内的飞机数量与系统检测概率的关系。

假设在上述三种情况下，ADS－B 的解码率为 1，根据式(4.9)可知，在不能解交织的情况下，$P_{d,0}=1$；能解一次交织的情况下，$P_{d,0}=1$，$P_{d,1}=1$；能同时解一次和两次交织的情况下，$P_{d,0}=1$，$P_{d,1}=1$，$P_{d,2}=1$。仿真结果如图 4.19 和图 4.20 所示，从图中可以看出，随着卫星接收视野内飞机数量的不断增多，系统的检测概率将会逐渐下降，在这种情况下，如果能尽可能地把交织的信号分离出来，将大大提升系统的检测概率。

结合实际情况来看，一次信号交织的分离方法目前已有相关的研究[304-306]，几年内应用到实际中是有可能的。根据 4.2.6 节中的分析，当卫星接收区域在海域时，接收视野内的飞机数量最大值为 1 500 架，主要以 ADS－B 信号与 ADS－B 信号的交织为主。在不能分离交织信号的情况下，系统的检测概率大约为 32%；如果能将一次交织的信号分离，系统检测概率能达到 79%左右；如果能将一次交织和两次交织的信号都分离，系统检测概率能达到 90%左右。当卫星接收区域在陆地区域时，接收视野内的飞机数量最大值为 3 000 架，主要以 ADS－B 信号与 ADS－B 信号、ADS－B 信号与 Mode－S 信号的交织为主，不能

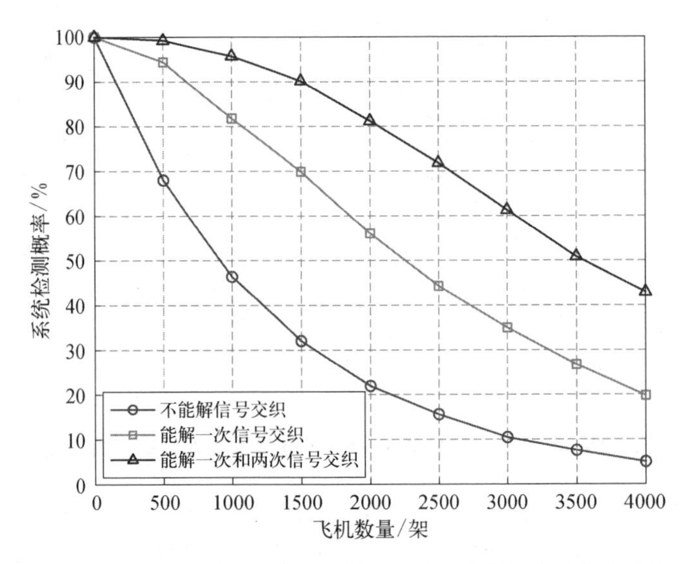

图 4.19　ADS－B 信号自身交织情况下的系统检测概率仿真曲线

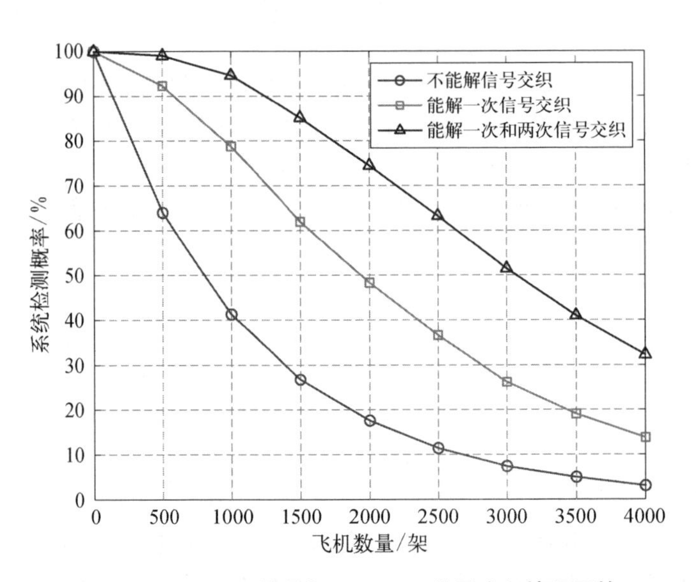

图 4.20　ADS－B 信号与 Mode－S 信号交织情况下的系统检测概率仿真曲线

分离交织信号的情况下,系统检测概率大约为 7%。如果能将一次交织的信号分离,系统检测概率能达到 26%左右;如果能将一次交织和两次交织的信号都分离,系统检测概率能达到 52%左右。可见,研究 ADS - B 信号的解交织方法是很有必要的。

4. 单星监视容量分析

对于置信度 P_{UI} 和位置刷新周期 T_{UI} 的指标要求,一般要求在满足 $P_{UI}=0.95$ 的置信度情况下,达到 $T_{UI}=8$ s。在保证满足上述条件下,将已知量 $T_{\text{ADS-B}}=120\ \mu\text{s}$, $T_{\text{Mode-S}}=64\ \mu\text{s}$, $M_{\text{ADS-B}}=3.1$, $M_{\text{ADS-B}}=1$, $f_p=1$ Hz 代入式(4.23)~式(4.26)中能够得到 SNR 与单星监视容量 n 的关系式,研究在能解不同次数交织的情况下 SNR 与单星监视容量 n 的关系。

仿真中,SNR 取值范围为 6~15 dB,对式(4.24)和式(4.26)采用粒子群算法进行求解,仿真结果如图 4.21 和图 4.22 所示。

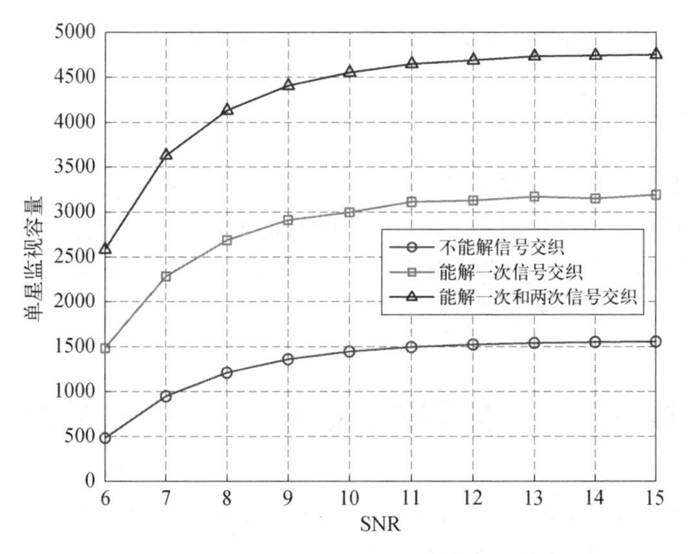

图 4.21　ADS - B 信号自身交织情况下 SNR 与单星监视容量的关系曲线

图 4.21 表示只存在 ADS - B 信号与 ADS - B 信号交织情况下 SNR 与单星监视容量 n 的关系曲线。从仿真结果中可以看出,在给定置信度 P_{UI} 和位置刷新周期 T_{UI} 的情况下,单星监视容量主要与 SNR 成正比关系。如果能尽可能地将 ADS - B 交织信号分离出来,将大大提高单星监视容量。在实际情况

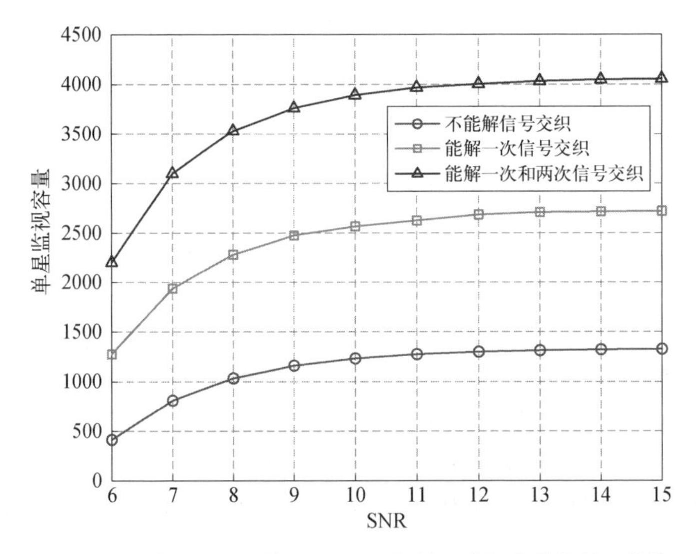

图 4.22　两种信号交织情况下 SNR 与单星监视容量的关系曲线

中,可以从减小接收的噪声系数和研究 ADS－B 信号的解交织方法这两个方面入手。

图 4.22 表示同时存在 ADS－B 信号与 ADS－B 信号交织、ADS－B 信号与 Mode－S 信号交织的情况下 SNR 与单星监视容量 n 的关系曲线。在加入了 ADS－B 信号与 Mode－S 信号交织之后,与图 4.21 的仿真结果相比,同等条件下的单星监视容量明显下降,这里得出的结论与图 4.21 是相同的。

4.3　星载 ADS－B 阵列天线设计与波束成形研究

本节重点研究星载 ADS－B 接收天线与波束形成技术。天线作为 ADS－B 信号接收的前端,是系统的重要组成部分,它直接决定着系统的覆盖范围、接收到的信号数量和冲突的强度。对于搭载微小卫星平台的星载 ADS－B,天线设计要考虑以下因素:① 天线的设计和选型首先必然会受到体积、重量和功率的约束;② 链路预算决定了天线的最小增益,它必须有足够高的增益以抵消信号在自由空间传输过程中的路径损失和多径衰落;③ 天线要有足够大的覆盖范围和合适的波束,以实现对大面积空域的覆盖,但接收机的解混叠性能会制约波束的覆盖面积,如果波束覆盖面过大,信号混叠将变得很严重,接收机无法获取成功解码信号。

综合考虑星载 ADS－B 的要求及“铱星二代”的成功经验，本书将采用多波束天线设计。使用多波束天线可以带来以下好处：① 将单个波束的检测范围缩小，可以减小星载 ADS－B 信号接收的冲突概率；② 提高特定方向的天线增益，提高接收灵敏度；③ 多波束覆盖也能使天线的总等效幅宽增大；④ 处于波束交叉区域的信号会被多个天线接收到，可以为混叠信号的分离带来有益的参考信息。

星载 ADS－B 的检测性能与所覆盖空域内的飞机数量密切相关，因此首先分析“铱星二代”的成功经验，以及由“天拓三号”卫星 ADS－B 数据得到的全球航空器分布。其次，结合 4.2.3 节的检测概率模型对单波束覆盖飞机数量进行约束，介绍“天拓三号”的星载 ADS－B 天线设计并对实测效果进行了对比分析。最后，为进一步提升系统性能，提出适用于星载 ADS－B 的自适应多波束天线。

4.3.1　预期性能分析

根据 4.2.3 节建立的模型，取信噪比为 8 dB，得出位置报文更新间隔与航空器数量的关系，如图 4.23 所示。当 T_{UI} = 10 s 时，为支持 95%的检测概率，单波束星下覆盖的飞机总数不应超过 505 架；T_{UI} = 5 s 时，不超过 79 架。

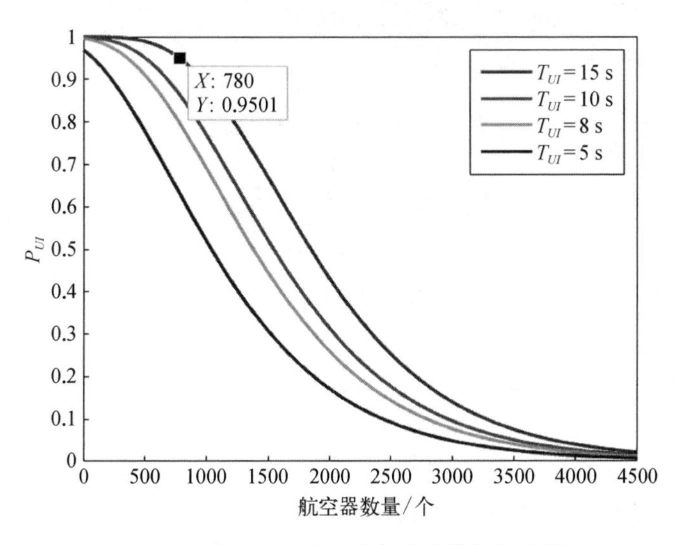

图 4.23　位置报文更新间隔与航空器数量的关系

随着航空业的发展,飞机数量不断增多。根据 Flightradar24 的统计数据,截至 2023 年,全球共有 129 377 次商业航班,而在 2022 年 6 月和 2021 年 6 月,航班数分别为 103 623 和 82 096。根据 Flightradar24 的统计数据,同一时刻,在天上飞行的飞机有 13 000~16 000 架。

当卫星运动时,由于全球飞机分布不均匀,检测概率将发生变化。当星下覆盖飞机数量最大时,信号冲突最严重,检测概率最低。本书由“天拓三号”卫星的历史 ADS-B 数据得到全球航空器的分布密度,结合星下覆盖寻找检测概率最低的区域。如图 4.24 所示,是我国东部的星下覆盖场景,图中蓝色的点表示飞机的位置,椭圆形粗线表示 5°仰角覆盖的边缘。统计在这个区域内的飞机数量,可以得到当前星下覆盖信号发射机的数目。

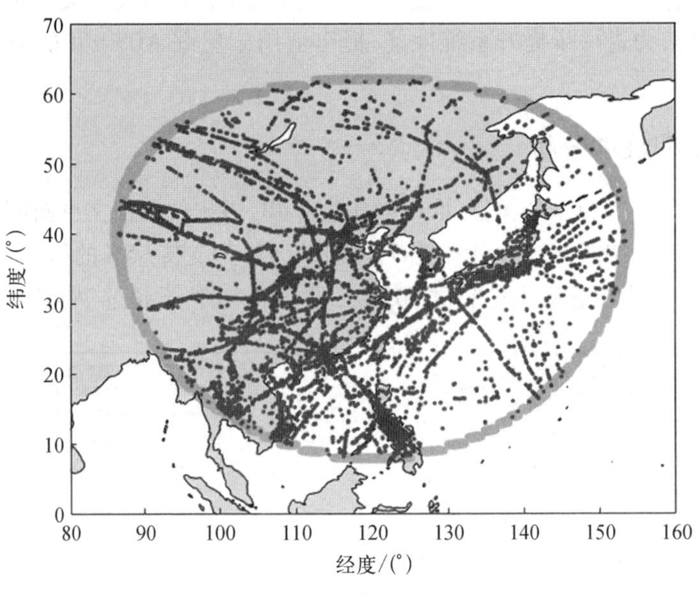

图 4.24 我国东部地区卫星覆盖示意图

当卫星经过不同地域上空时,覆盖的航空器数量则会随着航空器的密度变化而变化。图 4.25 给出了卫星高度为 1 000 km,ADS-B 发射机相对卫星为 5°仰角时,卫星的全球接收覆盖情况。从全球分布来看,航空器主要集中在北半球,南极几乎没有分布,而欧亚大陆是典型的航空器分布密集区。部分重点区域,如西欧和我国东部,单星覆盖飞机数量甚至可达到 4 500 架以上。

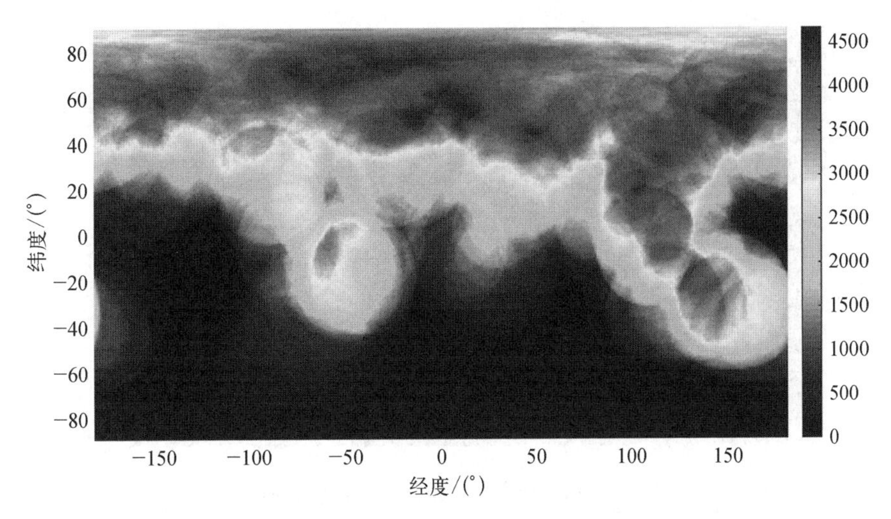

图 4.25　不同位置时卫星覆盖的飞机数量(单位：架)

由于检测概率偏低,无法得到一个瞬时的全球分布,因此采用时间累积的方法。相比具体位置分布,全球航空器的数量是一个很容易获取的值。定义瞬时航空器分布为 $f(t, \lambda, \phi)$,该值与经纬度相关。在给定"天拓三号"的检测概率 $P_{\mathrm{TT-3}}$ 后,可以得到密度分布与总的飞机数量的关系:

$$\iiint_{\lambda,\ \phi,\ t} P_{\mathrm{TT-3}} f(t, \lambda, \phi) = M \tag{4.32}$$

其中,M 是目标区域时间 t 内的累积数量。如图 4.26 所示,以 1°为间隔划分经纬度网格,通过长时间累积的数据计算归一化概率分布,然后用总的飞机数量乘以这个概率即可得到相应网格内飞机的数量。由 Flightradar24 网站可以查到,2017 年,全球约有 31 266 架飞机,将此值乘以密度分布 $f_t(\lambda, \varphi)$ 则可得对应区域的航空器数目。

假设卫星轨道高度为 1 078 km,全球飞机总数为 37 000 架,而在航行中的飞机数量约为三分之一。从图 4.26 中可以看出,飞机分布主要集中在北半球的欧洲、大西洋、北极上空等区域。由于单星可覆盖的飞机数量最大可达 4 500 架,则工作中的飞机数量约为 1 500 架/s,此时若采用单天线接收,8 s 刷新间隔的检测概率为 45%。以 7 波束接收时,若能将观测目标平均分配至每个波束,则单波束平均覆盖个数为 214,8 s 刷新间隔的检测概率可以达到 97%,5 s 刷新间隔的检测概率可以达到 90%。

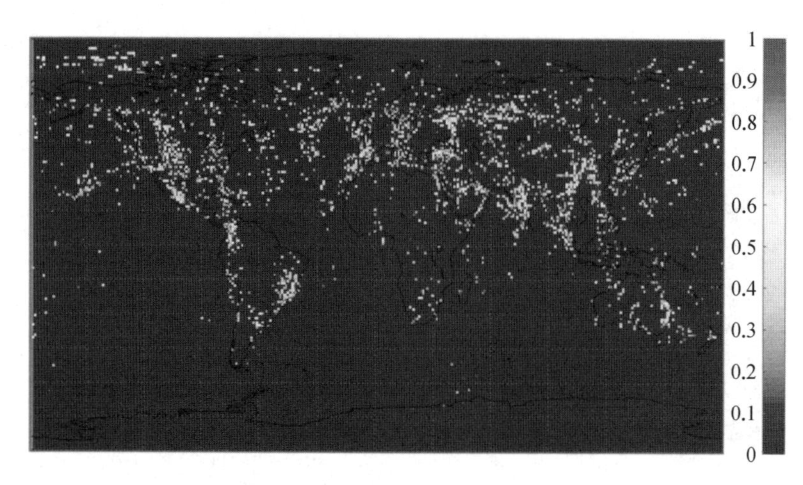

图 4.26 全球航空器归一化密度分布

如图 4.4 所示,"铱星二代"ADS－B 载荷采用梯形结构一体化设计,整机质量达 15 kg。采用倾斜面设计和模拟式波束成形得到 7 个子接收波束,其中 1 个子波束指向星下点,其余 6 个子波束均匀指向四周。首批"铱星二代"共 10 颗卫星,于 2017 年 1 月 14 日发射,两周后,美国联邦航空管理局(Federal Aviation Administration, FAA)和 NAV Canada 对其星载 ADS－B 性能进行了两次测试。这两次测试都是在卫星过顶约 11 min 的时间窗口期内进行的。如表 4.10 所示,95%位置更新时间达到了 10 s,值得注意的是,FAA 的测试是在密集区域进行的,面临严重信号冲突的问题[250]。

根据欧洲空中航行安全组织的文件,位置报文在航行过程中不超过 8 s,机场终端不超过 5 s,以分别支持 5 n mile 和 3 n mile 的安全间隔需要[307],因此"铱星二代"的性能仍然需要提高。另外,美国和欧洲等国家均已实现对所有航空器完成 ADS－B 发射机的加装,考虑到还有部分航空器的 ADS－B 还在改装中,以及未来越来越多的航空器将被投入使用,信号冲突将更加严重。因此,相较于铱星二代 ADS－B 的设计,波束覆盖应该更窄,数量应该更多,才能满足实际应用需求。

4.3.2 星载 ADS－B 多波束相控阵天线设计

1. 多波束空间规划

多波束天线是指利用同一口径面同时产生多个不同指向波束的天线,其实现途径有多种。其中,相控阵天线具有质量小、体积小、功耗低、易实现多波束、波束指向和覆盖形状可快速改变等优点。

如 4.2.1 节所述,90°仰角和 0°仰角时的空间自由衰减差达到了 14 dB,这些传输损耗差异会给卫星通信链路带来较强的“边缘问题”和“远近效应”,为了实现大范围覆盖,一是要设计高灵敏度接收机,对波束边缘的弱信号实现有效接收;二是要设计高增益天线,保证链路裕量。高增益天线一般具有很窄的波束,限制了接收覆盖范围,因此必须采用多波束的实现方式。

对于数字阵列天线,当采用固定多波束形成时,在天线数目一定的情况下,若要波束覆盖观测区域,需要合理确定接收数字波束的数目。波束数目太少,则不能覆盖整个观测区域;波束数目太多,会增加资源消耗,最少的波束数目就是所有波束的半功率点范围刚好覆盖观测区域。

由于面阵可以看作两个线性阵列的合成,先基于线性阵列进行分析。线阵天线波束的半功率点宽度的计算公式如下:

$$\theta_{\mathrm{HBPW}} \approx \frac{51\lambda}{Nd\cos\theta_B} \tag{4.33}$$

其中,θ_B 为天线波束扫描角;N 为天线阵元数目;λ 为波长;d 为阵元间距,通常取单元间距 $d=\lambda/2$。线阵天线波束的半功率点宽度与天线波束扫描角 θ_B 的余弦成反比,即 θ_B 越大,波束半功率点宽度越大。

根据图 4.27 举例分析覆盖观测区域所需的最少波束数目,假设天线阵元数目是 4,阵元间距 $d=\lambda/2$,中间波束扫描的方位角为 0°,需要探测的范围是空间±65°,在±25°和±39°方位共添加 4 个波束才能满足要求,总扫描角达到了±85°。考虑到 ADS－B 信号的接收,实际是在地球表面完成。因此,线性阵列的 5 波束设计实际对应于 3 层波束构型设计。如图 4.28(a)所示,19 个波束由 1 个中心波束、6 个第 2 层波束、12 个最外层波束构成,这样的波束构型需要严格的波束赋性设计,且需要的阵元数较多,一般为数十到几百个以上,例如,美国全球星的 S 波段相控阵天线就采用了 61 阵元、3 层 17 波束的设计[308]。

当阵元数目较少时,图 4.28(b)所用的波束划分方式更便于实现,但其不利之处在于对地覆盖时,由于路径损耗差异明显,外层子波束将面临严重的“远近效应”。因此,一般用图 4.28(a)的波束划分作为发射天线波束设计,以保证对地的等通量覆盖;用图 4.28(b)的结构作为接收天线波束设计,只要能保证有足够链路裕量即可。

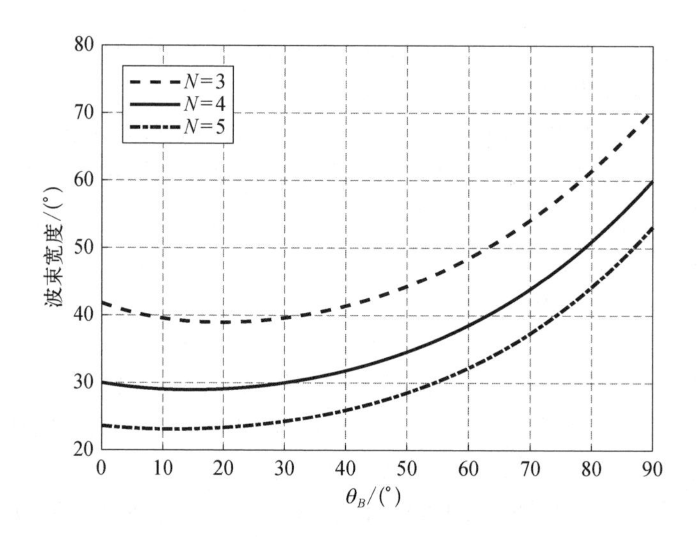

图 4.27　波束宽度与指向及阵元数目的关系

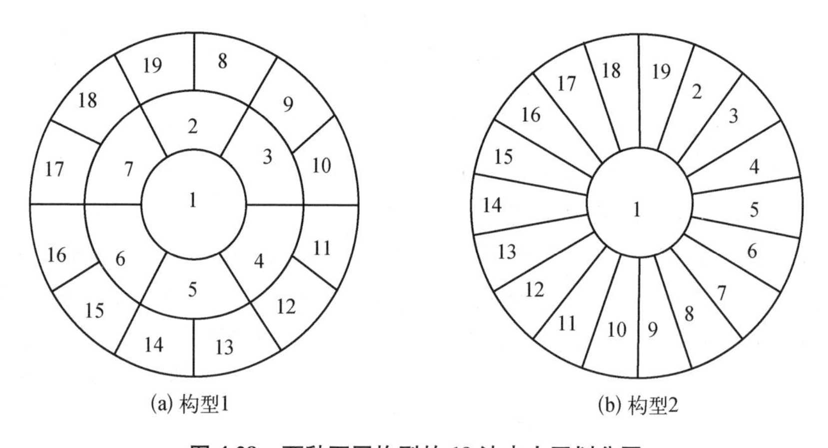

图 4.28　两种不同构型的 19 波束小区划分图

2. 六边形栅格阵列天线设计与模型分析

天线综合技术一般包含天线选型、天线基本单元设计、阵列天线单元分布和阵列单元幅相参数的确定。图 4.29 是实际设计的平面阵天线模型，阵元分布于六边形网格上。Sharp 曾经证明，在同等性能情况下，六边形分布的阵列能够使阵元数目减少 13.4%[309]。

阵元排列在 $y-z$ 平面上。为了避免出现栅瓣，阵元间隔与要达到的波束扫描角的关系为[310]

$$d < \frac{1}{1 + |\sin \theta_0|} \tag{4.34}$$

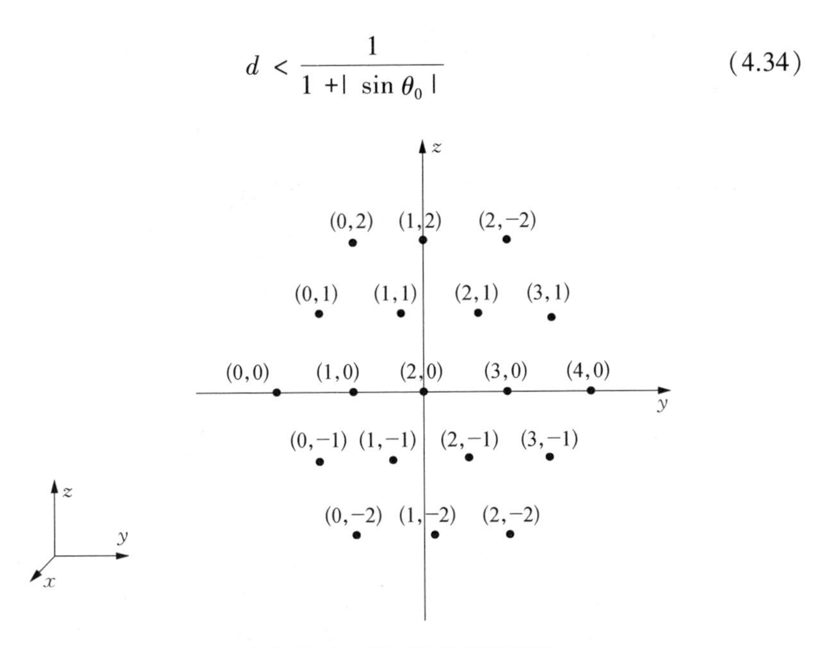

图 4.29　六边形 19 元阵列的位置示意图

考虑到低轨卫星的天线波束角通常要达到 60°左右,则阵列间距要小于 0.54λ; 取阵元间隔为 $d_y = \lambda/2$, $d_z = \sqrt{3}\lambda/4$, 其中 λ 是 ADS - B 信号的波长。考虑 19 阵元标准六边形阵列,水平方向用 n 标号,取值范围 $0 \sim (N_r - 1)$: 行用 m 标号,范围为 $-(N_x - 1)/2 \sim (N_x - 1)/2$,则其阵列流形矢量为[311]

$$[\mathrm{vec}_H(u_x, u_y)] = \exp\left[\mathrm{j}\pi\left(\frac{\sqrt{3}}{2}u_y + nu_x - \frac{N_x - |m| - 1}{2}u_x\right)\right] \tag{4.35}$$

其波束方向图计算公式为

$$B_u(u_x, u_y) = \sum_{m=-(N_x-1)/2}^{(N_x-1)/2} w_{nm}^* \, \mathrm{vec}_H \sum_{n=0}^{N_x - |m| - 1} \mathrm{e}^{\mathrm{j}\pi n u_x} \tag{4.36}$$

多数情况下,阵列由相同的阵元构成。分析相同的阵元构成的阵列时,可以将方向图的成因分为两部分,即阵因子和元因子。设计阵列天线时,首先要对辐射单元进行设计和优化。由于卫星重量和安装面受限,本书采用双馈点微带天线。微带天线由于具有体积小、重量轻、成本低、结构简单、可靠性高、易满足圆极化性能等特点,更适合在卫星上使用。由于星载接收全球范围的 ADS - B 信号，采用圆极化微带天线，其方向图在方位角是一圆，俯仰角上的方向图常采用多项式拟合：

$$f(\theta,\ \varphi)=a_1\theta^5+a_2\theta^4+a_3\theta^3+a_4\theta^2+a_5\theta+a_6 \tag{4.37}$$

图4.30给出了天线阵元的仿真方向图和拟合方向图，其中阵元采用微带切片天线，从图中可以看出，多项式能够有效拟合阵元的方向图。

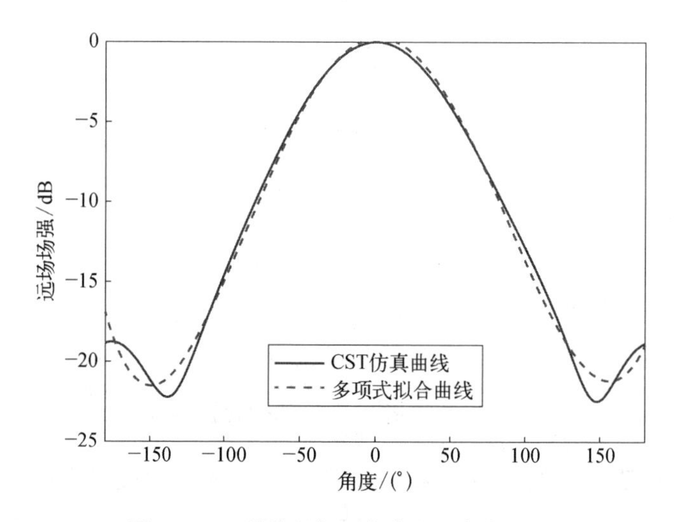

图4.30　天线阵元切面仿真和拟合方向图

4.3.3　星载ADS－B多波束成形方法

波束成形，源于自适应天线的一个概念。接收端的信号处理，可以通过对多天线阵元接收到的各路信号进行加权合成，形成所需的理想信号。从天线方向图视角来看，这样做相当于形成了规定指向上的波束。例如，将原来全方位的接收方向图转换成了有零点、有最大指向的波瓣方向图。按波束形成方式，多波束相控阵天线可分为模拟多波束相控阵天线和数字多波束相控阵天线。随着数字信号处理技术的发展，人们发现数字波束(digital beam forming，DBF)具有容易实现多波束、副瓣电平极低、波束指向灵活、自适应干扰调零等优点，因此受到了广泛关注。此外，多波束相控阵天线可以充分利用每个天线通道收到的信息，用较少的天线和接收通道达到多个天线和接收通道的作用。如果要在方位角和俯仰角这两个方向上同时实现天线波束的相控扫描，就必须采用平面或三维相控阵天线。

1. 频率-波数响应和波束方向图

考虑阵列对外部信号场的响应：阵列由一组全向性阵元组成，阵元在位置 $\boldsymbol{p}_n$：$n=0, 1, \cdots, N-1$ 上对信号场进行空域采样，产生一组信号，记为矢量 $f(t, \boldsymbol{p})$。对每个阵元的输出用一个线性时不变滤波器进行处理，该滤波器的冲激响应为 $\boldsymbol{h}(\boldsymbol{\tau})$。然后对所有输出求和，得到阵列输出 $y(t)$。假设观察时间足够长，以致可以考虑为无限长，则输出可以写成一个卷积积分的形式[311]：

$$y(t)=\int_{-\infty}^{\infty}\boldsymbol{h}^{\mathrm{T}}(t-\tau)\boldsymbol{f}(\tau, \boldsymbol{p})\mathrm{d}\tau \tag{4.38}$$

对其进行傅里叶变换得到：

$$Y(\omega)=\int_{-\infty}^{\infty}y(t)\mathrm{e}^{-\mathrm{j}\omega t}\mathrm{d}t=H^{\mathrm{T}}(\omega)\boldsymbol{F}(\omega) \tag{4.39}$$

$\boldsymbol{H}(\omega)$ 和 $\boldsymbol{F}(\omega)$ 分别由式(4.40)给出：

$$\boldsymbol{H}(\omega)=\int_{-\infty}^{\infty}\boldsymbol{h}(t)\mathrm{e}^{-\mathrm{j}\omega t}\mathrm{d}t, \quad \boldsymbol{F}(\omega, \boldsymbol{p})=\int_{-\infty}^{\infty}f(t, \boldsymbol{p})\mathrm{e}^{-\mathrm{j}\omega t}\mathrm{d}t \tag{4.40}$$

在大多数情况下，去掉式(4.40)中的 $\boldsymbol{p}$，直接使用 $\boldsymbol{F}(\omega)$。对阵列输入一个平面波，角频率为 $\boldsymbol{\omega}$，由该输入产生的传感器的时间函数为

$$f(t, \boldsymbol{p})=[f(t-\boldsymbol{\tau}_0), f(t-\boldsymbol{\tau}_2), \cdots, f(t-\boldsymbol{\tau}_{N-1})]^{\mathrm{T}} \tag{4.41}$$

其中，$\boldsymbol{\tau}_n$ 是相对的时延：

$$\boldsymbol{\tau}_n=-\boldsymbol{u}^{\mathrm{T}}\boldsymbol{p}_n/c \tag{4.42}$$

其中，c 是波在介质中的传播速度；$-\boldsymbol{u}$ 表示传播方向：

$$u_x=\sin\theta\cos\phi, \quad u_y=\sin\theta\sin\phi, \quad u_z=\cos\theta \tag{4.43}$$

对于一个在均匀介质中传播的平面波，定义波数 $\boldsymbol{k}$ 为

$$\boldsymbol{k}=\omega\boldsymbol{a}/c=2\pi\boldsymbol{a}/\lambda \tag{4.44}$$

定义阵列流形矢量：

$$\boldsymbol{v}_k(\boldsymbol{k})=[\mathrm{e}^{-\mathrm{j}\boldsymbol{k}^{\mathrm{T}}p_0}, \mathrm{e}^{-\mathrm{j}\boldsymbol{k}^{\mathrm{T}}p_1}, \cdots, \mathrm{e}^{-\mathrm{j}\boldsymbol{k}^{\mathrm{T}}p_{N-1}}] \tag{4.45}$$

则 $\boldsymbol{F}(\omega)$ 可以改写为

$$\boldsymbol{F}(\omega)=F(\omega)\boldsymbol{v}_k(\boldsymbol{k}) \tag{4.46}$$

则式(4.41)可以改写为

$$f(t,\ \boldsymbol{p})=\mathrm{e}^{\mathrm{j}\omega t}\boldsymbol{v}_k(\boldsymbol{k}) \tag{4.47}$$

式(4.38)可以改写为

$$y(t,\ \boldsymbol{k})=\boldsymbol{H}^{\mathrm{T}}(\omega)\boldsymbol{v}_k(\boldsymbol{k})\mathrm{e}^{\mathrm{j}\omega t} \tag{4.48}$$

进而写成频域表达式:

$$\boldsymbol{Y}(\omega,\ \boldsymbol{k})=\boldsymbol{H}^{\mathrm{T}}(\omega)\boldsymbol{v}_k(\boldsymbol{k}) \tag{4.49}$$

式(4.49)即阵列的频率-波数响应函数,它描述了一个阵列对于波数为 $\boldsymbol{k}$,时域频率为 ω 的输入平面波的复增益。一个阵列的波束方向图定义为

$$B(\omega)=Y(\omega,\ \boldsymbol{k})\mid_{k=-2\pi/\lambda\boldsymbol{u}(\theta,\ \phi)} \tag{4.50}$$

其中,$\boldsymbol{u}(\theta,\ \phi)$ 是一个单位矢量,在球坐标系中对应角度 θ 和 ϕ。波束方向图是频率响应在一个半径为 $2\pi/\lambda$ 的球上的值。当阵元是非全向时,可以直接通过相乘把阵元的频率-波数响应函数 $\boldsymbol{Y}_e(\omega,\ \boldsymbol{k})$ 包含进来:

$$\boldsymbol{Y}(\omega,\ \boldsymbol{k})=\mathrm{AF}(\boldsymbol{k})\boldsymbol{Y}_e(\omega,\ \boldsymbol{k}) \tag{4.51}$$

其中,$\mathrm{AF}(\boldsymbol{k})$ 是阵列因子。总的波束方向图也可以写成阵列因子和阵元波束方向图的乘积。信号是窄带情况下,信号的时延可以用相移来近似,这种实现方式通常称为相控阵。在一些情况下,利用正交解调,并在基带应用复加权来实现波束形成:

$$y(t,\ \boldsymbol{k})=w^{\mathrm{H}}\boldsymbol{v}_k(\boldsymbol{k})\mathrm{e}^{\mathrm{j}\omega t} \tag{4.52}$$

其中,复数权值为

$$w^{\mathrm{H}}=[w_0^*,\ w_1^*,\ \cdots,\ w_{N-1}^*] \tag{4.53}$$

在实际应用中,需要调整每个阵元输出的增益和相位,以得到一个理想的波束方向图,这可以通过图4.31给出的模型实现,即采用 I 和 Q 两路信号分别与复数实部和虚部相乘的方法进行加权。

波束的大小和指向是通过对相控阵天线中每个阵元的幅度和相位加权得到的,可见,在整个波束形成的过程中,权值网络的设计是整个波束形成算法的核心。前面讨论的都是合成单个波束的情形,考虑到天线通过这 N_e 个阵元形

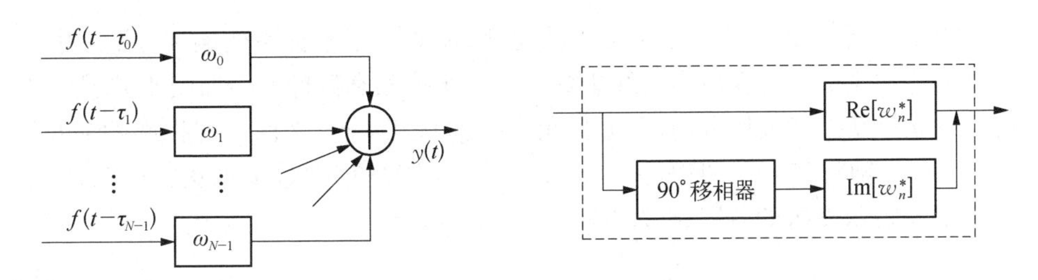

图 4.31　一般窄带波束形成器模型

成 N_b 个波束（B_1，B_1，…，B_{N_b}），第 i 个阵元的权值为 $w_{i,j}$，波束成形矩阵就可以写成下面的形式：

$$W_{N_b,N_e}=\begin{bmatrix} w_{1,1} & w_{1,2} & \cdots & w_{1,N_e} \\ w_{2,1} & w_{2,2} & \cdots & w_{2,N_e} \\ \vdots & \vdots & \ddots & \vdots \\ w_{N_b,1} & w_{N_b,2} & \cdots & w_{N_b,N_e} \end{bmatrix} \tag{4.54}$$

图 4.32 给出了多波束情形下的权值网络设计框图，每一个波束的形成都需要所有通道的信号加权求和输出。

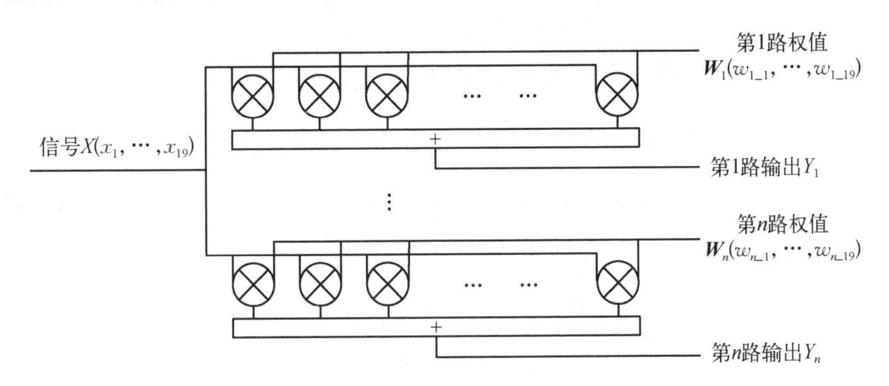

图 4.32　多波束数字实现信号流图

2. 对地覆盖分析方法

由于 LEO 卫星的覆盖范围很大，边缘问题和远场效应很明显。如表 4.7 所示，如果卫星高度是 500 km，星下点和波束边缘的空间传播损耗将会达到 14 dB，所以需要通过调整天线增益来补偿这种差异性。因为信号冲突的概率取决于能够触发接收机敏感电平的信号数目，所以每个飞机到卫星的链路衰减都要计算出来。

为了在天线坐标系下描述飞机的位置，需要考虑坐标系变换，将原本用经纬度描述的飞机位置变换为天线坐标系下的水平角和俯仰角。如图 4.33 所示，使用球坐标系描述天线方向图，方位角指 x 轴与其 $x-y$ 平面正交投影的夹角，俯仰角指 z 轴与其 $x-y$ 平面正交投影的夹角，当波束朝着 x 轴正方向时取正值。用 A 表示飞机的位置，S 为卫星位置，C 为星下点。

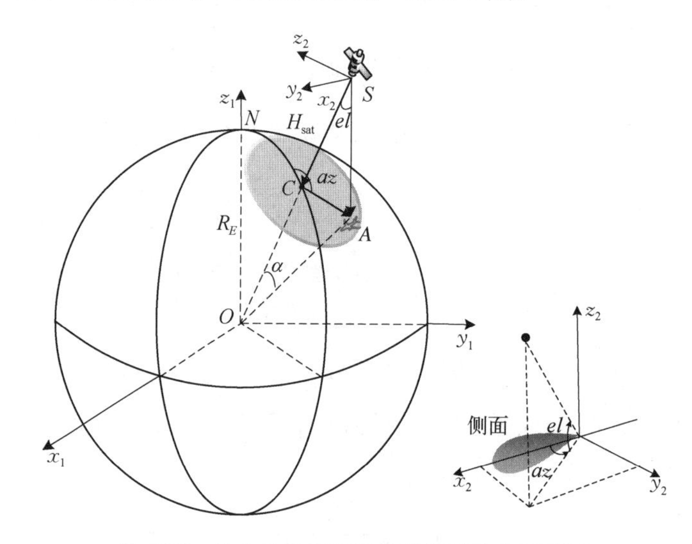

图 4.33　地心坐标系和天线坐标系转换示意图

卫星与飞机之间的地心夹角记作 α，根据三面角余弦定理有

$$\cos\alpha = \sin\varphi_C \sin\varphi_A + \cos\varphi_C \cos\varphi_A \cos(\lambda_A - \lambda_C) \tag{4.55}$$

由球面正弦公式有

$$az = \arcsin\left[\frac{\cos(\varphi_A)\sin(\lambda_A - \lambda_C)}{\sin\alpha}\right] \tag{4.56}$$

将式(4.55)代入式(4.56)即可求得二面角 $\angle N-OC-A$，即天线坐标系中的角 az。

在 $\triangle SOA$ 中，由正弦定理得

$$\frac{R_E}{\sin el} = \frac{R_E + H_{\text{sat}}}{\sin(\alpha + el)} \tag{4.57}$$

解得

$$\cot el = \frac{\sin \alpha}{1 + H_{sat}/R_E - \cos \alpha} \tag{4.58}$$

进一步地,需要计算天线在地球表面的场强,空间链路衰减可由式(4.4)得出。

3. 基于遗传算法的自适应多波束成形

如图 4.12 所示,全球不同区域飞机分布密度差别很大。例如,中国、澳大利亚、非洲东部飞机很多,而大洋上空和南极的飞机就很少。采用多波束天线的时候,如果天线的每个波束都是同一大小的,就会使得有些波束覆盖的飞机数量仍然很多,而有些波束接收到的信息很少。本书提出的星载 ADS－B 自适应多波束的核心思想是调整波束的数量、大小和指向,采用窄波束覆盖高密度区域,采用宽波束覆盖稀疏区域,最终使得系统检测概率进一步提升。

相控阵天线综合的关键是求出符合要求的波束成形矩阵,该矩阵结合相应的阵列模型要满足增益、方向性、波瓣宽度等约束,是非线性问题,使用经典算法对于解决复杂多波束天线综合问题无能为力。本书使用 GA 解决阵列综合问题,其鲁棒性更好,能够胜任解决复杂非线性搜索问题[312,313]。

在平面阵列综合问题中,采用 GA 不断改变每个阵元的幅度和相位,直至达到预期方向图,即优化变量为阵元的幅度和相位。具体而言,如式(4.54)所定义的,当采用 N_e 个阵元形成 N_b 个波束时,优化变量即为 $N_e \cdot N_b$ 维的复数矩阵。GA 中,最重要的参数是个体适应度函数的计算,在本书中,即检测概率的计算。由于 GA 总是要使目标函数值最小,可以定义系统漏检概率作为每个优化变量的适应度函数:

$$F_n = 1 - P_{UI} \tag{4.59}$$

其中,系统检测概率 P_{UI} 的计算可由式(4.14)给出,与卫星波束覆盖的目标个数和分布有关。研究目标关注星下覆盖区域,如果该区域的目标没有被探测到,则在 GA 中应该添加惩罚因子。下面给出使用 GA 实现自适应波束成形的详细过程,其流程图见图 4.34。

(1) 获取状态参数:输入当前时间、卫星的高度等轨道参数;读取 ADS－B 历史数据库,根据卫星的覆盖范围得到当前飞机位置分布。

(2) 产生初始种群:采用数字配相法计算得到规则波束对应的复数权值矩阵[48],权值矩阵的维数由式(4.54)给出,然后产生一组随机数,与之相加得到初始种群。由规则的波束出发,搜寻使检测概率最大的波束构型,可以缩短优化

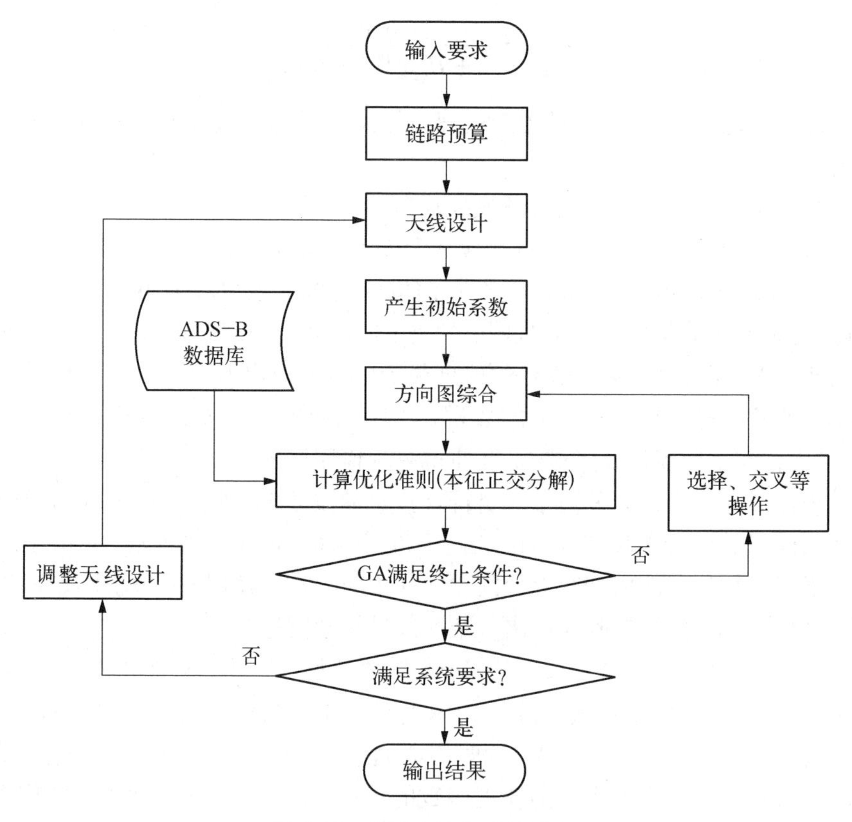

图 4.34 自适应波束设计流程

搜索的时间。

(3) 计算目标函数值：当采用 19 元六边形平面相控阵天线时，根据式(4.53)综合天线方向图。得到天线方向图以后，通过链路预算公式得到每个波束的覆盖范围，最后根据式(4.59)计算系统的漏检概率，即目标函数。

(4) 使用 GA 得到最小适应度函数对应的权值矩阵，具体过程为计算每一个权值矩阵对应的适应度，根据适应度构建新的种群。在每一步中，使用当前较优个体产生下一代种群。为了得到新种群，算法执行以下步骤：计算适应度函数值；基于适应度函数选择父代种群选择适应度函数更低的个体作为精英个体，直接传递到子代；从父代产生子代，子代的产生有两种方法，即单亲变异、双亲交叉；更新种群。

(5) 算法终止条件：最大代数和时间限制。

(6) 判断设计是否满足要求,若否,则调整天线设计;若是,则输出结果。

4.3.4　仿真结果与分析

1. 固定多波束仿真

以实现我国东部地区星载 ADS－B 覆盖为例,评估算法的性能。卫星轨道高度设置为 780 km,与首个实现全球航空监控的"铱星二代"相同。图 4.35 给出了两种不同构型的 19 波束方向图及归一化对地覆盖增益曲线。增益覆盖曲线考虑了阵列增益和空间自由路径损耗,星下点,即卫星高度角为 90°时的增益最大,归一化后的增益为 0 dB。增益覆盖图中的外围黄色曲线给出了 0°和 5°卫星高度范围。当采用三层 19 波束时,同一层的波束之间的覆盖存在明显空隙;而采用两层波束时,重叠区域较大。考虑到扩大覆盖范围,采用三层波束,在 5°

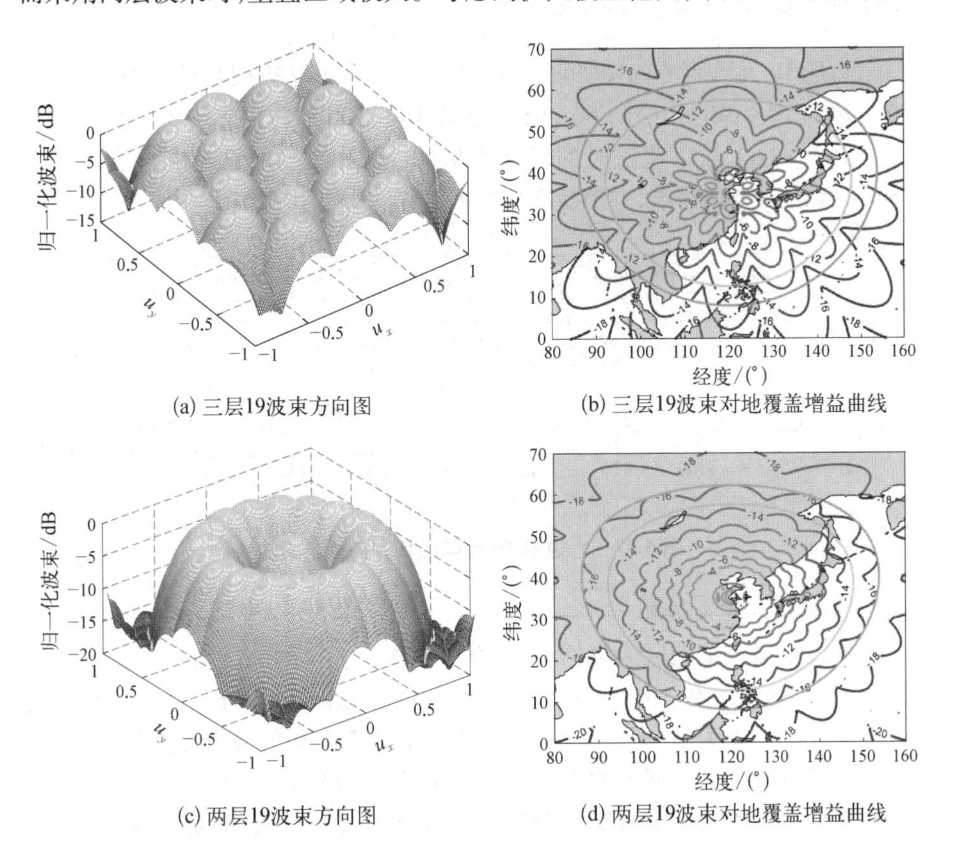

(a) 三层19波束方向图

(b) 三层19波束对地覆盖增益曲线

(c) 两层19波束方向图

(d) 两层19波束对地覆盖增益曲线

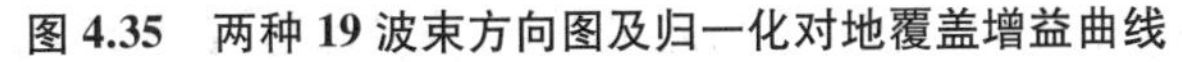

图 4.35　两种 19 波束方向图及归一化对地覆盖增益曲线

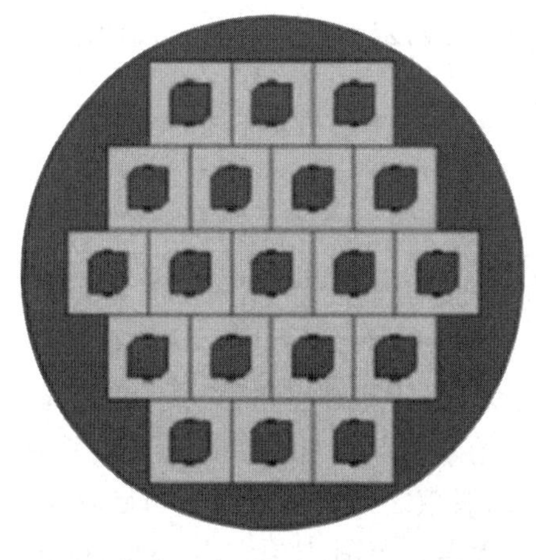

图 4.36　六边形 19 元阵列的 HFSS 模型

仰角下，基本能保证-12 dB 的增益，在 0°仰角时为-14 dB，而两层波束方案在仰角 5°的增益下降到了-15 dB。综合考虑两种覆盖的优缺点，选用三层 19 波束的覆盖方案优于两层波束的方案。

采用图 4.29 所示特性的阵元组成 19 元六边形栅格天线阵列，建立高频结构仿真(high frequency structure simulator, HFSS)模型如图 4.36 所示，采用微带切片圆极化天线，实际加工得到的阵元增益均在 5 dBi 以上。考虑安装尺寸，阵列总大小是直径约 1 m 的圆形。

六边形 19 元阵列方向图如图 4.37 所示。当采用等幅同相馈电时，天线最大增益达到 19.4 dBi，扫描到 60°角时，增益下降 7 dBi，达到 12 dBi，相比之下，“铱星二代”在 60°波束覆盖时的增益为 9 dBi，因此本书的设计能够满足星载 ADS - B 系统的链路需求，并略优于“铱星二代”ADS - B 系统。

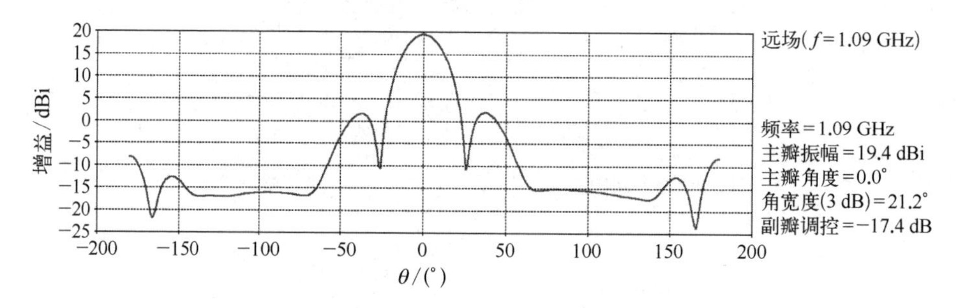

图 4.37　六边形 19 元阵远场方向图仿真

2. 自适应多波束仿真

仍然以中国东部地区为算例，评估算法性能。卫星的高度与首个实现全球航空监控的“铱星二代”相同。采用全向均匀的阵元，即$f(\theta, \phi)=1$。仿真中设置蚁群的种群大小为 20，使用 n bit 移相方法形成 7 个均匀波束，之后采用基于遗传算法的自适应方法调整波束，算法在 150 代后收敛。

采用传统 7 均匀波束方案作为对比，波束 1~6 指向固定角度(az=0°、60°、120°、180°、240°、300°)，波束 7 指向星下点，该设计与“铱星二代”ADS - B 系统方案相同。为了简化，将天线增益和链路衰减相加后进行了归一化处理。图 4.38 为天线场强在地面的等高线图。偏离星下点的几个波束形成了几个不规则椭圆，这是天线倾斜投影造成的。

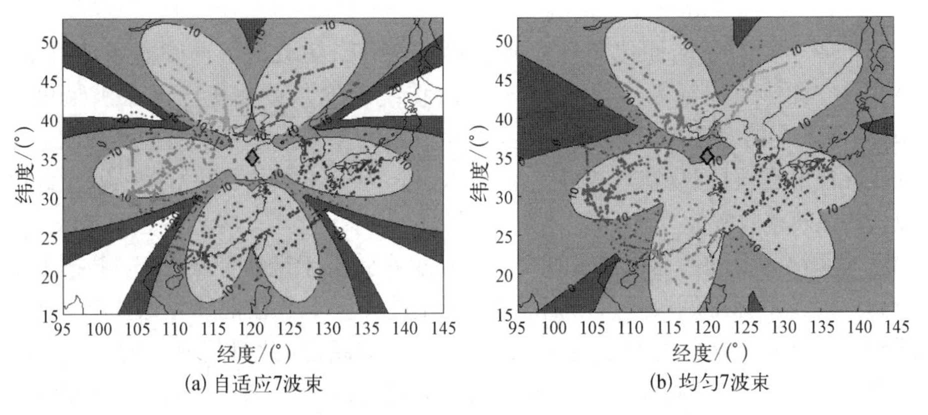

图 4.38　自适应 7 波束和均匀 7 波束对地覆盖仿真结果对比

从图 4.38 中可以看到，在自适应波束设计方案中，指向稀疏区域的波束较大，指向密集区域的波束相对较小，仿真结果符合预期。漏检率和飞机数量的关系如图 4.39 所示，从图中可以看出，随着飞机数量的增加，漏检率急剧增加。相比之下，自适应波束使漏检率减小了 50%。

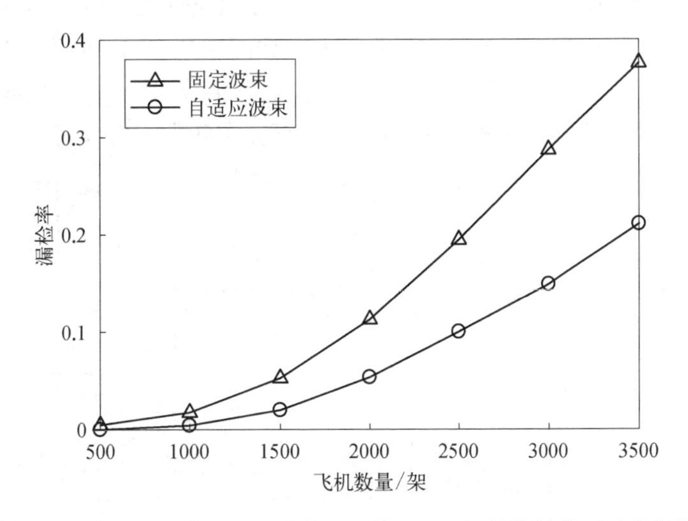

图 4.39　自适应波束和固定波束下漏检率和飞机数量的关系对比曲线

4.4 星载 ADS－B 数字多波束接收和解调算法

正如 4.2 节所述，相比传统地面 ADS－B 系统，星载系统面临着新的挑战，主要是空间链路损耗和多信号冲突问题，传统的地基接收机已无法满足星载 ADS－B 系统的应用需求。近年来，世界范围内的多个国家和组织相继开展了星载接收机的在轨接收试验，获得了大量的飞机 ADS－B 数据，但总体来说，星载接收机的在轨接收性能普遍不高，距离实用化仍有一定差距。考虑到星载 ADS－B 的巨大应用潜力和商业价值，ICAO 和 ITU 也在致力于推动星载 ADS－B 技术革新和相关技术标准的改进，以加快其实用化进程。本节在前述星载 ADS－B 天线设计的基础上，考虑到现有技术的继承性和前瞻性，针对其面临的技术挑战和微小卫星平台限制，提出一种多波束数字化信道星载 ADS－B 接收机和解调算法，为未来的工程实用化作技术储备。

4.4.1 数字多波束接收机总体框图设计

一个完整的星载 ADS－B 多波束数字化接收载荷包括多波束相控阵天线、多通道高灵敏度 ADS－B 接收机，以及电源和通信模块。其中，高灵敏度 ADS－B 接收机由以下部分组成：① 射频接收放大电路；② 本振及混频电路；③ 中频放大电路；④ AD 采集电路；⑤ 数字逻辑处理器。如图 4.40 所示，星载 ADS－B 系统由射频前端、下变频、基带数据处理系统三大部分组成，核心单元是数据处理模块，负责对 ADS－B 数据的采样、接收、解码、存储和转发。射频前端完成射频信

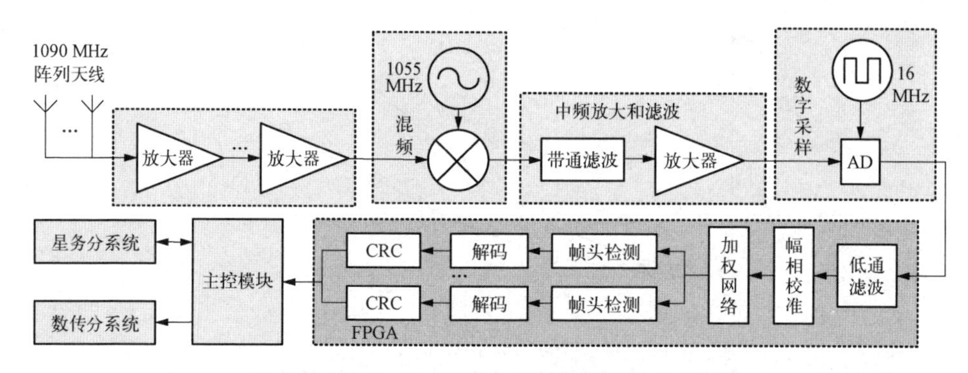

图 4.40 星载 ADS 数字多波束接收机结构框图

号的滤波、放大；下变频完成射频到中频、中频到基带的变换；基带数据处理模块完成信号的解调、解帧和数据输出等功能，当卫星过顶时下传数据，在地面提取报文信息并发给相关用户[314]。

对于一个接收系统，其主要有以下 4 个特点：① 噪声系数小；② 增益可调，线性范围足够大；③ 与天线匹配良好；④ 能够选频，抑制带外及镜像频率的干扰[315]。基于以上考虑，本节采用超外差式结构设计：一是由于信号频率较高，采用超外差方式将信号下变频之后，以相对较低的频率制作带通滤波器和 AD 采样；二是超外差结构可以使放大器增益分配到各级当中，这样更有利于整体接收机灵敏度及稳定性的提升。对于接收机，灵敏度指的是输入端的最小可检测功率 $S_{\text{in, min}}$(dBm)，其计算公式为

$$S_{\text{in, min}} = -174 + 10\lg B_n + 10\lg F + \text{SNR}_{\min} \tag{4.60}$$

从式(4.60)可以看出，为了提高接收机的灵敏度，一是应该尽量抑制射频前端的噪声，即减小 F 项；二是压缩脉宽，即减小 B_n，但脉宽的压缩势必会对信号脉冲检测带来影响，使得一部分频率信息损失，导致脉冲的上升沿或下降沿变得不利于检测；三是降低解调算法对信号信噪比的要求，即减小 $\text{SNR}_{\min}$，设计高效的脉冲检测算法。

4.4.2　数字信号解调算法设计

数字多波束数据处理需要完成 AD 数据的幅相校准、下变频、滤波、多波束合成、信号检测和判决等。图 4.41 给出了 19 路数字通道接收机的信号处理流

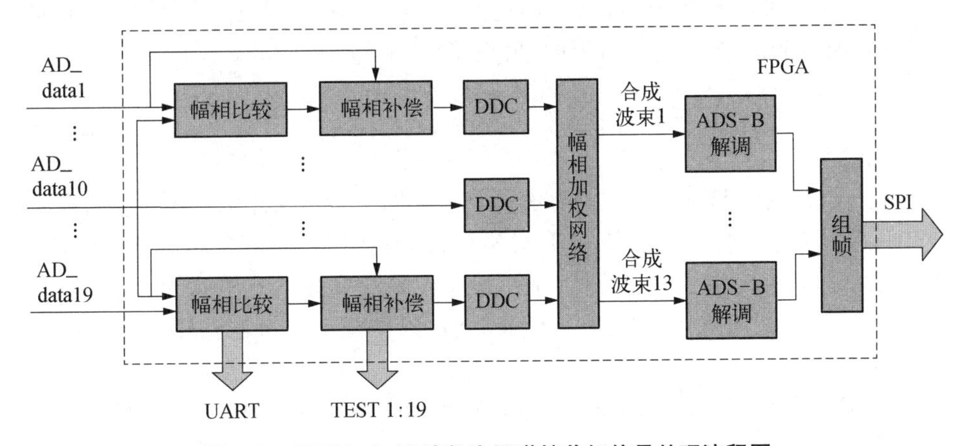

图 4.41　FPGA 中 19 路数字通道接收机信号处理流程图

程图(图中 UART 表示通用异步收发器),每一路经过 AD 采样后的信号都会先经过幅度和相位偏差估计,之后经过幅相校准得到幅相一致的多路数字信号。然后经过数字下变频(digital down converter, DDC)技术实现下变频,将数字信号的频率降至零中频,再经一级数字低通滤波器滤去带外中频的信号,即可得到基带 ADS－B 信号。数字多波束的形成在幅相加权网络部分实现,波束合成后的基带信号经过帧头检测和数据判决形成有效报文存入先进先出(first input first output, FIFO)存储器,最后由串行外接口(serial peripheral interface, SPI)总线输出。

1. 数字下变频和低通滤波

经过窄带滤波和数字采样后的 ADS－B 信号是一个频率带限信号,其频带限制在 (f_L, f_H) 内,根据带通采样定理,其采样频率需满足如下关系式:

$$f_s = \frac{2(f_L + f_H)}{2n + 1} \tag{4.61}$$

其中,n 取能满足 $f_s \geqslant 2(f_H - f_L)$ 的最大正整数,则用 f_s 进行等间隔采样所得到的信号采样值能准确地确定原信号。为便于 ADS－B 信号解调,需要进一步搬移到零频,因此需要使用数字下变频。利用查找表技术实现数字频率合成,频率控制字的计算公式为[316]

$$k = \frac{f_c}{f_s} 2^N \tag{4.62}$$

其中,f_c 为 DDC 模块产生的正余弦频率;f_s 为采样频率;N 为查找表的位宽。数字正交解调输出包括所需要的基带低频分量和解调过程中引入的高频分量,所以要用低通滤波器来提取所需的低频分量。由于 ADS－B 信号可看作一系列矩形脉冲,其频谱密度就是它的傅里叶变换[317]:

$$G_\tau(f) = \int_{-\tau/2}^{\tau/2} \mathrm{e}^{-\mathrm{j}2\pi ft} \mathrm{d}t = \tau Sa(\pi ft) \tag{4.63}$$

其中,$\tau = 0.5\ \mu\mathrm{s}$,是 ADS－B 信号的脉宽。如图 4.42 所示,其主瓣单边宽度为 2 MHz。为了尽可能压缩脉宽,提升灵敏度,同时使信号大部分功率得以保留,根据仿真软件多次进行对比分析,采用最小二乘法实现的有限脉冲响应(finite impulse response, FIR)滤波器进行低通滤波,通带频率取为 1.5 MHz,阻带频率为 2 MHz。

本书所采用的方案中,ADC 的采样率为 1.6×10^7 次/s,因此以 35 MHz 为中心的模拟信号经带通采样后会落在 3 MHz 的中频上。取查找表的位宽 $N = 10$,

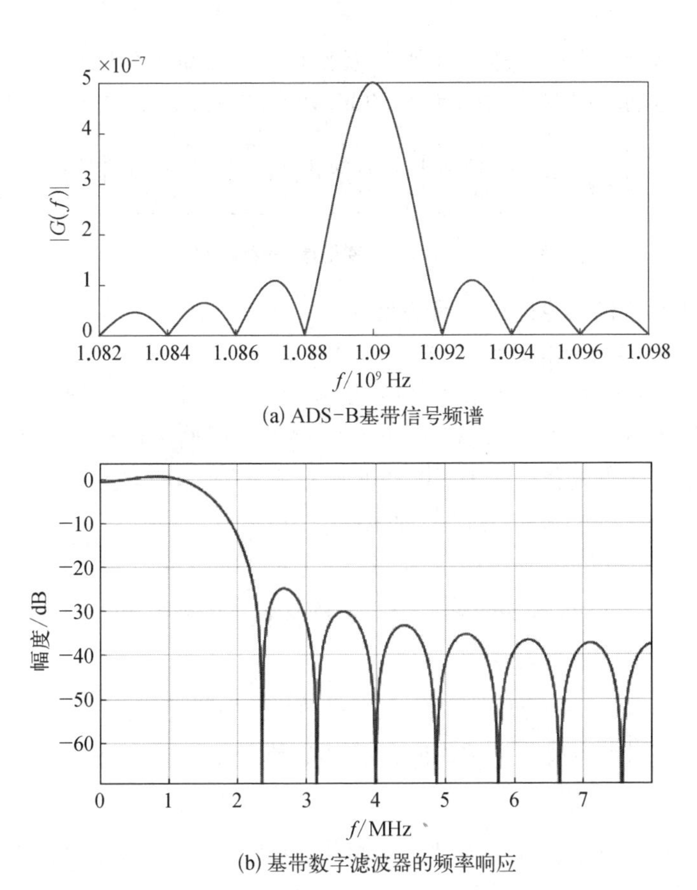

(a) ADS-B基带信号频谱

(b) 基带数字滤波器的频率响应

图 4.42　ADS－B 基带信号的频谱及基带数字滤波器的频率响应

计算可得相位控制字为 192。DDC 模块基于正交解调原理，将 3 MHz 输入信号与直接式数字频率合成器（direct digital synthesizer，DDS）产生的中频相乘，得到的复信号取模值后即基带信号。设接收系统的 NF = 5 dB，SNR_{min} = 8 dB，BW = 1.5 MHz，根据式（4.60）可得设计的接收机灵敏度为−98 dBm。滤波器采用折叠设计，以节省资源。此外，采用时分复用的办法，每 4 路信号共用一组滤波器，相应滤波器时钟设置为 64 MHz。

数字低通滤波以后，得到 ADS－B 的基带信号。图 4.43 给出了 ADS－B 基带信号的解调流程，从前到后的顺序依次为帧头检测、参考功率提取、置信度计算、CRC、bit 译码和数据打包，然后通过星地链路完成数传，最终在地面端完成航空器状态信息提取和数据应用。其中，帧头检测是整个解调过程的基础，该步骤解决了 ADS-B 信号是否出现,以及出现在什么位置的问题。对信号的准确定时是参考功率提取、置信度计算和 bit 译码的关键。

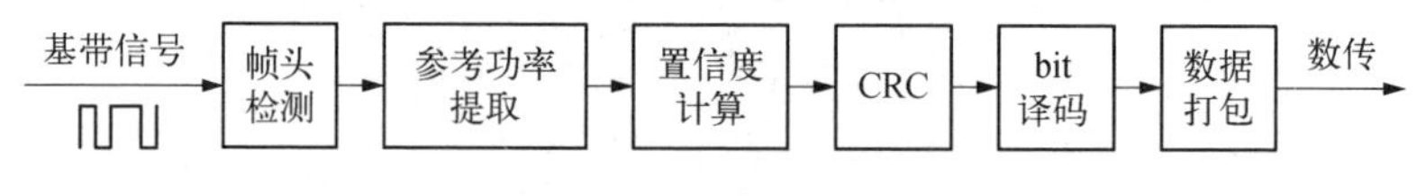

图 4.43 ADS-B 基带信号解调流程图

2. 基于相关匹配滤波法的帧头检测

1) 帧头脉冲序列构建

在噪声背景中检测微弱信号,接收机输出的信噪比越大,越容易发现目标,信息传输发生错误的概率越小。匹配滤波器就是以输出信噪比最大为准则而设计的最佳线性滤波器。采用匹配滤波器检测 ADS-B 信号的帧头,在一般做法中,其冲激响应为帧头信号的共轭镜像[264]:

$$h(t) = cs_{\text{preamble}}(-t) \tag{4.64}$$

其中,c 为常数,由于匹配滤波器对信号幅度具有适应性,c 的取值是任意的。匹配滤波器的输出信号可表示为

$$y(t) = [s(t) + n(t)] \otimes h(t) \tag{4.65}$$

其中,$\otimes$为卷积符号;$n(t)$为零均值高斯白噪声。则输出的期望值为

$$E[y(t)] = E[s(t) + n(t)] = E[s(t)] \tag{4.66}$$

文献[263]对匹配滤波方法进行了分析,认为只要信号高电平段有足够强的能量信号,相关结果中就有峰值出现,难以用固定阈值判决峰值的方法检测帧头。由于 8 μs 长度的帧头中只有 2 μs 为高电平,若将低电平设为负值,则可进一步增大相关峰值与未匹配时信号值的差。如图 4.44 所示,若将低电平设为零值,则相关输出结果中出现大量正峰值。当低电平设为负值以后,最大峰值保持不变,而相关输出值在绝大多数时保持为负值。当信号匹配时,只有一个峰值出现,因此能够保证信号的准确定时,且不用设定固定阈值,只需寻找最大值即可。

图 4.45 为仿真结果对比图。两次仿真分别采用了零电平和负电平滤波器系数,仿真时间为 300 μs 时,有一帧完整的 ADS-B 信号。比较两种不同系数的滤波器输出可以看到,数据位部分经过零电平系数滤波器输出后,结果出现大量正峰值;而经过负电平系数滤波器输出后,绝大部分为负值。这是因为数据位部分的"0""1"个数是相等的,而负电平滤波器的系数的数学期望值为负值,只有完全匹配时,才会出现较大峰值。

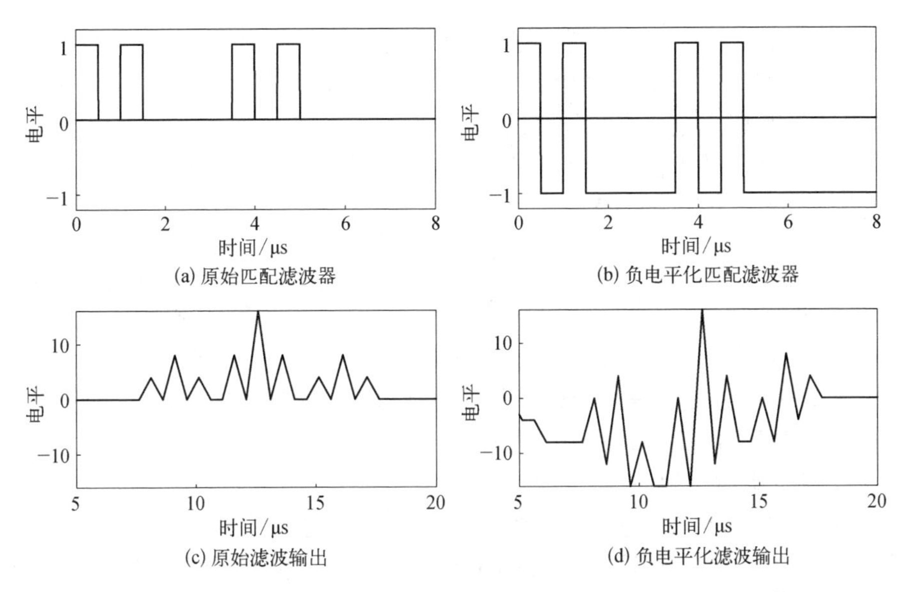

图4.44　无噪条件下负电平化后的匹配滤波输出与原始输出的比较

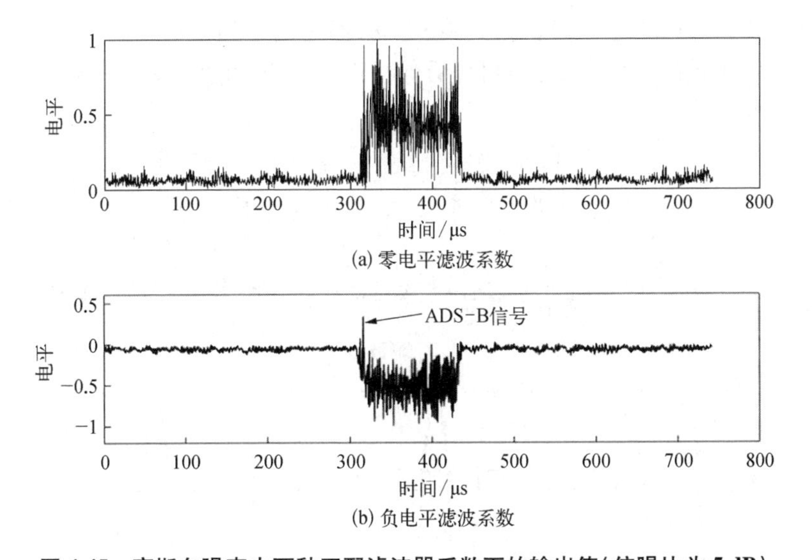

图4.45　高斯白噪声中两种匹配滤波器系数下的输出值(信噪比为5 dB)

2）联合数据位的帧头检测

一个完整的模式S信号分为DF位(编码传输表征)、CA位(信号发射能力表征)、AA位(飞机地址位)、ME位(飞机信息位)、PI位(循环校验位)。其中,

DF 位表示进行编码的传输描述符，DF 位共有 5 个 bit 位，以二进制的方式表示，ADS－B 信号共有 DF17、DF18、DF19 三种。这三种 DF 位的前 3 个 bit 均为 100，因此可以联合这 3 个 bit 进行帧头检测。

由于矩形脉冲串信号的能量是单个矩形脉冲信号能量的 M 倍，由匹配滤波器的最大信噪比公式可得[318]

$$d_m = \frac{2E}{N_0} = \frac{2ME_1}{N_0} = M\frac{2E_1}{N_0} = Md_1 \tag{4.67}$$

其中，E_1 代表单个矩形脉冲信号的能量；d_1 代表子脉冲匹配滤波器输出的最大信噪比，信噪比的提高得益于相参积累的作用。与只用报头四脉冲相比，利用 3 bit 数据位可以使匹配滤波输出的信噪比提高 1.75 倍。

3）帧头脉冲序列构建

为了提高接收机的灵敏度，通常需要压窄信号带宽，由此带来的频率损失会使得方波信号产生畸变，对后端信号解调算法要求较高。本书所述的接收机设计中，信号带宽为2 MHz（单边1 MHz），图4.46为接收机实际采样得到的ADS－B信号波形，可以看到它不再是一个理想的方波形状，而是由于频率损失而发生了波形的畸变。信号幅值记为 A，则方波可以看作一组谐波叠加的结果[319]，见式（4.68）。

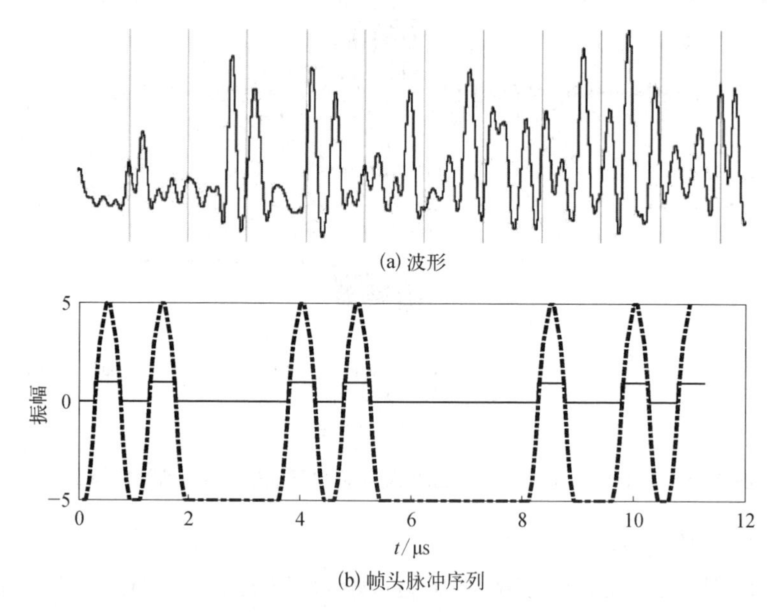

图 4.46 接收机中的 ADS－B 基带信号波形和模拟重构的帧头脉冲序列

$$\Pi(t) = \frac{4A}{\pi}\left[\sin(\omega_0 t) + \frac{1}{3}\sin(\omega_0 t) + \cdots\right] \tag{4.68}$$

经过窄带滤波以后,信号只保留了主频率分量。由于接收机采用相关匹配滤波时,两个信号的波形越相似,相关峰值越高,在构建帧头脉冲序列时,可以将原本的方波帧头序列族谱作适当变形。值得注意的是,由于在 FPGA 内部作相关乘法累加时会消耗大量乘法器,相关系数不宜太大。

在实际工程中,可以通过模拟基带信号的形式构建帧头序列。具体过程：首先,向接收机输入无干扰或大信噪比的 ADS－B 模拟信号;其次,通过在线调试软件观察 FPGA 内部的基带采样信号;最后,将采样序列负电平化构建匹配滤波器。

如前面所述,只要匹配滤波器的输出值大于 0,则认为可能出现了有用信号。此时开始搜索相关峰的最大值,当峰值达到最大时开始解码,解码的正确性由 CRC 保证。由图 4.44 可见,匹配滤波的输出会产生几个峰值,最大峰值应该出现在有用信号后的第 8 μs 时刻。每当检测到峰值后,将其值进行存储,当后续 120 μs 内出现更大峰值时,重新更新峰值位置和最大峰值。这样做还可以保证当两个信号混叠时,解码的是信号电平最强的一个。接收机内基带解码过程的信号控制状态机如图 4.47 所示,所用采样率为 1.6×10^7 次/s。

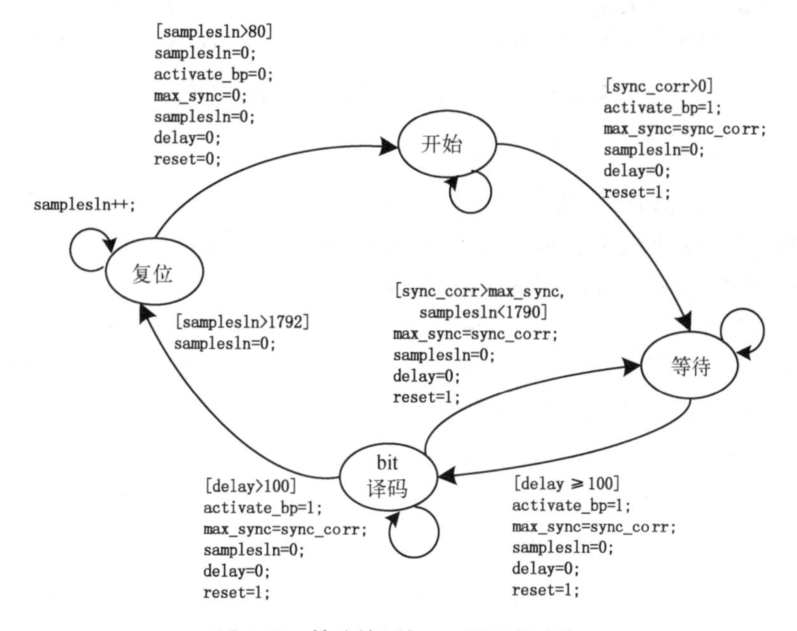

图 4.47　帧头检测与 bit 译码状态机

4）帧头检测算法仿真

采用软件进行蒙特卡洛模拟仿真，比较脉冲沿法和匹配滤波法的帧头检测正确率，采样率为 8×10^6 次/s。由图 4.48(a)可见，在信噪比为 2 dB 时，匹配滤波法的检测正确率比脉冲沿法提升了约 20%。

图 4.48(b)为加了 3 bit 数据位后联合匹配滤波法的检测正确检测概率与原始的只用前 8 μs 帧头检测的情况的对比，由图可知，在信噪比为 0 dB 的情况下，检测正确率提升了约 20%。

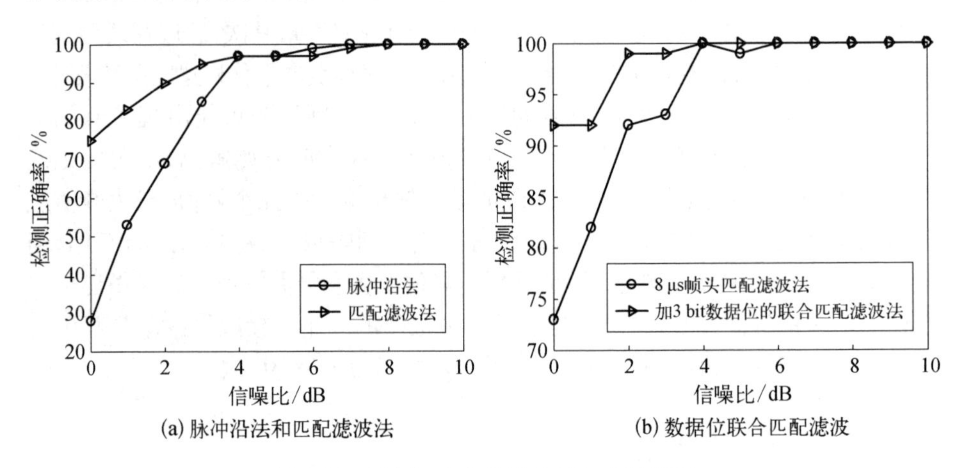

图 4.48 采用不同方法时的帧头检测概率

3. 数据位解调

根据数据起始位和功率检测值，采用多振幅采样点法对数据进行提取，确定出数据位和数据位置信度。每个 bit 的 16 个采样点用 $s_0, s_1, \cdots, s_{16}$ 表示，如图 4.49 所示，令 $C_1=\{s_0, s_1, \cdots, s_7\}$，$C_0=\{s_8, s_9, \cdots, s_{15}\}$。

求出采样点幅度值大于功率检测值−3 dB 范围内的点集合，即高电平样点集合，C_0 中的点用 C_0^H 表示，C_1 中的点用 C_1^H 表示；求出采样点幅度值小于功率检测值 6 dB 范围内的点集合，即低电平样点集合，C_0 中的点用 C_0^L 表示，C_1 中的点用 C_1^L 表示。设 $s_0, s_1, s_6, s_7, s_8, s_9, s_{14}, s_{15}$ 的权重为 1，其余权重为 2，计算集合 C_0^H、C_1^H、C_0^L、C_1^L 的权重之和，分别记为 w_0^H、w_1^H、w_0^L、w_1^L。bit 判决计算公式为[320]

$$V_d = w_1^H - w_0^H + w_0^L - w_1^L \tag{4.69}$$

其中，V_d 为判决值，如果判决值大于 0，则该数据位的值为 1，否则数据位值为 0。

图 4.50 表示结合置信度判定的纠检错流程。ADS－B 数据采用 24 位循环

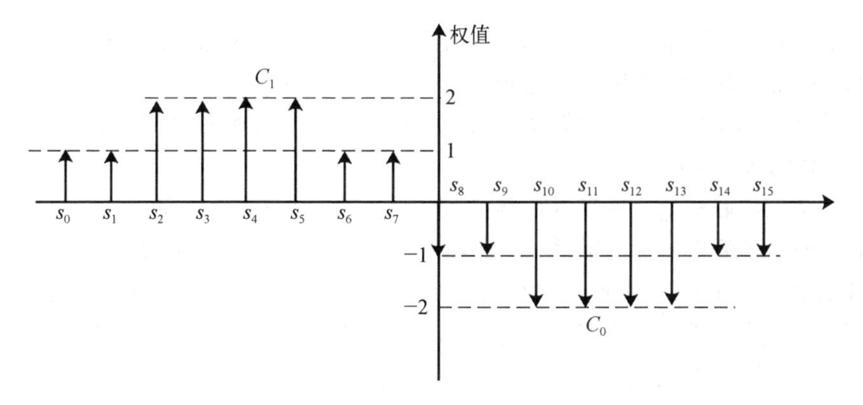

图 4.49　多点振幅采样加权示意图

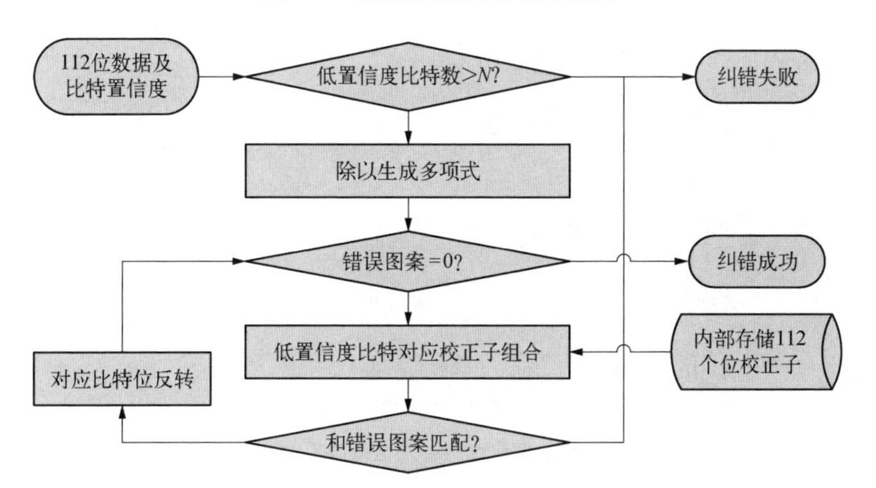

图 4.50　结合置信度判定的纠检错流程

冗余校验,最小汉明距离为 6,因此最多能实现 5 位编码的纠错[321]。纠错中与错误比特组合比较的次数与其位数呈 2 的幂次级增长,考虑到计算能力和时间限制,有必要设置比较位数的上限。由于最可能在低置信度比特位出错,优先从低置信度比特位开始纠错。经过多次仿真测试得到,当判决值的绝对值大于或等于 4 时,则推断该数据位具有较高的置信度,记为 1;否则有低置信度,记为 0,能够有效利用置信度进行纠错,使接收机灵敏度提升约 1 dB。

4.4.3　ADS - B 接收机算法的板级验证及性能测试

当 ADS - B 接收机算法通过了软件仿真和 Modelsim 功能仿真后,应该对代码进行板级验证。接收机灵敏度采用星载 ADS－B 信号模拟器进行测试，星载 ADS－B 模拟器可用于生成特定频率、功率、发射间隔及固定条数报文的信号，用于模拟固定的无信号冲突接收、2～4 重信号冲突接收等场景，来测试星载 ADS－B 的接收性能。

首先对接收机的灵敏度进行测试：模拟器发送 1 000 包报文，输出的信号经过可调衰减器后送入接收机，接收机将解码成功后的消息通过串口发送至计算机作比对分析。其中，模拟器输出信号功率约-10 dBm，线损约 3 dB，外接衰减器的可调衰减范围为 0～120 dB，信号发送周期设置为 0.01 s。测试结果如图 4.51 所示，从图中可以看出，若以 90%的解包率衡量接收机灵敏度，则该接收机灵敏度可以达到-98 dBm。相比“天拓三号”ADS－B 接收机，其灵敏度提升了 3 dB。

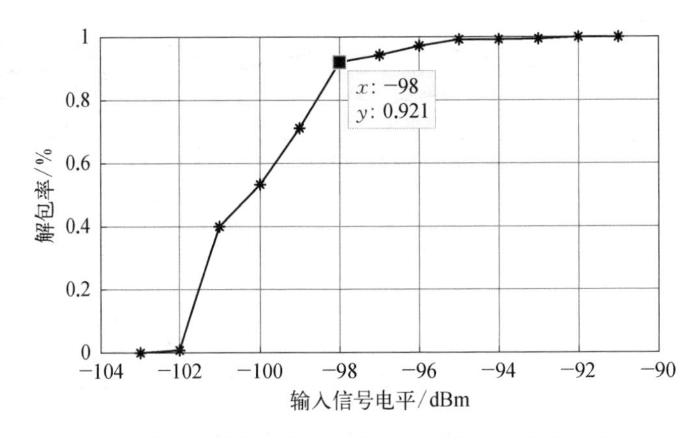

图 4.51　接收机解包率随输入信号电平的变化曲线

利用模拟器还可以对信号冲突解码情况进行分析，选择两个通道生成冲突信号，信号的发送间隔分别设置为 0 μs（即信号完全混叠）和 50 μs（部分混叠），前后两条信号的功率差值如表 4.11 所示，两个通道的报文数均设置为 1 000 条。由于没有采用信号分离算法，则最大解码概率为 50%，即强功率信号得到正确解码。值得注意的是，冲突信号测试从另一方面说明了当信噪比达到 8 dB 时，采用该信号解调算法可达到 100%的正确解调概率。

星载 ADS－B 模拟器下设置了“星载场景仿真”和“自定义飞机数量”两个子模式。其中，“星载场景仿真”依赖于 Orbitron 软件给出的轨道参数来自动计算卫星接收幅宽和星下覆盖飞机数量；在“自定义飞机数量”子模式中，用户可自定义飞机数量。采用模式二时，模拟器根据上位机软件发送的指令（飞机数量、ICAO

表 4.11　冲突信号解码测试

信号发送间隔/μs	信号功率差值/dB	成功接收消息数/条	解码概率/%
0	0	0	0
50	0	0	0
0	1	4	0.2
50	1	754	37.7
0	3	2	0.1
50	3	753	37.7
0	5	1 000	50
50	5	890	44.5
0	7	1 000	50
50	7	910	45.5
0	8	1 000	50
50	8	1 000	50

范围、频偏范围、功率范围），按照泊松分布发射 ADS－B 信号。开启“自定义飞机数量”子模式，设置飞机数量取值范围为 0~4 000 架，信号发送时间为 30 s，将收到的消息数除以理论上应收到的消息数得到实际检测概率。如图 4.52 所示，可以看出检测概率随着飞机数量的增加而呈指数下降趋势，图中平滑曲线由理论计算给出，可以看出两条曲线近似吻合，从板载实验方面验证了基于 Aloha 协议分析 ADS－B 信号冲突的正确性。

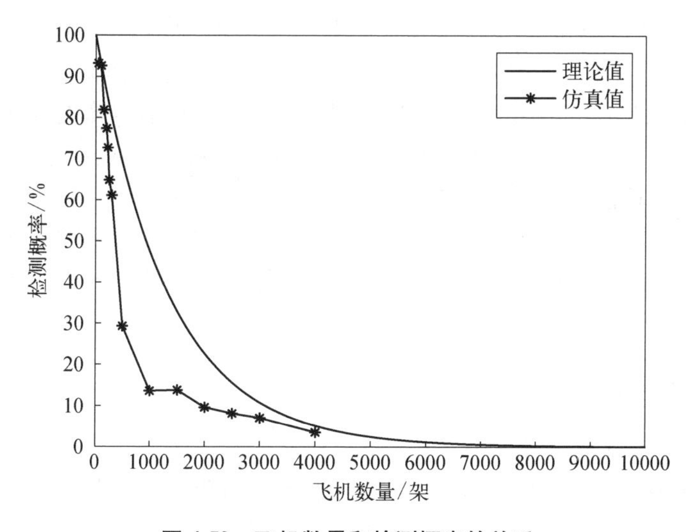

图 4.52　飞机数量和检测概率的关系

4.5 星载 ADS－B 混合信号盲源分离算法研究

由于 ADS－B 信号是在射频信道上随机传输的，没有固定的时隙，大量的飞机意味着同一时刻有大量的 ADS－B 信号涌入同一信道中，导致信号间产生混叠，也称为信号的交织。ADS－B 信号的交织将会造成目标的航迹点丢失；根据 4.2 节的分析可知，目前在国内"天拓三号"卫星接收到的 ADS－B 数据中，对于同一架飞机的检测概率普遍低于 50%[322]，数据存在大量丢失，混叠冲突程度与覆盖范围大小、空中交通繁忙程度、天线幅宽、航空器数量等因素密切相关。

另外，当前关于 ADS－B 信号的解调方法研究较多，也相对成熟，解调误码率已经逼近理论极限。然而，当前的星基 ADS－B 信号盲源分离算法仍处于理论仿真阶段，因其算法复杂度一般较高，消耗的计算资源较大，且星上的接收信号信噪比很低，算法性能还有待提高，因此还没有在轨验证的经验。

4.3 节从多波束天线的角度出发进行了设计，在一定程度上降低了 ADS－B 接收冲突程度，但是仍然无法完全避免信号冲突，特别是在飞机分布密集的空域，检测概率依然较低。综上所述，为了支撑 ADS－B 全球组网实时监视系统的实现，解决目前 ADS－B 存在的信号交织问题，有必要开展星基 ADS－B 信号解交织方法的研究。

由 4.2.3 节内容可知，当两帧信号，即 $2\tau_{\text{ADS-B}}$ 时间内插入的信号数大于 0 时，即发生信号冲突。定义信号冲突重数为两帧信号时间内插入信号的条数，则根据 4.2.3 节的 Aloha 模型，可以计算得到信号冲突重数与飞机数量之间的关系。如图 4.53 所示，当飞机数量小于 1 500 架时，一重冲突占绝大多数，因此本书主要关注一重信号冲突的分离。

为进一步提高星载 ADS－B 的接收性能，本节从阵列天线和单天线两个角度出发，通过对部分已产生冲突的混叠信号进行分离来提高星载 ADS－B 的检测概率。

4.5.1 ADS－B 交织信号分离模型

1. ADS－B 交织信号模型

如图 4.54 所示，考虑由 $M(M \geqslant 1)$ 个天线组成的均匀线性阵列（uniform linear array, ULA），ADS－B 交织信号模型可以表示为

$$\boldsymbol{X}(t)=\boldsymbol{A}(\theta)\boldsymbol{S}(t)+\boldsymbol{N}(t) \tag{4.70}$$

其中，$\boldsymbol{X}(t)=[x_1(t), \cdots, x_M(t)]^{\mathrm{T}}$ 表示混合信号矩阵；$\boldsymbol{A}(\theta)=[a(\theta_1), \cdots, a(\theta_L)]$ 表示大小为 $M\times L$ 的混合矩阵；$\boldsymbol{S}(t)=[s_1(t), \cdots, s_L(t)]^{\mathrm{T}}$ 表示源信号矩阵，$L(L\geqslant 2)$ 表示源信号的个数；$\boldsymbol{N}(t)=[n_1(t), \cdots, n_M(t)]^{\mathrm{T}}$ 表示高斯白噪声矩阵。

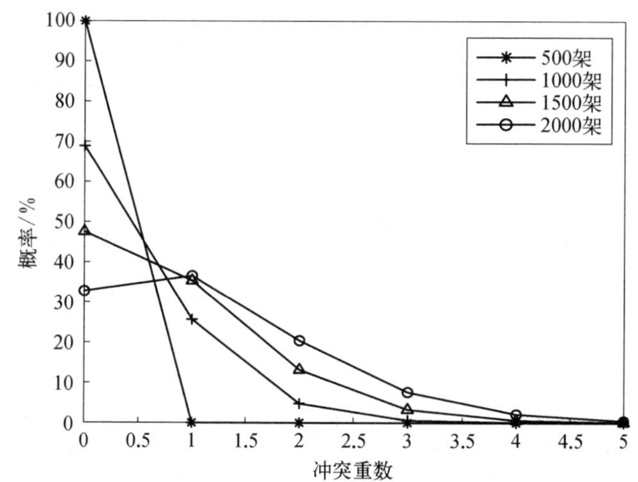

图 4.53　不同飞机数量下信号冲突重数的概率

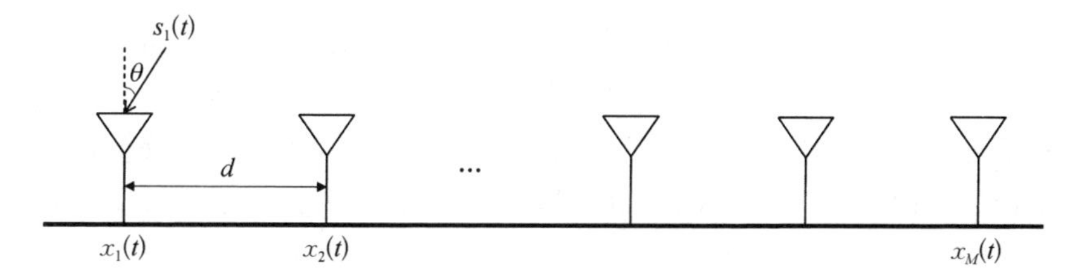

图 4.54　ADS－B 阵列信号模型图

ULA 中的方向矢量可以表示为

$$\boldsymbol{a}(\theta_i)=[1, \mathrm{e}^{\mathrm{j}\cdot 2\pi d\sin\theta_i/\lambda}, \cdots, \mathrm{e}^{\mathrm{j}\cdot 2\pi d(M-1)\sin\theta_i/\lambda}]^{\mathrm{T}} \tag{4.71}$$

其中，d 表示阵元间距；λ 表示波长；$\theta_i\in[-90°, 90°)$ 表示 ADS－B 信号的波达方向。

2. ADS－B 交织信号处理过程

图 4.55 给出了 ADS－B 交织信号处理的系统框图。天线接收到 1 090 MHz

的 ADS－B 射频信号后，首先通过模拟前端将高频信号转换为中频信号，其次通过模数转换器将模拟中频信号转化为数字中频信号，然后估计 ADS－B 信号的开始时间和产生交织的时间，并利用盲源分离算法进行信号分离。最后，送入信号检测与解码模块进行处理。

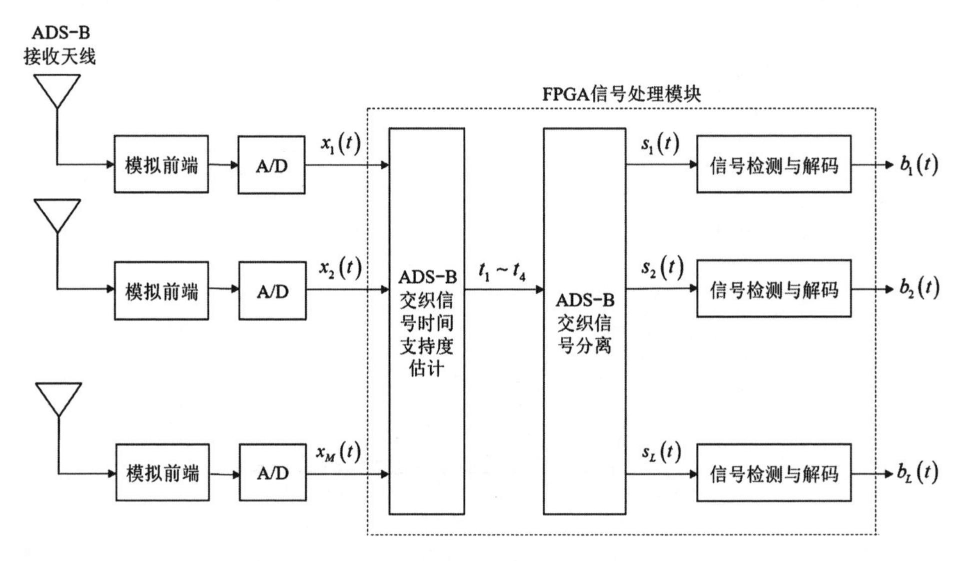

图 4.55 ADS－B 交织信号处理系统框图

ADS－B 信号的解交织要解决的问题是：在只知道混合信号矩阵 $\boldsymbol{X}(t)$ 和 ADS－B 信号部分先验信息的情况下，求出源信号矩阵 $\boldsymbol{S}(t)$ 的值。解决该问题的一般思路是：根据混合信号矩阵 $\boldsymbol{X}(t)$ 和 ADS－B 信号的先验特征估计混合矩阵 $\boldsymbol{A}(\theta)$ 的值。当 $M \geqslant L$ 时，式(4.70)中的方程组个数大于或等于未知数个数，称为正定(超定)盲源分离问题。此时，混合矩阵 $\boldsymbol{A}(\theta)$ 是列满秩的，可以通过某种方法找到混合矩阵 $\boldsymbol{A}(\theta)$ 的伪逆矩阵 $\boldsymbol{W}$，然后根据 $\hat{\boldsymbol{S}}(t)=\boldsymbol{W}\boldsymbol{X}(t)$ 得到分离信号 $\hat{\boldsymbol{S}}(t)$，经典的解决方法是 PA 和 FastICA 算法。当 $M < L$ 时，式(4.70)中的方程组个数小于未知数个数，存在多解问题，称为欠定盲源分离问题。一种求解的方法是施加约束条件，求出附加约束条件下式(4.70)的唯一解，即分离信号 $\hat{\boldsymbol{S}}(t)$；另一种方法是对混合矩阵 $\boldsymbol{A}(\theta)$ 进行矩阵重构，使得混合矩阵 $\boldsymbol{A}(\theta)$ 中的 $M \geqslant L$，然后使用正定(超定)盲源分离方法进行求解，经典的解决方法是采用单天线投影算法(PASA)。

当 ADS－B 信号分离成功之后，为了评估分离效果，通常会引入评价函数。一般常用的评价函数为相关系数矩阵,它是用来反映不同信号之间相关关系密切程度的一个指标,由矩阵各行间的相关系数构成。假设 $\boldsymbol{S}(t)=[s_1(t), s_2(t), \cdots, s_L(t)]^{\mathrm{T}}$ 为 ADS－B 原始信号矩阵,$\hat{\boldsymbol{S}}=[\hat{s}_1(t), \hat{s}_2(t), \cdots, \hat{s}_L(t)]^{\mathrm{T}}$ 为分离成功后的 ADS－B 信号矩阵,两信号之间的相关系数的计算公式如下:

$$r_{mn}=\frac{\left|\sum_{t=1}^{T} s_m(t)\hat{s}_n(t)\right|}{\sqrt{\sum_{t=1}^{T} s_m(t)}\sqrt{\sum_{t=1}^{T} \hat{s}_n(t)}} \tag{4.72}$$

其中,r_{mn} 表示第 m 个 ADS－B 原始信号与第 n 个分离后的 ADS－B 信号之间的相关系数;T 表示信号的采样点数。

两个 ADS－B 信号之间相关系数矩阵 $\boldsymbol{R}$ 可以表示如下:

$$\boldsymbol{R}=\begin{bmatrix} r_{11} & r_{12} & \cdots & r_{1L} \\ r_{21} & r_{22} & \cdots & r_{2L} \\ \vdots & \vdots & \ddots & \vdots \\ r_{L1} & r_{L2} & \cdots & r_{LL} \end{bmatrix} \tag{4.73}$$

分离后的 ADS－B 信号还需要经过解码才能获取到其中的报文信息。如图 4.56 所示,ADS－B 信号检测与解码部分包括 DDS、数字混频器、FIR 低通滤波器、数字检波器、匹配滤波、自相关帧头检测、基于置信度的位判决、CRC 检错与纠错、CRC、接口模块。DDS 和数字混频器(DMixer)主要用于将模数转换器输出的基带信号进行数字下变频,经过 FIR 滤波器抑制高频频谱搬移信号,输出数字域基带信号(对于高远卫星平台,包含多普勒频偏)。数字检波器采用拟合的方式输出基带信号的幅值,同时对多普勒频偏造成的带内波动不敏感。匹配滤波主要利用噪声的随机性及合作信号的确定性,通过互相关改善基带信号的信噪比。自相关帧头检测利用自相关性能(帧头+3 bit ICAO 信号)对帧头进行同步检测,并预估输入帧信号的实际功率值,为基于置信度的位判决提供功率参考,实现自适应。基于置信度的位判决通过与参考功率的比较给出位判决结果,并标记每个解调 bit 的置信度,可靠性高置为 1,可靠性低置为 0。CRC 检错与纠错模块根据 CRC 码特性建立错位查找表,根据低置信度信息生成错误图案,然后将报文经过 CRC 生成的 CRC 码与错误图案进行比对,如果比对成功,则将相应错误图案对应的低置信度报文 bit 进行反转,然后送入下级模块。需要注意的是,ADS－B 中采用的 CRC 码的汉明距为 6,因此最大只能检测 5 bit 的错误信息。如果低置信度个数超过 6,则需要丢弃该条报文。最后将经过纠错的报文送至 CRC 模块进行校验,校验通过后直接通过接口模块输出。

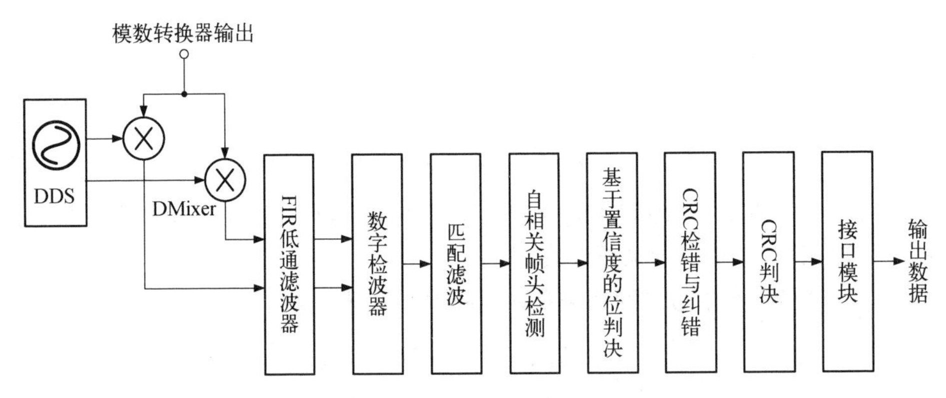

图 4.56　ADS－B 信号检测与解码系统框图

通常会引入误包率(packet error rate, PER)来评估 ADS－B 信号的解码效果,PER 的计算公式如下:

$$\mathrm{PER} = 1 - (1 - P_s)^{112} \tag{4.74}$$

其中,P_s 表示 ADS－B 信号的误码率,其计算公式如式(4.22)所示。

4.5.2　投影算法实现 ADS－B 信号盲源分离

1. 投影算法实现原理

目前公认有效的是 Petrochilos 提出的投影算法(projection algorithm, PA)和扩展投影算法(extended projection algorithm, EPA),这两种算法都是基于阵列信号模型研究的,计算量低且效果稳定[323,324]。

设独立信号源的个数为 d, m 元天线阵列接收到的信号构成接收信号矩阵 $\boldsymbol{x}[n]$(m 维)。收集到 T 个样本后,观测模型可以写为

$$\boldsymbol{X} = \boldsymbol{M} \cdot \boldsymbol{S} + \boldsymbol{N} \tag{4.75}$$

其中,$\boldsymbol{X} = [\boldsymbol{x}[1], \cdots, \boldsymbol{x}[T]]$ 为接收到的 $m \times T$ 维接收信号矩阵;$\boldsymbol{S} = [\boldsymbol{s}[1], \cdots, \boldsymbol{s}[T]]$,为 $d \times T$ 维源信号矩阵,$\boldsymbol{s}[n] = [s_1[n], \cdots s_d[n]]^{\mathrm{T}}$ 是 d 个源信号;$\boldsymbol{N}$ 为 $m \times T$ 维噪声矩阵;$\boldsymbol{M}$ 为包含阵列签名和源信号复增益的 $m \times d$ 维混合矩阵。

一般的应答信号是彼此独立的,即不相关的,则有 $E\{s_i s_j^*\} = 0,\ i \neq j$。假定没有多路径,$\boldsymbol{M}$ 是阵列引导矩阵和信号源复增益矩阵的积($\boldsymbol{M} = \boldsymbol{AG}$)。考虑线性阵列,$\Delta_k$ 是第 k 个单元到第1个单元的距离,f_i 是第 i 个信号源的频率(f_i 与 f_c 稍稍不同)。$\boldsymbol{A}$ 是包含 m 元控制向量 $\boldsymbol{a}(\theta_i)$ 的 $m\times d$ 维控制矩阵,定义如下:

$$\boldsymbol{a}(\theta_i) = \left[1,\ \exp\left(\mathrm{j}\frac{2\pi f_i}{c}\Delta_2 \sin\theta_i\right),\ \cdots,\ \exp\left(\mathrm{j}\frac{2\pi f_i}{c}\Delta_m \sin\theta_i\right)\right]^{\mathrm{T}} \tag{4.76}$$

其中,θ_i 为第 i 个源与均匀线性阵列主方向之间的夹角;$\boldsymbol{M}$ 可以认为是一个非参数化矩阵,它也能够反映多路径和校准误差,或者天线单元位置不准确的情形。考虑到 $m>d$,假定矩阵 $\boldsymbol{M}$ 的列满秩,左可逆。通过推导出分离矩阵 $\boldsymbol{w}_i$ 再进一步分离 ADS－B 信号,令 $\hat{s}_i$ 为第 i 个信号的估计,则有

$$\hat{s}_i[n] = \boldsymbol{w}_i^{\mathrm{H}}\boldsymbol{x}[n],\quad n = 1,\ 2,\ \cdots,\ T \tag{4.77}$$

混叠信号分离算法流程示意图见图4.57。

图4.57　混叠信号分离算法流程示意图

考虑实用情况设计算法。两个S模式信号的到达时间明显不同,t_1 和 t_2 之间的差别不一定是0.5 μs的整数倍。两个信号在时间上部分混叠,这样,在数据开始记录时只有一个信号($t_1 \sim t_2$);同时在数据末端($t_3 \sim t_4$)也只有一个信号。

算法从第 t_i 开始检测,将数据切成片段,每个时隙为4 μs。之所以选这么长时间,是为了保证每个时隙至少包括两个脉冲(包括报头),然后对每个时隙基于奇异值分解进行白化测试。由于信道频带的限制,信道噪声不是白色的高斯噪声(即幅值函数为正态的,而功率谱是均匀分布的),而是有色的超高斯或亚高斯信号,其与高斯噪声的区别是样本间有一定的相关性。此外,采样也会增加样本的关联性。因此,在信源分离之前,通常要对接收到的信号进行白化处理。由于信号源个数和混合信号数据矩阵的主奇异值(singular value, SV)个数相等[325],能够估计信号源的个数,进一步,将信号源的个数看作时间的函数,提取出两个只有单信号的时间,如图4.58中的 $t_1 \sim t_2$ 和 $t_3 \sim t_4$。

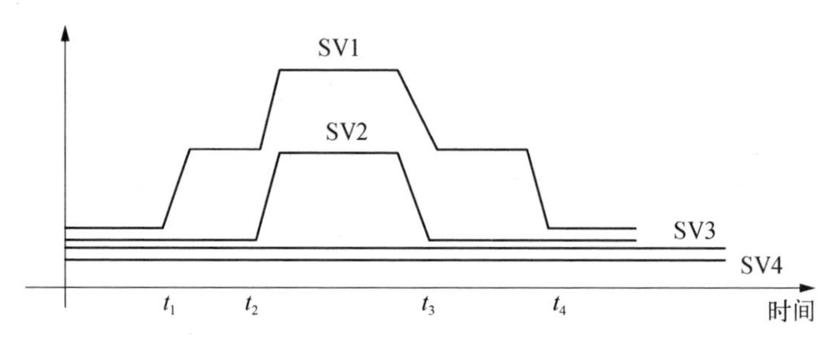

图 4.58　奇异值分解估计信号源个数

$$\begin{cases}\boldsymbol{X}^{(1)}=\boldsymbol{M}\cdot\boldsymbol{S}^{(1)}+\boldsymbol{N}^{(1)}\\ \boldsymbol{X}^{(2)}=\boldsymbol{M}\cdot\boldsymbol{S}^{(2)}+\boldsymbol{N}^{(2)}\end{cases}\tag{4.78}$$

其中，$\boldsymbol{S}^{(1)}$ 是 $\boldsymbol{S}$ 的$[t_1, t_2]$时间段的子矩阵，$\boldsymbol{S}^{(2)}$ 是$[t_3, t_4]$的子矩阵，$\boldsymbol{X}$、$\boldsymbol{N}$ 也一样。那么 $\boldsymbol{X}^{(1)}$ 只包含第一个信号，就能作如下简化：

$$\begin{cases}\boldsymbol{X}^{(1)}=\boldsymbol{m}_1\cdot\boldsymbol{s}_1^{(1)}+\boldsymbol{N}^{(1)}\\ \boldsymbol{X}^{(2)}=\boldsymbol{m}_2\cdot\boldsymbol{s}_2^{(2)}+\boldsymbol{N}^{(2)}\end{cases}\tag{4.79}$$

其中，$\boldsymbol{m}_i$ 是 $\boldsymbol{M}$ 的列；$\boldsymbol{s}_i$ 是 $\boldsymbol{S}$ 的行。无噪情况下，$\boldsymbol{X}^{(1)}$ 和 $\boldsymbol{X}^{(2)}$ 是一阶矩阵，对 $\boldsymbol{X}^{(1)}$ 进行奇异值分解，估计出最大奇异值对应的主向量 $\hat{\boldsymbol{m}}_1$，同样的可以得到 $\hat{\boldsymbol{m}}_2$。

一旦得到 $\hat{\boldsymbol{m}}_1$ 和 $\hat{\boldsymbol{m}}_2$，阵列混合矩阵 $\hat{\boldsymbol{M}}$ 就能立刻估计出来。空间滤波器 $\boldsymbol{w}_i$ 是 $\hat{\boldsymbol{M}}$ 伪逆的行向量，$\boldsymbol{w}_i$ 与 $\boldsymbol{m}_j$ 正交。在真实二维空间中，$\boldsymbol{w}_i$ 可以称作 $\hat{\boldsymbol{m}}_i$ 的正交投影，平行于 $\hat{\boldsymbol{m}}_j\ (i\neq j)$[324]。如果 $\boldsymbol{m}_1$ 和 $\boldsymbol{m}_2$ 之间的夹角趋于 0，则混淆矩阵是病态的。

盲源分离存在两个解不确定性，一是不确定所抽取的信号是哪一个分量；二是信号功率的不确定性，即无法获知恢复信号的真实功率。但在 ADS－B 信号的分离中，信息包含在信号波形中，因此这两种不确定性不会影响盲源分离技术在 ADS－B 信号分离中的应用。另外，采用这个算法无法分离完全混叠的应答信号，但是这种情况在实际中很少出现。

2. 投影算法的仿真与分析

采用投影算法分离两个混叠 ADS－B 信号的仿真过程如下。

(1) 使用仿真软件随机生成 88 bit 长度的“0”“1”串，然后添加 24 位的 CRC 码，通过脉冲位置编码得到模拟采样消息序列，添加帧头报头脉冲信号，得到一帧 ADS－B 信号。

(2) 模拟生成两个 ADS－B 信号,加入高斯白噪声后,通过乘以阵列导向矩阵得到模拟接收信号。

(3) 将数据切成片段,使得每个片段时隙为 4 μs。通过 SVD 估计每个时段接收到的信号的信号源个数。如图 4.59 所示,130 μs 之前和 210 μs 后只有一个信号源,中间时段有两个信号源。

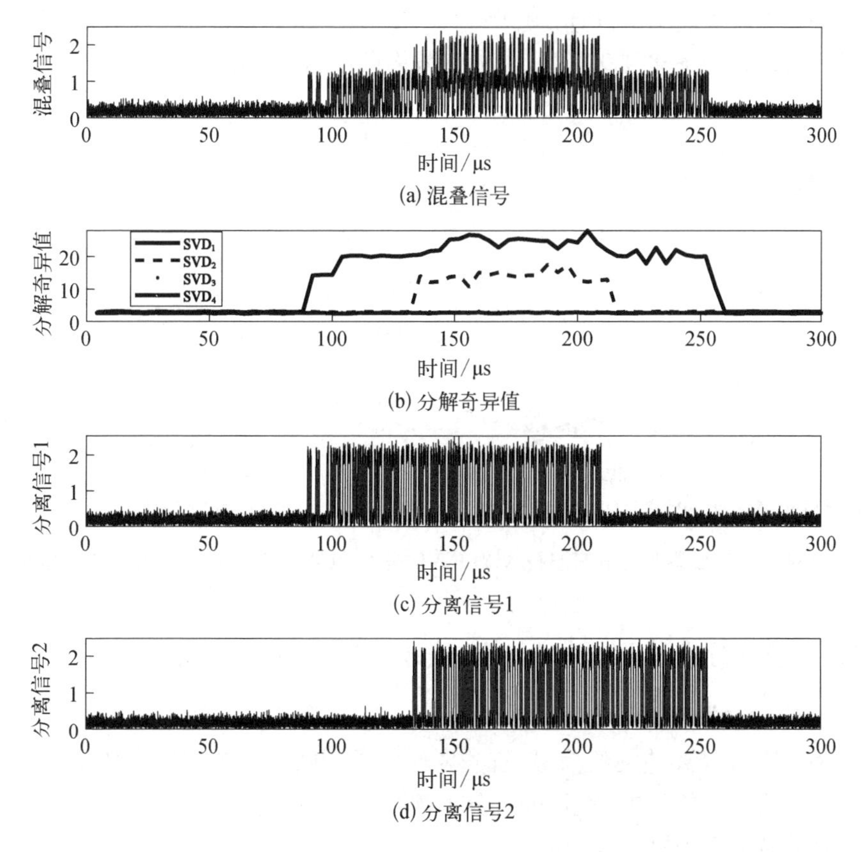

(a) 混叠信号

(b) 分解奇异值

(c) 分离信号1

(d) 分离信号2

图 4.59　混叠信号、分解奇异值和分离信号波形图

(4) 使用投影算法对接收到的信号分离,然后使用一般解码算法解码信号,计算误码率。

仿真中采用了 4 阵元接收,每种仿真条件下的仿真次数为 100 次。如图 4.60 所示,信号的误包率(PER)随着信噪比(SNR)和采样率的提升而下降。图 4.60(a)为信号分离后误包率随信噪比的(SNR)变化曲线,其中强弱信号幅度之比为

1∶1。对每一个信噪比值的仿真次数为100,阵元数目为4,采样率为5×10^7次/s。从图中可以看出,随着信噪比的提高,误包率逐渐减小,当信噪比大于8 dB时,误包率曲线趋于稳定,表明此时信噪比不再是制约解码成功的关键因素。如图4.60(b)所示,设置信噪比为10 dB,其余参数不变。误包率随采样率的增大而减小。同样,当采样率大于3×10^7次/s时,其不再是制约解码成功概率的主要因素。综合上述结论,当信噪比大于8 dB、采样率大于3×10^7次/s时,误包率小于0.1,即正确率达到90%以上,分离效果即可达到实用水平。

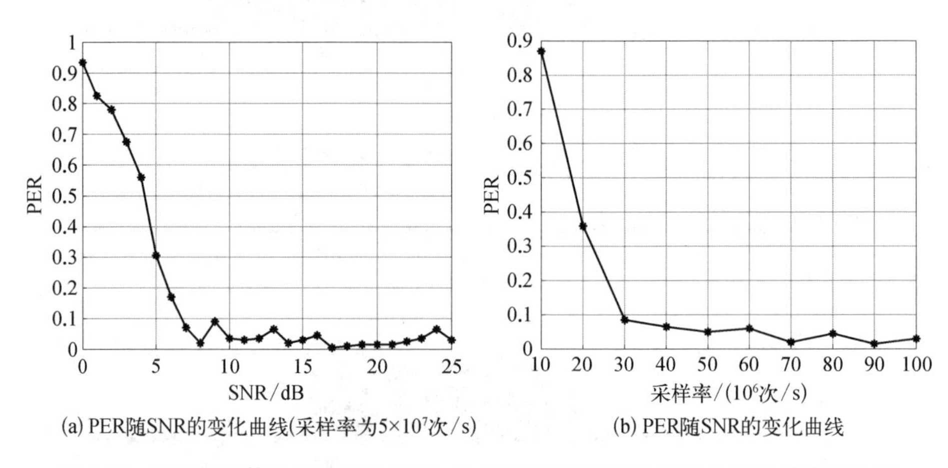

(a) PER随SNR的变化曲线(采样率为5×10^7次/s)　(b) PER随SNR的变化曲线

图4.60 采用投影算法分离混叠ADS－B信号时PER随采样率和SNR的变化曲线

4.5.3 功率分选法和重构抵消法实现ADS－B信号盲源分离

1. 冲突信号检测与定位

为了有效分离冲突的信号,首先要做的是判断是否存在冲突信号,以及确定信号冲突发生的位置,然后进入分离流程,否则将造成冲突信号分离失败和浪费计算资源等问题。

如4.4.2节所述,置信度是ADS－B解码过程中的重要参考,它有助于在数据校验阶段纠正数据错误。如图4.43所示,置信度提取一般在计算得到参考功率之后、bit译码之前。较大的置信度意味着较好的信道环境,接收信号的信噪比更大。当存在同信道干扰时,置信度会发生明显变化。在理想信道中,置信值应该是一个常数。在加性高斯白噪声信道中,置信度会在一定范围内波动,波动范围取决于噪声的强弱。仿真发现,当信号发生混叠时,置信度幅度值将大幅度偏离正常范围。图 4.61 中的散点是每个 bit 位的置信度，中间横线是参考置信度，在第 40 bit 之后，置信度出现明显波动，这与两信号的混叠出现时间是一致的。

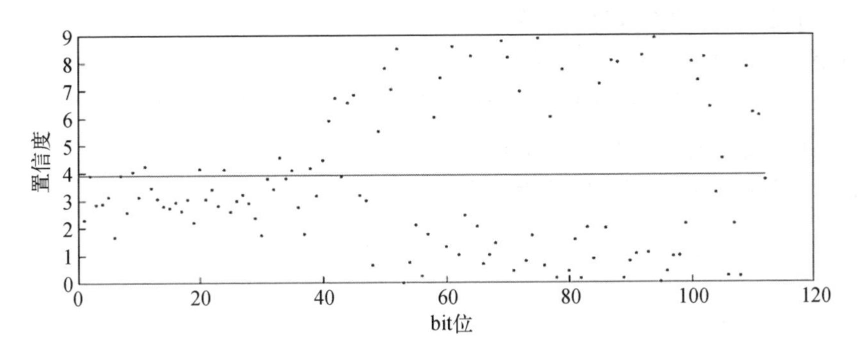

图 4.61　冲突信号中的置信度

一般地，置信度定义为单 bit 信号中前 0.5 μs 部分和后 0.5 μs 部分的差。令 $D(n)$ 为第 n（$n = 1, 2, \cdots, 120$）bit 的置信度，则有

$$D(n) = \left| \int_{nT}^{nT+0.5} S(t)\,\mathrm{d}t - \int_{nT+0.5}^{nT+1} S(t)\,\mathrm{d}t \right| \tag{4.80}$$

其中，$S(t)$ 是与时间相关的接收到的信号；$T = 1\ \mu\mathrm{s}$，是 ADS－B 信号的码元周期。实际工程中，常通过 AD 采样后进行数字信号处理，令 sps 为每符号采样点数，则有离散域的置信度表达式：

$$D(n) = \left| \sum_{i=1}^{\mathrm{sps}/2} S_i(n) - \sum_{i=\mathrm{sps}/2}^{\mathrm{sps}} S_i(n) \right| \tag{4.81}$$

其中，$S_i(n)$（$i = 1, 2, \cdots, \mathrm{sps}$）是第 n bit 的第 i 个采样点。定义由报头四脉冲的置信度取平均得到的值为参考置信度：

$$D_{\mathrm{ref}} = \frac{1}{4} \sum D(k) \tag{4.82}$$

其中，$k = 0, 1, 3.5, 4.5$，对应报头的四个脉冲。当信号发生冲突时，信号的置信度将会明显偏离正常值：

$$| D(n) - D_{\mathrm{ref}} | > \delta D_{\mathrm{ref}} \tag{4.83}$$

其中，D_{ref} 是参考置信度；δ 是冲突判定调整系数，如果 δ 太小，则可能将正常信号当作混叠信号处理，δ 太大时将难以检测到混叠的发生。实际中，应根据接收机内的噪声水平灵活调整 δ 值。

当检测到 ADS－B 信号的四脉冲帧头，但是解码错误时也可以尝试采用分离算法。事实上，有很多这样的信号。图 4.62 是卫星获取的一条长度为 3 000 μs 的原始 ADS－B 基带数据，采样率为 10^7 次/s，数据已经进行归一化处理。从中可以看到信号的冲突十分严重，经地面分析发现该条数据仅能解码成功一条 ADS－B 报文。增加星上原始数据下传功能，在实验室中能够利用来自空间的原始信号改进接收机和相关解调算法。

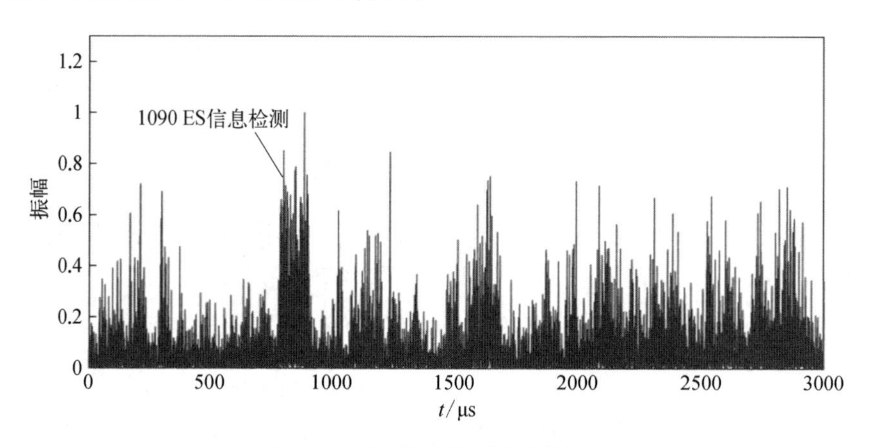

图 4.62 星上获取的原始基带数据

2. 信号功率估计

考虑两个混叠的 ADS－B 信号，假设信号功率在一帧信号时长内是稳定的，即在 120 μs 内保持功率不变。许多解码算法依赖于前导四脉冲及参考功率来解码消息，这意味着该假设是基本合理的。

如图 4.63 所示，两个 ADS－B 信号部分混叠。令 m_1 为检测到的第一个消息样本，其参考幅度为 V_1。在样本起始时刻（$t_0 \sim t_1$）只有一个信号 m_1 存在，在数据的结尾存在两个信号（$t_1 \sim t_2$）。若后一条消息的前导四脉冲和前一条消息完全混叠，则在前一条消息即将结束的最后 8 μs 的数据将同时包含 m_1 和 m_2 的信号。因此，可以从这 8 μs 样本中得到 m_1 和 m_2 的总功率 V_t，m_2 的功率可以利用 $V_2 = V_t - V_1$ 求得。

3. 基于功率差值的信号分离

ADS－B 信号很难在频域分离。虽然星载 ADS－B 信号的多普勒频移可以达到 30 kHz，但是发射机的允许载频偏差为±1 MHz。利用不同发射机信号对

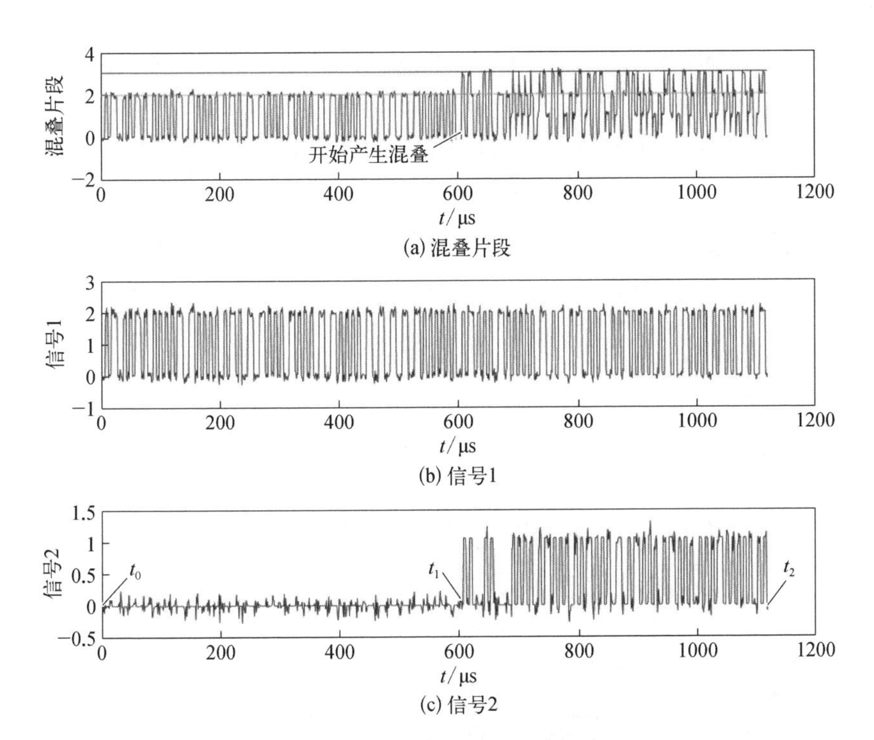

(a) 混叠片段

(b) 信号1

(c) 信号2

图 4.63　两个混叠 ADS－B 信号的部分片段

ADS－B 信号具有突发性的特点，且输入和输出之间不稳定，本书主要研究基于时域的信号分离算法。

根据 4.2.1 节的分析，轨道高度为 500 km 时，波束中心和波束边缘有近 14 dB 的信号功率差。因此，不同于地面的情况，星载 ADS－B 可以基于功率差值进行分离。基于功率差值的分离需要估计混叠信息的功率，然后采用自适应门限技术进行分离。

在传统接收机中插入混叠信号检测模块和混叠信号分离模块。在分离模块中，分别估计两个信号的功率，然后通过自适应技术将其分开，具体过程如下。

（1）ADS－B 前导脉冲检测：就像传统的解码算法，首先应该找到前导脉冲，以确定是否有 ADS－B 消息存在。检测到前导脉冲后，计算信号的参考功率。

（2）在解码的过程中会同时计算置信度，当置信度累计数量大于门限值时，进入分离过程。此外，对于 CRC 没有通过的信号也可以尝试进行分离。

（3）信号分离：设采样率为 f_s，构建两个 112 f_s 长度的空数组 A_1、A_2，如图 4.64 所示，逐采样点判断当前样点幅值接近 m_1，m_2，m_1+m_2 或 0 中的哪一个信号的幅值,如果第 i 个样本的振幅 V_i 与 V_1 最接近,则 A_1 的第 i 个样本为 V_1,A_2 的第 i 个样本值为 0;如果第 i 个样本的振幅最接近于 V_1+V_2,则 A_1 中的第 i 个样点是 V_1,A_2 中的第 i 个样点是 V_2。其余情况以此类推。

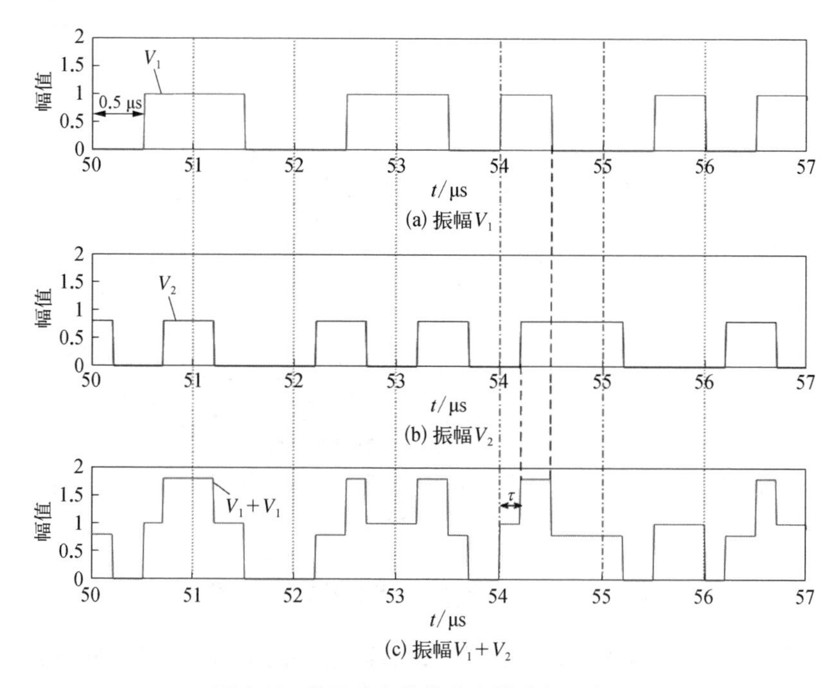

图 4.64 基于功率差值分离的分析示意图

(4) 进入一般的 ADS-B 数据解调过程。

4. 重构抵消法分离

如果两个重叠信号中的较小的信号仍高于环境噪声电平,使用原始采样信号减去已被正确解码的强信号的重构信号,则另一个信号也可能被恢复。该方法的关键在于能否准确地重构强信号,包括时延、功率和数据位。使用传统的 bit 判决规则,如果 m_1 的功率大于 m_2,则第一个信号将被正确解码。图 4.64 中,根据 BPPM 编码规则,第 54 μs 应该判断为"1",该 bit 位的前 0.5 μs 信号的功率和应当大于后 0.5 μs 的功率之和,即 $0.5V_1+(0.5-\tau)V_2>0.5V_2$,其中 $0<\tau<0.5$,是 m_1 和 m_2 之间的时延。这个不等式可以改写为 $\frac{V_1}{V_2}>\frac{\tau}{0.5}$,所以只要 $V_1>V_2$,m_1 就可以正确解码。

重构抵消法很难分离三重或更多重的混叠信号,因为这种情形下很难估计每个信号的功率,无法准确重构信号波形。此外,为了正确解码第一条消息,第一条消息的功率必须大于其后面的所有信号功率之和,这样的条件概率很小。

5. 基于单天线的信号分离算法仿真分析

分离信号后,采用一般的解码算法解调信号,验证算法的有效性。本书采用的解调器是 Mathwoks 公司提供的,可以从官网上下载。在每个给定的信噪比和采样率下运行 100 次仿真,如果解码过程中在整个 112 bit 的信号长度中有 1 bit 出错,这一条信号的解调即宣告失败。这是一个比较严格的假设,因为 24 位循环冗余校验允许 5 bit 的错误发生。

如图 4.65 所示,横坐标是两个信号的相对幅值,纵坐标是误包率(PER)。

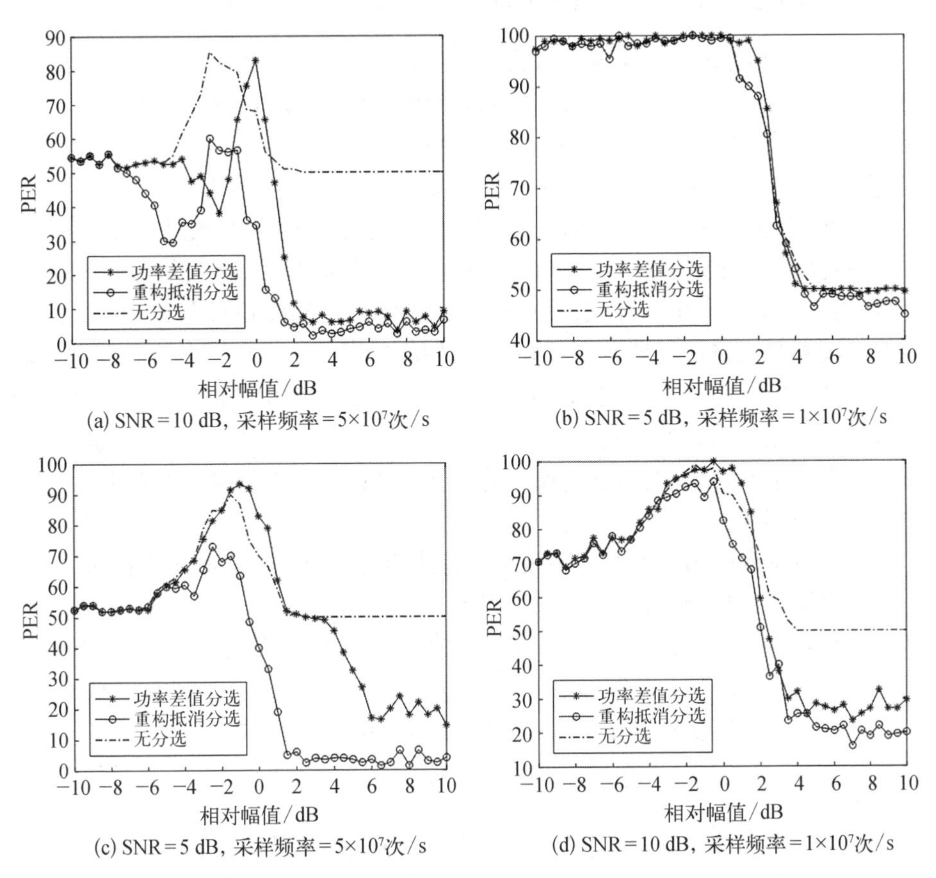

(a) SNR=10 dB, 采样频率=5×10^7次/s

(b) SNR=5 dB, 采样频率=1×10^7次/s

(c) SNR=5 dB, 采样频率=5×10^7次/s

(d) SNR=10 dB, 采样频率=1×10^7次/s

图 4.65　不同采样率与信噪比条件下的分离算法误码概率和相对幅值关系

仿真结果表明,采样频率越高,信噪比越好,两种方法的分离性能都会更好。在恶劣的信号环境中,例如,在星载接收时,应该提高采样率,以获得令人满意的信号分离性能。当不采用信号分离算法时,无论信噪比有多好,采样率有多高,PER 始终趋于 50%,这是因为弱信号始终被当成噪声处理。当相对幅值趋于 0 dB,即两个信号的幅值相等时,两种分离方法的 PER 都会急剧增加,但相对而言,重构抵消法更有优势。当两个消息的时间差为 0.5 μs 的整数倍时,将得到最坏的结果,因为此时一些 bit 序列将可能被抵消成一个常值序列。在良好的信噪比和较大的采样率下,可以看到错误仍然存在,这是因为 m_1 和 m_2 之间的延迟时间可能小于 8 μs,导致前导脉冲检测不准确。

4.5.4 基于多级维纳滤波器的 ADS－B 信号交织位置检测方法

ADS－B 信号的交织位置检测是大多数信号分离算法的前一过程,主要是确定 ADS－B 信号的开始时间和交织时间。ADS－B 信号的交织位置检测可以参考目前的信源数目估计方法来进行研究,通过检测每一个时间段中的信源个数来确定 ADS－B 信号是什么时候产生的,以及 ADS－B 信号之间是什么时候产生交织的。

目前,大多数 ADS－B 信号交织位置检测方法主要是以地面环境为背景,本节中将以卫星上的环境为背景进行研究。考虑到卫星上接收信号的 SNR 很低,使得许多 ADS－B 信号交织位置检测方法失效,导致信号分离失败。多级维纳滤波器具有自适应滤波和低复杂度的优势[326,327],多年来在信号处理领域当中得到了广泛应用[328]。受此启发,本节以提升低 SNR 条件下 ADS－B 交织信号的分离性能为目的,将多级维纳滤波器的理论引入 ADS－B 信号的交织位置检测方法中,研究低复杂度高性能的 ADS－B 信号交织位置检测方法。

1. 方法模型

本小节主要提出一种基于多级维纳滤波器的正交投影方法来进行 ADS－B 信号的交织位置检测。首先,选取长度为 T_s(T_s 一般为 4 μs)的滑动时间窗,对 M 个阵元组成的接收信号 $\boldsymbol{X}(t)$ 进行截取,得到时间窗内的信号为 $\hat{\boldsymbol{X}}(t)=[\hat{x}_1(t),\ \cdots,\ \hat{x}_M(t)]^{\mathrm{T}}$。将 $\hat{\boldsymbol{X}}_0(t)=[\hat{x}_1(t),\ \cdots,\ \hat{x}_{M-1}(t)]^{\mathrm{T}}$ 作为新的接收信号,$c_0(t)=\hat{x}_M(t)$ 作为参考信号,两信号之间的互相关可以写作

$$\hat{\boldsymbol{X}}_0(t)c_0^*(t)=\boldsymbol{A}'\boldsymbol{R}_s\boldsymbol{a}'^{\mathrm{T}}=\boldsymbol{A}'U \tag{4.84}$$

其中,* 表示复共轭;$\boldsymbol{A}'$ 为前 $M-1$ 个阵元形成的混合矩阵;$\boldsymbol{a}'$ 为最后一个阵元形成的混合向量;$\boldsymbol{R}_s$ 是一个非奇异矩阵;$U\neq 0$。式(4.84)表明,互相关是混

合矩阵$\boldsymbol{A}'$中方向向量的线性组合,即互相关可以捕获信号信息。实际上,可以将接收信号与参考信号的互相关作为一个空间匹配滤波器,定义如下:

$$h_i = \frac{E[\hat{\boldsymbol{X}}_{i-1}(t)c_{i-1}^*(t)]}{\| E[\hat{\boldsymbol{X}}_{i-1}(t)c_{i-1}^*(t)] \|_2} \tag{4.85}$$

其中,$\|\cdot\|_2$表示向量的二范数。该方法的主要思想就是用多级维纳滤波器的方式对接收信号进行滤波,最终获得期望信号$c_i(t)(1 \leqslant i \leqslant M-1)$,$c_i(t)$可以通过如下公式获得:

$$c_i(t) = h_i^{\mathrm{H}} \hat{\boldsymbol{X}}_{i-1}(t) \tag{4.86}$$

接收信号$\hat{\boldsymbol{X}}_i(t)$通过如下公式更新:

$$\hat{\boldsymbol{X}}_i(t) = \hat{\boldsymbol{X}}_{i-1}(t) - h_i c_i(t) \tag{4.87}$$

根据式(4.86),消去式(4.87)中的$c_i(t)$,可以得到:

$$\hat{\boldsymbol{X}}_i(t) = \hat{\boldsymbol{X}}_{i-1}(t) - h_i h_i^{\mathrm{H}} \hat{\boldsymbol{X}}_{i-1}(t) = \boldsymbol{B}_i \hat{\boldsymbol{X}}_{i-1}(t) \tag{4.88}$$

其中,$\boldsymbol{B}_i = \boldsymbol{I}_{M-1} - h_i h_i^{\mathrm{H}}$,称为分块矩阵。

如图4.66所示,通过对接收信号$\hat{\boldsymbol{X}}_0(t)$进行匹配滤波,得到期望信号$\boldsymbol{C}(t) = [c_1(t), c_2(t), \cdots, c_{M-1}(t)]^{\mathrm{T}}$。可以将$\boldsymbol{C}(t)$表示为

$$\boldsymbol{C}(t) = \boldsymbol{H}^{\mathrm{H}} \hat{\boldsymbol{X}}_0(t) \tag{4.89}$$

其中,$\boldsymbol{H} = [h_1, h_2, \cdots, h_{M-1}]$,$\boldsymbol{H}$中的分量是相互正交的,即$h_i^{\mathrm{H}} h_j = 0(i \neq j)$,这可使得噪声项得到有效滤除。

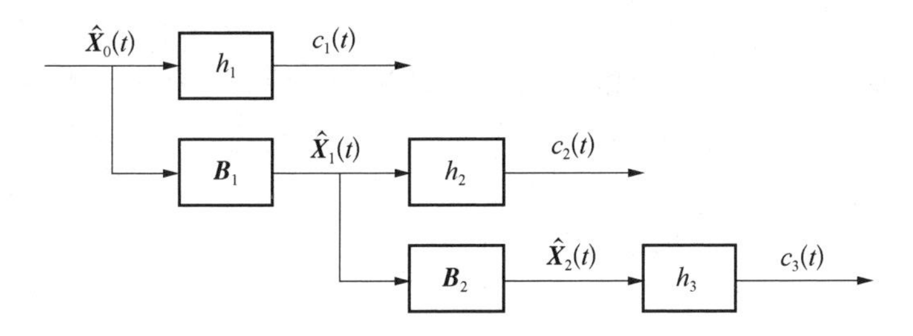

图4.66 M=4时的多级维纳滤波器

为了证明$\boldsymbol{H}$中分量的正交性,将式(4.86)和式(4.88)代入式(4.85)中,可以得到如下式子:

$$h_{i+1}=\frac{(\boldsymbol{I}_{M-1}-h_ih_i^{\mathrm{H}})\boldsymbol{R}_{\hat{X}_{i-1}}h_i}{\|(\boldsymbol{I}_{M-1}-h_ih_i^{\mathrm{H}})\boldsymbol{R}_{\hat{X}_{i-1}}h_i\|_2}\tag{4.90}$$

其中，

$$\begin{aligned}\boldsymbol{R}_{\hat{X}_{i-1}(t)}&=E[\hat{\boldsymbol{X}}_{i-1}(t)\hat{\boldsymbol{X}}_{i-1}^{\mathrm{H}}(t)]\\&=\boldsymbol{B}_{i-1}\boldsymbol{R}_{\hat{X}_{i-2}}\boldsymbol{B}_{i-1}^{\mathrm{H}}=\cdots\\&=\Big(\prod_{k=i-1}^{1}\boldsymbol{B}_k\Big)R_{\hat{X}_0}\Big(\prod_{k=i-1}^{1}\boldsymbol{B}_k^{\mathrm{H}}\Big)\\&=\Big(\boldsymbol{I}_{M-1}-\sum_{k=1}^{i-1}h_kh_k^{\mathrm{H}}\Big)\boldsymbol{R}_{\hat{X}_0}\Big(\boldsymbol{I}_{M-1}-\sum_{k=1}^{i-1}h_kh_k^{\mathrm{H}}\Big)\end{aligned}\tag{4.91}$$

这里采用归纳法进行论证。首先，根据式(4.90)可以很容易得出 h_1 与 h_2 是相互正交的。现在，假设 h_k 与 h_l 是正交的，且 $l\leqslant i$, $k\neq l$。将式(4.91)代入式(4.90)中可以得到：

$$h_{i+1}=\frac{\Big(\boldsymbol{I}_{M-1}-\sum_{k=1}^{i}h_kh_k^{\mathrm{H}}\Big)\boldsymbol{R}_{\hat{X}_0}h_i}{\Big\|\Big(\boldsymbol{I}_{M-1}-\sum_{k=1}^{i}h_kh_k^{\mathrm{H}}\Big)\boldsymbol{R}_{\hat{X}_0}h_i\Big\|_2}\tag{4.92}$$

根据式(4.92)可以得到 h_{i+1} 与 $h_k(k=1,2,\cdots,i)$ 正交，即 h_k 与 h_l 正交 $(l\leqslant i+1,\ l\neq k)$，所以 $h_i(i=1,2,\cdots,M-1)$ 彼此之间是正交的。

对 $\boldsymbol{C}(t)$ 中的每一项进行自相关计算，可以得到一个用于信源估计的向量：

$$\boldsymbol{\sigma}_C^2=[\boldsymbol{\sigma}_{c_1}^2,\cdots,\boldsymbol{\sigma}_{c_{M-1}}^2]=\{E[c_1(t)c_1^{\mathrm{H}}(t)],\cdots,E[c_{M-1}(t)c_{M-1}^{\mathrm{H}}(t)]\}\tag{4.93}$$

其中，$\boldsymbol{\sigma}_C^2$ 是按从大到小排列的，它的前 L 项记录着信源信息，后 $(M-1-L)$ 项记录着噪声信息。设立阈值 p，当 $\sigma_{c_i}^2>p$ 时，判断为信号项，否则为噪声项。

2. *方法流程*

假设采样率为 f_s，z 为接收信号 $\boldsymbol{X}(t)$ 的列数，滑动窗口的长度为 T_s，$T=z/f_sT_s$ 为对接收信号 $\boldsymbol{X}(t)$ 进行滑动窗口计算的次数，$\boldsymbol{D}=[d_1,\cdots,d_T]$ 用于记录信源个数。

提出的基于多级维纳滤波器的 ADS－B 信号交织位置检测方法的总体流程如下。

(1) 输入：接收信号 $\boldsymbol{X}(t)$、阈值 p、滑动窗口长度 T_s。

(2) 初始化迭代次数 $j=1$，$\boldsymbol{D}$ 为一个全零矩阵。

(3) 初始化迭代次数 $i=1$，$k=1$，$\hat{\boldsymbol{X}}(t)=[\hat{x}_1(t), \cdots, \hat{x}_M(t)]^{\mathrm{T}}$。

(4) 获得 $\hat{\boldsymbol{X}}_0(t)=[\hat{x}_1(t), \cdots, \hat{x}_{M-1}(t)]^{\mathrm{T}}$，$c_0(t)=\hat{x}_M(t)$。

(5) 根据式(4.85)更新 h_i。

(6) 根据式(4.86)更新 $c_i(t)$。

(7) 根据式(4.87)更新 $\hat{\boldsymbol{X}}_i(t)$。

(8) $i=i+1$，判断是否满足条件 $i \geqslant M$，如果是，则进入(9)，如果否，则返回(5)。

(9) 根据式(4.93)得到 $[\sigma_{c_1}^2, \sigma_{c_2}^2, \cdots, \sigma_{c_{M-1}}^2]$。

(10) 如果 $\sigma_{c_k}^2 > p$，则 $d_j=k$。

(11) $k=k+1$，判断是否满足条件 $k \geqslant M$：如果是，则进入(12)；如果否，则返回(10)。

(12) $j=j+1$，判断是否满足条件 $j>T$：如果是，则进入(13)；如果否，则返回(3)。

(13) 输出：记录信源个数的矩阵 $\boldsymbol{D}=[d_1, \cdots, d_T]$。

得到矩阵 $\boldsymbol{D}$ 后，找到第一个 $d_i=1$ 和第一个 $d_j=2$ 在 $\boldsymbol{D}$ 中的位置，即得到 i 和 j 的值。接下来可以得到 ADS－B 信号的开始时间 $t_1=(2i-1)T_s/2$ 及 ADS－B 信号的交织时间 $t_2=(2j-1)T_s/2$[也可取 $t_1=(i-1)T_s$，$t_1=jT_s$，但是这样取会使最大误差变大]。采用该方法估计出的时间与实际时间的最大误差为 $T_s/2$。

在实际的工程实现中，该方法存在的主要难点是式(4.85)涉及除法运算，传统的方法一般使用 IP 核实现，而这里选用坐标旋转数字计算机(coordinate rotation digital computer，CORDIC)算法来实现。CORDIC 算法仅需使用移位寄存器和加法器/减法器即可实现复数乘法和除法等超越函数运算，无须使用乘法器，简化了运算。值得一提的是，对于比较成熟的 SVD 方法，其基于 FPGA 的实现方法的研究已比较成熟了，主要采用并行 Jocobi 方法和 CORDIC 算法来实现[329,330]，这是值得后续去验证的工作。

3. *方法复杂度分析*

对于 SVD 方法，每隔 T_s 对接收信号进行一次 SVD，滑动窗口中的矩阵大小为 $M \times C$(M 为天线个数，C 为滑动窗口长度)。每次 SVD 的计算量大约为 $O(M^3)+O(M^2C)$。假设两信号的交织时间为 t_2，当检测到交织位置时，至少需进行 (t_2/T_s) 次SVD(结果向上取整)，故总的运算量为 $t_2/T_s[O(M^3)+O(M^2C)]$。

对于所提出的方法,每隔 T_s 对接收信号进行一次计算,滑动窗口中的矩阵大小为 $M \times C$。所提出的方法只涉及复数向量积的运算,不涉及复数矩阵向量积的运算。式(4.85)所需的计算量为 $O[(M-1)^2C]$,式(4.86)所需的计算量为 $O[(M-1)^2C]$,式(4.87)所需的计算量为 $O[(M-1)^2C]$,式(4.93)所需的计算量为 $O[(M-1)C]$。因此,每次计算所需的运算量大约为 $O[(M-1)^2C]$,总的运算量为 $t_2/T_s\{O[(M-1)^2C]\}$。

表 4.12 为所提出方法与 SVD 方法的运算量与检测时间比较,其中运行时间在仿真软件中测试得出。仿真中,$M=16$、$C=400$(滑动窗口长度 $T_s=4\ \mu s$,采样率 $f_s=100$ MHz),t_2 在 24~32 μs 范围内随机选取,共进行了 100 次运行时间测试,取其中的最大值和最小值得到运行时间范围。从表 4.12 中可以看出,所提出方法的运行时间是 SVD 方法的 1/8。

表 4.12　两种方法的运算量与检测时间比较

方　法	运 算 量	运行时间范围/s
SVD 方法	$O(M^3)+O(M^2C)$	[0.087 58, 0.251 12]
所提出的方法	$O[(M-1)^2C]$	[0.011 10, 0.032 14]

综上所述,相比 SVD 方法,所提出的方法有着更低的计算复杂度,特别是天线个数 M 很大时,这种优势更加明显。

4. 仿真结果与分析

1) ADS - B 信号交织位置检测与分离

为了验证所提出方法的有效性,进行了仿真实验。仿真条件: SNR 为 10 dB,采样率为 100 MHz,源信号个数为 2,$T_s=4\ \mu s$,$t_1=4\ \mu s$,$t_2=24\ \mu s$、两信号幅度相等、接收天线的个数为 8。所提出的方法中,阈值 $p=0.88$。

图 4.67(a)为生成的两个 ADS - B 源信号。将两个源信号组成的矩阵乘以一个随机的混合矩阵 $\boldsymbol{A}$,然后加入高斯色噪声 $\boldsymbol{E}(t)=\boldsymbol{N}(t)+0.8\boldsymbol{N}(t-1)$ 后,得到如图 4.67(b)所示的 ADS - B 混合信号。接下来使用提出的方法对重叠的 ADS - B 信号进行交织位置检测。如图 4.67(c)所示,该方法基本能够将每个时间段内的信源个数准确估计出来。最后使用 PA 对重叠的 ADS - B 信号进行分离,分离结果如图 4.67(d)所示。

本次仿真中,在 t_1 时刻和 t_2 时刻,用于信源估计的向量分别为

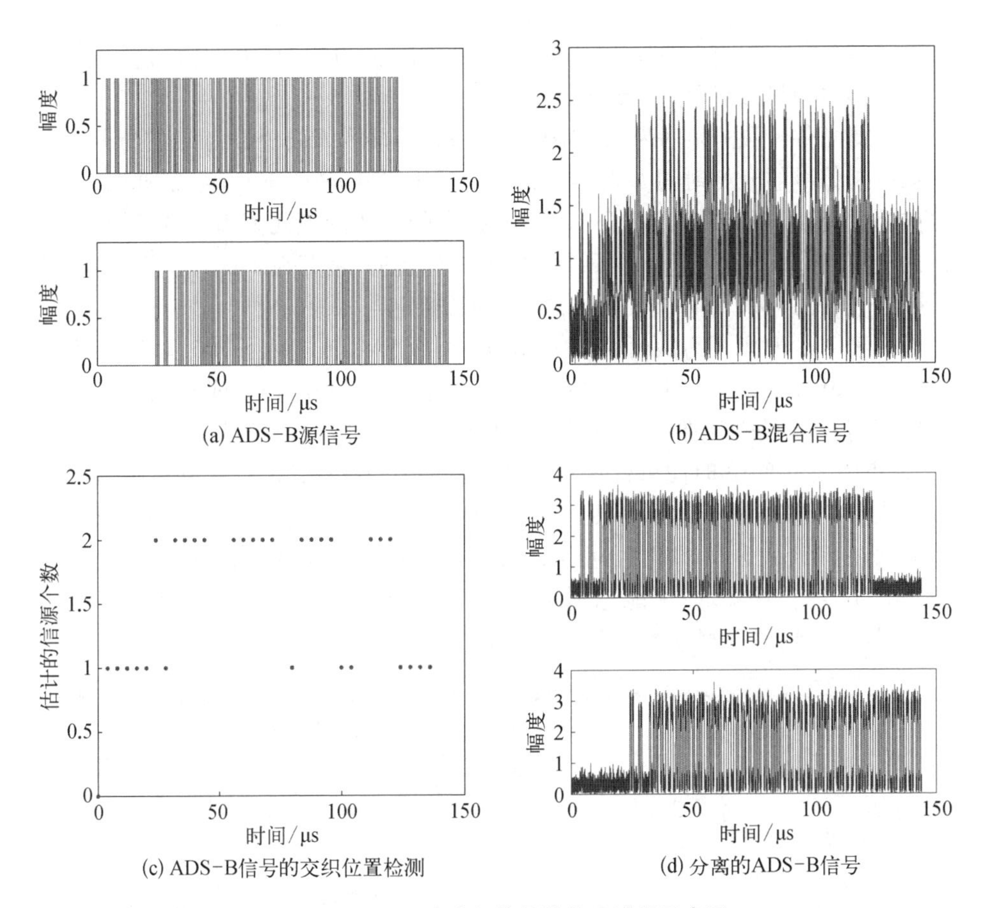

(a) ADS-B源信号
(b) ADS-B混合信号
(c) ADS-B信号的交织位置检测
(d) 分离的ADS-B信号

图 4.67　ADS－B 交织信号的处理过程示意图

$$\boldsymbol{\sigma}_{t_1}^2 = [2.7402,\ 0.0644,\ 0.0785,\ 0.0769,\ 0.0758,\ 0.0654,\ 0.0744]$$

$$\boldsymbol{\sigma}_{t_2}^2 = [3.2695,\ 2.9510,\ 0.0828,\ 0.0794,\ 0.0785,\ 0.0787,\ 0.0804]$$

由于阈值 $p = 0.88$，t_1 时刻的信源个数为 1，t_2 时刻的信源个数为 2，这与实际是相符合的，验证了 4.5.4 节中的分析。后续仿真实验将分析 SNR 对检测概率的影响，并与 SVD 方法进行比较。

信号成功分离之后，还需要对分离的信号进行解码才能获取到 ADS－B 的报文信息。本次仿真使用了 Mathworks 公司提供的解调器，该解调器规定如果解调的信号有 1 bit 出错，那么这一条信号的解调将失败。其实，这是一个严格的假设，因为 24 位 CRC 最多允许有 5 bit 的错误发生。后续仿真实验将进一步讨论所提出方法结合 PA 的性能,分析 SNR 对 PER 的影响,并与 SVD - PA 方法进行比较。

2）SNR 对检测概率的影响分析

仿真条件：采样频率为 100 MHz，$T_s = 4\ \mu s$，接收天线个数为 8，信源个数为 2，第一个信号的开始时间 t_1 和两个信号的交织时间 $t_2(t_2 < t_1)$ 随机选取，两信号的幅值相等，SNR 的范围为 0～15 dB。提出的方法的检测阈值为 0.88，SVD 方法的检测阈值为 5。当 $T_s = 4\ \mu s$ 时，两种方法的估计精度为 2 μs。由于估计精度受限，这里为了更好地评估两种方法的性能，规定当估计的时间与实际的时间相差不大于 2 μs 时则视为检测成功，这里对每一个 SNR 值进行了 100 次仿真实验。

图 4.68(a)和图 4.68(b)分别表示在高斯白噪声和高斯色噪声条件下的检测概率与 SNR 的关系曲线。仿真结果表明，在高斯白噪声条件下，所提出的方法在 SNR 大于 5 dB 时便可保证检测概率趋近于 100%，而 SVD 方法则需要在 SNR 大于 7 dB 时才能达到所提出方法的性能。在高斯色噪声条件下，所提出的方法在 SNR 大于 7 dB 时便可保证检测概率趋近于 100%，而 SVD 方法则需要在 SNR 大于 10 dB 时才能达到所提出方法的性能。此外，当 SNR 大于 6 dB 时，所提出方法的检测概率达到 95%以上，达到实用水平。

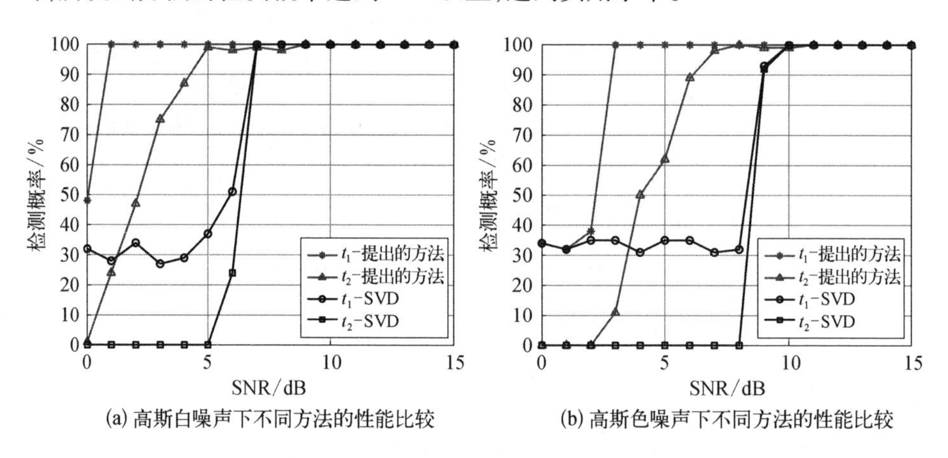

(a) 高斯白噪声下不同方法的性能比较　　(b) 高斯色噪声下不同方法的性能比较

图 4.68　在不同类型噪声下所提出的方法与 SVD 方法的性能对比

3）SNR 对分离结果的影响分析

下面将所提出的方法结合 PA(简称提出的方法- PA)与 SVD 方法结合 PA(简称 SVD - PA)进行了分离性能对比。仿真条件：采样频率为 100 MHz，$T_s =$ 4 μs，接收天线个数为 8，信源个数为 2，入射角为[45°, 60°]，第一个信号的开始时间 t_1 和两个信号的交织时间 $t_2(t_2 < t_1)$ 随机选取，两个信号的幅值相等，

SNR 为 0~15 dB。提出的方法中，检测阈值 $p = 0.88$，SVD 方法的检测阈值为 5。这里对每一个 SNR 值进行了 100 次仿真实验。

图 4.69(a)和图 4.69(b)分别表示在高斯白噪声和高斯色噪声条件下 PER 与 SNR 的关系曲线。仿真结果表明，在高斯白噪声条件下，所提出的方法- PA 在 SNR 小于 4 dB 的情况下的分离性能优于 SVD－PA。在高斯色噪声条件下，在 SNR 小于 6 dB 的情况下，所提出的方法- PA 的分离性能优于 SVD－PA。当 SNR 大于 6 dB 时，PER 达到 5%以下，达到实用水平。

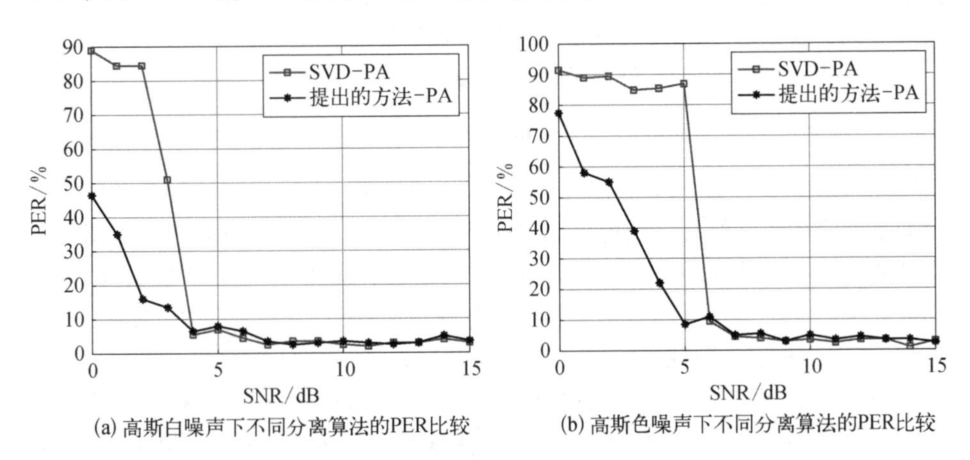

(a) 高斯白噪声下不同分离算法的PER比较　(b) 高斯色噪声下不同分离算法的PER比较

图 4.69　在不同类型噪声下不同分离算法的性能对比

4.5.5　基于压缩感知的 ADS－B 交织信号单通道分离算法

1. 压缩感知理论

压缩感知理论最早由 Donoho 提出[331]，该理论突破了奈奎斯特采样定理局限，认为当图像或信号满足一定条件时，就能够以远低于奈奎斯特采样定理规定的采样点对图像或信号进行精确重建。

已知大小为 $M \times 1$ 的观测向量 $\boldsymbol{Y}$，它可以由以下公式得出[332]：

$$\boldsymbol{Y} = \boldsymbol{\phi X} \tag{4.94}$$

其中，$\boldsymbol{\phi}$ 表示大小为 $M \times N(M < N)$ 的测量矩阵；$\boldsymbol{X}$ 表示大小为 $N \times 1$ 的源信号矩阵。现在需要根据观测向量 $\boldsymbol{Y}$ 得到源信号 $\boldsymbol{X}$，由于未知数的个数 N 大于方程组的个数 M，很明显这是一个求解欠定方程组的问题。

压缩感知理论中提到：当源信号 $\boldsymbol{X}$ 满足稀疏性条件时，能够解决上述问题，

即 $\boldsymbol{X}$ 为稀疏信号或者 $\boldsymbol{X}$ 能够通过一组大小为 $N\times 1$ 的基向量 $\{\psi_1, \psi_2, \cdots, \psi_L\}$ 线性表示为

$$\boldsymbol{X} = \sum_{i=1}^{L} \psi_i s_i = \boldsymbol{\psi S} \tag{4.95}$$

其中,$\boldsymbol{\psi}$ 表示大小为 $N\times L(N\leqslant L)$ 的稀疏基;$\boldsymbol{S}$ 表示大小为 $L\times 1$ 的 K-稀疏向量,$K(K<M)$ 表示向量 $\boldsymbol{S}$ 中非零元素的个数,称为稀疏度,信号的稀疏度 K 越低,信号的重构精度越高,重构速度也越快。常用的稀疏基 $\boldsymbol{\psi}$ 有傅里叶变化基、离散余弦变换基、小波变换基等,一般为 $N\times N$ 阶矩阵。

根据式(4.94)和式(4.95),观测向量 $\boldsymbol{Y}$ 可以进一步表示为

$$\boldsymbol{Y} = \boldsymbol{\phi\psi S} = \boldsymbol{US} \tag{4.96}$$

其中,$\boldsymbol{U}$ 表示大小为 $M\times L$ 的传感矩阵。在这种情况下,观测向量 $\boldsymbol{Y}$ 仅为 $\boldsymbol{U}$ 中 K 个非零向量的线性组合。因此,如果能够事先知道 $\boldsymbol{S}$ 中 K 个非零项的位置,那么就能形成 M 个线性方程组来求解这 K 个非零项,其中方程的个数 M 大于未知数的个数 K。为了精确地重构稀疏信号 $\boldsymbol{S}$,通常要求测量矩阵 $\boldsymbol{\phi}$ 与稀疏基 $\boldsymbol{\psi}$ 不相关,称为有限等距性质(restricted isometry property, RIP)[333]。

面对压缩感知中的 RIP 条件,通常会选择 $\boldsymbol{\phi}$ 为高斯随机矩阵来解决这个问题[334]。由于 $\boldsymbol{\phi}$ 的高斯分布特性,无论稀疏基 $\boldsymbol{\psi}$ 如何选择,传感矩阵 $\boldsymbol{U}$ 都具有高斯分布特性,这种特性能够使得 $\boldsymbol{U}$ 满足 RIP。当源信号 $\boldsymbol{X}$ 满足稀疏性条件且传感矩阵 $\boldsymbol{U}$ 满足 RIP 时,就能够以远低于奈奎斯特采样频率的采样频率对 $\boldsymbol{X}$ 进行观测,然后通过信号重构算法进行 $\boldsymbol{X}$ 的还原。

源信号 $\boldsymbol{X}$ 的观测过程如图 4.70 所示。信号的重建需要根据观测向量 $\boldsymbol{Y}$、随机观测矩阵 $\boldsymbol{\phi}$、稀疏基 $\boldsymbol{\psi}$ 来得到稀疏信号 $\boldsymbol{S}$,从而得到源信号 $\boldsymbol{X}$。

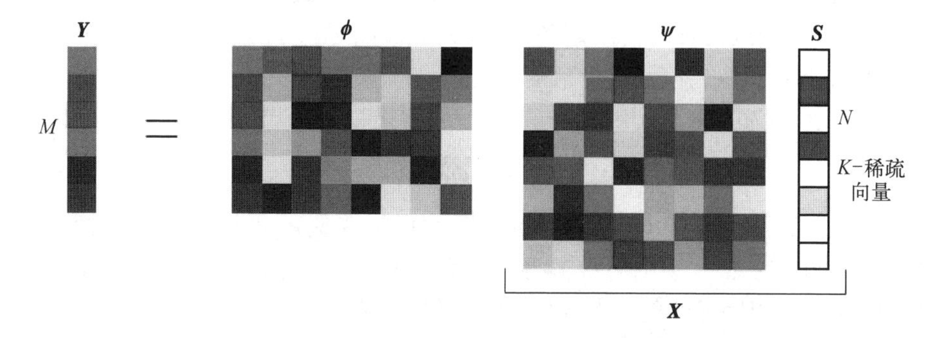

图 4.70 信号的观测过程

稀疏向量 $\boldsymbol{S}$ 的 l_p 范数定义为

$$\|\boldsymbol{S}\|_{l_p} = \sum_{i=1}^{L} |s_i|^p \tag{4.97}$$

当 $p=0$ 时,能够得到用于表示 $\boldsymbol{S}$ 中非零元素个数的 l_0 范数。因此,上述提到的 K-稀疏信号 $\boldsymbol{S}$ 的 l_0 范数为 K。

有研究者指出,在 $\boldsymbol{\phi}$ 为高斯测量矩阵的情况下,当 $M \geqslant cK\lg(L/K)$(c 是一个很小的常数)时,可以将求解公式中稀疏信号 $\boldsymbol{S}$ 的问题转化为求解 l_1 范数下的最优问题:

$$\begin{cases}\hat{\boldsymbol{S}} = \arg\min\limits_{s} \|\boldsymbol{S}\|_{l_1} \\ \boldsymbol{Y} = \boldsymbol{\phi\psi S} = \boldsymbol{US}\end{cases} \tag{4.98}$$

式(4.98)是一个外凸优化问题,相当于一个线性规划问题,其计算复杂度为 $O(L^3)$。

2. 算法模型

理想情况下 ADS－B 交织信号的单通道分离模型可以表示为

$$\boldsymbol{Y} = [a_1, a_2, \cdots, a_N]\boldsymbol{X} = \boldsymbol{AX} \tag{4.99}$$

其中,$\boldsymbol{Y}$ 表示大小为 $M \times T$ 的混合信号矩阵,$M(M=1)$ 表示接收天线的个数;$\boldsymbol{A}$ 表示大小为 $M \times N$ 的混合矩阵;$\boldsymbol{X} = [x_1, x_2, \cdots, x_N]^{\mathrm{T}}$ 表示大小为 $N \times T$ 的源信号矩阵,$N(N \geqslant 2)$ 表示源信号的个数,T 表示采样点数。需要注意的是,这里的模型忽略了噪声的影响。ADS－B 交织信号的单通道分离要求根据混合信号 $\boldsymbol{Y}$ 和 ADS－B 信号的一些先验信息来获得源信号 $\boldsymbol{X}$,属于欠定盲源分离问题,可结合上述提到的压缩感知模型进行求解。

根据 ADS－B 交织信号单通道分离模型和 4.5.5 节介绍的压缩感知模型之间的关系,将混合信号矩阵 $\boldsymbol{Y}$ 和源信号 $\boldsymbol{X}$ 写作

$$\boldsymbol{Y} = [y(1), y(2), \cdots, y(T)]^{\mathrm{T}} \tag{4.100}$$

$$\boldsymbol{X} = [x_1(1), x_1(2), \cdots, x_1(T), x_2(1), \cdots, x_2(T), \cdots, x_N(1), \cdots, x_N(T)]^{\mathrm{T}} \tag{4.101}$$

其中,$\boldsymbol{Y}$ 表示大小为 $T \times 1$ 的列向量;$\boldsymbol{X}$ 表示大小为 $NT \times 1$ 的列向量。此时,可以将式(4.99)转化为

$$\begin{bmatrix} y(1) \\ y(2) \\ \vdots \\ y(T) \end{bmatrix} = \boldsymbol{CX} = [c_1 \quad c_2 \quad \cdots \quad c_N] \begin{bmatrix} x_1(1) \\ x_1(2) \\ \vdots \\ x_1(T) \\ x_2(1) \\ \vdots \\ x_2(T) \\ \vdots \\ x_N(1) \\ \vdots \\ x_N(T) \end{bmatrix} \tag{4.102}$$

其中,

$$c_i = \begin{bmatrix} a_i & 0 & \cdots & 0 \\ 0 & a_i & \cdots & 0 \\ \vdots & \vdots & \ddots & \vdots \\ 0 & 0 & \cdots & a_i \end{bmatrix}$$

图 4.71 是根据压缩感知理论求解欠定盲源分离问题的流程框图,主要分为三步。

(1) 根据 ADS - B 源信号信息,选择合适的稀疏信号表示方法得到源信号 $\boldsymbol{X}$ 的稀疏基 $\boldsymbol{\psi}$。

(2) 运用优化算法求解混合矩阵 $\boldsymbol{C}$ 中的未知数,从而获取混合矩阵 $\boldsymbol{C}$。

(3) 运用压缩感知理论中的稀疏信号重构算法得到稀疏信号 $\boldsymbol{S}$, 然后得到源信号 $\boldsymbol{X}$。 步骤中的具体内容将在下面的介绍。

图 4.71 压缩感知理论求解欠定盲源分离问题的主要流程

3. 信号的稀疏表示

信号的稀疏表示要求根据信号自身的特性找到最适合它的稀疏基 $\boldsymbol{\psi}$。 对于常见的语音信号,由于它是一组正弦波的组合,可以使用傅里叶变换基或离散余弦变换基对其进行稀疏表示。图 4.72 为以 10 MHz 的采样频率生成的一条长度为 120 μs 的 ADS－B 信号。图 4.73 为这条 ADS－B 信号在傅里叶变化基和离散余弦变化基下的稀疏表示。从中可以看出,对于 ADS－B 信号,在上述两种基下的表示效果不理想。此时,可以根据 ADS－B 信号的先验特征,通过学习或训练得到适合它的稀疏基,也称为自适应字典,这里采用的是 K－SVD 算法获取其自适应字典[335]。

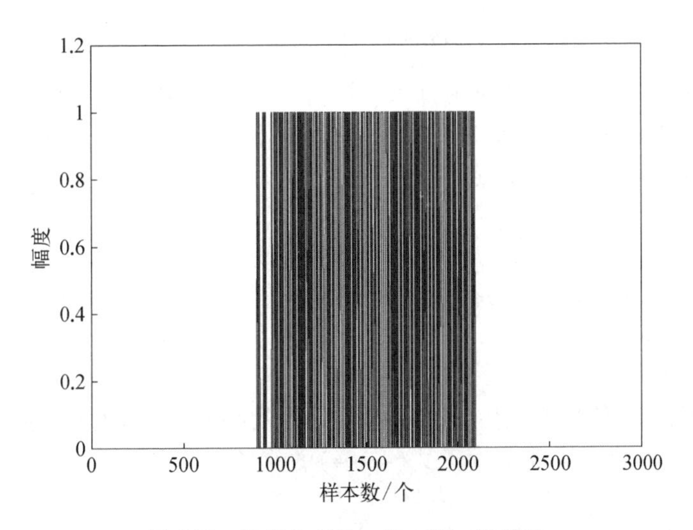

图 4.72　随机生成的一条 ADS－B 信号

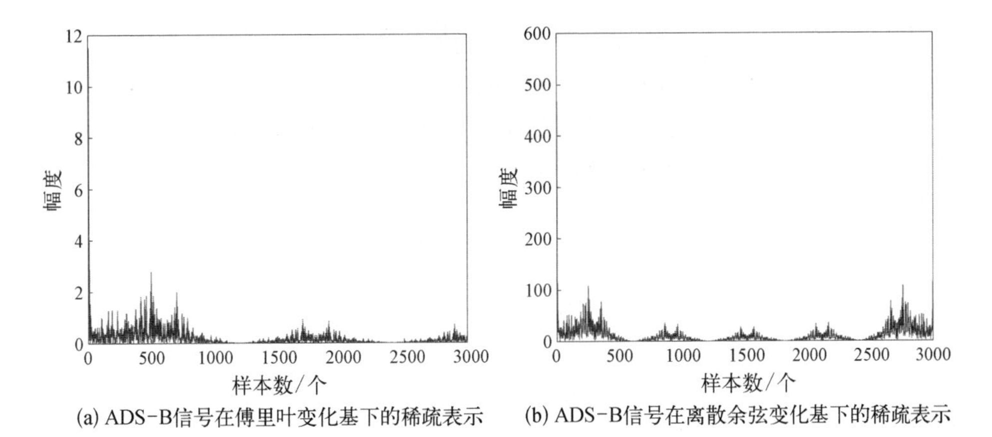

图 4.73　ADS－B 信号在傅里叶变化基和离散余弦变化基下的稀疏表示

采用 K－SVD 算法求解的问题可以表述如下：已知大小为 $D \times 1(D \geqslant NT)$ 的源信号集合 $\boldsymbol{X}_C$，$\boldsymbol{X}_C$ 中包含了源信号 $\boldsymbol{X}$ 的信息，求源信号 $\boldsymbol{X}$ 的稀疏表示字典 $\boldsymbol{\psi} = [\psi_1, \psi_2, \cdots, \psi_L]$。其中，$\boldsymbol{\psi}$ 的列向量称为原子。求解该问题的公式如下所示：

$$\begin{cases} \min\limits_{\psi, S} \ \| \boldsymbol{X}_C - \boldsymbol{\psi S} \|_F^2 \\ \| \boldsymbol{S} \|_0 \leqslant k \\ \| \boldsymbol{\psi}_j \|_2 = 1, \quad j = 1 \sim L \end{cases} \tag{4.103}$$

其中，$\| \cdot \|_0$ 表示向量的非零元素个数；$\| \cdot \|_F$ 表示矩阵的 Frobenius 范数；$L(L \geqslant D)$ 表示稀疏字典 $\boldsymbol{\psi}$ 的原子个数；$\boldsymbol{S}$ 表示大小为 $L \times 1$ 的稀疏向量。

可以将式(4.103)转换成以下形式：

$$\min_{\psi, S} \ \| \boldsymbol{X}_C - \boldsymbol{\psi S} \|_F^2 + \lambda \ \| \boldsymbol{S} \|_1 \tag{4.104}$$

其中，$\lambda > 0$ 为一个给定的参数。在 $\boldsymbol{\psi}$ 已知的情况下，可以使用正交匹配追踪(orthogonal matching pursuit，OMP)算法[336]计算得到稀疏信号 $\boldsymbol{S}$，该算法将会在 4.5.5 节中介绍。

在得到稀疏信号 $\boldsymbol{S}$ 之后，现在令除了 ψ_j 以为 $\boldsymbol{\psi}$ 的所有列向量的值都固定，即仅更新 $\boldsymbol{\psi}$ 的第 j 列，那么对于式(4.104)的前半部分，可以写为以下形式：

$$G = \| \boldsymbol{X}_C - \boldsymbol{\psi S} \|_F^2 = \left\| \boldsymbol{X}_C - \sum_{i=1,\, i \neq j}^{L} \psi_i s_i - \psi_j s_j \right\|_F^2 = \| \boldsymbol{E}_j - \psi_j s_j \|_F^2 \tag{4.105}$$

其中，$\boldsymbol{E}_j = \boldsymbol{X}_C - \sum\limits_{i=1,\, i \neq j}^{L} \psi_i s_i$，表示残差；$s_j$ 表示稀疏信号 $\boldsymbol{S}$ 的第 j 行元素。

现在需要求出当 G 最小时 ψ_j 和 s_j 的值，这是一个最小二乘问题，可以采用 SVD 方法进行求解。需要注意的是，当 $s_j = 0$ 时，不必对 $\boldsymbol{E}_j$ 进行 SVD，即不更新 ψ_j 的值。当 $s_j \neq 0$ 时，对 $\boldsymbol{E}_j$ 进行 SVD 得到：

$$\boldsymbol{E}_j = \sum_{i=1}^{D} u_i \sigma_i v^{\mathrm{T}} \tag{4.106}$$

其中，u_i 表示大小为 $D \times 1$ 的列向量；σ_i 表示大小为 1×1 的元素；v 表示大小为 1×1 的元素。式(4.105)的解如下：

$$\psi_j = u_1, \quad s_j = \sigma_1 v \tag{4.107}$$

按照上述方法不断更新 ψ_j 和 s_j，直至达到设定的迭代次数。

采用 K－SVD 算法获取稀疏字典 $\boldsymbol{\psi}$ 的总体流程如下。

(1) 输入：源信号集合 $\boldsymbol{X}_C$、算法的最大迭代次数 M、字典 $\boldsymbol{\psi}$ 的原子数 L。

(2) 初始化稀疏字典 $\boldsymbol{\psi}$，迭代次数 $l=1$，起始字典索引 $j=1$。

(3) 保持 $\boldsymbol{\psi}$ 的值不变，根据式(4.104)采用 OMP 算法更新稀疏信号 $\boldsymbol{S}$。

(4) 根据式(4.106)和式(4.107)，使用 SVD 方法更新 ψ_j。

(5) $j=j+1$，判断是否满足条件 $j>L$，如果是，则进入(6)；如果否，则返回(4)。

(6) $j=1$，$l=l+1$，判断是否满足条件 $l>M$，如果是，则进入(7)；如果否，则返回(3)。

(7) 输出：稀疏字典 $\boldsymbol{\psi}$。

为了检验算法的有效性，这里对该算法进行了仿真实验，仿真条件：最大迭代次数 $M=33$，字典 $\boldsymbol{\psi}$ 的原子数 $L=3\,000$。由图 4.74 可知，在迭代次数为 31 之后，该算法的错误率达到了 0，这表示得到了完全适合于图 4.72 生成的 ADS－B 信号的稀疏字典。

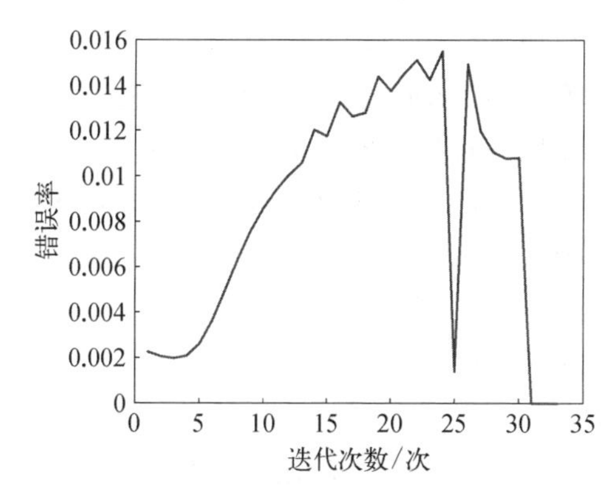

图 4.74　K－SVD 算法的迭代次数与错误率的关系曲线

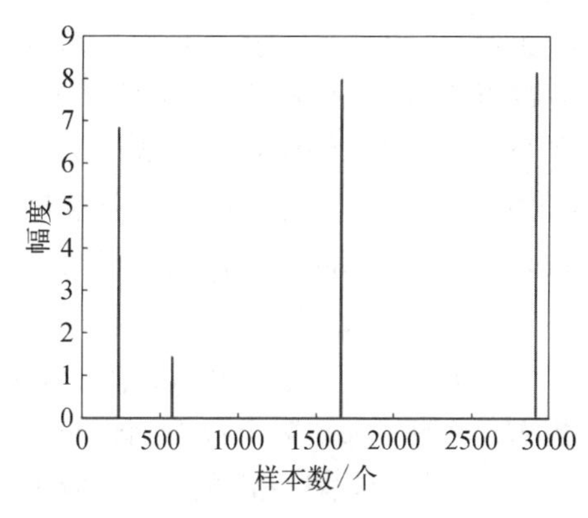

图 4.75　一帧 ADS－B 信号在 K－SVD 算法求出的稀疏字典下的稀疏表示

图 4.75 表示的是该 ADS－B 信号在 K－SVD 算法求出的稀疏字典下的稀疏表示。从图中可以看出，本次仿真成功得到了该 ADS－B 信号的稀疏信号，稀疏度为 4，这证明了 K－SVD 算法的有效性。

在实际的工程应用中，要分离某一条 ADS－B 交织信号，需要知道其中包含的 ADS－B 源信号作为构建稀疏基的数据源。然而，已知的只有接收到的 ADS－B 交织信号，并且很难从中获取其中包含的 ADS－B 源信号信息。为此，需要收集尽可能多的 ADS－B 源信号作为构建稀疏字典的数据源。一般来说，收集到的 ADS－B 源信号越多,稀疏字典所能稀疏表示的 ADS－B 源信号就越多,后续也就能分离出更多不同类型的 ADS－B 交织信号。换一个角度来思考,傅里叶变化基之所以能稀疏地表示不同类型的语音信号,是因为语音信号都是一组正弦波的组合。同样地,不同的 ADS－B 源信号间也有着许多相似的特性,例如,4.2.1 节中介绍的有着固定的前导码格式并且都是通过脉冲幅度调制,因此后续可以根据这些共同特性构建出属于 ADS－B 源信号的稀疏字典。

4. 混合矩阵的估计

一般的压缩感知算法中,混合矩阵 $\boldsymbol{C}$ 是已知的,然而在 ADS－B 交织信号分离的问题中,混合矩阵 $\boldsymbol{C}$ 是未知的。为了估计混合矩阵 $\boldsymbol{C}$, 设立如下的评价函数 P:

$$P = \| \boldsymbol{Y} - \hat{\boldsymbol{C}}\hat{\boldsymbol{X}} \|_2 \tag{4.108}$$

其中, $\boldsymbol{Y}$ 表示接收到的混合信号矩阵; $\hat{\boldsymbol{C}}$ 表示估计的混合矩阵; $\hat{\boldsymbol{X}}$ 表示恢复出的源信号。P 代表原混合信号矩阵 $\boldsymbol{Y}$ 与 $\hat{\boldsymbol{C}}$ 和 $\hat{\boldsymbol{X}}$ 相乘得到的混合信号矩阵之间的趋近程度, P 值越小,表示估计出的 $\hat{\boldsymbol{C}}$ 和 $\hat{\boldsymbol{X}}$ 越准确。其中, $\boldsymbol{Y}$ 值是固定的,现在令 $\hat{\boldsymbol{X}}$ 值也是固定的,求 P 取得最小值情况下的 $\hat{\boldsymbol{C}}$ 值,即求出 $\hat{\boldsymbol{C}}$ 中的元素 $\{a_1, a_2, \cdots, a_N\}$。这就形成了一个多目标优化问题,可采用粒子群优化(particle swarm optimization, PSO)算法[337]进行求解。

采用 PSO 算法估计混合矩阵 $\boldsymbol{C}$ 的总体流程如下所示:

(1) 输入: 粒子个数 N、学习因子 c_1 和 c_2、惯性权重 w、算法的最大迭代次数 M、求解的未知数个数 D、评价函数 P。

(2) 初始化迭代次数 $l = 1$, 粒子编号 $i = 1$, 每个粒子的速度 v_i 和位置 x_i。

(3) 根据评价函数 P 初始化所有粒子的全局适应度 p_g 和局部适应度 p_{d_i}。

(4) 根据公式 $v_i = wv_i + c_1 r_1 (p_{d_i} - x_i) + c_2 r_2 (p_g - x_i)$ 和 $x_i = x_i + v_i$ 更新 v_i 和 x_i, 然后更新 p_g 和 p_{d_i}。

(5) $i = i + 1$, 判断是否满足条件 $i > N$, 如果是,则进入(6);如果否,则返回(4)。

(6) $i = 1$, $l = l + 1$, 判断是否满足条件 $l > M$, 如果是,则进入(7);如果否,则返回(4)。

(7) 输出: 全局适应度 p_g, 即混合矩阵 $\boldsymbol{C}$ 中的元素 $\{a_1, a_2, \cdots, a_N\}$。

5. 信号的重构

对于式(4.96)中的稀疏信号重构问题,目前的解决方法主要由三类:贪婪算法[338]、基于 l_1 范数的稀疏信号重构算法、基于 l_0 范数的稀疏信号重构算法[339]。由于卫星上的硬件计算资源有限,在信号恢复精度达到要求的情况下,算法复杂度需要尽可能低。这里采用 4.5.5 节中提到的贪婪算法中的 OMP 算法,因为 OMP 算法作为一种经典算法,具有恢复精度高、收敛速度快的优点[340]。

式(4.96)中, $\boldsymbol{S}$ 表示大小为 $L \times 1$ 的 K-稀疏向量,即 $\boldsymbol{S}$ 中只有 K 个非零向量,那么混合信号矩阵 $\boldsymbol{Y} = \boldsymbol{US}$ 可以表示为 $\boldsymbol{U}$ 中 K 个列向量的线性组合。这里使用 $\{v_1, v_2, \cdots, v_L\}$ 表示 $\boldsymbol{U}$ 的列向量集合, $\{s_1, s_2, \cdots, s_L\}$ 表示 $\boldsymbol{S}$ 中元素的集合。现在需要确定 $\boldsymbol{U}$ 的哪些列向量参与构造矩阵 $\boldsymbol{Y}$, 算法的主要思想就是找到与 $\boldsymbol{Y}$ 相关性最大的 $\boldsymbol{U}$ 的列向量集,然后减去其对 $\boldsymbol{Y}$ 的贡献,使得残差最小。期望经过多次迭代后,算法能够找到正确的列集。

采用 OMP 算法重构源信号 $\boldsymbol{X}$ 的总体流程如下。

(1) 输入:传感矩阵 $\boldsymbol{U} = \boldsymbol{C\psi}$、混合信号矩阵 $\boldsymbol{Y}$、稀疏度 K、最大迭代次数 $M = 2K$。

(2) 初始化残差 $\boldsymbol{\gamma}_0 = \boldsymbol{Y}$, 迭代次数 $l = 1$, 索引 $\boldsymbol{\lambda}_0 = \varnothing$, $\boldsymbol{\lambda}_0$ 的集合 $\boldsymbol{\beta}_0 = \varnothing$, 选定的列向量集合 $z_0 = \varnothing$, 稀疏矩阵 $\boldsymbol{S}$ 为全零矩阵。

(3) 根据公式 $\boldsymbol{\lambda}_l = \arg\max_{i=1,2,\cdots,L} | v_i^{\mathrm{T}} r_{l-1} |$ 更新 $\boldsymbol{\lambda}_l$。

(4) 根据 $z_l = z_{l-1} \cup v_{\lambda_l}$ 和 $\boldsymbol{\beta}_l = \boldsymbol{\beta}_{l-1} \cup \boldsymbol{\lambda}_l$ 更新 z_l 和 $\boldsymbol{\beta}_l$, 然后使 $v_{\lambda_l} = 0$。

(5) 求最小二乘解 $\mathrm{aug\_}y_l = \arg\min\limits_{\mathrm{aug\_}y_l} \| \boldsymbol{Y} - z_l \mathrm{aug\_}y_l \| = (z_l^{\mathrm{T}} z_l)^{-1} z_l^{\mathrm{T}} \boldsymbol{Y}$。

(6) 根据公式 $\boldsymbol{\gamma}_l = \boldsymbol{Y} - z_l \mathrm{aug\_}y_l$ 更新残差 $\boldsymbol{\gamma}_l$。

(7) $l = l + 1$, 判断是否满足条件 $l > M$, 如果是,则进入(8);如果否,则返回(3)。

(8) 根据公式 $[s_{\lambda_1}, s_{\lambda_2}, \cdots, s_{\lambda_l}]^{\mathrm{T}} = \mathrm{aug\_}y_l$ 更新 $\boldsymbol{S}$ 中对应的列向量。

(9) 根据公式 $\boldsymbol{X} = \boldsymbol{\psi S}$ 得到源信号 $\boldsymbol{X}$。

(10) 输出:源信号 $\boldsymbol{X}$。

6. 算法流程

图 4.76 为基于压缩感知的 ADS－B 交织信号单通道分离算法的流程框图,该算法的步骤如下。

(1) 初始化迭代次数 $l = 1$ 和迭代的终止条件 l_p, 根据经验来看, l_p 一般取 3~5 最为合适。

(2) 收集尽可能多的 ADS－B 源信号信息或根据 ADS－B 源信号 $\boldsymbol{X}$ 的先验信息得到源信号集合 $\boldsymbol{X}_C$，并使用 K－SVD 算法得到稀疏基 $\boldsymbol{\psi}$。

(3) 预先任意给定一个混合矩阵 $\boldsymbol{C}$，一般选取为随机的高斯矩阵。

(4) 判断是否满足条件 $l > l_p$，如果满足，则算法结束；否则，根据已知的混合矩阵 $\boldsymbol{C}$、稀疏基 $\boldsymbol{\psi}$ 和混合信号矩阵 $\boldsymbol{Y}$，采用 OMP 算法得到源信号 $\boldsymbol{X}$。

(5) 设立评价函数 P，并设定一个 P 的判断阈值 p_i。一般来说，p_i 受 SNR 的影响，SNR 越大，p_i 的取值可以越低。根据经验来看，SNR 为 5~10 dB 时，p_i 一般取值为 0.8~1.2。当 $P < p_i$ 时表示混合矩阵 $\boldsymbol{C}$ 满足要求，此时算法结束，否则进入(6)。

(6) $l = l + 1$，根据式(4.108)采用 PSO 算法求评价函数 P 取得最小值情况下的 $\hat{\boldsymbol{C}}$ 值，即混合矩阵 $\boldsymbol{C}$，之后返回步骤(4)。

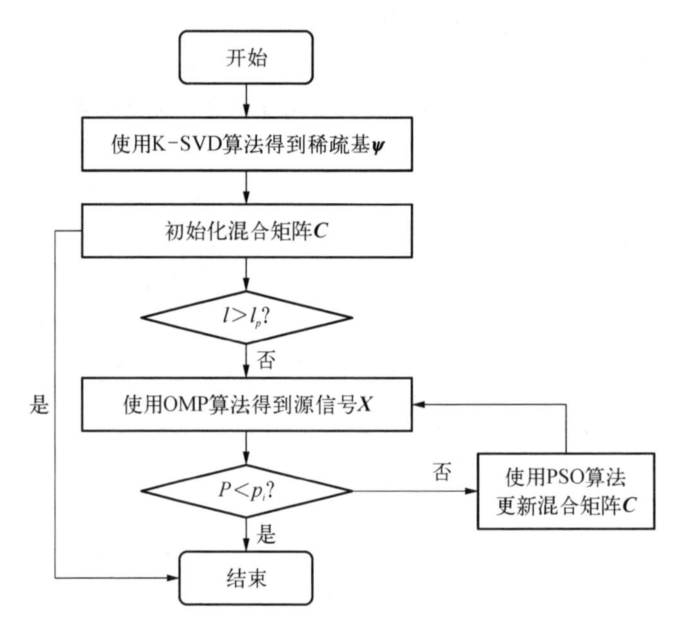

图 4.76 基于压缩感知的 ADS－B 交织信号单通道分离算法流程框图

7. 算法复杂度分析

在实际的工程应用中，该算法目前面临的主要问题除了 4.5.5 节中提到的稀疏基获取困难之外，还存在着计算复杂度高的问题。表 4.13 为所提出的算法中各个关键步骤在仿真软件中运行时所花费的时间。仿真条件：信源个数为

2,接收天线个数为 1,采样频率分别选取 4 MHz、6 MHz、8 MHz、10 MHz,与此对应的接收到的 ADS－B 交织信号的样本数为 2 400、3 600、4 800、6 000。

表 4.13　不同算法的运行时间

算　法	采样频率/MHz	运行时间/s
K－SVD 算法	4	38.735 4
	6	90.517 8
	8	157.439 3
	10	250.487 9
PSO 算法	4	57.157 1
	6	116.396 1
	8	202.600 2
	10	302.713 1
OMP 算法	4	0.891 5
	6	2.093 9
	8	2.757 3
	10	4.476 3

从表 4.13 中可以看出,计算复杂度主要与采样频率紧密相关,在所提出的算法中,计算复杂度较高的部分主要是 K－SVD 算法和 PSO 算法,因为这两种算法都涉及大量的迭代运算。K－SVD 算法的功能是获取 ADS－B 信号的稀疏基,在仿真中,由于选取的样本数较大并且要求字典数 L 大于信号样本数的关系,该算法的运行时间较长。在实际中,这一过程可以在地面预先完成,并将构建好的稀疏基提供给星上,在后续的信号分离过程中使用,为此不必要求很低的计算复杂度。PSO 算法的功能是获取和更新混合矩阵,在仿真中,由于选取的样本数较大,该算法的运行时间很长。在实际中,由于该算法具有并行特性,适合用硬件实现。对于该算法在硬件实现中的优化问题,目前已有基于 FPGA 的全流水实现架构。OMP 算法的功能是重构 ADS－B 源信号,该算法中计算复杂度最高的部分为求最小二乘解的部分,因为该部分涉及矩阵求逆运算,对于这一部分的 FPGA 优化目前已有一些研究[341]。

8. 仿真结果与分析

1) ADS－B 交织信号的分离

为了验证算法的有效性,进行了仿真实验。仿真条件:信源个数为 3,接收通道数为 1,SNR 为 8 dB,采样频率为 8 MHz,各信号起始时间依次相差 30 μs,各信号的相对幅值依次相差 2 dB,迭代的终止条件 $l_p = 3$, 判断阈值 $p_i = 1$。K－SVD 算法中, $M = 40$, 源信号集合 $\boldsymbol{X}_C$ 在这里为源信号 $\boldsymbol{X}$。OMP 算法中,稀疏度 $K = 4$。PSO 算法中, $N = 30$, $c_1 = c_2 = 2$, $w = 0.75$, $M = 30$, $D = 3$。

图 4.77(a)为生成的三个 ADS－B 源信号。将三个源信号组成的矩阵乘以一个随机的高斯混合矩阵 $\boldsymbol{C}$, 然后加上随机高斯白噪声后得到图 4.77(b)所示

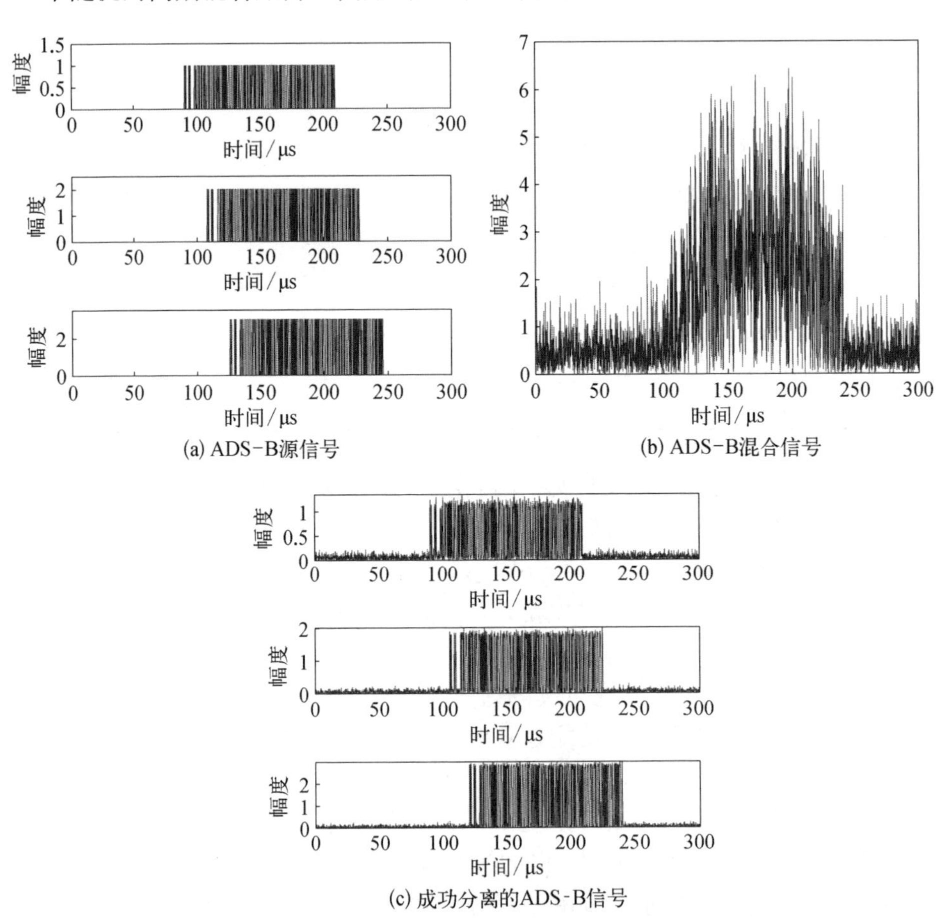

图 4.77 基于压缩感知的 ADS－B 交织信号分离仿真实验图

的 ADS－B 交织信号。接下来使用所提出的算法对 ADS－B 交织信号进行分离,分离结果如图 4.77(c)所示。从图 4.77(c)中可以看出,所提出的算法基本将重叠的三个 ADS－B 源信号还原了出来,尽管幅度与原来不相同,但这并不影响信号的解码。

在本次仿真中,随机生成的高斯混合矩阵 $\boldsymbol{C}$ 中的系数 $[a_1, a_2, a_3]$ 为

$$[0.131\,7,\ 0.299\,7,\ -0.582\,6]$$

使用 PSO 算法估计出的混合矩阵 $\boldsymbol{C}$ 中的系数 $[a_1, a_2, a_3]$ 为

$$[-0.445\,9,\ -1.081\,8,\ 2.119\,3] = -3.5[0.127\,4,\ 0.309\,0,\ -0.605\,5]$$

可以看出,将 PSO 算法估计出的 $[a_1, a_2, a_3]$ 提取出一定系数之后,得到的结果与 $[a_1, a_2, a_3]$ 的原始值大致相同。这里提取出的系数大小将会影响到分离后 ADS－B 信号的幅度大小,但并不会影响到分离后 ADS－B 信号的波形结构,因此不会对 ADS－B 信号的解码产生影响。

根据 4.5.1 节中的式(4.72)和式(4.73),本次仿真中原始 ADS－B 信号和分离的 ADS－B 信号之间的相关系数矩阵 $\boldsymbol{R}$ 为

$$\boldsymbol{R} = \begin{bmatrix} 0.980\,8 & 0.360\,1 & 0.347\,3 \\ 0.368\,1 & 0.995\,1 & 0.396\,5 \\ 0.350\,1 & 0.395\,4 & 0.997\,8 \end{bmatrix}$$

可以看出,矩阵 $\boldsymbol{R}$ 中对角线元素的值接近于 1,说明原始信号和分离后的信号相关性很高,算法的分离性能很好。下面将分析 SNR、采样频率、起始时间差和相对幅值对 PER 的影响。

2）相关参数对分离结果的影响分析

图 4.78(a)为 PER 与 SNR 的关系曲线。仿真条件：采样频率为 4 MHz,各信号的起始时间依次相差 4.5 μs,各信号的相对幅值依次相差 5 dB,SNR 范围为 0~16 dB,对每一个 SNR 值进行 100 次仿真实验。仿真结果表明,在起始时间差、采样频率和相对幅值固定的情况下,SNR 越大,PER 越低。采样频率为 4 MHz 时,SNR 大于 14 dB 以后,PER 小于 5%,达到实用水平。

图 4.78(b)为 PER 与不同采样频率的关系曲线。仿真条件：采样频率范围为 2~10 MHz,各信号的起始时间依次相差 4.5 μs,各信号的相对幅值依次相差 5 dB,SNR 为 8 dB,对每一个采样频率值进行 100 次仿真实验。仿真结果表明,在 SNR、起始时间差和相对幅值固定的情况下,采样频率越大,PER 越低。SNR

为8 dB时,采样频率大于6 MHz以后,PER小于5%,达到实用水平。

图4.78(c)为不同相对幅值下PER与SNR的关系曲线。仿真条件:信源个数为2,采样频率为4 MHz,两信号的起始时间差为4.5 μs,两信号的相对幅值选取0 dB、5 dB、7 dB和10 dB,SNR的范围为0~16 dB,对每一个SNR值和相对幅值进行100次仿真实验。仿真结果表明,在采样频率、起始时间差和SNR固定的情况下,相对幅值越大,PER越高。当两信号的幅度相同时,分离效果最好。当源信号之间的幅度差异过大时,交织信号中只有幅度值最大的信号能够被解码。但是,随着SNR和采样频率的增大,允许源信号之间的幅度差异也增大。

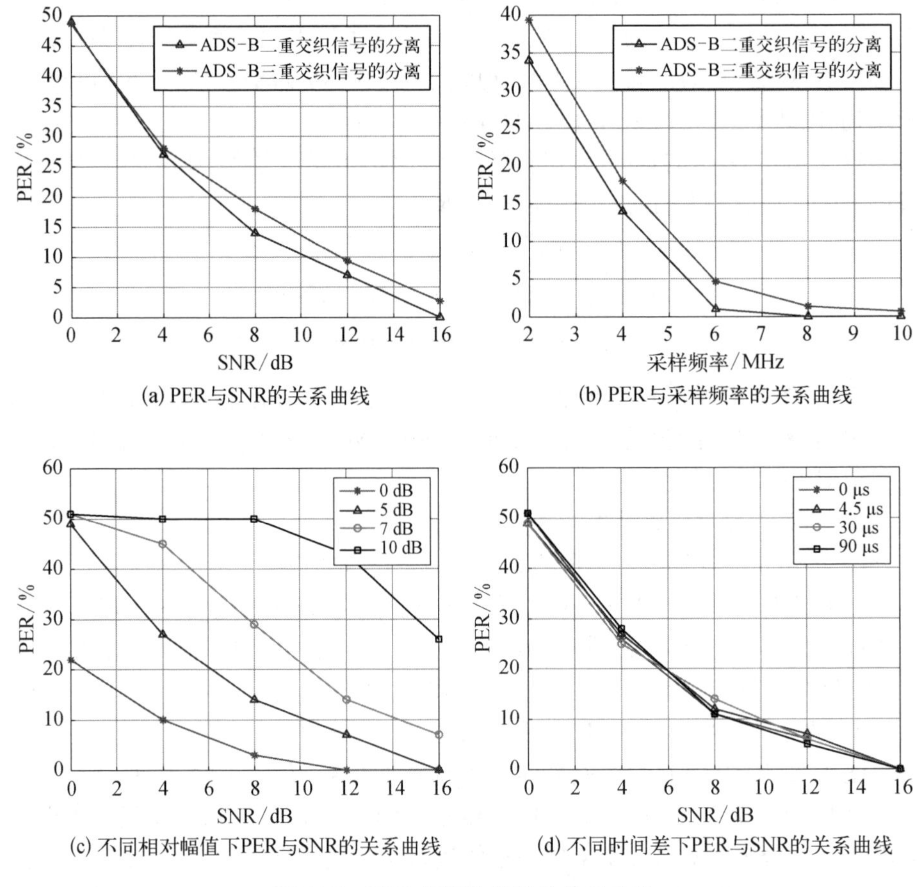

图4.78 PER与相关参数的关系曲线

图 4.78(d)为不同起始时间差下 PER 与 SNR 的关系曲线。仿真条件：信源个数为 2，采样频率为 4 MHz，两信号的起始时间差选取 0 μs、4.5 μs、30 μs 和 90 μs，两信号的相对幅值为 5 dB，SNR 范围为 0~16 dB，对每一个 SNR 值和起始时间差值进行 100 次仿真实验。仿真结果表明，在采样频率、相对幅值和 SNR 固定的情况下，PER 基本不受信号间相对时间差的影响。在 SNR 足够高时，即使两信号完全重叠，该算法也能实现有效分离。

3）不同算法之间的分离性能对比

为了证明所提出算法的优势，选取了 4.5.2 节中介绍的 PA 算法和 4.5.3 节中介绍的功率分选算法、重构抵消算法、FastICA 算法[277]与所提出的算法进行性能对比。

图 4.79 为不同算法下 PER 与 SNR 的关系曲线。仿真条件：信源个数为 2，采样频率为 10 MHz，两信号之间的起始时间差为 30 μs，两信号的相对幅值为 3 dB，SNR 范围为 5~25 dB；PA 中的接收天线个数为 16，入射角为[-60°, 30°]；FastICA 算法中的接收天线个数为 2，入射角为［-60°, 30°］，迭代次数为 500，判定阈值为 0.000 1。本次仿真中对每一个 SNR 值进行了 100 次仿真实验。仿真结果表明，在 SNR 大于 5 dB 且小于 10 dB 的情况下，所提出算法的性能最好，PER 始终小于 0.05，达到了实用水平。在 SNR 大于 10 dB 且小于 15 dB 的情况

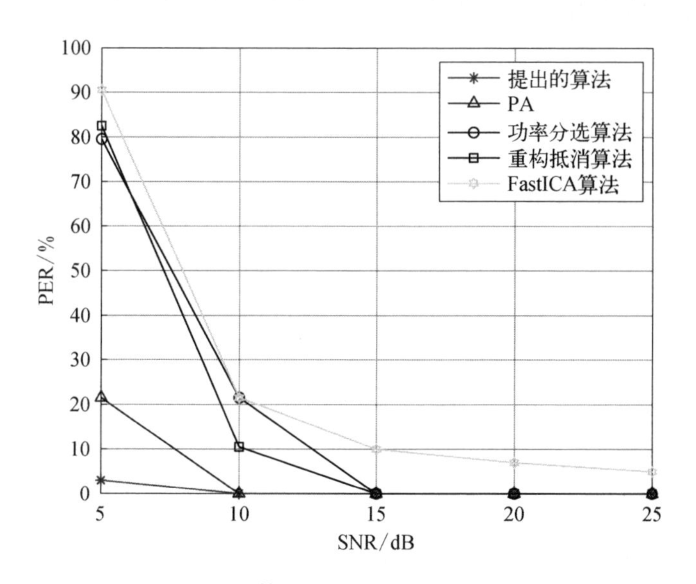

图 4.79　不同算法下 PER 与 SNR 的关系曲线

下,所提出算法的性能与 PA 的性能相当,PER 趋近于 0,不过与 PA 相比,所提出的算法仅需使用一个接收天线。当 SNR 大于 15 dB 时,所提出算法、PA、功率分选算法和重构抵消算法的性能相当,PER 趋近于 0;与上述四种算法相比,FastICA 算法的性能要弱一些,当 SNR 大于 15 dB 时,PER 小于 0.1。不过这里由于仿真条件、阈值和迭代次数的设定等问题,FastICA 算法的性能没有很好地体现出来。

4.6 本章小结

本章介绍了星载 ADS－B 接收的相关关键技术,包括星载 ADS－B 的建模分析、星载 ADS－B 阵列天线和波束成形等。针对星载多信号冲突的特点进行了数字多波束设计,提出了星载 ADS－B 高灵敏度解调算法;对星载 ADS－B 混叠信号进行了盲源分离算法研究。现有单星、多星和简易星座(如"铱星二代")的星载 ADS－B,离实现完全空管监视(目标刷新周期需要在秒级,可用度在 99.9%以上)还有不小的差距。为建成全球覆盖、星间互联、符合空管监视要求的星基 ADS－B,还需要在星基 ADS－B 信号多重解交织、自适应多波束成形等领域继续有所突破。

第5章　星载 ADS－B 数据智能应用

5.1　星载 ADS－B 数据质量分析

星基 ADS－B 技术是一项新的应用于空中交通管制中的重要技术手段。针对星基 ADS－B 数据质量的量化评估方法研究，目前还处于起步阶段。为了使星基 ADS－B 数据更好地融合地基 ADS－B 数据、雷达数据等传统航迹数据中，发挥星基 ADS－B 数据的最大优势，需要对星基 ADS－B 的数据质量进行评估。

从数据的用户需求角度来讲，针对不同来源的星基数据，其主要关心的是数据接收是否稳定、数据量是否完备。在与地基等其他数据来源进行融合时，当出现不同来源数据有偏差时，以哪种数据源为基准，各自的权重占比怎么取，这些问题都需要以星基 ADS－B 数据质量评估为基础。

ADS－B 技术是近年来空管领域的主要监视手段之一。飞机通过卫星导航系统获取自身的位置、速度、高度等信息并进行主动定时广播，地面站接收并对飞机进行监视。相对于传统雷达技术，ADS－B 具有导航精度高、占用空间小、建设成本低等特点。

星基 ADS－B 具有可以实现全球覆盖的优点，可以填补地面通信导航设备在荒漠、远洋、极地等地区难以架设的缺点。相较于地基 ADS－B 数据质量的研究，星基 ADS－B 数据质量评估处于起步阶段。赵嶷飞等[293]利用星基 ADS－B 数据与航路中心线对比计算误差，统计误差分布，计算出了实际误差范围。王运帷[284]从接收能力、刷新率、精确性、连续性四个方面对陆基 ADS－B 数据与星基 ADS－B 数据进行了对比分析。

本节在前人研究的基础上，整合现有的研究成果，提出了星基 ADS－B 数据质量评估方法，并对“天拓五号”卫星 ADS－B 数据进行了分析，得出了实验结论和改进建议,为后续星基 ADS - B 与地基 ADS - B 数据、雷达数据进行融合,实现满足监视性能要求的问题打下一个好的基础。

5.1.1 星基 ADS - B 数据质量评估模型

1. 星基 ADS - B 中的数据质量指标

ADS - B 信息中的许多参数定义了位置和数据报告的数据质量。根据 DO - 260B 标准定义[342],首先需要明确 ADS - B 版本号。在飞机运行状态信息中的第 73~75 位记录了 ADS - B 版本编码信息,如表 5.1 所示,目前最常用的是 DO - 260A 和 DO - 260B 两个标准。

表 5.1 ADS - B 版本号编码

编码(第 73~75 位)	ADS - B 版本	ADS - B 标准
000	0	DO - 260、DO - 242
001	1	DO - 260A、DO - 242A
010	2	DO - 260B、DO - 242B
011~111	保留	保留

ADS - B 数据质量指标分为三种:一是不确定性指标,这些指标在版本 0 中引入,参数值指示至少 95%的测量值在允许的不确定性(准确性)范围内,包括位置导航不确定性类别(navigation uncertainty category-position, NUCp)和速率导航不确定性类别(navigation uncertainty category-rate, NUCr);二是准确性指标,这些指标在版本 1 中首次引入,旨在替代以前的不确定性指标,参数值还指示至少 95%的测量值在允许的精度范围内,主要包括位置导航精度类别(navigation accuracy category-position, NACp)和速度导航精度类别(navigation accuracy category-velocity, NACv);三是完整性指标,这些指标也首先在版本 1 中引入。每个值都对应于超出预期精度/不确定性范围的测量概率,包括导航完整性类别(navigation integrity category, NIC)和监控完整性等级(surveillance integrity level, SIL)。具体的 ADS - B 数据质量指标与相应的 ADS - B 版本,以及其可以取到的具体值的对应关系如表 5.2 所示。

星基 ADS - B 接收载荷的数据接收覆盖范围上千千米,相对于地基 ADS - B 接收载荷的上百千米,其覆盖范围更大,也是星基数据的一个重要指标,在评价星基数据质量中引入了星基 ADS - B 数据覆盖范围指标。飞机所搭载的 ADS - B

表 5.2　ADS - B 数据质量指标

指　标	ADS - B 版本	值
NUCp	0	0~9
NUCr	0	0~4
NACp	1,2	0~11
NACv	1,2	0~4
NIC	1,2	0~11
SIL	1,2	0~3

发射机在发射 ADS - B 信号时,信号中已经包含了该发射机的数据准确性,即位置导航不确定性指标,这也必定会影响到接收数据的准确性,因此需要引入位置导航不确定性指标。星基 ADS - B 覆盖范围更大,其接收数据的连续性和完好性指标将直接决定数据的可用性,在实际的空管业务应用中,就是看能否持续对飞机进行监视,保证安全飞行,因此需要将数据的连续性和完好性指标纳入星基 ADS - B 数据质量评估指标中。

2. 星基 ADS - B 数据覆盖范围

星基 ADS - B 数据的覆盖范围表示了卫星接收能力大小,与卫星接收机的接收距离相关。在有限范围内,卫星的运行轨道高度越高,卫星半张角越大,卫星对地覆盖的面积也就越大,同时可能面对更多的信号涌入问题。对星基 ADS - B 数据质量进行评估,一方面也是对星载 ADS - B 接收机的接收性能进行评估,因此考虑将星基 ADS - B 数据覆盖范围纳入评价指标。

对于单颗卫星接收能力,R 取卫星星下点位置与所接收到 ADS - B 报文位置的距离最大值。对于已经实现全球组网通信的 ADS - B 卫星星座(如“铱星二代”系统),R 可以视为正无穷大。星基 ADS - B 数据的覆盖范围指标 P_R 如式(5.1)所示,其中 R 的单位为 km,计算结果为一个比例值:

$$P_R = 1 - 1/R \tag{5.1}$$

3. 星基 ADS - B 数据准确性

ADS - B 发射机的数据准确性由其报文所携带的位置导航不确定性类别信息确定;发射端的数据质量必将影响到接收段的数据质量,因此需要将星基 ADS - B 数据准确性纳入评价指标。

星基 ADS - B 数据的准确性由 NUCp 来表征,一般来说,较高的 NUCp 值代表较高的位置测量置信度。水平保护极限(horizontal protection limit, HPL)和半径控制(radius of containment, RC)分别表示至少95%的测量值在允许的不确定性(准确性)范围。表5.3展示了ADS－B报文不同的位置导航不确定性类别参数所对应的不同有效区别。

表5.3　位置导航不确定性类别参数(DF=17、18)

类别代码	NUCp	NIC	RC/m
9	9	11	<7.5
10	8	10	<25
11	7	9 8	<75 <185.2
12	6	7	<370.4
13	5	6	<1 111.2
14	4	5	<1 852
15	3	4	<3 704
16	2	3 2	<7 408 <14 816
17	1	1	<37 040
18	0	0	—
20	9	11	<7.5
21	8	10	<25
22	0	0	—

星基ADS－B数据的准确性指标P_A如式(5.2)所示：

$$P_A = \frac{N_{\text{NUCp} \geqslant 5}}{N_{\text{ADS-B}}} \tag{5.2}$$

其中，$N_{\text{NUCp} \geqslant 5}$表示ADS－B报文中NUCp $\geqslant 5$的数量；$N_{\text{ADS-B}}$表示ADS－B报文总数。

4. 星基ADS－B数据完好性

卫星通过接收地球表面的飞机广播传输过来的ADS－B信号，其接收距离远，接收范围广，因此效果相对地面ADS－B接收设备而言会有一定影响。数据接收效果好不好，更需要考虑数据的完好性，因此需要将星基ADS－B数据完好性纳入评价指标。

星基 ADS－B 数据的完好性用实际接收到数据量和飞机发送的数据量的比值来表征。星基 ADS－B 数据的完好性指标 P_I 如式(5.3)所示：

$$P_I = \frac{N_R}{N_S} \tag{5.3}$$

其中，N_R 表示实际接收到的 ADS－B 报文数量；N_S 表示实际发送的 ADS－B 报文数量。

5. 星基 ADS－B 数据连续性

同 2.1.1 节中的星基 ADS－B 数据完整性指标一样，数据接收效果好不好，还反映在数据的连续性方面，因此需要将星基 ADS－B 数据连续性纳入评价指标。

星基 ADS－B 数据连续性用数据漏点数和跳点数来表征。漏点阈值可以设为 1 s，即若连续 $n(n \geqslant 1)$ s 未收到航迹点，则认为 ADS－B 报文出现 n 个漏点，漏点数增加 n。以跳点阈值设置为 300 m 为例，即若航迹点远离基线距离超过 300 m，那么该点就算是跳点。星基 ADS－B 数据的连续性指标 P_C 如式(5.4)所示：

$$P_C = 1 - \frac{N_L + N_J}{N_{\text{ADS-B}}} \tag{5.4}$$

其中，N_L 表示 ADS－B 报文中的漏点数；N_J 表示 ADS－B 报文中的跳点数；$N_{\text{ADS-B}}$ 表示 ADS－B 报文总数。

6. 星基 ADS－B 数据质量评估模型

星基 ADS－B 数据质量评估模型由覆盖范围、准确性、完好性、连续性指标进行综合评价，具体计算方法如式(5.5)所示：

$$P_{\text{ADS-B}} = w_R P_R + w_A P_A + w_I P_I + w_C P_C \tag{5.5}$$

各权重指标需要满足如下公式：

$$w_R + w_A + w_I + w_C = 1 \tag{5.6}$$

其中，w_R 为覆盖范围指标 P_R 的权重大小；w_A 为准确性指标 P_A 的权重大小；w_I 为完好性指标 P_I 的权重大小；w_C 为连续性指标 P_C 的权重大小。其中 $0 < w_R$，w_A，w_I，$w_C < 1$。结合式(5.5)和式(5.6)可以看出，最终的评价指标 $P_{\text{ADS-B}}$ 是一个处于 0~1 的百分比数值，而这个值的高低将反映该卫星 ADS－B 数据质量。

5.1.2 星基 ADS－B 数据质量评估实验

1. 卫星数据解析

ADS－B 报文数据所携带的信息量大,消息的数据类型比较丰富,如飞机自身的位置信息、速度信息、基于飞机上搭载的传感器所接收到的大气气压(高度)信息、基于全球导航卫星系统(global navigation satellite system, GNSS)所接收到的高度信息、地面设备的位置信息、目标状态信息等。DO－260B 标准中对常见 ADS－B 数据类型的定义[342]如表 5.4 所示,其中数据类型 1~4 表示航空器识别信息,如飞机的 ICAO 号与飞机类型消息;数据类型 5~8 表示地面位置信息,如飞机此时在起飞或者降落的地面滑行阶段;数据类型 9~18 表示飞机经纬度位置信息和基于飞机上搭载的传感器所接收到的大气气压(高度)信息;数据类型 19 表示飞机速度信息;数据类型 20~22 表示飞机经纬度位置信息和基于 GNSS 所接收到的高度信息;数据类型 23~27 和数据类型 30 为预留信息。数据类型 28 表示飞机状态信息;数据类型 29 表示目标状态和状况信息;数据类型 31 表示飞机运行状态信息。

表 5.4 ADS－B 数据类型(DF＝17、18)

数据类型	数据帧的内容
1~4	航空器识别
5~8	地面位置
9~18	飞机位置(气压高度)
19	飞机速度
20~22	飞机位置(GNSS 高度)
23~27	预留
28	飞机状态
29	目标状态和状况信息
30	预留
31	飞机运行状态

这里对 2021 年 2 月 28 日从“天拓五号”卫星回传的数据进行了分析,解析后的数据包大小为 20 426 千字节。共收到 112 字节长消息报文 591 218 条,

56 字节短消息报文 80 071 条。其中，DF＝19 报文 88 条。如图 5.1 所示，长消息报文中按照报文格式类型来分类，空中速度消息（数据类型＝19）占 30.8%，共有 182 155 条；空中位置消息（数据类型＝11）占 29.0%，共有 171 418 条；地面位置消息（数据类型＝5～8）约占 10.1%，共有 59 963 条；目标状态和状况消息（数据类型＝29）占 8.9%，共有 52 471 条；飞机运行状态消息（数据类型＝31）占 7.8%，共有 46 357 条；飞机类型识别消息（数据类型＝4）占 4.6%，共有 27 183 条；飞机状态消息（数据类型＝28）占 4.3%，共有 25 159 条；其他消息占 4.5%，共有 26 512 条。

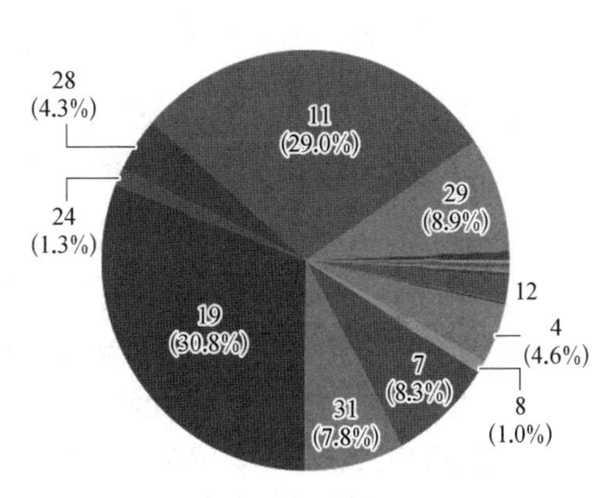

图 5.1　ADS－B 消息类型饼状图

2. 星基 ADS－B 数据质量评估实验

通过计算卫星和地心连线与地面的交点得到星下点轨迹，这里采用了 UTC 2021 年 2 月 19 日 00 时 30 分 00 秒～02 时 00 分 00 秒时间段的数据，与同一时间段内在卫星上收到的 ADS－B 报文位置信息数据作对比，可以得到如图 5.2 所示结果。通过计算星下点位置与 ADS－B 报文位置，可以得到最大接收距离为 2 222 km（数据量在 5 以内的异常值忽略不计）。由式（5.1）可以计算得到式（5.7）。

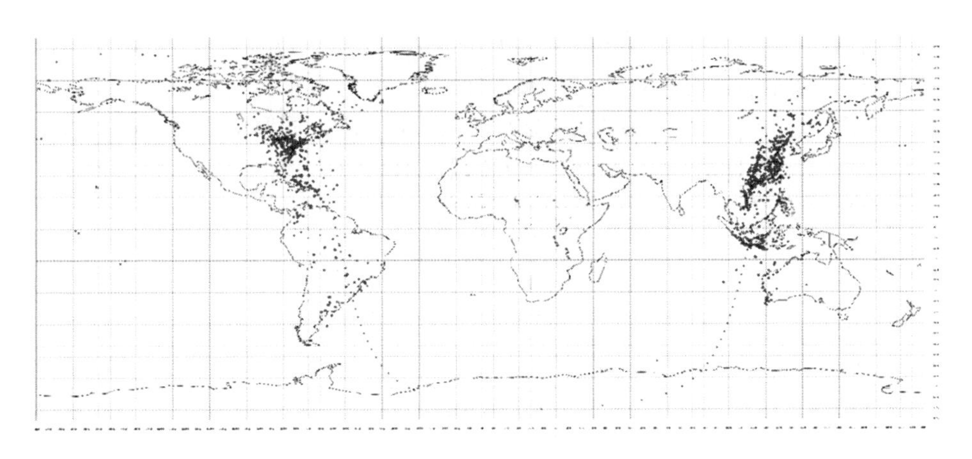

图 5.2　“天拓五号”星下点轨迹与 ADS－B 位置数据

$$P_R = 99.95\% \tag{5.7}$$

对“天拓五号”卫星星基 ADS - B 数据(2021 年 02 月 28 日)结合表 5.3 进行统计,位置导航不确定性类别结果条形图如图 5.3 所示。由式(5.2)可以计算出:

$$P_A = 99.08\% \tag{5.8}$$

星基 ADS - B 数据的完好性与连续性参数采用 2021 年 2 月 18 日由罗马菲乌米奇诺机场起飞到芝加哥奥黑尔机场的 UAL2839 航班路径作为基线航迹参考。“天拓五号”卫星在 UTC 2021 年 02 月 18 日 23 时 30 分 32 秒~23 时 34 分 05 秒时间段内共收到 518 条来自 ICAO 号为 A43667 的 ADS - B 报文信息,其中各报文种类分布如图 5.4 所示。

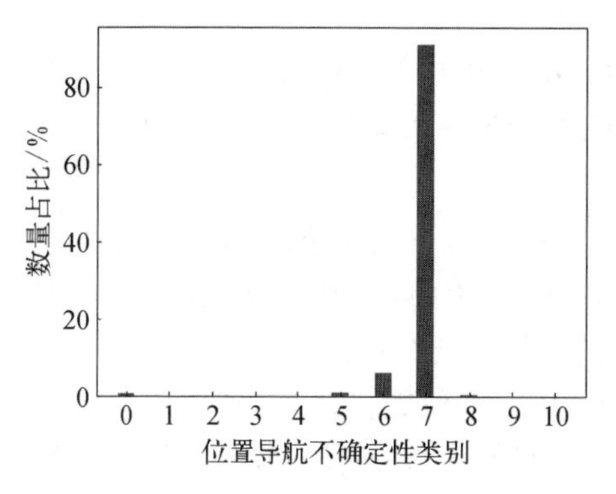

图 5.3　位置导航不确定性类别

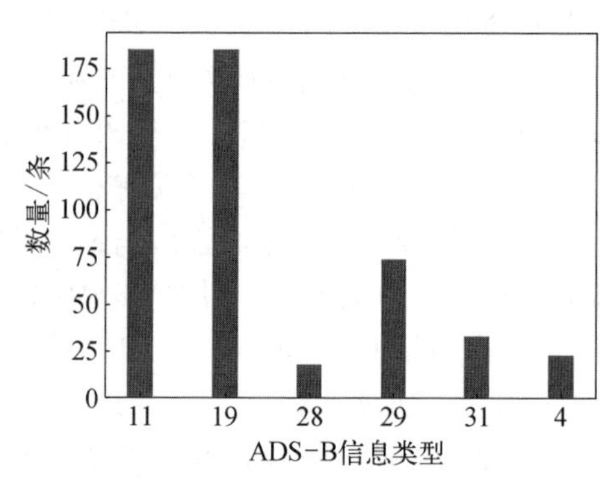

图 5.4　ADS - B 信息类型(A43667)

为便于计算使用消息类型为位置信息的报文,这里以类型编号为 11 的报文数量作为样本。实际接收到 185 条原始 ADS - B 位置报文信息。数据接收时间段在 23 时 30 分 32 秒~23 时 34 分 00 秒,共计 218 s,按照空中位置报文的发送频率为 2 Hz,在此时间段内发送的位置报文消息应该有 426 条。由此结合式(5.3)可以计算出 ADS - B 数据的完好性指标:

$$P_I = 42.43\% \tag{5.9}$$

通过计算此航班的原始 ADS - B 位置报文信息,共有漏点 33 个,在所设置阈值内未发现跳点。结合式(5.4)可以计算出星基 ADS - B 数据的连续性指标:

$$P_C = 92.25\% \tag{5.10}$$

这里将覆盖范围、准确性、完好性、连续性指标权重视作同样重要的权重指

标,取为相同值,即

$$w_R = w_A = w_I = w_C = 25\% \tag{5.11}$$

结合式(5.5)~式(5.11),可以计算出“天拓五号”卫星 ADS－B 数据的质量评估指标为

$$P_{\text{ADS-B}} = 83.43\% \tag{5.12}$$

单从一个数据值来讲,可能还不够方便直观,采用同样的模型对其他卫星数据进行评估,得到的评估指标将具有对比意义。

在不同的应用需求及背景下,可以选择不同的权重指标,采用该模型进行数据质量评估。当对比的两个不同星基 ADS－B 数据来源为单星数据时,讨论覆盖范围对单星数据质量评估仍有重要意义。

在相同的数据来源情况下,控制时间等其他相关因素变量,提高覆盖范围权重占比,将覆盖范围、准确性、完好性、连续性指标权重分别取值为 1/2、1/6、1/6、1/6,即

$$w_R = 1/2 \tag{5.13}$$

$$w_A = w_I = w_C = 1/6 \tag{5.14}$$

结合式(5.5)~式(5.10)、式(5.13)、式(5.14),可以计算出在覆盖范围权重占比为 1/2 时“天拓五号”卫星 ADS－B 数据质量评估指标为

$$P_{\text{ADS-B}} = 88.935\% \tag{5.15}$$

当星基 ADS－B 数据来源从单一卫星向多颗卫星过渡时,直至完全实现低轨星座系统并完成对 ADS－B 数据接收信号的全球覆盖,将数据的覆盖范围权重值设为 1,针对两个不同低轨星座系统的卫星数据质量,采用该模型进行数据质量评估时,可以取覆盖范围权重值为 0 或者趋于 0 的极小值,因为二者均已实现全球覆盖。此时,将覆盖范围、准确性、完好性、连续性指标权重分别取值为 0、1/3、1/3、1/3,即

$$w_R = 0 \tag{5.16}$$

$$w_A = w_I = w_C = 1/3 \tag{5.17}$$

结合式(5.5)~式(5.10)、式(5.16)、式(5.17),可以计算出在低轨星座系统实现全球覆盖时“天拓五号”卫星的 ADS－B 数据质量评估指标为

$$P_{\text{ADS-B}} = 77.92\% \tag{5.18}$$

从式(5.18)所示结果可以看出,在覆盖范围权重值为0的情况下,“天拓五号”卫星ADS-B数据质量评估指标的结果反而相对有所下降,这是由于所采用的数据来源只用到了单星数据,使用单星数据对低轨星座系统的卫星数据进行模拟和评估时,其效果显然是下降的,这也从侧面证明了模型的通用性。

通过“天拓五号”卫星ADS-B数据质量评估实验,检验了5.1.1节所提出的星基ADS-B数据质量评估模型,在该模型中主要考虑了覆盖范围、准确性、完好性、连续性指标,得出了针对目标星数据的质量评估量化指标。

针对数据来源统计时间的考虑,在对比不同星基ADS-B数据来源时,只需要把统计时间放在同一时间区间内,把影响模型稳定性的因素降到最低,就认为数据质量评估合理有效。卫星数据的质量评估量化指标为空管等用户单位使用数据和作决策起到了重要作用。

针对星基ADS-B数据质量评估问题,在部分现有工作的基础上提出了星基ADS-B数据质量评价模型。从数据的覆盖范围、准确性、完好性、连续性四个角度出发,对星基ADS-B数据质量进行评估。通过在卫星单轨轨迹内计算出卫星ADS-B接收幅宽为2 222 km。卫星接收的ADS-B数据的准确性依旧比较高,可以达到99.08%的准确率。卫星数据的漏点数比较多,这是由于卫星接收范围广、同一时间内大量信号涌入,解交织难度大。从覆盖范围、准确性、完好性、连续性指标四个方面对卫星数据进行抽象评价并建立量化模型,并对“天拓五号”卫星ADS-B数据质量进行量化分析,得到了“天拓五号”卫星ADS-B数据质量评估指标为83.43%。实验结果表明,“天拓五号”单星ADS-B数据质量较高。

5.2 星基ADS-B数据融合应用

5.2.1 星基ADS-B与S模式数据融合基本概念

本节主要是对星基ADS-B与星基S模式数据进行融合,利用地面二次雷达和S模式中DF11报文的询问应答特点,结合ADS-B数据本身自带的定位特性和星基数据的全球性,通过设计算法,实现对全球雷达分布数据的掌握。结果表明,当前约有90%的航线区有二次雷达信号覆盖。

针对S模式与ADS-B数据进行融合的相关研究目前已经有一些。Matthias[343]使用ADS-B与S模式对欧洲、北美洲和新西兰大部分地区的飞机进行了分类。Tang 等[344]使用 ADS－B 与 S 模式融合系统实现对飞机从航路到机场地面的完整连续监视。彭良福等[345]基于 S 模式和 ADS－B 混合监视机载编队了防撞系统。这些研究人员都把 S 模式与 ADS－B 数据融合使用,但都是用在飞机的地基系统定位与监视防撞,目前还未有对全球地面雷达分布进行过分布统计的尝试。

1. S 模式与 ADS－B

S 模式主要应用于飞机应答二次雷达信号。相对于传统 A/C 模式二次雷达,S 模式增加了飞机编码,可以有效克服信号串扰。由于与 ADS－B 处于同一频率,可以使用与 ADS－B 相同的设置来接收 S 模式下行链路消息。S 模式二次监视雷达系统的主要构成包括 S 模式地面询问机和机载应答机,系统采用"询问-应答"方式,其询问频率为 1 030 MHz,应答频率为 1 090 MHz。S 模式中出现频率最高的有全呼上行(UD11)及应答下行(DF11)报文,其报文长度为 56 bit。如图 5.5 所示,当装载有应答机的飞机通过监视雷达工作范围内时,由于接收到雷达发射的全呼上行信号,会发送 56 bit 的应答信号(DF11)给监视雷达,近地轨道上的卫星同样搭载有 Mode－S 接收机,可以接收到飞机的应答信号。另外,将飞机通过 GNSS 获取自身所处的位置信息,以及自身携带的高度、压力传感器等获取到的飞行数据打包成 ADS－B 报文进行周期性广播,ADS－B 报文同样也会被近地轨道卫星上的接收机接收到。

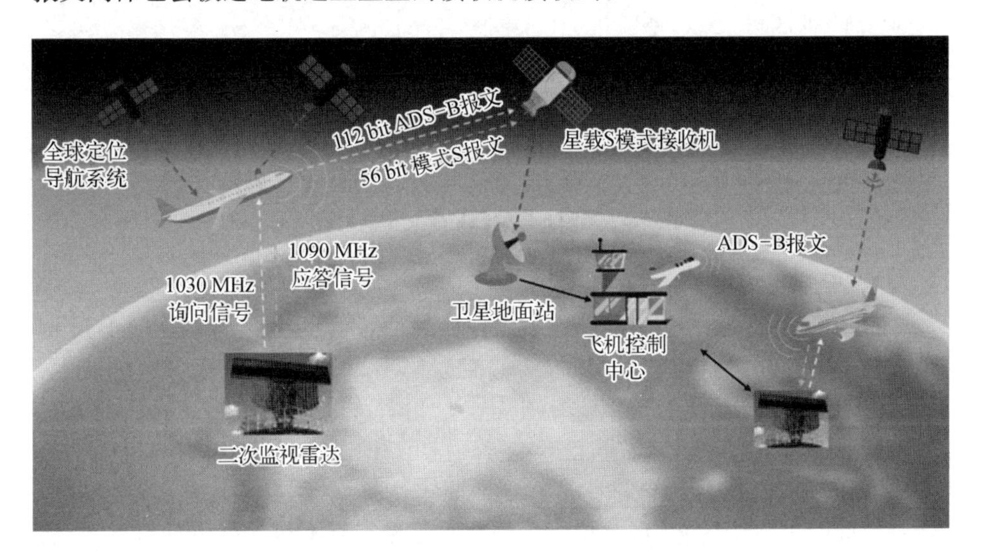

图 5.5　星载 Mode－S 与 ADS－B 示意图

ADS - B 技术主要采用 1090ES、UAT、VDL Mode 4 三种数据链,其中 S 模式 1090ES 已被各国作为 ADS - B 的主要链路技术。1090ES 信号格式与 S 模式应答机发射的信号格式相同,均为上行 1 030 MHz、下行 1 090 MHz。S 模式应答工作的 ADS - B 报文主要是 DF17,长度为 112 bit。非 S 模式应答工作的 ADS - B 报文主要是 DF18,长度同样为 112 bit。在 ADS - B 规范文件中[342]预留了军用 ADS - B 报文格式,定义为 DF19,其内容和具体用法依据各国军事需要进行使用。

在接收到的卫星数据中,包含 ADS - B 报文中的下行格式为 DF17、DF18 的报文及部分 S 模式的 DF11 报文信息。DO - 260B 标准文件中明确 ADS - B 报文中包含飞机的位置、高度、速度、大气气压等飞行信息[342]。卫星接收信号中也包括 S 模式全呼应答信号 DF11 报文,如图 5.6 所示,DF11 报文长度只有 56 bit,其中前 5 bit DF 值为固定值(二进制数为 10011,十进制数为 11),后 3 bit CA 表示飞机应答机报告数据链能力,24 bit AA 表示飞机唯一的 24 bit 地址码,24 bit PI 表示奇偶校验信息。而 DF17 报文相对于 DF11 报文多了 56 bit 的 ME 数据段,而飞机的位置、高度、速度、大气气压等飞行信息也主要是在 ME 数据段中保存的。可以看出,DF11 报文所包含的信息量比较少,单独的 DF11 报文数据能利用的信息十分有限。

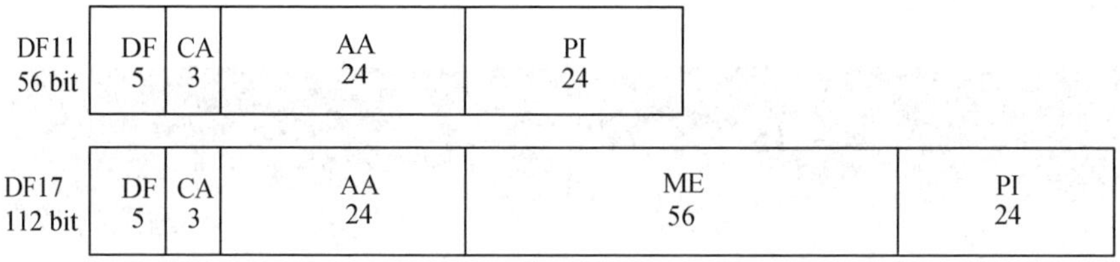

DF11 56 bit	DF 5	CA 3	AA 24	PI 24	
DF17 112 bit	DF 5	CA 3	AA 24	ME 56	PI 24

图 5.6 DF11 与 DF17 报文格式对比

2. 线性插值与聚类算法

飞机在飞行过程中会周期性地广播自身的位置信息,在星基 ADS - B 数据接收过程中,由于接收时信号交织、传输时误码率高等,会导致部分数据缺失,在具体应用时需要对缺失数据进行补全。这里首先考虑采用线性插值的方法进行数据预处理。

以某特定飞机为例,当它在接收到地面雷达的询问信号时,会立刻发出应答信号,此时可以记为 $t = t_0$。由于全呼应答信号本身不包含有位置信息,无法直接定位飞机此时的具体位置。可以建立经度与时间的函数关系 $y_1 = f_1(t)$,在

时间区间 $t \in [t_0 - 10,\ t_0 + 10]$ 中,通过查询卫星回传的这架飞机的具体 ADS－B 数据及对应的经纬度信息,可以得到 $(n+1)$ 个互异点 $t_i (i=1,\ 2,\ 3\cdots,\ n)$ 上的函数值 y_{1i}。此时,如果存在一个简单函数 $\varphi(t)$ 使 $\varphi(t_i) = f_{1i}$, $i = 1,\ 2,\ 3,\ \cdots,\ n$, 并要求误差 $R(t) = f_1(t) - \varphi(t)$ 的绝对值 $|R(t)|$ 在 $t \in [t_0 - 10,\ t_0 + 10]$ 上最小,此时变成插值问题。将 $\varphi(t)$ 看作一次函数 $\varphi(t) = at + b$ 时,只需要有两个已知的点就可以求解出具体的 a 和 b 的值,并用插值点 $\varphi(t_0)$ 来作为 $t = t_0$ 时刻飞机发出应答信号时的经度位置信息。

同理,建立纬度与时间的函数关系 $y_2 = f_2(t)$, 采用上述线性差值的办法,可以解出 $t = t_0$ 时刻飞机发出应答信号时的纬度位置信息,从而得到出飞机的经纬度信息[346]。

如图 5.7 所示,只有当飞机进入二次雷达的探测范围后,才会产生询问和应答过程。距离越远,雷达探测能力越弱,应答次数减少,因此 S 模式应答信号的发出位置呈现明显的不均匀簇状分布,簇的中心可认为是二次雷达的位置。通过计算卫星接收到的大量飞机的 S 模式数据与 ADS－B 数据,得到大量飞机接收到 S 模式询问信号时的定位信息,并利用大量飞机的定位信息来对询问信号源进行定位,即雷达定位,此时转换成了一个聚类问题。

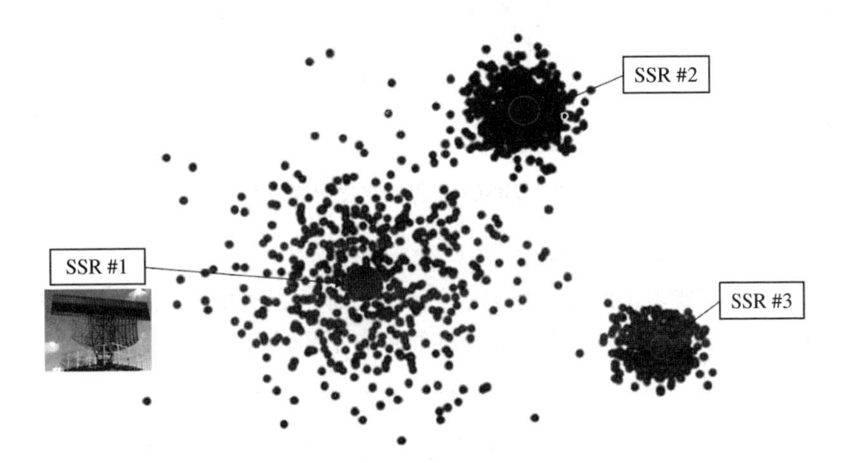

图 5.7　飞机位置聚类定位雷达示意图

聚类把数据集中的样本划分成多不相交子集,在本小节具体问题中,每个子集就是针对同一个雷达询问所发出应答的各飞机位置信息。样本集就是通过处理的星基 ADS－B 与 S 模式数据融合后的飞机位置点位信息。聚类算法包括基于原型的聚类算法，如 k-means 算法，也包括基于密度的聚类算法，如 DBSCAN 算法[347]。

本小节采用 DBSCAN 算法，可以自动找出簇的中心位置。如图 5.8 所示是基本的 DBSCAN 算法示例图，其中圆点表示飞机发出应答信号（DF11 报文）时的位置信息，虚线圆圈表示雷达的覆盖范围，而圆心处用三角形表示的是雷达所处的位置。正常的数据集中也会出现一些奇异值，把它看作噪声点，用空心圆表示。图中还包括了 DBSCAN 算法中两个关键的邻域参数（ε，MinPts），其中 ε 表示圆圈的半径大小，也可以理解为雷达覆盖范围；而 MinPts 表示的是一个类的最小数量，图中以 3 为例，表示要定位一个雷达位置，需要在 ε 范围内有 3 个以上的飞机位置。

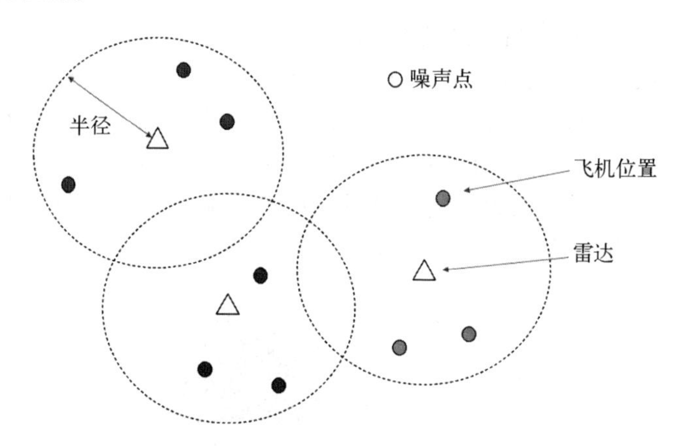

图 5.8　DBSCAN 算法定位雷达示意

DBSCAN 算法的具体定义如下。

（1）给定需要聚类的样本集 D ($x_i \in D$) 和样本间的距离描述方法 $\mathrm{dist}(x_i, x_j)$，则对于样本 x_i，其邻域为与该样本的距离不超过 Eps 的其他样本的集合：

$$N_{\mathrm{Eps}}(x_i) = \{x_j \in D \mid \mathrm{dist}(x_i, x_j) \leqslant \varepsilon\} \tag{5.19}$$

（2）x_i 为核心样本的条件为其邻域样本的个数不少于 MinPts：

$$|N_{\mathrm{Eps}}(x_i)| \geqslant \mathrm{MinPts} \tag{5.20}$$

从上述描述可以看出，影响基础 DBSCAN 算法聚类效果的三个主要因素包括：ε、MinPts 的设置和样本间距离的定义 $\mathrm{dist}(x_i, x_j)$。

DBSCAN 算法[347]的流程如下。

输入：样本集 $D = \{x_1, x_2, \cdots, x_m\}$；邻域参数($\varepsilon$, MinPts)。

过程：

(1) 初始化核心对象集合 $\Omega = \varnothing$；

(2) 对于 $j=1, 2, \cdots, m$,按下面的步骤找出所有的核心对象；

(3) 如果核心对象集合 $\Omega = \varnothing$,则算法结束,否则转入步骤(4)；

(4) 在核心对象集合 Ω 中,随机选择一个核心对象 o,初始化当前簇核心对象队列 $\Omega_{\text{cur}} = \{o\}$,初始化类别序号 $k = k + 1$,初始化当前簇样本集合 $C_k = \{o\}$,更新未访问样本集合 $\Gamma = \Gamma - \{o\}$；

(5) 如果当前簇核心对象队列 $\Omega_{\text{cur}} = \varnothing$,则当前聚类簇 C_k 生成完毕,更新簇划分 $C = \{c_1, c_2, \cdots, c_k\}$,更新核心对象集合 $\Omega = \Omega - C_k$,转入步骤(3),否则更新核心对象集合 $\Omega = \Omega - Ck$；

(6) 在当前簇核心对象队列 Ω_{cur} 中取出一个核心对象 o',通过邻域距离阈值 ε 找出所有的 ε 邻域子样本集 $\mathrm{N}_\varepsilon(o')$,令 $\Delta = \mathrm{N}_\varepsilon(o') \cap \Gamma$,更新当前簇样本集合 $C_k = C_k \cup \Delta$,更新未访问样本集合 $\Gamma = \Gamma - \Delta$,更新 $\Omega_{\text{cur}} = \Omega_{\text{cur}} \cup (\Delta \cap \Omega) - o'$,转入步骤(5)。

输出：簇划分 $C = \{c_1, c_2, \cdots, c_k\}$。

5.2.2　星基 ADS－B 与 S 模式数据融合——全球雷达态势感知

5.2.1 节已经对全球范围内的雷达站点分布情况进行了分析,可以通过二次雷达信号和 ADS－B 信号的数据融合问题来解决这个问题。利用卫星搭载高灵敏度 S 模式接收机,可以接收全球范围内的二次雷达应答信号和 ADS－B 信号。本节基于“天拓五号”卫星搭载的 S 模式接收机采集到的数据,对全球范围的空管监视能力进行分析。通过数据融合和聚类分析,对二次雷达站的位置分布进行了研究。结果表明,当前约 90%的航线区有二次雷达信号覆盖。

1. 星基 ADS－B 与 S 模式数据融合算法

将 DF11 报文与 ADS－B 报文进行数据融合的具体方法如下。

(1) 将卫星数据进行解析入库。核心步骤就是提取 S 模式报文数据的相关信息及星基 ADS－B 数据报文信息并存储,细节如图 5.9 所示。对现有的星基数据进行遍历,对接收到的每条报文信息,首先判断是否为 DF11 报文。根据图 5.6 所示内容可知,报文的 DF 值为 11 时表示 DF11 报文,即 S 模式报文。如果是 DF11 报文,那么就对此条报文进行入库操作,并保存此条报文的 24 位

ICAO 编号及卫星接收到此消息的时间信息;如果不是 DF11 报文,那么再判断是否是 DF17 或者 DF18 报文。根据图 5.6 所示内容可知,消息报文的 DF 值为 17、18 时表示 ADS-B 长报文。如果是 DF17 或者 DF18 报文,就对此条报文进行入库操作,并保存此条报文的 ICAO24 信息和卫星接收到此消息的时间信息,以及经纬度位置信息;如果不是 DF17 或者 DF18 报文,那就重新返回查找下一条卫星数据。这里有两点需要注意:一是 ADS-B 报文和 Mode-S 报文本身并不包含有时间信息,这里的时间信息来源于卫星数据中卫星接收到的时间点信息;二是 ADS-B 经纬度位置解析需要最少两条奇偶报文,或者已知一条 10 s 内的已定位信息才可以解析[348]。

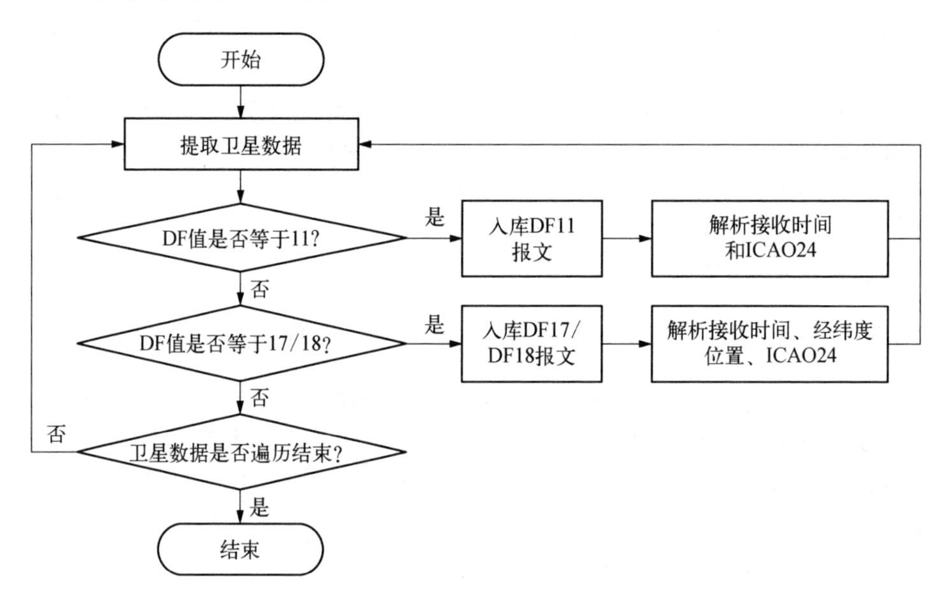

图 5.9 卫星数据解析入库示意图

(2) 提取 DF11 报文相关联的位置信息,具体过程如图 5.10 所示。取每一条 DF11 报文信息,将 DF11 报文中的 ICAO24 号在 DF17/DF18 库中进行查找对比,如果不存在,则直接返回取下一条 DF11 报文;如果在 DF17/DF18 库中存在相同 ICAO24 号的报文,则对比相同 ICAO24 号的 DF11 报文与 DF17/DF18 报文的接收时间差是否在 10 s 以内。若接收时间差大于 10 s,则重新提取下一条 DF11 报文;若小于等于 10 s,则将 DF17/DF18 报文的位置信息进行入库操作。这里是使用 ADS-B 广播位置信息来表示飞机发送 DF11 报文时的位置。

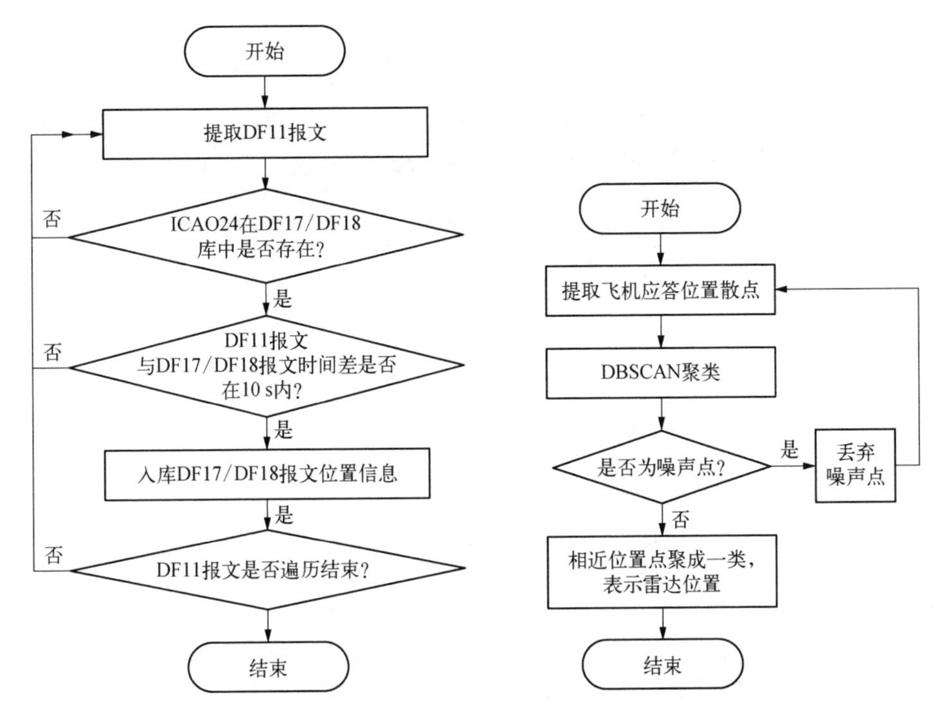

图 5.10　DF11 报文位置信息提取入库示意图　　**图 5.11　飞机位置散点聚类示意图**

(3) 对飞机应答位置信息散点进行聚类，过程如图 5.11 所示。针对已入库的所有位置散点采用 DBSCAN 算法，丢弃噪声点，将位置相近的飞机散点看作同一个地面雷达进行询问应答的相同类，每一类点的中心位置作为雷达信号点分布位置。

2. 星基 ADS－B 与 S 模式数据融合实验

这里使用“天拓五号”卫星回传的真实 ADS－B 数据进行数据融合实验，具体过程如下。

(1) 将卫星回传的原始数据文件进行一次解析入库，对需要用到的飞机 ICAO 号、报文接收时间、ADS－B 位置奇偶报文信息等都存放在数据库的表中，做好数据的准备工作。将 DF17 和 DF18 位置报文进行解析，得到 1 953 257 条位置信息，其位置用散点图表示，如图 5.12 所示。

(2) 查询和遍历目标时间段内的所有的 DF11 报文。这里以 UTC 2021 年 3 月 1 日 00 时 00 分 00 秒~2021 年 3 月 7 日 23 时 59 分 59 秒的时间段为例，7 天的报文数据中共找到 1 140 491 条 DF11 报文数据，去掉重复数据及无效数据，

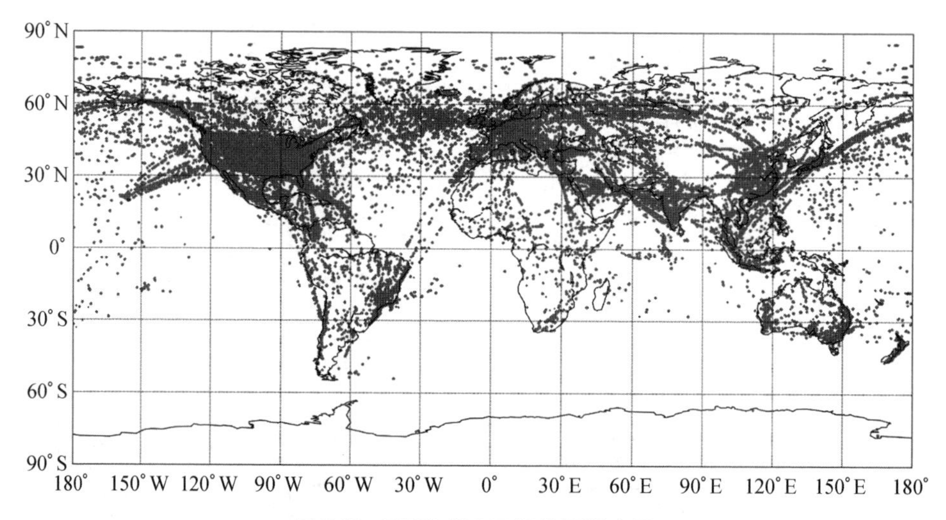

图 5.12 DF17 报文飞机位置散点图

将 DF11 报文依次放回原数据库中查询同一飞机在相近的 10 s 时间内是否有位置报文信息,如果有,可以解析出飞机位置的奇偶报文信息,将飞机位置、时间信息存入新表中并执行下一步,如果没有就搜索下一条。这里通过 DF11 报文共计算出 722 988 条符合条件的飞机位置信息,报文数量信息统计如表 5.5 所示。

表 5.5 各类型报文数量 (单位: 条)

类型	S 模式应答(DF=11)	ADS-B(DF=17)
报文数	1 140 491	2 101 048
飞机数量(ICAO 编号数量)	27 827	19 817
有效位置数量	722 988	1 953 257

(3) 对入库飞机经纬度数据进行处理。对飞机的位置信息进行聚类,这里采用了 DBSCAN 算法,对 722 988 个点进行密度聚类分类,参数取默认值 0.5,最小样本数设为 5 个,每一类点的中心位置作为雷达信号点分布位置,而飞机数量多少则可以反映出表示雷达信号的密度,用不同大小的气泡表示,可以得到如图 5.13 所示结果。从图中可以看出,雷达分布密集的区域主要是在北纬 30°~60°范围内的欧洲大陆地区和美国等发达城区及地区,以及部分国家的沿海地区,如澳大利亚东部地区。

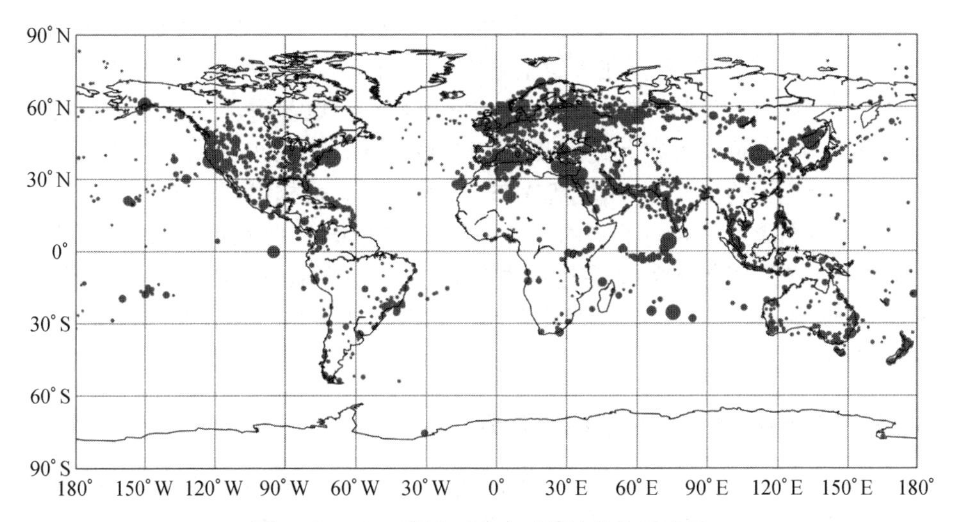

图 5.13　DF11 报文对应全球雷达分布示意图

最后绘制全球机场分布示意图,如图 5.14 所示。对比图 5.13 和图 5.14 可以看出,全球机场主要出现在欧美等发达国家和地区。其中,在美国东部地区、巴西的东南部地区、南非南部地区、澳大利亚东部地区、新西兰东部地区的数据基本一致。

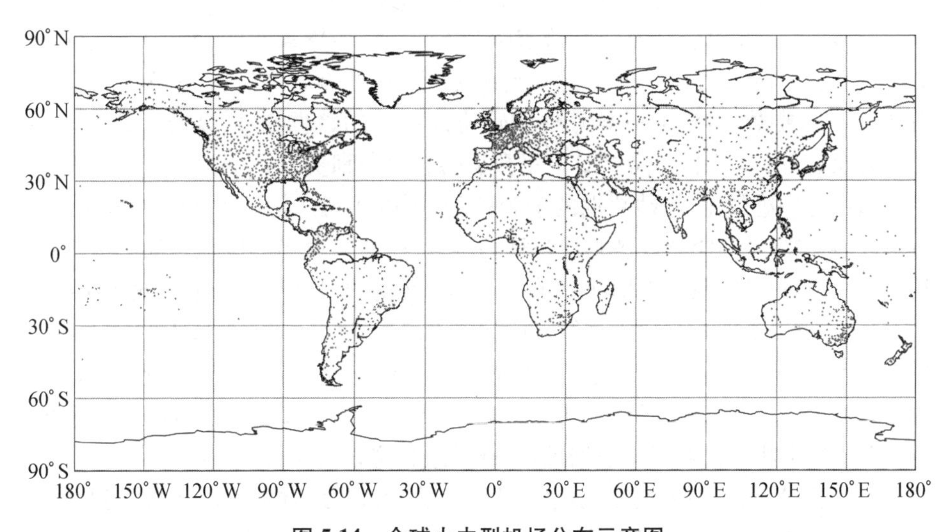

图 5.14　全球大中型机场分布示意图

从此实验可以得出以下结论：雷达主要集中在发达地区的大型机场附近，这与经验相符，机场附近存在大量空管雷达。对于大部分岛国，雷达发展比较集中，说明其重点发展空中实力，这也与常识相符。地基雷达主要分布在陆路上，海洋上较少，但是某些岛礁仍然有信号，说明岛礁上也部署有地基雷达。

需要补充说明的是，采用星基 ADS－B 与 S 模式数据融合的方法对雷达分布进行的分布统计是相对准确的。第一，全球各个国家的地面雷达设备标准和性能并不能做到完全一致，如雷达功率大小与信号传输距离的远近相关。第二，星基 ADS－B 和 S 模式系统较为复杂，其中的误差因素也一定存在，如接收时的 1 090 MHz 信号冲突导致的消息报文丢失的，这些细微差别在本书中均忽略不计。

5.2.3 星基 ADS－B 数据地面格式

本节首先针对星基 ADS－B 数据地面格式进行初步讨论，从 ASTERIX CAT－021 格式编码与解码开始讨论；其次是考虑多星数据当前可以应用的两个方面，一是多星数据融合，二是星地数据融合，其最终都可以应用在航迹修复、航迹预测等方面。

针对星基 ADS－B 的研究，当前已经成功完成了单星实验验证，后续的研究方向倾向于基于低轨卫星星座的星基 ADS－B。在逐步建成的卫星星座中，飞机广播 ADS－B 信号时，可能会有重叠覆盖的多颗卫星接收到同一飞机的 ADS－B 数据，而数据到达不同卫星的时间戳也有可能会有小部分差异；在单星覆盖区域，也有可能会有部分航迹点因信号冲突、传输误码等而造成单条数据的丢失。星基 ADS－B 数据结构的封装方式、编码等需要进行解码、转换成地面 ADS－B 数据，再转换成与其他空管协议相关的数据格式，才能实现与其他系统的兼容互补。因此，需要对卫星数据融合进行研究。

通过对多星数据、星地数据的融合处理，可以实现一加一大于二的效果。具体来讲，通过星基 ADS－B 数据质量评估实验，可以知道当前接收到的单星数据，其完整性相对欠缺，具体的航迹点数据呈现短暂的线段状特点。通过对卫星数据进行融合，可以确保数据更加连续、准确，并可以排除部分误差值较大的航迹点。

在融合过程中具体需解决几个具体问题。首先是星基 ADS－B 数据与地面数据的格式一致性问题，具体来讲就是将卫星接收到的数据格式传回地面系统，地面系统并不能直接对卫星数据进行操作使用，这就需要地面系统进行统一的数据加工处理；其次是多星数据之间的相互关系，例如，针对某特定飞机，其对应的 A 星数据与 B 星数据有冲突，这时就需要结合该飞机的包括 A 星数据和 B 星数据的多源航迹数据来判断准确性问题;最后是星地数据怎样融合的问题,具体来讲,就是如何把现有的卫星数据与地面数据融合处理,从而起到一加一大于二的作用。

卫星数据融合研究意义重大,为后续基于低轨卫星星座的 ADS - B 的建成及使用空天地一体的 ADS - B 技术对全球航班进行监管监控打下坚实基础。

1. 星基 ADS - B 数据地面格式背景

Aireon 公司“铱星二代”星座于 2019 年 1 月 11 日完成在轨部署。“铱星二代”星座是目前全球唯一投入商业运行的星基 ADS - B 低轨卫星星座系统。由于 ADS - B 技术还处在发展过渡阶段,ADS - B 并未完全取代传统监视雷达,而是作为一种技术补充在使用。当前,Aireon 公司的“铱星二代”星座系统将星基 ADS - B 数据传回地面后,还需与其他应用系统(如空管自动化系统、机场场面监视管理指挥系统等)进行互联、协同工作才能充分发挥其应有的效能。不同系统之间传输的报文格式需要一个统一标准,否则传输报文格式及内容的不一致将给空管系统的统一化管理造成极大的阻碍。Aireon 公司的系统是按照欧洲航空非营利组织(European Organization for Civi Aviation Equipment, EUROCAE)标准设计制造的,并以多用途结构化欧管雷达信息交换(All - Purpose Structured Eurocontrol Radar Information Exchange, ASTERIX)协议向 ANSP 提供服务。ASTERIX 是欧洲空间局的通用结构化监视信息交换系统,是一种开放的国际标准,用于表示监视雷达数据、跟踪和状态。ASTERIX 的应用范围不限于欧洲,包括美国、加拿大和澳大利亚在内的其他国家也在航空交通管制(air traffic control, ATC)监视系统中使用 ASTERIX 协议。

由欧洲航空安全组织制定发布的 ASTERIX 协议成为有关 ADS - B 报文传输及监视数据交换的标准协议[349]。如表 5.6 所示,ASTERIX CAT - 021 协议类别主要用于 ADS - B 目标的位置、速度等数据报告;ASTERIX CAT - 023 协议类别主要用于地面站(设备)状态报告;ASTERIX CAT - 025 协议类别规范了通信导航监视和空中交通管理中地面系统服务状态报告;ASTERIX CAT - 247 协议主要用于版本号交换;ASTERIX CAT - 238 协议规范了预测服务报文的数据交换;ASTERIX CAT - 253 协议类别主要用于两行根数(two line element, TLE)报告。

表 5.6　ASTERIX 消息类别对比

类　别	ASTERIX 消息
CAT - 021	ADS - B 位置和速度报文
CAT - 023	地面站(设备)状态

续 表

类 别	ASTERIX 消息
CAT - 025	监控系统状态报告(ED - 129B 新版本)
CAT - 247	版本号交换
CAT - 238	服务预测报告
CAT - 253	TLE 报告

2. 协议标准 ASTERIX CAT - 021

ASTERIX CAT - 021[349]是欧洲航空安全组织定发布的 ASTERIX 协议标准中的一部分,ASTERIX CAT - 021 数据块应具有图 5.15 所示结构,其中第一块表示数据类型(CAT)= 021,占一个字节,它表示数据块含有 ADS - B 报文;长度标识(LEN)占两个字节,它表示整个数据块的总长度(含 CAT 和 LEN 字段)占有的字节数;FSPEC 是字段说明。每一个数据项中分别记录了数据源、时间、速度、气象信息等。

CAT=021	LEN	FSPEC	数据项1		FSPEC	数据项n

图 5.15 ASTERIX CAT - 021 数据块示意图

表 5.7 展示了 ASTERIX CAT - 021 数据项具体内容。其中,数据项 I021/010 主要用于数据源识别,即对提供信息的 ADS - B 站进行识别,其包含两个字节的固定长度数据项,第 1 个字节表示系统区域代码(system area code, SAC),第 2 个字节表示系统识别代码(system identification code, SIC)。

表 5.7 ASTERIX CAT - 021 数据项内容

数据项编号	描 述	单 位
I021/010	数据源识别	—
I021/020	发射体类型	—
I021/030	当日时间	1/128 s

续　表

数据项编号	描　述	单　位
I021/032	当日时间精确度	1/256 s
I021/040	目标报告描述符	—
I021/080	目标地址	—
I021/090	质量指标	—
I021/095	速度精确度	—
I021/110	预定轨迹	—
I021/130	在 WGS - 84 坐标系中的位置	$180/2^{23}$°
I021/140	几何高度	6.25 ft *
I021/145	飞行高度	1/4 飞行高度
I021/146	中间态选定高度	25 ft
I021/148	末态选定高度	25 ft
I021/150	空中速度	—
I021/151	真实空速	—
I021/152	磁航向	$360/2^{16}$°
I021/155	气压垂直速率	6.25 ft/min
I021/157	几何垂直速率	6.25 ft/min
I021/160	地向量	—
I021/165	转向速率	1/4°/s
I021/170	目标呼号	—
I021/200	目标状态	—
I021/210	链路技术标识	—

* 1 ft≈0.304 8 m。

数据项 I021/030 主要用于表示报告传输时间，其固定长度为 3 字节，每天 24 时复位归零，最低有效位（least significant bit, LSB）为 1/128 s。

数据项 I021/130 主要用于表示在 WGS - 84 坐标系中的位置，其固定长度为 6 字节，其中前三个字节用于表示在 WGS - 84 坐标系中测得的纬度，后三个字节用于表示在 WGS - 84 坐标系中测得的经度。其中，纬度范围在-90°~90°，以北纬方向为正值；经度范围在-180°~180°，以东经方向为正值，其 LSB 为 $180/2^{23}$°。

3. 星基 ADS - B 数据的 ASTERIX CAT - 021 编码与解码

由于星基 ADS - B 接收到来自全球飞机的广播信号，其数据量比较大。为了将星基 ADS - B 数据与现有的地面管理系统配合使用，需要进行数据的格式转换工作。

选取部分星基 ADS－B 数据进行作为初始示例。如图 5.16 所示，选用 HD－2A 卫星在 2021 年 3 月 4 日 02 时 10 分 50 秒~02 时 13 分 19 秒接收到的 ICAO 编号为 A5FC42 飞机的部分 ADS－B 数据。由于 ADS－B 报文编码的纬度和经度不是直接使用的实际的纬度和经度值，取而代之的是，位置信息以紧凑位置报告（compact position reporting，CPR）格式进行编码，该格式需要更少的位来以更高的分辨率对位置进行编码。简单来讲，ADS－B 位置消息可以分为全局无歧义位置解码和局部无歧义位置解码。全局无歧义位置解码：起始位置未知，需要使用两条时间相近的位置消息（一条奇消息、一条偶消息）来解码具体位置。局部无歧义位置解码：从先前的消息集知道参考位置，仅使用一个位置消息来进行解码。

RECEIPT_TIME_day		ADSBDATA		DF_TYPE		ICAO24		ME56	
THU MAR 4 02:10:50 2021	24B	8DA5FC4258AB042AE00D5AF371F6	28B	17	2B	A5FC42	6B	58AB04...	14B
THU MAR 4 02:10:52 2021	24B	8DA5FC4258AB042AD00DB66E4585	28B	17	2B	A5FC42	6B	58AB04...	14B
THU MAR 4 02:10:55 2021	24B	8DA5FC4258AB00D9013E38A4CF4A	28B	17	2B	A5FC42	6B	58AB00...	14B
THU MAR 4 02:11:17 2021	24B	8DA5FC42EA408864D93C08169924	28B	17	2B	A5FC42	6B	EA4088...	14B
THU MAR 4 02:11:54 2021	24B	8DA5FC42EA408864D93C08169924	28B	17	2B	A5FC42	6B	EA4088...	14B
THU MAR 4 02:12:00 2021	24B	8DA5FC4258AB0428AE1A06A5FBEE	28B	17	2B	A5FC42	6B	58AB04...	14B
THU MAR 4 02:12:00 2021	24B	8DA5FC429911EE857804D9C15A99	28B	17	2B	A5FC42	6B	9911EE...	14B
THU MAR 4 02:12:01 2021	24B	8DA5FC42251D4272DB8E206D760A	28B	17	2B	A5FC42	6B	251D42...	14B
THU MAR 4 02:12:01 2021	24B	8DA5FC4258AB00D6E54A985917DB	28B	17	2B	A5FC42	6B	58AB00...	14B
THU MAR 4 02:12:02 2021	24B	8DA5FC42E10A9800000000322F04	28B	17	2B	A5FC42	6B	E10A98...	14B
THU MAR 4 02:12:02 2021	24B	8DA5FC4258AB04289C1A63DBE5BA	28B	17	2B	A5FC42	6B	58AB04...	14B
THU MAR 4 02:12:02 2021	24B	8DA5FC42EA408864D93C08169924	28B	17	2B	A5FC42	6B	EA4088...	14B
THU MAR 4 02:12:02 2021	24B	8DA5FC429911EE857804D9C15A99	28B	17	2B	A5FC42	6B	9911EE...	14B
THU MAR 4 02:12:03 2021	24B	5DA5FC42E1DB97	14B	11	2B	A5FC42	6B		0B
THU MAR 4 02:12:03 2021	24B	8DA5FC429911EE857004D9AFF891	28B	17	2B	A5FC42	6B	9911EE...	14B
THU MAR 4 02:12:04 2021	24B	8DA5FC4258AB04288C1AC0FF8EC8	28B	17	2B	A5FC42	6B	58AB04...	14B
THU MAR 4 02:12:04 2021	24B	8DA5FC42EA408864D93C08169924	28B	17	2B	A5FC42	6B	EA4088...	14B
THU MAR 4 02:12:05 2021	24B	8DA5FC4258AB0428841AF36FE5BA	28B	17	2B	A5FC42	6B	58AB04...	14B

图 5.16　部分星基 ADS－B 数据示意图

从第一条星基 ADS－B 消息数据开始分析。前两条消息分别是“8DA5FC4258AB042AE00D5AF371F6”和“8DA5FC4258AB042AD00DB66E4585”。通过对比发现，两条消息同奇偶，不能通过全局无歧义位置解码解出其位置。第三条消息“8DA5FC4258AB00D9013E38A4CF4A”依旧是位置消息，通过其中一条奇消息和一条偶消息可以解出其位置信息为西经 146.294 73°，北纬 61.271 48°，同时可以记录当前位置时间为 2021 年 3 月 4 日 02 时 10 分 55 秒。后续消息内容过多，这里不一一列举。

对已知的时间和位置信息按 ASTERIX CAT－021 进行编码。对时间进行编码，02 时 10 分 55 s 可以转化为十进制编码“1005440”，对应的十六进制编码为“0F5780”,可以得到关于时间的三字节码“0F5780”,I021/030 对应的字段参考编号(field reference number, FRN)为 3,对位置进行编码。纬度值为正值(61.271 48°),对应的十进制数编码值为 2 855 457,转化为二进制数得到“0010 1011 1001 0010 0010 0001”,由于正值的补值就是自身,最后得到纬度值编码为“2B9221”。由于经度值为负值(-146.294 73°),其正值对应的十进制数编码值为 681 728,将其转化为二进制数后得到“0110 1000 0000 1000 0010 0100”,取反后加 1 得到二进制补码“1001 0111 1111 0111 1101 1100”,对应的十六进制补码为“97F7DC”。I021/130 对应的 FRN 为 4。这里有几个细节需要注意:一是 ASTERIX CAT-021 位置编码精度为 $2.145\ 767\times10^{-5}$°;二是 FRN 在不同年份更新的标准文件里可能会有变动,需要统一采用一个标准;三是该样例只选部分内容进行举例,实际报文内容长度可能更大。

最后可以合成该 ADS - B CAT - 21 报文内容为“15 00 0E 03 0F 57 80 04 2B 92 21 97 F7 DC”。该报文内容的具体编码与解析内容如表 5.8 所示,其中第 1 字节明确了是 CAT - 21 报文,第 2、3 字节说明了该报文长度,第 4~7 字节为报文接收时间,第 8~14 字节为数据源位置信息。相应的解码规则和编码规则类似,这里不再赘述。

表 5.8　ADS - B CAT - 21 报文内容

数据项	编码内容	解析内容
ASTERIX CAT	15	21
LEN	00 0E	14 字节
FSPEC	03	I021/030
I021/030	0F 57 80	2 时 10 分 55 秒
FSPEC	04	I021/130
I021/130	2B 92 21 97 F7 DC	(61.271 48°, -146.294 73°)

5.2.4　多星数据融合

目前,全球首个搭载 ADS - B 接收机的卫星星座系统——“铱星二代”系统已经投入运行,各个国家和单位也都在竞相进行星基 ADS - B 卫星的研究。针对不同星基 ADS - B 卫星数据进行融合处理,可以解决单卫星不能全时全程航迹覆盖的问题,本节主要针对不同卫星 ADS - B 数据,对其进行数据处理,对数据进行融合并生成卫星数据图像,最后采用卡尔曼算法进行航迹修复。

1. 卫星数据分析与处理

首先需要对卫星数据进行解析入库。这里选用4轨"天拓五号"(TT-5)卫星回传数据作为原始实验数据,其基本信息如表5.9所示。其中,"天拓五号"ADS-B统计为解析入库之后的位置报文数量,"和德二号"(HD-2)A、C、D星ADS-B报文数量为未解析报文数据量。报文开始时间和报文线束时间为星上接收到报文后标记的起止时间。

表5.9 "天拓五号"卫星及"和德二号"A、C、D星四星ADS-B原始报文数据

文件编号	卫星代号	报文数量/条	报文开始时间(UTC)	报文结束时间(UTC)
1	TT-5	226 902	2021.03.04 02: 35: 29	2021.03.04 10: 17: 57
2	TT-5	325 478	2021.03.07 12: 28: 31	2021.03.07 17: 42: 39
3	TT-5	284 783	2021.03.29 08: 12: 19	2021.03.29 15: 24: 50
4	TT-5	315 205	2021.03.29 14: 25: 53	2021.03.30 00: 58: 02
5	HD-2A	1 310 581	2021.03.03 10: 35: 05	2021.03.04 11: 44: 08
6	HD-2A	1 149 601	2021.03.06 11: 11: 12	2021.03.07 10: 43: 15
7	HD-2C	843 854	2021.03.03 08: 50: 04	2021.03.04 10: 02: 18
8	HD-2C	931 170	2021.03.06 09: 15: 34	2021.03.07 10: 27: 14
9	HD-2C	847 670	2021.03.28 10: 22: 09	2021.03.29 10: 00: 08
10	HD-2D	759 368	2021.03.03 09: 05: 43	2021.03.03 23: 12: 11
11	HD-2D	1 221 889	2021.03.03 08: 54: 33	2021.03.04 08: 39: 22
12	HD-2D	1 306 987	2021.03.06 07: 58: 20	2021.03.07 09: 10: 36
13	HD-2D	1 369 654	2021.03.28 07: 32: 29	2021.03.29 08: 44: 01

从表5.9中可以比较容易找出相近时间段内的卫星数据进行融合比较,如编号为1、5、7、11的数据文件。第一步需要做的工作就是对卫星数据进行解析,查找四颗卫星数据共同包含的飞机航迹信息。

以文件编号为1的"天拓五号"卫星数据为例,统计飞机的ICAO24号,共有2 591架飞机,并从出现频次比较高的飞机开始对比,查询结果如图5.17所示。

通过将"天拓五号"卫星于2021年3月4日接收到的ADS-B数据统计中排名前十的飞机ICAO号与"和德二号"A、C、D星接收到的数据进行比对,发现不同卫星有接收到相同ICAO号的飞机的ADS-B数据,基本情况如表5.10所示。

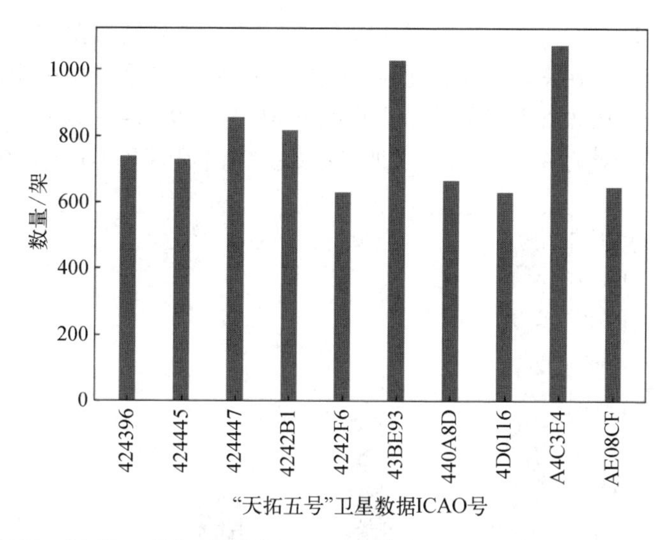

图 5.17　"天拓五号"卫星数据 ICAO 号统计排名前十的飞机数量分布图

表 5.10　"天拓五号"卫星及"和德二号"A、C、D 星四星共同飞机报文查找

ICAO 号	卫 星 代 号	报文数量/条
AE08CF	TT－5	646
AE08CF	HD－2D	382
424445	TT－5	728
424445	HD－2C	57
424447	TT－5	855
424447	HD－2C	386
4242B1	TT－5	816
4242B1	HD－2C	230
424396	TT－5	738
424396	HD－2A	568

其中,"天拓五号"卫星于 2021 年 3 月 4 日接收到的 ADS－B 数据中,不同 ICAO 号的飞机共 2 591 架次;"和德 A 星"卫星在同日接收到的 ADS－B 数据中,不同 ICAO 号的飞机共 10 922 架次;"和德 C 星"在同日接收到的 ADS－B 数据中,不同 ICAO 号的飞机共 10 831 架次;"和德 D 星"在同日接收到的 ADS－B

数据中,不同ICAO号的飞机共11 135架次。将不同卫星数据中出现的ICAO号进行汇总统计,结果如图5.18所示,其中只在1种卫星数据中出现的ICAO号有201 73个,在2种卫星数据中出现的ICAO号有9 644个,在3种卫星数据中出现的ICAO号有4 968个,在4种卫星数据中出现的ICAO号有696个。

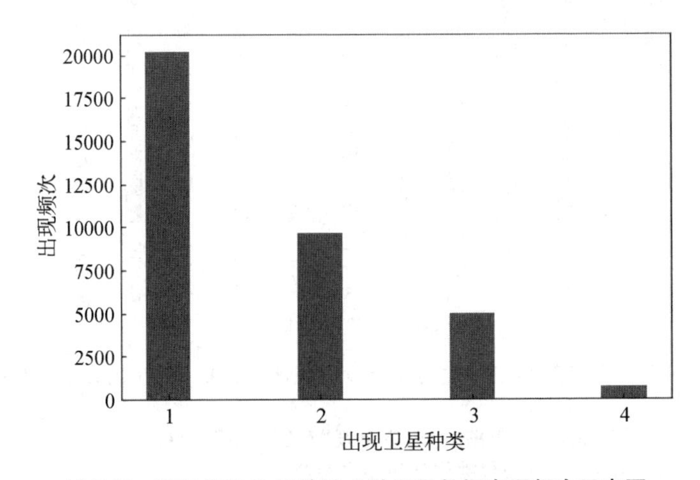

图5.18 基于ICAO号统计4种卫星数据出现频次示意图

2. 卫星数据图像

从4颗卫星同时接收到数据的696个ICAO号中选择其中2条航迹进行分析,这里以ICAO号为C063CE和A5FC42的航班为例。分别统计两架飞机在四星中ADS-B报文数据信息,汇总得到表5.11。从表中可以看出,ICAO号为C063CE的飞机报文时间跨度比较大,最长间隔达15 h,判断大概率为同多个一架飞机飞多个航班。相比较而言,ICAO号为A5FC42的飞机的报文时间跨度可以控制在8 h以内,如表5.11中数据编号5、6、8、11所对应4个时间段。

表5.11 四星C063CE和A5FC42报文数据信息

数据编号	ICAO号	卫星代号	报文数量/条	报文开始时间(UTC)	报文结束时间(UTC)
1	C063CE	TT-5	376	2021.03.04 04:12:56	2021.03.04 04:16:44
2	C063CE	HD-2A	313	2021.03.04 00:37:41	2021.03.04 00:40:44
3	C063CE	HD-2C	428	2021.03.04 10:05:29	2021.03.04 10:08:00
4	C063CE	HD-2D	240	2021.03.03 21:41:20	2021.03.03 21:43:13

续　表

数据编号	ICAO号	卫星代号	报文数量/条	报文开始时间(UTC)	报文结束时间(UTC)
5	A5FC42	TT-5	173	2021.03.04 04:14:32	2021.03.04 04:17:53
6	A5FC42	HD-2A	210	2021.03.04 02:10:50	2021.03.04 02:13:19
7	A5FC42	HD-2C	304	2021.03.03 17:53:44	2021.03.03 17:55:58
8	A5FC42	HD-2C	205	2021.03.04 02:06:43	2021.03.04 02:09:15
9	A5FC42	HD-2C	193	2021.03.04 08:02:15	2021.03.04 08:04:31
10	A5FC42	HD-2D	45	2021.03.03 16:36:25	2021.03.03 16:38:51
11	A5FC42	HD-2D	254	2021.03.04 06:47:10	2021.03.04 06:48:52

从4颗卫星的ADS-B报文数据中解析ICAO号为A5FC42的飞机位置报文信息,可以得到表5.12所示信息。将表5.12中的数据解析投影到地图上,可以得到如图5.19所示结果。其中,浅蓝色和红色为分别为“和德A星”数据和“和德C星”数据,绿色为“天拓五号”卫星数据,深蓝色为“和德D星”数据。从图表中可以很明显感受到单颗卫星数据所特有的特征,针对特定航班航迹,其单轨可以接收到2~4 min的ADS-B数据。在卫星数量少的情况下(以目前的4颗卫星为例),其航迹线路比较分散,不便于进行直观的分析与处理,单星单轨能捕获到的飞机航迹跨度近50 km。以国内最远的直飞航线——南京直飞喀什为例,全程近3400 km,那么理想情况下需要68颗(单轨)卫星可以将其全程覆盖。

表5.12　ICAO号为A5FC42的飞机在四星中的ADS-B位置信息

数据编号	卫星代号	位置信息/条	开始时间(UTC)	结束时间(UTC)	起止位置	跨度/km
1	TT-5	173	2021.03.04 04:14:32	2021.03.04 04:17:53	(111.32°W, 57.491 4°N) (110.437°W, 57.299 5°N)	57.044
2	HD-2A	68	2021.03.04 02:10:50	2021.03.04 02:13:19	(146.294 73°W, 61.271 48°N) (145.613 87°W, 61.243 33°N)	36.538
3	HD-2C	56	2021.03.04 02:06:43	2021.03.04 02:09:15	(147.453 49°W, 61.311 77°N) (146.767 88°W, 61.389 14°N)	37.548
4	HD-2D	75	2021.03.04 06:47:10	2021.03.04 06:48:52	(88.842 71°W, 39.566 75°N) (88.801 03°W, 39.503 86°N)	7.853

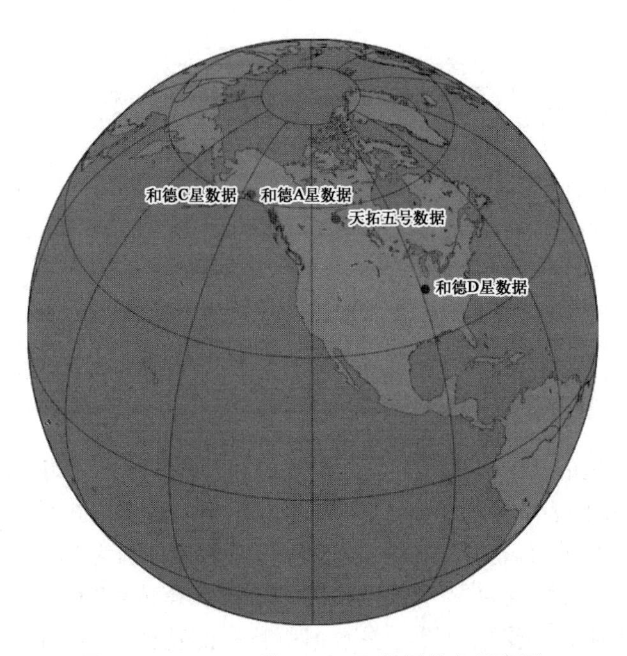

图 5.19　A5FC42 的 ADS－B 位置信息示意图

由于针对特定航班,单星单日对同一航迹的覆盖效果有限,长期来看,解决办法是增加卫星数量,组建基于 ADS－B 的低轨卫星星座系统。以商业航班为例,针对同一航班,在固定周期中,其航迹路线基本保持不变,那么可以考虑采用多天的卫星数据来模拟多星对同一航班路线的数据接收。

3. 航迹复原

首先从 2020 年 8 月~2021 年 4 月,近 8 个月的卫星数据中随机选择 100 万条、200 万条、400 万条和 800 万条 ADS－B 位置报文数据,并绘制散点图,如图 5.20~图 5.23 所示。从图中可以看出,随着数据量的增加,图上离散点也逐步展现出连续的线性特征。针对特定区域的航班航线,也可以采用相似的思路,用多天的卫星数据来对同一航班航迹进行恢复或者预测。

采用测绘科学中常用到的网格地图的思路[350],以 5°为一个网格,将整个世界地图按照经度(西经 180°~东经 180°)和纬度(南纬 90°~北纬 90°)分别进行划分,全球一共可以划分为 72×36 共计 2 592 个网格,以左上角地图块编号为 1 开始,按从左到右、从上到下的顺序进行编号,具体的地图划分示意图如图 5.24 所示。

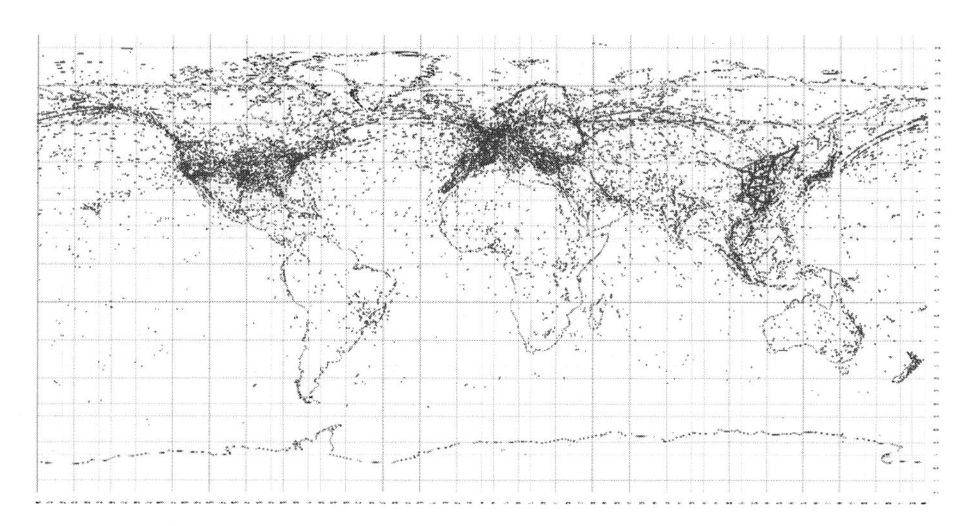

图 5.20　100 万条 ADS－B 位置报文数据示意图

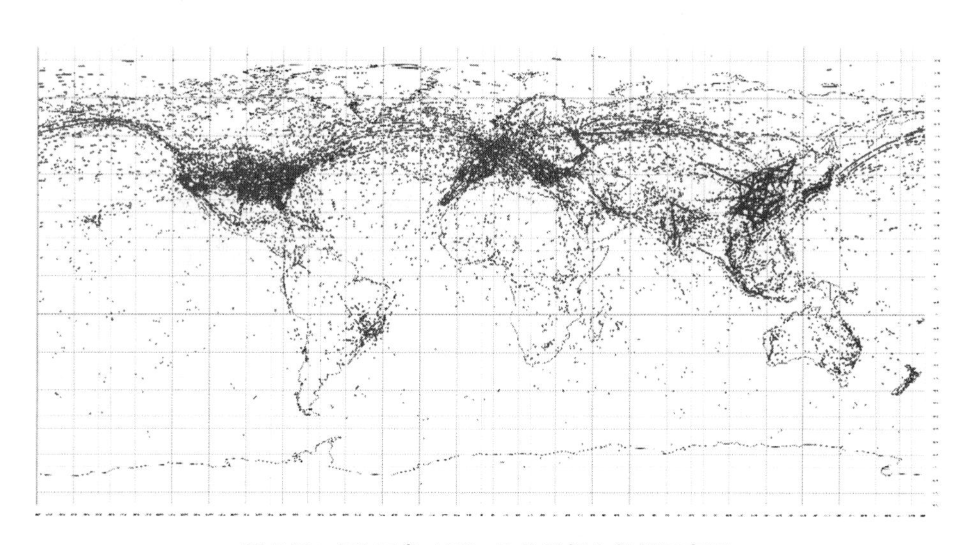

图 5.21　200 万条 ADS－B 位置报文数据示意图

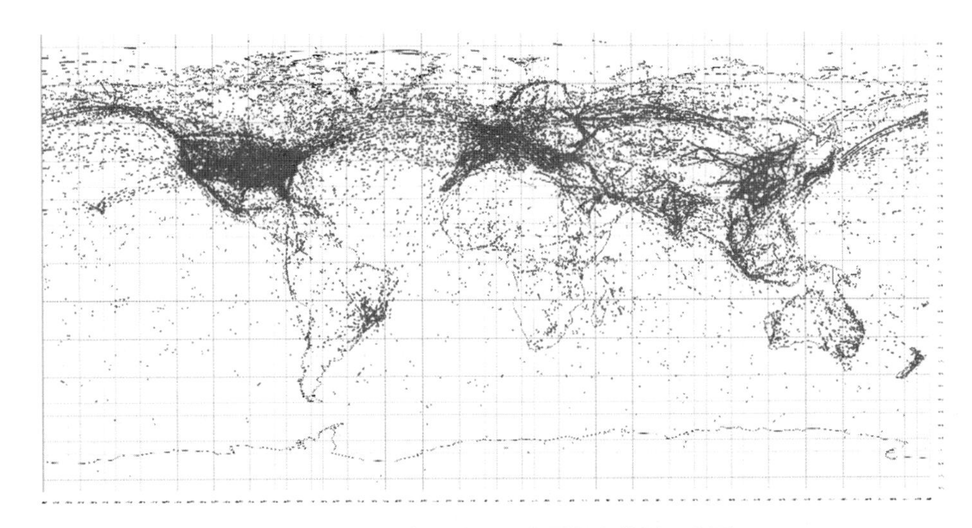

图 5.22 400 万条 ADS-B 位置报文数据示意图

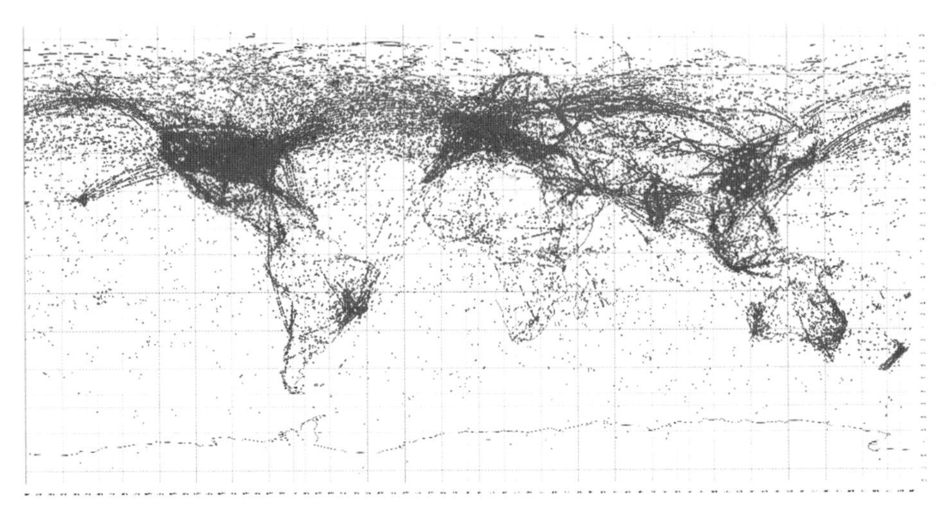

图 5.23 800 万条 ADS-B 位置报文数据示意图

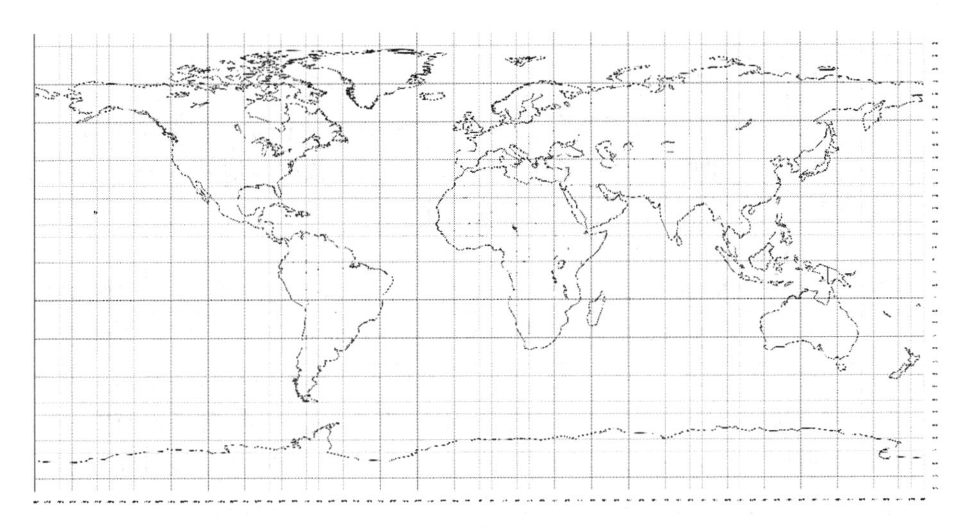

图 5.24　世界地图网格划分示意图

以美国西部夏威夷群岛附近地区的数据为例，取西经 160°～155°、北纬 20°～30°范围，即编号为 941 的网格，提取 941 号网络中的历史数据，并采用 DBSCAN 算法对相近点位进行聚类，其结果如图 5.25 所示。从图中可以看到，夏威夷群岛附近的历史航迹数据呈线性分布。通过增加数据量的方法，可以使航迹恢复更加完整。其他 2 591 个网格也是采用相同的方法，可以还原出各个网格中的航班航迹，最后拼接出全球的航班航迹。

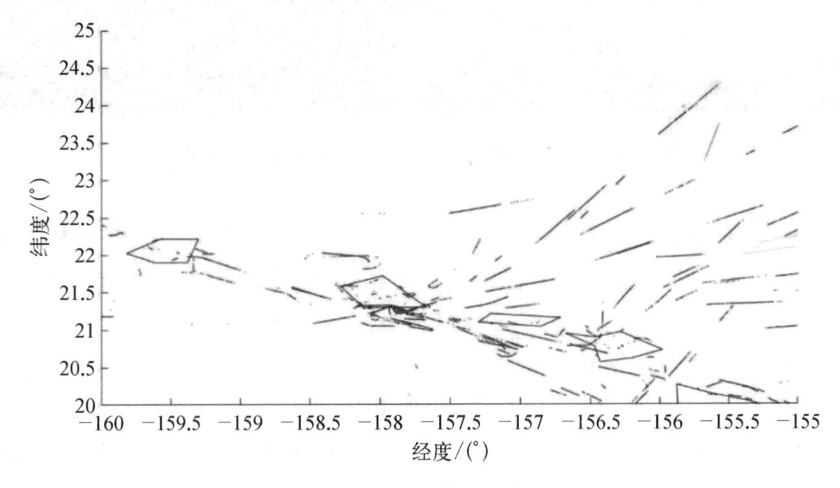

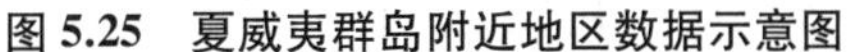

图 5.25　夏威夷群岛附近地区数据示意图

5.2.5 星地数据融合

4.2节主要采用多星数据进行融合处理,其效果相比单星数据有所提高。但在现实的应用场景中,主要还是通过星基 ADS－B 数据与地基 ADS－B 数据一起完成整个航线的监控管理,保证飞行安全。

1. 地基 ADS－B 数据情况

以国际航线"加拿大温哥华国际机场(YVR)—中国广州白云国际机场(CAN)"为例,图5.26展示的是2021年8月4日CA330航班航线,从图中可以看到,国际民航航线中,平时加拿大—中国的跨洋航班并没有从太平洋上空直飞,而是选择从阿拉斯加湾近海岸线附近起飞,穿越白令海峡、鄂霍次克海进入中国东部,最终到达目的地,这条航线整体靠近海岸线,选定此航线可能考虑了飞机运行所需要的燃油等经济因素、地球自转和大气环流等自然因素,以及备用迫降机场等安全因素等,关于航线选择这里不作进一步的讨论。

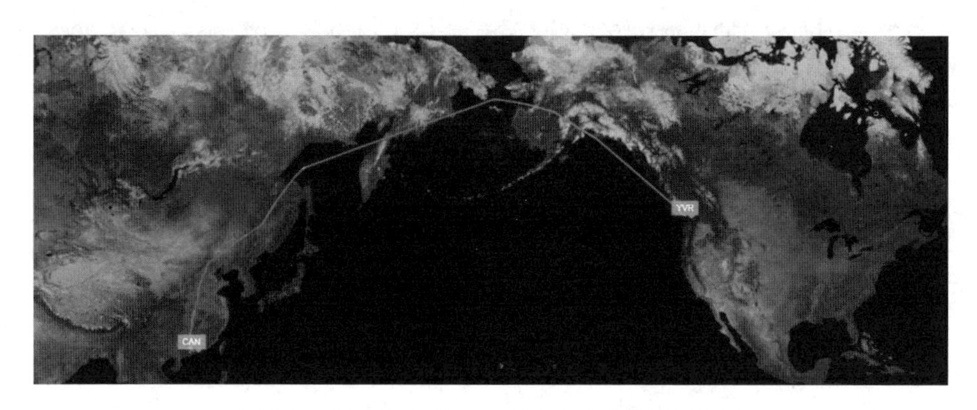

图5.26 2021年8月4日CA330航班航线示意图

此外还有逐步探索的北极航线[351],以"加拿大温哥华国际机场—中国深圳宝安国际机场"为例,图5.27展示的是RadarBox网站显示的2021年9月24日的CA552航班航线。其中,绿色部分是通过部分地基 ADS－B 获取到的 CA552 航班的具体位置信息,即 CA552 航班对应的地基 ADS－B 数据。从图中还可以发现,飞机从加拿大飞入北极区域,以及从俄罗斯南部地区一直到我国深圳宝安国际机场位置,北极地区目前还缺少相关的地基 ADS－B 设备,所以覆盖范围有限,这时就需要星基 ADS－B 数据进行补充。

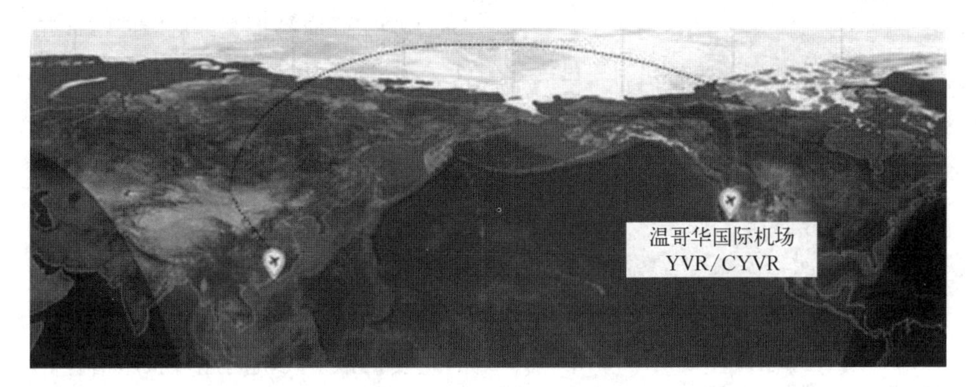

图 5.27　2021 年 9 月 24 日 CA552 航班航线示意图

2. 星基 ADS－B 数据情况

这里选用了“和德二号”A、C、D 三星于 2021 年 9 月 24 日、2021 年 9 月 25 日的星基 ADS－B 数据，原始未解析数据共 7 718 585 条。通过查找 2021 年 9 月 24 日 CA552 航班相关资料，得知对应是一架波音 777 飞机，其注册号为 B－2043，对应的 ICAO 号为 780B44。通过在 700 万条数据中查询 ICAO 号为 780B44 的数据信息，一共得到 656 条相关星基 ADS－B 数据，其分布散点图如图 5.28 所示。按消息类型分类，共有 DF11 报文 83 条、DF17 报文 573 条。

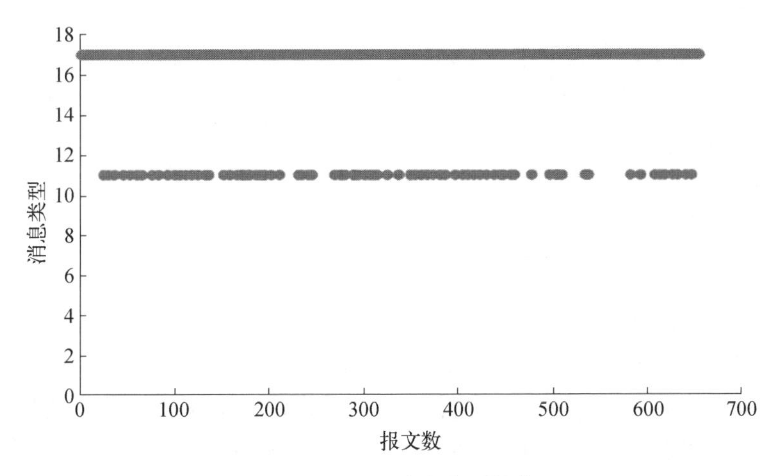

图 5.28　780B44 消息类型散点图

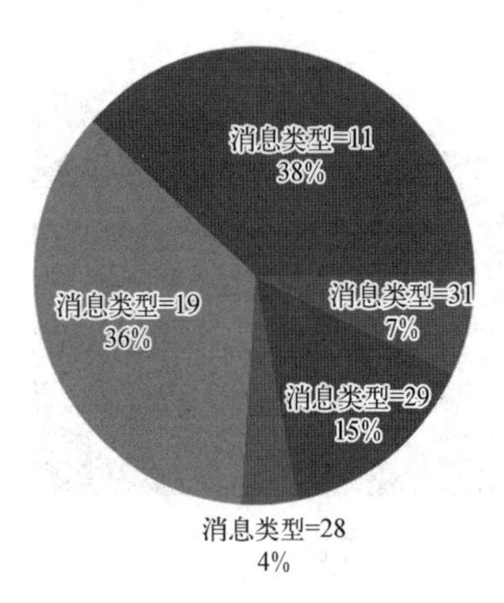

图 5.29 780B44DF17 消息类型散点图

由于 DF11 为全呼应答报文,具体在 3.1.1 节已经介绍过,其主要是 56 字节的短报文,这里不再赘述。通过进一步对 DF17 报文进行分析,如图 5.29 所示,其中消息类型为 11 的报文为 219 条,占比最高,主要是报告飞机的空中位置信息,占 38%;其次是消息类型为 19 的报文,有 205 条,占 36%,主要是报告飞机的空中速度信息。此外,还有消息类型为 28、29、31 的报文,分别有 24 条、85 条、40 条,主要携带了飞机的运行状态信息。

通过进一步解析 780B44 的位置报文信息,可以得到图 5.30 所示结果,其中黑色圆点所在的圆心处为星基 ADS - B 数据中 780B44 的位置信息。

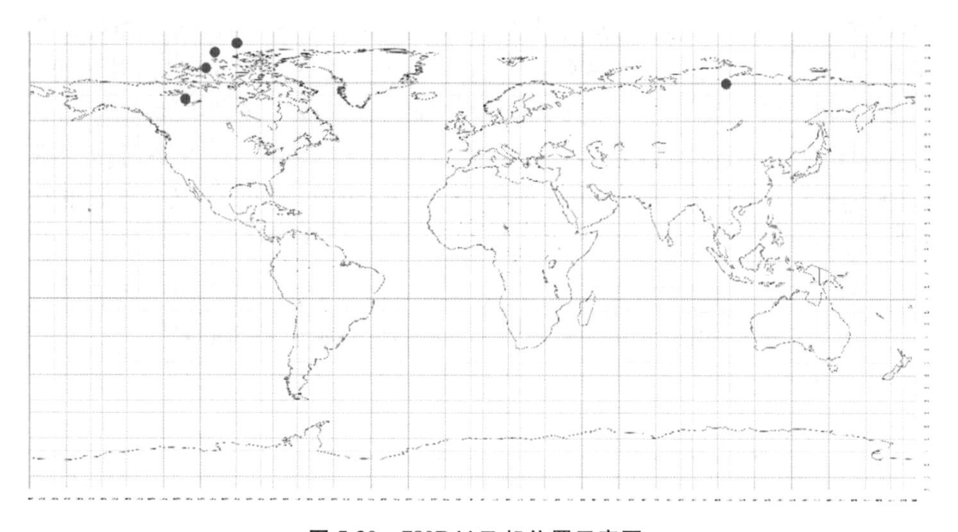

图 5.30 780B44 飞机位置示意图

3. 星地数据融合

将该航班的地基 ADS - B 数据与 780B44 星基 ADS - B 数据融合使用,得到图 5.31 所示结果。图中蓝色散点部分为通过公开网站获取的地基 ADS - B 数据,红色散点部分为使用“和德二号”A、C、D 星数据提取的星基 ADS - B 数据。通过图 5.31 还可以看出,一方面,星基 ADS - B 数据在北极等监视盲区确实可以发挥其全球覆盖的特性，大大提高飞行安全与空管能力；另一方面，由于卫星数量还比较少，基于星基ADS－B的低轨星座建设完成，监视能力可以大幅提高，时效性也更有保障。

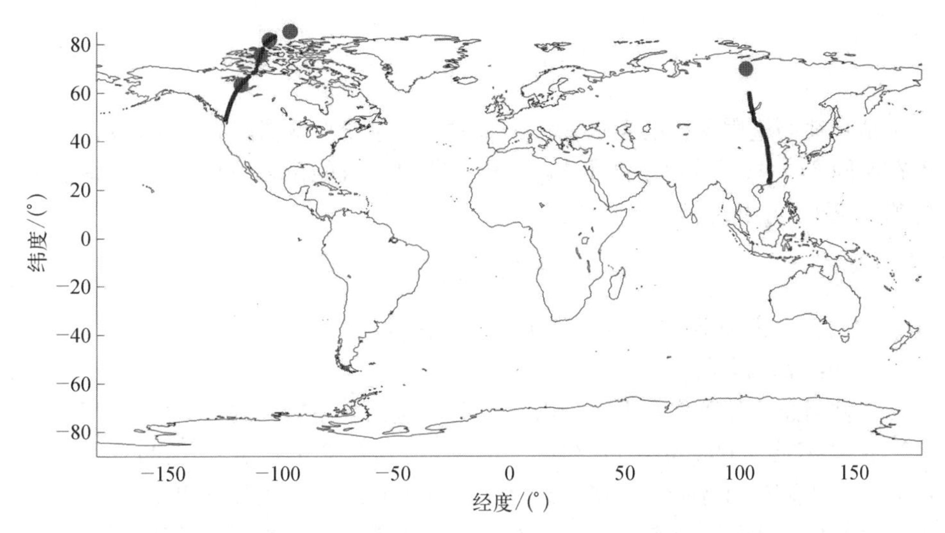

图5.31　780B44星基与地基ADS－B数据融合示意图

5.3　基于星载ADS－B数据的智能应用

5.3.1　星基ADS－B在轨性能分析

星基ADS－B容量主要是指星基ADS－B通信数据链路的监视能力大小。与地基ADS－B相比，由于星基ADS－B运行轨道的高远特性，信号需要传输的距离更远，卫星覆盖的范围也更广，同一时间飞机ADS－B信号到达同一接收机的数量也更多。因此，有必要对星基ADS－B容量进行分析。

星基ADS－B监视容量基于星载ADS－B接收应答器接收信号的泊松概率模型[352]，这是估计随机生成事件在监听时间窗内到达概率的标准技术。设星载ADS－B接收机所能覆盖范围内的飞机（ADS－B发射机）数量为N_{tx}，每个飞机（ADS－B发射机）的消息发送速率为ν_{tx}，则每帧信号时间τ内传输消息数的期望G为

$$G = N_{tx}\nu_{tx}\tau \tag{5.21}$$

采用泊松过程建模,则 G 可以看作该泊松过程的速率,即输入负载,那么 t 帧时间内产生 k 个数据包的概率为

$$P(k,\ t) = \frac{(tG)^k}{k!}\mathrm{e}^{-tG} \tag{5.22}$$

结合地面应用系统的需求,引入 T_{UI} 时间内系统检测概率 P_{UI} 的概念。若要求在时间 T_{UI} 内,系统以不低于 P_{UI} 的概率获取飞机的位置信息,则每条消息的检测概率 P_d 可由式(5.23)计算:

$$1 - P_{UI} = (1 - P_d)^{T_{UI}f_{\text{position\_tx}}} \tag{5.23}$$

其中,$f_{\text{position\_tx}}$ 是 ADS－B 位置消息的发送速率。

1. 预期性能分析

多种消息信号工作在 1 090 MHz 频率内,包括前面提到的 56 bit 的 S 模式和 112 bit 的拓展 1 090 MHz 的 ADS－B 消息,其对应的帧长分别为 64 μs 和 120 μs。根据 5.1.1 节星载 ADS－B 检测概率模型,取信噪比为 8 dB,机载 ADS－B 发射机的消息发送速率为 ν_{tx} = 3.1 条/s,112 字节的 ADS－B 消息帧长为 τ = 120 μs,结合式(5.1)~式(5.3),得出位置报文更新间隔与飞机数量的关系如图 5.32 所示,其中横坐标表示卫星覆盖范围内的飞机数量,纵坐标表示消息的

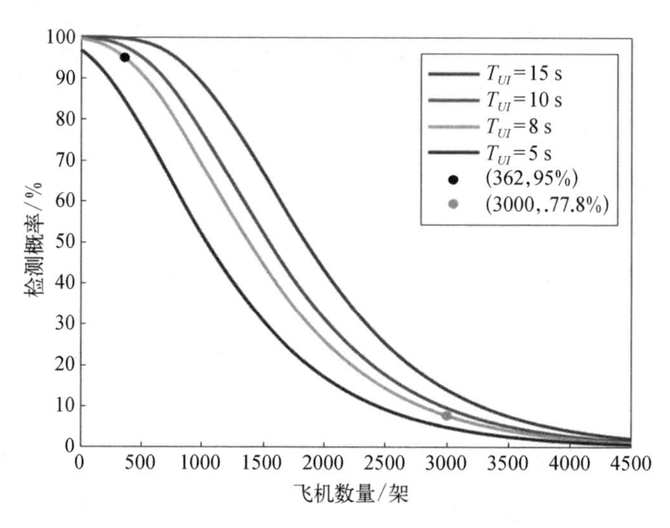

图 5.32 位置报文更新间隔与飞机数量的关系

检测概率。从图 5.32 中可知，当 T_{UI} = 8 s 时，为支持 95%的检测概率，单波束星下的覆盖飞机总数不应超过 362 架。

当卫星运动时，由于全球飞机分布不均匀，检测概率将发生变化。当星下覆盖飞机数量较多时，信号冲突严重，检测概率低。当飞机数量为 3 000 架时，P_{UI} = 77.8%。当卫星经过不同地域上空时，覆盖的航空器数目则会随着航空器密度的变化而变化，需要分析全球航空器密度分布情况。

当卫星经过不同地域上空时，覆盖的航空器数目则会随着航空器的密度变化而变化。图 5.33 给出了卫星高度为 1 000 km，ADS－B 发射机相对卫星为 5°仰角时，卫星的全球接收覆盖情况。从全球来看，航空器主要集中在北半球，南极几乎没有分布，而欧亚大陆是典型的航空器分布密集区。部分重点区域，如西欧和中国东部，单星覆盖飞机数量甚至可达到 4 500 架以上。

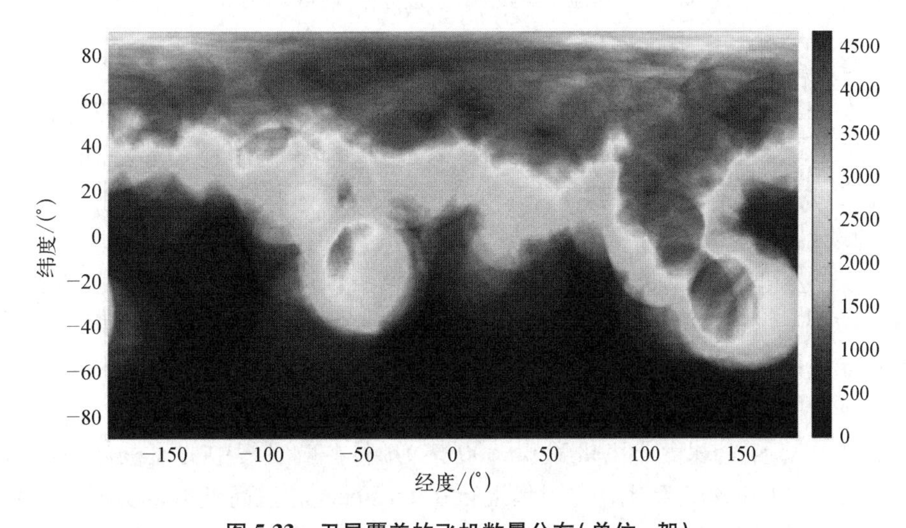

图 5.33　卫星覆盖的飞机数量分布（单位：架）

图 5.34 展示了全球航空器归一化密度分布情况，其中横纵坐标对应地理坐标的经纬度，不同的颜色表示了不同的飞机密度分布情况。随着航空业的发展，飞机数量不断增多。根据 Flightradar 官网统计数据，截至 2021 年 5 月 18 日，过去一年内飞行架次最多的一天是 2020 年 9 月 22 日，全球当日共有 150 656 架次航班飞行（其中 91 906 架次为通用与公务航班，58 750 架次为商业与货运航班），全球空中交通流量小于 6 277 架次/h。

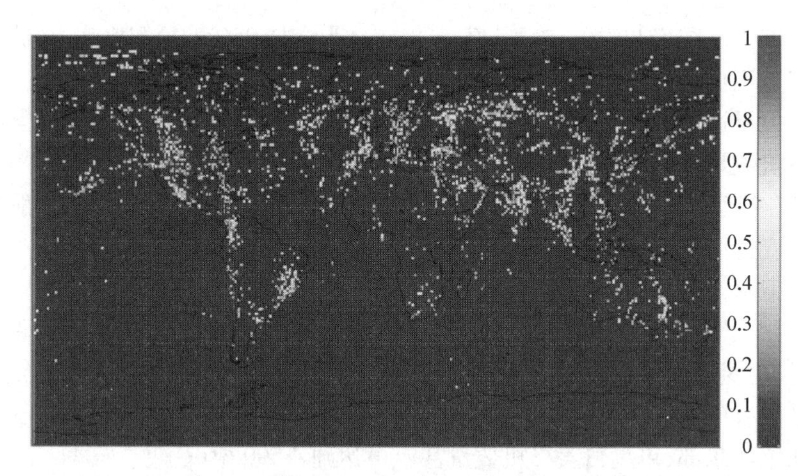

图 5.34　全球航空器归一化密度分布(网格大小: 1°)

若采用单天线接收,在 8 s 刷新间隔、95%检测概率情况下,以每个波束平均接收 362 个波束消息计算,则需要 18 个波束可以完全接收全球 6 277 架次飞机信号。实际工作中,单星覆盖面积不可能达到全球覆盖,最多可达三分之一,采用 19 波束可以满足用户要求。

2. 预测分析(2035 年)

波音公司《当前市场展望(2016—2035)》中预测,到 2035 年全球将需要 39 620架新飞机。2020年11月26日,中国商用飞机有限责任公司发布了"2020~2039 年民用飞机市场预测年报",年报预测,到 2039 年,预计全球客机机队数量将达到 44 400 架。

以 2035 年全球商业飞机达 40 000 架为例,在航飞行中的飞机数量约为三分之一,以 13 333 架计算。卫星运行在 1 150 km 轨道高度可以实现的最大接收范围如图 5.35 所示,以单轨道面 6 颗卫星和 6 轨道共计 36 颗卫星组成星座,实现对地覆盖,此时单卫星平均只需要对 371 架飞机进行监测。为支持 8 s 刷新间隔内 95%的检测概率,单波束星下覆盖的飞机总数不应超过 362 架。只需要采用多波束结构,即使在高密度区域也能完成对飞机数据的采集工作。

3. 实际接收性能分析

2019 年 12 月,北京和德宇航技术有限公司研制的"和德二号"A 星顺利进入预定轨道运行,其主要载荷之一是 ADS - B 接收设备。截取该卫星在 2020 年

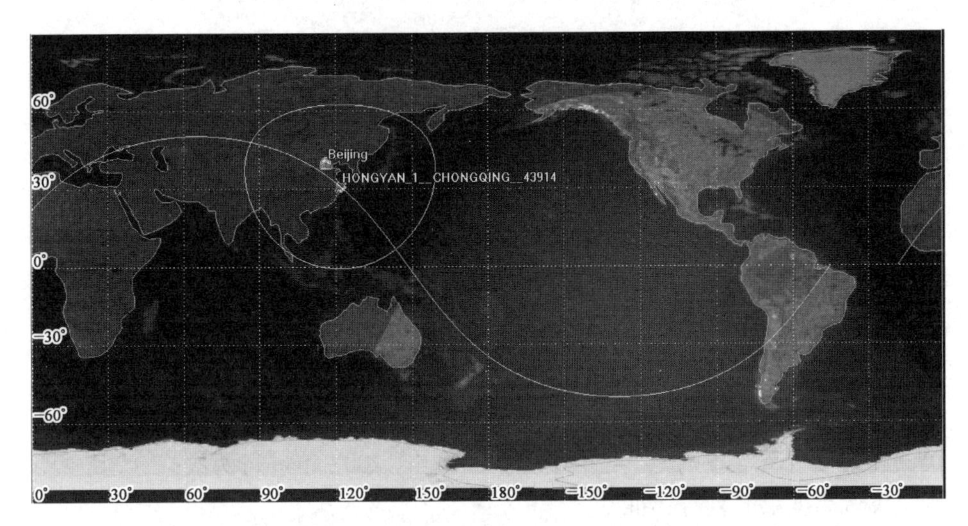

图 5.35　"鸿雁"星座首星"重庆"号最大接收范围仿真示意

12月30日0时~31日0时的ADS－B报文数据，基于这些数据近似得到星下点为不同位置时卫星覆盖的飞机数量见表5.13，具体的步骤如下。

表 5.13　"和德二号"A星接收飞机数量统计

地　　点	时间(UTC)	飞机数量/架
布鲁克(15.291 8°E, 47.554 6°N)	2020.12.30 15: 15: 35~15: 25: 35	567
布鲁克(15.291 8°E, 47.554 6°N)	2020.12.31 01: 56: 44~02: 06: 44	214
布鲁克(15.291 8°E, 47.554 6°N)	2020.12.31 14: 56: 00~15: 06: 00	353
北京(116.33°E, 39.9°N)	2020.12.30 19: 35: 39~19: 45: 39	237
北京(116.33°E, 39.9°N)	2020.12.31 08: 39: 10~08: 49: 10	436
北京(116.33°E, 39.9°N)	2020.12.31 19: 16: 12~19: 26: 12	164
马丁(80.107 6°W, 26.982 2°N)	2020.12.30 21: 39: 38~21: 49: 38	1 992
马丁(80.107 6°W, 26.982 2°N)	2020.12.31 21: 20: 00~20: 30: 00	1 347
温哥华(123°W, 49.2°N)	2020.12.31 00: 42: 55~00: 52: 55	174
温哥华(123°W, 49.2°N)	2020.12.31 11: 25: 06~11: 35: 06	192

首先，在全球范围内选择四个典型的输入位置，得到其经纬度坐标；然后，对于每一个输入位置，在研究的时间段内(2020年12月30日0时~12月31日0时)，选出卫星"过顶"该输入位置的轨道；最后，截取"过顶"轨道周期10 min

时间内卫星检测到的不同 ADS－B 发射设备的个数，该数量近似等于天线张角为60°的卫星在星下点移动到该输入位置时所覆盖的飞机数量。

从表 5.13 可以看到，当卫星以小部分时间经过飞行密集区时，单星可以覆盖接收到2 000架飞机消息，但大部分时间的星下飞机数量并不会超过 1 000 架。为支持 8 s 刷新间隔内 95%的检测概率，单波束星下覆盖的飞机总数不应超过 362 架。需要采用多波束架构，针对大部分区域能够完成对飞机数量据采集工作。

5.3.2 基于星基 ADS－B 的飞行高度层流量态势感知

为防止飞行冲突，保证飞行安全，我国于 2000 年 7 月 24 日已制定《中华人民共和国飞行基本规则》[353]，并分别于 2001 年、2007 年进行两次修订，其中明确了飞行高度层的划分标准。

飞行高度是指飞机在飞行时与某一基准面的垂直距离，飞机的飞行高度通常为 2 000 ft 或者 600 m。随着飞行高度的升高，空气密度就会减小，大气压力也会相应降低，相应地，飞机发动机功率就会减小，操纵性变差。反之，随着飞行高度的降低，也会对应影响飞机的飞行。

针对飞行高度的相关研究目前已经有一些成果。Schumann 等[354]通过飞机的飞行轨迹及飞行高度来影响和计算二氧化碳排量，从而减缓飞机造成的全球变暖。Leiden 等[355]基于飞行高度层的动态空域配置，来评估雷达和雷达相关位置之间的航路控制器任务负载分布。Mou 等[356]针对任意两架飞机的水平约束问题，提出了一种飞行高度层分配问题的方法，采用匈牙利算法，基于广义分配问题的扩展效率矩阵，案例研究证明了在空中交通管制中实时优化使用飞行高度层是有效的。

飞行高度与航线选择受自然因素、安全因素、经济因素等多方面影响，飞行高度选择是否合适，空域资源利用是否充分，需要通过数据支持。通过对所接收到的全球星基 ADS－B 数据进行分析，可以得到全球及局部地区飞机的飞行高度层流量态势情况，这也可为后续航班飞行高度选择提供数据支撑。

1. 全球飞行高度层流量态势

由于全球每日运行的航班数量有上万架次，每日所广播的数据量比较大。针对星基 ADS－B 的全球飞行高度层流量数据，其包含经度、纬度、飞行高度、飞机流量密度等多维数据信息。本小节从整体层面出发进行分析，对全球飞行高度层流量有一个总体认识。

（1）建立抽象模型。由经纬度组成的地理坐标系统能够标识地球上的每一个位置，那么按照经度和纬度分别间隔 1°对全球经纬网进行划分，可以将地球表面划分成 360 × 180 的网格世界。将标准中的飞行高度层按从 1 ~ 45 的顺序进行编号，具体对应关系如表 5.14 所示。每 1 个编号对应一个确定的飞行高度层，针对特定航班，其飞行高度在特定时间是固定的，就把这个航班所在位置的飞行高度划到应对编号的飞行高度层。

表 5.14　英制高度和米制高度对应的飞行高度层

编号	机组（180° ~ 359°）/ft	管制员 ATC（180° ~ 359°）/m	编号	机组（0° ~ 179°）/ft	管制员 ATC（0° ~ 179°）/m
45	50 900	15 500	44	48 900	14 900
43	46 900	14 300	42	44 900	13 700
41	43 000	13 100	40	41 100	12 500
39	40 100	12 200	38	39 100	11 900
37	38 100	11 600	36	37 100	11 300
35	36 100	11 000	34	35 100	10 700
33	34 100	10 400	32	33 100	10 100
31	32 100	9 800	30	31 100	9 500
29	30 100	9 200	28	29 100	8 900
27	27 600	8 400	26	26 600	8 100
25	25 600	7 800	24	24 600	7 500
23	23 600	7 200	22	22 600	6 900
21	21 700	6 600	20	20 700	6 300
19	19 700	6 000	18	18 700	5 700
17	17 700	5 400	16	16 700	5 100
15	15 700	4 800	14	14 800	4 500
13	13 800	4 200	12	12 800	3 900
11	11 800	3 600	10	10 800	3 300
9	9 800	3 000	8	8 900	2 700
7	7 900	2 400	6	6 900	2 100
5	5 900	1 800	4	4 900	1 500
3	3 900	1 200	2	3 000	900
1	2 000	600			

（2）统计每个网格中不同飞机的飞行高度，并汇总各高度层的飞行流量。图 5.36 展示的是“天拓五号”卫星采集回传并解析到数据库里的星基 ADS－B 数据。以图 5.36 中第 1 行数据为例，其飞行高度为 39 000 ft，那么就把这架 ICAO 编号为 750 257 的飞机在东经 106.373°、南纬 2.133 26°位置划归于编号为 8 的飞行高度层中。需要注意的是，层高划分上下间隔 300～600 m，具体需要对照表 5.14 中的数据。

ID	ICAO地址	I..	高度	空中纬度值	空中经度值	空.	航..	航向	速度...	速度	垂直速率	大气压差
1	750257	1	39000	-2.13326	106.373	1	0	133	1	461	0	2450
2	750216	1	16500	5.70297	102.363	1	1	192	1	372	3200	900
3	75033B	1	30900	2.55507	102.501	1	1	306	0	477	2048	2025
4	8A0227	1	21725	-6.65231	113.255	1	1	242	1	416	-3072	1425
5	8A079E	1	10900	3.2601	98.8448	1	0	178	1	175	768	575
6	8A0638	1	9675	2.11682	99.4382	1	1	307	0	306	-1216	625
7	8A0831	1	35000	1.34475	100.768	1	0	136	1	436	0	2200
8	8A0227	1	21725	-6.65231	113.255	1	1	242	1	416	-3200	1425
9	75033B	1	30900	2.55507	102.501	1	1	306	0	477	2048	2025
10	8A040A	1	750	3.67511	98.9076	1	1	225	1	143	-704	25

图 5.36　星基 ADS－B 数据示意图

（3）打印输出结果。首先统计了星基 ADS－B 数据中共计 11 645 993 条全球飞机飞行高度数据，并按表 5.14 所示的编号对其进行分类统计，将所统计数据进行归一化处理后的得到如图 5.37 所示结果，图中横坐标表示的是表 5.14 所示编号，也就是与之一一对应的飞行高度；纵坐标表示的是所统计的飞机数量占比，即飞行流量的大小。从图中可以看到，最大流量值在编号为 35 的飞行高度层，即 11 000 m 飞行高度层的数据量最大；而最小值在编号为 43 和 44 的

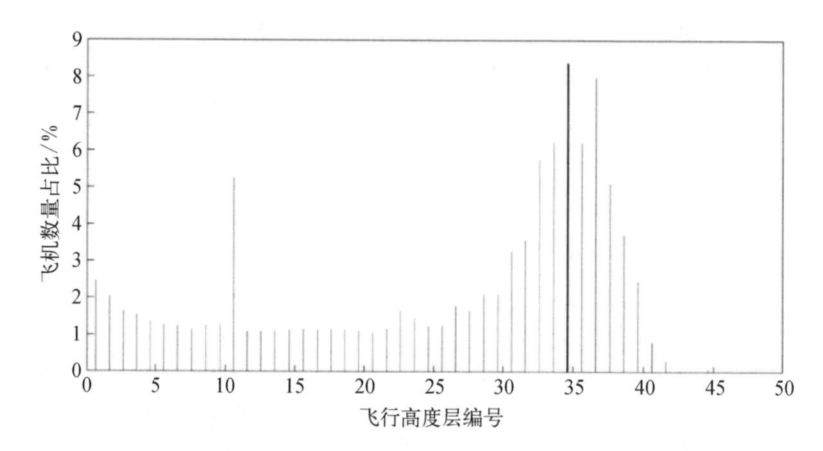

图 5.37　星基 ADS－B 数据飞行高度层分布情况示意图

飞行高度层，即 14 300 m 和 14 900 m 飞行高度层的数据量最小。从这个实验结果可知，民航客机大多是在 10 000 m 左右的高空飞行，而这个全球流量最大的飞行高度层很可能是出于自然因素（如大气压力和环境温度等）、经济因素（如飞机所需燃油费用等）、安全因素（如地表建筑和山脉高度等）综合所得出的最佳飞行高度。从图 5.37 所示结果可以对全球飞机飞行高度层空中流量有一个总体印象。

选取全球飞行数据流量最大的 11 000 m 飞行高度层数据，并统计相关位置信息，可以得到如图 5.38 所示结果，图中颜色表示该飞行高度层的飞机流量密度，右侧显示色阶的颜色栏，其从深蓝色向黄色过渡，对应的是当前经纬度网格中在 11 000 m 飞行高度层中的飞行架次。

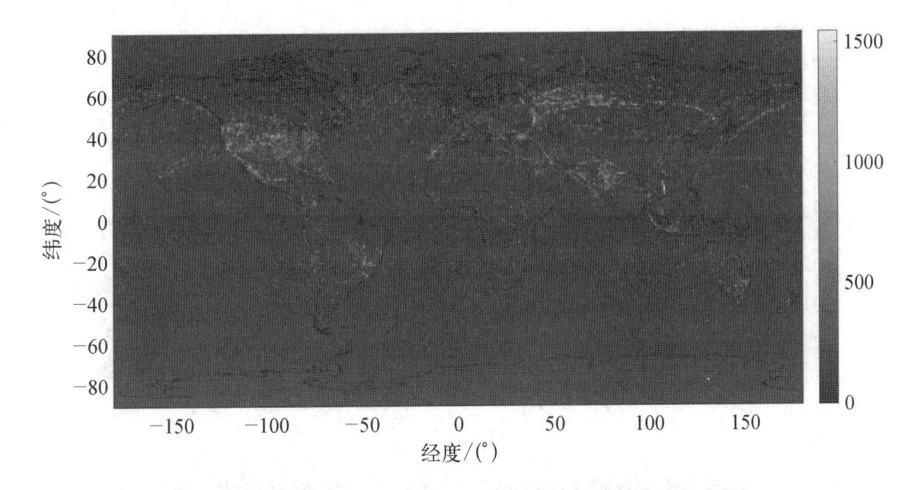

图 5.38　11 000 m 飞行高度层流量统计示意图（单位：架）

从图 5.38 可以看出流量比较大的地方呈现明显的线性特点，说明针对选定的飞行高度层，其飞行航线基本固定，这与飞行规则保持一致，流量比较大的航线为特定航线。另外，依旧存在北边流量密集、南边稀疏的现象，这主要也是由于欧美发达国家的空中交通流量比较大，对应的航线比较多。在西太平洋海域附近有很明显的航迹线路，这与 5.2.5 节所提到的从阿拉斯加湾近海岸线附近出发，穿越白令海峡和鄂霍次克海进入亚洲东部地区航道航线相对应。澳大利亚和非洲、南美洲中部地区的流量密度相对呈现出散点状，主要是，一方面，该地区大部分航班为短途航班，数据发射的持续时间和数据量相对比较少；另一方面，该数据来源采用的是单星数据源，其任一时刻的接收覆盖范围有限，要实现更加精准的全球实时数据采集，需要建立基于星基 ADS－B 的低轨卫星星座系统。

2. 特定地区飞行高度层流量态势

针对全球不定地区的流量态势情况有助于获得一个总体上的认识，而针对特定地区的飞行流量态势有助于进一步分析各地区所存在的问题并解决问题，如提高地区空间利用率。

保持和前面的连续性，取夏威夷群岛附近区域进行分析，将图 5.38 中夏威夷群岛附近区域的结果提取出来，如图 5.39 所示。从图中可以看到，取精度为 1°进行网格划分的结果比较粗略，需要重新进行经纬网划分与数据处理。

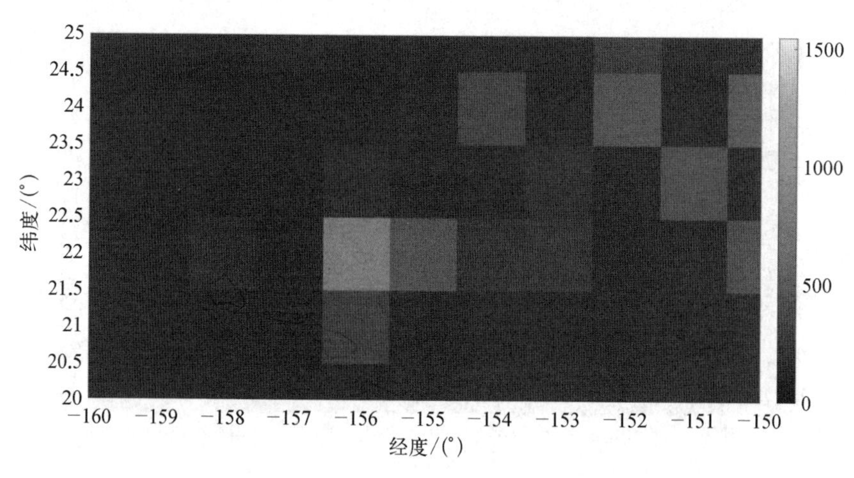

图 5.39 夏威夷群岛区域 11 000 m 飞行高度层流量统计示意图(单位：架)

那么接下来就将网格细化到 0.1°的精度，重新进行数据的提取处理。将 49 133 个点位信息标记在夏威夷群岛区域，可以得到如图 5.40 所示结果。其中，左下方亮黄色部分即檀香山附近区域(158.2°W，21.3°N)，飞机流量最大。

对区域内的 49 133 个点位信息进行飞行高度层数据统计，可以得到如图 5.41 所示结果。从图 5.41 中结果结合表 5.14 可以看到，飞机最大的飞行流量处于编号为 10，即 3 900 m 飞行高度层中。这可能是由于太平洋区域空中交通相对不那么拥挤，主要的航线通道安排在特定飞行高度层(如 3 900 m)已满足航行需要。

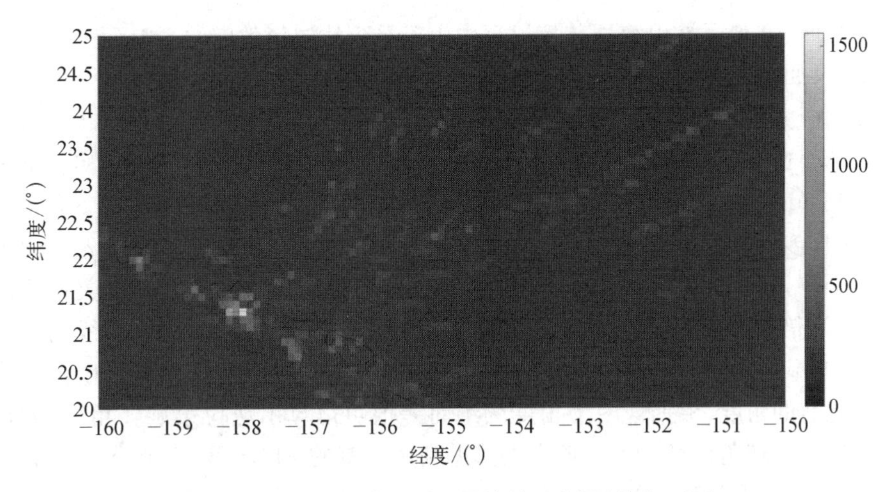

图5.40　夏威夷群岛区域流量统计示意图(单位：架)

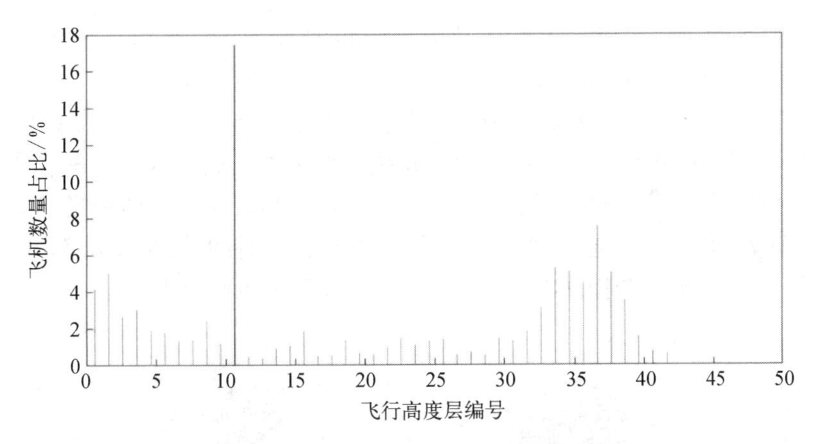

图5.41　夏威夷群岛区域各飞行高度层流量统计示意图

5.3.3　基于星基ADS-B测量电离层电子总含量的方法

电离层电子总含量(total electron content，TEC)是描述电离层形态和结构的主要参量之一，对于通信、导航和地震预测等与电离层相关的技术有重要影响。

ADS-B信号从飞机传播到卫星时会穿过地球电离层。线极化波在电离层中传播时，因为等离子介质存在各向异性，受到地磁场的作用，极化平面将发生旋转，这种现象称为法拉第效应。

ADS－B 信号在电离层传播过程中由于受到法拉第效应的影响而产生极化角旋转，如果星上能够测量这个极化角，则可用来反算 TEC 数值。目前采用的 TEC 测量方法需要在地面布置相关的基站，这将会消耗大量的人力和物力，并且基站存在难以在海洋、极地和荒漠等地区部署的难题。当使用两幅相互垂直的 ADS－B 线极化天线接收同一个 ADS－B 信号时，接收到的信号功率大小是不同的，接收功率的大小与电磁波极化面的位置有关，前期工作中首先对此进行了研究，具体过程为：通过两个 ADS－B 接收机的接收功率之间的关系算出 ADS－B 信号产生法拉第旋转之后的角度，然后根据飞机和卫星上天线的安装位置、卫星的速度和位置信息、飞机的位置信息，算出 ADS－B 信号产生法拉第旋转之前的角度，根据这两个角度的绝对差值可以算出法拉第旋转角，最后根据法拉第旋转角计算 TEC。该方法只需利用现有的 ADS－B 即可，无须部署地面站，可大幅提高数据更新速率。

1. *方法原理*

如图 5.42 所示，用于求解法拉第旋转角的 ADS－B 载荷主要包括两个 ADS－B 接收机和两幅垂直安装的 ADS－B 线极化天线。其中，ADS－B 接收机由高灵敏度 ADS－B 接收模块和电源组件等组成，ADS－B 天线用于接收频率为 1 090 MHz 的 ADS－B 信号。ADS－B 接收机可以完成对 ADS－B 信号的采样、下变频、AD 采样、解调和组包，再统一传送给数传分系统。然后当卫星过境时，将 ADS－B 报文传输给地面测控站，报文里包含时间戳、报文功率、目标原始位置。最后，地面测控站将解析好的 ADS－B 数据传输给用户。

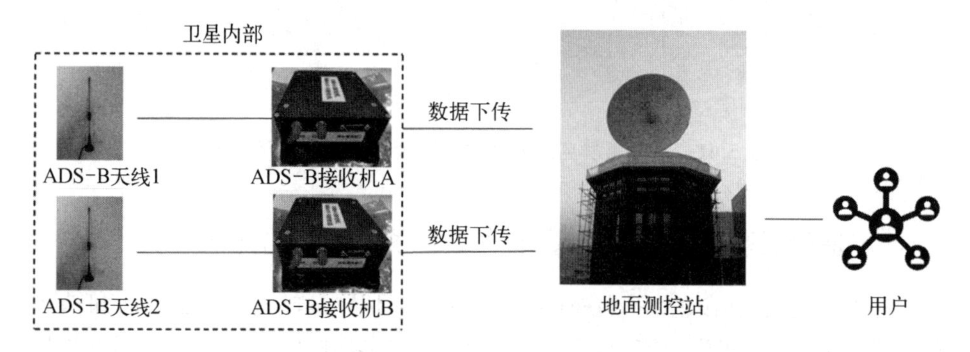

图 5.42 星基 ADS－B 系统示意图

如图 5.43 所示，建立这样一个模型：以卫星质心为原点，建立直角坐标系，记为坐标系 1。其中$+Z_1$ 轴指向地心，$+X_1$ 轴指向卫星飞行方向，Y_1 轴的方向遵循右手定则，让右手的四指从 Z_1 轴的正方向以 90°转向 X 轴的正向，这时大拇指的指向就是 Y_1 轴的正方向。两个 ADS－B 天线分别安装在 $+X_1$、$-X_1$ 面上，分别与 Z_1 轴呈 45°安装，其中 ADS－B 天线 1 在 $+X_1$ 面，ADS－B 天线 2 在 $-X_1$ 面。

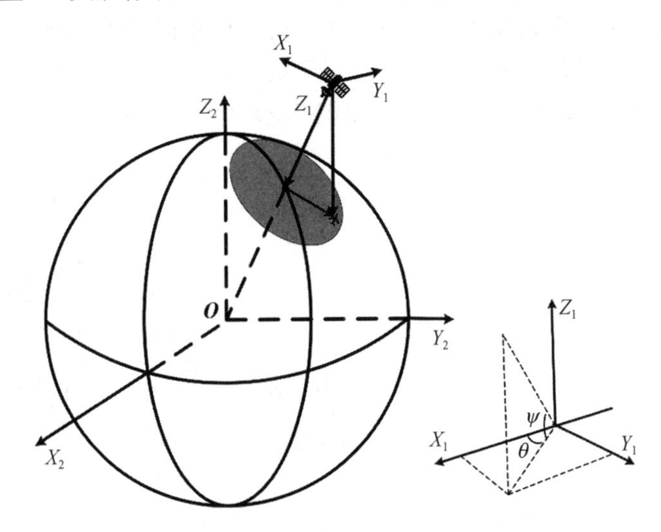

图 5.43　地心地固坐标系示意图

本书使用 Orbitron 软件获取到的卫星位置和速度，以及从 ADS－B 报文中读取的飞机相关位置坐标是在 WGS－84 坐标系下显示的。因为下面的计算基本都是在地心地固坐标系下进行，所以这里需要把这些信息转换为在图 5.43 中的地心地固坐标系下表示。以 WGS－84 椭球为基准，空间中某一点的坐标为 (λ, γ, H)，通过如下公式可以变换到地心地固坐标系 (X_2, Y_2, Z_2) 中：

$$\begin{cases} X_2 = (N + H)\cos\gamma\cos\lambda \\ Y_2 = (N + H)\cos\gamma\sin\lambda \\ Z_2 = [N(1 - e^2) + H]\sin\gamma \end{cases} \tag{5.24}$$

其中，

$$N = \frac{a}{\sqrt{1 - e^2\sin\gamma}} \tag{5.25}$$

$$e = \frac{\sqrt{a^2 - b^2}}{a} \tag{5.26}$$

其中，N 表示椭圆球卯酉圈的曲率半径；e 表示偏心率；a 表示点所在的轨道半长轴；b 表示点所在的轨道半短轴。

如图 5.44 所示，为了方便后面计算过程的描述，这里把发生法拉第旋转之前的极化面记为平面 1，发生法拉第旋转之后的极化面记为平面 2，两 ADS－B 天线所在的平面记为平面 3，过 ADS－B 天线 2 的方向向量且与平面 3 垂直的平面记为平面 4。该方法的流程图如图 5.45 所示，具体步骤将在下面详细阐述。

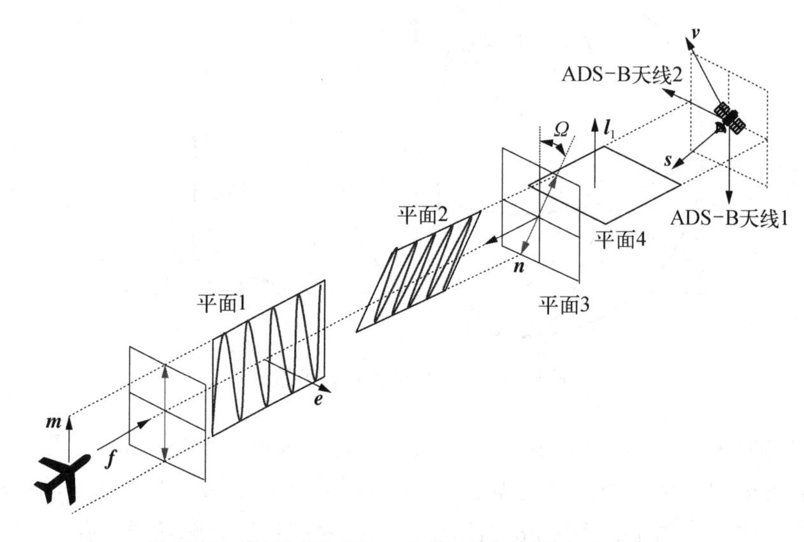

图 5.44　基于星基 ADS－B 的 TEC 测量方法示意图

假设在地心地固坐标系下，卫星的位置坐标为 $(x,\ y,\ z)$，卫星速度的方向向量坐标为 $\boldsymbol{v} = (\dot{x},\ \dot{y},\ \dot{z})$，飞机的位置坐标为 $(x_0,\ y_0,\ z_0)$。根据上述条件可以进一步得出：飞机上对天的 ADS－B 天线的方向向量坐标为 $\boldsymbol{m} = (x_0,\ y_0,\ z_0)$，卫星到地心的方向向量坐标为 $\boldsymbol{s} = (-x,\ -y,\ -z)$，飞机到卫星的方向向量坐标为 $\boldsymbol{f} = (x - x_0,\ y - y_0,\ z - z_0)$。由空间几何关系可知，平面 1 的法向量 $\boldsymbol{e}$ 为

$$\boldsymbol{e} = \boldsymbol{f} \times \boldsymbol{m} \tag{5.27}$$

平面 3 的法向量为

$$\boldsymbol{n} = \boldsymbol{v} \times \boldsymbol{s} \tag{5.28}$$

根据式(5.27)和式(5.28)，可以得到平面 1 与平面 3 的夹角 η 为

$$\eta = \arccos\left|\frac{\boldsymbol{e}\cdot\boldsymbol{n}}{|\boldsymbol{e}||\boldsymbol{n}|}\right| \tag{5.29}$$

理想条件下,ADS - B 信号沿着飞机到卫星的方向直线传播,由此可以得到平面 3 的法向量 $\boldsymbol{n}$ 与 ADS - B 信号传播方向的方向向量 $\boldsymbol{f}$ 的夹角 β 为

$$\beta = \arccos\left|\frac{\boldsymbol{f}\cdot\boldsymbol{n}}{|\boldsymbol{f}||\boldsymbol{n}|}\right| \tag{5.30}$$

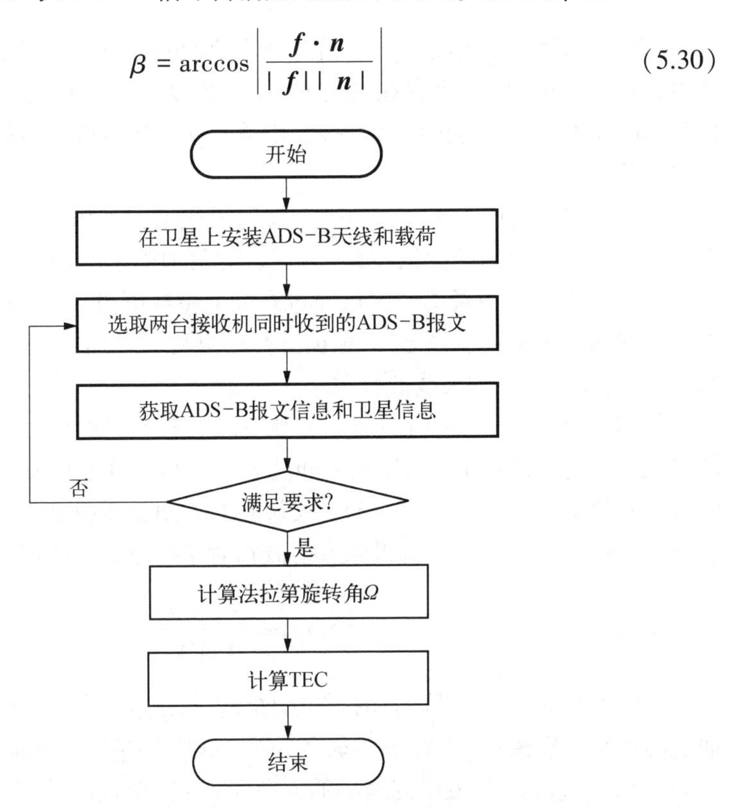

图 5.45　基于星基 ADS - B 的 TEC 测量方法流程图

理想条件下,飞机与卫星的位置关系如图 5.44 所示。根据式(5.29),可判断平面 1 与平面 3 是否近似垂直,这里规定两者的夹角一般与 90°相差不超过 10°,记为条件 1。根据式(5.30),可判断 ADS - B 信号的传播方向与平面 3 的法向量是否近似平行,因为卫星与飞机存在一定的高度,所以这里规定两者的夹角一般与 0°相差不超过 30°,记为条件 2。如果以上两个条件都满足,则可利用选中的这组 ADS - B 报文中的功率信息和位置信息计算法拉第旋转角;如果不满足,则重新寻找同时满足以上两个条件的报文。根据选中的两台接收机同

时收到的同一条 ADS－B 报文,记录下功率信息,可以算出平面 2 与平面 4 的夹角 θ_1 为

$$\theta_1 = \arctan \frac{\sqrt{10^{(P_A - D_A \pm \Delta P_A)/10}}}{\sqrt{10^{(P_B - D_B \pm \Delta P_B)/10}}} \tag{5.31}$$

其中,P_A 为 ADS－B 接收机 A 的接收功率值(单位: dBm);D_A 为天线 1 的接收增益;ΔP_A 为接收机 A 上存在的功率误差;P_B 为 ADS－B 接收机 B 的接收功率值(单位: dBm);D_B 为天线 2 的接收增益;ΔP_B 为 ADS－B 接收机 B 上存在的功率误差。

因为发射源为同一个,发射功率、发射天线增益和传输损耗都是一样的,所以式(5.31)中的天线增益只用减去接收天线的增益。飞机的位置可通过查询 ADS－B 报文得知,卫星的位置可通过查询卫星星历得知,卫星上 ADS－B 天线的方向图和安装位置事先已知,根据这些信息可以算出天线方向图中的方位角和仰角,进而查收接收天线的增益。

如图 5.43 所示,为了后面便于查找 ADS－B 天线的方向图,这里的仰角指的是入射波与坐标系 1 中$+Z_1$ 轴之间的夹角。$+Z_1$ 轴的方向向量为卫星到地心的方向向量 $\boldsymbol{s} = (-x, -y, -z)$,入射波的方向为飞机到卫星的方向向量 $\boldsymbol{f} = (x - x_0, y - y_0, z - z_0)$,可得到入射波相对于接收天线的仰角 φ 为

$$\varphi = \arccos \frac{-\boldsymbol{f} \cdot \boldsymbol{s}}{|\boldsymbol{f}||\boldsymbol{s}|} \tag{5.32}$$

如图 5.43 所示,这里计算的方位角指的是在坐标系 1 中入射波在 X_1OY_1 平面上的投影向量相对于$+X_1$ 轴偏转的角度。$+X_1$ 轴指向的方向为卫星的速度方向 $\boldsymbol{v} = (\dot{x}, \dot{y}, \dot{z})$;$\boldsymbol{s}'$ 为卫星到地心的方向向量 $\boldsymbol{s}$ 的单位向量;$\boldsymbol{f}'$ 为飞机到卫星的方向向量 $\boldsymbol{f}$ 的单位向量,即入射波的方向向量为 $\boldsymbol{f}'$,该向量在 X_1OY_1 平面上的投影向量为 $\boldsymbol{f}_0 = \cos\varphi\, \boldsymbol{s}' + \boldsymbol{f}'$。入射波相对于接收天线的方位角 θ 为

$$\theta = \arccos \frac{-\boldsymbol{f}_0 \cdot \boldsymbol{v}}{|\boldsymbol{f}_0||\boldsymbol{v}|} \tag{5.33}$$

$\boldsymbol{v}'$ 为卫星速度的方向向量 $\boldsymbol{v}$ 的单位向量,ADS－B 天线 1 的方向向量 $\boldsymbol{l}_1$ 为

$$\boldsymbol{l}_1 = \boldsymbol{v}' - \boldsymbol{s}' \tag{5.34}$$

ADS－B 天线 1 的方向向量即平面 4 的法向量。根据式(5.27)和式(5.34),

可以得到平面 1 与平面 4 的夹角 θ_2 为

$$\theta_2 = \arccos \left| \frac{\boldsymbol{e} \cdot \boldsymbol{l}_1}{|\boldsymbol{e}||\boldsymbol{l}_1|} \right| \tag{5.35}$$

根据式(5.31)和式(5.35)可以得到 ADS－B 信号穿过电离层时发生的法拉第旋转角 Ω 为

$$\Omega = |\theta_2 - \theta_1| \tag{5.36}$$

下面介绍利用法拉第旋转角计算电离层电子总含量的方法。如图 5.46 所示，假设电离层为单层薄壳模型，这里接收机和卫星连线与电离层薄层的交点称为电离层穿刺点(ionospheric pierce point, IPP)。图中 R 为地球的平均半径，一般取 6 371 km；H 为电离层薄壳的高度，一般为 300～450 km[357]。

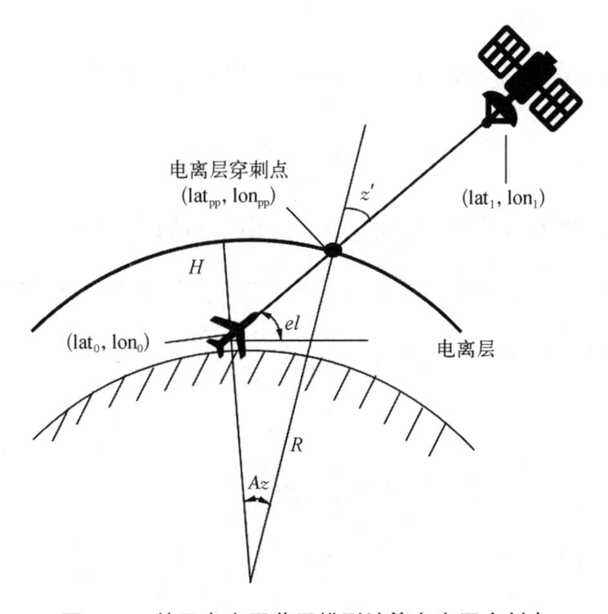

图 5.46　基于电离层薄层模型计算电离层穿刺点

图 5.46 中，(el, Az) 代表卫星相对于飞机的高度角和方位角。在地心地固坐标系下，根据飞机的位置坐标 (x_0, y_0, z_0) 和卫星的位置坐标 (x, y, z)，高度角 el 可以由如下公式求出：

$$el = \left| 90° - \arccos\left(\frac{\boldsymbol{m} \cdot \boldsymbol{f}}{|\boldsymbol{m}||\boldsymbol{f}|}\right) \right| \tag{5.37}$$

其中，$\boldsymbol{m}=(x_0, y_0, z_0)$ 表示地心到飞机的方向向量；$\boldsymbol{f}=(x-x_0, y-y_0, z-z_0)$ 表示飞机到卫星的方向向量。

假设$(\mathrm{lat}_0, \mathrm{lon}_0)$为飞机的纬度和经度坐标，$(\mathrm{lat}_1, \mathrm{lon}_1)$为卫星的纬度和经度坐标。方位角 Az 为

$$\begin{cases} Az=\arctan\left[\dfrac{(\mathrm{lon}_1-\mathrm{lon}_0)\cos(\mathrm{lat}_1)}{(\mathrm{lat}_1-\mathrm{lat}_0)}\right], & \mathrm{lat}_1-\mathrm{lat}_0>0;\ \mathrm{lon}_1-\mathrm{lon}_0>0 \\ Az=180^\circ-\arctan\left[\dfrac{|\mathrm{lon}_1-\mathrm{lon}_0|\cos(\mathrm{lat}_1)}{(\mathrm{lat}_1-\mathrm{lat}_0)}\right], & \mathrm{lat}_1-\mathrm{lat}_0<0 \\ Az=360^\circ+\arctan\left[\dfrac{(\mathrm{lon}_1-\mathrm{lon}_0)\cos(\mathrm{lat}_1)}{(\mathrm{lat}_1-\mathrm{lat}_0)}\right], & \mathrm{lat}_1-\mathrm{lat}_0>0;\ \mathrm{lon}_1-\mathrm{lon}_0<0 \end{cases} \tag{5.38}$$

图 5.46 中，z' 称为 IPP 处的天顶角，其计算公式如下：

$$z'=\arcsin\left[\frac{R\cos(el)}{R+H}\right] \tag{5.39}$$

IPP 处的纬度和经度坐标$(\mathrm{lat}_{\mathrm{pp}}, \mathrm{lon}_{\mathrm{pp}})$由下面的式子求出：

$$\begin{cases} \mathrm{lat}_{\mathrm{pp}}=\arcsin[\sin(\mathrm{lat}_0)\cos a+\cos(\mathrm{lat}_0)\sin a\cos(Az)] \\ \mathrm{lon}_{\mathrm{pp}}=\mathrm{lon}_0+\arcsin\left[\dfrac{\sin a\sin(Az)}{\cos(\mathrm{lat}_{\mathrm{pp}})}\right] \end{cases} \tag{5.40}$$

其中，

$$a=\frac{\pi}{2}-el-z'$$

TEC 可以写作[358]

$$\mathrm{TEC}=\int_0^l n_e \mathrm{d}l \tag{5.41}$$

其中，TEC 表示为信号传播路径 l 上每一点的电子密度 n_e 的积分。

法拉第旋转角 Ω 与 TEC 的关系如下：

$$\Omega=\frac{90e^3}{\pi c\varepsilon_0 m_e^2\omega^2}\int_0^l n_e b_z \mathrm{d}l \tag{5.42}$$

其中，Ω以角度制为单位；b_z表示沿着传播路径方向上每一点的磁场强度；$e = 1.602\,2 \times 10^{-19}$ C，表示电子的电荷；$c = 3 \times 10^5$ km/s，表示真空中的电磁波传播速度；$m_e = 9.109\,6 \times 10^{-31}$ kg，表示电子质量；$\varepsilon_0 = 8.854\,2 \times 10^{-12}$ C^2/N，表示真空中的介电常数；ω表示ADS-B信号的角频率。

联立式(5.41)和式(5.42)并将已知量代入式(5.42)中得到：

$$\mathrm{TEC} = 1.938\,9 \times 10^{10}\,\frac{\Omega}{B_{\mathrm{avg}}} \tag{5.43}$$

其中，B_{avg}表示平均磁场强度。由于采用电离层薄层模型，式(5.42)中的b_z近似为IPP处的平均磁场强度B_{avg}。目前，已知IPP处的纬度和经度坐标($\mathrm{lat}_{\mathrm{pp}}$，$\mathrm{lon}_{\mathrm{pp}}$)，$B_{\mathrm{avg}}$可根据国际地磁场参考场(international geomagnetic reference field，IGRF)[306]计算得出。

表5.15为在不同TEC下ADS-B信号的法拉第旋转角值，这里1TECU = 10^{16} m^{-2}。其中，卫星高度选取为1 000 km，使用的平均磁场强度B_{avg}为55 639 nT。

表5.15　不同TEC下ADS-B信号的法拉第旋转角

TEC/TECU	法拉第旋转角/(°)
1	0.6
5	3.1
10	6.1
20	12.2
40	24.42
100	61.1
200	122.2

2. 误差分析

在使用本节方法进行TEC测量的过程中，存在着许多对测量结果造成影响的误差来源，分为硬件设备误差和观测参数误差，对这些误差影响进行分析有助于提高测量精度。目前发现的硬件设备误差主要有ADS-B接收机的报文功率读数误差和ADS-B接收机的报文功率测量误差。观测参数误差主要有卫星姿态的变化误差、飞机姿态的变化误差、飞机的位置误差、卫星星历误差和磁场强度误差。

（1）ADS－B 接收机的报文功率读数误差：ADS－B 报文中的 16 进制功率值对应的实际功率值精度为 1 dBm，造成的功率误差最大能达到 0.5 dBm。

（2）ADS－B 接收机的报文功率测量误差：恒定的信号输入下，实际利用 ADS－B 接收机对模拟器报文进行功率标定时，功率差变化范围为±10%。接收机的报文功率测量误差包括两接收机射频通道的放大倍数误差（固定值可标定去除）、AD 量化位数误差、数字滤波器、下变频和 FFT 等误差。功率差带来的对角度 θ_1 的测量误差与角度值相关，例如，90°和 0°附近，功率的小偏差会带来角度的剧烈变化，以约 45°为例，功率测量值浮动 10%，幅度变化 3.3%，角度测量误差范围为±6.6%。

（3）卫星姿态的变化误差：卫星姿态趋于稳定，姿态角误差约 0.1°，造成的法拉第旋转角误差可以忽略不计。

（4）飞机姿态的变化误差：选取的飞机一般处于平稳飞行状态，飞行过程中，机身两边的摆动一般也很小，大约为 1°。机身的摆动可能会造成天线的摆动，将会使极化面发生偏转，造成的法拉第旋转角最大误差为 1°。

（5）飞机的位置误差：ADS－B 报文自带 GPS 坐标，其中单条报文坐标精度优于 100 m，如果奇/偶报文联合解析，坐标精度优于 20 m。飞机与卫星的相对距离为 100 km 级，因此造成的法拉第旋转角误差几乎可以忽略不计。

（6）卫星星历误差：卫星星历误差中卫星的位置和速度的变化误差为 100 m 级。因为卫星的速度大约为 7.5 km/s，飞机与卫星的相对距离为 100 km 级，所以卫星位置和速度的变化误差造成的法拉第旋转角误差几乎可以忽略不计。

（7）磁场强度误差：虽然电离层厚度为几百千米，但是电离层的大多数电子实际集中在一个相对“薄”的层中，所以式（5.42）中的地磁场强度分量 b_z 可以简化为薄层中单位区域内的平均磁场强度 B_{avg}。B_{avg} 误差的大小与电离层薄层高度的选取有关，一般情况下，电离层薄层高度的变化会引起最大值为 3.2°的穿刺点经纬度差异和最大值为 9.62%的电离层模型精度误差，从而引起磁场强度的变化。

5.4 本章小结

本章主要介绍了星载 ADS－B 数据的智能应用。从数据的覆盖范围、准确性、完好性、连续性四个角度出发，对星基 ADS－B 数据质量进行了评估，包括星载 ADS - B 数据质量分析，提出了质量评估模块，列出了一些质量评估试验；分析了星载 ADS - B 报文和 S 模式报文、多星 ADS - B 报文、星载和地基 ADS - B 报文等多类数据融合应用；开展了基于星载 ADS - B 接收的智能应用，包括在轨性能分析、飞行高度层流量态势感知等。随着卫星数量的逐步增加，基于“星-星”和“星-地”数据融合将逐步实现对航迹航路的全球无死角覆盖，大大提高空域管理水平和空域监视能力。

第 6 章　天基物联网星座设计和 DCS 的多址接入技术

6.1　天基物联网星座设计

星座设计的目标是使多颗卫星相互协同完成指定的任务,根据不同的任务需求,星座设计需要根据不同的条件进行优化。根据星座覆盖范围和通信需求,星座设计可以分为区域覆盖的星座设计和广域覆盖的星座设计。

区域覆盖的星座设计,卫星成本是主要优化指标,如何在满足用户需求的前提下最小化星座成本是该类设计的主要目标。Ely 等以星座覆盖特性与卫星数量为优化目标,采用启发式的遗传算法对区域覆盖星座进行了优化设计[359];Zhang 等根据卫星轨道参数和星间链路的设计,将卫星星座优化目标分为星座性能和成本效率,并提出了两者的优化方案[360];Fernandez 等提出了一种以最少卫星数量实现星座覆盖的改良算法[361];Ioannides 等利用轨道参数和导航精度对全球星星座进行了优化设计[362];Meziane 等利用遗传算法,结合星座覆盖重数、最小覆盖要求和卫星总数进行了区域覆盖的星座设计[363];Shtark 等提出了一种低地球轨道区域导航卫星星座的设计方案,该方案以星座覆盖时长、卫星数量及轨道高度为优化目标[364]。

广域覆盖的星座设计,通信性能是主要优化指标,如何将星座成本和覆盖性能相结合,使星座设计最优是值得深入研究的问题。Li 等通过对星间路由优化提出了一种卫星网络设计方案[365];Mason 等利用遗传算法实现了对全球连续覆盖卫星轨道的优化设计,并利用软件进行了仿真验证[366];Kawamoto 等提出了一种骨干网和增强网相结合的卫星星座,实现了星座的全球覆盖[367];计晓彤等和 Limaye 等提出了一种全球连续覆盖的 LEO 星座设计方法,该方法将轨道特征考虑进来,并将近极轨道覆盖带设计方法和太阳同步冻结轨道结合起来,实现了 LEO 星座全球连续单重覆盖的目标[368,369]。

由上述研究可知,当前卫星星座的设计主要集中于星座的覆盖面积、覆盖时长及卫星数量等优化问题上,很少有从星座成本和星座通信性能角度出发对卫星星座进行优化。

6.1.1　星座设计指标

1. 星间链路

星间链路是衡量星座通信能力的重要指标,可分为同轨星间链路和异轨星间链路[370]。在 Walker 星座中,同轨星间链路长度与轨道高度和轨道面内卫星数有关;异轨星间链路长度除了与轨道高度和轨道面内卫星数之外,还与相位因子、轨道面数和轨道倾角有关。星间链路的长度不仅能影响传播时延,而且对自由空间损耗也有影响,从而进一步影响星座的通信能力。因此,星间链路长度有必要作为一种星座设计指标。

对于 Walker 星座,同轨星间链路的卫星在同一轨道面内分布均匀,相位差和升交点赤经都是相同的。因此,同轨星间链路长度关系式可以表示为

$$L_1 = (R + h)\sqrt{2k} \tag{6.1}$$

$$K = 1 - \cos\frac{2\pi}{N_{sat}} \tag{6.2}$$

其中,R 表示地球半径;h 表示轨道高度;N_{sat} 表示每个轨道面对应的卫星数。异轨星间链路由相邻轨道内的两颗相邻卫星决定,其关系式如下所示:

$$L = (R + h)\left(\sqrt{2k} + \sqrt{2 + \frac{\sqrt{2}}{2}M + N}\right) \tag{6.3}$$

其中,

$$M = \left(1 - \cos\frac{2\pi}{N_p}\right)\sin^2 i \tag{6.4}$$

$$\begin{aligned} N = {} & 2\sin\frac{2\pi}{N_p}\cos i\sin\left[\frac{2(1 - N_p)\pi}{T}\right]F \\ & - \left(\cos\frac{2\pi}{N_p} + \cos\frac{2\pi}{N_p}\cos^2 i + \sin^2 i\right)\cos\left[\frac{2(1 - N_p)\pi}{T}\right]F \end{aligned} \tag{6.5}$$

其中,i 表示轨道倾角;N_p 表示轨道面数;T 表示星座卫星数量;F 表示 Walker

星座中的相位因子，其值小于单轨卫星数 N_{sat}。

为了确保异轨星间链路能够永久存在，要求在任意时刻，任意两颗卫星之间的星间链路长度不得大于星间链路与地球表面相切的星间链路长度，如图 6.1 所示。因此，M、N 还需要满足以下关系式：

$$(R+h)\sqrt{2k} < 2\sqrt{h^2+2hR} \tag{6.6}$$

$$(R+h)\sqrt{2-M+N} < 2\sqrt{h^2+2hR} \tag{6.7}$$

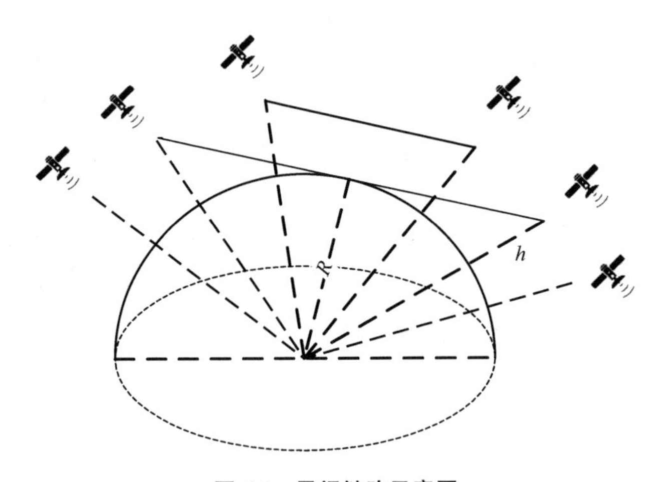

图 6.1　星间链路示意图

2. 星座覆盖指标

星座覆盖重数 I_{cov} 是衡量星座覆盖性能的重要指标[371]。星座对目标区域只有一次覆盖，即单重覆盖，星座多次覆盖目标区域即多重覆盖，如图 6.2 所示，图中重叠部分为二重覆盖。对于区域覆盖的星座，其覆盖性能要求比较高，因为要满足海量用户的信息服务与通信需求。区域覆盖星座如果只能满足一重覆盖，则很难满足区域用户的需求，大部分地区需要实现二重覆盖，有的地区甚至要求星座覆盖重数更高，这样才能保障地面用户的需求。星座覆盖重数主要由轨道高度、卫星数及轨道倾角决定。

星座覆盖指标是用以衡量全球覆盖性能的重要指标[121,372]。连续全球覆盖是指任意时刻，地球上的任意位置都确保有卫星对该区域进行覆盖。因为单颗卫星的覆盖范围有限，所以需要多颗卫星组成的星座进行无缝覆盖[373]。本书将地球表面积与单颗卫星表面积之比取整作为虚拟星座的卫星数量，即实际星

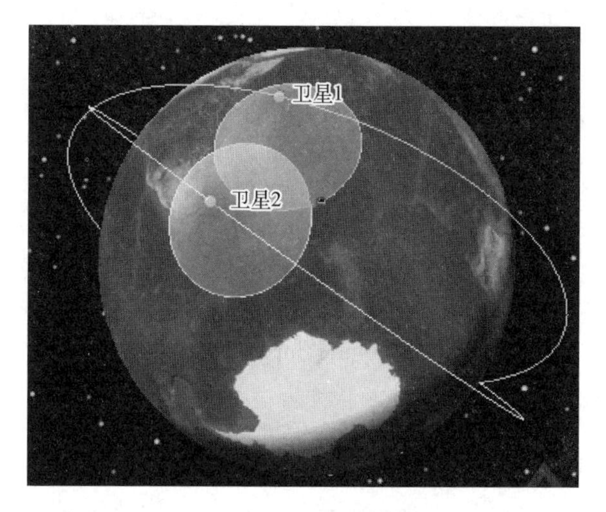

图 6.2　星座二重覆盖示意图

座构型中的标准卫星数。然后将标准卫星数与实际卫星数之比作为星座覆盖指标，该指标可以作为一种极轨星座对地覆盖性能的评价标准，其主要由卫星轨道高度、卫星数量及最小通信仰角决定。指标值越大，表明星座对地覆盖性能越好。

计算星座覆盖指标将每颗卫星面积等效为球面六边形面积，其示意图如图 6.3 所示[374]。因此，单颗卫星的覆盖面积的计算公式见式(6.8)。

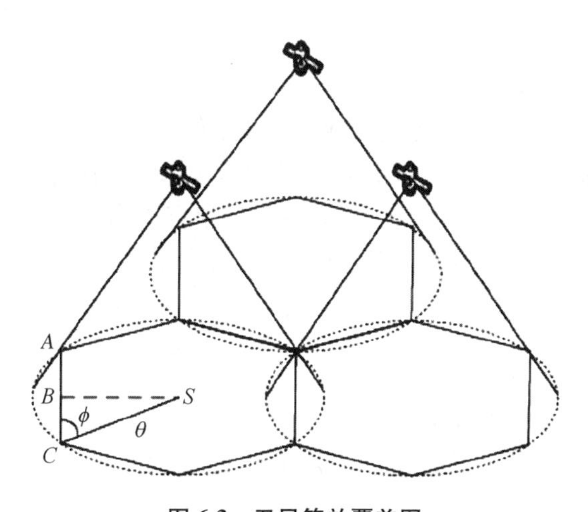

图 6.3　卫星等效覆盖图

$$S = 6R^2\left(2\phi - \frac{2\pi}{3}\right) \tag{6.8}$$

图 6.3 中，ϕ 为球面六边形内角的一半，其计算公式如下：

$$\phi = \arccos\left\{\frac{\cos[1 - \cos(2\overline{BC})]}{\sin\theta\sin(2\overline{BC})}\right\} \tag{6.9}$$

其中，

$$\overline{BC} = \arcsin\left(\frac{\sin\theta}{2}\right) \tag{6.10}$$

$$\theta = \arccos\left(\frac{R\cos\varepsilon}{R+h}\right) - \varepsilon \tag{6.11}$$

其中，ε 为最小通信仰角。地球的表面积为 $S_e = 4\pi R^2$，因此标准卫星数 N_s 可表示为

$$N_s = \frac{S_e}{S} \tag{6.12}$$

综合式(6.12)，可得星座覆盖指标 I 的表达式为

$$I = \frac{T}{N_s} \tag{6.13}$$

$$T = N_p N_{\text{sat}} \tag{6.14}$$

3. 卫星星座成本

卫星星座的成本是星座优化设计的重要指标[375]，在实际设计中，不仅需要考虑到星座中的卫星数量、卫星重量，还需要考虑星座的结构、卫星的轨道高度及火箭燃料等。为便于成本计算，下面将卫星星座成本分为空间段成本和地面段成本。其中，空间段成本包括卫星成本、发射成本及维护成本等，其值由轨道高度、卫星重量及卫星数量等决定，空间段成本关系式如下所示：

$$\text{CT}_{\text{space}} = T(1+\beta)(1+\alpha+0.000\,49h^{0.43})W_{\text{sat}} \tag{6.15}$$

其中，β 表示保险费用所占比例（一般取 0.2~0.4），本书取 0.3；α 表示飞行器重量与加载重量之比，一般取 1；W_{sat} 表示单颗卫星的质量，在优化的过程中，假定 W_{sat} 不变。

地面段的成本主要与地面站的数量及单个地面站的成本有关,其中地面站的个数与用户密度、轨道高度有关,归一化的地表用户密度 $P(\varphi)$ 如表 6.1 所示[376]。

表 6.1　归一化的地表用户密度

纬度/(°)	60~90	40~60	20~40	0~20	-20~0	-40~-20	-40~-90
$P(\varphi)$ /%	0.4	30	49.4	10.4	6.1	3.5	0.2

由于全球覆盖的特性,假定极轨道星座实现单重覆盖。因为高纬度地区的用户数量比较少,一个地面站对应一颗卫星就能满足用户的需求,因此取-40°~-90°纬度带的地面站个数作为整个星座的基础参考个数。其中,纬度带 A_G 的面积的计算公式如下所示:

$$A_G = \int 2\pi R^2 \cos \varphi \mathrm{d}\varphi \tag{6.16}$$

其中,φ 表示纬度,根据式(6.8)~式(6.11)计算的单颗卫星覆盖面积,则星座地面段成本关系可表示为

$$\mathrm{CT_{earth}} = \frac{\int_{-90°}^{90°} 2\pi R^2 \cos \varphi P(\varphi) \mathrm{d}\varphi}{0.002S} \mathrm{CT_{per}} \tag{6.17}$$

其中, $\mathrm{CT_{per}}$ 表示单个地面站的成本;S 为单颗卫星覆盖面积。星座的成本由空间段成本和地面段成本组成,因此星座成本关系式如下:

$$\mathrm{CT} = \mathrm{CT_{earth}} + \mathrm{CT_{space}} \tag{6.18}$$

4. 星座容量

星座容量是衡量星座通信服务的重要指标[377,378],广域覆盖的星座容量以星座吞吐量作为衡量指标。基于吞吐量的广域覆盖星座模型如图 6.4 所示,以每个用户就近接入星座中的卫星为前提,建立星地链路。星座的吞吐量模型由所有卫星的容量组成[379],其计算公式如下:

$$C_{\mathrm{total}} = \sum_{t=1}^{T} C \tag{6.19}$$

其中,T 为卫星总个数;C 为每颗卫星吞吐量。单颗卫星吞吐量的计算公式如下所示:

$$C = \frac{P_{\alpha_i} G_\alpha(\tau_{\alpha_i}) g_{\alpha_i}(v_{\alpha_i}) \left(\frac{\lambda}{4\pi d_{\alpha_i}}\right)^2 f_{\alpha_i} - I}{\text{SNR} \cdot kTR_s} \tag{6.20}$$

$$I = \sum_{\beta \in T,\, \beta \neq \alpha} P_{\beta_i} G_\beta(\tau_{\beta_i}) g_{\beta_i}(v_{\beta_i}) \left(\frac{\lambda}{4\pi d_{\beta_i}}\right)^2 \tag{6.21}$$

其中，α 表示服务卫星；β 表示其他卫星；P_i 表示卫星均分给地面站的发射功率；$G(\tau_i)$ 表示地面站接收天线增益；$g_i(v_i)$ 表示卫星发射天线增益，其值与卫星的通信仰角有关；f_i 表示其他损耗；d_i 表示地面站与卫星之间的距离，用于计算自由空间中的路径损耗；I 表示其他卫星对地面站的干扰[380]；SNR 表示地面站信噪比；k 表示玻尔兹曼常数，T 表示地面站终端噪声温度，两者的乘积 N_0 表示噪声功率谱密度；R_s 表示地面站数据传输速率[381]。

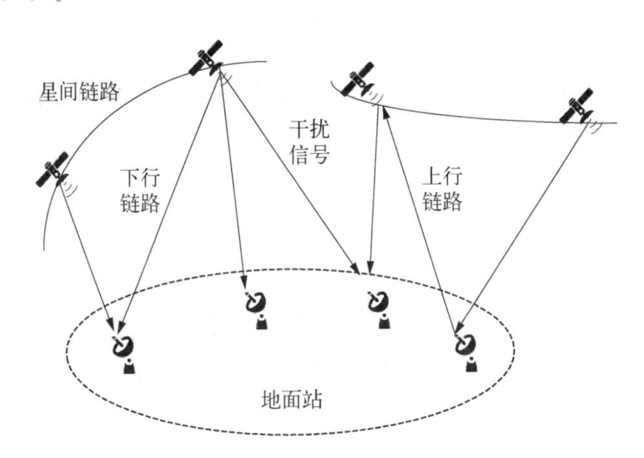

图 6.4　星座吞吐量模型

假定地面站只受可视卫星的干扰，则卫星与地面站间的最大干扰距离如图 6.5 所示，卫星与地球表面的切点连线距离即为最大干扰距离，其计算公式如下所示：

$$d_{\max} = \sqrt{(R + h)^2 - R^2} \tag{6.22}$$

假设 α 星下点的经纬度为(J_1，W_1)，地面站的经纬度为(J_2，W_2)，则地面站与卫星之间的距离 d_i 可表示为[382]

$$d_i = \sqrt{R^2 + \left(R \cdot 2\arcsin\sqrt{\sin^2 a + \cos W_1 \cos W_2 \sin^2 b}\right)^2} \tag{6.23}$$

其中，

$$a = \frac{J_1 - J_2}{2} \tag{6.24}$$

$$b = \frac{W_1 - W_2}{2} \tag{6.25}$$

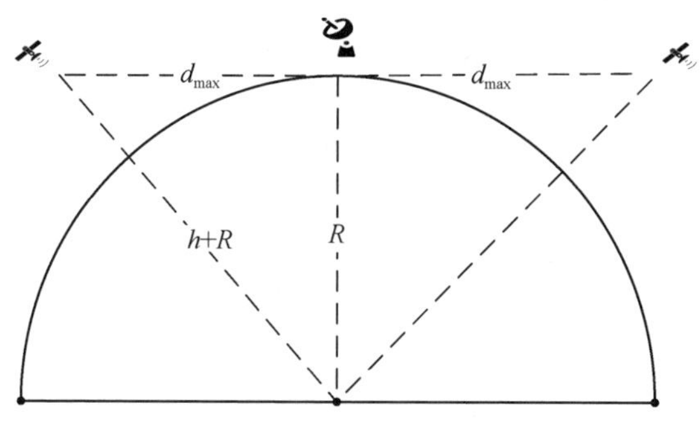

图 6.5　干扰模型

卫星对应的星下点位置可以由卫星的真近点角和升交点赤经确定，假设卫星经过升交点的时刻为 0 时刻，则卫星的星下点经纬度可以由真近点角和升交点赤经表示为[383]

$$J_1(t) = \Omega + \arctan(\cos i \tan \nu) - v_e t \pm \begin{cases} 0^\circ & (-90^\circ \leqslant \upsilon \leqslant 90^\circ) \\ 180^\circ & (\text{其他}) \end{cases} \tag{6.26}$$

$$W_1(t) = \arcsin(\sin i \sin \upsilon) \tag{6.27}$$

其中，Ω 为卫星的升交点赤经；ν 为 t 时刻卫星的真近点角；v_e 为地球的自转角速度；i 为卫星的轨道倾角，对于极轨星座，其对应的卫星轨道倾角为 90°。极轨道星座中卫星初始的升交点赤经和升交点角距可以由轨道面数及单轨卫星数表示：

$$\Omega_m = \frac{360}{N_p}(P_m - 1) \quad (P_m = 1, 2, \cdots, N_p) \tag{6.28}$$

$$\nu_m = \frac{360}{N_{sat}}(N_j - 1) \quad (N_j = 1, 2, \cdots, N_{sat} - 1) \tag{6.29}$$

6.1.2 区域覆盖星座设计

区域覆盖的星座设计将星座成本、星间链路长度和星座覆盖重数作为优化目标，结合常用的卫星优化参数建立优化模型，其主要目的是降低卫星星座部署成本，同时尽可能提高卫星星座的通信性能。考虑星座成本、星间链路长度和星座覆盖重数，区域覆盖的星座设计优化目标如下所示：

$$\min_{N_p,\ N_{\text{sat}},\ h,\ i,\ \varepsilon,\ F}(\text{CT},\ L,\ -I_{\text{cov}}) \tag{6.30}$$

$$\text{s.t.}\quad h_{\min} \leqslant h \leqslant h_{\max} \tag{6.31}$$

$$i_{\min} \leqslant i \leqslant i_{\max} \tag{6.32}$$

$$N_{p\min} \leqslant N_p \leqslant N_{p\max} \tag{6.33}$$

$$N_{\text{satmin}} \leqslant N_{\text{sat}} \leqslant N_{\text{satmax}} \tag{6.34}$$

$$0 \leqslant F \leqslant N_{\text{sat}} \tag{6.35}$$

其中，CT 表示星座成本；L 表示星间链路长度；I_{cov} 表示星座覆盖重数。式(6.31)~式(6.35)五个不等式表示星座优化目标的取值范围，包括卫星轨道高度 h、轨道倾角 i、单轨卫星数 N_p、轨道面数 N_{sat} 及相位因子 F。

1. 基于 NSGAⅡ算法的区域覆盖星座设计

基于非支配排序遗传算法Ⅱ(non-dominated sorting genetic algorithms－Ⅱ，NSGAⅡ)算法的区域覆盖星座设计的流程图如图 6.6 所示，其设计流程具体步骤如下所示。

(1)：随机初始化种群。

(2)：计算初始种群的目标函数值：CT、L、$-I_{\text{cov}}$。对产生的初始种群进行非支配排序，然后经过个体选择、染色体交叉及基因变异等操作，生成一个新的子代种群。

(3)：将第二代产生的子代种群与第一代生成的父代种群合并成一个新的种群。

(4)：进行快速非支配排序，实现等级的分层。

(5)：计算种群中个体的拥挤度大小。

(6)：根据步骤(4)和步骤(5)中的等级划分和个体的拥挤度关系，通过个体选择，生成一个新的父代种群。

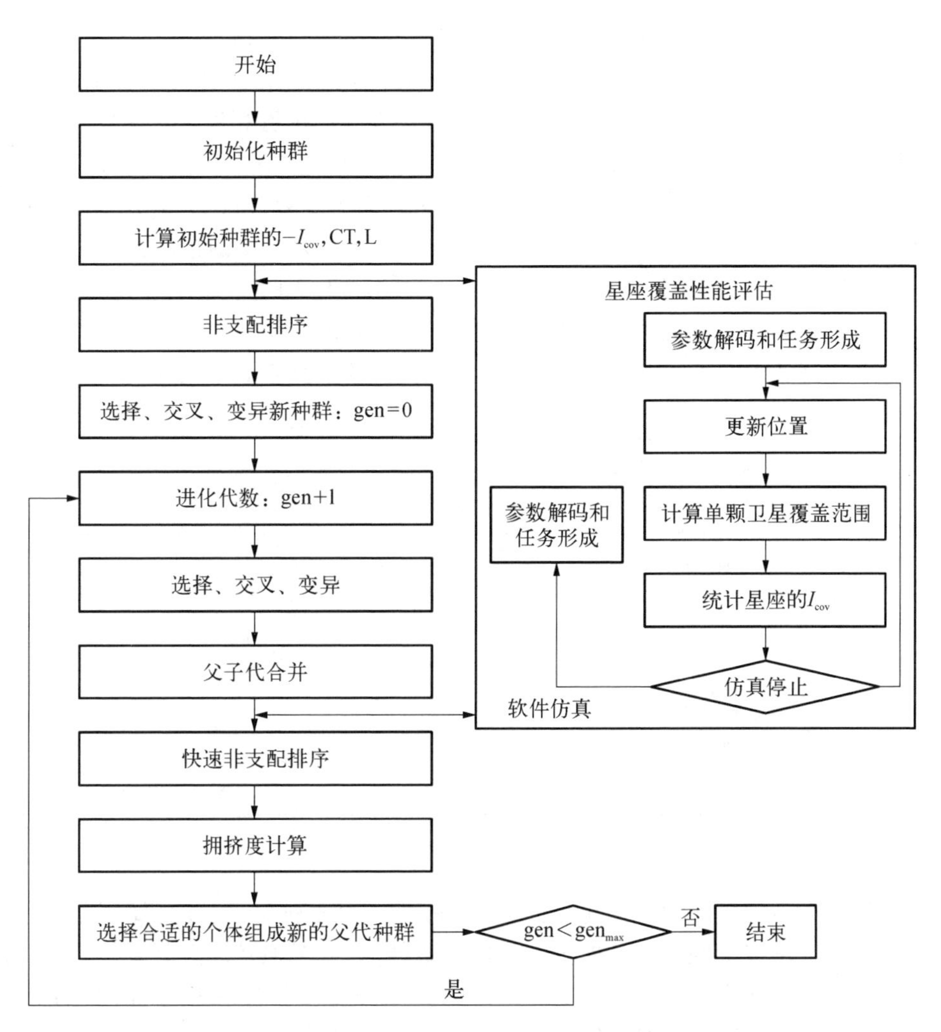

图 6.6　区域覆盖的星座设计流程图

(7)：判断进化代数 gen 是否达到最大值。如果是，过程结束，得到最优解；否则，继续执行步骤 3，重复执行整个流程。

(8)：通过仿真软件中的覆盖模块计算星座的 I_{cov}，更新步骤(2)和步骤(3)中的 $-I_{cov}$ 值。

2. 区域覆盖的星座设计相关参数设定

为了证明算法的有效性，下面对区域覆盖的星座设计进行参数设定，并与全球星通信系统进行性能对比。本书将东南亚作为目标区域,其纬度范围为10°S~28°26′N,经度范围为92°E~140°E。选取 Walker 星座作为基础星座,以椭圆倾斜轨道为基础模型,为避开范艾伦带的影响,轨道高度 h 限制在[500,1 500]km,其精度为 1 km;轨道倾角范围在[30°, 60°],其精度为 0.1°;卫星总数限制在 60 颗以内,轨道面数 N_p 不大于 10,其值为整数;单轨卫星数 N_{sat} 不超于 10 颗,其值为整数;相位因子 F 取整。根据上述决策变量的精度范围和取值范围,各决策变量在染色体上所占长度如下:[4/4/9/10/4]。卫星的质量和最小通信仰角与全球星通信系统相同,以便仿真结果的对比。

基于 NSGA Ⅱ 算法的区域覆盖星座设计的其他仿真参数如表 6.2 所示。

表 6.2 区域覆盖星座设计仿真参数

算法相关参数	值/方式
染色体长度	40
最大遗传代数	100
基因交叉概率	0.6
基因变异概率	0.2
染色体编码方式	二进制
二进制编码长度	38
选择策略	竞标赛

3. 仿真结果分析

区域覆盖的星座设计优化目标是提高星座通信性能,同时使区域覆盖的星座成本最小。以星间链路长度为主要参考条件,综合考虑其他限制条件。根据前面提出的优化方案,结合 NSGA Ⅱ 算法,区域覆盖的星座构型图如图 6.7 所示,该星座由 45 颗卫星组成,一共有 5 个轨道倾角为 45.8°的轨道面,每个轨道面有 9 颗卫星,轨道高度为 924 km,相位因子为 2。为了证明星座设计的有效性,与全球星系统进行对比[384]。全球星系统采用 Walker 星座作为基础构型,共有 48 颗卫星,由 8 个轨道面组成,每个轨道面有 6 颗卫星,轨道倾角为 52°,轨道高度为 1 414 km,卫星的质量为 450 kg,最小通信仰角为 10°。

在星间链路长度受星座通信性能限制的情况下,区域覆盖星座设计方案能够满足星间链路存在且星间链路长度相对较小的条件。如果全球星系统存在星间链路,则两种星座的星间链路长度对比如图 6.8 所示。从图中可以看出,本

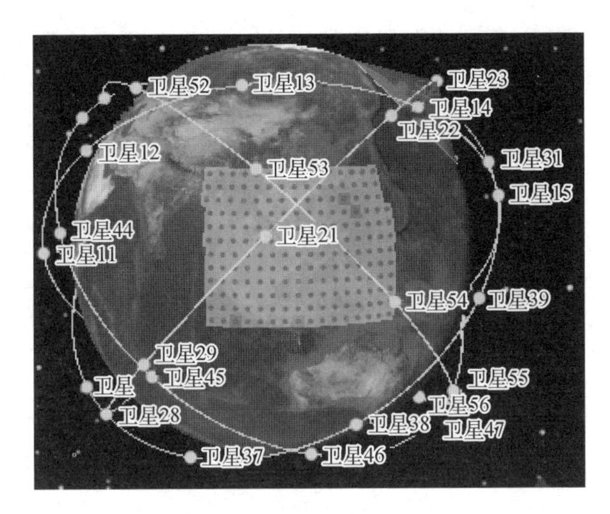

图 6.7 区域覆盖的星座构型

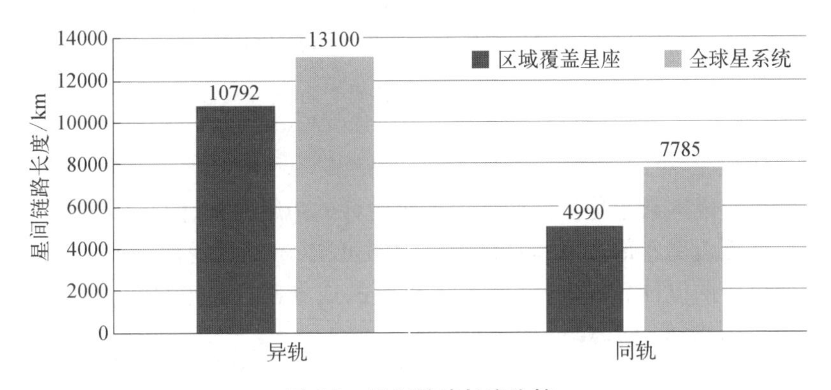

图 6.8 星间链路长度比较

书所设计的区域覆盖星座的不同轨道的星间链路长度比全球星系统小 17.6%，同一轨道的星间链路长度比全球星系统小 35%，进一步说明所设计的区域覆盖星座通信性能的优越性。

此外，为了说明该星座设计方案在目标区域的有效性，接下来从星座成本和星座覆盖性能的角度将其与全球星系统进行比较。

1）覆盖性能分析

覆盖性能是星座设计的重要指标，图 6.9 分别展示了全球星系统和区域覆盖星座对目标区域的覆盖性能。从图中可以看出，全球星系统的平均覆盖重数可以达到 3.5 重，区域覆盖星座的平均覆盖重数可以达到 3 重，两者相差不大，因此区域覆盖星座也能满足目标区域内通信用户的需求，避免通信资源浪费。

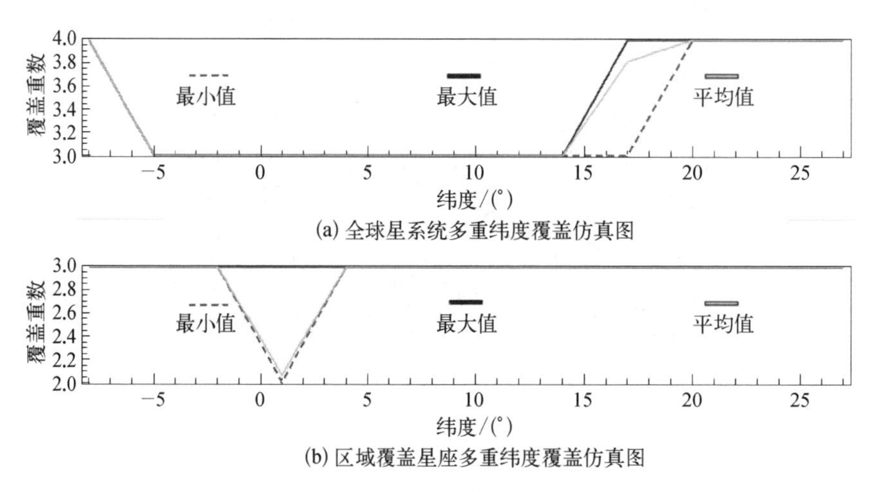

(a) 全球星系统多重纬度覆盖仿真图

(b) 区域覆盖星座多重纬度覆盖仿真图

图 6.9 多重覆盖仿真对比图

2）星座成本对比

实现星座成本最小化是区域覆盖星座设计的最终目标，图 6.10 表示全球星系统和区域覆盖星座部署成本对比图。由图可知，不论是地面段成本还是空间段成本及星座的设计总成本，区域覆盖星座的成本都低于全球星系统，满足本书设计的目标，降低了星座设计的相关成本。

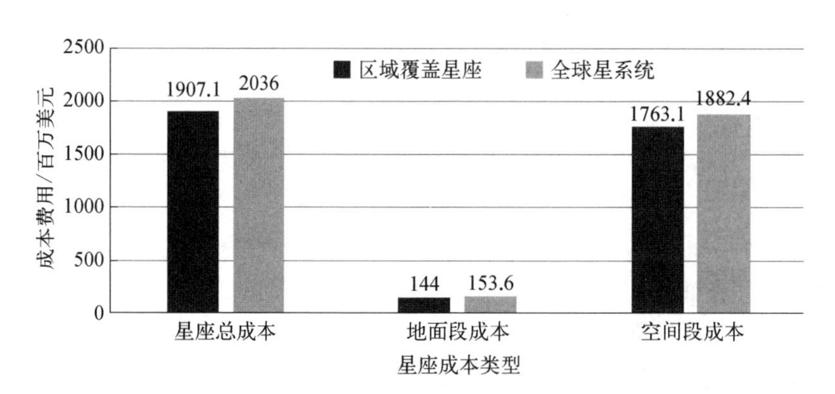

图 6.10 星座成本对比图

6.1.3　广域覆盖星座设计

广域覆盖的星座设计，将星座容量、星座覆盖指标和星座成本作为优化目标，结合极轨道基本参数建立优化模型，其主要目的是设计一种星座容量较大、星座成本较小及星座覆盖指标较好的卫星星座。广域覆盖的星座设计优化目标如下所示：

$$\min_{N_p,\ N_{\mathrm{sat}},\ h} (\mathrm{CT},\ -C_{\mathrm{total}},\ -I) \tag{6.36}$$

$$\text{s.t.}\quad h_{\min} \leqslant h \leqslant h_{\max} \tag{6.37}$$

$$N_{p\min} \leqslant N_p \leqslant N_{p\max} \tag{6.38}$$

$$N_{\mathrm{satmin}} \leqslant N_{\mathrm{sat}} \leqslant N_{\mathrm{satmax}} \tag{6.39}$$

其中，CT 表示星座成本；C_{total} 表示星座容量；I 表示星座覆盖指标。式(6.37)~式(6.39)表示星座优化目标的取值范围，包括轨道高度 h、单轨卫星数 N_p 及轨道面数 N_{sat}。

1. 基于 NSGA Ⅱ 算法的广域覆盖星座设计

基于 NSGA Ⅱ 算法的全球覆盖星座设计具体流程如下所示。

(1) 染色体编码。卫星星座优化设计的决策变量为轨道面数、单轨卫星数和轨道高度。种群中个体的染色体由决策变量编码组成，其中每个决策变量的取值范围和精度范围决定其在染色体上的长度，其编码方式如下所示：

$$X = [N_p,\ N_{\mathrm{sat}},\ h] \tag{6.40}$$

(2) 非支配排序。星座设计的优化目标是星座覆盖指标、星座成本和星座容量。对于初始种群中的个体，逐一计算每个个体的优化目标值，并进行逐一比较，确定个体之间的支配与被支配关系，将被支配个体放入被支配集合中，然后在被支配集合中重复非支配排序。最后，将初始种群中的个体划分到不同的集合中。

(3) 个体选择。常见的个体选择方法有轮盘赌选择法、竞标赛选择法及随机遍历抽样法。此处采用竞标赛选择方法，每次从种群中随机选择两个个体进行排序等级和拥挤度的比较，对排序等级高的个体进行优先选择，其次考虑拥挤度比较高的个体。

(4) 染色体交叉。染色体交叉是指染色体在配对时，基因片段以一定概率进行交换，使种群产生新的个体，让星座优化设计问题具有更多优解。采用线性重组的方法对染色体进行交叉，其计算方法如式(6.41)所示。

$$\begin{cases} X^{t+1} = \delta X^t + (1-\varepsilon)Y^t \\ Y^{t+1} = (1-\delta)X^t + \varepsilon Y^t \end{cases} \tag{6.41}$$

其中，X^t 和 Y^t表示种群交叉前的父代个体；X^{t+1} 和 Y^{t+1}表示种群交叉后产生的个体；δ 和 ε 表示交叉因子，取值范围为[0, 1]。

（5）基因变异。基因变异可以丰富种群的多样性。基因变异由概率决定，根据概率随机决定基因片段上变异的位置和变异的参数，本书采用单点变异的方法。

（6）快速非支配排序。对种群中的每一个个体的非支配关系进行计算，得到个体的支配个数及支配的解的集合，其计算复杂度为 $O(mN^2)$。该算法实现了对种群等级的快速划分。

（7）拥挤度计算。对于划分的每个集合，根据目标函数值对该等级的个体进行排序，根据排序结果重新划分等级，并计算出个体的拥挤度值。将排序后的两个边界的拥挤度设为 ∞。

（8）精英保留策略。将生成的子代种群和上一代种群合并生成一个新的种群，并按以下两个规则对新的种群进行操作：① 根据非支配排序产生的个体等级分层顺序放入新的种群中，直至某层中的个体不能完全放入新的种群中；② 对每层中的个体按照拥挤度大小关系在新的种群中进行填充，直至新的种群不能放入新的个体时结束对种群的填充。

（9）经过染色体的选择、交叉和变异，产生新的种群，重复以上步骤，直至达到所设置的最大遗传代数，并得到最优解集。

2. 广域覆盖的星座设计相关参数设定

广域覆盖的星座为实现全球覆盖的目标，选取极轨道星座作为基础星座，极轨道星座可以满足南北两极的覆盖需求；假设卫星在轨运行时，其相对位置不变，星间链路搭建简单，并以全球各个区域都可以建设地面站为基本前提。为尽可能降低星座成本，星座的卫星总数量控制在 100 颗以内，轨道面数和单轨卫星数控制在 10 以内，为避开空气阻力和范艾伦内辐射带的影响，卫星的轨道高度范围取 500~1 500 km，根据其决策变量的精度范围和取值范围，各决策变量在染色体上所占长度为[4/4/10]。星座的卫星质量和最小通信仰角取铱星的值，以便于仿真结果的比较。

基于 NSGA Ⅱ 算法的广域覆盖星座设计的其余仿真参数如表 6.3 所示，星地链路仿真参数参考表 6.4。

表 6.3　广域覆盖星座设计仿真参数表

算法相关参数	值/方式
染色体长度	30
最大遗传代数	60
基因交叉概率	0.8
基因变异概率	0.2
染色体编码方式	二进制
二进制编码长度	28
选择策略	竞标赛

表 6.4　星地链路仿真参数设置

仿 真 参 数	符　号	数　值
地面站终端速率	R_s	1.5×10^6 bit/s
下行链路频率	f	40 GHz
地面站终端信噪比	SNR	5 dB
地面站终端天线增益	g	40 dB
地面站终端系统噪声温度	T	130 K
等效全向辐射功率	P	50 dB
雨衰+其他链路衰减	L_M	−5 dB

3. 仿真结果分析

算法经过 60 次迭代后,得到 30 个满足条件的帕累托(Pareto)最优解。根据星座容量、覆盖性能指标和星座成本在星座设计中所占权重的不同,下面提出 4 种不同的星座设计方案,如表 6.5 所示。方案 Ⅰ 中主要考虑星座成本,星座容量和星座覆盖指标作为次要因素;方案 Ⅱ 中主要考虑星座容量,星座成本和星座覆盖指标作为次要因素;方案 Ⅲ 中主要考虑星座覆盖指标,星座成本和星座容量作为次要因素;方案Ⅳ中均衡考虑星座覆盖指标,星座成本和星座容量。为证明所提星座设计方案的有效性,在星座设计指标下与铱星系统进行对比验证。铱星系统采用近极轨道星座作为基础构型,共有 66 颗卫星,由 6 个卫星轨道面组成,每个卫星轨道面有 11 颗卫星,轨道高度为 785 km,卫星的质量为 700 kg,最小通信仰角为 8.2°[385]。

表 6.5 不同星座设计方案

星座设计方案	轨道面数 N_p	单轨卫星数 N_{sat}	轨道高度 h /km
Ⅰ方案	6	8	686
Ⅱ方案	10	7	516
Ⅲ方案	8	10	1 454
Ⅳ方案	7	9	698
铱星星座	6	11	785

接下来将从星座覆盖性能、星座成本及星座容量三个角度对所设计的四个星座方案及铱星系统进行对比分析,说明设计方案的可行性。

1) 星座覆盖指标对比

星座覆盖指标是评价星座对地覆盖性能的指标。不同设计方案下的星座覆盖指标如图 6.11 所示,可以看出方案Ⅲ的星座覆盖指标明显优于铱星星座,其星座覆盖指标值为 4,其余 3 种方案均低于铱星星座,但星座覆盖指标都大于 1,都能满足星座的对地覆盖要求。

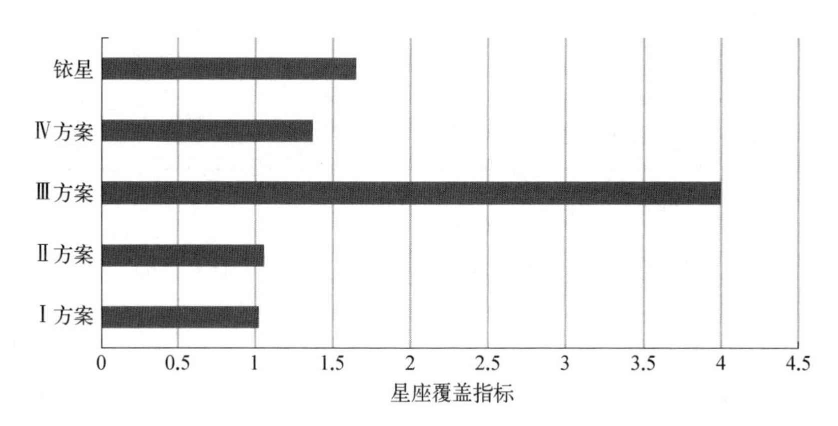

图 6.11 星座覆盖指标对比图

下面利用仿真软件对以上四种方案及铱星星座的覆盖性能进行仿真分析。如图 6.12 所示,分别是四种方案及铱星星座对地覆盖时间仿真图(仅限民用空中巡逻)。从图中可以看出仍然是方案Ⅲ的对地覆盖时间大于铱星系统,在任意纬度都能达到 100%的覆盖,其余 3 种星座对应的优先顺序依次是方案Ⅳ、方案Ⅱ和方案Ⅰ,且其余三种星座设计方案和铱星系统在高纬度地区的对地覆盖时间明显大于低纬度地区的对地覆盖时间。

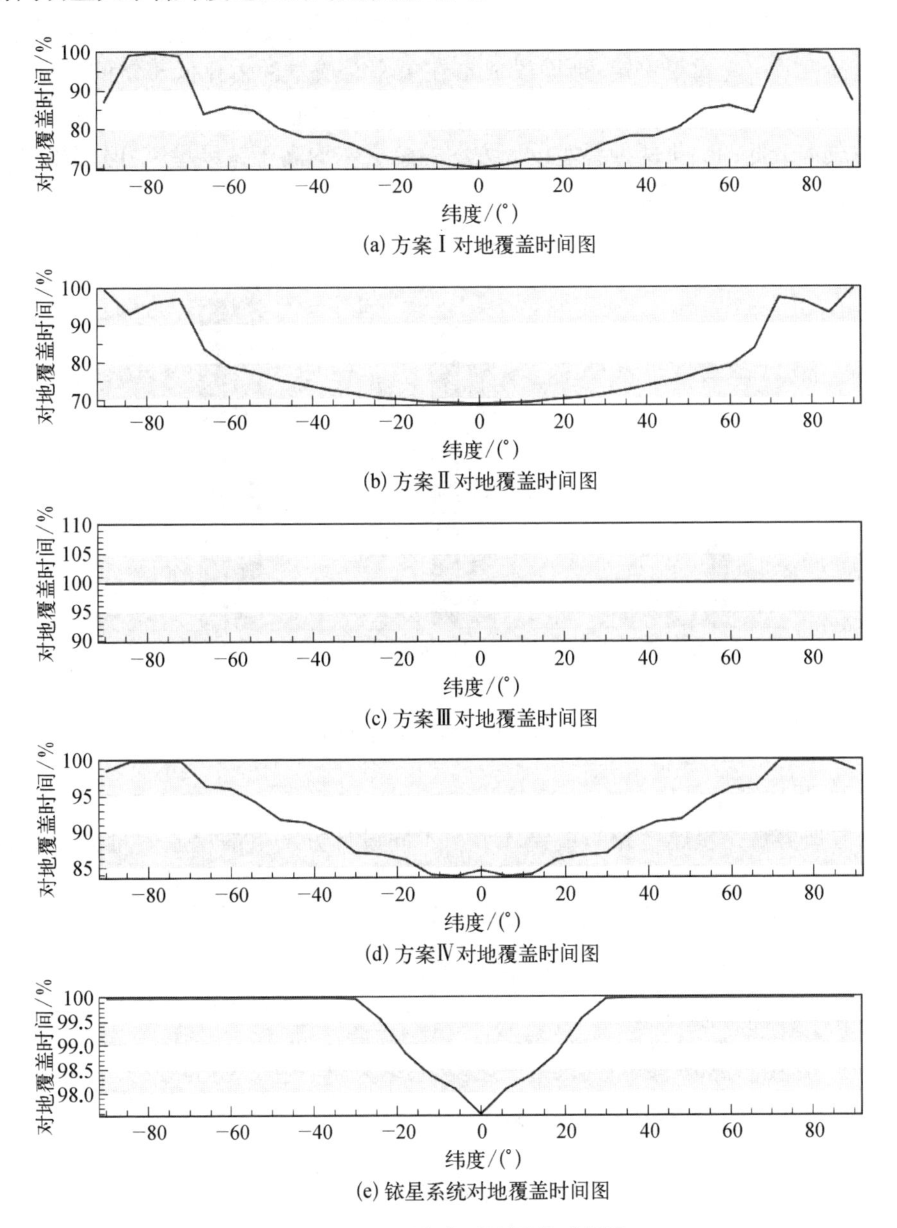

图 6.12　不同方案对地覆盖时间图

2）星座成本对比

星座成本是衡量星座设计的一项重要指标。不同设计方案下的星座成本如图 6.13 所示,可以看出星座成本主要取决于空间段成本,该成本由卫星数量、轨道高度及卫星重量决定;地面段成本在星座总成本的占比低于空间段成本。本书所提出的Ⅰ、Ⅳ两种星座设计方案的总成本均低于铱星星座,其中方案Ⅰ的总成本最低;Ⅱ、Ⅲ两种星座设计方案的总成本均高于铱星星座,但都相差不大,在可以接受的范围内。

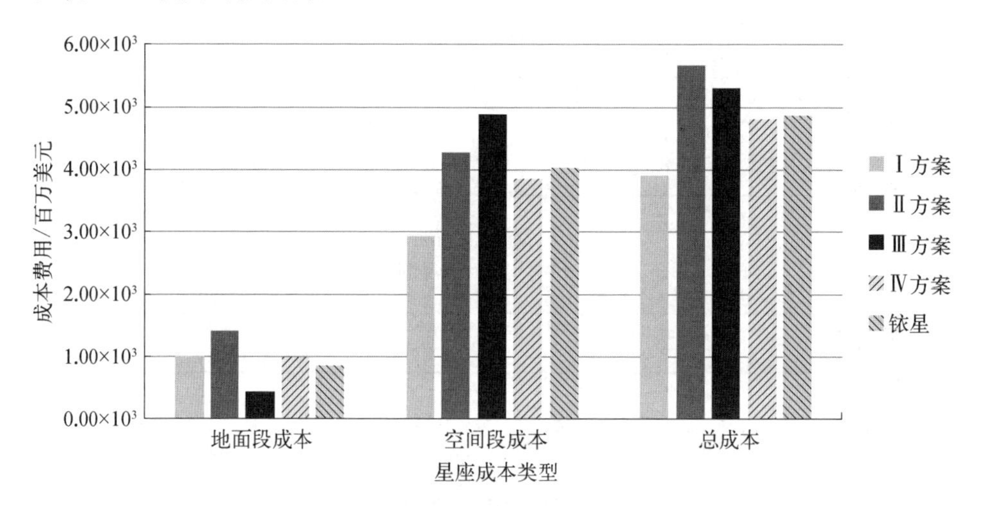

图 6.13 星座成本对比图

3）星座容量分析

星座容量是星座设计的重要环节。不同设计方案下的星座容量如图 6.14

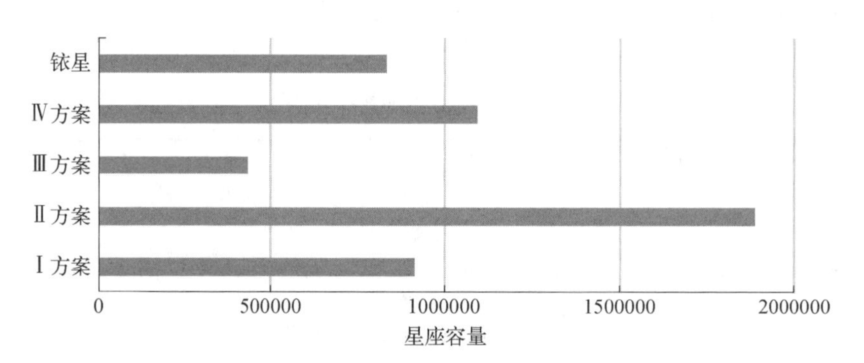

图 6.14 星座容量对比图

所示,可以看出只有方案Ⅲ的星座容量明显低于铱星星座,约是铱星星座的一半;其余 3 种星座设计方案的星座容量均高于铱星星座,其中方案Ⅱ的星座容量明显高于铱星星座,约为铱星星座的 2 倍;其次,方案Ⅳ的星座容量大于方案Ⅰ。

6.2 天基 DCS 的多址接入技术

目前,多址接入技术已成为卫星通信网络中的一个热点问题。多址接入技术是为避免用户数据包碰撞问题,提高信道利用率而提出的一种多用户高效共享信道的技术。多址接入技术目前主要分为固定多址接入技术和随机多址接入技术。固定多址接入技术虽然能够满足话音与连续数据流业务的要求,但是对于短突发数据业务,其信道效率较低,因此还需要考虑如何解决短突发数据业务问题。随机多址接入技术具有很高的灵活性和较低的信令开销,因此有望成为卫星通信中的主要接入技术。

传统的 Aloha 协议最早由夏威夷大学团队提出,用来解决夏威夷群岛间的通信问题[386]。在此协议中,系统用户之间无须协调,只需数据分组到达就可以立即发送。如果在传输过程中,数据包发生碰撞,就需要重新发送。因为数据包随机发送,导致数据包碰撞率非常高,进一步造成系统吞吐率严重下降,其最高吞吐率只有 18.4%,因此相关学者提出了一系列改进的 Aloha 协议。时隙 Aloha(slotted-Aloha, SA)于 1975 年提出,通过引入时隙的概念,规定数据包只在时隙的开始时才能发送,解决了数据包部分冲突的问题,将系统的吞吐量提高了一倍[387],但是其吞吐量仍然较低。因此,在时隙 Aloha 的基础上,人们进一步提出了帧时隙 Aloha(framed slotted Aloha, FSA),把多个时隙组成一个帧,用户在每帧内随机选择一个时隙发送信息,如果发生冲突,用户就在下一帧重新选择时隙发送[388],但是吞吐量仍然比较低。之后一些学者还提出扩频 Aloha(spread spectrum Aloha,SSA)[389]、分集时隙 Aloha(diversity slotted Aloha, DSA)[390]等。相比 Aloha 协议,虽然这些协议的吞吐量有所提高,但提高幅度不大。

2010 年,相关学者提出一种基于争用解决的分集时隙 Aloha(contention resolution diversity slotted Aloha, CRDSA),将干扰消除(interference cancellation, IC)算法引入随机多址协议中。该方法充分利用发生碰撞的数据包中含有的信息,在一定程度上改善了丢包率,降低了传输时延,显著提高了系统的吞吐率[10]。

但是 CRDSA 需要所有用户在发送信息前做到时隙同步,而对于大型卫星通信网络,这将耗费较大的资源[391]。因此,相关学者提出一个增强版的 CRDSA 协议(CRDSA++),该协议通过增加发送数据分组的次数,进一步提高随机接入协议的吞吐量[392]。一些学者对 CRDSA 协议和改进的 CRDSA 协议进行了相关分析,并得出副本数为 3 的 CRDSA 协议的整体性能较好,并在此基础上展开了适用于低轨卫星物联网多址接入协议的研究[12]。一些学者在 CRDSA 的基础上提出了一种不规则重复时隙 Aloha(irregular repetition slotted Aloha, IRSA)。与 CRDSA 相比,IRSA 提升了最大吞吐量[11]。

以上研究虽然能够解决短突发数据业务问题,但是存在吞吐量较低及接入用户数较少的问题,面对天基物联网系统海量的用户接入问题,需要在 IRSA 的基础上展开研究,提高系统吞吐率及扩大接入用户数,进一步为天基物联网系统的多址接入技术提供参考。

6.2.1 固定多址接入技术研究与设计

固定多址接入技术种类的选择,需要根据实际情况及通信任务需求来决定,有时出于任务场景的需要,还需要考虑将多种固定多址接入技术结合起来,形成混合多址接入技术。目前,常见的混合多址接入技术有两种: FDMA+TDMA 的混合多址接入技术和 CDMA+TDMA 的混合多址接入技术。

如果考虑用户量大、单条报文数据量较少、功耗体积受限等因素,采用 FDMA+TDMA 体制比较适合;如果考虑抗干扰、安全性、系统同步等因素,采用 CDMA+TDMA 体制比较适合。

本书提出一种空时频码(SDMA+FDMA+TDMA+CDMA)混合多址接入技术的构想,以提升系统的容量,可靠性和抗干扰能力。混合多址接入技术以空分多址(space division multiple access, SDMA)为主,实现卫星区域划分,并利用卫星多波束技术,进行频分码分时分复用,形成卫星蜂窝覆盖的概念,如图 6.15 所示。

对于同一卫星,根据不同波束覆盖区域的信息要求,对区域内的信息进行时分多址,即对区域内的信道进行时隙规划,设置任务中心节点;对不同的波束进行频分多址,即不同波束选择不同工作频点;对传输通道划分子信道,并设置保护间隔。对区域内的信息和波束进行码分多址,对相同的使用频带,不同的用户信息采用跳频扩频技术;对同一时隙,采用直接序列扩频技术,以区分不同的用户信息。

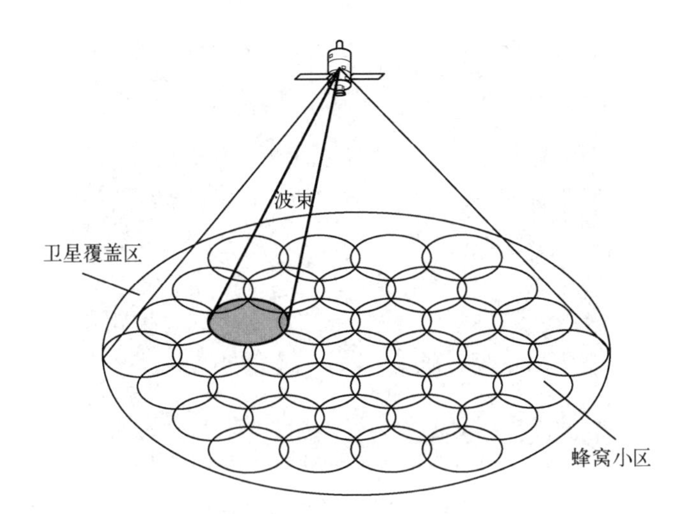

图 6.15　多波束蜂窝覆盖

在同一颗卫星中,混合多址接入技术 FDMA 可以利用波束的不同角度降低频点的占用,同时避免不同波束之间的干扰。如图 6.16 所示,对于同一卫星覆盖区域,可以采用 4 种不同频点,即频率复用次数 $K=4$。相同频率小区中心距离 D 可以表示为

$$D=\sqrt{3K}R \tag{6.42}$$

其中,R 表示波束覆盖圆半径,由覆盖张角和轨道高度决定。

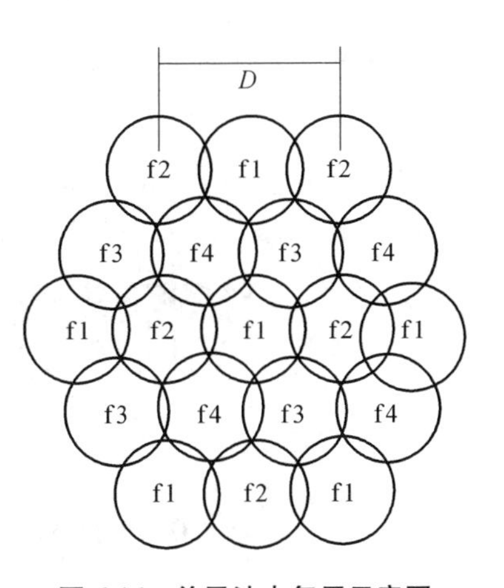

图 6.16　单星波束复用示意图

对于相邻轨道面上的卫星覆盖重合区,可以采用不同的频率组,避免卫星覆盖重叠部分之间的干扰问题。如图 6.17 所示,不同的颜色代表不同的频点,覆盖重叠部分无频率之间的干扰,在保障波束覆盖区域通信质量的同时提高卫星频率利用率。

根据覆盖区域内的通信业务需求,混合多址接入技术——TDMA 可以划分为以下三类。

(1) 低频短报文业务。对于覆盖区域内的大部分目标,其实时性要求不高,传输数据量比较小,但目标需求量大,因此可以设置低频短报文业务。

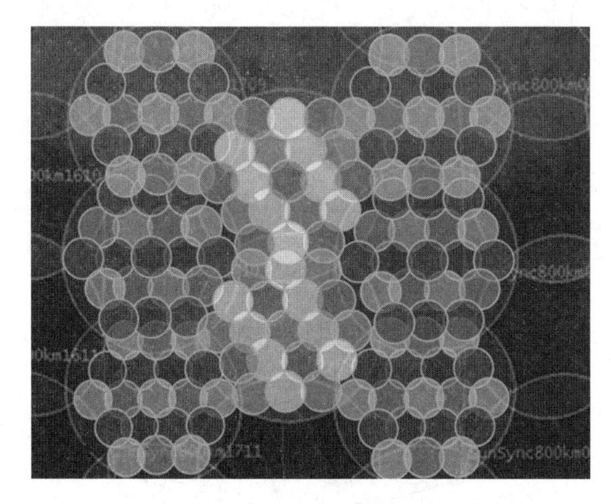

图 6.17 波束频率划分示意图

如图 6.18 所示，将 TDMA 传输的一帧划分为 2 250 个时隙，每个时隙的时长为 106.67 ms，对应的报文字节和码速率分别为 32 字节和 2 400 bit/s，则 TDMA 内一帧的时长为 4 min，能够满足低频短报文业务的需求。

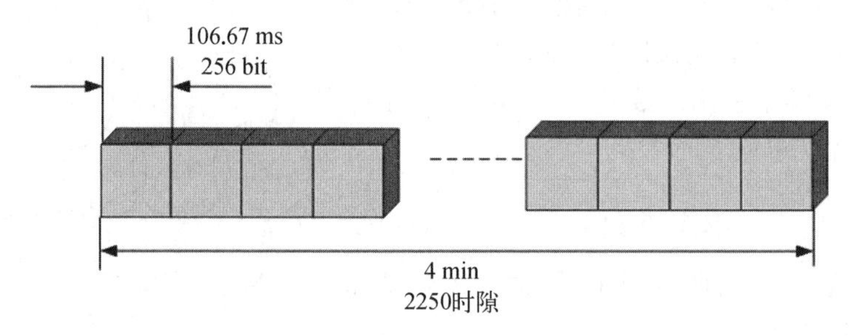

图 6.18 低频短报文业务接收 TDMA 多址接入帧结构图

（2）高频短报文业务。对于覆盖区域内的某些业务，实时性要求高，需要提供秒级的响应时间，因此需要设置高频短报文业务，满足业务的实时性需求。

如图 6.19 所示，每个时隙的时长仍为 106.67 ms，对应的报文字节和码速率分别为 32 字节和 2 400 bit/s，其中 TDMA 每帧对应的时隙个数为 75 个，则一帧的时长为 8 s，能够满足高频短报文业务的需求。

（3）中长报文业务。对于覆盖区域内的部分目标，其单条报文的数据量较长，采用短报文连发模式时效率较低（打包开销过大），可以采取中长报文格式进行报文传输。如采用 140 字节，去除 12 字节（96 bit）的打包开销，可以单条传

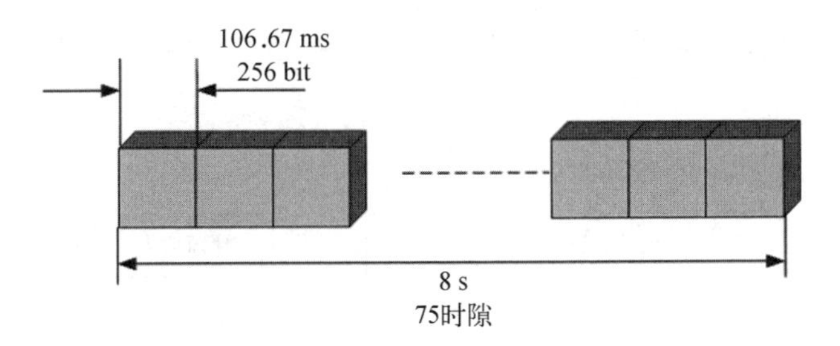

图 6.19　高频短报文业务接收 TDMA 多址接入帧结构图

输 128 字节,传输效率超过 91%。如果报文长度需要更长,可采用多条长报文连发的方式,传输效率不变。

如图 6.20 所示,将 TDMA 传输的一帧划分为 900 个时隙,将每个时隙的时长改为 466.67 ms,则 TDMA 内一帧的时长为 7 min,对应的报文字节和码速率分别为 140 字节和 2 400 bit/s。

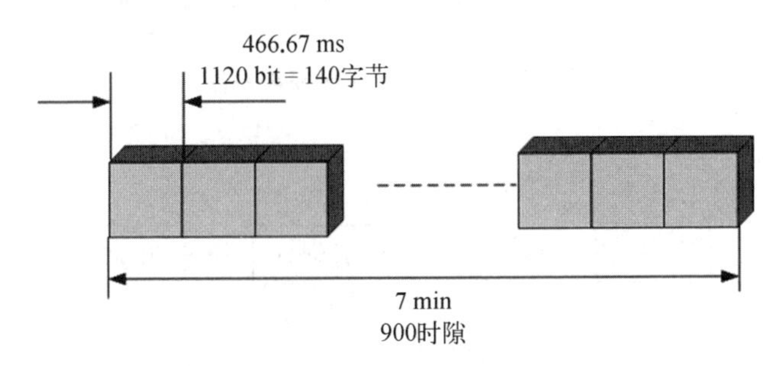

图 6.20　中长报文业务 TDMA 多址接入帧结构图

混合多址接入技术——CDMA 利用伪随机码进行相关运算后实现不同用户之间的区分,具有一定的抗干扰能力,对使用相同时隙的用户信息流采用直接序列扩频,在发射端的扩频数据流由信息流和伪随机码做模 2 加法产生,产生的扩频数据流和载波一起进行调制,随后通过射频放大发送,在接收端,射频接收的信号数据与本振信号进行下变频,然后与同步的本地伪码一起进行解扩运算,剥离伪码,最后实现信号的解调,其对应的系统框图如图 6.21 所示。

为有效克服同道干扰和多径衰落,对使用相同频点的用户信息采用跳频扩频技术。在发送端,利用伪随机码结合频率合成器对数据流进行跳频扩频处理,处理后的数据流经过带通滤波器和射频放大后发送;在接收端,射频接收的信号数据采用与发送端相同的方法进行跳频扩频处理,实现系统的同步,最后实现发送端和接收端之间的通信。跳频扩频的系统框图如图 6.22 所示。

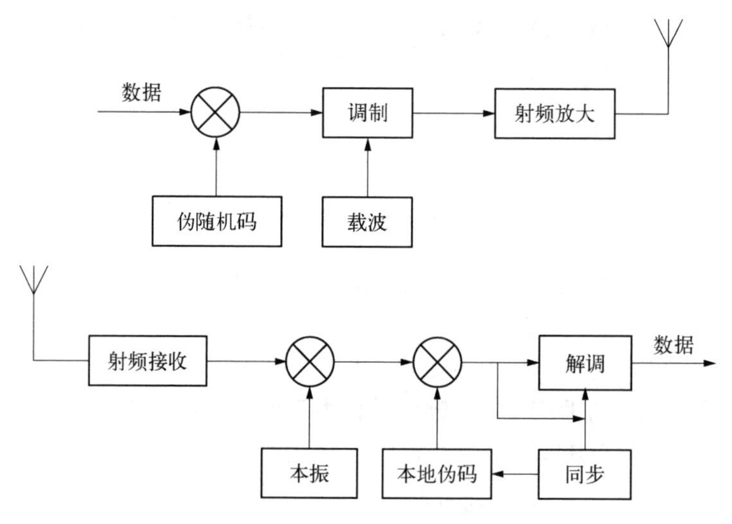

图 6.21 直接序列扩频系统框图

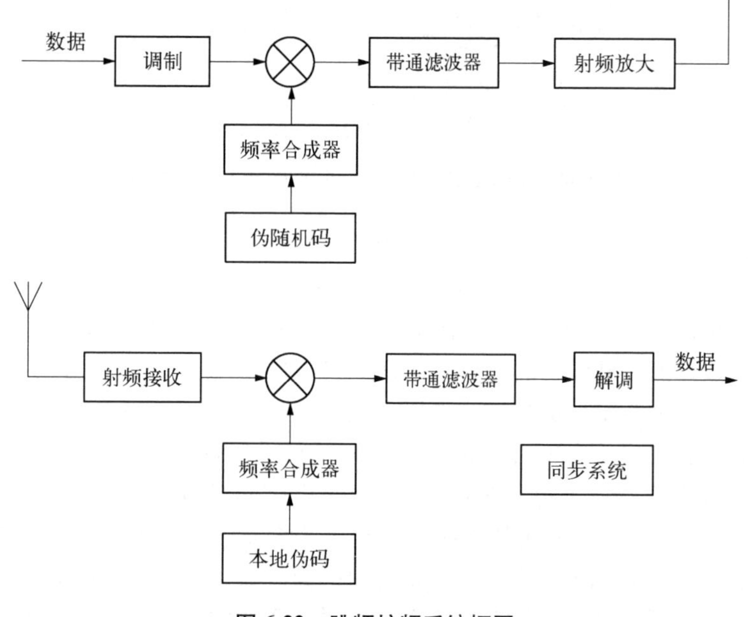

图 6.22 跳频扩频系统框图

对于设计的区域覆盖星座，一共有 45 颗卫星，假设每颗卫星的波束为 16，相邻卫星之间采用不同频率组进行数据传输，一组频率组中含有 4 个不同的频点，即整个星座中一共有 8 个不同的频点，根据 TDMA 中接入业务的不同需求，将其中 1 个频点划分给中长报文业务，其余 7 个频点划分给短报文业务，并采用 12 组伪随机码对用户数据进行扩频调制。

在码速率为 2 400 bit/s 的条件下，区域覆盖的星座系统理论容量如表 6.6 所示。由表可以看出，理论上，星座的短报文业务一天能够达到 61 亿的容量，中长报文业务一天能够达到 2 亿的容量。考虑到实际情况，系统存在一定的丢包率和空闲时隙，星座的短报文业务一天也能实现 10 亿级的容量，长报文业务也能实现千万级的容量，完全能够满足星座区域覆盖内的用户通信需求。如果能够申请到更高的业务频段，可以划分出更多信道供用户使用，进一步提升系统的容量。除此之外，采用 CDMA 技术对用户数据进行扩频及利用多波束技术进行频率复用，可以很好地保障用户数据的安全性和稳定性。

表 6.6　系统理论容量

业务类型	发射间隔	区域覆盖星座对地波束组成蜂窝分区的容量
短报文业务	4 min	1 700 万
	1 h	2.55 亿
	1 天	61 亿
中长报文业务	7 min	97 万
	1 h	833 万
	1 天	2 亿

6.2.2　CRDSA 技术研究与设计

虽然固定多址接入技术容量高、丢包率低，且具有一定的抗干扰性，但是无法处理短突发数据业务，因此还需进一步研究随机多址接入技术。随机多址接入技术中，每个用户自主随机抢占信道资源，其关键点在于如何解决时隙中用户数据包碰撞导致系统吞吐率低的问题，同时降低系统的开销成本。随机多址接入技术具有灵活性，尤其适用于短突发数据业务，目前研究较多的是 CRDSA

技术和 IRSA 技术。

CRDSA 将迭代干扰消除技术引入多址接入协议中，采用两个数据包副本进行发送，并在每个数据包副本中加入能够识别位置信息的指针，即每个数据包副本包含其他相同数据包副本的时隙位置信息。如图 6.23 所示为 CRDSA 工作原理，只有用户 1 的数据包 1 被成功接收，其他用户的数据包均发生冲突，但是通过迭代干扰消除技术，可以利用成功接收的用户 1 的数据包 1 来得到另一个数据包 1 的位置信息，然后重构出时隙 3 中的数据包 1 的信息，并将其减去，得到用户 2 的数据包 1。虽然通过迭代干扰消除技术能够解决很多发生冲突的数据包，但是仍有一部分发送的数据包无法得到，如用户 1 的数据包 2 和用户 3 的数据包 1。假设系统的归一化负载为 G，时隙数为 M，最大迭代干扰代数为 N_{iter}，则 CRDSA 的吞吐率可表示为

$$
\begin{aligned}
S &= GP_{pd}(N_{\text{iter}} \mid G) = G(1 - \{[1 - P_{pd}^{A}(N_{\text{iter}} \mid G)]^2\}) \\
&= G\left(1 - \left\{\left[1 - \left(1 - \frac{2}{M}\right)^{GM-1} + \sum_{i=1}^{GM-1} \binom{GM-1}{i} \left(\frac{2}{M}\right)^{i} \left(1 - \frac{2}{M}\right)^{GM-1-i}\right] P_{pd}^{A}(N_{\text{iter}} - 1 \mid G)\right\}^2\right)
\end{aligned}
\tag{6.43}
$$

其中，$P_{pd}(N_{\text{iter}} \mid G)$ 表示一定条件下，用户数据包被成功识别出的概率；$P_{pd}^{A}(N_{\text{iter}} \mid G)$ 表示副本数据包 A 被成功识别的概率；$P_{pd}^{A}(N_{\text{iter}} - 1 \mid G)$ 表示在上一次迭代时，副本数据包 A 被成功识别的概率。

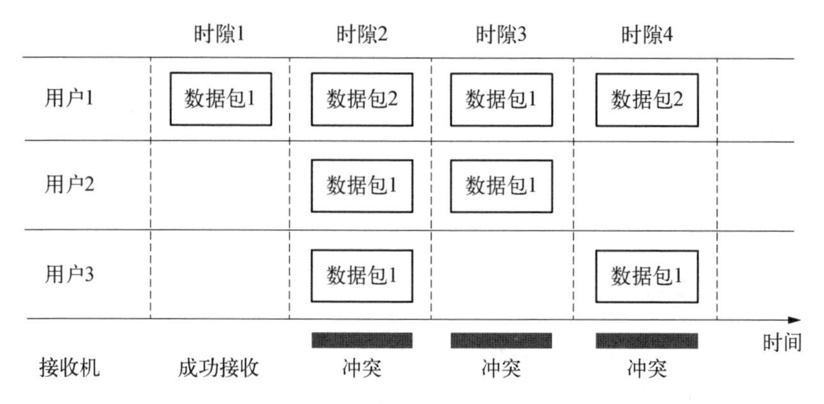

图 6.23 CRDSA 工作原理

CRDSA 随机仿真中的归一化负载 G 与吞吐率 S 的关系如图 6.24 所示，从图中可以看出吞吐率在归一化负载 G 为 0.6 左右时达到最大，其吞吐率 S 大约

为 0.5，随后吞吐率由于网络负载恶化而急剧下降。虽然 CRDSA 技术有着不错的吞吐率，但是对于天基物联网系统，其吞吐率还是偏低，因此需要进一步研究，以提升系统吞吐率。下面通过改变迭代代数及发送数据包副本数对 CRDSA 技术展开研究。

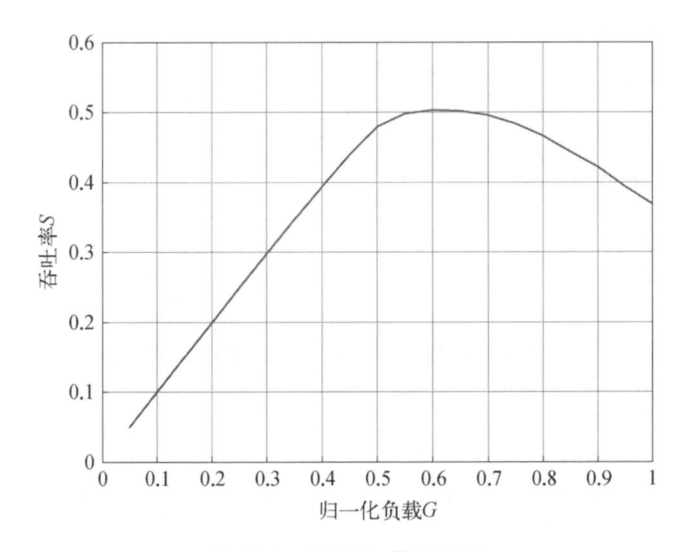

图 6.24　CRDSA 算法仿真

不同数据包副本数对 CRDSA 技术吞吐率的影响如图 6.25 所示，当数据包副本数为 3 和 4 时，系统的吞吐率峰值大于 0.55，相较于数据包副本数为 2 时，系统的吞吐率有一定提升；但是当数据包副本数为 8 时，系统的吞吐率与数据包副本数为 2 时的吞吐率没有什么变化，特别是数据包副本数为 16 时，系统的吞吐率很低，吞吐量峰值只有 0.25。因此，可以通过在一定程度上改变数据包副本数 N 来提升 CRDSA 技术的吞吐率。

不同最大迭代代数对 CRDSA 技术吞吐率的影响如图 6.26 所示，当迭代代数为 120 和 150 时，系统的吞吐率基本一致为 0.53，相对于迭代代数为 100 时，系统的吞吐率有所提高。但是随着迭代代数的增加，系统的开销也会增加，因此需要合理地选择迭代代数。

通过以上研究表明，采用 CRDSA 技术可以通过改变系统的迭代代数及数据包副本数来提升系统的吞吐率性能，改进的 CRDSA 技术对于天基物联网系统具有一定适用性。

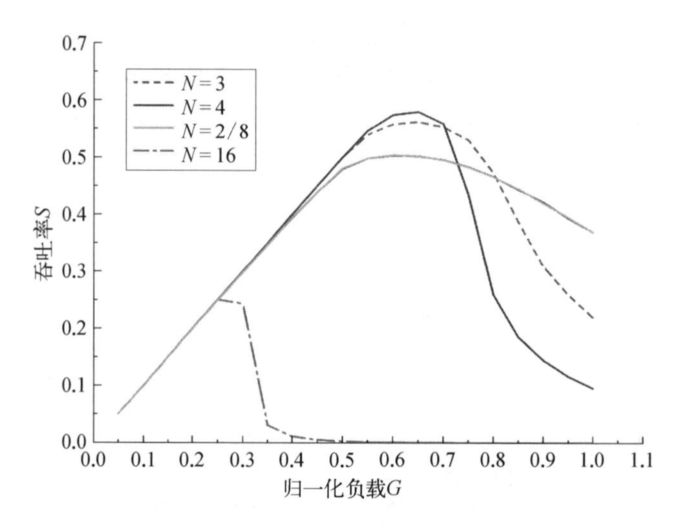

图 6.25 数据包副本数 N 对 CRDSA 的影响

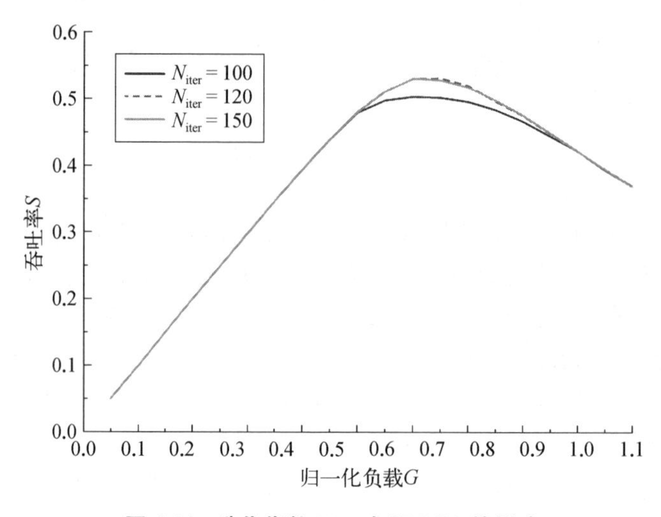

图 6.26 迭代代数 N_{iter} 对 CRDSA 的影响

6.2.3 IRSA 技术研究与设计

1. IRSA 接入技术过程

IRSA 技术为 CRDSA 技术的升级,对于天基物联网,其更具适用性。本书假设在 IRSA 接入技术中,数据逐帧进行传输,每帧的持续时间为 T_{frame}，一帧数据帧中有 N 个时隙数,因此每一个时隙的持续时间为

$$T_{\text{slot}} = \frac{T_{\text{frame}}}{N} \tag{6.44}$$

每帧中的时隙都能满足每个数据包的传输时间要求。同时,假设每个数据帧里的每个用户都有数据包传输,一共有 M 个用户进行数据包传输,且都处于激活状态,并且在同一帧内,数据包不会重传。平均每个时隙里传输的数据包量作为信道负载 G, 可表示为

$$G = \frac{M}{N} \tag{6.45}$$

本书用吞吐率 S 作为系统性能评价的标准,其吞吐率定义为每个时隙里成功传输的数据包量,可表示为

$$S = G(1 - P_L) \tag{6.46}$$

其中, P_L 表示丢包率,表示在数据包传输过程中,未能成功被接收的数据包量与用户发送的总数据包量的比值。

IRSA 中不同的用户根据分布函数选择一定数量的时隙发送不同数量的重复数据包,每个数据包副本都包含其他数据包副本的位置信息,采用迭代干扰消除技术得到数据包。如图 6.27 所示,用户 1 有 3 个数据包 1 发送,用户 2 有 2 个数据包 1 发送,用户 3 只有 1 个数据包 1 发送,根据迭代干扰消除技术,三个用户的数据包都能被成功接收。

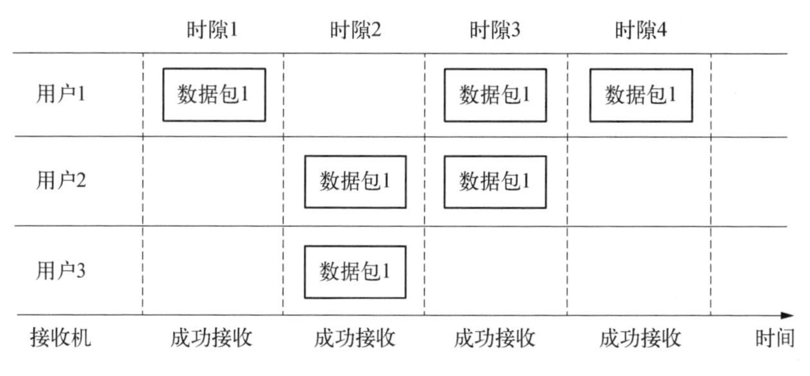

图 6.27　IRSA 工作原理

2. IRSA 接入技术性能仿真及分析

对 IRSA 接入技术吞吐率进行仿真，探究每帧时隙数、迭代代数、系统误包率及用户节点度分布函数对 IRSA 接入技术性能的影响，然后提出数据包产生概率的指标，并对其展开研究。首先对系统进行仿真参数设置。用户节点度分布函数采用 $\Lambda(x) = 0.58x^2 + 0.26x^3 + 0.1x^4 + 0.06^8$，其余仿真参数如表 6.7 所示。

表 6.7 IRSA 技术仿真参数设置

仿真参数	数值
仿真次数	5 000
每帧时隙数 N	200
用户数 M	200
信道归一化负载 G	0 : 0.05 : 1
迭代干扰代数 N_{iter} 的最大值 I_{max}	200
误包率 PER	0.01

1) 时隙数对系统性能的影响

首先探究时隙数对 IRSA 接入技术性能的影响，仿真参数参考表 6.7，如图 6.28 所示，分别为时隙数 $N=80$、$N=150$ 及 $N=200$ 时的吞吐率 S 与信道负载

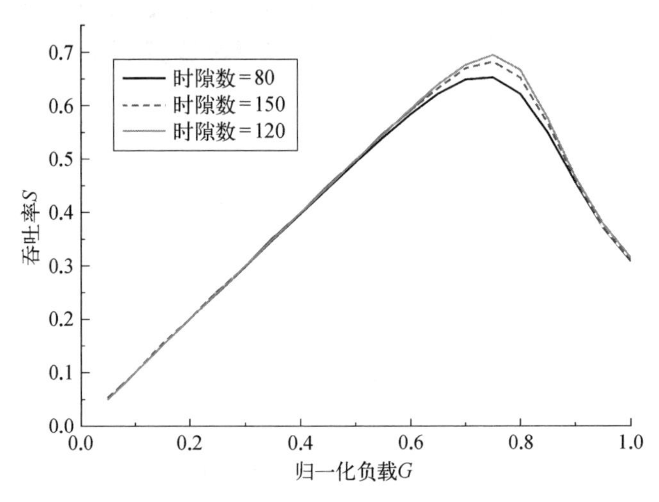

图 6.28 时隙数对吞吐率的影响

G 之间的关系，从图中可以看出，当归一化信道负载 G 为 0.73 左右时，吞吐率 S 达到最大值，而且随着时隙数的增加，吞吐率的峰值越大，即可以通过增加一帧里面的时隙数来提高系统的吞吐率。但是时隙数的增加会导致解码延迟的增加，因此需要根据实际情况选择合理的时隙数，满足吞吐率与解码延迟之间的动态平衡。

2）迭代代数对系统性能的影响

其次，探究迭代干扰代数对 IRSA 接入技术性能的影响。仿真参数参考表 6.7，迭代干扰代数 $I_{\max}=60$、$I_{\max}=80$、$I_{\max}=100$ 及 $I_{\max}=200$ 时吞吐率 S 与归一化信道负载 G 之间的关系如图 6.29 所示。从图中可以看出，随着迭代代数 $I_{\max}$ 的增加，系统吞吐率峰值也增大，吞吐率峰值从 0.42 变化到 0.69。因为 IRSA 接入技术中的数据包副本较多，需要足够的迭代干扰代数才有机会解决时隙中的数据包碰撞问题。但是随着系统迭代代数的增加，系统的计算成本与开销也会增加，因此需要根据系统的用户节点度的分布函数合理选择迭代代数。

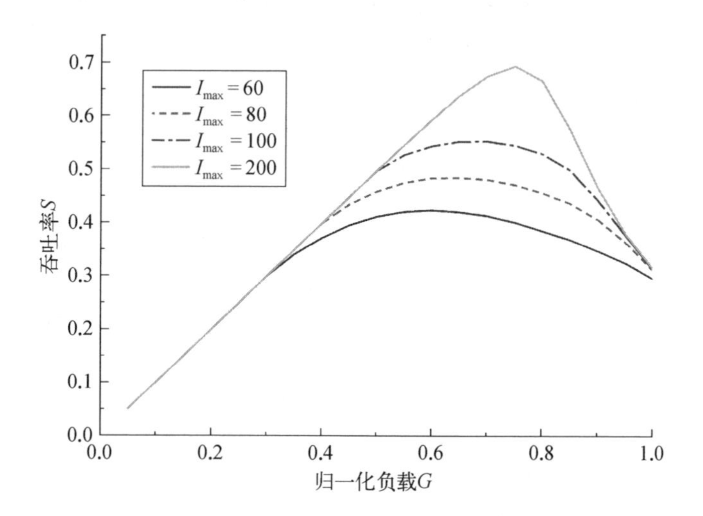

图 6.29　迭代干扰代数对吞吐率的影响

3）分布函数对系统性能的影响

探究用户节点度分布函数 $\Lambda(x)$ 对系统吞吐率的影响。对于 IRSA，其用户节点度分布函数不固定，需要根据系统的用户数及时隙数决定。如表 6.8 所示，本书对以下不同用户节点度分布函数展开研究。

表 6.8 不同用户节点度分布函数表

最大数据包重复数（Maxrep）	用户节点度分布函数 $\Lambda(x)$
4	$0.58x^2+0.32x^3+0.1x^4$
6	$0.57x^2+0.33x^3+0.1x^6$
8	$0.58x^2+0.26x^3+0.1x^4+0.06x^8$
16	$0.4977x^2+0.2207x^3+0.0381x^4+0.0756x^5+0.0398x^6+0.0009x^7+0.0088x^8+0.0068x^9+0.003x^{11}+0.0429x^{14}+0.0081x^{15}+0.0576x^{16}$

仿真参数参考表 6.7，如图 6.30 所示，为不同用户节点度分布函数条件下，系统吞吐率与归一化负载之间的关系。从图中可以看出，随着最大数据包数重复数的增加，系统的吞吐率也增加。特别的，当最大数据包数重复数为 16 时，吞吐率峰值达到 0.8 左右。虽然系统的吞吐率随着最大数据包数重复数的增加而增大，但是系统计算的开销也在增加，同时也将导致系统复杂性增加。

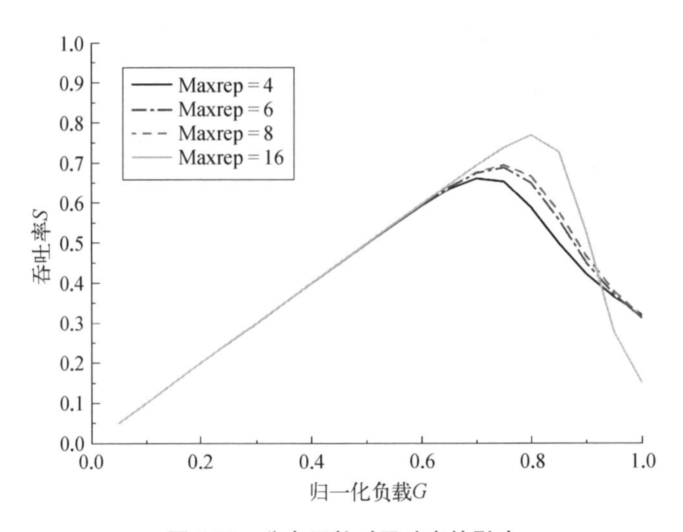

图 6.30 分布函数对吞吐率的影响

4）误包率对系统性能的影响

探究误包率对系统吞吐率的影响。仿真参数参考表 6.7，如图 6.31 所示，为误包率 PER = 0.01、PER = 0.05 及 PER = 0.1 时吞吐率与信道负载之间的关系。

从图中可以看出，随着误包率的减小，系统的吞吐率峰值升高，但在归一化负载超过 0.83 时，误包率越高，吞吐率反倒越高。因为在高信道负载条件下，信道中复制产生的数据包副本大量增加，时隙中的数据包碰撞问题对系统吞吐率的影响已经明显超过误包率对系统吞吐率的影响。

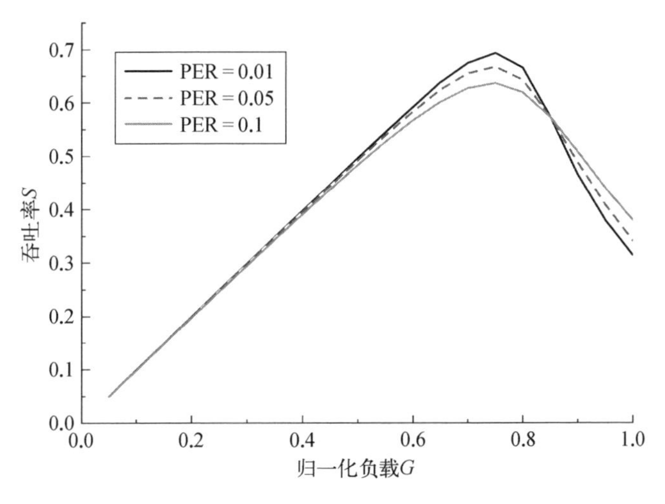

图 6.31　误包率对吞吐率的影响

5）数据包产生概率对系统性能的影响

引入数据包产生概率的指标，以提高系统的用户数量。用户端产生的数据包以一定的概率随机产生并发送，这个概率就是数据包产生概率。下面对数据包产生概率对用户数量的影响展开研究，仿真参数参考表 6.7，数据包产生概率 $P_r = 1$、$P_r = 0.5$ 及 $P_r = 0.1$ 时，吞吐率与用户数量之间的关系如图 6.32 所示。从图中可以看出，数据包产生概率不影响 IRSA 接入技术中的吞吐率峰值，基本都在 0.7 左右，只对用户数量有影响，随着数据包产生概率的减小，用户数量逐渐增多。$P_r = 1$ 时，最大吞吐率所对应的用户数量为 150；$P_r = 0.5$ 时，最大吞吐率所对应的用户数量为 300；$P_r = 0.1$ 时，最大吞吐率所对应的用户数量为 1 500。对于天基物联网，一般情况下，大多数用户都很少发送数据，处于睡眠状态，因此可以进一步降低数据包产生概率，以提高接入天基物联网的用户数。

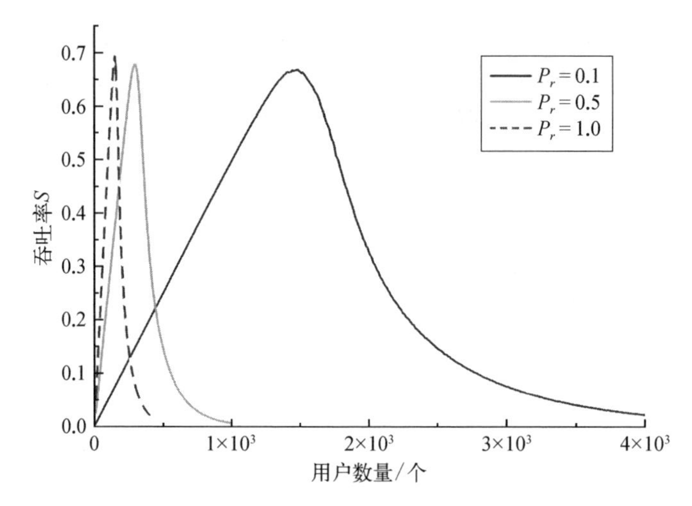

图 6.32　数据包产生概率对用户数量的影响

6.3　本章小结

本章主要进行了适合天基物联网的星座设计和天基 DCS 的多址接入技术研究。对星座成本、星座容量、星座覆盖重数、星间链路长度这四项星座设计指标进行了介绍和研究分析，利用 NSGA Ⅱ 算法分别对区域覆盖的星座和广域覆盖的星座进行设计。

研究了天基 DCS 的多址接入技术，包括固定多址接入和随机接入。在四种固定多址接入技术的基础上提出一种空时频码的混合多址接入技术，能够实现 10 亿级的用户容量；在随机接入方面，研究了 CRDSA 技术和 IRSA 技术，并对 IRSA 技术提出了改进；对于天基物联网系统，改进的 IRSA 技术相比改进的 CRDSA 技术及 IRSA 技术更具适用性。

第7章　基于3S载荷的天基物联网系统在轨验证

天基物联网是地基物联网的有效补充和延拓,是建设万物互联、泛在感知的基础性技术手段。本章以基于3S载荷的天基物联网系统为例,瞄准覆盖陆海空的多域多场景应用需求,重点解决船舶自动识别系统信号、广播式自动相关监视系统信号的高可靠接收,以及数据搜集系统的多址接入问题,实现航海目标、航空目标的实时监管及极海量窄带物联传感终端的全球布局,为我国天基物联网的论证、建设、发展及规模应用提供借鉴方案。

“天拓五号”卫星是国防科技大学重大科技创新工程项目—“纳星集群飞行计划”的重要延续,集成3S(星载AIS、星载ADS-B、天基DCS)一体的天基物联网(space-based internet of things, SIoT)试验载荷,于2020年8月23日10时27分在酒泉卫星发射中心搭载“长征二号丁”运载火箭发射升空,在轨开展船舶、飞机、窄带物联网多域多目标接收关键技术验证。

SIoT可以克服极端地形地貌限制,真正实现全球海量目标各类传感信息的无差别接入,构建扁平化多源数据融合时空体系,面向海洋/火山/沙漠/极地环境监测、生物研究、物流运输、应急救援及船舶/飞机监测等多场景应用领域,广泛服务于“一带一路”“交通强国”等国家倡议或发展愿景,以及海洋科学勘探、维权护航、经济对外交流活动等。SIoT的具体系统架构如图7.1所示。

航海和航空运输是天基物联网的两个重要组成部分,天基航海航空监管可以消除陆基航海航空监管在远洋运输及跨海域飞行中存在的巨大监管盲区,带来监管的实时化、广域化及无差别化。

本章重点关注天基物联网在航海监管、航空监管及海量目标多址接入的窄带通信三个方面的应用,详细阐述具体工作原理、相应载荷设计、地面试验及在轨验证的全流程实现过程,为后续我国天基物联网的高质量建设及优化迭代提供参考。

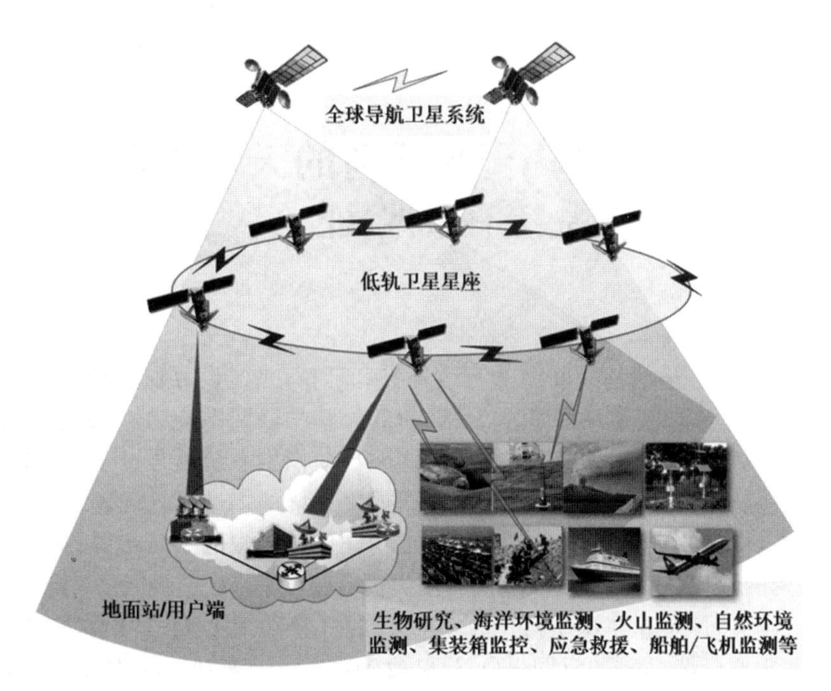

图 7.1 天基物联网系统架构

7.1 星载 AIS 接收

AIS 是一种海上无线电通信系统，采用自组织时分多址通信协议，通过自动广播和接收船舶动态信息（位置、航速、航向等）及静态信息（船名、国籍、呼号、吃水等）对船舶进行领航、定位及船只避碰等[393]。与岸/海/空基 AIS 相比，天基 AIS 具有覆盖范围广、组网后可实现全球在航船舶实时监管的天然优势，可为海上交通管制/事故处理、海上搜救、航线开辟、渔政管理等提供革新化解决方案[394]。AIS 与光学相机、合成孔径雷达等载荷进行多源数据融合处理后，可精准定位并识别具体船只，广泛应用于精准缉私、打击恐怖主义等方面。

2015 年以来，仅我国就有十余颗具备 AIS 接收功能的低轨卫星成功入轨并开展相应的研究工作。国防科技大学是我国最早开展星载 AIS 技术研究的科研院校，并于 2012 年 5 月、2015 年 9 月及 2020 年 8 月依次发射“天拓一号”[143]

“天拓三号”[395]及“天拓五号”[396]卫星进行技术迭代和在轨验证。

星载 AIS 除了必须确保足够的星地链路裕量外，还必须重点考虑三个问题：多普勒频偏的估计和补偿、多信号冲突问题及星上电磁兼容问题。

7.1.1　星载 AIS 多普勒频偏估计和补偿

低轨卫星在空间的运行速度接近 7.5 km/s，在星地链路中会产生较大的多普勒频移，频移大小由信号传输方向与卫星运动方向之间的夹角、信号频率及轨道高度共同决定，对于轨道高度小于 1 000 km 的低轨卫星，在目标仰角为 0°/180°时，多普勒频移值最大约为 4 kHz。

“天拓五号”AIS 载荷在设计实现时，对算法先进性、设计复杂性、工程可实现性及资源利用率进行了充分的折中考虑并进行了多轮设计迭代，提出了如图 7.2 所示的 AIS 基带解调算法（图中 HDLC 表示高级数据链路控制）。

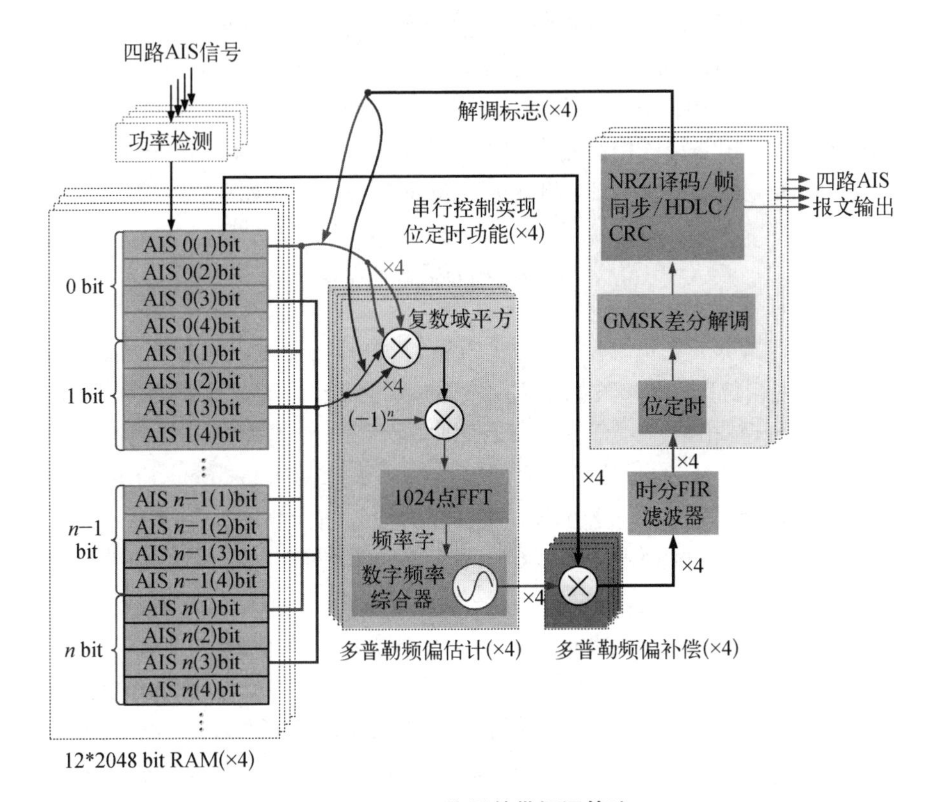

图 7.2　AIS 信号基带解调算法

经过下变频、放大及模数采样后的中频 AIS 信号(AIS 接收机射频前端部分采用高性能超外差架构)经过再次数字下变频后变频至基带信号(4 倍过采样),AIS 信号是短报文,没有足够的训练序列用于多普勒频偏的估计,因此本算法中引入了功率检测模块,当检测到 AIS 信号到来时,首先对该信号进行存储,以保证有充足的时间可以进行多普勒频偏估计和补偿。功率检测采用滑窗模式实现,当计算得到的输入信号功率值超过设定的阈值时,比较器会输出置位存储标志位,开始对 AIS 信号进行存储,直至输入信号功率值小于设定的阈值。星上复杂的电磁兼容(electro magnetic compatibility, EMC)问题通常会导致 AIS 接收机天线端的噪底无法准确确定,因此程序中加入了动态阈值调整的功能(可通过卫星遥控指令更改阈值),以适应不同的卫星平台。

对于 GMSK 调制,传统的频偏估计算法为平方法[397]和多信道(不同的信道具备不同的频偏补偿)并行接收法,但是前者的估计结果中会出现多个峰值,需要经过较复杂的逻辑电路估计出多普勒频偏的大小,同时该方法对噪声较为灵敏,估计效果较差;而后者需要消耗巨大的逻辑资源,对硬件平台的要求较高。"天拓五号"中的 AIS 载荷充分考虑到了 AIS 信号 GMSK 调制中 BT 值较大(BT=0.4),对相邻符号相位差影响不大的情况(最差情况仍不低于 40°)[398],因此将 GMSK 调制等效为 MSK 调制进行处理[399],表达式如下:

$$S_{\mathrm{AIS}}(t) = A\cos\left(\omega_d t + \frac{a_k \pi}{2T_s} t\right) \tag{7.1}$$

其中,ω_d为多普勒频移;$a_k = \pm 1$ 为码元信息;T_s为码元宽度。可以看出,相邻码元信号之间的相位差为±90°,如果对存储的 AIS 信号通过位定时进行输出,平方后依次与$(-1)^n$相乘(n 为整数序列),则可得到一个频率为 2 倍多普勒频偏的连续单音输出信号,通过快速傅里叶变换(fast Fourier transform, FFT)模块便可估计出多普勒频偏的大小。由于上述多普勒频偏估计算法均是在基带位定时后进行的,FFT 模块的时钟频率为 9.6 kHz(AIS 码元速率),在不存在频率模糊的情况下,能够估计的最大多普勒频偏为-2.4~2.4 kHz,当多普勒频偏超过此范围时,会存在一定的频率模糊,此时估计出的多普勒频偏大小为(ω_d±4.8) kHz,由于 AIS 采用 NRZI 编码方式,当采用 1 bit 差分解调方法时,产生的频率模糊成分不会对 AIS 最终的正确译码产生任何影响[399]。因此,采用图 7.2 所示的多普勒频偏估计算法能够补偿的多普勒频偏范围为-4.8~4.8 kHz,在消耗极少硬件资源的前提下可以满足实际的应用需求。

从前述的分析可以看出，在进行多普勒频偏估计之前，首先需要进行位定时操作，在“天拓五号”AIS 载荷的工程化实现过程中，采用了较为简单的串行解调位定时方法，也即对存储的过采样信号依次以间隔 T_s 的抽样方法进行串行解调，可以大大节省传统位定时算法消耗的硬件资源[399]，且不会引起信噪比的明显降低。包含多普勒频偏估计、补偿的 AIS 基带解调流程如图 7.3 所示。

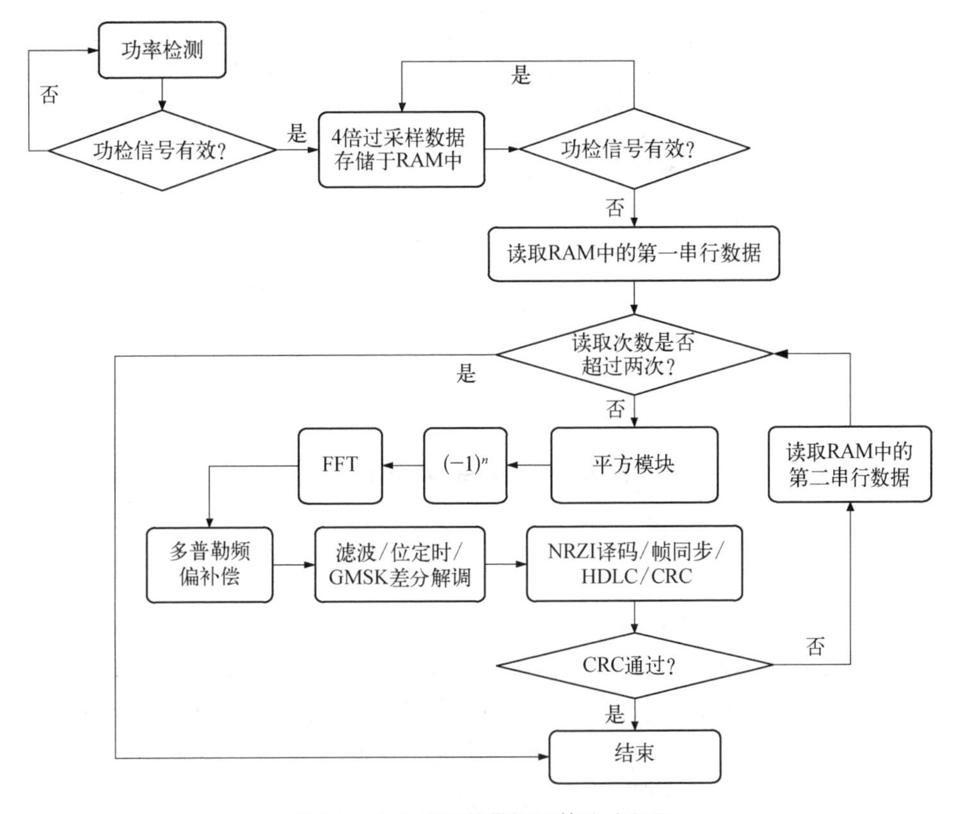

图 7.3　AIS 信号基带解调算法流程图

“天拓五号”中的 AIS 载荷同时支持 4 频点（中心频率分别位于 156.775 MHz、156.825 MHz、161.975 MHz、162.025 MHz）AIS 信号的并行接收，为了降低解调算法对乘法器的需求，图 7.2 中解调算法中的 FIR 滤波器采用时分复用的形式进行实现，如图 7.4 所示，采用并串转换、多级寄存、流水化数字运算（乘法和累加）、串并转换等操作实现 4 个并行解调通道的滤波器复用，极大节省了乘法器和累加器资源。FIR 滤波器采用 22 阶巴特沃斯低通滤波器实现，采用时分复用技术,可节省 33 个乘法器和 63 个累加器。

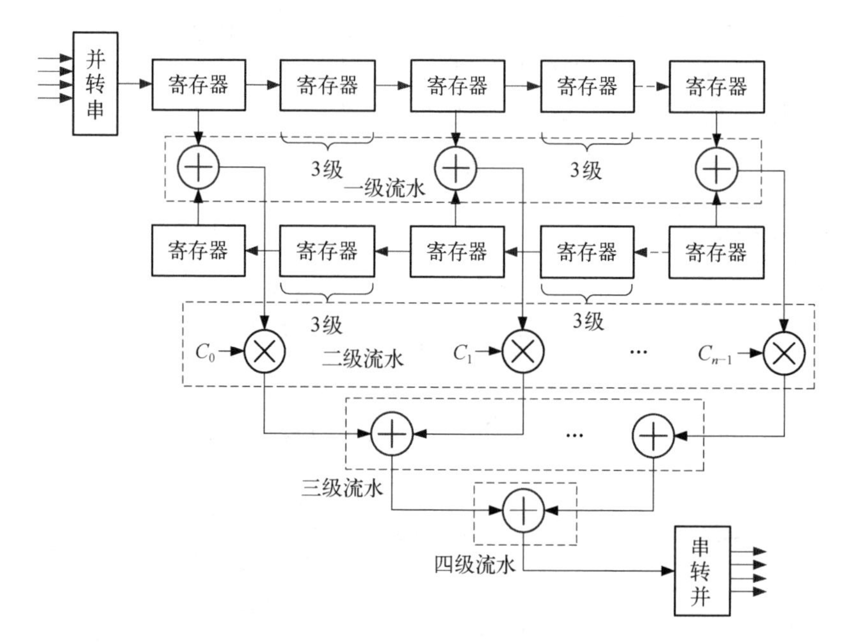

图 7.4 时分复用 FIR 滤波器

7.1.2 AIS 多信号冲突

船舶 AIS 采用自组织时分多址形式形成通信网络,实现船船之间的无冲突收发通信,由于地球曲率,每个通信网络覆盖的海面直径为 30~50 n mile,而卫星波束的覆盖范围通常超过 1 500 n mile,在船舶密集的近海区域,卫星波束覆盖的通信网络往往多达几十个,会造成严重的时隙冲突问题,降低船只检测概率。降低时隙冲突、增大船只检测概率可以采用以下 5 种途径。

(1) 采用相控阵技术减小单个波束覆盖范围[400],但是由于 AIS 信号位于 VHF 频段,天线单元之间的隔离度要求使相控阵天线的面积过大,不适用于微小卫星平台。

(2) 采用窄波束天线减小波束的覆盖范围[401],但是考虑到全球覆盖问题,必须在窄波束天线法兰安装处增加伺服控制机构,通过与卫星运行方向的垂直摆动提升天线波束宽度,但是增加了卫星的设计复杂度、成本和重量。

(3) 星上加入 AIS 信号多冲突解调算法[402],多冲突解调算法需要消耗大量的硬件处理资源，通常很难在微小卫星平台上实现，即使资源允许，由于 AIS 信号多冲突都在 10 重以上，星上的多冲突解调算法较难发挥应有效益。

（4）星上加入 AIS 原始信号采样功能，在地面进行多重信号解调，但是需要星上提供具有较大存储空间的存储器，用来存放采样的原始数据，且由于在近海海域通常还存在较强的恒定带内频率干扰，地面多重解调算法也较难发挥良好的性能。图 7.5 给出了“天拓五号”在我国黄海和南海海域采集的原始 AIS 数据的时频图，近海区域存在严重的 AIS 信号时隙冲突及带内的定频干扰，使多重解调算法较难实现 AIS 信号的互分离。

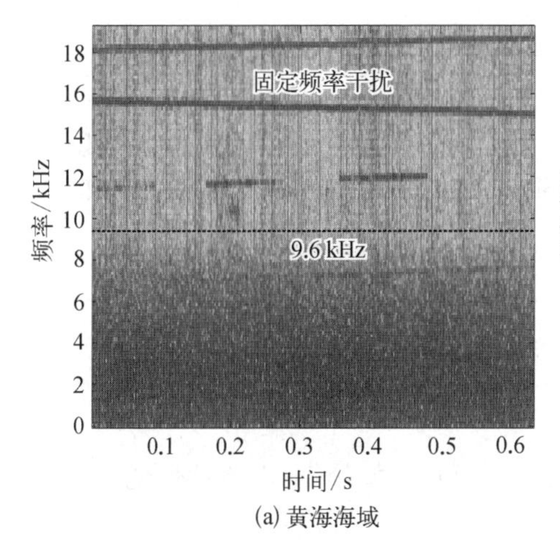

(a) 黄海海域

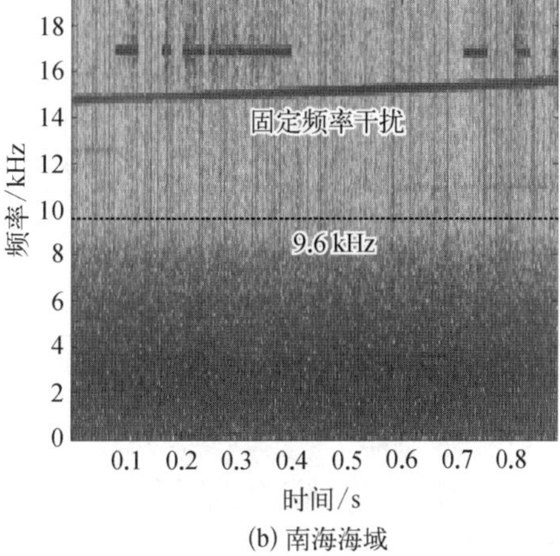

(b) 南海海域

图 7.5　“天拓五号”基带采样信号时频图

（5）采用陆、海、空、星基混合接收方式进行多源数据融合，由于陆、海、空基覆盖范围有限，基本不存在 AIS 信号的多重时隙冲突问题，可作为星基 AIS 在近海海域的数据补充，从而实现对全球海域的精准监控。

7.1.3　星上电磁兼容

AIS 载荷的接收频段位于 VHF 波段，因此极易因 EMC 问题导致性能受损，甚至功能失常，通常采用以下手段解决。

（1）星上天线合理布局。根据星上各载荷的工作频段、天线辐射特性、发射功率、接收灵敏度等收发通道指标要求，对星上天线进行合理布局设计，以满足隔离度要求，并采用相应的 EMC 仿真软件进行仿真，确保设计合理性。

（2）合理设置滤波器。针对不同工作模式下的收发通道状态，在发射通道配置滤波器，抑制带外噪声和杂波辐射，降低进入接收通道的噪声和杂波功率；在接收通道配置滤波器，对发射机带内信号进入接收通道的功率进行有效抑制。

（3）有效的屏蔽与隔离。对潜在的干扰辐射源单机和 AIS 载荷单机必须进行屏蔽处理，例如，采用金属接地外壳进行屏蔽。对星体和舱内单机的低频电缆进行有效屏蔽处理，防止星体内的电磁波通过缝隙辐射至星外，然后通过 AIS 天线进入接收通道。对光学相机等较难屏蔽处理的单机设备进行独立分舱设计，并进行良好的包覆，尤其要对穿舱低频电缆进行有效的包覆（使用铜网或者镀铝膜 360°包覆）。

（4）开展充分的 EMC 试验。在合理设计和仿真分析的基础上，开展充分的 EMC 试验验证。在初样阶段，对各单机带外辐射情况进行测试，并对接收机的干扰抑制能力进行充分摸底。在此基础上，搭建辐射模型，对天线隔离度进行测试。在初样电性星测试完成后，要进行 EMC 摸底测试，以便确定正样阶段的 EMC 改进方案。

7.2 星载 ADS－B 接收

ADS－B[400]是航空监管的一种主要技术，可自动、周期性、连续性地广播飞机的速度、位置、航班号和方向，是当前空管监视手段的重要发展方向，其优点如下：一是能够极大拓展空管监视范围，将监视覆盖范围扩展到海洋、极地、沙漠等区域，实现 ADS－B 信号的全球实时可见；二是 ADS－B 监视数据的更新速率快、定位精度高，有助于精准掌握态势，促进提高空域容量、运行效率和飞行安全性；三是全域的监视数据储备能够提供多维度数据分析手段，有利于空难事故的搜救和事故分析。

7.2.1 单波束检测概率分析

ADS－B 采用随机接入式通信协议，符合 Aloha 协议特征，因此可采用 Aloha 信道模型分析 ADS－B 信号的冲突。设卫星波束覆盖范围内的发射机数量为 N_{tx}，每个发射机的消息发送速率为 v_{tx}，则每帧信号时间 t 内传输消息数的期望值为 $G=N_{tx}v_{tx}t$。采用泊松分布对航空器的帧发送进行建模，则 G 可以看作该泊松过程的速率，即输入负载，因此 n 帧时间内产生 k 个数据包的概率为

$$P(k,\ n)=\frac{(nG)^{k}}{k!}\mathrm{e}^{-nG} \tag{7.2}$$

只有在两帧时间内没有其他 ADS－B 信息插入时，信号才不会发生混叠，即视为成功传输，此时 $n=2,\ k=0$。代入式(7.2)，可得每条报文成功传输的概率为

$$P_{\mathrm{SUC}}=\frac{(2G)^{0}}{0!}\mathrm{e}^{-2G}=\mathrm{e}^{-2G} \tag{7.3}$$

结合地面应用系统需求，引入 T_{UI}时间内系统检测概率 P_{UI}的概念，若要在 T_{UI}时间内，系统以不低于 P_{UI}的检测概率获取航空器的状态信息，则式(7.4)成立：

$$1-P_{UI}=(1-P_{d})^{T_{UI}f_{tx}} \tag{7.4}$$

其中，P_d为每条报文的检测概率；$f_{tx}=1$ Hz，为每条报文的发送频率。每条报文的检测概率可以表示为每条报文成功传输的概率 P_{SUC}与解包概率 P_P 的乘积，即 $P_d=P_{\mathrm{SUC}}P_P$，其中：

$$P_P=(1-P_b)^{N_b} \tag{7.5}$$

其中，P_b 为一定信噪比下 ADS－B 信号的误码率；N_b 为 ADS－B 报文的长度，典型值为 112(此部分分析也可参见 4.2.3 节)。

图 7.6 给出了在信噪比为 8 dB、T_{UI}不同的情况下系统检测概率与单波束下

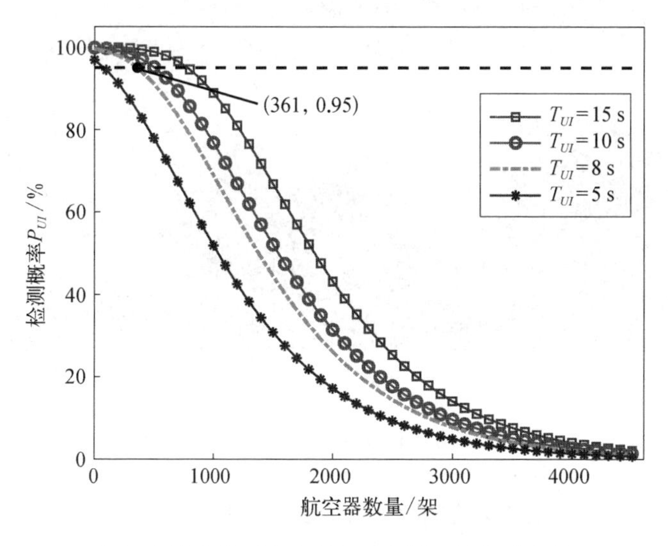

图 7.6　系统检测概率与单波束下航空器数量的关系

航空器数量之间的关系曲线。从图中可以看出,在 8 s 时间间隔内(确保航空器水平间隔超过 5 n mile 的安全距离[403]),如果要保证系统的检测概率大于95%,单波束下航空器的数量不能超过 361。

7.2.2 多波束 ADS - B 系统

典型的天基物联网星座通常采用 6 个极轨道面,每个轨道面均匀分布 11 颗卫星,相邻轨道面的卫星之间的相位差为 5.45°,为了达到实时覆盖全球的目的并考虑一定的设计冗余度,卫星对地覆盖波束需要超过 4 000 km。

考虑到航空器飞行过程中的动态变化、ADS - B 报文发射的随机性及信号冲突导致的接收失败等因素,较难提供全球瞬时航流密度图,因此采用具有滤波效应的长时累加方式绘制一定时间段内的航流密度图[404],累加数据时长为 3 个月,确保航空器飞行过程中的动态变化因素降至最低及接近 100% 的系统检测概率。图 7.7 为基于"天拓三号"接收的 ADS - B 数据按照上述原理绘制的航流密度图,其中航流密度归一化因子为 4 500,绘制方式为将每个坐标位置作为星下点,波束覆盖范围为 4 000 km,统计 3 个月的航班累加数量,并通过不同颜色进行标示。

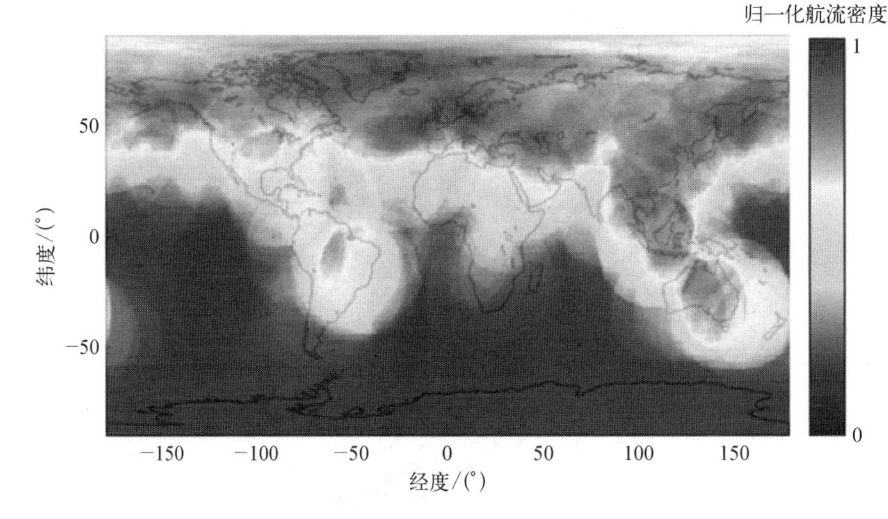

图 7.7 全球航流密度图

考虑到航行中的航空器数量约为总数量的 1/3,因此在航流密度较高的区域(北美洲、欧洲、东亚上空),卫星单波束可同时覆盖的航空器数量超过 1 500

架，根据图 7.6 可知，8 s 的刷新间隔下，系统检测概率会下降至 45%左右，无法满足空管监视需求。

考虑到未来几十年航空器数量将迅速增长，以单波束覆盖的最大在航航空器数量为 4 500 架进行设计，至少需要将单个波束划分为 12 个以上子波束才能满足空管的需求。考虑到单波束下航流密度分布的不均匀性，将划分的子波束个数确定为 19 个，如图 7.8 所示，此时每个子波束下覆盖的平均航空器数量为 237 架，确保在全球范围内均满足空管监视需求。

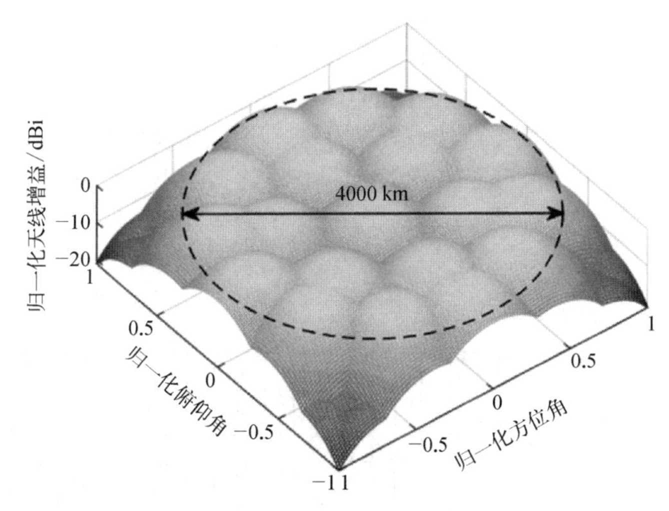

图 7.8　相控阵天线对地波束

7.2.3　相控阵 ADS－B 载荷

ADS－B 报文采用脉冲位置调制方式，其中“1”编码为“10”，“0”编码为“01”，信号的调制方式为幅度调制，星地通信时，多普勒频偏位于±50 kHz 频率范围内。“天拓五号”ADS－B 载荷的基带解调流程如图 7.9 所示。

经过 ADS－B 接收机射频前端下变频、放大及模数转换后的 ADS－B 基带信号在经过复数域数字下变频及 FIR 低通滤波后，通过拟合的方式（将正交两个支路的信号均取绝对值，采用较大幅值加上较小幅值的 3/8 实现检幅功能）检测输入基带信号的幅值，同时避免乘法器的使用及多普勒频偏的影响。匹配滤波利用输入合作信号的确定性及噪声的随机性，采用近距互相关操作提升接收信号的信噪比。自相关帧头检测利用 ADS－B 的固定帧头进行自相关检测，当帧同步时,自相关幅值均大于超前和滞后若干时刻的自相关幅值,据此可判断帧同步时刻,并输出相应的功率信息送入后端模块进行基于置信度的位判决。当 ADS - B 报文单 bit 的前半部分与后半部分的平均功率差值大于 0 时,位判决为"1",如果差值大于记录功率值的 0.6 倍,则置信度置为 1,否则置为 0。同理,当 ADS - B 报文单 bit 的后半部分与前半部分的平均功率差值大于 0 时,位判决为"0",如果差值大于记录功率值的 0.6 倍,则置信度置为 1,否则置为 0。CRC 检错与纠错模块根据 CRC 码特性建立错位查找表,根据低置信度信息生成错误图案,然后将报文经过 CRC 生成的 CRC 码与错误图案进行比对,如果比对成功,则将相应错误图案对应的低置信度报文 bit 进行反转,然后送入下级模块。需要注意的是,ADS - B 中采用的 CRC 码的汉明距为 6,因此最大只能检测 5 bit 的错误信息,如果低置信度个数超过 5,则该条报文需要丢弃;将经过纠错的报文送至 CRC 模块进行校验,校验通过后直接通过串口输出。

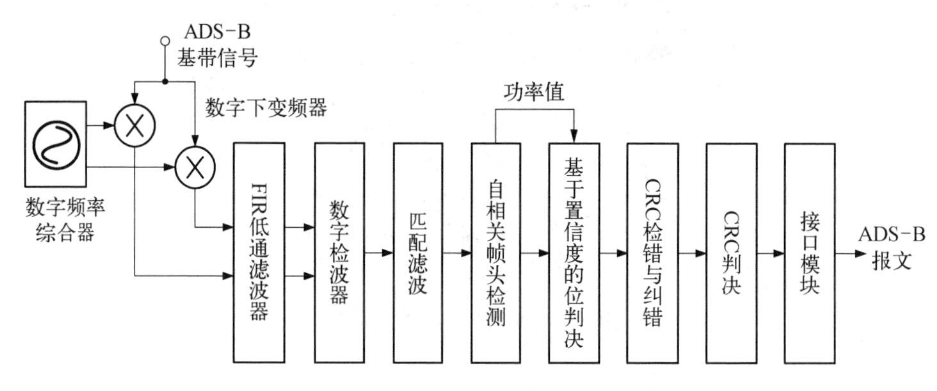

图 7.9 ADS - B 信号基带解调流程

为了提高系统检测概率,通常采用基于数字波束合成的相控阵 ADS - B 载荷实现多波束接收[405],因此每个相控阵天线单元均需要接入一个射频接收通道,射频接收通道之间的幅度和相位失配会使相控阵天线的波束赋形能力产生严重恶化,进而影响多波束 ADS - B 的检测概率,因此需要在数字波束合成之前增加幅相失配校准模块,其校准基本原理如下:任意选取一个接收通道的输出(复数域)作为参考通道,其余通道作为除数通道,所得商即剩余通道的幅相补偿参数。为了便于硬件实现,除法运算可以采用共轭的方式转换为乘法运算。幅相失配校准的输入测试向量采用无线或者有线单音注入的方式实现。

相控阵 ADS - B 载荷提供对地覆盖的 19 个波束,如图 7.8 所示。如果卫星的轨道高度为 1 000 km,则需要天线的半波束角超过 55°,因此每个子波束的半张角为 11°。

由于存在 19 个子波束,传统方法需要 19 个基带解调通路,消耗的硬件资源非常大,可采用图 7.10 所示的解调通道复用形式降低硬件资源消耗率。数字波束合成后的 19 个通道并行通过基带解调通道中的数字下变频至自相关帧头检测模块,并将完成帧同步后的通道解调数据存入相应的乒乓随机存取存储器(ping pang random access memory, PPRAM)中,时分调度网络通过 5 倍时钟将 PPRAM 中存储的数据送入基带解调通路中(功能包括位判决、CRC 检错与纠错、CRC 判决)。如果 PPRAM 中存储的帧同步数据超过 4 路,则采用时分的方式依次进行解调。如图 7.10 所示,低资源消耗率相控阵载荷虽然可以节省大量的硬件资源,但是时分调度网络之后的基带解调模块工作时钟频率较高,会对时序约束产生一定的影响,因此设计时需要根据具体的硬件资源情况折中选择时钟频率及时分调度网络之后的并行通道数。最终,各解调通路通过报文去重、组包后按照规定的接口格式进行报文输出。

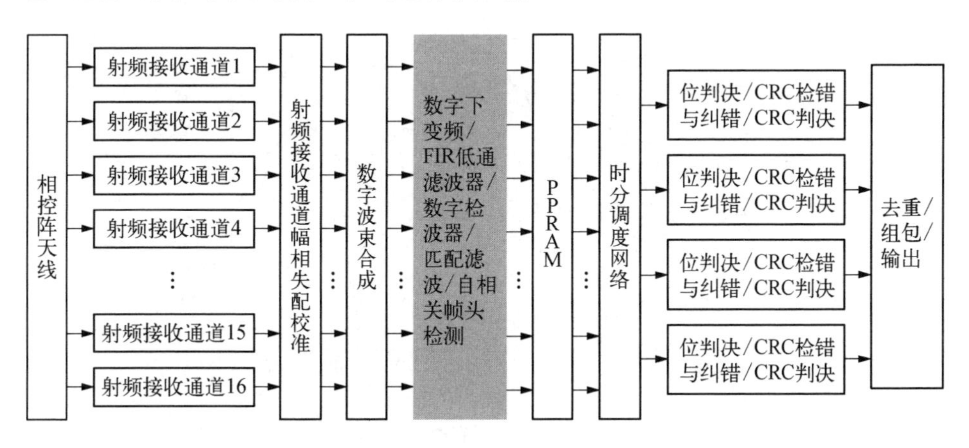

图 7.10　低资源消耗率 16 阵元相控阵 ADS－B 载荷电路结构

图 7.11(a)给出了相控阵 ADS－B 载荷实物图(100 cm×100 cm×15 cm),该载荷由上下三层板组成,上层板为由 16 个阵元组成的相控阵天线,中层板为 16 路并行射频接收通道,下层板为基带信号处理板,板与板之间通过标准通用输入/输出端口(general-purpose input/output ports, GPIO)接口进行互联。图 7.11(b)为图 7.8 双箭头线中 5 个波束的对地张角仿真图,可以看出每个子波束的半张角约为 15°,满足系统指标要求。

(a) 相控阵ADS-B载荷实物图

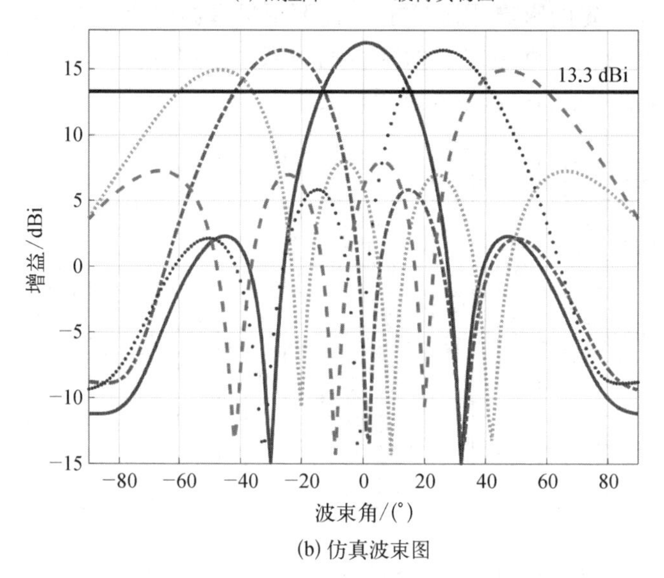

(b) 仿真波束图

图 7.11　相控阵 ADS-B 载荷(16 阵元)

为了进一步提升系统检测概率,还可以根据地面绘制的全球航流密度图实时调整天线的对地波束大小[406],在航流密度大的地方减小波束覆盖范围,航流密度小的地方增大波束覆盖范围。同时,还可以采用信号分离算法提升检测概率[407]。

7.3 天基 DCS

DCS 是一种典型的天基窄带通信物联网系统，是实现万物互联的重要技术手段，相较于基于地面基站的窄带物联网通信技术，如窄带物联网（narrow band internet of things, NB-IoT）、LoRa 等，天基手段不受地形条件的限制，组网后可以实现全球实时覆盖，为泛在感知型信息社会的建设提供可能。

DCS 的设计面向两种目标：静态目标和动态目标，分别服务于对静态传感信息和动态传感信息有需求的用户。静态传感信息主要用于海洋环境、森林资源、地质灾害、气象水文、农业畜牧业等的常规监测。动态传感信息主要用于人员与装备、大型机械及工业设备、集装箱等高价值目标定位搜寻及跟踪控制。

静态目标具有传感周期长、极海量需求（亿级）等属性，采用 SDMA+FDMA+TDMA 的联合多址接入方式使接入容量最大化[408]。动态目标具有传感周期短、主被动唤醒、目标价值高、抗干扰能力强、海量需求（百/千万级）等属性，可采用 SDMA+FDMA+CDMA 的联合多址接入协议在高可靠性（抗干扰能力强）的前提下获得海量终端目标的接入能力。

7.3.1 静态目标联合多址接入技术

首先构建低轨卫星星座（极轨星座），该星座共包含 6 个轨道面，每个轨道面 11 颗星，每颗卫星对地波束通过相控阵技术划分为 7 个子波束以实现 SDMA，子波束之间采用蜂窝网络进行频率复用，每个子波束下覆盖一个频率簇，因此只需要采用三个不同的频率簇即可实现全球范围的 FDMA。如图 7.12 所示，如果有 $3n$ 个频率可以被 DCS 所使用，则每个频率簇可以包含 n 个不同的频率。考虑到静态目标的传感信息对实时性要求并不严格，因此可以采用 TDMA 的形式进一步扩大接入容量。

举例说明如下：假设每个时帧中包含 m 个时隙，则图 7.12 中任意相邻的 3 个频率簇中可以容纳 $p=3n\times m$ 个接入终端，如果低轨卫星星座按照图 7.12 所示的形式布局，则全球范围内可容纳的终端数量为 $N_T=66\times7\times p/3=154\times p$。如果每个信道的带宽为 25 kHz，占用的总带宽为 1 MHz，则静态目标传感可使用的频点个数为 40 个，考虑到静态目标的预警需求，需要额外留出一个频点用于域值触发报警功能，因此相邻的 3 个频率簇可容纳的频率个数为 39 个，假设每个

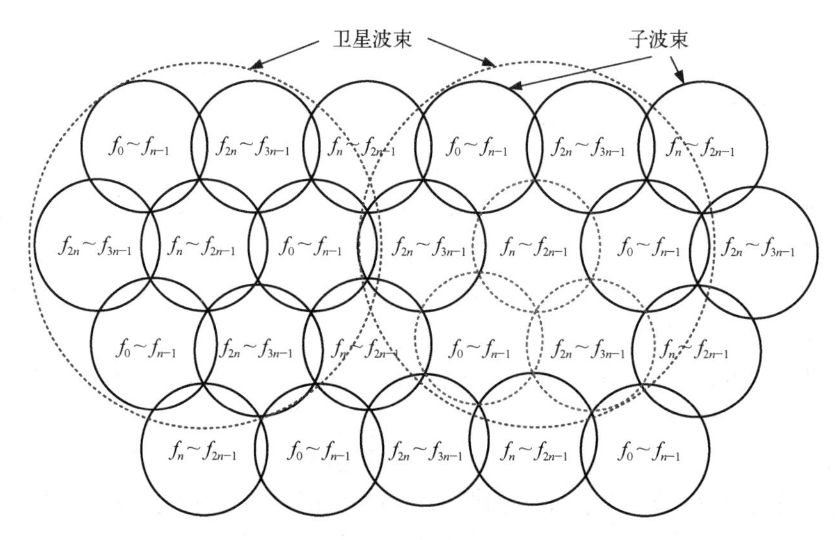

图 7.12 地面蜂窝网络

时帧的长度为 0.5 h，通信报文的长度为 256 bit，则每个时隙的长度为 0.107 s，因此每个时帧中包含的时隙个数为 $m=16\ 822$。因此，可容纳的地面静态目标终端数量超过 1 亿个（考虑到高纬度地区，尤其是极地的多重覆盖，实际可容纳的终端数量要小于该值），可以通过增加频点个数、延长时帧长度、减小时隙长度及增加子波束个数等措施进一步提升容纳的终端数量。

考虑到应用场景以及用户需求的差异化，终端发送报文的码速率和时帧长度均是可调的，“天拓五号”卫星分别采用三种不同的码速率和时帧长度组合为不同用户提供不同的业务需求，前者采用二进制相移键控（binary phase shift keying，BPSK），可以简易地实现多普勒频偏估计及后续的解调工作；而为了提升频谱利用效率，后两者采用 GMSK 调制，多普勒频偏补偿方式与 AIS 相同。同时，需要专门预留部分频点用于触发报警功能，由于终端同时报警数量相对较少，可采用 Aloha 协议实现多址接入，为了保证触发报警的高度可靠性，同时需要卫星端在收到报警信息后的一定时间内向终端发送握手信号，否则终端会周期性持续发送。

7.3.2 动态目标联合多址接入技术

受限于波束的大小，静态目标采用的多址接入技术并不适用于动态目标，通常采用 SDMA+FDMA+CDMA 的联合多址接入协议来使动态目标的接入数量最大化。终端的随机发送同样符合泊松分布模型，设卫星单个子波束覆盖范围

内的终端数量为 N_{tx}，开机概率为 P_o，每个发射机的消息发送速率为 v_{tx}，则每帧信号时间 t 内传输消息数的期望值为 $G = P_o N_{tx} v_{tx} t$。

对于单个扩频伪码，如果星上载荷可以在 2 个报文帧长度内同时识别 m 重冲突信号，则每条报文被成功识别的概率为

$$P_{\text{SUC}} = \sum_{i=0}^{m} \frac{(2G)^i}{i!} \mathrm{e}^{-2G} \tag{7.6}$$

如果要保证每个报文均被成功解调，式(7.6)需要与正确解包率 P_P 相乘，正确解包率的计算可参考式(7.5)。

图 7.13 给出了在不同的识别重数 m 下系统的正确解调概率与传输消息的期望值 G 之间的关系曲线。从图中可以看出，如果星上载荷的每个波束均可提供 $m=10$ 重冲突识别能力，则在系统正确解调概率为 95%的情况下，$G=3.5$。假设终端发射报文的码速率为 400 bit/s，报文长度为 256，则 $t=0.64$ s，报文发送间隔为 1 min/包（$v_{tx}=0.0167$ 包/s），开机概率 $P_o=5\%$，则每个子波束下可覆盖的终端数量为 $N_{tx}=6\,549$。

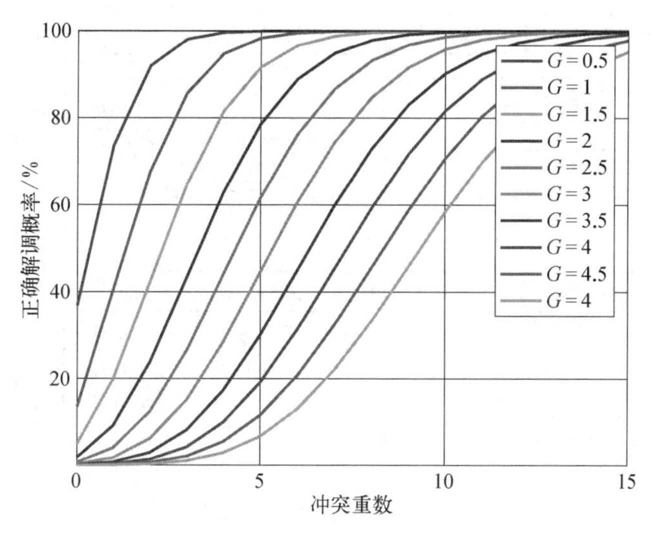

图 7.13　系统正确解调概率与识别的冲突重数之间的关系曲线

假设每颗卫星提供的子波束个数为 7，FDMA 可提供 3 个不同的接入频率，则全球范围内可容纳的动态目标终端数量可接近 1 000 万。可通过进一步降低报文发送码速率、报文发送间隔、报文长度，以及提高星上冲突识别能力来提升

移动终端的接入数量。

星上采用的多冲突信号识别算法如图 7.14 所示,信号捕获模块完成对应数字信号的数字下变频及同步头捕获,捕获采用时频结合的分段时频累积方法,以获得终端用户的同步信息,并将用户同步信息(多普勒频偏和伪码时延信息)发送至信号跟踪解调通道。匹配滤波器通过累加求和的方式实现积分束状低通滤波功能,累加时间越长,积分束状滤波器的带宽越小,送入后续解调通道的信号信噪比越高,但是在多普勒频偏固定的情况下,捕获的并行通道数就会越多,消耗的硬件资源也会越多。因此,设计过程中需要折中考虑。

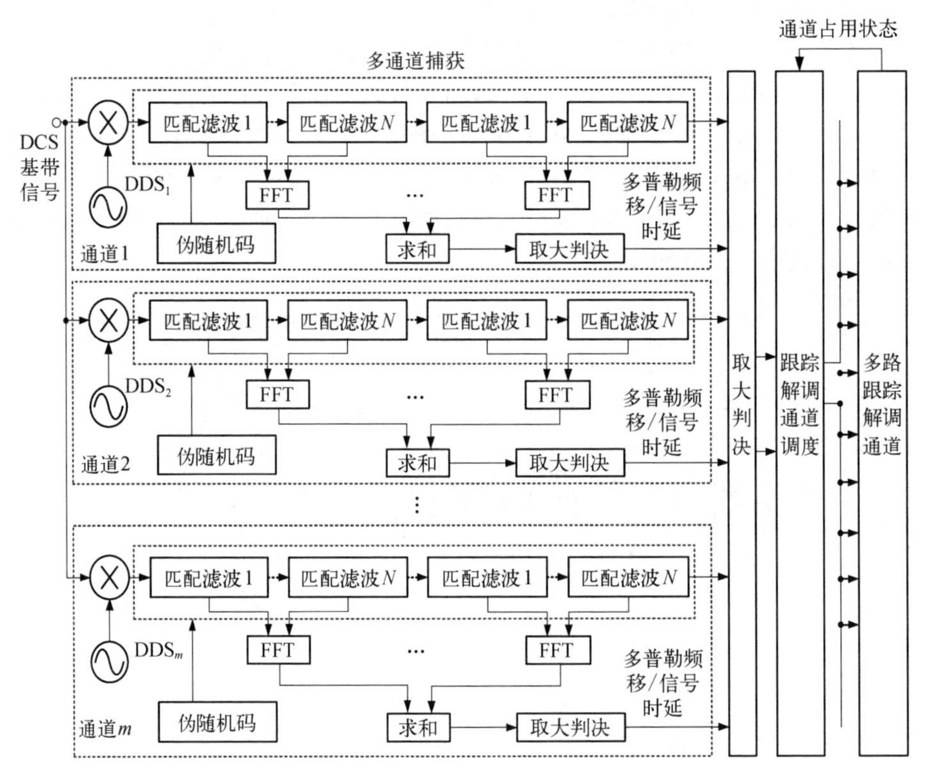

图 7.14 多冲突信号识别算法

为了简易地估计出上行信号的多普勒频偏值,终端发送的报文需要前置若干 bit 的全“0”或者全“1”值。DCS 基带信号经过不同频率的下变频后,分别送入多个通道中(下变频频率间隔需要根据 FFT 模块的时钟及计算点数决定),每个通道中的伪随机码以 1/2 伪码 bit 周期循环移动,当本地伪随机码与输入报文中的伪随机同步后(匹配滤波器完成匹配并累加输出),FFT 模块可以获得一个超过设定域值电压的峰值(单音信号的冲击频谱),峰值对应的频率即多普勒频偏值,随后产生一个触发信号,启动后续的跟踪解调功能,并提供多普勒频偏和信号延迟,送至后续模块,便于快速跟踪和同步解调。为了进一步提升多普勒频谱估计的可靠性,可以采用多 FFT 模块同时估计并累加求和的方式进行计算。

为了使捕获到的各路输入信号(冲突叠加)在多通道信号处理单元中得到及时处理,跟踪解调调度模块需要为各路输入信号分配对应的信号处理通道(跟踪解调通道),有效的调度策略在充分调用有限的信号处理通道数目等方面起到至关重要的作用。

本方案中跟踪解调调度模块采用堆栈方式,基本原理如下。

(1) 首先判断是否捕获到同步头,若未捕获,则不分配有效信号处理单元通道。

(2) 若捕获,则根据各个跟踪解调通道实时反馈的状态和通道占用情况,取出堆栈排列最靠前的跟踪解调通道进行信号的后续处理。

(3) 若某一时段用户数量剧增,堆栈中没有空闲的跟踪解调通道,则不分配给该数据包有效的信号处理单元通道。

为了进一步降低高纬度地区卫星波束叠加的干扰性,每个卫星均会分配一个不同的扩频伪码,地面终端根据内置星历选取最优的通信卫星(相应的采用与其匹配的扩频伪码)与其进行通信。

7.4　3S(AIS, ADS - B, DCS)载荷设计

3S 载荷指利用软件无线电技术将星载 AIS/VDES、ADS - B、DCS 共 3 类功能集成在一起的一体化载荷,采用 SDR 完成高功能密度集成设计,适合在微纳卫星上搭载,非常有利于天基物联网星座建设实现高效费比。

整个 3S 载荷采用软件无线电的框架构建,可以在同一个硬件平台上实现多类功能。载荷由射频前端板和基带板组成,如图 7.15 所示。

射频前端板包括每个通道的微波开关、双工器和低噪声放大器(low noise amplifier, LNA),其对多通道电路中的射频信号进行选择、放大和滤波。之后,可以很容易地使用 SDR 硬件,如 AD9361/AD9371 集成 RF 敏捷收发器等。

射频网络包括双工器/开关、多工器、滤波器、低噪声放大器、功率放大器等。考虑到甚高频数据交换系统(very high frequency date exchange system, VDES)是

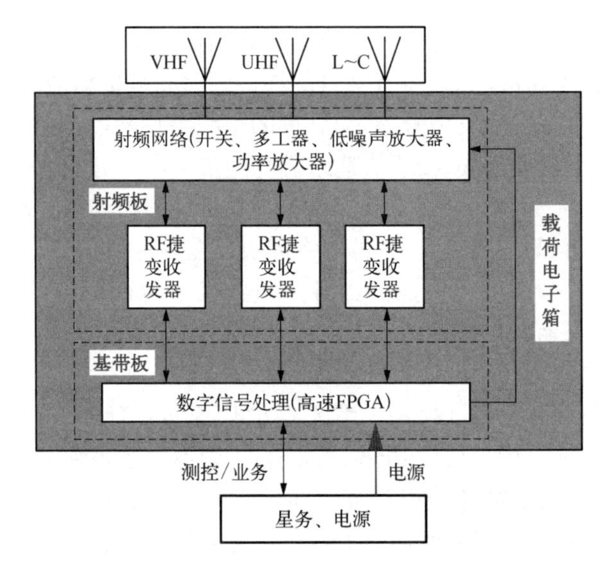

图 7.15　3S 载荷硬件框图

AIS 的加强和升级版,硬件实现过程中加入了 VHF 数据交换功能。另外,由于 VDES 发射和 AIS 接收的频率相近,需要设置微波开关;DCS 收发可收发频率分开,采用多工器。射频网络框图见图 7.16。

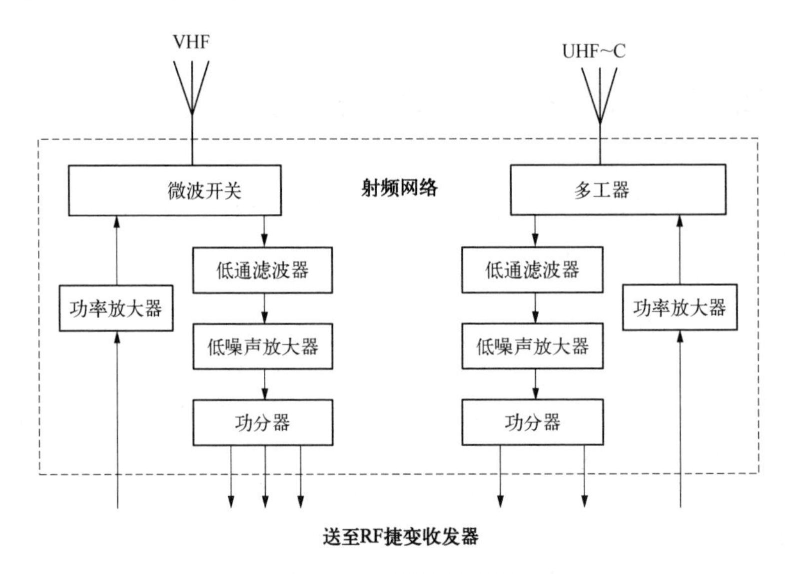

图 7.16　射频网络框图

7.5　3S 载荷入轨前地面试验

卫星发射入轨前，需要在地面经过严格的环境试验测试，主要包括：常温常压下测试、振动试验测试及热真空试验测试，测试的性能指标包括载荷的功耗、灵敏度、动态范围及抗多普勒频偏能力。另外，载荷装机后，还需要进行连接性试验及整星 EMC 试验。

为了保证极轨卫星组网后对地面目标的无缝覆盖（天线对地覆盖范围大于 4 000 km），结合“天拓五号”卫星各载荷天线安装方位、设计方向图、增益及卫星轨道高度，各载荷的性能指标必须满足表 7.1 所示要求。

表 7.1　3S 载荷性能指标

载　荷	灵　敏　度	动态范围
AIS	≤−112 dBm	≥20 dB
ADS−B	≤−97 dBm	
DCS	≤−124 dBm@ 400 bit/s	
	≤−118 dBm@ 2.4×10^{3} bit/s	
	≤−115 dBm@ 4.8×10^{3} bit/s	

7.5.1　环境试验

常温常压下的测试主要通过有线测试的方式进行，载荷能够正常解调条件下的功耗即测试功耗；正确解包率为 90%时到达载荷输入口的信号功率即测试载荷的灵敏度；依次改变发送频率及衰减器的值，便可获得载荷的多普勒频偏的范围及动态范围。

振动试验可有效模拟卫星发射时的振动环境，对载荷承受振动后的工作能力进行验证，暴露载荷组件的材料和工艺制作方面的潜在缺陷，确保振动后的载荷性能指标满足要求。

热真空试验的目的同样是暴露载荷组件的材料和工艺制作方面的潜在缺陷，确保低轨运行期间的载荷性能指标满足要求。在进行热真空试验时，当压力减小到 1～10 Pa 时，保持约 5 min，观察真空放电现象，检验低真空环境中样件承受电晕、飞弧、介质击穿的能力，并持续观察通信链路电平及载荷工作状态。当压力减小至 10^{-5} Pa 后，开展多次热真空循环并定期测试载荷性能指标检验其热真空性能。

力学和温度试验结束后的载荷测试性能指标如下：AIS 载荷灵敏度均大于−115 dBm，ADS－B 载荷灵敏度均大于−98 dBm，DCS 载荷灵敏度均超过−126 dBm@400 bit/s、−120 dBm@2.4×10^3 bit/s、−118 dBm@4.8×10^3 bit/s，三类载荷的动态范围均超过 25 dB，满足设计需求。

7.5.2 连接性试验

连接性试验是指在载荷装机后检验安装于星体面的天线与安装于星体内部载荷的可靠性互联性能。通过无线的方式建立地检设备与载荷之间的通信链路，分别对地检天线增益、载荷天线增益及地检发射功率进行标定，并按照自由空间衰减值估计收发天线之间的信号衰减值，至此可以预估出到达载荷输入端口的信号功率，将此时的遥测功率值与前期记录的遥测功率值对比，确保差值在±5 dB 以内，否则需要拆机检查。

7.5.3 电磁兼容试验

在上述 EMC 设计基础上，在微波暗室开展整星 EMC 试验，对各部组件依次进行开关机，验证各载荷的电磁兼容能力，通过接入频谱仪的探针在载荷天线处对频谱进行扫描，定位干扰频率，随后在星体表面进行扫描以定位干扰频率位置，并重点对该区域进行二次包覆。

如果电磁兼容性能不能通过二次包覆得到有效解决，此时需要对星体进行拆卸，通过探针在星体内部的扫描定位最终的干扰源位置，分析具体原因。通常，可以通过对低频电源线缆的二次包覆加以解决，或者更换电源管理芯片，但是后者需要的迭代回溯流程过长，需要在设计之初就对其干扰谐波进行充分考虑，避免对载荷接收频段的影响。

7.6 3S 载荷的在轨试验

“天拓五号”卫星集成 AIS、ADS－B 及 DCS 三个主载荷，卫星总质量小于

80 kg，位于 600 km 以内的极轨轨道，对地+Z 面面积小于 $0.5\times1\ m^2$，不太适用于相控阵 ADS－B 载荷的搭载，因此“天拓五号”中的 ADS－B 载荷采用半全向天线，主要对图 7.9 所示的 ADS－B 高性能解调算法进行验证。

AIS 载荷采用双机热备的形式提升可靠性和对地覆盖范围，天线采用线极化细螺旋结构，主瓣增益为 0 dBi，倾斜对地安装于星体的±Y 面，与对地面呈±45°。ADS－B 载荷同样为双机热备，采用右旋圆极化螺旋天线，主瓣增益为 7 dBi，分别倾斜±45°安装于对地面。DCS 载荷天线采用右旋圆极化四臂螺旋结构，主瓣增益为 0 dBi，垂直安装于对地面，如图 7.17 所示。

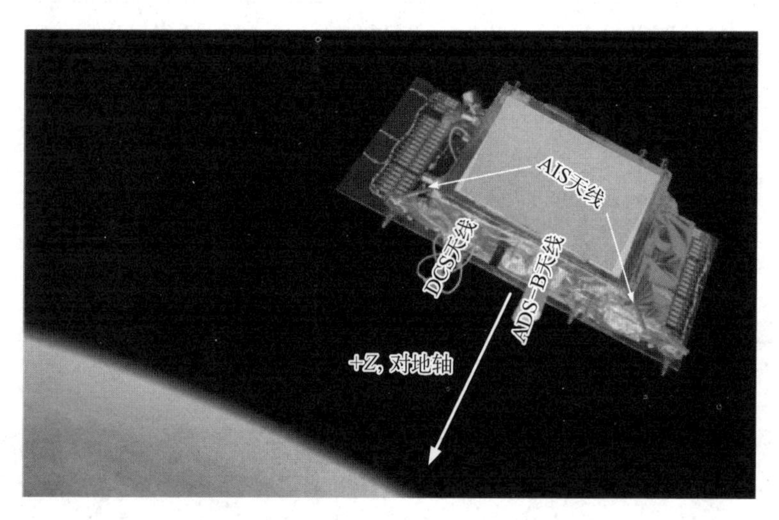

图 7.17　“天拓五号”在轨飞行示意图

图 7.18 和图 7.19 分别给出了 AIS 载荷双机和 ADS－B 载荷双机在发射当天（2020 年 8 月 23 日）对全球船舶和航班信息的接收情况（通过接收报文中包含的位置信息在地图上进行标注），两类载荷的天线对地幅宽均超过 4 000 km，与近期国内外的其他入轨载荷性能对比如表 7.2 所示，均达到同期世界先进水平。

表 7.2　AIS/ADS－B 载荷性能对比

载　荷	载荷搭载平台	发射日期	报文接收能力	波束数量
AIS	“天拓一号”	2012.05.12	≈1 万条/天	1
	“天拓三号”	2015.09.20	≈5 万条/天	1

续 表

载 荷	载荷搭载平台	发射日期	报文接收能力	波束数量
AIS	“海洋二号”B 星	2018.10.25	≈20 万条/天	1
	“海洋一号”C 星	2019.09.07	≈36 万条/天	2
	“海洋一号”D 星	2020.06.11	≈40 万条/天	2
	“天拓五号”	2020.08.23	≈100 万条/天	2
ADS－B	PROBA－V	2013.05.04	≈5 万条/天	1
	GOMX－3	2015.10.05	≈10 万条/天	1
	“天拓三号”	2015.09.20	≈40 万条/天	1
	“天行者”卫星	2020.06.17	≈80 万条/天	1
	“铱星二代”	2019.01.11	≈700 万条/天	7
	“天拓五号”	2020.08.23	≈340 万条/天	2

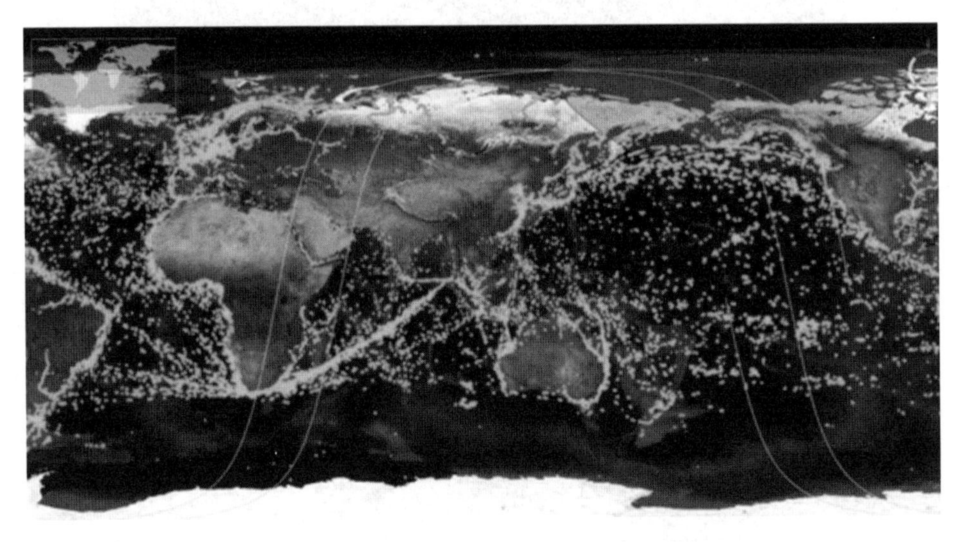

图 7.18 AIS 载荷双机发射当天数据接收量

图 7.19　ADS－B 载荷双机发射当天数据接收量

DCS 地面终端采用定制软件定义无线电模块实现(AD9361+FPGA),并且预留北斗定位授时接口、传感器输入端口、电池供电接口及安装空间,如图 7.20 所示。该终端可完成静态传感目标和动态传感目标的地面发射模拟,接入温湿度传感器及北斗模块后,设定时帧长度约 2 min,模拟静态传感目标,任选时帧内的一个发送时隙在卫星过顶时对包含温度、湿度和位置信息的报文进行发送,卫星在后续过顶时将接收的静态 DCS 数据下传,通过软件解析后进行显示。

图 7.20　DCS 地面传感终端内部组成

对动态传感目标的模拟采用类似的方式进行,区别在于动态传感目标数量为 10 个,分别模拟海运中的集装箱,并提供位置信息、温度信息、湿度信息及箱门开关状态等传感信息。各集装箱发射的位置信息是相同的,温湿度信息及箱门开关状态各异,各传感参数预先写入终端中,并以 10 s 的周期在卫星过顶时进行发射,卫星在后续过顶时将接收的动态 DCS 数据下传,通过软件解析后最终的接收效果如图 7.21 所示。从图中可以看出,集装箱位置信息(左)及其他传感信息均可正确解析并显示。

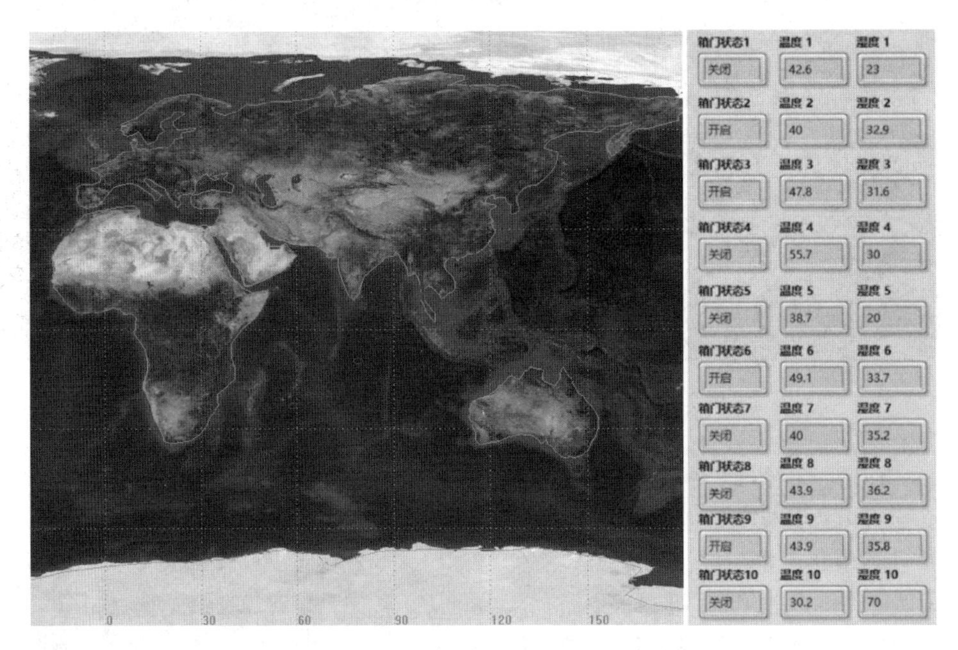

图 7.21　DCS 载荷动态传感目标接收结果

7.7　本章小结

SIoT 是实现泛在感知的一个关键基础性技术手段,本章详细阐述了 SIoT 载荷中的三个关键组成部分: AIS 载荷(航海目标监视)、ADS－B 载荷(航空目标监视)及 DCS 载荷(窄带传感)的关键技术及具体设计实现方法,并通过搭载"天拓五号"卫星进行了实际的试验验证,效果符合设计预期,可以为后续我国天基物联网系统的建设提供坚实的技术参考。

参 考 文 献

[1] 佚名.“和德一号”卫星及“天行者”星座发布[J].卫星应用,2016(10):7.

[2] Everetts W, Rock K, Iovanov M. Iridium deorbit strategy, execution, and results[J]. Journal of Space Safety Engineering, 2020, 7(3): 351-357.

[3] 刘帅军,胡月梅,范春石,等.低轨卫星星座动态波束关闭算法[J].通信学报,2020, 41(4): 190-196.

[4] 张雨晨.基于多目标深度强化学习的多波束卫星动态波束调度算法研究[D].北京:北京邮电大学,2020.

[5] 高铭阳,饶建兵,向开恒,等.低轨卫星的频率规避方法和装置: CN110572192A[P]. 2019-12-13.

[6] 张玮,王守斌,程承旗,等.一种卫星资源一体化网格组织模型[J].武汉大学学报(信息科学版),2020,45(3): 331-336.

[7] 王晓杰,罗健欣,郑成辉,等.基于任务等级的卫星资源分配算法研究[J].计算机时代,2016(2): 11-13.

[8] 严康,李伟,简晨.Ka 以上频段星间链路的频率使用现状及展望[J].中国无线电,2021(6): 52-54.

[9] 高世杰,吴佳彬,刘永凯,等.微小卫星激光通信系统发展现状与趋势[J].中国光学, 2020,13(6): 1171-1181.

[10] Casini E, Gaudenzi R D, Herrero O R. Contention resolution diversity slotted Aloha (CRDSA): an enhanced random access scheme for satellite access packet networks[J]. IEEE Transactions on Wireless Communications, 2007, 6(4): 1408-1419.

[11] Liva G. Graph-based analysis and optimization of contention resolution diversity slotted Aloha[J]. IEEE Transactions on Communications, 2011, 59(2): 477-487.

[12] 韦芬芬,刘晓旭,谢继东,等.低轨卫星物联网多址接入方式研究[J].计算机技术与发展,2019,29(5): 116-120.

[13] 王艳君,庄云胜.卫星移动通信终端的低功耗设计[J].无线电工程,2013(6): 10-12.

[14] 康瑞雪.便携式卫星通信终端的低功耗设计[J].电子世界,2018(9): 159-160.

[15] Drozd O, Antoniuk V, Drozd M. Power-consumption-oriented checkability for FPGA-based components of safety-related systems[J]. International Journal of Computing, 2019, 18(2):

118 - 126.

[16] 汪虹宇.GMR - 13G 卫星终端空闲模式下的低功耗设计与实现[D].重庆：重庆邮电大学,2020.

[17] Norris A. AIS implementation - success or failure? [J]. The Journal of Navigation, 2007, 60(1): 1 - 10.

[18] Radio Communications Sector of ITU. Technical characteristics for a universal shipborne automatic identification system using time division multiple access in the VHF maritime mobile band: ITU-R. M. 1371[S]. Geneva: International Telecommunication Union, 1998.

[19] Radio Communications Sector of ITU. Technical characteristics for an automatic identification system using time division multiple access in the VHF maritime mobile frequency band: ITU-R. M. 1371 - 2 [S]. Geneva: International Telecommunication Union, 2007.

[20] 张宇.通用船舶自动识别系统(AIS)及其关键技术研究[D].武汉：武汉理工大学, 2004.

[21] Hřye G. Observation modelling and detection probability for space-based AIS reception [R]. Kjeller: Forsvarets Forsknings Institutt, 2004.

[22] Radio Communications Sector of ITU. Satellite detection of automatic identification system messages: ITU-R.M. 2084[S]. Geneva: IX - ITU, 2006.

[23] Tobehn C, Schonenberg A, Rinaldo R, et al. European satellite AIS under joint EMSA/ESA integrated applications programme[C]. Cape Town: 62nd International Astronautical Congress (IAC2011), 2011.

[24] Cairns W R. AIS and long range identification and tracking[J]. The Journal of Navigation, 2005, 58(2): 181 - 189.

[25] Hammond T, Peters D. Estimating AIS coverage from received transmissions [J]. The Journal of Navigation, 2012, 65(3): 409 - 425.

[26] Fryer S. Satellite AIS from USCG[J]. Digital Ship, 2007, 7(7): 26.

[27] Helleren Φ, Olsen Φ, Bernsten P, et al. Technology reference and proof-of-concept for a space-based automatic identification system for maritime security[C]. Rhodes: 4S Symposium Small Satellites Systems and Services, 2008.

[28] Te Hennepe F, Rinaldo R, Ginesi A, et al. Space-based detection of AIS signals: Results of a feasibility study into an operational space-based AIS system [C]. Cagliari: 5th Advanced Satellite Multimedia Systems Conference and the 11th Signal Processing for Space Communications Workshop, 2010.

[29] Hřye G, Narheim B, Receivereriksen T S A, et al. Space-based AIS reception for ship identification[R]. Kjeller: Forsvarets Forsknings Institutt, 2004.

[30] Andersen M H, Pedersen N. Satellite AIS receiver[D]. Aalborg: Aalborg University,

2009.
[31] Harchowdhury A, Sarkar B K, Bandyopadhyay K, et al. Generalized mechanism of SOTDMA and probability of reception for satellite-based AIS[C]. Kolkata: 5th International Conference on Computers and Devices for Communication (CODEC), 2012.
[32] Ali I, Al-Dhahir N, Hershey J E. Doppler characterization for LEO satellites[J]. IEEE Transactions on Communications, 1998, 46(3): 309 - 313.
[33] Eriksen T, Hřye G, Narheim B, et al. Maritime traffic monitoring using a space-based AIS receiver[J]. Acta Astronautica, 2006, 58(10): 537 - 549.
[34] Dahl O F H. Space-based AIS receiver for maritime traffic monitoring using interference cancellation[D]. Trondheim: Norwegian University of Science Technology, 2006.
[35] Kingsley F. AIS and long range identification and tracking[J]. Journal of Navigation, 2006, 59(1): 167 - 168.
[36] Cheng Y. Satellite-based AIS and its comparison with LRIT[J]. TransNav-International Journal on Marine Navigation Safety of Sea Transportation, 2014, 8(2): 183 - 187.
[37] Christophersen J G. Satellite-based tracking of ships as global crime control: ISPS code, AIS, SSAS and LRIT[J]. Maritime Security in Southeast Asia, 2007: 146 - 161.
[38] 陈宇里.基于低轨道小卫星技术的空间 AIS[J].航海技术,2011(6): 34 - 36.
[39] 刘畅.船舶自动识别系统(AIS)关键技术研究[D].大连: 大连海事大学,2013.
[40] Aarsæther K G, Moan T. Estimating navigation patterns from AIS[J]. The Journal of Navigation, 2009, 62(4): 587 - 607.
[41] Hart E, Timmis J. Application areas of AIS: the past, the present and the future[J]. Applied Soft Computing, 2008, 8(1): 191 - 201.
[42] Hřye G K, Eriksen T, Meland B J, et al. Space-based AIS for global maritime traffic monitoring[J]. Acta Astronautica, 2008, 62(2 - 3): 240 - 245.
[43] Carthel C, Coraluppi S, Grasso R, et al. Fusion of AIS, RADAR, and SAR data for maritime surveillance[C]. Florence: Image and Signal Processing for Remote Sensing XIII, 2007.
[44] Chaturvedi S K, Yang C S, Ouchi K, et al. Ship recognition by integration of SAR and AIS [J]. Journal of Navigation, 2012, 65(2): 323 - 337.
[45] 赵志.基于星载 SAR 与 AIS 综合的舰船目标监视关键技术研究[D].长沙: 国防科学技术大学,2013.
[46] Eriksen T, Skauen A N, Narheim B, et al. Tracking ship traffic with space-based AIS: experience gained in first months of operations[C]. Carrara: International WaterSide Security Conference, 2010.
[47] Guerriero M, Willett P, Coraluppi S, et al. Radar/AIS data fusion and SAR tasking for maritime surveillance[C]. Cologne: 11th International Conference on Information Fusion,

2008.

[48] Hannevik T N, Olsen Φ, Skauen A N, et al. Ship detection using high resolution satellite imagery and space-based AIS[C]. Carrara: International Water Side Security Conference, 2010.

[49] Pallotta G, Vespe M, Bryan K. Vessel pattern knowledge discovery from AIS data: a framework for anomaly detection and route prediction[J]. Entropy, 2013, 15(6): 2218-2245.

[50] 张宇.通用船舶自动识别系统(AIS)及其关键技术研究[D].武汉:武汉理工大学, 2004.

[51] 代彦波.船舶自动识别系统及其关键技术研究[D].哈尔滨:哈尔滨工程大学,2006.

[52] 浦皆伟.AIS 及其关键技术研究[D].上海:上海海运学院,2003.

[53] Wahl T, Hřye G K, Lyngvi A, et al. New possible roles of small satellites in maritime surveillance[J]. Acta Astronautica, 2005, 56(1-2): 273-277.

[54] Hřye G. Space-based AIS: theoretical considerations and system parameter optimization [R]. Kjeller: Forsvarets Forskning Institutt, 2006.

[55] Zhao Z, Ji K, Xing X, et al. Ship surveillance by integration of space-borne SAR and AIS-review of current research[J]. The Journal of Navigation, 2014, 67(1): 177-189.

[56] 刘海涛,李少洋,秦定本,等.共信道干扰环境下星基 ADS-B 系统监视性能[J].航空学报,2019, 40(12): 1-14.

[57] Vu Trong T, Dinh Quoc T, Dao Van T, et al. Constellation of small quick-launch and self-deorbiting nano-satellites with AIS receivers for global ship traffic monitoring[C]. Tokyo: Nanosatellite Symposium, 2011.

[58] Eide E, Ilstad J. NCUBE-1, the first Norwegian CUBESAT student satellite[C]. Sankt Gallen: European Rocket and Balloon Programmes and Related Research, 2003.

[59] Narheim B, Helleren O, Olsen O, et al. AISSat-1 early results[C]. Logan: 25th Annual AIAA/USU Conference on Small Satellite, 2011.

[60] Helleren Φ, Olsen Φ, Narheim B, et al. AISSat-1-2 years of service[C]. Portoroz: Proceedings of the 4S Symposium, 2012.

[61] Duffey T, Huffine C, Nicholson S. On-orbit results from the TACSAT-2 ACTD target indicator experiment ais payload[R]. Washington: Naval Research Laboratory, 2008.

[62] ORBCOMM. ORBCOMM OG2[EB/OL]. [2015-08-16].http://www.orbcomm.com/en/networks/satellite/orbcomm-og2.

[63] OHB LuxSpace. Global AIS-Sata-Service[EB/OL]. [2015-08-16].http://www.luxspace.lu/global-ais-sata-service.html.

[64] Brusch S, Lehner S, Schwarz E, et al. Near real time ship detection experiments[C]. Frascati: SEASAR 2010 Workshop, 2010.

[65] Spire Global. Satellite-AIS[EB/OL]. [2015 - 08 - 16]. http://www.exactearth.com/technology/satellite-AIS.

[66] Spire Global. Exactview-Constellation[EB/OL]. [2015 - 08 - 16]. http://www.exactearth.com/technology/exactview-constellation.

[67] Holsten S. Global maritime surveillance with satellite-based AIS[C]. Bremen: OCEANS 2009 - EUROPE, 2009.

[68] Orgler L, Tiedenmann L. The challenging south tyrolean 'max valier' nano satellite with X-ray amateur telescope and AIS experiments[C]. Daejeon: 60th International Astronautical Congress, 2009.

[69] Dembovskis A. Testbed for performance evaluation of SAT-AIS receivers[C]. Vigo: 6th Advanced Satellite Multimedia Systems Conference (ASMS) and 12th Signal Processing for Space Communications Workshop (SPSC), 2012.

[70] Block J, Bäger A, Behrens J, et al. A self-deploying and self-stabilizing helical antenna for small satellites[J]. Acta Astronautica, 2013, 86: 88 - 94.

[71] Graham J, Middour J. GLADIS: global AIS & data-X international satellite constellation [R]. London: Office of Naval Research, 2008.

[72] Johal R, Christensen J, Doud D. ORBCOMM generation 2 access to LEO on the falcon 9 using softride, a case history[C]. Logan: Proceedings of the 26th Annual AIAA/USU Conference on Small Satellites, 2012.

[73] Zhong Z S, Zheng L, Li J W, et al. The key technology of blind source separation of satellite-based AIS[J]. Proceedings of Engineering, 2012, 29: 3737 - 3741.

[74] 董川.星载 AIS 信号仿真与参数估计方法研究[D].长沙：国防科学技术大学,2010.

[75] 廖灿辉,涂世龙,万坚.抗频偏的突发 GMSK 混合信号单通道盲源分离算法[J].通信学报,2013,34(5)：88 - 95.

[76] Gill E, Sundaramoorthy P, Bouwmeester J, et al. Formation flying within a constellation of nano-satellites: the QB50 mission[J]. Acta Astronautica, 2013, 82(1): 110 - 117.

[77] Larson W J, Wertz J R. Space Mission Analysis and Design[M]. Dordrecht: Kluwer Academic, 1992.

[78] Cervera M A, Ginesi A. On the performance analysis of a satellite-based AIS system[C]. Rhodes: 10th International Workshop on Signal Processing for Space Communications, 2008.

[79] Cervera M A, Ginesi A, Eckstein K. Satellite-based vessel automatic identification system: a feasibility and performance analysis[J]. International Journal of Satellite Communications Networking, 2011, 29(2): 117 - 142.

[80] Reiten K, Schlanbusch R, Kristiansen R, et al. Link and doppler analysis for space-based AIS reception[C]. Istanbul: 3rd International Conference on Recent Advances in Space

Technologies, 2007.

[81] Tunaley JKE. London research and development corporation[EB/OL]. [2015-08-26] http://www.london-research-and-development.com/AIS.html.

[82] Norris A. Automatic identification systems - the effects of class B on the use of class A systems[J]. The Journal of Navigation, 2006, 59(2): 335-347.

[83] Harchowdhury A, Sarkar B K, Bandyopadhyay K, et al. Reception capacity enhancement of satellite-based AIS for different classes of ships[C]. Thuckalay: IEEE Conference on Information and Communication Technologies, 2013.

[84] Macikunas A, Randhawa B. Space-based automated identification system (AIS) detection performance and application to world-wide maritime safety[C]. Ottawa: 30th AIAA International Communications Satellite System Conference (ICSSC), 2012.

[85] Dousset T, Renard C, Diez H, et al. Compact patch antenna for automatic identification system (AIS)[C]. Toulouse: 15th International Symposium on Antenna Technology and Applied Electromagnetics, 2012.

[86] Foged L, Giacomini A, Saccardi F, et al. Miniaturized dual polarized VHF array element for AIS space application[C]. Orlando: IEEE Antennas and Propagation Society International Symposium (APSURSI), 2013.

[87] 王瀚霆,徐侃,陈占胜,等.一种宽窄波束协同的星载 AIS 报文实时接收处理系统: CN111934749A[P].2020-11-13.

[88] Alexiou A, Haardt M. Smart antenna technologies for future wireless systems: trends and challenges[J]. IEEE Communications Magazine, 2004, 42(9): 90-97.

[89] Davies M E, James C J. Source separation using single channel ICA[J]. Signal Processing, 2007, 87(8): 1819-1832.

[90] Hoeher P A, Badri-Hoeher S, Xu W, et al. Single-antenna co-channel interference cancellation for TDMA cellular radio systems[J]. IEEE Wireless Communication, 2005, 12(2): 30-37.

[91] Colavolpe G, Raheli R. Noncoherent sequence detection of continuous phase modulations [J]. IEEE Transactions on Communications, 1999, 47(9): 1303-1307.

[92] Prévost R, Coulon M, Bonacci D, et al. Joint phase-recovery and demodulation-decoding of AIS signals received by satellite[C]. Vancouver: IEEE International Conference on Acoustics, Speech and Signal Processing, 2013.

[93] Zhang Z, Weinfield J, Soni T. Combined differential demodulation schemes for satellite-based AIS with GMSK signals[C]. Orlando: Space Missions and Technologies, 2010.

[94] Wang C, Zhu S, Liu Z, et al. Synchronous demodulation algorithm based on energy operator for satellite-based AIS signals[C]. Yantai: International Conference on Systems and Informatics (ICSAI2012), 2012.

[95] Hicks J E, Clark J S, Stocker J, et al. AIS/GMSK receiver on FPGA platform for satellite application[C]. Orlando: Digital Wireless Communications VII and Space Communication Technologies, 2005.

[96] Govindaiah P K. Design and development of Gaussian minimum shift keying (GMSK) demodulator for satellite communication[J]. Bonfring International Journal of Research in Communication Engineering, 2012, 2(2): 6-11.

[97] Nelson D, Hopkins J, Bartos A. Coherent demodulation of AIS-GMSK signals in co-channel interference[C]. Pacific Grove: Conference Record of the Forty-Fifth Asilomar Conference on Signals, Systems and Computers (ASILOMAR), 2011.

[98] 董诗韬.同信道干扰下 AIS 信号非相干解调技术研究[D].南京：南京理工大学,2012.

[99] Huang Y L, Fan K D, Huang C C. A fully digital noncoherent and coherent GMSK receiver architecture with joint symbol timing error and frequency offset estimation[J]. IEEE Transactions on Vehicular Technology, 2000, 49(3): 863-874.

[100] Laurent P. Exact and approximate construction of digital phase modulations by superposition of amplitude modulated pulses (AMP)[J]. IEEE transactions on communications, 1986, 34(2): 150-160.

[101] Burzigotti P, Ginesi A, Colavolpe G. Advanced receiver design for satellite-based automatic identification system signal detection[J]. International Journal of Satellite Communications Networking, 2012, 30(2): 52-63.

[102] 赵大伟.星载 AIS 的信号同步参数估计研究[D].天津：天津理工大学,2017.

[103] Gallardo M J, Sorger U. Coherent receiver for AIS satellite detection[C]. Limassol: 4th International Symposium on Communications, Control and Signal Processing (ISCCSP), 2010.

[104] Gallardo M J, Sorger U. Multiple decision feedback equalizer for satellite AIS coherent detection[C]. Riccione: The IEEE Symposium on Computers and Communications, 2010.

[105] 张兆晨.自动识别系统(AIS)相干解调技术研究[D].南京：南京理工大学,2012.

[106] Hyvarinen A, Karhunen J, Oja E. Independent Component Analysis[M]. New York: John Wiley & Sons, 2001.

[107] 廖灿辉,万坚,涂世龙,等.通信混合信号盲源分离理论与技术[M].北京：国防工业出版社,2012.

[108] Stone J V. Independent component analysis: an introduction[J]. Trends in Cognitive Sciences, 2002, 6(2): 59-64.

[109] 陈奇.星载 AIS 信号接收技术的研究[D].南京：南京理工大学,2017.

[110] Shilong T, Shaohe C, Hui Z, et al. Particle filtering based single-channel blind separation of co-frequency MPSK signals[C]. Xiamen: International Symposium on Intelligent Signal Processing and Communication Systems, 2007.

[111] Shilong T, Hui Z, Na G. Single-channel blind separation of two QPSK signals using per-survivor processing[C]. Macao: IEEE ASIA Pacific Conference on Circuits and Systems, 2009.

[112] Raheli R, Polydoros A, Tzou C K. Per-survivor processing: a general approach to MLSE in uncertain environments[J]. IEEE Transactions on Communications, 1995, 43(2-4): 354-364.

[113] 张启超.基于 PSP 的单通道星载 AIS 混合信号分离与检测联合研究[D].天津:天津理工大学,2020.

[114] 秦振东.星载 AIS 接收机硬件的设计与实现[D].北京:中国科学院大学,2020.

[115] 岳西平,段媛媛,邱元腾,等.一种双通道星载 AIS 接收机研究[J].空间电子技术,2019,16:44-48.

[116] 吕建荥,纪胜谋,王玉,等.船舶自动识别系统(AIS)VHF 接收机的设计[J].电子测量技术,2008,31:112-114.

[117] Larsen J A, Mortensen H P, Nielsen J D. An SDR based AIS receiver for satellites[C]. Istanbul: 5th International Conference on Recent Advances in Space Technologies (RAST), 2011.

[118] 赵砚.低轨星座的目标跟踪算法研究[D].长沙:国防科学技术大学,2011.

[119] 李长春.成像侦察小卫星应急组网方法研究[D].长沙:国防科学技术大学,2010.

[120] Dufour F. Zonal coverage optimization of satellite constellations with an extended satellite triplet method[J]. Advances in the Astronautical Sciences, 2002, 109: 609-624.

[121] 李勇军,赵尚弘,吴继礼.一种低轨卫星星座覆盖性能通用评价准则[J].宇航学报,2014,35(4):410-417.

[122] 王瑞,马兴瑞.卫星星座优化设计的分布式遗传算法[J].中国空间科学技术,2003,23(1):38-43.

[123] Ma D M, Hong Z C, Lee T H, et al. Design of a micro-satellite constellation for communication[J]. Acta Astronautica, 2013, 82(1): 54-59.

[124] 何京,刘民伟,宋果林,等.卫星 AIS 星座设计及性能分析[J].电子设计工程,2020,28:100-104.

[125] Challamel R, Calmettes T, Gigot C N. A European hybrid high performance satellite-AIS system[C]. Vigo: 6th Advanced Satellite Multimedia Systems Conference (ASMS) and 12th Signal Processing for Space Communications Workshop (SPSC), 2012.

[126] Scorzolini A, De Perini V, Razzano E, et al. European enhanced space-based AIS system study[C]. Cagliari: 5th Advanced Satellite Multimedia Systems Conference and the 11th Signal Processing for Space Communications Workshop, 2010.

[127] Graziano M D, D'errico M, Razzano E. Constellation analysis of an integrated AIS/remote sensing spaceborne system for ship detection[J]. Advances in Space Research, 2012,

50(3): 351-362.

[128] Lee H, Lee S. The realization of the performance estimation system on AIS SOTDMA algorithm[C]. Vienna: 5th IEEE International Conference on Industrial Informatics, 2007.

[129] Radio Communication Sector of ITU. Message 27 long-range AIS broadcast message: ITU-R. M. 1371-4 Annex 8[S]. Geneva: International Telecommunication Union, 2012.

[130] Ziemer R E, Tranter W H. Principles of communications[M]. New York: John Wiley & Sons, 2014.

[131] Radio Communication Sector of ITU. Technical characteristics for an automatic identification system using time-division multiple access in the VHF maritime mobile band: ITU-R. M. 1371-4[S]. Geneva: International Telecommunication Union, 2010.

[132] 李军.SOTDMA 在 AIS 中的应用研究[D].上海:上海海运学院,2003.

[133] 李大军,姚罡,常青,等.SOTDMA 技术应用及其性能分析[J].电子技术应用,2006, 32: 126-128.

[134] Naeem U, Jawaid Z, Sadruddin S. Doppler shift compensation techniques for LEO satellite on-board receivers[C]. Islamabad: Proceedings of 9th International Bhurban Conference on Applied Sciences & Technology (IBCAST), 2012.

[135] 程云,陈利虎,陈小前.星载 AIS 检测概率建模与仿真分析[J].国防科学技术大学学报,2014,36(3): 51-57.

[136] Guo S. Space-based detection of spoofing AIS signals using Doppler frequency[C]. Baltimore: International Society for Optics and Photonics SPIE Sensing Technology Applications, 2014.

[137] Stutzman W L, Thiele G A. Antenna Theory and Design[M]. New York: John Wiley & Sons, 2012.

[138] 廖灿辉,万坚,涂世龙,等.通信混合信号盲源分离理论与技术[M].北京:国防工业出版社,2012.

[139] Narheim B T, Norsworthy R. AIS modeling and a satellite for AIS observations in the high north+ draft new ITU-R report ‘Improved satellite detection of AIS’[R]. Kjeller: Norwegian Defence Research Establishment, 2008.

[140] Narheim B T. NCUBE-1 and 2 AIS detection probability[R]. Oslo: Norwegian Defence Research Establishment, 2007.

[141] Yang M, Zou Y, Fang L. Collision and detection performance with three overlap signal collisions in space-based AIS reception[C]. Liverpool: IEEE 11th International Conference on Trust, Security and Privacy in Computing and Communications, 2012.

[142] Cheng Y, Chen L, Chen X. A beam scanning method based on the helical antenna for space-based AIS[J]. The Journal of Navigation, 2015, 68(1): 52-70.

[143] 陈利虎,陈小前,赵勇,等.天拓一号星载自动识别系统设计与在轨应用[J].国防科技大学学报,2015, 37: 65-69.

[144] Cervera M A, Ginesi A, Casini E. Satellite-based AIS System study[C]. San Diego: International Communications Satellite Systems Conference, 2008.

[145] 翁呈祥.电扫天线的研究[D].南京:东南大学,2007.

[146] Maggio F, Rossi T, Cianca E, et al. Digital beamforming techniques applied to satellite-based AIS receiver[J]. IEEE Aerospace Electronic Systems Magazine, 2014, 29(6): 4-12.

[147] Kawakami H, Ohira T. Electrically steerable passive array radiator (ESPAR) antennas [J]. IEEE Antennas propagation Magazine, 2005, 47(2): 43-50.

[148] Schlub R W. Practical realization of switched and adaptive parasitic monopole radiating structures[D]. Brisbane: Griffith University, 2004.

[149] Thiel D V. Switched parasitic antennas and controlled reactance parasitic antennas: a systems comparison[C]. Monterey: IEEE Antennas and Propagation Society Symposium, 2004.

[150] Schaer B, Rambabu K, Bornemann J, et al. Design of reactive parasitic elements in electronic beam steering arrays[J]. IEEE Transactions on Antennas Propagation, 2005, 53(6): 1998-2003.

[151] 黄伟基.ESPAR阵列天线研究及设计[D].西安:西安电子科技大学,2011.

[152] Varlamos P, Capsalis C N. Electronic beam steering using switched parasitic smart antenna arrays[J]. Progress in Electromagnetics Research, 2002, 36: 101-119.

[153] Schlub R, Lu J, Ohira T. Seven-element ground skirt monopole ESPAR antenna design from a genetic algorithm and the finite element method [J]. IEEE Transactions on Antennas Propagation, 2003, 51(11): 3033-3039.

[154] Lu J, Ireland D, Schlub R. Development of ESPAR antenna array using numerical modelling techniques [C]. Beijing: 3rd International Conference on Computational Electromagnetics and its Applications, 2004.

[155] Ojiro Y, Kawakami H, Gyoda K, et al. Improvement of elevation directivity for ESPAR antennas with finite ground plane[C]. Boston: IEEE Antennas and Propagation Society International Symposium, 2001.

[156] Yao S K, Reed J H, Laster J D. GMSK differential detectors with decision feedback in multipath and CCI channels[C]. London: IEEE Global Telecommunications Conference, 1996.

[157] 李峰,潘申富,陆建平.串行干扰抵消器性能分析[J].无线电工程,2005, 35(5): 1-2.

[158] Yiin L, Stuber G L. Noncoherently detected trellis-coded partial response CPM on mobile

radio channels[J]. IEEE Transactions on Communications, 1996, 44(8): 967 - 975.
[159] 芮国胜,徐彬,张嵩.GMSK 混合信号时延的并行估计算法[J].通信学报,2011,32(6): 32 - 37.
[160] 芮国胜,徐彬,张嵩.单通道混合信号的幅度估计算法[J].通信学报,2011,32(12): 82 - 87.
[161] 李大卫,尹成,马洪艳.时间延迟估计的循环相关法[J].西安石油大学学报: 自然科学版,2005,20(2): 65 - 68.
[162] Mehlan R, Chen Y E, Meyr H. A fully digital feedforward MSK demodulator with joint frequency offset and symbol timing estimation for burst mode mobile radio[J]. IEEE Transactions on Vehicular Technology, 1993, 42(4): 434 - 443.
[163] 廖灿辉,周世东,朱中梁.基于最大似然的同频混合信号联合定时估计算法[J].系统工程与电子技术,2010(6): 1121 - 1124.
[164] 刘洋,邱天爽.一种基于多循环频率的韧性时延与多普勒频移联合估计算法[J].电子学报,2011,39(10): 2311 - 2316.
[165] 胡昌海.星载 AIS 混合信号盲源分离技术研究[D].郑州: 解放军信息工程大学,2013.
[166] Li J, Letaief K B, Cao Z. Adaptive co-channel interference cancellation in space-time coded communication systems[J]. Electronics Letters, 2002, 38(3): 129 - 131.
[167] Arslan H, Molnar K. Iterative co-channel interference cancellation in narrowband mobile radio systems[C]. Richardson: IEEE Emerging Technologies Symposium on Broadband, Wireless Internet Access, 2000.
[168] Morelli M, Mengali U. Joint frequency and timing recovery for MSK-type modulation[J]. IEEE Transactions on Communications, 1999, 47(6): 938 - 946.
[169] Morelli M, Vitetta G M. Joint phase and timing synchronization algorithms for MSK-type signals[C]. Vancouver: IEEE Communications Theory Mini-Conference, 1999.
[170] Rice M, Mcintire B, Haddadin O. Data-aided carrier phase estimation for GMSK[C]. Anchorage: IEEE International Conference on Communications, 2003.
[171] Mengali U, Morelli M. Data-aided frequency estimation for burst digital transmission[J]. IEEE Transactions on Communications, 1997, 45(1): 23 - 25.
[172] 瞿孟虹,何晓霜,游凌.同频混合信号参数联合最大似然递归估计[J].电子科技大学学报,2015,44(3): 339 - 343.
[173] Laxhammar R. Anomaly detection for sea surveillance[C]. Cologne: 11th International Conference on Information Fusion, 2008.
[174] Kowalska K, Peel L. Maritime anomaly detection using Gaussian process active learning[C]. Singapore: Maritime Anomaly Detection Using Gaussian Process Active Learning, 2012.

[175] Ristic B, Scala B L, Morelande M, et al. Statistical analysis of motion patterns in AIS data: anomaly detection and motion prediction[C]. Cologne: 11th International Conference on Information Fusion, 2008.

[176] 姜佰辰,关键,周伟,等.海上交通的船舶异常行为挖掘识别分析[J].计算机仿真, 2017,34: 329-334.

[177] Handayani D O D, Sediono W, Shah A. Anomaly detection in vessel tracking using support vector machines (SVMs)[C]. Kuching: Intenational Conference on Advanced Computer Science Applications and Technologies(ACSAT), 2013.

[178] Ford J H, Peel D, Kroodsma D, et al. Detecting suspicious activities at sea based on anomalies in automatic identification systems transmissions[J]. PLoS One, 2018, 13(8): 1-13.

[179] Zhen R, Jin Y, Hu Q, et al. Maritime anomaly detection within coastal waters based on vessel trajectory clustering and Naive Bayes classifier[J]. Journal of Navigation, 2017, 70(3): 648-670.

[180] Liu B, Souza E N D, Hilliard C, et al. Ship movement anomaly detection using specialized distance measures[C]. Washington: International Conference on Information Fusion, 2015.

[181] 马升麾.基于 AIS 数据的航线生成[D].大连: 大连海事大学,2017.

[182] Sheng P, Yin J. Extracting shipping route patterns by trajectory clustering model based on automatic identification system data[J]. Sustainability, 2018, 10(7): 2327.

[183] Goerlandt F, Kujala P. Traffic simulation based ship collision probability modeling[J]. Reliability Engineering and System Safety, 2011, 96(1): 91-107.

[184] Li L, Lu W, Niu J, et al. AIS data-based decision model for navigation risk in sea areas [J]. Journal of Navigation, 2018, 71(3): 664-678.

[185] Altan Y C, Otay E N. Maritime traffic analysis of the strait of istanbul based on AIS data [J]. Journal of Navigation, 2017, 70(6): 1367-1382.

[186] Zhang W, Kopca C, Tang J, et al. A Systematic approach for collision risk analysis based on AIS data[J]. Journal of Navigation, 2017, 70(5): 1117-1132.

[187] Silveira P A M, Teixeira A P, Soares C G. Use of AIS data to characterise marine traffic patterns and ship collision risk off the coast of portugal[J]. Journal of Navigation, 2013, 66(6): 879-898.

[188] Sang L, Yan X, Wall A, et al. CPA calculation method based on AIS position prediction [J]. Journal of Navigation, 2016, 69(6): 1409-1426.

[189] Zhang W, Goerlandt F, Montewka J, et al. A method for detecting possible near miss ship collisions from AIS data[J]. Ocean Engineering, 2015, 107: 60-69.

[190] Fossen S, Fossen T I. Exogenous Kalman filter (XKF) for visualization and motion

prediction of ships using live automatic identification systems (AIS) data[J]. Modeling, Identification and Control, 2018, 39(4): 233-244.

[191] Fossen S, Fossen T I. Extended Kalman filter design and motion prediction of ships using live automatic identification system (AIS) data[C]. Bern: 2nd European Conference on Electrical Engineering and Computer Science (EECS), 2018.

[192] 邱洪生.基于卡尔曼滤波的船舶航行轨迹异常行为预测算法研究[D].天津: 河北工业大学,2012.

[193] Mao S, Tu E, Zhang G. An automatic identification system (AIS) database for maritime trajectory prediction and data Mining[J]. Proceedings of ELM, 2016, 9: 241-257.

[194] Pallotta G, Horn S, Braca P, et al. Context-enhanced vessel prediction based on Ornstein-Uhlenbeck processes using historical AIS traffic patterns: real-world experimental results[C]. Salamanca: 17th International Conference on Information Fusion (Fusion 2014), 2014.

[195] 朱飞祥,张英俊,高宗江.基于数据挖掘的船舶行为研究[J].中国航海,2012,35(2): 50-54.

[196] Wang S, Wang S, Gao S, et al. Daily ship traffic volume statistics and prediction based on automatic identification system data[C]. Hangzhou: 9th International Conference on Intelligent Human-Machine Systems and Cybernetics, 2017.

[197] Vanneschi L, Castelli M, Costa E, et al. Improving maritime awareness with semantic genetic programming and linear scaling: prediction of vessels position based on AIS data [C]. Copenhagen: European Conference on Applications of Evolutionary Computation, 2015.

[198] Mazzarella F, Arguedas V F, Vespe M. Knowledge-based vessel position prediction using historical AIS data[C]. Bonn: Sensor Data Fusion: Trends, Solutions, Applications, 2015.

[199] Kim K I, Lee K M. Deep learning-based caution area traffic prediction with automatic identification system sensor data[J]. Sensors, 2018, 18(9): 1-17.

[200] Zhao L, Shi G. Maritime anomaly detection using density-based clustering and recurrent neural network[J]. Journal of Navigation, 2019, 72(4): 894-916.

[201] Pallotta G, Vespe M, Bryan K. Vessel pattern knowledge discovery from ais data: a framework for anomaly detection and route prediction[J]. Entropy, 2013, 15(6): 2218-2245.

[202] Vries G D, Someren M V. Clustering vessel trajectories with alignment kernels under trajectory compression[C]. Barcelona: European Conference on Machine Learning and Principles and Practice of Knowledge Discovery in Databases, 2010.

[203] Liu B, Souza E N D, Matwin S, et al. Knowledge-based clustering of ship trajectories

using density-based approach [C]. Washington: Knowledge-Based Clustering of Ship Trajectories Using Density-based Approach, 2014.

[204] Wang S, Gao S, Yang W. Ship route extraction and clustering analysis based on automatic identification system data[C]. Hangzhou: Eighth International Conference on Intelligent Control and Information Processing, 2017.

[205] Guillarme N L, Lerouvreur X. Unsupervised extraction of knowledge from S-AIS data for maritime situational awareness [C]. Istanbul: Proceedings of the 16th International Conference on Information Fusion, 2013.

[206] Dobrkovic A, Iacob M E, Hillegersberg J V. Using machine learning for unsupervised maritime waypoint discovery from streaming AIS data[C]. Graz: i-KNOW '15: Proceedings of the 15th International Conference on Knowledge Technologies and Data-driven Business, 2015.

[207] Liu C, Chen X. Vessel track recovery with incomplete AIS data using tensor CANDECOM/PARAFAC decomposition[J]. Journal of Navigation, 2014, 67(1): 83 - 99.

[208] 肖潇,邵哲平,潘家财,等.基于 AIS 信息的船舶轨迹聚类模型及应用[J].中国航海, 2015,38: 82 - 86.

[209] Zhang S, Shi G, Liu Z, et al. Data-driven based automatic maritime routing from massive AIS trajectories in the face of disparity[J]. Ocean Engineering, 2018, 155: 240 - 250.

[210] Damastuti N, Aisjah A S, Masroeri A A. Classification of ship-based automatic identification systems using k-nearest neighbors[C]. Semarang: 2019 International Seminar on Application for Technology of Information and Communication, 2019.

[211] Zhong H, Song X, Yang L. Vessel classification from space-based AIS data using random forest[C]. Kunming: 5th International Conference on Big Data and Information Analytics, 2019.

[212] Hong D B, Yang C S. Classification of passing vessels around the ieodo ocean research station using automatic identification system (AIS): November 21 - 30, 2013[J]. Journal of the Korean Society for Marine Environment & Energy, 2014, 17(4): 297 - 305.

[213] Pedroche D S, Amigo D, García J, et al. Architecture for trajectory-based fishing ship classification with AIS data[J]. Sensors, 2020, 20(13): 3782.

[214] Sheng K, Liu Z, Zhou D, et al. Research on ship classification based on trajectory features[J]. The Journal of Navigation, 2018, 71(1): 100 - 116.

[215] Xiang J, Liu X, Souza E N D, et al. Improving point-based AIS trajectory classification with partition-wise gated recurrent units[C]. Anchorage: International Joint Conference on Neural Networks, 2017.

[216] Kraus P, Mohrdieck C, Schwenker F. Ship classification based on trajectory data with machine-learning methods[C]. Bonn: 19th International Radar Symposium, 2018.

[217] Kim K I, Lee K M. Convolutional neural network-based gear type identification from automatic identification system trajectory data[J]. Applied Sciences, 2020, 10(11): 4010.

[218] Ester M, Kriegel H P, Sander J, et al. A density-based algorithm for discovering clusters in large spatial databases with noise[C]. Orlando: A Density-Based Algorithm for Discovering Clusters in Large Spatial Databases with Noise, 1996.

[219] Warren D. Density estimation for statistics and data analysis[J]. Journal of the Royal Statistical Society: Series A (Statistics in Society), 1987, 150(4): 403 - 404.

[220] Zhao L, Shi G. A novel similarity measure for clustering vessel trajectories based on dynamic time warping[J]. Journal of Navigation, 2019, 72(2): 290 - 306.

[221] 李振福.北极航线的中国战略分析[J].中国软科学,2009,217(1):1-7.

[222] 路婷羽,戴梦妍."一带一路"背景下北极航线商业化应用前景分析[J].中国水运:下半月,2019,19(1):30-32.

[223] 张侠,屠景芳,郭培清,等.北极航线的海运经济潜力评估及其对我国经济发展的战略意义[J].中国软科学,2009(A2):86-93.

[224] 郭培清.北极航道的国际问题研究[M].北京:海洋出版社,2009.

[225] Hochreiter S, Schmidhuber J. Long short-term memory[J]. Neural Computation, 1997, 9(8): 1735 - 1780.

[226] Kingma D, Ba J. Adam: a method for stochastic optimization[C]. San Diego: International Conference on Learning Representations, 2005.

[227] Liaw A, Wiener M. Classification and regression by random forest[J]. R News, 2002, 213: 18 - 22.

[228] 周志华.机器学习[J].中国民商,2018,3(21):93.

[229] Statistics L B, Breiman L. Random forests[J]. Machine Learning, 2001, 45(1): 5 - 32.

[230] Lang H, Wu S, Xu Y. Ship classification in SAR images improved by AIS knowledge transfer[J]. IEEE Geoscience and Remote Sensing Letters, 2018, 15(3): 439 - 443.

[231] Mitiche I, Nesbitt A, Conner S, et al. 1D - CNN based real-time fault detection system for power asset diagnostics[J]. IET Generation, Transmission and Distribution (Institution of Engineering and Technology), 2020, 14(24): 5766 - 5773.

[232] Chen T, Guestrin C. XGBoost: a scalable tree boosting system[C]. San Francisco: KDD '16: Proceedings of the 22nd ACM SIGKDD International Conference on Knowledge Discovery and Data Mining, 2016.

[233] Li S, Chen L, Chen X, et al. Statistical analysis of the detection probability of the TianTuo-3 space-based AIS[J]. Journal of Navigation, 2018, 71(2): 467 - 481.

[234] Skauen A N. Quantifying the tracking capability of space-based AIS systems[J]. Advances in Space Research, 2016, 57(2): 527 - 542.

[235] Christ M, Kempa-Liehr A W, Feindt M. Distributed and parallel time series feature extraction for industrial big data applications [C]. Hamilton: ACML Workshop on Learning on Big Date, 2016.

[236] Ankerst M, Breunig M M, Kriegel H P, et al. OPTICS: ordering points to identify the clustering structure[J]. ACM Sigmod Record, 1999, 28(2): 49 - 60.

[237] O'brien T, Kashinath K, Cavanaugh N R, et al. A fast and objective multidimensional kernel density estimation method: fast KDE [J]. Computational Statistics and Data Analysis, 2016, 101(4): 148 - 160.

[238] O'brien T A, Collins W D, Rauscher S A, et al. Reducing the computational cost of the ECF using a NUFFT: a fast and objective probability density estimation method [J]. Computational Statistics and Data Analysis, 2014, 79: 222 - 234.

[239] Lei J, Syndergaard S, Burns A G, et al. Comparison of COSMIC ionospheric measurements with ground-based observations and model predictions: preliminary results[J]. Journal of Geophysical Research: Space Physics, 2007, 112(A07308): 1 - 10.

[240] Blomenhofer H, Pawlitzki A, Rosenthal P, et al. Space-based automatic dependent surveillance broadcast (ADS - B) payload for in-orbit demonstration [C]. Vigo: 6th Advanced Satellite Multimedia Systems Conference(ASMS) and 12th Signal Processing for Space Communications Workshop(SPSC), 2012.

[241] Werner K, Bredemeyer J, Delovski T. ADS - B over satellite [C]. Rome: Tyrrhenian International Workshop on Digital Communications - Enhanced Surveillance of Aircraft and Vehicles, 2014.

[242] Ashton C, Bruce A S, Colledge G, et al. The search for MH370 [J]. Journal of Navigation, 2015, 68(1): 1 - 22.

[243] Delovski T, Bredemeyer J, Werner K. ADS - B over satellite coherent detection of weak mode-S signals from low earth orbit [C]. La Valetta: Small Satellites Systems and Services, 2016.

[244] Alminde L K, Christiansen J, Laursen K K, et al. GomX - 1: a nano-satellite mission to demonstrate improved situational awareness for air traffic control [C]. Logan: Annual AIAA/USU Conference on Small Satellites, 2012.

[245] Alminde L, Kaas K, Bisgaard M, et al. GOMX - 1 flight experience and air traffic monitoring results[C]. Logan: 28th Annual AIAA/USU Conference on Small Satellites, 2012.

[246] 陈利虎,陈小前,赵勇.星载 ADS - B 接收系统及其应用[J].卫星应用,2016,(3):34 - 40.

[247] Li S, Chen X, Chen L, et al. Data reception analysis of the AIS on board the TianTuo - 3 satellite[J]. Journal of Navigation, 2017, 70(4): 1 - 14.

[248] Wu S, Chen W, Chao C. The STU - 2 cubesat mission and in-orbit test results[C]. Logan: 30th Annual AIAA/USU Conference on Small Satellites, 2016.

[249] Vincent R, Pryt R V D. The CanX - 7 nanosatellite ADS - B mission: a preliminary assessment[J]. Positioning, 2017, 8(1): 1 - 11.

[250] Garcia M A, Dolan J, Hoag A. Aireon's initial on-orbit performance analysis of space-based ADS - B[C]. Herndon: Integrated Communications, Navigation and Surveillance Conference (ICNS), 2017.

[251] Radio Technical Commission for Aeronautics. Minimum operational performance standards for 1 090 MHz ES ADS - B and TIS - B: RTCA DO-206A[S]. Washington: RTCA, 2003.

[252] Richard P V D, Vincent R. A Simulation of signal collisions over the north atlantic for a spaceborne ADS - B receiver using Aloha protocol[J]. Positioning, 2015, 6(3): 23 - 31.

[253] William C, Staab R. A 1090 extended squitter automatic dependent surveillance - broadcast (ADS - B) reception model for air-traffic-management simulations[C]. Keystone: AIAA Modeling and Simulation Technologies Conference and Exhibit, 2013.

[254] 刘海涛,吴松,金鑫,等.天津滨海国际机场 ADS - B 系统监视性能评估[J].中国民航大学学报,2018,36(2): 1 - 5.

[255] 刘海涛,王松林,秦定本,等.星基 ADS - B 接收机监视容量分析[J].航空学报,2018, 39: 181 - 188.

[256] Garcia M A, Stafford J, Minnix J, et al. Aireon space based ADS - B performance model [C]. Herndon: Integrated Communication, Navigation and Surveillance Conference (ICNS), 2015.

[257] 张健军,王见,庄园,等.新型天基 ADS - B 系统可展开天线结构设计[J].机械设计与制造,2017(2): 121 - 123.

[258] 龚文斌.星载 DBF 多波束发射有源阵列天线[J].电子学报,2010,38(12): 2904 - 2909.

[259] 尚勇,梁广,余金培,等.星载多波束相控阵天线设计与综合优化技术研究[J].遥测遥控,2012: 37 - 41.

[260] Cheng Y, Chen L, Chen X. A beam scanning method based on the helical antenna for space-based AIS[J]. Journal of Navigation, 2015, 68(1): 52 - 70.

[261] Pu B D, Cozma A, Hill T. Four quick steps to production: using model-based design for software-defined radio[J]. Analog Dialogue, 2015, 49(11): 1 - 7.

[262] Yeste O, Zambrano J, Landry R. Integration of simulink ads-b (in/out) model in SDR (implementation and operational use of ADS - B)[C]. Berlin: International Symposium on Enhanced Solutions for Aircraft and Vehicle Surveillance Applications, 2013.

[263] Wang H, Liu C Z, Wang X G, et al. Methods to detect mode S preamble[J]. Journal of University of Electronic Science and Technology of China, 2010, 39(4): 486 - 489.

[264] Galati G, Gasbarra M, Piracci E G. Decoding techniques for SSR mode S signals in high traffic environment[C]. Paris: European Radar Conference, 2005.

[265] 张涛,唐小明,宋洪良.一种 ADS - B 报头互相关检测方法[J].电讯技术,2016, 56(2): 156 - 160.

[266] Galati G, Petrochilos N, Piracci E G. Degarbling mode S replies received in single channel stations with a digital incremental improvement[J]. IET Radar, Sonar Navigation, 2015, 9(6): 681 - 691.

[267] 王文益,邵宇识.基于改进单天线投影算法的广播式自动相关监视信号分离[J].电子与信息学报,2020,42(11): 2720 - 2726.

[268] 孟真真.ADS - B 单天线交织位置检测及其应用[D].天津: 中国民航大学,2020.

[269] 王文益,孟真真.低复杂度单天线 ADS - B 交织位置检测[J].信号处理,2020,36(4): 611 - 619.

[270] 吴仁彪,吴琛琛,王文益.基于累加分类的 ADS - B 交织信号处理方法[J].信号处理, 2017,33(4): 572 - 576.

[271] 韩斌.基于阵列天线的 ADS - B 解交织系统硬件实现[D].天津: 中国民航大学, 2020.

[272] Ren P, Wang J, Zhang P, et al. An improved time support estimation method for overlapping automatic dependent surveillance-broadcast signals in low signal-to-noise ratio region[J]. International Journal of Satellite Communications Networking, 2021, 39(3): 263 - 279.

[273] Jutten C, Herault J. Blind separation of sources, part I: an adaptive algorithm based on neuromimetic architecture[J]. Signal Processing, 1991, 24(1): 1 - 10.

[274] Li W. Blind signal separation with kernel probability density estimation based on MMI criterion optimized by conjugate gradient[J]. Journal of Communications, 2014, 9(7): 579 - 587.

[275] Xu P, Shen Y. A Fast algorithm for blind separation of complex valued signals with nonlinear autocorrelation[J]. Journal of Communications, 2015, 10(3): 170 - 177.

[276] Petrochilos N, Galati G, Piracci E. Separation of SSR signals by array processing in multilateration systems[J]. IEEE Transactions on Aerospace Electronic Systems, 2009, 45(3): 965 - 982.

[277] Zhang Y, Li W, Dou Z. Performance analysis of overlapping space-based ADS - B signal separation based on fast ICA[C]. Waikoloa: IEEE Globecom Workshops (GC Wkshps), 2019.

[278] Wang W, Wu R, Liang J. ADS - B signal separation based on blind adaptive beamforming [J]. IEEE Transactions on Vehicular Technology, 2019, 68(7): 6547 - 6556.

[279] Yu S, Chen L, Li S, et al. Separation of space-based ADS - B signals with single channel

for small satellite[C]. Shenzhen: IEEE 3rd International Conference on Signal and Image Processing (ICSIP), 2018.

[280] Wu W, Peng H. Application of EMD denoising approach in noisy blind source separation [J]. Journal of Communications, 2014, 9(6): 506 - 514.

[281] 卢丹,陈涛.基于EMD的单天线ADS-B交织信号自检测与分离算法[J].信号处理,2019,35(10): 1680 - 1689.

[282] 王子龙.ADS-B监视数据质量分析[D].广汉: 中国民用航空飞行学院,2013.

[283] 曹娜.基于海量实测的ADS-B数据质量分析[D].天津: 中国民航大学,2017.

[284] 王运帷.陆基与星基ADS-B系统数据质量研究[D].天津: 中国民航大学,2018.

[285] Kharchenko V, Barabanov Y, Grekhov A. Modeling of ADS - B data transmission via satellite[J]. Aviation, 2013, 17(3): 119 - 127.

[286] Garcia M A, Stafford J, Minnix J, et al. Aireon space based ADS - B performance model [C]. Herndon: Integrated Communication, Navigation and Surveillance Conference (ICNS), 2015.

[287] Pryt R V D, Vincent R. A Simulation of signal collisions over the north atlantic for a spaceborne ADS - B receiver using Aloha protocol[J]. Positioning, 2016, 6(3): 23 - 31.

[288] Zhang J, Liu W, Zhu Y. Study of ADS - B data evaluation [J]. Chinese Journal of Aeronautics, 2011, 24(4): 460 - 466.

[289] Tabassum A, Allen N, Semke W. ADS - B message content evaluation and breakdown of anomalies[C]. Petersburg: IEEE/AIAA 36 th Digital Avionics System Conference, 2017.

[290] Mueller. Quality of reported NACP in surveillance and broadcast services systems[C]. Orlando: IEEE/AIAA 28th Digital Avionics Systems Conference, 2009.

[291] 沈笑云,唐鹏,张思远,等.ADS-B统计数据的位置导航不确定类别质量分析[J].航空学报,2015,36: 330 - 338.

[292] 宫峰勋,李丽桓,马艳秋.ADS-B监视报文参数统计及其所需性能研究[J].航空学报,2020,41(4): 1 - 9.

[293] 赵嶷飞,于克非.星基广播式自动相关监视系统监视数据空中位置信息质量分析[J].科学技术与工程,2018,18(14): 279 - 284.

[294] Chen S, Zheng S, Yang L, et al. Deep learning for large-scale real-world ACARS and ADS - B radio signal classification[J]. IEEE Access, 2019, 7: 89256 - 89264.

[295] Zhang T, Wu R, Lai R, et al. Probability hypothesis density filter for radar systematic bias estimation aided by ADS - B[J]. Signal Processing, 2016, 120: 280 - 287.

[296] Gui G, Liu F, Sun J, et al. Flight delay prediction based on aviation big data and machine learning[J]. IEEE Transactions on Vehicular Technology, 2020, 69(1): 140 - 150.

[297] 马兰,高永胜.基于ADS-B数据挖掘的4D航迹预测方法[J].中国民航大学学报,

2019,37(4): 1 - 4.
[298] 张思远,李仙颖,沈笑云.基于 ADS - BIN 的冲突预测与多机无冲突航迹规划[J].系统仿真学报,2019, 31(8): 1627 - 1635.
[299] Leonardi M. ADS - B anomalies and intrusions detection by sensor clocks tracking[J]. IEEE Transactions on Aerospace and Electronic Systems, 2018, 55(5): 2370 - 2381.
[300] 丁建立,邹云开,王静,等.基于深度学习的 ADS - B 异常数据检测模型[J].航空学报,2019,40: 1 - 11.
[301] 王振昊,王布宏.基于 SVDD 的 ADS - B 异常数据检测[J].河北大学学报(自然科学版),2019,39(3): 104 - 110.
[302] 罗鹏,王布宏,李腾耀.基于 BiGRU-SVDD 的 ADS - B 异常数据检测模型[J].航空学报,2020,41(10): 281 - 291.
[303] Pryt R V D, Vincent R. A simulation of the reception of automatic dependent surveillance-broadcast signals in low earth orbit[J]. International Journal of Navigation and Observation, 2015, 2015: 1 - 11.
[304] Le Neindre F, Ferré G, Dallet D, et al. Aircraft signal detection in heavy co-channel interference environment [C]. Santo Domingo: IEEE Latin-American Conference on Communications (LATINCOM), 2020.
[305] Naganawa J, Miyazaki H. A method for accurate ADS - B signal strength measurement under co-channel interference[C]. Kyoto: Asia-Pacific Microwave Conference (APMC), 2018.
[306] Wardinski I, Saturnino D, Amit H, et al. Geomagnetic core field models and secular variation forecasts for the 13th international geomagnetic reference field (IGRF - 13)[J]. Earth, Planets and Space, 2020, 72(1): 1 - 22.
[307] EUROCAE WG-102. Safety and performance requirements document on a generic surveillance system supporting ATC services: EUROCAE ED 261[S]. Paris: EUROCAE WG - 102, 2015.
[308] Croq F, Vourch E, Reynaud, et al. The Globalstar 2 antenna sub-system[C]. Berlin: 3rd European Conference on Antennas and Propagation, 2009.
[309] Sharp E. A triangular arrangement of planar-array elements that reduces the number needed[J]. Ire Transactions on Antennas and Propagation, 1961, 9(2): 126 - 129.
[310] 王建,郑一农,何子远.阵列天线理论与工程应用[M].北京: 电子工业出版社,2015.
[311] Harry L, van Trees. Optimum Array Processing[M]. New York: Wiley Interscience, 2002.
[312] 范瑜,金荣洪,耿军平,等.基于差分进化算法和遗传算法的混合优化算法及其在阵列天线方向图综合中的应用[J].电子学报,2004,32: 1987 - 1991.
[313] 晋军,王华力,刘苗.基于遗传算法的任意栅格星载多波束平面阵列方向图综合[J].

通信对抗,2007(1):45－49.

[314] 陈小前,陈利虎,覃达,等.高灵敏度星载 ADS－B 信号接收机:CN104104400A[P]. 2014－10－15.

[315] 何进.基于 1090ES 的机载 ADS－B 设备总体设计[J].电讯技术,2011,51(7):25－29.

[316] 杨小牛,楼才义,徐建良.软件无线电原理与应用[M].北京:电子工业出版社,2001.

[317] 梁虹,梁洁,陈跃斌.信号与系统分析及 MATLAB 实现[M].北京:电子工业出版社,2002.

[318] 罗鹏飞.随机信号分析与处理[M].北京:清华大学出版社,2006.

[319] 何勇福,潘芳芳.信号的傅里叶级数展开及其应用[J].教育界:高等教育研究,2013(27):86－87.

[320] 吴骏.星载高灵敏度 ADS－B 接收机信号解算算法研究及实现[D].成都:电子科技大学,2016.

[321] 龙光利.信息论与编码[M].北京:清华大学出版社,2015.

[322] 石晶,刘婧,史永恒.全球海上遇险与安全系统通信现状及缺陷[J].中国水运,2014,14(6):87－89.

[323] Petrochilos N, Galati G, Piracci E. Array processing of SSR signals in the multilateration context, a decade survey [C]. Capri: Tyrrhenian International Workshop on Digital Communications-Enhanced Surveillance of Aircraft and Vehicles, 2008.

[324] Petrochilos N, Galati G, Mené L, et al. Separation of multiple secondary surveillance radar sources in a real environment by a novel projection algorithm [C]. Athens: Proceedings of the Fifth IEEE International Symposium on Signal Processing and Information Technology, 2005.

[325] 张洪渊,贾鹏,史习智.确定盲源分离中未知信号源个数的奇异值分解法[J].上海交通大学学报,2001,35(8):1155－1158.

[326] Wang P, Gong K, Lian S, et al. Robust adaptive array processing based on modified multistage Wiener filter algorithm[J]. International Journal of Information Communication Technology, 2019, 14(1): 110－124.

[327] Zhang M, Zhang A, Li J. Fast and accurate rank selection methods for multistage Wiener filter[J]. IEEE Transactions on Signal Processing, 2015, 64(4): 973－984.

[328] Qureshi R, Uzair M, Khurshid K. Multistage adaptive filter for ECG signal processing [C]. Islamabad: 2017 International Conference on Communication, Computing and Digital Systems (C－CODE), 2017.

[329] Zhang S, Tian X, Xiong C, et al. Fast implementation for the singular value and eigenvalue decomposition based on FPGA [J]. Chinese Journal of Electronics, 2017, 26(1): 132－136.

[330] 应俊,朱云鹏.基于 CORDIC 矩阵奇异值分解的 FPGA 实现[J].重庆邮电大学学报,2020,32(3):434-440.

[331] Donoho D L. Compressed sensing[J]. IEEE Transactions on information theory, 2006, 52(4): 1289-1306.

[332] Candès E J. Compressive sampling[C]. Madrid: Proceedings of the International Congress of Mathematicians, 2006.

[333] Ramezani-Mayiami M, Bafghi H G, Seyfe B. Compressed sensing encryption: compressive sensing meets detection theory[J]. Journal of Communications, 2018, 13(2): 82-87.

[334] Baraniuk R G. Compressive sensing [lecture notes] [J]. IEEE Signal Processing Magazine, 2007, 24(4): 118-121.

[335] Dumitrescu B, Irofti P. Regularized k-SVD[J]. IEEE Signal Processing Letters, 2017, 24(3): 309-313.

[336] Tropp J A, Gilbert A C. Signal recovery from random measurements via orthogonal matching pursuit[J]. IEEE Transactions on Information Theory, 2007, 53(12): 4655-4666.

[337] 张岩,吴水根.MATLAB 优化算法[M].北京:清华大学出版社,2017.

[338] Li X, Liu Y, Zhao S, et al. A modified regularized adaptive matching pursuit algorithm for linear frequency modulated signal detection based on compressive sensing[J]. Journal of Communications, 2016, 11(4): 402-410.

[339] Zhao H, Liu J, Wang R, et al. Image reconstruction of compressed sensing based on improved smoothed l0 norm algorithm[J]. Journal of Communications, 2015, 10(5): 352-359.

[340] Sun G, Li Y, Yuan H, et al. Improvement of compressive sampling and matching pursuit algorithm based on double estimation[J]. Journal of Communications, 2016, 11(6): 573-578.

[341] Rabah H, Amira A, Mohanty B K, et al. FPGA implementation of orthogonal matching pursuit for compressive sensing reconstruction[J]. IEEE Transactions on Very Large Scale Integration Systems, 2014, 23(10): 2209-2220.

[342] RTCA. Minimum operational performance standards for 1 090 MHz extended squitter automatic dependent surveillance-broadcast (ADS-B) and traffic information services-broadcast (TIS-B): RTCA DO-260B[S]. Washington: RTCA, 2011.

[343] Matthias S, Strohmeier M, Smith M, et al. Opensky report 2016: facts and figures on SSR mode S and ADS-B usage[C]. Sacramento: Digital Avionics Systems Conference, 2016.

[344] Tang Y, Donglin H E, Zhu X. ADS-B/SSR data fusion and application[C]. Zhangjiajie: Proceedings of IEEE International Conference on Computer Science and Automation

Engineering(CSAE 2012), 2012.

[345] 彭良福,林云松,黄勤珍.Scheme design of a collision avoidance system for formation flight based on SSR and ADS - B hybrid surveillance[J]. 电讯技术,2012, 52(5): 609 - 614.

[346] Kudryavtsev M, Palafox S, Silva L O. On a linear interpolation problem for -dimensional vector polynomials[J]. Journal of Approximation Theory, 2014, 199(C): 45 - 62.

[347] 周志华.机器学习[M].北京: 清华大学出版社,2016.

[348] Garcia M, Dolan J, Hoag A. Aireon's initial on-orbit performance analysis of space-based ADS - B[C]. Herndon: Integrated Communications, Navigation and Surveillance Conference (ICNS), 2017.

[349] Eurocontrol. Eurocontrol specification for surveillance data exchange Asterix part 12 category 021 ADS - B target reports: SUR. ET1. ST05. 2000 - STD - 12 - 01[S]. Brussels: European Air Traffic Managment, 2009.

[350] 陈述彭,陈秋晓,周成虎.网格地图与网格计算[J].测绘科学,2002,27(4): 1 - 7.

[351] 李庆石.北极航线的研究——关于开通北极航线和开发北极资源的展望[D].北京: 对外经济贸易大学,2017.

[352] Orlando V, Harman W. GPS-squitter capacity analysis[R]. Massachusetts: Massachusetts Institute of Technology, 1994.

[353] 中华人民共和国国务院,中央军委.中华人民共和国飞行基本规则[M].北京: 中国民航出版社,2001.

[354] Schumann U, Graf K, Mannstein H. Potential to reduce the climate impact of aviation by flight level changes[C]. Honolulu: AIAA Atmospheric Space Environments Conference, 2011.

[355] Leiden K, Peters S, Quesada S. Flight level-based dynamic airspace configuration[C]. Hilton Head: AIAA Aviation Technology, Integration & Operations Conference, 2013.

[356] Mou Q F, Wang C G. Assignment model and algorithm for solution of the optimization use of flight level[J]. Journal of University of Electronic Science and Technology of China, 2009, 38(4): 573 - 577.

[357] 刘宸,刘长建,鲍亚东,等.电离层薄层高度对电离层模型化的影响[J].空间科学学报,2018,38: 37 - 47.

[358] Smith D A, Araujo-Pradere E A, Minter C, et al. A comprehensive evaluation of the errors inherent in the use of a two - dimensional shell for modeling the ionosphere[J]. Radio Science, 2008, 43(6): 1 - 23.

[359] Ely T A, Crossley W A, Williams E A. Satellite constellation design for zonal coverage using genetic algorithms[J]. The Journal of the Astronautical Sciences, 1999, 47(3 - 4): 207 - 228.

[360] Zhang M, Zhang J. A fast satellite selection algorithm: beyond four satellites[J]. IEEE Journal of Selected Topics in Signal Processing, 2009, 3(5): 740-747.

[361] Fernandez-Prades C, Presti L L, Falletti E. Satellite radiolocalization from GPS to GNSS and beyond: novel technologies and applications for civil mass market[J]. Proceedings of the IEEE, 2011, 99(11): 1882-1904.

[362] Ioannides R T, Pany T, Gibbons G. Known vulnerabilities of global navigation satellite systems, status, and potential mitigation techniques[J]. Proceedings of the IEEE, 2016, 104(6): 1174-1194.

[363] Meziane-Tani I, Métris G, Lion G, et al. Optimization of small satellite constellation design for continuous mutual regional coverage with multi-objective genetic algorithm[J]. International Journal of Computational Intelligence Systems, 2016, 9(4): 627-637.

[364] Shtark T, Gurfil P. Low earth orbit satellite constellation for regional positioning with prolonged coverage durations[J]. Advances in Space Research, 2019, 63(8): 2469-2494.

[365] Li Y, Shanghong Z, Jili W. Designing of a novel optical two-layered satellite network[C]. Wuhan: International Conference on Computer Science and Software Engineering, 2008.

[366] Mason W, Coverstone-Carroll V, Hartmann J. Optimal earth orbiting satellite constellations via a pareto genetic algorithm[C]. Boston: AIAA/AAS Astrodynamics Specialist Conference and Exhibit, 1998.

[367] Kawamoto Y, Nishiyama H, Kato N. A traffic distribution technique to minimize packet delivery delay in multi-layered satellite networks[J]. IEEE Transactions on Vehicular Technology, 2013, 62(7): 3315-3324.

[368] 计晓彤,丁良辉,钱良,等.全球覆盖低轨卫星星座优化设计研究[J].计算机仿真,2017,34(9): 64-69.

[369] Limaye S S, Watanabe S, Yamazaki A, et al. Venus looks different from day to night across wavelengths: morphology from Akatsuki multispectral images[J]. Earth, Planets, And Space, 2018, 70(1): 24.

[370] Liang W. The dynamic characters of inter-satellite links in LEO network[C]. Yokohama: 21st International Communications Satellite Systems Conference and Exhibit, 2003.

[371] 宋志明,戴光明,王茂才,等.卫星星座区域覆盖问题的快速仿真算法[J].航天控制,2014,32: 65-70,76.

[372] Song Z, Liu H, Dai G, et al. Cell area-based method for analyzing the coverage capacity of satellite constellations[J]. International Journal of Aerospace Engineering, 2021(1): 1-10.

[373] Huang Q, Cheng G, Yang L, et al. Performance analysis of amplify-and-forward satellite relaying system with rain attenuation[C]. Urumqi: 8th International Conference on

Communications, Signal Processing, and Systems, CSPS 2019, 2019.

[374] Deng R, Di B, Zhang H, et al. Ultra-dense LEO satellite constellation design for global coverage in terrestrial-satellite networks[J]. Radio Communications Technology, 2021, 47(4): 402－409.

[375] 李磊,袁琼清,马东堂.星座卫星移动通信系统的成本分析与比较[J].卫星与网络, 2007,(12): 56－58.

[376] 邓勇,王春明,胡晓惠,等.基于空间纬度区域优化的红外近地轨道星座设计[J].宇航学报,2010,31: 1368－1373.

[377] Dai C Q, Yu T, Chen Q. Capacity-oriented satellite constellation design in disaster emergency communication network[C]. Nanjing: Capacity-Oriented Satellite Constellation Design in Disaster Emergency Communication Network, 2020.

[378] Li H, Yin H, Dong F, et al. Capacity upper bound analysis of the hybrid satellite terrestrial communication systems[J]. IEEE Communications Letters, 2016, 20(12): 2402－2405.

[379] Jiang J, Yan S, Peng M. Regional LEO satellite constellation design based on user requirements[C]. Beijing: IEEE/CIC International Conference on Communications in China (ICCC), 2018.

[380] Raza A, Muhammad S. Achievable capacity region of a Gaussian optical wireless relay channel[J]. Journal of Optical Communications and Networking, 2015, 7(2): 83－96.

[381] Luo H, Xu D, Bao J. Outage capacity analysis of MIMO system with survival probability [J]. IEEE Communications Letters, 2018, 22(6): 1132－1135.

[382] Ekpo S C, George D. Impact of noise figure on a satellite link performance[J]. Communications Letters, IEEE, 2011, 15(9): 977－979.

[383] Li T, Zhou H, Luo H, et al. Service function chain in small satellite-based software defined satellite networks[J]. China Communications, 2018, 15(3): 157－167.

[384] Kirby P. Draft order would permit gradual deployment of globalstar's TLPS[J]. Telecommunications Reports, 2016, 82(11): 11－12.

[385] Gomez C, Darroudi S M, Naranjo H, et al. On the energy performance of iridium satellite IoT technology[J]. Sensors, 2021, 21(21): 7235.

[386] Abramson N. The Aloha system: another alternative for computer communications[C]. Houston: AFIPS '70 Fall Joint Computer Conference, 1970.

[387] ISO, IEC Joint Technical Committee(JTC 1). Information technology, Subcommittee SC 31, Automatic identification and data capture techniques. Radio frequency identification for item management. Parameters for air interface communications at 860 MHz to 960 MHz type C: BS ISO/IEC 18000－63[S]. Geneva: ISO/IEC, 2021.

[388] Liu L, Lai S. Aloha-based anti-collision algorithms used in RFID system[C].大连: 第二

届 IEEE 无线通信、网络技术暨移动计算国际会议,2006.

[389] Achi H, Hellany A, Nagrial M. Performance improvement of spread Aloha systems using single code[C]. Dubai: 2007 International Symposium on High Capacity Optical Networks and Enabling Technologies, 2007.

[390] Choudhury G, Rappaport S. Diversity Aloha—a random access scheme for satellite communications[J]. IEEE Transactions on Communications, 1983, 31(3): 450-457.

[391] Kissling C. On the stability of contention resolution diversity slotted Aloha (CRDSA)[C]. Houston: IEEE Global Telecommunications Conference - GLOBECOM, 2011.

[392] Herrero O D R, Gaudenzi R D. A high-performance mac protocol for consumer broadband satellite systems[C]. Edinburgh: IET and AIAA International Communications Satellite Systems Conference (ICSSC 2009), 2009.

[393] Series M. Technical characteristics for an automatic identification system using time-division multiple access in the VHF maritime mobile band[S]. Recommendation ITU, 2010: 1371-1375.

[394] Eriksen T, Helleren Φ, Skauen A N, et al. In-orbit AIS performance of the Norwegian microsatellites NorSat-1 and NorSat-2[J]. CEAS Space Journal, 2020(4): 1-11.

[395] Li S, Chen X, Chen L, et al. Data reception analysis of the AIS on board the TianTuo-3 satellite[J]. The Journal of Navigation, 2017, 70(4): 761-774.

[396] Chen L, Li S, Zhao Y, et al. Satellite-based 6S payload for internet of things[C]. Wuhan: 8th International Conference on Mechanical Engineering and Automation Science (ICMEAS), 2022.

[397] 孟鑫,马社祥,刘琛,等. Frequency offset estimation in the intermediate frequency for satellite-based AIS signals[J]. Optoelectronics Letters, 2018, 14(4): 301-305.

[398] Li S, Chen L, Zhao Y. GMSK viterbi demodulation for satellite-AIS[C]. Shenzhen: IEEE 3rd International Conference on Signal and Image Processing, 2018.

[399] 李松亭,赵勇,陈利虎,等.基于定时频偏补偿的星载 AIS 解调方法:CN108512791B[P]. 2018-09-07.

[400] Xue K, Liao S, Xue Q, et al. VHF band spaceborne element rotation angle controlled phased antenna array for SAT-AIS application[J]. Microwave and Optical Technology Letters, 2020, 62(6): 2375-2382.

[401] 程云,陈利虎,陈小前.星载 AIS 检测概率建模与仿真分析[J].国防科技大学学报, 2014(3): 51-57.

[402] 朱守中,张喆,李明.星载 AIS 信号分析与处理[M].北京:中国水利水电出版社, 2020.

[403] EUROCAE WG-102.Safety & performance requirements standard for a generic surveillance system - gen-sur spr volume 1: EUROCAE ED 261/1 [S]. Paris: EUROCAE WG-102,

2021.

[404] Zhao Y, Wang N, Chen Q, et al. Satellite coverage traffic volume prediction using a new surrogate model[J]. Acta Astronautica, 2022, 193: 357 - 369.

[405] Yu S, Chen L, Fan C, et al. Integrated antenna and receiver system with self-calibrating digital beamforming for space-based ADS - B[J]. Acta Astronautica, 2020, 170: 480 - 486.

[406] Yu S, Chen L, Li S, et al. Adaptive multi-beamforming for space-based ADS - B[J]. Journal of Navigation, 2019, 72(2): 359 - 374.

[407] Luo A, Wu L, Chen L, et al. Single channel signals separation of space-based ADS - B based on compressed sensing[C]. Shanghai: 4th International Conference on Information Communication and Signal Processing, 2021.

[408] 陈利虎,赵勇,陈小前,等.一种天基信息搜集系统的组网方法及系统: CN108599889B [P]. 2018 - 09 - 28.